Albrecht Söllner

Einführung in das Internationale Management

Albrecht Söllner

Einführung in das Internationale Management

Eine institutionenökonomische Perspektive

Bibliografische Information Der Deutschen Nationalbibliothek
Die Deutsche Nationalbibliothek verzeichnet diese Publikation in der
Deutschen Nationalbibliografie; detaillierte bibliografische Daten sind im Internet über
<http://dnb.d-nb.de> abrufbar.

Prof. Dr. Albrecht Söllner ist Inhaber des Lehrstuhls für ABWL, insbesondere Internationales Management, an der Europa-Universität Viadrina, Frankfurt/Oder.

1. Auflage 2008

Alle Rechte vorbehalten
© Betriebswirtschaftlicher Verlag Dr. Th. Gabler | GWV Fachverlage GmbH, Wiesbaden 2008

Lektorat: Ulrike Lörcher | Katharina Harsdorf

Der Gabler Verlag ist ein Unternehmen von Springer Science+Business Media.
www.gabler.de

Das Werk einschließlich aller seiner Teile ist urheberrechtlich geschützt. Jede Verwertung außerhalb der engen Grenzen des Urheberrechtsgesetzes ist ohne Zustimmung des Verlags unzulässig und strafbar. Das gilt insbesondere für Vervielfältigungen, Übersetzungen, Mikroverfilmungen und die Einspeicherung und Verarbeitung in elektronischen Systemen.

Die Wiedergabe von Gebrauchsnamen, Handelsnamen, Warenbezeichnungen usw. in diesem Werk berechtigt auch ohne besondere Kennzeichnung nicht zu der Annahme, dass solche Namen im Sinne der Warenzeichen- und Markenschutz-Gesetzgebung als frei zu betrachten wären und daher von jedermann benutzt werden dürften.

Umschlaggestaltung: Ulrike Weigel, www.CorporateDesignGroup.de
Druck und buchbinderische Verarbeitung: Wilhelm & Adam, Heusenstamm
Gedruckt auf säurefreiem und chlorfrei gebleichtem Papier
Printed in Germany

ISBN 978-3-8349-0404-1

Vorwort

An Lehrbüchern zum Internationalen Management besteht kein Mangel. Im Gegenteil: Regelmäßig werden neue Publikationen auf den Markt gebracht. Worin besteht dann die Motivation, ein weiteres Buch zu diesem Thema zu verfassen? Die Antwort liegt in den durchaus sehr unterschiedlichen Vorstellungen darüber, was ein Buch zum Internationalen Management beinhalten sollte. In einer großen Zahl von Beiträgen werden funktionsorientierte Besonderheiten des Internationalen Managements in den Vordergrund gestellt. So lässt sich Internationales Management dann beispielsweise als Internationales Marketingmanagement oder als Internationales Finanzmanagement interpretieren. Andere Werke stellen die Besonderheiten bestimmter Regionen in den Vordergrund. Sie zielen vor allem auf die Vermittlung von Faktenwissen über ganz konkrete Länder, beispielsweise die USA oder China ab. Wieder andere Bücher stellen aus einer eher strategischen Perspektive die Erklärung und Gestaltung verteidigungsfähiger internationaler Wettbewerbsvorteile in den Vordergrund.

Das hier vorgestellte Buchprojekt geht einen anderen Weg. Die Anforderungen an den Inhalt des Buches leiten sich dabei aus den zukünftigen Tätigkeitsfeldern und Positionen der überwiegend studentischen Leserinnen und Leser ab. Als ein zentrales Merkmal dieser Tätigkeitsfelder muss dabei heute vor allem ihr permanenter Wandel angesehen werden. Die gesellschaftlichen Rahmenbedingungen, denen Menschen und Organisationen heute unterliegen, verändern sich im Prozess der Globalisierung rasch und grundlegend. Der rasante Wandel stellt neue Anforderungen an die Personen, die in Organisationen Führungsaufgaben wahrnehmen. Führung ist heute weit mehr als das Beherrschen von Faktenwissen oder ein Management von Funktionen. Im Vordergrund stehen vielmehr die Interpretation des sich ständig wandelnden Umfeldes und das Erkennen von Entwicklungen, die für eine Organisation Chancen oder Risiken darstellen. Auf der Basis dieser Analyse gilt es die Ressourcen der Organisation in einer Weise einzusetzen, die es ermöglicht, auf verantwortliche Weise Chancen auszunutzen und Gefahren für die Organisation und ihre Zielerreichung abzuwenden.

Die Inhalte des Buches orientieren sich somit nicht primär an den Anforderungen der Praxis von heute. Der rasche Wandel, den die Globalisierung erzeugt und dessen Tempo sich eher noch beschleunigt, verlangt vielmehr ein Wissen, das über aktuell bestehende Strukturen und Prozesse hinweg langfristig Bestand haben kann. Die häufig von Seiten der Praxis geforderte Handlungskompetenz im Sinne von Faktenwissen und Sozialkompetenz reicht dafür allein nicht aus. Zu ergänzen sind die genannten Fertigkeiten um eine Analyse- und Synthesekompetenz, die aus einem soliden theoretischen Verständnis hervorgehen. An diesem Punkt setzt das Buch an. Es soll den Leserinnen und Lesern ein theoretisches Instrumentarium und die Fähigkeit vermitteln, den die Globalisierung begleitenden Wandel selbst zu begreifen, ihn zu interpretieren und im Rahmen ihrer Tätigkeit mit zu gestalten. Dabei ist es nicht möglich die in den Kapiteln des Buches thematisierten Fragen vollständig und abschließend zu behandeln. Das ist aber auch nicht notwendig. Vielmehr geht es darum zu den einzelnen Themen fundierte Positionen zu erarbeiten, die den Ausgangspunkt einer anspruchsvollen Diskussion bilden können.

Der methodische Ansatz der Neuen Institutionenökonomik, auf dem das Buch vor allem beruht, ist für dieses Ziel besonders gut geeignet. Die Kernaussage der Neuen Institutionenökonomik lässt sich in dem Satz zusammenfassen, dass Institutionen für den Wirtschaftsprozess von Bedeutung sind. Institutionen sind von Menschen geschaffene bzw. veränderbare Restriktionen (Spielregeln) und gehen in die individuellen Kalküle und Handlungen (Spielzüge) ein. Sie beeinflussen somit – zusammen mit den nicht beeinflussbaren exogenen Restriktionen – die Ergebnisse des Marktprozesses.

Abbildung: Globalisierung und Institutionen

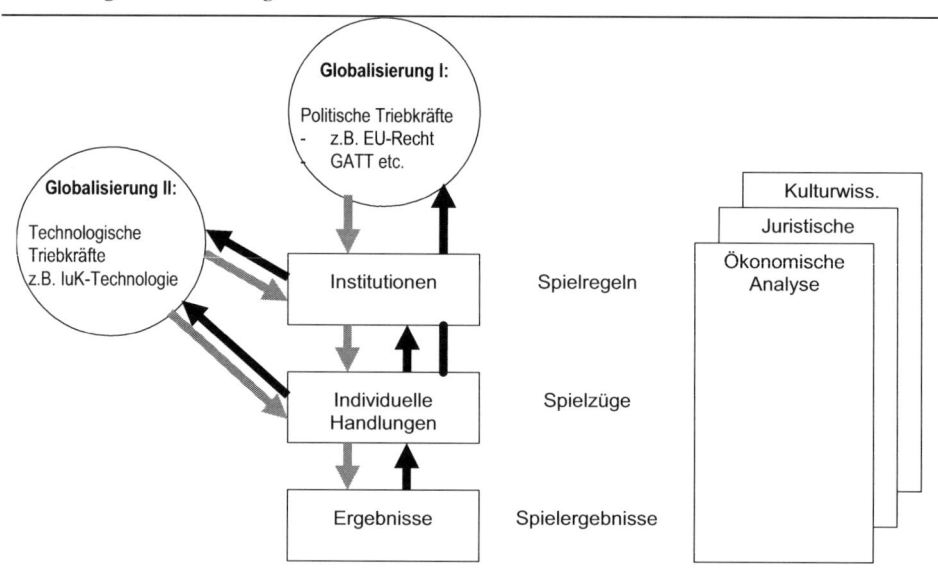

Die Neue Institutionenökonomik gestattet eine „unideologische" Behandlung des kontrovers diskutierten Themas der Globalisierung. Weder sind ihre Vertreter einer neoliberalen Marktlogik verpflichtet, noch plädieren sie für einen staatlich regulierten Marktprozess. Die Art der erforderlichen Spielregel macht sich vielmehr an den zu lösenden Problemen, also an den Merkmalen der zu gestaltenden Kooperationsbeziehungen fest. Die Neue Institutionenökonomik stellt ein methodisches Instrumentarium bereit, das eine umfassende Auseinandersetzung mit der Globalisierung der Märkte gestattet. Gleichzeitig ermöglicht sie einen „Brückenschlag" zu anderen relevanten

Nachbardisziplinen, etwa der Rechtswissenschaft oder den Sozialwissenschaften. Der erste Teil des Buches gibt eine Einführung in eine institutionenökonomische Perspektive auf das Gebiet des Internationalen Managements. Darauf aufbauend wird zur Strukturierung des Buches an den unterschiedlichen Ebenen von Institutionen angesetzt (vgl. auch Williamson 2000). Auf der obersten Ebene ist die institutionelle Umwelt internationaler Unternehmen angesiedelt. Dazu gehören neben formalen Institutionen, wie Gesetzen, Verfassungen oder Eigentumsrechten auch informelle Handlungseinschränkungen, wie kulturelle Sitten und Gebräuche, Religion und Tradition. Granovetter (1985) weist in diesem Zusammenhang auf die Eingebundenheit („embeddedness") aller Transaktionen in das institutionelle Umfeld hin. Die Herausforderung für international tätige Unternehmen besteht auf dieser Ebene vor allem darin, die institutionelle Umwelt zu verstehen und sich ihr anzupassen, teilweise aber auch darin, Einfluss auf die Umwelt zu nehmen. Die auf dieser Ebene zu behandelnden Fragen sind z.B. die Spielregeln der Globalisierung (GATT, WTO, Europäische Verfassung, Handels- und Wettbewerbspolitik etc.) aber auch das Phänomen der globalen Ordnung und der Wirtschaftsethik. Diese Themen werden im zweiten Teil des Buches erörtert.

Auf der zweiten Ebene finden sich die Institutionen, mit deren Hilfe Unternehmen Transaktionen mit anderen Unternehmen bzw. Marktteilnehmern koordinieren. Geht es um die Koordination von Austauschbeziehungen zwischen Unternehmen, so sprechen Institutionenökonomen auch von „inter-organizational governance". Die Analyseeinheit auf dieser Ebene ist die Transaktion zwischen den Marktteilnehmern. Die zentrale Herausforderung für ein Unternehmen besteht darin, das richtige Bündel von Spielregeln, also die sog. richtige „Governance-Struktur" zwischen sich und dem jeweiligen Transaktionspartner zu finden. Zu den Inhalten dieses dritten Teils des Buches gehören beispielsweise die Koordination unterschiedlicher internationaler Geschäftstypen, Fragen des Markteintritts sowie das Problem der Verhandlung und der Konfliktlösung in internationalen Geschäftsbeziehungen.

Auf der dritten Ebene finden sich Institutionen, deren Reichweite auf die Organisation selbst beschränkt bleiben (intra-organizational governance). Sie beeinflussen und steuern das Verhalten der Organisationsmitglieder durch Kontrollen oder Verhaltensanreize. Das Spektrum der Fragestellungen reicht vom Wissensmanagement in internationalen Unternehmen bis hin zu Fragen der internationalen Personalpolitik. Auch hier lautet die Herausforderung für das international tätige Unternehmen „get the governance structures right" (Williamson 2000, 597). Auf sie wird im vierten Teil des Buches eingegangen.

Die beschriebenen Ebenen stehen nicht unabhängig nebeneinander. Die übergeordneten Ebenen begrenzen jeweils den Spielraum auf den darunter liegenden Ebenen. Gleichzeitig ergeben sich Rückkoppelungen auch zwischen unteren und übergeordneten Ebenen. Die individuellen Handlungen, die sich insgesamt als Ergebnis bestehender oder geschaffener institutioneller Bedingungen ergeben, unterliegen dann wiederum einem individuellen Kalkül, bei dem es letztlich um Ressourcenallokationen geht.

Insgesamt ermöglicht die Auseinandersetzung mit dem Entscheidungsverhalten von Menschen vor dem Hintergrund der drei Ebenen von Institutionen und die Anwendung des institutionenökonomischen Instrumentariums eine umfassende und über aktuelle Probleme und spezialisiertes Funktionenwissen hinausgehende Auseinandersetzung mit dem Phänomen der Globalisierung. Sie ermöglicht zukünftigen Führungskräften – sei es in privatwirtschaftlichen Organisationen oder in nicht erwerbswirtschaftlich ausgerichteten Organisationen - eine bessere Orientierung in einer sich rasch verändernden Welt und gibt ihnen einen theoretischen Standpunkt, von dem aus sie in der Lage sind, morgen Anforderungen zu bewältigen, die wir heute noch gar nicht absehen können.

Das Buch richtet sich an Studentinnen und Studenten in Bachelor- und Masterprogrammen. Für Einführungsveranstaltungen in Bachelorprogrammen bietet es sich an, ausgewählte Kapitel des Buches zu einem Gesamtüberblick zusammenzustellen. Für Veranstaltungen im Masterprogramm haben sich die Teile II, III und IV jeweils als eine gute Grundlage für eigenständige Kurse bewährt. Für alle Kapitel des Buches steht für Dozenten Material auf der Homepage http://www.gabler.de zur Verfügung, das permanent ausgebaut und aktualisiert wird.

An der Entstehung des Buches haben viele Personen mitgewirkt, denen ich zu großem Dank verpflichtet bin. Dies sind in erster Linie meine Sekretärin, Frau Denise Luther, meine Wissenschaftlichen Mitarbeiter Frau Tessa Haverland, Frau Sabine Mirković, Herr Danny Pająk und Herr Dr. Michael Krohn sowie meine Studentischen Mitarbeiter Frau Maiia Novruzova und Herr Christian Muth. Dank gilt aber auch allen früheren Mitarbeiterinnen und Mitarbeitern des Lehrstuhls. Sie alle haben das Projekt mit außerordentlichem Einsatz und ihrer Kreativität sehr unterstützt.

Prof. Dr. Albrecht Söllner
Frankfurt (Oder), den 22. August 2007

Inhaltsverzeichnis

Vorwort V
Inhaltsverzeichnis IX
Abbildungsverzeichnis XVIII
Tabellenverzeichnis XXI

Teil I

Einführung 3

Kapitel 1: Gegenstand des Internationalen Managements 5
1.1 Erfahrungs- und Erkenntnisobjekt des Internationalen Managements 5
1.2 Wohlstandssteigerung durch internationale Kooperation 9
    1.2.1 Bedürfnisse 9
    1.2.2 Bedürfnisbefriedigung durch internationale Arbeitsteilung und Wettbewerb 10
    1.2.3 Ausweitung internationaler Kooperation 14
    1.2.4 Das Rationalprinzip als Basisannahme des Kooperationsverhaltens ... 19
1.3 Ungelöste Herausforderungen der Globalisierung 20
    1.3.1 Globalisierung und Umwelt 20
    1.3.2 Globalisierung und Migration 21
    1.3.3 Verteilung von Wohlstandsgewinnen 24
1.4 Aussagen und Ziele des Faches Internationales Management 25

Kapitel 2: Eine institutionenökonomische Perspektive auf das internationale Management 29
2.1 Warum eine institutionenökonomische Perspektive? 29
2.2 Merkmale einer institutionenökonomischen Perspektive 32
    2.2.1 Abgrenzung von der Neoklassik 32
    2.2.2 Eigennutzorientierung und methodologischer Individualismus 35
    2.2.3 Kritik der Prämissen der Neoklassik 36
    2.2.4 Institutionen als Lösung für Interaktionsprobleme 37
    2.2.5 Ebenen von Institutionen 38
2.3 Williamsons Transaktionskostentheorie 40
    2.3.1 Transaktion 41
    2.3.2 Verhaltensannahmen 42
    2.3.3 Umweltfaktoren 44

	2.3.4	Transaktionskosten 47
	2.3.5	Überwachungs- und Durchsetzungssysteme (Governance-Strukturen) 47
	2.3.6	Internationale Unternehmen als Organisation und als Governance-Struktur 52
2.4	Die Prinzipal-Agenten-Theorie 53	
	2.4.1	Adverse Selektion 53
	2.4.2	Moralisches Risiko 54
2.5	Die Verfügungsrechtetheorie und das Coase-Theorem 54	
	2.5.1	Verfügungsrechte 54
	2.5.2	Klare und vollständige ex-ante Zuordnung von Verfügungsrechten 56
	2.5.3	Internalisierung externer Effekte 56

Teil II

Die institutionelle Umwelt internationaler Unternehmen 61

A: Vorüberlegungen zur institutionellen Umwelt internationaler Unternehmen

Kapitel 3: Die Begründung einer institutionellen Umwelt 63
- 3.1 Was ist eine institutionelle Umwelt? 63
- 3.2 Erklärungsansätze einer institutionellen Umwelt 65
- 3.3 Wiederholte Fälle von Kooperationsproblemen 66
- 3.4 Externe Effekte und die Zuordnung von Verfügungsrechten 69
- 3.5 Monopolmacht 74
- 3.6 Institutionelle Umwelt und Autorität 75
  - 3.6.1 Sich selbst durchsetzende vs. sich nicht selbst durchsetzende Regeln 76
  - 3.6.2 Die Rolle des Anonymitätsgrades in einer Gesellschaft 77

Kapitel 4: Die Legitimität institutioneller Umwelten 81
- 4.1 Was ist Legitimität? 81
- 4.2 Das Problem der Beurteilung der Legitimität von Zielen 82
- 4.3 Die Beurteilung der Spielregeln des Entscheidungsprozesses zur Zielfindung 83
  - 4.3.1 Der Konsens als demokratisches Zielfindungsverfahren 83
  - 4.3.2 Probleme der Konsensfindung und die Simulation eines Konsenses 85
- 4.4 Die Legitimität der Mittel zur Zielerreichung 88

Kapitel 5: Agenten, Pfade und Interessen bei der Implementierung institutioneller Umwelten 93
- 5.1 Eine deskriptive Analyse der Implementierung institutioneller Umwelten 93

5.2	Beschränkte Rationalität und eingeschränkte Kompetenz bei der Gestaltung von institutionellen Umwelten	93
5.3	Pfadabhängigkeit bei der Entstehung institutioneller Umwelten	94
	5.3.1 Einengung des Entscheidungsspielraumes und die Gefahr nicht-effizienter Pfade	95
	5.3.2 Effiziente Pfade und Pfadbrechung	96
5.4	Interessen und Interessengruppen	97
	5.4.1 Legitimität vs. Partikularinteressen	97
	5.4.2 Die Interessen der Agenten	98
5.5	Lösungsansätze der Probleme	100
	5.5.1 Kompetenzausstattung	100
	5.5.2 Anreizkompatibilität bei der Umsetzung	100
	5.5.3 Kontrolle durch Nicht-Regierungs-Organisationen (NGOs)	101
	5.5.4 Wettbewerb	105

B: Konkrete institutionelle Umwelten

Kapitel 6: Die Nation in der globalen Welt 109
6.1	Geschichtlicher Hintergrund	109
6.2	Ökonomische Erklärung und Aufgaben von Nationalstaaten	111
6.3	Relevanz für Unternehmen	114
6.4	Die Zukunft des Nationalstaates	115

Kapitel 7: Regionale Zusammenschlüsse und die Europäische Union 121
7.1	Geschichtlicher Hintergrund	121
7.2	Ökonomische Erklärung des Zusammenschlusses zur Europäischen Union	125
7.3	Die Umsetzung der Idee einer Europäischen Union	127
7.4	Relevanz für Unternehmen: Ein Beispiel	131
7.5	Zentrale Herausforderungen der Zukunft	132

Kapitel 8: Vereinte Nationen und Welthandelssystem 135
8.1	Geschichtlicher Hintergrund	135
	8.1.1 Die Phase des Freihandels	135
	8.1.2 Die Zeit zwischen den Weltkriegen	136
	8.1.3 Die Nachkriegszeit	137
8.2	Organisation der Vereinten Nationen und des Welthandelssystems	137
8.3	Der Umgang mit Konflikten	139
8.4	Relevanz für Unternehmen	143
8.5	Ökonomische Würdigung	144

Kapitel 9: Kultur als informelle institutionelle Umwelt 149
- 9.1 Kultur als institutionelle Umwelt 149
- 9.2 Einflussfaktoren der kulturbedingten institutionellen Umwelt 151
- 9.3 Kulturvergleichende Studien 153
- 9.4 Herausforderungen für Unternehmen 156

Kapitel 10: Moral als informelle institutionelle Umwelt 161
- 10.1 Ethik und Wirtschaft 161
- 10.2 Institutionen als Ort der Moral 164
- 10.3 Herausforderungen für die Unternehmen 166
- 10.4 Ethische Prinzipien und kultureller Hintergrund 170

C: Herausforderungen für internationale Unternehmen

Kapitel 11: Die Analyseaufgabe internationaler Unternehmen 173
- 11.1 Spielregeln als Analysegegenstand 173
- 11.2 Schritte der Analyseaufgabe 173
  - *11.2.1 Informationsbedarf im engeren Sinne 175*
  - *11.2.2 Informationsträger 177*
- 11.3 Triebkräfte der Veränderung von Spielregeln: Ein Beispiel 178
  - *11.3.1 Themen 179*
  - *11.3.2 Die Interessenträger bzw. -gruppen 180*
  - *11.3.3 Der Entscheidungsprozess und sein potentieller Ausgang 181*

Kapitel 12: Die Gestaltungsaufgabe internationaler Unternehmen 185
- 12.1 Die Gestaltung der institutionellen Umwelt als strategische Option 185
- 12.2 Die Bildung von Interessengruppen und -verbänden 186
  - *12.2.1 Vorteile kollektiver Interessenvertretung 186*
  - *12.2.2 Erfolgsbedingungen der Organisation von Interessenvertretungen 188*
  - *12.2.3 Instrumente zur Organisation kollektiver Interessenverbände 189*
- 12.3 Instrumente der Einflussnahme 190
- 12.4 Arenen der Einflussnahme 191
  - *12.4.1 Administration/Verwaltung (Umsetzung politischer Entscheidungen) 192*
  - *12.4.2 Politiker (Politische Vorgaben an die Verwaltung) 194*

Teil III

Marktbeziehungen internationaler Unternehmen 199

A: Markt, Wettbewerb, Transaktionstypen

Kapitel 13: Der Markt als Koordinationsmechanismus internationaler Transaktionen 201
13.1 Der Markt als Koordinationsmechanismus und seine Wirkungsweise 201
13.2 Bedingungen für das Zustandekommen von Markttransaktionen 203
  13.2.1 Die erste Bedingung: Nutzensteigerung für die Transaktionsparteien 204
  13.2.2 Die zweite Bedingung: Nutzensteigerung unter Wettbewerbsbedingungen . 207

Kapitel 14: Wettbewerbsvorteile auf internationalen Märkten 211
14.1 Wettbewerbsvorteile 211
14.2 Ressourcenorientierte Ansätze zur Erklärung von Wettbewerbspositionen auf internationalen Märkten 212
  14.2.1 Theorie der absoluten Kostenvorteile nach Adam Smith 213
  14.2.2 Theorie der komparativen Kostenvorteile nach David Ricardo 214
  14.2.3 Das Heckscher-Ohlin-Modell 217
  14.2.4 Der Produktlebenszyklus nach Raymond Vernon 217
  14.2.5 Die Erweiterung durch Porter 219

Kapitel 15: Eine institutionenökonomische Typologisierung von internationalen Marktbeziehungen 225
15.1 Das Ziel einer institutionenökonomischen Typologisierung 225
15.2 Die Verteidigungsfähigkeit von Ressourcenvorteilen 226
15.3 Koordinationsfragen bei der Festlegung internationaler Wettbewerbspositionen 228
15.4 Ein ressourcen- und institutionenorientierter Analyserahmen 231
15.5 Eine Typologie von Transaktionen auf internationalen Märkten 233

B: Diskrete Transaktionen auf internationalen Märkten

Kapitel 16: Exportgeschäft 237
16.1 Charakteristika des Exportgeschäfts 237
16.2 Marktorientierte Informationsanforderungen im Exportgeschäft 238
16.3 Marketing-Aktivitäten im Exportgeschäft 241
  16.3.1 Der Rahmen für Marketing-Entscheidungen 241
  16.3.2 Produktpolitik im Exportgeschäft 244
  16.3.3 Kommunikationspolitik im Exportgeschäft 247

16.3.4 Distributionspolitik im Exportgeschäft 248
16.3.5 Preispolitik im Exportgeschäft 249

Kapitel 17: Lizenzgeschäft 253
17.1 Charakteristika des Lizenzgeschäfts 253
17.2 Bedingungen erfolgreicher Lizenzpolitik 257
    17.2.1 Der Lizenzgegenstand als Quelle von Wettbewerbsvorteilen 257
    17.2.2 Beispiele für lizenzierbare Güter 258
17.3 Strategische Ziele einer internationalen Lizenzpolitik 260
17.4 Vertragsgestaltung im Lizenzgeschäft 262

Kapitel 18: Die Bewertung diskreter internationaler Transaktionen 267
18.1 Ansatzpunkte zur Bewertung internationaler Transaktionen 267
18.2 Kostenrechnerische Bewertung von diskreten Transaktionen 268
18.3 Bewertung von Länderpotentialen und -risiken 272
18.4 Bewertung von Rückkoppelungseffekten 275
    18.4.1 Anbieterbezogene Rückkoppelungseffekte 275
    18.4.2 Nachfragerbezogene Rückkoppelungseffekte 276
    18.4.3 Konkurrenzbezogene Rückkoppelungseffekte 277
    18.4.4 Institutionelle Rückkoppelungseffekte 278
    18.4.5 Koordinationsbedarf als Folge von Rückkoppelungen 278

C: Relationale Transaktionen auf internationalen Märkten

Kapitel 19: „Problematische" Transaktionen und relationales
Kauf- und Verkaufsverhalten 281
19.1 Transaktionsprobleme als Hauptursachen für relationales Kaufverhalten 281
19.2 Komplexität und beschränkte Rationalität beim Kauf von Anlagen 282
19.3 Einseitige Abhängigkeit und Ausbeutungspotential beim Kauf von
     Systemen 284
19.4 Wechselseitige Abhängigkeit in vernetzten Zulieferbeziehungen 288
19.5 Relationales Kaufverhalten als Konsequenz aus problematischen
     Transaktionen 290
19.6 Relationales Verkaufsverhalten und Commitment 290

Kapitel 20: Direktinvestition und relationales Verkaufsverhalten 295
20.1 Commitment durch Direktinvestitionen in internationalen Transaktionen ... 295
20.2 Ergänzendes Beziehungsmanagement beim Verkauf von Anlagen 298
20.3 Ergänzendes Beziehungsmanagement beim Verkauf von Systemen 301
20.4 Ergänzendes Beziehungsmanagement im Geschäft zwischen Zulieferern
     und OEMs 303

Kapitel 21: Kooperativer Markteintritt durch Joint Ventures 307
21.1 Joint Venture als Transaktionstyp 307
21.2 Klassifizierungen von Joint Ventures 309
21.3 Zusätzliche Argumente für Joint Ventures 311
21.4 Leistungsmerkmale des Partnerunternehmens 312
21.5 Probleme beim Markteintritt durch Joint Ventures 315

Kapitel 22: Bewertung internationaler Geschäftsbeziehungen 317
22.1 Die Geschäftsbeziehung als ökonomischer Vermögenswert 317
22.2 Ansätze zur Kundenklassifikation 321
22.3 Eindimensionale Ansätze zur Kundenklassifikation 322
22.4 Mehrdimensionale Ansätze zur Kundenklassifikation 326

Teil IV

Das internationale Unternehmen 337

A: Vorüberlegungen zum internationalen Unternehmen

Kapitel 23: Das internationale Unternehmen als Untersuchungsgegenstand 339
23.1 Das internationale Unternehmen als Organisation und als Institution 339
23.2 Ein einführendes Firmenbeispiel 340
23.3 Definitionen internationaler Unternehmen 341
23.4 Quantitative Merkmale internationaler Unternehmen 343
23.5 Qualitative Merkmale internationaler Unternehmen 347

Kapitel 24: Eine institutionenökonomische Erklärung internationaler Unternehmen 353
24.1 Ansätze zur Erklärung internationaler Unternehmen und die Logik der Integration 353
24.2 Der Ansatz von Teece 356
24.3 Der Ansatz von Buckley und Casson 358
24.4 Der Ansatz von Hennart 360
24.5 Der Ansatz von Magee 361
24.6 Der eklektische Ansatz von Dunning 363

B: Personalmanagement in internationalen Unternehmen

Kapitel 25: Mitarbeiterselektion 367
25.1 Der Beitrag der Mitarbeiterselektion zur Lösung des Koordinations- und Motivationsproblems 367
25.2 Besetzungsstrategien nach Perlmutter 369
25.3 Signaling und Mitarbeiterauswahl 372

Kapitel 26: Entwicklung 379
26.1 Personalentwicklung als Investition 379
26.2 Entsendung als Entwicklungsmaßnahme und -ziel 381
26.3 Training für den Auslandseinsatz 383
26.4 Einsatzdauer und Betreuung 386
26.5 Wiedereingliederung 388

Kapitel 27: Entlohnung 391
27.1 Aufgaben und Ziele der Entlohnung 391
27.2 Differenzierung der Entlohnung 392
27.3 Anreize durch Entlohnung 395
27.4 Absicherung von Quasi-Renten durch verzögerte Entlohnung 397

C: Die Organisationsaufgabe internationaler Unternehmen

Kapitel 28: Die Organisation internationaler Unternehmen 401
28.1 Die Definition von Spielregeln als Organisationsaufgabe 401
28.2 Idealtypische Aufbauorganisationen von Unternehmen 402
28.3 Aufbauorganisation internationaler Unternehmen 405
28.4 Implikationen einer institutionenökonomischen Sichtweise 409

Kapitel 29: Unternehmenskultur 413
29.1 Der Begriff Unternehmenskultur 413
29.2 Unternehmenskultur als Ergänzung der formellen Aufbauorganisation 415
29.3 Internationale Aspekte der Unternehmenskultur 417
29.4 Unternehmenskultur und Akquisitionen 418
29.5 Implikationen für das Management 422

Kapitel 30: Wissensmanagement 425
30.1 Wissen in internationalen Unternehmen 425
30.2 Wissensmanagement in internationalen Unternehmen 427
    30.2.1 Der Ansatz von Probst et al. 428
    30.2.2 Der Ansatz von Doz et al. 430

    30.2.3 Der Ansatz von Nonaka und Takeuchi 434
    30.3 Die Etablierung marktlicher Elemente in das Wissensmanagement 436

Kapitel 31: Organisationaler Wandel 440
    31.1 Wandel als Herausforderung 440
    31.2 Die traditionelle Sichtweise auf den Wandel 440
    31.3 Wandel bei Williamson, North und Hayek 443
    31.4 Eine erweiterte institutionenökonomische Perspektive 446
    31.5 Folgerungen für ein Management des Wandels 452

D: Die Auflösung der Standortfrage

Kapitel 32: Virtuelle Organisationen 455
    32.1 Netzwerke, virtuelle Organisationen und die Auflösung der Standortfrage 455
    32.2 Triebkräfte und Erklärung der Entstehung von Netzwerken und virtuellen Organisationen 457
    32.3 Voraussetzungen des Netzwerkerfolgs 459
    32.4 Konsequenzen für das Management und die Gesellschaft 460

Literaturverzeichnis 463

Abbildungsverzeichnis

Abbildung 1-1:	Produktions- und Transaktionskosten als Funktion des Grades der Arbeitsteilung	14
Abbildung 1-2:	Transport- und Kommunikationskosten	15
Abbildung 1-3:	Welthandel und Weltproduktion	17
Abbildung 1-4:	Entwicklung des Warenexports nach Warengruppen	18
Abbildung 2-1:	Der Opel Vectra und die Herkunft wichtiger Komponenten	30
Abbildung 2-2:	Ebenen von Institutionen	39
Abbildung 2-3:	Das „market failures framework"	42
Abbildung 2-4:	Spezifitätsbedingter Verlust bei Alternativverwendung einer Ressource	46
Abbildung 2-5:	Transaktionskosten als eine Funktion des Problemgehaltes einer Transaktion und ihrer Koordination	49
Abbildung 3-1:	Stihl Schleifsäge TS400 mit Plagiat	67
Abbildung 3-2:	Externe Effekte im Überblick	70
Abbildung 4-1:	Abweichungen zwischen Wirkungen und Zielen	90
Abbildung 5-1:	Mitsprachemöglichkeiten der NGOs bei der UNO	103
Abbildung 6-1:	Die Zukunft des Nationalstaates?	116
Abbildung 7-1:	Stufen der regionalen Integration	122
Abbildung 7-2:	Die Geschichte Europäischer Einigung	124
Abbildung 8-1:	Konfliktlösung nach dem Dispute Settlement Understanding	143
Abbildung 9-1:	Einflussfaktoren auf Kultur	152
Abbildung 10-1:	Homanns zweistufige Konzeption der Wirtschafts- und Unternehmensethik	164
Abbildung 10-2:	Das Vier-Quadranten-Schema nach Homann	165
Abbildung 10-3:	Corporate Social Responsibility	168
Abbildung 10-4:	Die Prinzipien des "Global Compact"	169
Abbildung 11-1:	Informationsprobleme bei der Analyse der institutionellen Umwelt	174
Abbildung 11-2:	Die Wertkette	175
Abbildung 11-3:	Die Feinstaubdebatte: Vom Thema zur Institution	182
Abbildung 13-1:	Problem und Problemlösung	205
Abbildung 14-1:	Vernons Theorie des Produktlebenszyklus	219
Abbildung 14-2:	Porters „Diamant"	220
Abbildung 14-3:	Der doppelte Diamant	222
Abbildung 15-1:	Ressourcenorientierte Positionen im internationalen Wettbewerb	227

Abbildung 15-2:	Implikationen von Transaktionsmerkmalen für das Management	228
Abbildung 15-3:	Entscheidungsbaum für den Eintritt in einen ausländischen Markt	234
Abbildung 16-1:	Entscheidungsbaum für den Eintritt in einen ausländischen Markt (Teilausschnitt)	238
Abbildung 16-2:	Ausrichtung des Unternehmens auf den Markt	239
Abbildung 16-3:	Abgrenzung von Marktorientierung und Kundenorientierung	241
Abbildung 16-4:	Der Wert einer Marktposition	242
Abbildung 16-5:	Preis-Absatz-Funktion	243
Abbildung 17-1:	Entscheidungsbaum für den Eintritt in einen ausländischen Markt (Teilausschnitt)	254
Abbildung 17-2:	Leistung und Gegenleistung im Lizenzgeschäft	255
Abbildung 18-1:	Erfolg einer Transaktion in Abhängigkeit von der Beschäftigung	269
Abbildung 18-2:	Das Erfolgsmodell der Deckungsbeitragsrechnung	271
Abbildung 19-1:	Sukzessive Beschaffung von Systemen	285
Abbildung 19-2:	Die Quasi-Rente und Systembindung	287
Abbildung 19-3:	Phasen einer Geschäftsbeziehung	291
Abbildung 20-1:	Entscheidungsbaum für den Eintritt in einen ausländischen Markt (Teilausschnitt)	296
Abbildung 20-2:	Garantieformen als Marketing-Instrument	302
Abbildung 21-1:	Entscheidungsbaum für den Eintritt in einen ausländischen Markt	308
Abbildung 21-2:	Potentiale des Unternehmens A	313
Abbildung 21-3:	Potentiale des Unternehmens B	314
Abbildung 22-1:	Bestimmungsfaktoren des Nutzens einer Ressource	320
Abbildung 22-2:	ABC-Analyse auf der Basis des Lieferumfangs (Beispiel)	326
Abbildung 22-3:	Gefahrenpotentiale für die Effektivität und Effizienz des Anbieters	328
Abbildung 22-4:	Erosion der Gewinnmarge des Anbieters durch opportunistisches Verhalten des Kunden	329
Abbildung 22-5:	Kundenwachstum-Lieferanteil-Portfolio (Beispiel)	331
Abbildung 23-1:	Siemens AG in Zahlen (2004)	340
Abbildung 24-1:	Transaktionskostenanalyse bei horizontaler Integration nach Teece (Lizenzvergabe vs. Direktinvestition)	358
Abbildung 24-2:	Die Entstehung von Wissen im Produktionsprozess	359
Abbildung 25-1:	Wertschöpfung einer Arbeitsbeziehung	368
Abbildung 25-2:	Die organisationsökonomische Trias	369
Abbildung 25-3:	Arbeitseinsatz nach Qualifikation und Note	373
Abbildung 25-4:	Auswahl und Motivation deutscher Entsandter	375
Abbildung 26-1:	Führungsstilpräferenzen in unterschiedlichen Ländern	385
Abbildung 26-2:	Typologie von Stammhausdelegierten	389
Abbildung 27-1:	Bestandteile der Entlohnung	392

Abbildung 27-2:	Entgeltfindung bei Entsandten	393
Abbildung 27-3:	Die Nettovergleichsrechnung	394
Abbildung 28-1:	Die funktionale Aufbauorganisation	403
Abbildung 28-2:	Die divisionale Aufbauorganisation	404
Abbildung 28-3:	Die „Internationale Abteilung" zur Koordination von Auslandsaktivitäten	406
Abbildung 28-4:	Weltweite Produkt-Divisionen	407
Abbildung 28-5:	Länder- bzw. Regional-Divisionen	407
Abbildung 28-6:	Die internationale Matrixstruktur	408
Abbildung 29-1:	Elemente der Percepta-Ebene	414
Abbildung 29-2:	Unternehmenskultur im Akquisitionsprozess	419
Abbildung 29-3:	Verläufe des Akkulturationsprozesses	420
Abbildung 29-4:	Ergebnisse der Akkulturation	421
Abbildung 30-1:	Die Entwicklung zur Informationsgesellschaft	425
Abbildung 30-2:	Die Wissenstreppe	426
Abbildung 30-3:	Das Bausteinmodell von Probst et al.	428
Abbildung 30-4:	Die Projektion	431
Abbildung 30-5:	Die Integration	432
Abbildung 30-6:	Die Gestaltung internationaler F&E	433
Abbildung 30-7:	Die Orchestrierung	434
Abbildung 30-8:	Organisationale Wissenstransformation	435
Abbildung 30-9:	Der Wissensmarkt internationaler Unternehmen	437
Abbildung 31-1:	Der Prozess des organisationalen Wandels nach Lewin	441
Abbildung 31-2:	Der Prozess des Wandels der Unternehmenskultur nach Dyer	442
Abbildung 31-3:	Verhaltensoptionen im Falle von organisationalen Misfits	448
Abbildung 31-4:	Erklärung unterschiedlicher Verhaltensmuster gegenüber wahrgenommenen Misfits	451

Tabellenverzeichnis

Tabelle 1-1:	Produktionskoeffizienten bei komparativen Kostenvorteilen	12
Tabelle 2-1:	Institutionen und Organisationen	38
Tabelle 2-2:	Merkmale von Markt, relationalem Austausch und Hierarchie	52
Tabelle 3-1:	Die Rationalitätsfalle im Prisoner´s Dilemma (Beispiel)	68
Tabelle 3-2:	Sich selbst durchsetzende vs. sich nicht selbst durchsetzende Regeln	75
Tabelle 6-1:	Die Nation in der globalen Welt	117
Tabelle 7-1:	Arbeitsteilung zwischen nationalen, europäischen und weltweiten Einrichtungen	128
Tabelle 7-2:	EU Gremien und Organe	129
Tabelle 7-3:	Zunehmende Regulierungstätigkeit der EU	130
Tabelle 9-1:	Die Phasen der Kulturforschung in der Betriebswirtschaftslehre	150
Tabelle 10-1:	Arbeitsbedingungen bei Handy-Zulieferern	162
Tabelle 11-1:	Ermittlung des Informationsbedarfs	177
Tabelle 11-2:	Systematisierung von Informationsträgern	177
Tabelle 12-1:	Erträge alternativer Handlungen bei der Bereitstellung eines Kollektivgutes	187
Tabelle 12-2:	Der Einfluss der Dauer der Zusammenarbeit und der Gruppengröße auf die Organisation von Interessenvertretungen	189
Tabelle 14-1:	Produktionsmöglichkeiten von Ghana und Südkorea (Beispiel)	213
Tabelle 14-2:	Produktionsmöglichkeiten von Ghana und Südkorea (verändertes Beispiel)	215
Tabelle 14-3:	Relative Kosten von Reis und Kakao	215
Tabelle 14-4:	Vorteile durch Arbeitsteilung bei komparativen Kostenvorteilen	216
Tabelle 15-1:	Fit und Misfit zwischen Kauf- und Verkaufsverhalten	230
Tabelle 15-2:	Positionen im internationalen Wettbewerb (ressourcen- und nachfragerorientiert)	232
Tabelle 16-1:	Differenzierung von Marken für China	247
Tabelle 17-1:	Grenzüberschreitende Zahlungen für Patente und Lizenzen	255
Tabelle 17-2:	Zahlungen aus Lizenzgeschäften nach Kapitalverflechtung (Deutschland)	257
Tabelle 18-1:	Berechnung des ORI (1999) für Argentinien	273
Tabelle 20-1:	Möglichkeiten relationalen Austauschs	298
Tabelle 20-2:	Gegenüberstellung der Vorteile von Generalunternehmerschaft und offenes Konsortium	300
Tabelle 20-3:	Managementaufgaben in Markttransaktionen und relationalen Austauschbeziehungen	304

Tabelle 21-1:	Formen von Joint Ventures	311
Tabelle 22-1:	Die Bewertung diskreter und relationaler Transaktionen	318
Tabelle 22-2:	Ansätze zur Kundenklassifikation	322
Tabelle 22-3:	Kundendeckungsbeitragsrechnung	323
Tabelle 22-4:	Ökonomische Maßgrößen der Kundenbedeutung	324
Tabelle 22-5:	RFM Methode (Beispiel)	327
Tabelle 23-1:	Zahl multinationaler Unternehmen	341
Tabelle 23-2:	Definitionen der internationalen Unternehmung	342
Tabelle 23-3:	Auslandsquoten ausgewählter deutscher Unternehmen	345
Tabelle 23-4:	Der Transnationality-Index ausgewählter Unternehmen für das Jahr 2003	346
Tabelle 23-5:	Typologie internationaler Unternehmen nach Perlmutter	349
Tabelle 23-6:	Unternehmenstypologie nach Bartlett und Ghoshal	351
Tabelle 24-1:	Länder-, branchen- und unternehmensspezifische Vorteilsausprägungen in der eklektischen Theorie von Dunning	364
Tabelle 24-2:	Einfluss der Vorteilsarten auf die Markteintrittstrategie in der eklektischen Theorie von Dunning	365
Tabelle 25-1:	Besetzungsstrategien im Vergleich	371
Tabelle 26-1:	Versagen von Entsandten	382
Tabelle 26-2:	Beispiele für Methoden interkulturellen Trainings	384
Tabelle 27-1:	Beispiele für Erschwerniszulage in Prozent des Nettogehaltes	395
Tabelle 27-2:	Entlohnung von Turnier-Gewinnern und –verlierern	396
Tabelle 27-3:	Geschätztes senioritätsabhängiges Wachstum von Einkommen für japanische und britische Männer auf vergleichbarem organisatorischen Rang (Index für Stundenlöhne bei einem Startalter von 18 Jahren)	399
Tabelle 29-1:	US-amerikanische und japanische Unternehmen	418
Tabelle 31-1:	Institutioneller Wandel bei Williamson, North und Hayek	444

Teil I

Einführung

Im Einführungsteil des Buches wird die Grundlage für die Behandlung der Fragestellungen der folgenden Kapitel gelegt. Im ersten Kapitel geht es um den eigentlichen Gegenstand des Faches Internationales Management. Was ist das beobachtbare Phänomen, mit dem sich das Internationale Management als Fachdisziplin befasst, und welcher Aspekt dieses Phänomens steht im Mittelpunkt der Betrachtung? Das zweite Kapitel geht genauer auf die hier eingenommene theoretische Perspektive – die der Neuen Institutionenökonomik – ein. Wodurch können potentielle Gewinne aus internationalen Kooperationsbeziehungen gefährdet werden? Welche Möglichkeiten der Absicherung gibt es?

1 Gegenstand des Internationalen Managements

1.1 Erfahrungs- und Erkenntnisobjekt des Internationalen Managements

Wenn wir über den Gegenstand des Internationalen Managements sprechen, so ist damit der Gegenstand des Faches Internationales Management gemeint und nicht die Tätigkeit des internationalen Managements. Es geht also um die Frage, wie das Fach Internationales Management in diesem Buch interpretiert wird und somit auch um die Frage, was der Leser erwarten kann und was er nicht erwarten kann. Für diese Klärung ist es hilfreich auf die Unterscheidung zwischen Erfahrungs- und Erkenntnisobjekt einer Disziplin zurückzugreifen (vgl. Chmielewicz 1994, 19 ff., Neus 2003, 2):

Definition: *Erfahrungsobjekt und Erkenntnisobjekt*

Das *Erfahrungsobjekt* ist das empirische Phänomen, also ein Ausschnitt aus der Realität, den es zu behandeln gilt. Das *Erkenntnisobjekt* entspricht der Perspektive bzw. der spezifischen Fragestellung, aus der heraus das Erfahrungsobjekt betrachtet wird.

Der Unterschied zwischen Erfahrungs- und Erkenntnisobjekt wird durch die Geschichte einer kleinen elektrischen Zahnbürste mit dem Namen „Sonicare Elite 7000" sehr anschaulich (vgl. Hoppe 2005, 136-141):

Beispiel:

Die „Sonicare Elite 7000" wird von der holländischen Firma Philips und ihren Zuliefererfirmen an zwölf Standorten und in fünf Zeitzonen der Welt durch etwa 4500 Mitarbeiter produziert. Dazu gehört beispielsweise die 28-jährige Mary-Ann Cole, die als Arbeiterin im Werk von Integrated Microelectronics Inc., einem Zulieferunternehmen von Philips in Manila arbeitet. Oder Peter Heindl, ein Ingenieur beim Klagenfurter Philips-Werk, der ein Testlabor leitet. Dort werden Maschinen entwickelt, durch welche die Belastbarkeit der „Sonicare Elite 7000" aber auch anderer Philips Produkte unter extremen Bedingungen - etwa wie am Nordpol oder in der Wüste – getestet werden kann. Oder Wayne Millage, der sich in der Karton- und Verpackungsfirma Allpak/Trojan in der Nähe von Seattle, an der Westküste der USA, Gedanken über die Verpackung der „Sonicare Elite 7000" macht.

1 Gegenstand des Internationalen Managements

Die Zahnbürste beruht auf einem intelligenten Konzept. David Giuliani hatte in seiner Firma Optiva Corp. eine elektrische Zahnbürste erfunden, deren Bürstenkopf nicht durch einen Motor, sondern durch eine Induktionsspule in Bewegung gebracht wird. Fließt Strom durch die Spule, werden zwei kleine Magnete in Vibration versetzt, die über zwei Stahlblätter ein schnurrendes Zittern mit über 30000 Bewegungen pro Minute auf den Bürstenkopf übertragen.
Nach der Übernahme von Optiva Corp. durch Philips wird die „Sonicare Elite 7000" für den Bereich „Oral Healthcare Philips" nun aus insgesamt 38 Komponenten gefertigt. Die Teile des Akkus stammen aus Japan, Frankreich und China. Die Platine kommt vorgeätzt aus Zhuhai im Südosten Chinas und die Kupferspulen stammen aus der chinesischen Industriestadt Shenzhen. Komponenten für die Platine werden in Malaysia (Kuala Lumpur) gefertigt und der Spezialstahl für die Stahlblätter kommt aus Schweden. Die Montage der Kunststoffteile und die Verpackung erfolgen in den USA. Zum Zeitpunkt der Montage haben die Komponenten eine Reise von 27880 Kilometern, zwei Drittel des Erdumfangs, zurückgelegt. Kleinste Verzögerungen an einem Punkt in der Wertschöpfungskette können den gesamten Prozess durcheinander bringen.
Die Zahnbürste wird für 130 Euro pro Stück verkauft und hat einen Weltmarktanteil von etwa acht Prozent. Das sind etwa 20 Millionen Käufer. Eigentlich zu wenig, um langfristig erfolgreich sein zu können, denn der Wettbewerb in diesem Hochpreissegment ist hart. Da gibt es die „Interplak", die „Waterpik Sonic Speed" oder die „3D Excel" von Braun, die ebenfalls ausgezeichnete Testergebnisse erzielt. Der Druck auf die „Sonicare Elite 7000" und ihre Produzenten ist also erheblich, denn auch in einem Unternehmen mit 30 Mrd. Euro Umsatz wie Philips, muss die kleine Zahnbürste Gewinn einspielen. Ansonsten wird die Sparte dicht gemacht.

Die Geschichte der „Sonicare Elite 7000" stellt einen sehr kleinen Ausschnitt aus der Wirklichkeit dar. Wählt ein Forscher diesen Ausschnitt als sein Analyseobjekt aus, so wird es dadurch zu seinem „Erfahrungsobjekt". Damit ist aber noch nichts über die spezifische Sichtweise des Forschers ausgesagt. Denn der geschilderte kleine Realitätsausschnitt kann durch ganz unterschiedliche Perspektiven betrachtet und dadurch zu unterschiedlichen „Erkenntnisobjekten" werden. So könnte es einen Zahnmediziner primär interessieren, ob die Erfindung von David Giuliani zu einer verbesserten Zahnpflege führt. Einen Juristen könnten vor allem die Haftungsfragen bewegen, die sich ergäben, wenn der Klagenfurter Ingenieur Peter Heindl Fehlfunktionen des Geräts übersehen würde. Ein Soziologe würde vielleicht nach den gruppendynamischen Prozessen und zwischenmenschlichen Beziehungen fragen, sollten sich Mary-Ann Cole, Peter Heindl und Wayne Millage einmal kennen lernen. Dem Wirtschaftswissenschaftler geht es dagegen primär um die wertmäßige Betrachtung von Austauschbeziehungen zwischen Kooperationspartnern, also beispielsweise zwischen Philips und seinen Zulieferern oder Philips und seinen Endabnehmern oder aber Philips und seinen Mitarbeiterinnen und Mitarbeitern. Die Perspektiven der anderen Disziplinen sind für den Ökonomen zwar auch relevant, aber immer nur in dem Maße, wie sie einen Bezug zu den wertmäßigen Austauschrelationen zwischen Marktteilnehmern haben. Sie bilden ansonsten nicht den Kern seines Forschungsgebietes.

Was hier für die Wirtschaftswissenschaft und andere Disziplinen im Allgemeinen dargestellt wird, gilt für das Internationale Management als Teilbereich der Wirtschaftswissenschaft und der Betriebswirtschaftslehre in gleicher Weise. Auch hier sind

1.1 Erfahrungs- und Erkenntnisobjekt des Internationalen Managements

Erfahrungs- und Erkenntnisobjekt zu definieren, damit die jeweilige Interpretation des Faches und seine Abgrenzung zu anderen Fächern erkennbar werden.

Es wäre nun naheliegend an dem Begriff Internationales Management anzusetzen. Dann ließen sich z.B. internationale Unternehmen als der zu betrachtende Wirklichkeitsausschnitt auffassen und das Management dieser Unternehmen als die ganz spezifische Sichtweise auf das Phänomen. Es wäre dann zwar noch zu klären, was genau unter einem internationalen Unternehmen und was unter Management zu verstehen ist, doch diese Klärung könnte z.B. in Anlehnung an Glaums Definition der multinationalen Unternehmung und an Milgrom und Roberts Interpretation von Management leicht erfolgen.

Definition: *Internationale Unternehmen und Management*

„Eine Unternehmung gilt als international, wenn sie in mehreren Staaten als Produzent tätig ist" (Glaum 1996, 10).

Management: "The key role of management in organizations is to ensure coordination. The survival and success of the organization is crucially dependent on achieving effective coordination of the actions of the many individuals and subgroups in the organization, on making sure that they all are focusing their efforts on carrying out a feasible plan of action that will promote the organization´s goals, and on assuring that the plan is adjusted appropriately to remain feasible and appropriate as circumstances change" (Milgrom / Roberts 1992, 114).

Diese Sichtweise verleitet allerdings rasch dazu, internationale Unternehmen quasi als Wesen ganz eigener Art zu sehen. Ganz in diesem Sinne ist ja nicht selten davon die Rede, dass internationale Konzerne dieses täten oder aber jenes unterließen. Dabei wird schnell übersehen, dass hinter Unternehmen immer Menschen stehen, die als Arbeitnehmer und Manager, Zulieferer oder Konsumenten, Steuerempfänger und Subventionsgeber sowohl Einflussmöglichkeiten haben als auch Verantwortung übernehmen müssen. Sie alle sind *Stakeholder,* also Personen oder Personengruppen, die auf die Zielerreichung des Unternehmens einwirken und die von der Zielerreichung des Unternehmens individuell betroffen sind (vgl. Mitchell et al. 1997, Freeman 1984, Meckling / Jensen 1983, 10). Im folgenden Kapitel wird unter dem Stichwort des „methodologischen Individualismus" noch einmal auf diesen Aspekt eingegangen.

Danach scheint es geboten, den individuellen Menschen und sein Entscheidungsverhalten und nicht das Unternehmen in den Mittelpunkt der Betrachtung zu stellen. Der Gegenstand des Faches Internationales Management kann über das Erfahrungs- und Erkenntnisobjekt dann folgendermaßen definiert werden.

1 Gegenstand des Internationalen Managements

Definition: *Erfahrungsobjekt des Internationalen Managements*

Als Erfahrungsobjekt des Internationalen Managements wird der Mensch in einer international vernetzten Welt betrachtet.

Definition: *Erkenntnisobjekt des Internationalen Managements*

Als Erkenntnisobjekt des Internationalen Managements wird das Streben des Menschen nach Verbesserung seiner Situation bzw. nach Steigerung seines Wohlbefindens durch internationale Kooperationsentscheidungen angesehen.

Diese Definition des Gegenstandes des Faches Internationales Management entspricht einer klar ökonomischen Perspektive. Dabei wird ganz bewusst keine zusätzliche funktionale Eingrenzung – etwa im Sinne eines Internationalen Finanzmanagements oder eines Internationalen Marketingmanagements – und auch keine regionale Eingrenzung á la „alles über China" vorgenommen. Dieses Wissen wird in den anderen betriebswirtschaftlichen Fächern oder in länderspezifischen Trainingsangeboten in hohem Maße vermittelt.

Das, was der hier eingenommenen Perspektive auf das Fach Internationales Management eine besondere Existenzberechtigung und -notwendigkeit gibt, ist gerade nicht die Vermittlung von funktionsorientiertem Expertenwissen. Was an Universitäten nur spärlich vermittelt wird, aber in zunehmendem Maße von Führungskräften gefordert wird, ist eine Orientierungsfähigkeit in einer dynamischen und vernetzten Welt. Dazu befähigt kein nach Funktionen sortierter Wissensbaukasten, sondern allein ein integratives Denken, das die Zusammenhänge zwischen *gesellschaftlichen Anforderungen, marktlichen Wettbewerbsbedingungen* und *innerbetrieblichen Erfolgsfaktoren* herstellen kann. Um eine solche Orientierung herzustellen, wäre es unzweckmäßig, den Gegenstand des Faches Internationales Management restriktiv und funktionsorientiert einzugrenzen. Aus diesem Grunde wird die oben vorgeschlagene Festlegung des Erfahrungs- und Erkenntnisobjektes des Fachs vorgenommen, also die Analyse des menschlichen Entscheidungsverhaltens in einer international vernetzten Welt. Damit wird ein funktionsübergreifender und die Ebenen Unternehmen, Markt und Gesellschaft integrierender Analyserahmen geschaffen. Gleichzeitig wird ein klares Bekenntnis zu einer ökonomischen Analyse abgegeben (vgl. Kapitel 2). Damit wird noch nicht der Anspruch erhoben, alle relevanten Fragen, die zu der geforderten Orientierung gehören, auf Anhieb beantworten zu können. Allerdings scheint der Ansatz fruchtbar, wenn es darum geht, die relevanten Fragen der internationalen Kooperation und der Koordination zu erkennen und eigenständige Positionen zu den Fragen entwickeln zu können. Das Formulieren der richtigen Fragen und das Erarbeiten fundierter Ausgangspositionen bildet dann die Voraussetzung für die Suche und das Auffinden von Problemlösungen.

1.2 Wohlstandssteigerung durch internationale Kooperation

1.2.1 Bedürfnisse

Wenn als Gegenstand des Faches Internationales Management der Mensch in seinem Streben nach Verbesserung der eigenen Situation bzw. nach Steigerung seines Wohlbefindens in einer international vernetzten Welt angesehen wird, so stellt sich die Frage, was denn unter einer Verbesserung der Situation eines Menschen zu verstehen ist. Dazu ist es erforderlich zu klären, welche Bedürfnisse ein Mensch hat.

Definition: *Bedürfnis*

Ein Bedürfnis ist der Wunsch eines Menschen, der – wenn er in Erfüllung geht – zu einer Steigerung des Wohlbefindens des jeweiligen Menschen, oder anders ausgedrückt, zu seinem individuellen Nutzen beiträgt.

Zahl und Art menschlicher Bedürfnisse sind ausgesprochen vielfältig. Teilweise sind sie ihren Trägern selbst nicht klar bewusst. Sehr bekannt geworden ist die Vorstellung des amerikanischen Psychologen Abraham Maslow, der die menschlichen Bedürfnisse in einer Pyramide geordnet hat, mit den körperlichen Bedürfnissen als fundamentalen Basisbedürfnissen und dem Bedürfnis nach Selbstverwirklichung an der Spitze (Maslow 1970). Für präzisere Aussagen müsste die individuelle Nutzenfunktion eines Menschen bekannt sein.

Definition: *Nutzenfunktion*

Eine Nutzenfunktion stellt den genauen Zusammenhang zwischen dem Konsum eines Gutes und dem daraus resultierenden Nutzen für ein Individuum dar.

Zahlreiche Bedürfnisse – aber nicht alle – materialisieren sich in Konsumwünschen, die zu einer entsprechenden Nachfrage nach Konsumgütern führen. Der Bezug dieser Konsumgüter setzt ein Einkommen voraus (vgl. Neus 2005, 6), so dass der Erwerb von

Einkommen und seine Sicherung als ein zentrales Bedürfnis des Menschen angesehen werden kann.

1.2.2 Bedürfnisbefriedigung durch internationale Arbeitsteilung und Wettbewerb

Das Ziel der Bedürfnisbefriedigung ist eng mit dem Mittel der Kooperation und der Arbeitsteilung zwischen Menschen verbunden. Zwar kann der Mensch seine Bedürfnisse in einem gewissen Umfang durch Güter abdecken, die er selbst herstellt. Vor allem wenn wir aber annehmen, dass der Mensch in bezug auf seine Ausstattung an Ressourcen und Zeit Restriktionen unterliegt, kann er die Befriedigung seiner Bedürfnisse (und damit seinen Nutzen) durch die Kooperation mit anderen Individuen erheblich steigern. Unter Kooperation ist dann vor allem der freiwillige Austausch von Gütern zwischen Menschen zu verstehen, die ihre Situation durch Transaktionen verbessern wollen.

Paul Krugman, einer der einflussreichsten Wirtschaftspublizisten der USA, betont die Potentiale der internationalen Arbeitsteilung (Krugman 1999). Nach Krugman besteht das Wesen der Globalisierung nicht darin, dass sich eine immer größere Anzahl von Akteuren einen bestehenden Wohlstandskuchen teilen muss. Vielmehr kann die Globalisierung durch eine vertiefte internationale Arbeitsteilung zusätzlichen Wohlstand entstehen lassen.

Definition: *Globalisierung*

Globalisierung wird in diesem Sinne verstanden als ein Prozess der Ausweitung der Möglichkeiten der internationalen Arbeitsteilung, der vor allem auf eine Reduktion der Kommunikations- und Transportkosten und auf den Abbau von Handelsbarrieren zurückzuführen ist. Die Globalisierung betrifft damit zwei Bereiche: Sie erweitert die Gestaltungsmöglichkeiten der Wertschöpfungsaktivitäten, also der Aktivitäten, mit denen ein Unternehmen einen Wert für den Kunden schaffen will, und sie erweitert und vergrößert die potentiellen Absatzmärkte.

Die Ursachen einer potentiellen Nutzensteigerung durch internationale Kooperation sind vor allem durch Adam Smith und David Ricardo bekannt geworden (vgl. Smith 1776/1976, Ricardo 1817/1970). Auch nach zahlreichen Modifikationen und Weiterentwicklungen ihrer Arbeiten kann die Nutzensteigerung aus Kooperation vor allem auf zwei Hauptursachen zurückgeführt werden:

1. Die Anfangsausstattungen der Individuen mit Gütern sind so gestaltet, dass durch den Tausch von Gütern eine Nutzensteigerung beider Transaktionspartner möglich wird.

1.2 Wohlstandssteigerung durch internationale Kooperation

2. Die Parteien weisen unterschiedliche Kostenpositionen auf, die eine Spezialisierung und den Austausch von Gütern vorteilhaft werden lassen.

ad 1) Für den Konsum von Gütern aber auch für die Produktion kann es förderlich sein, über unterschiedliche Güter in einer bestimmten Zusammensetzung zu verfügen. Wenn zwei Menschen hungrig und durstig sind und der Eine ein Brot und der Andere eine Flasche Wasser besitzt, so ist es plausibel anzunehmen, dass die beiden Menschen ihr Wohlbefinden durch einen einfachen Tausch steigern können, indem sie nämlich z.B. ein halbes Brot gegen eine halbe Flasche Wasser tauschen. Ein Wohlstandsgewinn ist vor allem dann zu erwarten, wenn abnehmende Grenznutzen angenommen werden, d.h. wenn die jeweils nächste Einheit eines Gutes einen geringeren Nutzenzuwachs bringt als die jeweils vorherige Einheit eines Guten. Ein gleichmäßigerer Konsum beider Güter führt dann tendenziell zu einem höheren Nutzen als der ausschließliche Konsum eines Gutes.

Da zahlreiche Güter oder Ressourcen besonders in bestimmten Ländern vorkommen bzw. effizient in bestimmten Regionen der Welt produziert werden können, ist es für die Hersteller und Konsumenten vorteilhaft auch über die Grenzen des eigenen Landes hinweg zu tauschen. Werden Arbeitsteilung und Austausch über die nationalen Grenzen eines Landes hinweg im Rahmen internationaler Kooperation ausgedehnt, lassen sich die potentiellen Kooperationsgewinne somit erheblich steigern.

ad 2) Die Kostenvorteile können absoluter und relativer Natur sein. Daneben entstehen Kostenvorteile durch Skaleneffekte.

Definition: absoluter Kostenvorteil

Ein absoluter Kostenvorteil liegt dann vor, wenn ein Produzent bei der Produktion einer bestimmten Menge eines Gutes weniger Ressourcen verbraucht als ein anderer.

Liegen die absoluten Kostenvorteile bei der Herstellung von zwei Gütern in zwei unterschiedlichen Ländern, so ist es ratsam, dass sich die beiden Länder jeweils auf die Produktion des Gutes konzentrieren, bei dem sie einen absoluten Kostenvorteil besitzen. Unterschiedliche Kostenpositionen in verschiedenen Ländern sind danach regelmäßig ein Grund für internationalen Austausch.

Internationale Arbeitsteilung kann aber auch dann noch vorteilhaft sein, wenn ein Land für alle seine Produkte höhere absolute Kosten als ein anderes Land hat, gleichwohl aber ein komparativer Kostenvorteil besteht.

1 Gegenstand des Internationalen Managements

Definition: *komparativer Kostenvorteil*

Ein komparativer Kostenvorteil liegt vor, wenn ein Land ein Gut zu niedrigeren Opportunitätskosten herstellen kann, als ein anderes Land.

Nehmen wir an, zwei Länder A und B würden jeweils Schnellzüge und Flugzeuge produzieren, das Land A könne aber sowohl Schnellzüge als auch Flugzeuge produktiver herstellen. Nehmen wir ferner an, die Produktion der Schnellzüge in Land A wäre doppelt so effizient wie in Land B, die Flugzeugherstellung aber sogar dreimal günstiger als im Land B. Das Beispiel lässt sich in Tabelle 1.1 anhand der Produktionskoeffizienten darstellen. Ein Produktionskoeffizient zeigt an, wie viele Einheiten eines Einsatzfaktors zur Herstellung einer Produkteinheit eingesetzt werden müssen.

Tabelle 1-1: Produktionskoeffizienten bei komparativen Kostenvorteilen

	Land	
	A	B
Flugzeuge	2	6
Schnellzüge	1	2

Der komparative Kostenvorteil im Land A liegt damit bei den Flugzeugherstellern. Land A muss für die Produktion eines Flugzeuges auf die Produktion zweier Schnellzüge verzichten, während Land B auf den Bau dreier Schnellzüge verzichten müsste, um ein Flugzeug herzustellen. Der Verzicht auf die Produktion der Schnellzüge beschreibt die jeweiligen Opportunitätskosten der Länder A und B bei der Produktion eines Flugzeuges.

Definition: *Opportunitätskosten*

Opportunitätskosten beschreiben den entgangenen Nutzen der besten nicht gewählten Alternative. Anders ausgedrückt handelt es sich um die wertvollsten Ressourcen oder Güter, die aufgegeben werden müssen, um ein Ziel zu erreichen.

Das Land B ist zwar bei beiden Produkten weniger produktiv, es lässt sich aber nun leicht feststellen, dass Land B einen komparativen Vorteil bei der Herstellung von Schnellzügen besitzt. Verwenden beide Länder ihre Ressourcen nicht für die Herstellung beider Produkte, sondern konzentrieren sich auf die Produktion des Produktes, bei dem der komparative Kostenvorteile liegt, so können mit den gleichen Ressourcen mehr Güter gefertigt (und ggf. konsumiert) werden. Im Effekt der komparativen Kostenvorteile liegt eine wesentliche Wohlstand stiftende Kraft der internationalen Arbeitsteilung. Bei der Diskussion internationaler Wettbewerbsfähigkeit wird auf dieses Argument David Ricardos (1817/1970) noch einmal eingegangen.

Kostenvorteile gewinnen als Ursache internationaler Arbeitsteilung zusätzlich an Bedeutung, wenn Kostenpositionen im Zeitablauf veränderbar sind. Spezialisierung und Arbeitsteilung tragen zu sinkenden Produktionskosten bei. Spezialisten, die sich auf die Durchführung bestimmter Aktivitäten konzentrieren, können über *Lerneffekte* erhebliche Kosteneinsparungen realisieren. Spezialisierung und Austausch führen dadurch im Ergebnis dazu, dass die Kooperationspartner deutlich mehr Güter konsumieren können als ohne eine Arbeitsteilung.

Neben den Lerneffekten stellen sog. *Skaleneffekte* eine weitere Quelle für Kostensenkungen dar, die durch eine internationale Arbeitsteilung herbeigeführt werden können.

Definition: Skaleneffekte

Unter *Skaleneffekten* werden Kostensenkungen verstanden, die aufgrund einer Ausweitung der Betriebsgröße, d.h. durch eine grundlegende Änderung der Betriebskapazitäten, entstehen. Von *zunehmenden Skalenerträgen* wird daher gesprochen, wenn das Produktionsergebnis überproportional zum Einsatz der Ressourcen steigt.

Durch Zusammenlegung von Produktionskapazitäten in der Folge von Spezialisierung und Arbeitsteilung lassen sich somit weitere Kostenvorteile und Wohlstandspotentiale realisieren. Die internationale Arbeitsteilung und der internationale Handel lösen dabei gleich zwei Probleme: Die Produzenten können sich auf eine eingeschränkte Produktpalette konzentrieren und zunehmende Skalenerträge realisieren. Das wird möglich, weil der internationale Handel ihre Absatzmärkte vergrößert. Die Konsumenten können gleichwohl unter einer großen Auswahl von Produkten auswählen. Die Möglichkeit unter einer Vielzahl von PKW in Millionen von Produktvarianten auswählen zu können ohne die Vielfalt durch hohe Kosten erkaufen zu müssen, ergibt sich nur aus der internationalen Arbeitsteilung und dem internationalen Handel.

Neben der Wohlstand stiftenden Wirkung der internationalen Kooperation ist vor allem der intensivere internationale *Wettbewerb* eine Quelle von Wohlstandszuwächsen für Konsumenten. Durch den Prozess der Globalisierung steigt die Zahl der Anbieter und Nachfrager. Da sich auf vielen Märkten immer mehr Anbieter um ein knappes Gut bemühen, das nicht alle Anbieter erhalten können (die Kaufkraft der Kunden), wird der Wettbewerb tendenziell härter. Der freie Handel erschwert die Bildung nationaler Monopole oder Kartelle. Freier Marktzugang ist somit ein wirksames Mittel gegen den Aufbau von Marktmacht auf der Anbieterseite. Allerdings ist in den letzten Jahren zunehmend zu beobachten, dass Unternehmen versuchen, der Herausforderung eines weltweiten Wettbewerbs durch weltweite Monopolisierung zu begegnen.

1.2.3 Ausweitung internationaler Kooperation

Aus ökonomischer Sicht determinieren vor allem Transaktionskosten – also die Kosten der Koordination der Arbeitsteilung (vgl. dazu auch Kapitel 2) – den Grad der internationalen Arbeitsteilung. Sie zeigen bei steigender Arbeitsteilung einen den Produktionskosten genau entgegengesetzten Verlauf (vgl. Abb. 1-1).

Abbildung 1-1: Produktions- und Transaktionskosten als Funktion des Grades der Arbeitsteilung

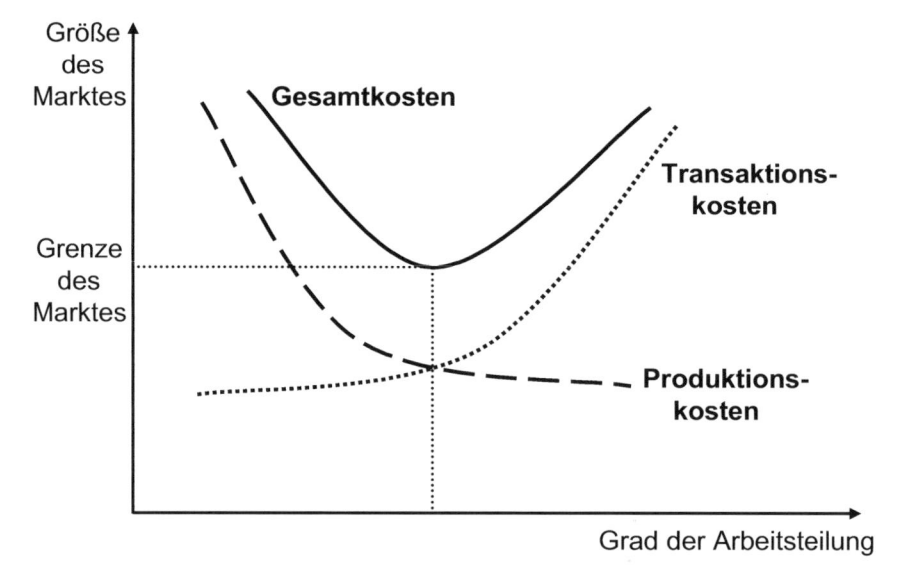

Während die Produktionskosten aufgrund von Spezialisierungs- und Größeneffekten mit einem zunehmenden Grad an Arbeitsteilung abnehmen, steigen der Koordinationsbedarf und damit die Transaktionskosten mit zunehmender Arbeitsteilung an. Aus der gemeinsamen Betrachtung von Transaktionskosten und Produktionskosten in Abhängigkeit vom Grad der Arbeitsteilung ergibt sich ein Punkt – in der Abbildung das Minimum der Gesamtkostenkurve – wo eine weitere Steigerung der internationalen Arbeitsteilung nicht mehr zu weiteren Wohlstandsgewinnen führt. Die Ursache für

Wohlstandssteigerung durch internationale Kooperation

1.2

die Begrenztheit der Märkte ist somit in der Transaktionskosten zu sehen, die von einer kritischen Größe des Marktes an in einem solchen Maß anwachsen, dass die Produktionskostenvorteile der Arbeitsteilung aufgebraucht werden.

Gerade in Bezug auf die Transaktionskosten haben sich in den vergangenen Jahren aber sehr unterschiedliche Entwicklungen ergeben. Einerseits haben neue Sicherheitsrisiken teilweise zu einem Anstieg von Transaktionskosten geführt (vgl. Brück, Schumacher 2004). Andererseits haben sowohl technologische Fortschritte etwa im Kommunikationsbereich, sinkende Transportpreise aber auch politische Entwicklungen, zu Transaktionskostensenkungen geführt und dazu beigetragen, dass verschiedene Märkte permanent gewachsen sind und in bestimmten Branchen nur noch von einem globalen Markt gesprochen werden kann. In Abbildung 1-2 wird die Entwicklung der Transport- und Kommunikationskosten seit 1930 dargestellt.

Abbildung 1-2: Transport- und Kommunikationskosten

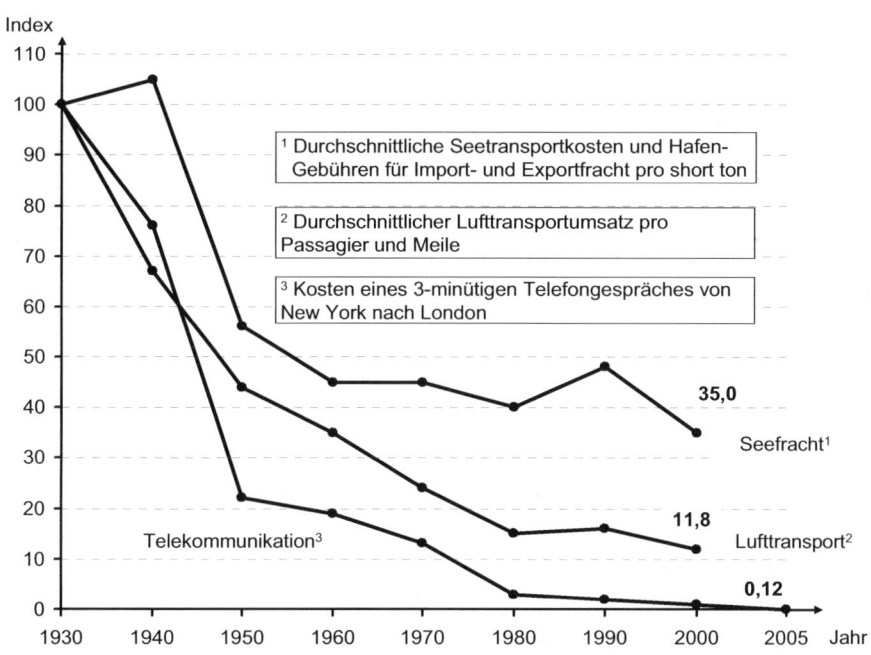

Index (1930 = 100), in konstanten Preisen, 1930 bis 2005

Quelle: Busse, Matthias: HWWA Discussion Paper Nr.116; BDI: Außenwirtschafts-Report 04/2002 Stand: 06.2006

1 Gegenstand des Internationalen Managements

Am Beispiel der Containerschifffahrt kann gezeigt werden, wie eine Branche von der Globalisierung profitiert und die Globalisierung gleichzeitig als Verursacher niedrigerer Transaktionskosten antreibt.

Beispiel: *Containerschifffahrt*

Kaum eine andere Branche hat so von der Globalisierung profitiert wie die Schifffahrt. Die Reederein melden Rekordgewinne, die Häfen Rekordumschläge, Schiffsfinanzierer wie Banken und Fonds verchartern Containerriesen zu Rekordpreisen und die Auftragsbücher der Werften in Asien sind voll. Seit 1996 hat sich die Flotte weltweit fast verdoppelt, und ihr Fassungsvermögen an Containern enorm vergrößert. Viele der Giganten passen nicht einmal mehr durch den Panamakanal.
Fast alles wird mittlerweile mit Containern transportiert: holländische Tulpenzwiebeln werden zum Wachsen nach Neuseeland geschickt, die Nordseekrabben zur Verarbeitung nach Asien und in Russland werden die Holzstämme automatisch auf Containermaß zugeschnitten. Durch die zunehmend vernetzte Wirtschaft und weltweite Arbeitsteilung ist der enorme Transportraumzuwachs in der Schifffahrt nötig geworden. Und Prognosen bestätigen, dass der Welthandel auch weiterhin kräftig anwachsen wird. Dass der Welthandel so boomt, wird maßgeblich durch die Containerschiffe mitbestimmt. Grund dafür sind die, durch das wachsende Fassungsvermögen der Schiffe, gesunkenen Transportkosten, die bei der Herstellung von Produkten kaum noch ins Gewicht fallen. Wenn etwa 15000 Flaschen australisches Bier in einem Container nach Deutschland verschifft werden, dann fallen die Kosten kaum ins Gewicht. Vor 20 Jahren noch lag der durchschnittliche Seetransportkostenanteil bei zehn Prozent, heute nur noch bei etwa einem Prozent. Dadurch wird die Arbeitsteilung erst ermöglicht, denn nur durch einen billigen Transport lohnt es sich die Kostenvorteile, die eine Produktion in beispielsweise China bietet, auszunutzen. Dass China zur Fabrikhalle der Welt geworden ist und zu einem ernstzunehmenden Exporteur (die Ausfuhr hat sich in den vergangenen zehn Jahren verfünffacht), erhöht die Auslastung der Container. Jetzt findet ein Austausch von Gütern in beide Richtungen statt und nicht mehr nur von Europa nach Asien. Diese Entwicklung fördert ebenfalls die Nachfrage nach größeren Schiffen, und die Transportkosten bleiben gering oder sinken weiter, was sich wiederum katalysierend auf den Welthandel auswirkt. (Quelle: Der Spiegel, 07.06.2004, S.86ff.)

In die gleiche Richtung wie die fallenden Transaktionskosten wirken auch Deregulierungsprozesse auf zahlreichen Märkten sowie politische Entwicklungen, die auf eine Senkung von Marktbarrieren abzielen. Die Öffnung der Märkte und eine Förderung des Handels ist eine der zentralen Aufgaben der Welthandelsorganisation. Die Folgen dieser Entwicklungen sind offensichtlich. Der weltweite Handel und die internationale Arbeitsteilung sind in den vergangenen Jahren in einem weit höheren Maße angestiegen als die weltweite Produktion (vgl. Abb. 1-3). Die Mobilität der Einsatzfaktoren ist in fast allen Bereichen gestiegen.

Abbildung 1-3: Welthandel und Weltproduktion

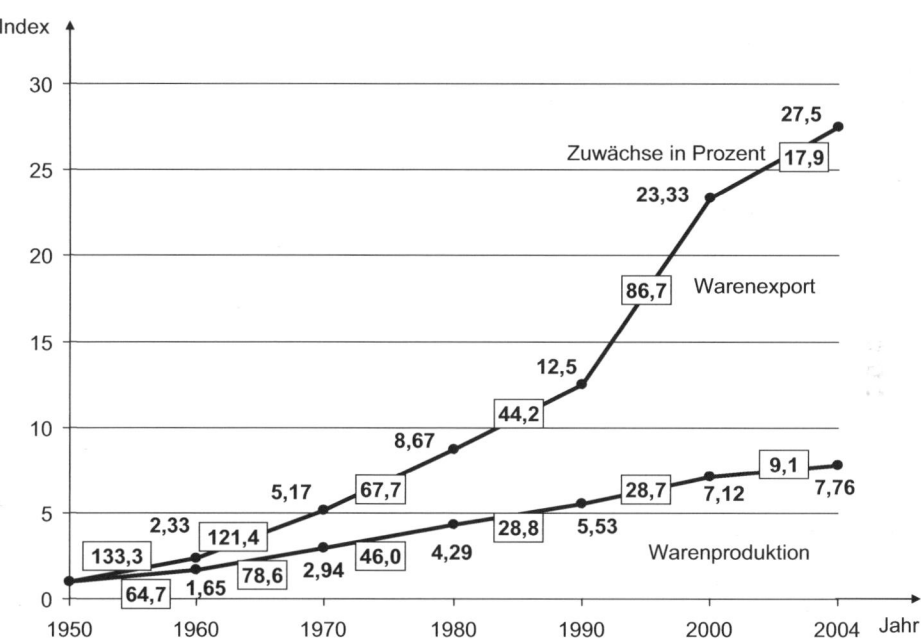

Index (1950 = 1), in konstanten Preisen, Zuwächsen in Prozent, weltweit 1950 bis 2004

Quelle: World Trade Organisation (WTO): International trade statistics 2005
Stand: 06.2006

Von den Waren, die im Jahr 2004 exportiert wurden, entfiel wertmäßig der größte Anteil auf Fertigprodukte (6570 Mrd. US-Dollar). 1281 Mrd. US-Dollar entfielen auf Brennstoffe und Bergbauprodukte und 783 Mrd. US-Dollar auf Landwirtschaftsprodukte. Abbildung 1-4 verdeutlicht, dass der Anteil der Fertigprodukte am gesamten Warenexport zwischen den Jahren 1950 und 2004 überdurchschnittlich gestiegen ist. Dabei werden dann z.B. japanische PKW nach Deutschland und deutsche PKW nach Japan exportiert. Dies kann als ein Indikator dafür gewertet werden, dass der internationale Handel immer weniger die Funktion hat, nicht vorhandene Waren und Ressourcen verfügbar zu machen, sondern dass er zum einen dem Wunsch der Kunden nach Produktvielfalt entspringt und zum anderen das Ergebnis des Wettbewerbs zwischen weltweit agierenden Unternehmen um Marktanteile ist.

1 Gegenstand des Internationalen Managements

Abbildung 1-4:   *Entwicklung des Warenexports nach Warengruppen*

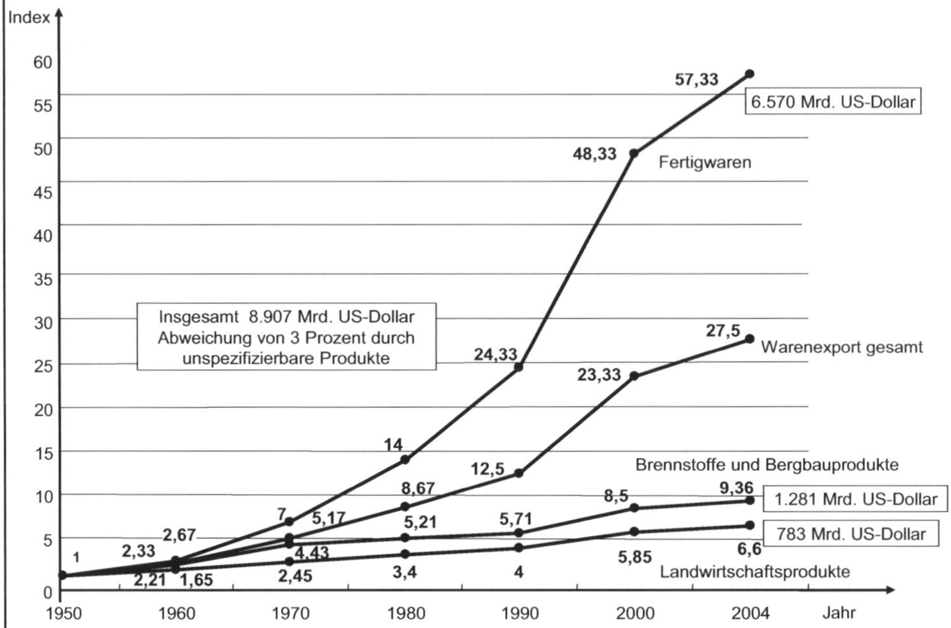

[Diagramm: Index (1950 = 1), in konstanten Preisen, weltweit 1950 bis 2004]

- Fertigwaren: 1 (1950), 2,67 (1960), 5,17 (1970), 14 (1980), 24,33 (1990), 48,33 (2000), 57,33 (2004) — 6.570 Mrd. US-Dollar
- Warenexport gesamt: 1; 2,33; 4,43; 8,67; 12,5; 23,33; 27,5
- Brennstoffe und Bergbauprodukte: 1; 2,21; 5,21; 5,71; 8,5; 9,36 — 1.281 Mrd. US-Dollar
- Landwirtschaftsprodukte: 1; 1,65; 2,45; 3,4; 4; 5,85; 6,6 — 783 Mrd. US-Dollar

Insgesamt 8.907 Mrd. US-Dollar, Abweichung von 3 Prozent durch unspezifizierbare Produkte

Index (1950 = 1), in konstanten Preisen, weltweit 1950 bis 2004

Quelle: World Trade Organisation (WTO): International trade statistics 2005
Stand: 06.2006

Für das einzelne Unternehmen ergeben sich aus den stark vergrößerten Märkten als Folge der Globalisierung Chancen und Risiken. Neue Märkte bieten zusätzliche Absatzmöglichkeiten. Gleichzeitig erhöht sich die Wettbewerbsintensität. Aus dieser Situation resultieren erhebliche Herausforderungen:

Zum einen folgen für Unternehmen die Möglichkeit und häufig auch die Notwendigkeit, ihre Wertschöpfungskette grundsätzlich neu zu gestalten. Die Herausforderung besteht in der neuen und länderübergreifenden Koordination des *Produktionsprozesses*. Dazu gehören beispielsweise die folgenden Fragen: Was soll das Unternehmen selbst machen und was soll es fremd beziehen („make-or-buy")? Von wem und wie sollen Leistungen bezogen werden, die nicht selbst erstellt werden? Wie soll mit den durch den technologischen Fortschritt bedingten hohen Investitionen in F&E und den hohen Fixkostenblöcken umgegangen werden? Wie können Skaleneffekte erreicht werden? Welche Marktteilnehmer kommen ggf. für Fusionen in Frage?

Zum anderen geht es um die Chancen und Risiken, die sich in Bezug auf den *Absatzmarkt* ergeben und die nicht unabhängig von den Fragen der internationalen Organisation der Wertschöpfungskette gesehen werden können. Im Vordergrund steht hier die Frage der Unternehmen nach der eigenen Position im sich weltweit vollziehenden Markt- und Wettbewerbsprozess. Letztlich steht dahinter die Frage, in welchen Bereichen Unternehmen besser zur Bedürfnisbefriedigung von Kunden beitragen können, als ihre Wettbewerber.

1.2.4 Das Rationalprinzip als Basisannahme des Kooperationsverhaltens

Hinter den bisherigen Überlegungen zur Nutzensteigerung durch internationale Arbeitsteilung steht eine zentrale ökonomische Basisannahme, die bislang nicht explizit ausgesprochen wurde: Alle Kooperationsentscheidungen erfolgen annahmegemäß nach dem sog. ökonomischen Prinzip (Rationalprinzip).

Definition: Rationalprinzip

Das Rationalprinzip verlangt, ein gegebenes Ziel mit geringstem Mitteleinsatz zu erreichen oder aber mit einem gegebenen Mitteleinsatz eine möglichst hohe Zielerreichung sicherzustellen.

Die verfügbaren Ressourcen sollen somit so eingesetzt werden, dass die resultierende Bedürfnisbefriedigung zu einer möglichst hohen Nutzensteigerung führt. Die Verschwendung von Ressourcen ist dagegen ein Zustand, den es zu vermeiden gilt.

Es ist wichtig festzuhalten, dass es sich beim ökonomischen Prinzip um ein normatives Prinzip (Soll-Aussage) handelt und nicht um eine positive Aussage (Ist-Aussage). Als normatives Prinzip stellt das Rationalprinzip Handlungsempfehlungen bereit, die Auskunft darüber geben, mit welchen Mitteln ein bestimmtes Ziel am besten zu erreichen ist. Positive Aussagen dagegen beschreiben beobachtbares Verhalten. Tatsächlich wird menschliches Kooperationsverhalten in der Realität häufig vom ökonomischen Prinzip abweichen. Das Verhalten der meisten Menschen ist nicht rational, sondern – um mit den Worten Herbert Simons zu sprechen – *"intendedly rational, but only limitedly so"* (Simon 1961, xxiv).

Der Mensch ist in seinen Kooperationsentscheidungen nicht nur durch seine eigene Ressourcenausstattung Restriktionen ausgesetzt. Auch die Einschränkungen in der Rationalität der Menschen sind als Restriktion zu interpretieren. Ganz bewusst wurde daher bei der Festlegung des Erkenntnisobjektes vom *Streben* nach Wohlstandsmehrung, also von beschränkt rationalen Kooperationsentscheidungen, ausgegangen.

1.3 Ungelöste Herausforderungen der Globalisierung

Die bisherigen Ausführungen gingen von der Grundannahme aus, dass Globalisierung und internationale Arbeitsteilung praktisch automatisch Wohlstandsgewinne erzeugen. Auch in diesem Buch werden die von Smith und Ricardo dargestellten Gesetzmäßigkeiten und ihre Wohlstand stiftenden Effekte als Ausgangsbasis aller Überlegungen zur Globalisierung und zum Internationalen Management zugrunde gelegt. Der freie Welthandel und der Markt können viele Herausforderungen, die mit der Globalisierung einhergehen, gleichwohl nicht lösen. Umweltprobleme, Migration oder die Verteilung von Wohlstandsgewinnen können als wichtige Beispiele angesehen werden. Hier bedarf es zusätzlicher Spielregeln, um den verantwortlichen Umgang mit Ressourcen zu sichern und die Globalisierung in den Dienst des Menschen zu stellen.

1.3.1 Globalisierung und Umwelt

Wirtschaftswachstum und steigender internationaler Handel beeinflussen die Umwelt. Lange Zeit aber haben Politiker und Bürger, aber auch Wissenschaftler die negativen Auswirkungen der Globalisierung auf die Umwelt nicht wahr haben wollen oder ignoriert. Frühe Warnungen durch Umweltschützer wurden weitläufig als Überreaktionen abgetan. Auf konkrete Studien oder Übereinkünfte folgten kaum Taten. Der Club of Rome präsentierte im Jahr 1972 Überlegungen über die Grenzen des Wachstums. 1992 fand auf Initiative der Vereinten Nationen ein Gipfeltreffen in Rio de Janeiro statt, zu dem alle Staats- und Regierungschefs geladen waren und 1997 verpflichteten sich rund drei Dutzend Industriestaaten in Kyoto dazu, ihren Energieverbrauch einzuschränken. Unter dem Strich ist aber bislang nicht viel passiert.

Im Jahr 2005 beauftragten die G8-Staaten die Internationale Energie-Agentur (IEA) in Paris Energieszenarien und -strategien für die Zukunft zu entwickeln. Die 1973 zur Zeit der ersten Ölkrise gegründete IEA stellt in ihrem Bericht sechs Energieszenarien vor. Im „optimistischsten" Szenario wird der Ausstoß an CO_2 durch den Einsatz von „grünen" Energien und den massiven Ausbau der Atomenergie im Jahr 2050 auf 20,6 Mrd. Tonnen CO_2 reduziert. Das sind 16 Prozent weniger Ausstoß als im Jahr 2003. Nach Ansicht der meisten Klimaforscher ist das aber – abgesehen von den ungelösten Problemen der atomaren Energieerzeugung – zu wenig. Forscher des angesehenen Potsdam-Institut für Klimafolgenforschung halten eine Halbierung der Emissionen für dringend erforderlich, um die Klimaerwärmung noch eindämmen zu können und der UN-Weltklimabericht gibt der Menschheit nicht einmal 15 Jahre, um eine unumkehrbare Klimakatastrophe zu verhindern.

Ungelöste Herausforderungen der Globalisierung 1.3

Nicht mehr zu bestreiten ist nach dem vierten UN-Klimareport des Intergovernmental Panel on Climate Change (IPCC 2007), dass der Mensch für die Erderwärmung und die damit einher gehenden Konsequenzen wie Hitzeperioden, Versteppung, Wirbelstürme etc. eine weitgehende Verantwortung trägt. Damit wird aber auch deutlich, dass die gegenwärtigen Wohlstandsgewinne der Menschen nicht nur aus einer effizienten Nutzung von Ressourcen durch internationale Arbeitsteilung im Sinne von Smith und Ricardo resultieren. Vielmehr stammen sie aus einer in der Geschichte der Menschheit einmaligen Ausbeutung der Natur. Deren Kosten tragen nicht die heutigen Nutznießer, sondern vor allem künftige Generationen. Das gilt für die globale Erderwärmung genau so wie für die Überfischung der Meere, die Verknappung von Trinkwasser und den Verbrauch anderer „freier" Ressourcen. Der Markt kann diese Probleme offensichtlich nicht lösen.

Es stellt sich die Frage, welche Rolle Wirtschaftswissenschaftler in diesem Zusammenhang spielen können. Sie wissen wenig über Klimakurven oder kritische Fischbestände, dafür aber um so mehr über ökonomische Anreize zur Verhaltenssteuerung. Aus ökonomischer Sicht stellen beispielsweise der CO_2-Ausstoß und die Überfischung externe Effekte dar. *Externe Effekte* liegen vor, wenn die Situation eines Menschen durch wirtschaftliche Aktivitäten einer anderen Person beeinflusst wird, diese Beeinflussung aber nicht durch eine Gegenleistung kompensiert wird (vgl. auch Kap. 2 und 3). Bei externen Effekten stimmen die privaten Kosten bzw. Erträge nicht mit den sozialen Kosten bzw. Erträgen überein. Beispielsweise führt die Überfischung der Meere heute zu Erträgen für die Fischereiindustrie. Für die sozialen Kosten, nämlich die Ausbeutung der Fischbestände und die Gefahr, dass zukünftigen Generationen keine Fischbestände mehr zur Verfügung stehen, erfolgt aber keine Kompensation an die Geschädigten. Insofern entstehen Kosten, die von den Verursachern nicht getragen werden. Der Wirtschaftswissenschaft kommt hier die Rolle zu, Vorschläge zu unterbreiten, wie ökologisch sinnvolles und erforderliches Verhalten von Menschen durch ökonomische Anreizsetzung herbeigeführt werden kann. So kann durch die Ausgabe und den Handel von CO_2-Zertifikaten ein Preis für die Emission von CO_2 geschaffen werden, der Anreize zur Reduktion des Ausstoßes setzt. Der Umfang der Ausgabe von Zertifikaten muss sich allerdings an den von Naturwissenschaftlern errechneten Vorgaben orientieren, wenn ein wirksamer Effekt erzielt werden soll.

1.3.2 Globalisierung und Migration

Das Thema Migration ist mit dem Thema Globalisierung eng verbunden. In den Industrieländern ist gegenwärtig sowohl ein Bestreben zu beobachten, Migration aus ärmeren Regionen der Welt zu unterbinden, auf der anderen Seite aber Leistungsträger aus anderen Ländern in das eigene Land zu holen.

Migration der Ärmeren hat damit zu tun, dass der Prozess der Globalisierung Länder mit ganz unterschiedlichen politischen und wirtschaftlichen Ausgangsbedingungen

Gegenstand des Internationalen Managements

berührt. Unter dem Nord-Süd-Gefälle wird auch heute noch ein sehr starkes Ungleichgewicht zwischen den eher nördlich gelegenen Industriestaaten und den eher südlich gelegenen Entwicklungs- und Schwellenländern in Bezug auf ihre wirtschaftliche Leistungsfähigkeit verstanden. Obwohl gerade die ärmeren Länder der Erde von der internationalen Arbeitsteilung prinzipiell besonders stark profitieren könnten, wird das in der Realität durch verschiedene Faktoren verhindert:

- Korrupte Regierungen und Clans bereichern sich auf Kosten eines Landes und tyrannisieren die Bevölkerung.

- Ungeeignete und unberechenbare institutionelle Rahmenbedingungen verhindern Investitionen und eine positive wirtschaftliche Entwicklung. Der Wirtschaftshistoriker und Nobelpreisträger Douglas North weist immer wieder auf die Bedeutung der Spielregeln eines Landes für Innovation und Wohlstand hin und relativiert damit die Bedeutung von natürlichen Ressourcenausstattungen.

- Überstürzte Öffnungen der heimischen Märkte führen zu wirtschaftlichen und sozialen Verwerfungen in einer Gesellschaft. Joseph Stiglitz (2002), ehemaliger Chefökonom der Weltbank und Nobelpreisträger, belegt an zahlreichen Beispielen, wie die unreflektierte wirtschaftliche Öffnung von Volkswirtschaften zu verheerenden Ergebnissen für die betroffenen Länder geführt hat. Er betont daher die Notwendigkeit des richtigen „pacing and sequencing" der wirtschaftlichen Globalisierung.

- Protektionistische Maßnahmen der Industrieländer – etwa Subventionen im Agrarsektor – verwehren den ärmeren Ländern den Marktzutritt.

- Die Abhängigkeit vieler Entwicklungsländer von wenigen oder nur einem Exportprodukt führt zahlreiche Länder in eine einseitige Spezialisierung und Abhängigkeit. So stammen Sambias Exporterlöse zu 90% aus Kupferexporten und Burundis Erlöse zu 80% aus dem Export von Kaffee. Schwankungen der Weltmarktpreise können sich verheerend auf die abhängigen Volkswirtschaften auswirken. Der oft gebrachte Hinweis, die *Terms of Trade* von Entwicklungsländern hätten sich verschlechtert, ist aber von Fall zu Fall zu prüfen. Die Terms of Trade beschreiben das Verhältnis von Export- zu Importpreisen und zeigt somit an, wie viele Güter exportiert werden müssen, um eine bestimmte Menge an Importgütern finanzieren zu können.

Verschiedene dieser oder anderer Gründe führen dazu, dass die Menschen in einem Land keine Zukunft für sich sehen. Sie sind oft nicht Flüchtlinge im Sinne der Genfer Flüchtlingskonvention von 1951. Die Verzweiflung der Menschen, hinter denen oft fürchterliche Einzelschicksale stehen, wird aber an den Risiken deutlich, die die Menschen bereit sind auf sich zu nehmen, um die Chance auf ein besseres Leben in einem anderen Land zu erhalten. Beim Versuch ohne Genehmigung in die EU, USA, Kanada oder Australien zu gelangen, sterben viele Menschen durch Ertrinken, Ersticken oder

1.3 Ungelöste Herausforderungen der Globalisierung

Erfrieren in Frachträumen oder Radkästen von Flugzeugen oder durch andere Ursachen.

Die Gründe der Abschottung der reichen Länder durch immer schärfere Grenzkontrollen sind vielschichtig. Dabei spielt die Angst der Arbeitnehmer und Gewerkschaften vor billiger Konkurrenz auf dem Arbeitsmarkt eine zentrale Rolle. Aber auch die Idee einer „multikulturellen Gesellschaft" wird zunehmend als gescheitert angesehen. Als Deutschland am 31. Oktober 1961 mit der Türkei ein Abkommen zur Anwerbung türkischer Arbeitskräfte für den deutschen Arbeitsmarkt abschloss, ging es vor allem darum „Produktionsspitzen" abzufedern und der rasch expandierenden deutschen Wirtschaft Arbeitskräfte zuzuführen. Für die ersten türkischen Arbeitnehmerinnen und Arbeitnehmer war der Schritt in ein anderes Land eine einschneidende Entscheidung, verbunden mit großen Hoffnungen für das eigene Leben. Heute gibt es in der Bundesrepublik tausende und abertausende von Beispielen von Menschen aus den verschiedensten Ländern, in denen sich diese Hoffnungen erfüllt haben und die diese Gesellschaft mit tragen und gestalten. Andererseits haben sich bei vielen Ausländern in Deutschland die Hoffnungen der ersten Generation für ihre Kinder und Enkel nicht erfüllt. So ist die Arbeitslosenquote unter türkischen Bürgern in Deutschland hoch. Dies erschwert die Integration und führt zu Perspektivlosigkeit. Gesellschaftliche Abkapselung oder Kriminalität können die Folge sein. In anderen europäischen Staaten sind die Probleme nicht weniger gravierend. Städte wie Paris und seine Vororte zeigen in dramatischer Weise, wo die Kosten des Versagens einer Integrationspolitik liegen. Parallelgesellschaften und Ghettos, deren Bewohner keine Perspektive haben, sind die Folge. Aus ihnen wandern erfolgreiche und integrierte Ausländer ebenso ab, wie die einheimische Bevölkerung. Es bilden sich geteilte Gesellschaften aus Gewinnern und Verlierern der Globalisierung, deren „Wir-hier-drinnen-und-Ihr-da-draußen" Logik durch eine Architektur der Trabantenstädte oder der nach außen jederzeit abgrenzbaren Shopping-Malls und Einkaufspassagen auch städtebaulich symbolisiert wird.

Der Mensch ist keine „Ressource", die wie Kapital und Güter beliebig zwischen Ländern transferiert werden kann. Ebenso wie bei der o.g. Umweltproblematik löst der Markt auch hier nicht alle Probleme. „Anwerbung" aus rein ökonomischem Kalkül gekoppelt mit der Vorstellung, dass sich eine multikulturelle Gesellschaft quasi von allein bilden würde, können in Gesellschaften ein Kapital zerstören, das wirtschaftlichen Erfolg gerade erst möglich macht. Ostrom und Ahn (2003, xvii) sprechen von Sozialkapital und verstehen darunter die Vertrauenswürdigkeit, Netzwerke und Institutionen in Gemeinschaften. Wo sie fehlen, besteht kein Vertrauen zwischen den Individuen und Gewinne aus kooperativem Verhalten können nicht entstehen.

Für Volkswirtschaften aber auch für Organisationen wird es in Zukunft sehr stark darauf ankommen, mit der gewachsenen Heterogenität ihrer Mitglieder so umzugehen, dass Kooperation möglich bleibt bzw. wird. Die Abschottung z.B. Europas in den Grenzen des Schengener Abkommens (durch das Schengener Abkommen wurde im Jahr 1985 der schrittweise Abbau der Kontrollen an den Binnengrenzen der unter-

Gegenstand des Internationalen Managements

zeichnenden EU-Länder beschlossen) und die Konzentration auf die Anwerbung ausschließlich hoch qualifizierter „high potentials" bzw. auf den Wettbewerb um die besten Köpfe werden die bestehenden Probleme kaum lösen. Erforderlich ist eine Politik, die den Verlierern der Globalisierung im In- und Ausland eine Perspektive gibt und ihre Mitarbeit fordert.

Dass dies möglich ist, lässt sich an verschiedenen gelungenen Integrationsprojekten veranschaulichen. Allerdings ist es eine Illusion anzunehmen, dass Erfolge mit geringen Anstrengungen möglich wären. Die Schaffung von Gemeinwesen, die sich durch einen hohen Bestand an Sozialkapital auszeichnen, dürfte Anstrengungen erfordern, die in ihrer Qualität den Anstrengungen zur Abwendung einer Klimakatastrophe vergleichbar sind.

1.3.3 Verteilung von Wohlstandsgewinnen

Obwohl es zunächst scheint, als hätten Umweltprobleme und Migration nichts mit einander zu tun, stehen sie über die Frage der Verteilung von Wohlstandsgewinnen doch in einem Zusammenhang.

- Der CO_2-Ausstoß wurde bislang vor allem von den Industrienationen hervorgerufen. Gerade die ärmeren Länder, die am Wohlstand durch internationale Arbeitsteilung partizipieren möchten, wehren sich nun gegen strikte Umweltstandards mit dem Argument, ihr Wirtschaftswachstum werde durch derartige Standards behindert. Die Verteilung von Wohlstandgewinnen zwischen Staaten ist mit der Frage der Lösung von Umweltproblemen untrennbar verknüpft.

- Migration zwischen Staaten wird in einem erheblichen Maße dadurch ausgelöst, dass Millionen von Menschen am Wohlstand durch internationale wirtschaftliche Kooperation nicht partizipieren. Migration ist dadurch ebenfalls zwangsläufig mit der Frage der Verteilung von Wohlstandsgewinnen verbunden.

Die Verteilung von Wohlstand und Wohlstandsgewinnen ist eine besonders schwierige Aufgabe, weil es keinen anerkannten Maßstab für eine „gerechte" Verteilung gibt. Und selbst die Messung zunehmender Gleichheit oder Ungleichheit von Wohlstand zwischen und innerhalb von Ländern gestaltet sich schwierig. Was Wohlstand ist, ist keine triviale Frage. Die Vereinten Nationen haben mit dem Index der menschlichen Entwicklung (Human Development Index, HDI) einen eigenen Index zur Messung von Ungleichheit zwischen Ländern entwickelt. Er misst Ungleichheit über den Zugang zu Gütern wie Bildung, Altersversorgung und Gesundheit. Im Zeitraum zwischen 1980 und 1990 sank der HDI in vier Entwicklungsländern, im Zeitraum zwischen 1990 und 2000 sank er in 21 Entwicklungsländern (vgl. Atlas der Globalisierung 2006, 44 f.). Auch Statistiken, die auf Indikatoren wie das Bruttoinlandsprodukt pro Kopf nach Kaufkraftparität abstellen, deuten auf steigende Ungleichheit zwischen den reichen und armen Staaten hin. Aber auch innerhalb der einzelnen Länder nimmt die

Ungleichheit zu. Während in der Zeit nach 1945 bis in die 1970er Jahre hinein die Ungleichheit innerhalb von Ländern sowohl in den Industrieländern als auch in den Entwicklungsländern abnahm, kehrte sich der Trend danach um. Der Chef der Europäischen Zentralbank (EZB), Jean-Claude Trichet hat die wachsende Ungleichheit von Gehältern in den Industrieländern in einer Anhörung im EU-Parlament mit Hinweis auf die stark gestiegenen Managergehälter kritisiert und als Quelle für eine Gefährdung des sozialen Friedens bezeichnet. Trichet bemerkte dazu: „Wir müssen einige sehr hohe Vergütungen sehr, sehr aufmerksam untersuchen. Sie werden von den Menschen in unseren Demokratien auf beiden Seiten des Atlantiks nicht verstanden" (vgl. Schieritz u.a. 2007).

Tatsächlich muss neben der Schaffung von Wohlstand auch die Verteilung von Wohlstand als eine zentrale Herausforderung der Gegenwart angesehen werden. Die Diskussion um eine „gerechte" Verteilung wird allerdings dadurch erschwert, dass es unterschiedliche Prinzipien der Verteilungsgerechtigkeit gibt – etwa die Leistungsgerechtigkeit (Entlohnung für Leistung), die Bedarfsgerechtigkeit (Entlohnung nach Bedarf, z.B. für ein menschenwürdiges Leben) oder das Gleichheitsprinzip (gleiche Entlohnung für alle) – und dass eine Entscheidung zwischen diesen Prinzipien überwiegend auf Werturteilen beruht. Ernst Fehr und Josef Zweimüller vom Institut für Empirische Wirtschaftsforschung an der Universität Zürich betonen aber, dass größere wirtschaftliche Ungleichheit zwischen den Menschen in einem Land die wirtschaftliche Leistungsfähigkeit der Länder eher behindern als fördern (o.V. 1997).

1.4 Aussagen und Ziele des Faches Internationales Management

In der Wirtschaftswissenschaft und im Fach Internationales Management werden zu den in diesem Kapitel angesprochenen Themen unterschiedliche Arten von Aussagen formuliert. Durch sog. *positive Aussagen* wird vor allem der Versuch unternommen, das Erfahrungsobjekt zu beschreiben und zu erklären. Durch das Sammeln von Fakten, die Formulierung von Erklärungen oder die Ableitung von Modellen wird im Fach Internationales Management beschrieben, wie internationale Kooperation funktioniert.

Die Wirtschaftswissenschaft soll aber nicht nur zur Erklärung, sondern auch zur Gestaltung des Wirtschaftsprozesses beitragen. Dazu entwickelt sie *normative* Aussagen. Sie geben vor, wie bestimmte Entscheidungen gefällt werden sollen, um z.B. zu mehr Effizienz, zu mehr Gewinn oder zu mehr Gerechtigkeit zu gelangen. Werden dabei die Ziele der Menschen als exogene und gegebene Größe betrachtet wird, spricht man von *praktisch-normativen* Theorien. So könnte beispielsweise die Einkommenssteigerung als ein gegebenes Ziel angenommen werden. Das Streben des Menschen nach Verbesse-

Gegenstand des Internationalen Managements

rung seiner Situation bzw. nach Steigerung seines Wohlbefindens durch internationale Kooperationsentscheidungen würde dann in dem Ziel der Einkommenssteigerung zum Ausdruck kommen. Tatsächlich liegt die Annahme des Zieles einer Einkommenssteigerung und –absicherung den meisten praktisch-normativen Aussagen als wichtige Basisannahme zugrunde.

Ob aber die Einkommenssteigerung eine zu begrüßende Zielsetzung ist, wird von der praktisch-normativen Theorie nicht behandelt. Dies ist vielmehr der Gegenstand einer *ethisch-normativen* (= *bekennend-normativen*) Theorie. Sie hat die Beurteilung der Ziele menschlichen Handelns selbst zum Gegenstand. Die Debatte zu den o.g. ungelösten Herausforderungen der Globalisierung beinhaltet – etwa beim Thema Verteilung und Gerechtigkeit – oft eine Bewertung der Zielsetzungen von Menschen. Die der Bewertung zugrunde liegenden Werturteile sind einer wissenschaftlichen Analyse nur schwer zugänglich. Die Entscheidung ethisch-normativer Fragen erfolgt daher abschließend vor allem über die politische Willensbildung und den Prozess der öffentlichen Meinungsbildung.

Literaturhinweise

Die hier eingenommene Perspektive auf das Fach Internationales Management weist starke Parallelen zu der Sichtweise von Neus (2005) auf das Fach Betriebswirtschaftslehre auf. Für allgemeine betriebswirtschaftliche Fragestellungen sei daher auf dieses Einführungsbuch verwiesen. Zu Fragen der Abgrenzung von Disziplinen sowie zu den unterschiedlichen Forschungskonzeptionen in der Wirtschaftswissenschaft empfiehlt sich die Lektüre von Chmielewicz (1994) oder Schanz (2004).

Andere Lehrbücher zum Internationalen Management, die einer überwiegend funktionsorientierten Logik oder aber einer Unterscheidung zwischen strategischem und operativem Management internationaler Unternehmen folgen, sind z.B. Kutschker/Schmid (2005), Perlitz (2004) und Welge / Holtbrügge (2003). Aktuelles Datenmaterial und interessante Datenquellen zur Globalisierung - auch zu den angesprochenen Problemen der Umwelt, der Migration und der Verteilung - finden sich im „Atlas der Globalisierung" (Gresh et al. 2006) von Le Monde diplomatique, auf den in diesem Kapitel zurückgegriffen wurde.

Zusammenfassung

1. Den Gegenstand des Faches Internationales Management bilden die Menschen und ihr beschränkt rationales Streben nach Verbesserung ihrer individuellen Situation durch Kooperation in einer international vernetzten Welt.
2. Das ökonomische Prinzip (Rationalprinzip) wird dabei als eine normativ wirkende Basisprämisse zugrunde gelegt.
3. Die Quellen potentieller Wohlstandsmehrung durch internationale Kooperation sind vor allem die unterschiedliche Ressourcenausstattung der Menschen, aber auch unterschiedliche Produktivitäten, die sich an absoluten und komparativen Kostenvorteilen festmachen.
4. Durch internationale Kooperation lassen sich Kostenpositionen von Unternehmen bewusst verändern: Verantwortlich sind Lerneffekte und Skaleneffekte.
5. Zu den ungelösten Herausforderungen der Globalisierung gehören insbesondere Umweltfragen, die Migration und Fragen der Verteilung von Wohlstand.

Schlüsselbegriffe

Arbeitsteilung; Bedürfnisse; Absolute Kostenvorteile; Erfahrungsgegenstand; Erkenntnisgegenstand; Globalisierung; Internationale Kooperation; Internationales Management; Komparative Kostenvorteile; Migration; Opportunitätskosten; Rationalprinzip; Skaleneffekte; Umweltpolitik; Verteilung

2 Eine institutionenökonomische Perspektive auf das internationale Management

2.1 Warum eine institutionenökonomische Perspektive?

Im ersten Kapitel wurde der Gegenstand des Faches Internationales Management – Menschen und ihr beschränkt rationales Streben nach Verbesserung ihrer individuellen Situation durch Kooperation in einer international vernetzten Welt – definiert. Die Perspektive auf das Erfahrungsobjekt bedarf allerdings noch der Präzisierung. In diesem Kapitel soll eine für das Buch besonders wichtige theoretische Sichtweise vorgestellt werden: Die Perspektive der Neuen Institutionenökonomik (vgl. Richter / Furubotn 2003). Es wird gezeigt, dass die Perspektive der Neuen Institutionenökonomik besonders gut geeignet ist, um zu Aussagen zu gelangen, durch welche die positiven Wirkungen der Globalisierung unterstützt, negative Auswirkungen aber reduziert werden können. Dazu soll zunächst anhand eines Beispiels und seiner Diskussion eine Abgrenzung der Neuen Institutionenökonomik von anderen theoretischen Sichtweisen, insbesondere der neoklassischen Sichtweise, erfolgen.

Beispiel: Opel Vectra

Viele Automobilproduzenten haben ihre Fertigung ins Ausland verlegt, um Kosten zu sparen. So stammt der Audi TT aus Ungarn, der Opel Astra aus Belgien, England und Polen, der Porsche Boxster aus Finnland und der VW Polo aus Spanien und der Slowakei. Aber auch Teile und Komponenten beziehen der Hersteller – bei sinkender Fertigungstiefe - zunehmend aus dem Ausland. Der Anteil der in Deutschland produzierten Teile eines Fahrzeugs ist von 1991 bis 2001 von 35 Prozent auf rund 25 Prozent gesunken. Teile und Komponenten stammen dabei oft von Zulieferern aus aller Welt.
Der Opel Vectra kann als ein Beispiel dieser Entwicklung angesehen werden. Er wird im Werk Rüsselsheim gefertigt, das 2002 eröffnet wurde. Abbildung 2-1 zeigt anhand einer Auswahl wichtiger Einzelkomponenten, dass der Vectra als ein echter „Europäer" angesehen werden kann.

Abbildung 2-1: Der Opel Vectra und die Herkunft wichtiger Komponenten

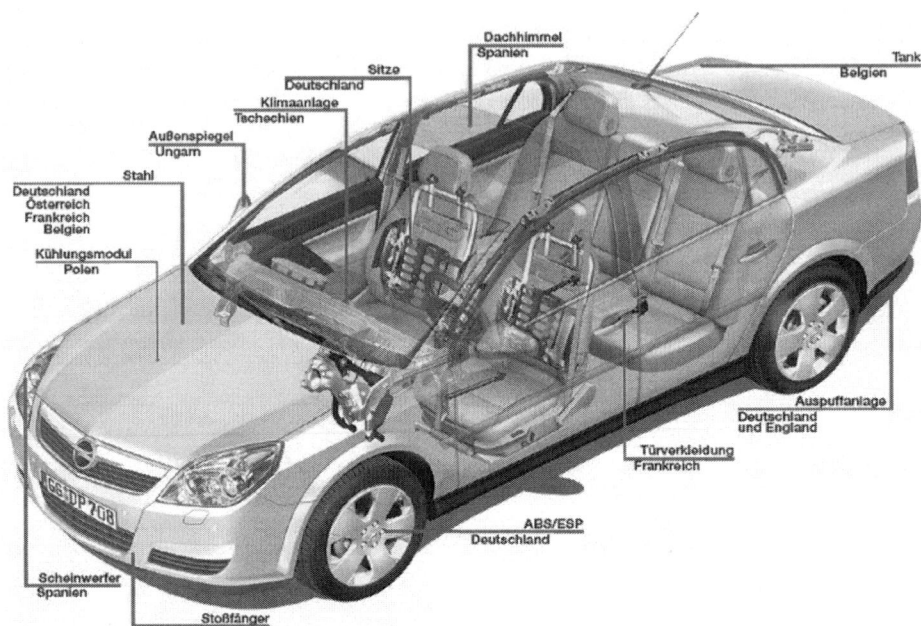

Quelle: Dieser Opel Vectra ist ein Europäer, ADAC motorwelt 2/2007, 46 f

Die Kooperationsbeziehung zwischen einem Hersteller wie Opel und einem potentiellen Zulieferer ist aber keineswegs einfach. Erhebliche Unsicherheiten begleiten sie. Hersteller und Zulieferer verhandeln frühzeitig, d.h. sie sprechen über eine Leistung, die es noch gar nicht gibt. Viele Fragen können dabei nicht mit Sicherheit geklärt werden: Wird der Zulieferer den Erwartungen, die in ihn gesetzt werden, wirklich gerecht und in welchem Verhältnis zur Leistung wird der Preis tatsächlich stehen? Welche Rolle spielen Gewerkschaften und Streiks im Land des Zulieferers? Wird ein ausländischer Zulieferer in Engpasssituationen eventuell Kunden aus seinem Heimatland bevorzugt beliefern?

Auch für den Zulieferer ist die Transaktion mit Unsicherheiten verbunden. Die exklusive Zusammenarbeit mit dem deutschen Hersteller erscheint auf den ersten Blick lohnend. Doch wie wird sich die Zusammenarbeit langfristig gestalten? Werden die prognostizierten Mengen realisiert werden, so dass sich die erforderlichen Investitionen amortisieren und zu Gewinnen führen? Wird der Hersteller so kooperativ bleiben, wie er es in den Vorgesprächen angedeutet hat? Oder besteht die Gefahr zu einer „verlängerten Werkbank" zu werden und Preise akzeptieren zu müssen, die kaum die Kosten decken?

2.1 Warum eine institutionenökonomische Perspektive?

Bei so vielen offenen Fragen ist es naheliegend, die Sicherheit der Akteure und ihres Kooperationsgewinns durch die schriftliche Fixierung einer Übereinkunft in einem Vertrag zu erhöhen. Beide Transaktionsparteien könnten sich daran machen, einen geeigneten Text zu erarbeiten. In der Praxis wird jedoch sehr schnell deutlich, dass die vertragliche Regelung für die komplexe und zukunftsgerichtete, noch sehr wenig spezifizierte Zusammenarbeit ausgesprochen schwierig ist. Der Kooperationserfolg des einzelnen Unternehmens bleibt mit Unsicherheit behaftet.

Kooperationsprobleme und Marktversagen

Die im Beispiel geschilderten Probleme können so gravierend sein, dass eine potentiell gewinnbringende Transaktion aufgrund der genannten Schwierigkeiten unterbleibt. Dadurch würden positive und erwünschte Effekte einer internationalen Arbeitsteilung nicht eintreten. Wir können dann von einem Fall von Marktversagen sprechen.

Der Begriff des Marktversagens ist allerdings nicht auf diese Situation beschränkt. Ebenso können wir von Marktversagen sprechen, wenn negative und nicht erwünschte Effekte als Folge der internationalen Arbeitsteilung eintreten. Führen die Produktion und der Absatz von PKW zu einem die Umwelt gefährdenden CO_2-Ausstoß, so handelt es sich um unerwünschte Konsequenzen wirtschaftlicher Kooperation. Der Marktprozess führt dann zwar zu Gewinnen für die unmittelbar beteiligten Transaktionspartner, darüber hinaus aber zu Ergebnissen, die von Drittparteien oder der Gesellschaft als negativ wahrgenommen werden. Vereinfacht lässt sich Marktversagen daher folgendermaßen definieren:

Definition: *Marktversagen*

Marktversagen liegt vor, wenn wünschenswerte Transaktionen nicht stattfinden oder nicht wünschenswerte Transaktionen stattfinden.

Die Entscheidung, welche Transaktionsergebnisse als wünschenswert oder nicht wünschenswert angesehen werden, ist alles andere als trivial. Im vierten Kapitel zum Thema „Legitimität" werden wir einen Versuch unternehmen, uns dieser Frage zu nähern. Hier bleibt vorerst nur festzustellen, dass es das Ziel der Neuen Institutionenökonomik ist, wünschenswerte Transaktionen zu ermöglichen und nicht wünschenswerte Transaktionen zu unterbinden. Mit anderen Worten: Es ist das Gestaltungsziel der Neuen Institutionenökonomik Marktversagen zu verhindern. Damit widmet sich die Neue Institutionenökonomik der zentralen Frage der Globalisierung.

2.2 Merkmale einer institutionenökonomischen Perspektive

2.2.1 Abgrenzung von der Neoklassik

Die Konzentration auf das Phänomen des Marktversagens ist ein wesentliches, in anderen Theoriegebäuden vernachlässigtes Merkmal der Neuen Institutionenökonomik. Ein Vergleich mit der Neoklassik in der Tradition der allgemeinen Gleichgewichtstheorie von Arrow und Debreu (1954) macht das besonders deutlich.

In einer Arrow/Debreu-Welt wird das Verhalten der Marktteilnehmer vor allem durch den Preis als Koordinationsmechanismus beeinflusst. Die Akteure auf einem Markt werden bei der Festlegung ihrer Aktivitäten durch die Preise gelenkt. Die Preise zeigen, welche Aktivitäten lohnend sind, und führen dadurch zu einer effizienten Ressourcenallokation. Die resultierende Allokation gilt als effizient, weil sie zu einer den Bedürfnissen der Akteure entsprechenden Versorgung mit Gütern führt. Preise lenken die existierenden Ressourcen somit wie eine „unsichtbare Hand" in die effiziente Verwendung. Unter der Annahme funktionierender Märkte entsteht so ein Zustand des simultanen Gleichgewichts auf allen betrachteten Märkten. Gleichgewichtspreise sind die Preise, bei denen das Angebot genau der Nachfrage entspricht (Markträumung).

Auch die beiden im Beispiel genannten Unternehmen müssten ihr Verhalten in dieser Welt an den (relativen) Preisen orientieren. Sie kämen dann zu Entscheidungen, die ihnen jeweils einen maximalen Nutzen brächten. Allerdings hängt dieses Ergebnis von einer Reihe von in der Neoklassik getroffenen Annahmen ab:

1. *Totales Konkurrenzgleichgewicht*: Die Annahme vollständiger Konkurrenz setzt voraus, dass auf allen Märkten polypolistische Marktstrukturen bestehen. Diese Annahme gilt für die Nachfrageseite ebenso wie für die Angebotsseite. Sie wird ergänzt durch die Annahme vollständiger Markttransparenz, also die Vorstellung, dass Anbieter und Nachfrager das Angebot der Marktgegenseite (weltweit) jeweils vollständig durchschauen.

2. *Tatonnement und Recontracting*: Markträumende Preise werden ermittelt, ohne dass dabei zusätzliche Kosten entstehen. Während bei Walras ein fiktiver Auktionator den Gleichgewichtspreis in einem Tatonnement-Prozess feststellt, unterstellt Edgeworth in seinem Ansatz zunächst nur vorläufige Preisvereinbarungen unter den Marktteilnehmern. Da sich alle Marktteilnehmer an diesen vorläufigen Preisen orientieren und ggf. bessere Angebote unterbreiten können, kommt es zu einem Prozess des Recontracting in dessen Verlauf sich die Gleichgewichtspreise einstellen.

So nützlich diese Annahmen für das ursprüngliche Ziel der Neoklassik – den Nachweis der Existenz marktwirtschaftlicher Konkurrenzgleichgewichte – waren, so deut-

Merkmale einer institutionenökonomischen Perspektive

lich wird aber auch die Vernachlässigung von Problemen, die für das o.g. Beispiel von Relevanz sind. Von einem polypolistischen Markt kann spätestens, wenn die beiden Akteure sich für eine längerfristige Zusammenarbeit entschieden haben, keine Rede mehr sein.

Auch scheint es für die Parteien – den Automobilhersteller und seinen Zulieferer – keineswegs einfach, einzuschätzen, ob sie aus der potentiellen Kooperation einen Nutzen ziehen werden. Nutzen können die Akteure nur dann ziehen, wenn durch die Kooperation ein Wert entsteht, der zwischen Zulieferer und Hersteller verteilt werden kann. Ein Wert entsteht im Beispiel dann, wenn die Kunden des Herstellers, also die Käufer eines Automobils, bereit sind, sich ein Auto des Herstellers zu kaufen und sie dabei einen Preis entrichten, der über den Kosten des PKW-Herstellers liegt. Es ist dann – um in einem beliebten Bild zu sprechen – ein Kuchen entstanden, den es zwischen dem Hersteller und seinen Zulieferern zu verteilen gilt. Ob die prognostizierten Stückzahlen (also der zu verteilende Kuchen) auch eintreten werden, kann mit Sicherheit aber nicht festgestellt werden. Die Antwort auf diese Frage hängt von ganz unterschiedlichen Faktoren ab. Neben der Leistungsfähigkeit der gesamten vom Hersteller koordinierten Wertschöpfungskette spielen konjunkturelle Faktoren, das Wettbewerberverhalten oder aber die durch den Staat bereitgestellten Spielregeln des Wettbewerbs eine entscheidende Rolle. Bereits an dieser Stelle sehen wir, dass der Erfolg der Zusammenarbeit nicht allein von den beiden Kooperationspartnern, sondern auch z.B. vom Verhalten der Kunden und der Wettbewerber bestimmt wird.

Darüber hinaus stellt sich die Frage, wie ein Wert – sofern er entsteht – zwischen den Kooperationspartnern verteilt wird. Die Frage nach der Verteilung des Kuchens lässt offensichtlich werden, dass in der Zusammenarbeit zwischen Kooperationspartnern sowohl gemeinsame als auch gegensätzliche Ziele auftreten. Die gemeinsamen Interessen liegen in dem Kooperationsgewinn, den beide Parteien aus der Kooperation ziehen können. Gegensätzliche Interessen herrschen in Bezug auf die Aufteilung des Kooperationsgewinns vor.

Insgesamt bestehen somit *Interaktionsprobleme*, die von den Parteien nicht leicht überwunden werden können und dadurch zu *Transaktionskosten* führen, einer Größe, die in der neoklassischen Mikroökonomie keine Rolle spielt, für das reale Wirtschaftsgeschehen aber von zentraler Bedeutung ist. Transaktionskosten können hier zunächst als Kosten der Koordination einer Transaktion angesehen werden. Ihre Berücksichtigung ist eines der charakteristischen Merkmale der Neuen Institutionenökonomik.

Interaktionsprobleme umfassen sowohl *Informationsprobleme* als auch *Anreizprobleme* (vgl. Homann / Suchanek, 2000, 8f.). Die Unterteilung von Interaktionsproblemen in Informations- und Anreizprobleme ist sinnvoll, weil die beiden Probleme jeweils unterschiedlich zu behandeln sind.

2 Eine institutionenökonomische Perspektive auf das internationale Management

Definition: *Informationsprobleme*

Informationsprobleme resultieren aus der wahrgenommenen Unsicherheit. Innerhalb der Kooperation kommt es neben der *statistischen Unsicherheit*, die sich auf objektive, durch das Verhalten der Transaktionspartner nicht beeinflussbare Größen bezieht, auch zu *Verhaltensunsicherheit*, die das Verhalten der Parteien selbst zu Gegenstand hat.

Der Hersteller weiß nicht genau, wie sich der Zulieferer in bestimmten Situationen verhalten wird. Umgekehrt kann auch der Zulieferer nicht genau vorhersagen, ob der Hersteller in Zukunft so agieren wird, wie es der Zulieferer erwartet.

Definition: *Anreizprobleme*

Die *Anreizproblematik* spiegelt die gegensätzlichen Interessen, Motive oder Ziele der Akteure wider. Unter Anreizen versteht man „verhaltensbestimmende Vorteilserwartungen" (Homann / Suchanek 2000, 9).

Da die Transaktionsparteien jeweils ihren eigenen Vorteil möglichst groß halten wollen, werden Sie aus allen denkbaren Handlungsalternativen jene auswählen, die ihnen den größten Vorteil bringen. Die Anreize bestimmen somit das Handeln und können dadurch gleichzeitig negative Folgen für den Transaktionspartner haben.

Besonders problematisch sind jene Interaktionsprobleme, in denen Informationsprobleme und Anreizprobleme kombiniert auftreten. Anreizbedingungen und die daraus resultierenden Handlungen, die zu einer Umverteilung des Kooperationsgewinns zu Lasten eines Transaktionspartners führen, sind dann für die betroffene Partei möglicherweise nicht erkennbar.

In unserem Beispiel werden den Interaktionspartnern die Anreiz- und Informationsprobleme sehr schnell deutlich. In einem Marktpreis kommen diese Probleme in keiner Weise zum Ausdruck. Der Rückgriff auf umfassende schriftliche Vereinbarung zur Absicherung der Transaktion hatte sich ebenfalls als schwierig dargestellt. Durch die Vertragsformulierung greifen Vertragspartner auf einen Dritten – den Staat – zurück. Er soll die notwendige Sicherheit für die Durchführung der Transaktion bieten. Die Wirkung eines schriftlichen Vertrages basiert auf der Vertragssicherheit, die durch eine funktionierende staatliche Rechtsordnung gegeben ist. Die Rechtsordnung ist ein institutioneller Rahmen, durch den häufig wiederkehrende Interaktionsprobleme ganz wesentlich reduziert werden sollen.

Im hier beschriebenen Fall funktioniert dieser Mechanismus aber nicht wie gewünscht. Für die Interaktionspartner ist es fast unmöglich, einen Vertrag zu formulieren, der alle relevanten Punkte der Interaktionsbeziehung regelt und der im Konfliktfall vor

Gericht einklagbar wäre. Ein „klassischer Vertrag" im Sinne von Macneil (1978), der vollständig formuliert und für alle denkbaren Konstellationen nachprüfbar ist, lässt sich in der komplexen Situation des Automobilherstellers und des Zulieferers nicht fixieren. So kommt es zu einer Situation, in der eine potentiell gewinnbringende Transaktion aufgrund von Interaktionsproblemen eventuell unterlassen wird. Der Kooperationsgewinn entstünde nicht, weil den Kooperationspartnern die nötige Sicherheit fehlt. Genau an dieser Stelle setzt die Neue Institutionenökonomik an. Sie analysiert mögliche, aber gefährdete Kooperationsgewinne und sucht nach institutionellen Möglichkeiten zu ihrer Absicherung. Dazu teilt sie bestimmte theoretische Positionen der Neoklassik und geht in Bezug auf andere Fragen eigene Wege.

2.2.2 Eigennutzorientierung und methodologischer Individualismus

Zu den Positionen, die von der Neoklassik und der Neuen Institutionenökonomik geteilt werden, gehören die Eigennutzorientierung als heuristische Grundannahme über das Verhalten des Menschen und der methodologische Individualismus. Auf die Eigennutzorientierung als einem wesentlichen Bestandteil der Verhaltensannahmen der Neuen Institutionenökonomik wird in diesem Kapitel noch gesondert eingegangen. Die Position des methodologischen Individualismus führt kollektives Verhalten, z.B. in Organisationen, konsequent auf das Verhalten einzelner Individuen zurück. Soziale Prozesse oder das Verhalten von sozialen Gebilden können danach nur mit Hilfe von Gesetzen über individuelles Verhalten erklären werden (vgl. Schanz 1977, 67).

Der Begriff des methodologischen Individualismus wurde von Schumpeter in seinem Buch „Das Wesen und der Hauptinhalt der theoretischen Nationalökonomie" von 1908 geprägt. Das Grundprinzip des methodologischen Individualismus ist nach Watkins (1968) aber schon auf Bernard de Mandeville (1670-1733) zurückzuführen. Mandeville hatte in seiner berühmten und erstmals 1705 erschienenen „Bienenfabel" (vgl. Mandeville 1980) darauf hingewiesen, dass eine Gesellschaft immer als die Folge der Aktivitäten von Individuen zu interpretieren ist (vgl. zu Mandeville auch Hayek (1966/1994). Die Analyse einer gesellschaftlichen Ordnung wird bei Mandeville somit zur Analyse von individuellen Grundsätzen, Zielen und Verhaltensweisen. Ganz in dieser Tradition steht auch das Werk von Adam Smith. Gesellschaftliche Ergebnisse werden als das Ergebnis individuellen Vorteilsstrebens interpretiert. In einem häufig zitierten Satz bemerkt Smith:

„Nicht vom Wohlwollen des Metzgers, Brauers und Bäckers erwarten wir das, was wir zum Essen brauchen, sondern davon, dass sie ihre eigenen Interessen wahrnehmen. Wir wenden uns nicht an ihre Menschen- sondern an ihre Eigenliebe, und wir erwähnen nicht die eigenen Bedürfnisse, sondern sprechen von ihrem Vorteil" (Smith 1776/1993, 17).

Eine Gesellschaft lässt sich danach nur über das individuelle Verhalten interpretieren. Der Einzelne hat dabei nach Smith nicht gesellschaftliche Ergebnisse sondern sein eigenes Wohl im Sinn. Insofern wird er „von einer unsichtbaren Hand geleitet, um einen Zweck zu fördern, den zu erfüllen er in keiner Weise beabsichtigt hat" (Smith 1776/1993, 371).

Adam Smith geht davon aus, dass der Individualismus auch zu gesellschaftlich guten Ergebnissen führt. Individualismus wird somit nicht nur zur Analysemethode, sondern auch zum normativen Prinzip (vgl. Schanz 1977, 78 sowie Buchanan / Tullock 1962, vii und 315). In der Neuen Institutionenökonomik steht dagegen der methodologische Individualismus als Analysemethode und nicht als normatives Prinzip im Vordergrund.

Definition   Methodologischer Individualismus

Das Grundprinzip des *methodologischen Individualismus als Analysemethode* besagt, dass Organisationen – und damit sind hier alle Arten von Gruppen oder Gesellschaften gemeint – nicht als eigenständige Wesen zu interpretieren sind, die wie Personen handeln. Vielmehr wird angenommen, dass die Beschreibung und Erklärung der Handlungen von Organisationen von den Verhaltensweisen ihrer individuellen Mitglieder ausgehen muss (vgl. Richter 1994, 4).

2.2.3 Kritik der Prämissen der Neoklassik

Die Bereiche, in denen die Neue Institutionenökonomik eigene, von der Neoklassik abweichende Wege geht, werden vor allem in einer Aufgabe bzw. Modifikation der Prämissen der Neoklassik deutlich. Das Abweichen von den Annahmen der Neoklassik erfolgt dabei nicht mit dem Ziel, zu einer größeren Realitätsnähe zu kommen, sondern um ein für die zu behandelnden Probleme adäquates Set von Annahmen zu setzen (vgl. Erlei et al. 1999, 48). Zentrale Änderungsnotwendigkeiten sind schon aus der Diskussion des Beispiels ersichtlich geworden.

- Das Güterangebot ist nicht homogen. Vielmehr ist das Angebot heterogen und unübersichtlich. Dadurch wird die Auswahl schwierig.

- Sowohl Walras' Auktionator als auch Edgeworths Recontracting werden in der Neoklassik als kostenlose Mechanismen angesehen. Die Nutzung des Marktes ist aber nicht kostenfrei, sondern verursacht erhebliche Transaktionskosten.

- Die Motivation, eine Vereinbarung einzuhalten, kann nicht als gegeben angesehen werden. Daraus resultieren für die Marktteilnehmer ggf. erhebliche Risiken.

- Die Art und Weise, wie Transaktionen koordiniert werden, hat einen Einfluss auf die Transaktionsergebnisse. Sie ist daher nicht irrelevant.

Es sind genau diese Phänomene, die dafür sorgen, dass es Transaktionen gibt, die nicht reibungslos durch die „unsichtbare Hand" des Marktes geregelt werden können. Die unterschiedlichen Schulen der Neue Institutionenökonomik erkennen dies, allerdings setzen sie bei der Behandlung der Marktprobleme und ihrer Lösung unterschiedliche Schwerpunkte. Gemeinsam ist ihnen aber die Auffassung, dass insbesondere Institutionen eine zentrale Rolle bei der Handhabung von Interaktionsproblemen spielen.

2.2.4 Institutionen als Lösung für Interaktionsprobleme

Die Vertreter der Neuen Institutionenökonomik antworten auf die Herausforderung des Marktversagens mit dem Hinweis auf die Spielregeln (Institutionen), denen Kooperationsbeziehungen unterliegen. Sie werden als das entscheidende Instrument zur Handhabung von Problemen des Marktversagens angesehen. Die Wirkung von Institutionen wird inzwischen als so gravierend angesehen, dass Unterschiede in der Ausgestaltung von Spielregeln heute als eine zentrale Ursache für Unterschiede in der Leistungsfähigkeit von Staaten, Unternehmen oder sonstigen sozialen Einheiten angesehen werden (vgl. North 1990). Institutionen werden als Spielregeln von North (1990, 3) folgendermaßen definiert:

Definition: Institutionen

Institutionen sind „humanly devised constraints that shape human interaction" (North 1990, 3). Als eines der zentralen Ziele von Institutionen kann die Reduktion von Unsicherheit angesehen werden.

Untrennbar verbunden mit den Institutionen sind auch die Kontrolle und die Durchsetzung von Institutionen. Nur bei Institutionen, deren Befolgung einem Individuum offensichtliche Vorteile bringt – etwa die Regel, sich im Straßenverkehr in Deutschland an das Rechtsfahrgebot zu halten – kann auf Kontrolle und Durchsetzung verzichtet werden. Solche Regeln werden als sich selbst durchsetzend (self-enforcing) bezeichnet.

Strikt vom Begriff der Institutionen zu unterscheiden ist nach North der Begriff der Organisation (vgl. Tab. 2-1.).

Eine institutionenökonomische Perspektive auf das internationale Management

Tabelle 2-1:   Institutionen und Organisationen

Institutions ...	Organizations...
are the rules of the game in a society or, more formally, are the humanly devised constraints that shape human interaction (North 1990, 3)	are groups of individuals bound by some common purpose to achieve objectives (North 1990, 5)
Institutionen sind Spielregeln (keine Spieler)	Organisationen setzen sich aus Individuen oder Gruppen von Individuen zusammen, die ihre Ziele erreichen wollen
Institutionen strukturieren das private und ökonomische Leben	Organisationsmitglieder werden in ihrem Verhalten durch Institutionen auf unterschiedlichen Ebenen gesteuert
Institutionen reduzieren Unsicherheit	Sie passen sich den Institutionen an (oder nicht), um ihre Ziele verwirklichen
Institutionen können formal oder informell sein	Sie wirken auf Institutionen ein, um ihre Ziele verwirklichen
Institutionen steuern das Verhalten der Menschen auf der Ebene der institutionellen Umwelt, auf der Ebene von Marktbeziehungen und innerhalb von Organisationen	Menschen und Organisationen unterscheiden sich in bezug auf ihre Anpassungsfähigkeit an und in bezug auf ihre Einwirkungsmöglichkeiten auf Institutionen
Institutionen können "spontan" entstehen oder durch eine höhere Autorität vorgegeben sein	
Institutionen repräsentieren „Weisheit"	

2.2.5   Ebenen von Institutionen

Institutionen können auf ganz unterschiedlichen Ebenen existieren (vgl. insbes. Williamson 2000). Einige Institutionen, wie z.B. Länderkulturen oder Gesetze, gelten für ganze Länder oder Kulturbereiche. Andere Institutionen regeln die Kooperation zwischen unabhängigen Marktteilnehmern. Und wieder andere Spielregeln gelten innerhalb bestehender Organisationen (vgl. Abb. 2-2). Denkbar ist es darüber hinaus, dass sich Menschen ganz individuell bestimmte Verhaltensmaßregeln auferlegen. Die Gliederung dieses Buches folgt der in der Abbildung vorgenommenen Zuordnung von Institutionen auf verschiedene Ebenen: Im Teil II des Buches wird die institutionelle Umwelt internationaler Unternehmen analysiert. Teil III des Buches widmet sich den institutionellen Designs, die internationale Unternehmen zur Gestaltung ihrer Markt-

Merkmale einer institutionenökonomischen Perspektive

beziehungen einsetzen und in Teil IV des Buches geht es um das internationale Unternehmen selbst und die Spielregeln innerhalb von Organisationen.

Institutionen auf einer übergeordneten Ebene – vor allem informelle Institutionen – zeichnen sich durch eine besonders lange Lebensdauer aus, teilweise entziehen sie sich der bewussten Steuerung (vgl. Williamson 2000). Andere Spielregeln, etwa Gesetze oder Unternehmensrichtlinien, können relativ schnell geschaffen und implementiert werden. So kann ein Anreiz zu Innovation und Forschung auf der Ebene der institutionellen Umwelt ganz bewusst herbeigeführt werden. Der Patentschutz lässt sich als eine Institution interpretieren, die Gewinnmöglichkeiten sichert und dadurch Marktversagen verhindert. Er stellt nichts anderes dar als eine Markteintrittsbarriere durch die diejenigen, die durch Investitionen in Forschung und Entwicklung eine Innovation hervorgebracht haben, für einen bestimmten Zeitraum geschützt werden. Die Wirkung hängt entscheidend davon ab, wie der Patentschutz durchgesetzt wird. Gerade in einem internationalen Kontext wirft die Durchsetzung derartiger Spielregeln erhebliche Probleme auf.

Abbildung 2-2: Ebenen von Institutionen

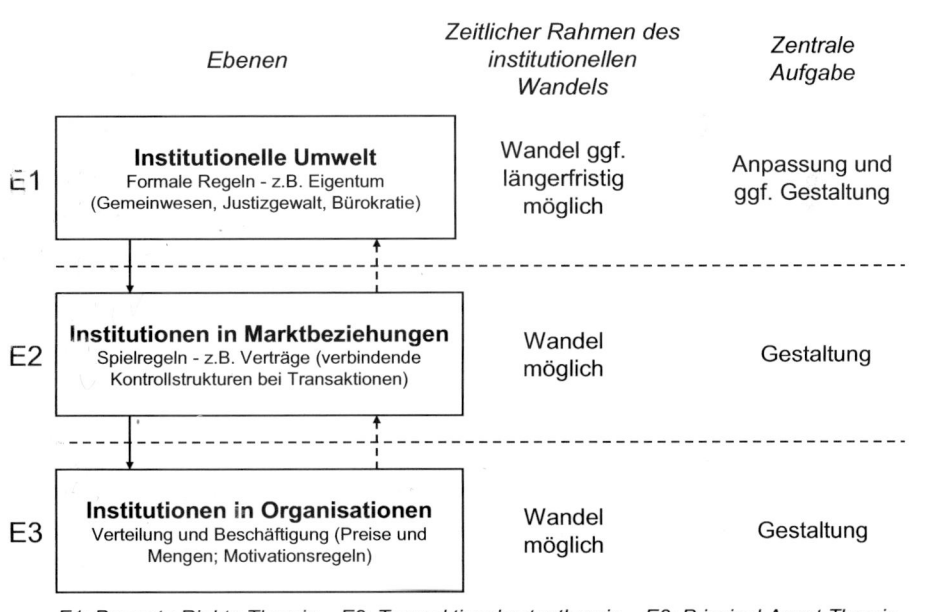

E1: Property-Rights-Theorie   E2: Transaktionskostentheorie   E3: Prinzipal-Agent-Theorie

Quelle: In Anlehnung an Williamson, 2000, 595-613.

2 Eine institutionenökonomische Perspektive auf das internationale Management

Die verschiedenen Schulen der Neuen Institutionenökonomik unterscheiden sich unter anderem darin, auf welcher Ebene von Institutionen sie den Schwerpunkt ihrer Analyse setzen. Dabei eignen sich die Transaktionskostentheorie und Williamsons „market failures framework" besonders dazu, Spielregeln in Marktbeziehungen zu thematisieren. Es geht dabei darum, besonders geeignete Spielregeln zwischen den Marktakteuren zu finden und zu implementieren, um Kooperation effizient zu ermöglichen und Marktversagen zu verhindern. Die Prinzial-Agenten-Theorie widmet sich der Beziehung zwischen einem Auftraggeber (Prinzipal) und einem Auftragnehmer (Agenten). Ein typisches Anwendungsbeispiel ist etwa die Beziehung zwischen einem Arbeitgeber und einem Arbeitnehmer. Die Property-Rights-Theorie und das Coase-Theorem eignen sich besonders gut, um formale und informelle Regeln auf der Ebene der institutionellen Umwelt zu behandeln. Gerade diese Spielregeln bieten Ansatzpunkte für den Umgang mit Problemen wie der Erderwärmung, der Überfischung der Meere etc..

Damit bilden die drei Ansätze jeweils auch einen zentralen theoretischen Ausgangspunkt für die folgenden Teile des Buches: Die Verfügungsrechtetheorie eignet sich besonders für die Diskussion zahlreicher Fragestellungen des zweiten Teils des Buches, in denen es um die institutionelle Umwelt von Unternehmen geht. Die Transaktionskostentheorie bildet ein wesentliches Fundament für die Analyse der Gestaltung von Marktbeziehungen zwischen den Akteuren in dritten Teil. Und die Prinzipal-Agenten-Theorie lässt sich auf viele Aspekte der internen Gestaltung internationaler Unternehmen anwenden. Sie werden im vierten Teil des Buches behandelt.

Weitere institutionenökonomische Ansätze, auf die am Rande ebenfalls eingegangen wird, sind beispielsweise der wirtschaftshistorische Ansatz von North (1990), auf den hier schon Bezug genommen wurde, oder die Anwendungen der Neuen Institutionenökonomik auf politische Institutionen im Rahmen der Neuen Politischen Ökonomik oder der Verfassungsökonomik (vgl. Erlei et al. 1999, 42ff.).

2.3 Williamsons Transaktionskostentheorie

Die *Transaktionskostentheorie* stellt die Transaktionskosten, die im Zusammenhang mit einem Austausch entstehen können – also Such- und Informationskosten, Verhandlungs- und Entscheidungskosten, Überwachungs-, Anpassungs- und Durchsetzungskosten – in den Mittelpunkt der Betrachtung. Ausgehend von einer Analyse der Ursachen von Transaktionskosten, interessieren sich die Vertreter der Transaktionskostentheorie dafür, wie die Transaktionskosten durch die Gestaltung von Verträgen und anderen Institutionen minimiert werden können. Stellvertreter dieses Ansatzes sind insbesondere Coase (1937), Williamson (1975, 1985, 2007) und im deutschsprachigen Raum Picot (1982). Die Transaktionskostentheorie liefert für das Internationale Management eine wesentliche theoretische Grundlage für die Koordination internationaler Arbeitsteilung und der Gestaltung internationaler Wertschöpfungsketten.

2.3.1 Transaktion

Transaktionen zwischen Marktteilnehmern sind das Ergebnis von Arbeitsteilung und Kooperation. Aus den im ersten Kapitel genannten Gründen – ungleiche Ressourcenausstattung und unterschiedliche Kostenstrukturen – können gerade internationale Transaktionen dazu führen, dass sich Transaktionspartner durch einen Tausch subjektiv verbessern. Eine Transaktion kann als ein technischer Vorgang interpretiert werden oder aber als die Übertragung von Verfügungsrechten. Williamson wählt zunächst das Bild von der „Weitergabe" eines Gutes über eine technisch trennbare Schnittstelle hinweg und definiert eine Transaktion dementsprechend:

„A transaction occurs when a good or service is transferred across a technologically separable interface. One stage of activity terminates and another begins." (Williamson 1985, 1 f.).

Dieses technisch geprägte Bild von einer Transaktion wird von Williamson gewählt, um in einem zweiten Schritt zu veranschaulichen, was zu Störungen der fein abgestimmten Maschinerie des Wirtschaftsprozesses führen kann, nämlich die Transaktionskosten, die – um im Bild zu bleiben – quasi als Sand im Getriebe des Marktmechanismus angesehen werden können.

Abgesehen von der illustrativen Kraft dieses Bildes ist es sinnvoll den Begriff der Transaktion auch allgemein zu definieren:

Definition: *Transaktion*

Eine Transaktion ist eine Übereinkunft zwischen zwei Parteien über die Übertragung von Verfügungsrechten über eine technische Schnittstelle hinweg.

Selbst potentiell gewinnbringende Transaktionen können durch die im Eingangsbeispiel des Kapitels genannten Interaktionsprobleme – Informations- und Anreizprobleme - scheitern oder von vornherein unterbleiben. Die Ursachen der Interaktionsprobleme lassen sich exemplarisch besonders gut anhand von Williamsons „organizational failures framework" (vgl. Williamson 1975, 20 ff.) illustrieren. Das „organizational failures framework" charakterisiert eine Transaktion durch vier Transaktionsmerkmale: Zwei der Transaktionsmerkmale – beschränkte Rationalität und Opportunismus – lassen sich als *Verhaltensannahmen* interpretieren. Zwei weitere Transaktionsmerkmale – Komplexität und Umweltunsicherheit einerseits und Faktorspezifität andererseits – stellen *Umweltfaktoren* dar. Die vier Transaktionsmerkmale sind vor allem in Kombination für Informations- und Anreizprobleme verantwortlich. Obwohl Williamson selbst seinen theoretischen Bezugsrahmen als „organizational failures framework" bezeichnet, hat es sich heute eingebürgert von einem „market failures framework" zu sprechen. Schließlich sind die genannten Einflussfaktoren vor allem dafür verantwortlich, dass der Marktmechanismus nicht ohne Probleme benutzt werden kann.

Abbildung 2-3: Das „market failures framework"

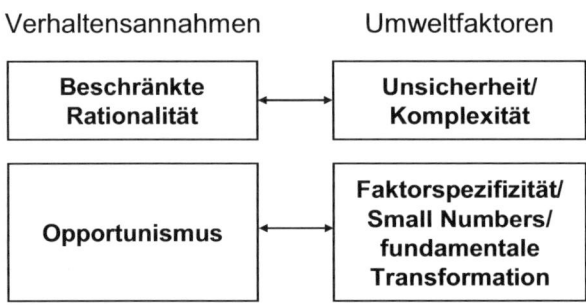

Quelle: Williamsons, 1975

2.3.2 Verhaltensannahmen

Dem Modell Williamsons (1975, 1985) liegen zwei Annahmen über das menschliche Verhalten zugrunde. Zum einen geht er davon aus, dass die Akteure lediglich über beschränkte Rationalität verfügen. Diese Annahme ist ein Ergebnis verhaltenswissenschaftlicher Forschung und beruht vor allem auf den Arbeitsergebnissen von Herbert A. Simon (vgl. Simon 1961). Die Neue Institutionenökonomik übernimmt die Annahme einer abgeschwächten Rationalität und entfernt sich von den Annahmen der Neoklassik.

Definition: Beschränkte Rationalität

Die Annahme der beschränkten Rationalität beschreibt Individuen als „*intendedly* rational, but only *limitedly* so" (Simon 1961, xxiv).

Williamsons Transaktionskostentheorie 2.3

Das Modell eines streng rationalen „homo oeconomicus" wird dadurch in ein realitätsnäheres Modell überführt. Die Ursachen der Grenzen der Rationalität sieht Simon in der Unvollständigkeit des Wissens, den Schwierigkeiten der Antizipation der Zukunft und der Unmöglichkeit, Auswahlentscheidungen aus allen möglichen Verhaltensalternativen zu treffen.

Die Annahme der Eigennutzorientierung der Neoklassik bleibt allerdings als Verhaltensannahme bestehen. Trotz der expliziten Bezugnahme auf Herbert Simon behält die Neue Institutionenökonomik das Maximierungsdenken bei. Danach verfolgen Individuen ihre eigenen Interessen und versuchen ihren Nutzen zu maximieren. In der Transaktionskostentheorie erfährt die Vorstellung der Eigennutzorientierung mit der Annahme des Opportunismus sogar noch eine Steigerung (vgl. Williamson 1985, 47 ff.):

Definition: Opportunismus

Die *Opportunismusannahme* besagt, dass sich Menschen nicht nur an dem Ziel der eigenen Nutzenmaximierung orientieren, sondern dass sie den eigenen Vorteil auch durch Täuschung und zum Nachteil anderer herbeizuführen trachten („*Self-Interest Seeking with Guile*").

Nach Williamson ist zu befürchten, dass Menschen in Transaktionen wahre Präferenzen verbergen, Daten verfälschen, Lügen oder Verwirrung stiften werden, wenn ihnen daraus ein eigener Vorteil erwächst. Die Bedeutung des Opportunismus wird vor allem deutlich im Zusammenhang mit der Annahme einer beschränkten Rationalität der Menschen.

Es ist interessant, dass diese Annahme des Opportunismus in der Transaktionskostentheorie keineswegs selbstverständlich ist. Noch 1975 ging Williamson explizit auf die Rolle von Normen ein und diskutierte im Zusammenhang mit Arbeitskollektiven („peer groups") Eigennutzorientierungen, die sich deutlich vom Opportunismus unterscheiden (vgl. Williamson 1975, 42). Erst später ist diese differenzierte Betrachtung der einfachen Annahme opportunistischen Verhaltens gewichen. Diese Entscheidung wird nicht zuletzt damit begründet, dass bereits die Gefahr eines opportunistischen Verhaltens ausreichen kann, menschliches Interaktionsverhalten zu stören.

Inzwischen ist diese Auffassung auch von Vertretern der Transaktionskostentheorie erheblich kritisiert worden (vgl. Dow 1987, Francis et al. 1983, Heide/John 1992). Verschiedene Autoren betonen, dass Eigennutzorientierungen nicht nur in der Wirklichkeit durchaus variieren können, wie auch Williamson einräumt, sondern, dass es auch aus theoretischen Gründen in die Irre leitet, grundsätzlich von einer opportunistischen

Eine institutionenökonomische Perspektive auf das internationale Management

Verhaltenseinstellung auszugehen (vgl. z.B. John 1984, Knapp 1989, Heide/John 1992, Söllner 1998). Macneil betont, dass Transaktionen immer von einer Fülle von Normen begleitet werden, die in vielen Fällen weit über den konkreten Austausch hinausgehen (vgl. Macneil 1978, 901).

Im Folgenden wird die Opportunismusannahme Williamsons dahingehend modifiziert, dass der Opportunismus zwar eine mögliche Eigennutzausprägung sein kann, aber keineswegs immer vorliegen muss. Opportunismus hat dann eher den Charakter einer *Variablen* als einer strikten Verhaltensannahme. Die Annahme der intendierten Nutzenmaximierung bleibt dagegen unberührt. Nur erfolgt die Nutzenmaximierung im Fall nicht-opportunistischen Verhaltens innerhalb bestimmter Grenzen. An Williamsons Kernaussagen ändert sich durch diese Modifikation nichts, da die Gefahr eines opportunistischen Verhaltens die gleichen Implikationen haben kann, wie die Gewissheit über die opportunistischen Neigungen eines Transaktionspartners. Für zahlreiche Fragen ist aber die Möglichkeit von nicht-opportunistischen Verhaltensneigungen sehr relevant, beispielsweise wenn die Möglichkeit bestünde, Mitglieder für ein Unternehmen auszuwählen, die sich durch eine geringe Opportunismusneigung auszeichneten. Dies hätte dann auch Konsequenzen für das Management und die Organisation der Unternehmung, weil bestimmte Kontrollmechanismen nicht mehr notwendig wären.

2.3.3 Umweltfaktoren

Die zwei Umweltfaktoren, die nach Williamson als Merkmale von Transaktionen zu Transaktionskosten führen, sind die *Unsicherheit* und die *Ressourcenspezifität*.

Williamson legt sich auf eine genaue Definition von Unsicherheit nicht fest (vgl. Williamson 1985, 56 ff.). Gleichwohl führt er die Unsicherheit in Transaktionen auf insgesamt zwei Ursachen zurück, wenn die Verhaltensunsicherheit (Opportunismus) hier ausgeklammert wird:

Definition: *Unsicherheit*

Unsicherheit resultiert aus Umweltbedingungen, die objektiv nicht mit Sicherheit prognostizierbar sind und sie resultiert aus der Komplexität der Umwelt: selbst wenn Prognosen über die Umweltentwicklung im Prinzip möglich wären, könnte sie aufgrund der begrenzten Rationalität der Akteure nicht vollständig erfasst werden.

Zum entscheidenden Transaktionsmerkmal ist in den vergangenen Jahren die Ressourcenspezifität geworden. Sie beschreibt die Möglichkeit, Ressourcen, die für die

Durchführung einer Transaktion erforderlich sind, auch in einer anderen als der ursprünglich vorgesehenen Verwendung einzusetzen.

Definition: *Spezifität*

Unter *spezifischen Investitionen* werden somit Ressourcenallokationen verstanden, die in einer bestimmten vorgesehenen Verwendung höhere Erträge bringen, als in einer alternativen (der sog. zweitbesten) Verwendung.

Beispielsweise kann die individuelle Schnittstellengestaltung zwischen einem Hersteller und einem Zulieferer die Spezifität einer Transaktion steigern, wenn sie – was häufig der Fall ist – hohe Investitionen in Software oder Anlagen erfordert, die nur in einer bestimmten Zulieferer-Hersteller-Beziehung eingesetzt werden können. Der gleiche Effekt tritt ein, wenn die Entwicklung und Nutzung einer Innovation hohe Investitionen zum Aufbau neuen Fachwissens erfordert und dieses Wissen nur für ganz bestimmte Problemlösungen verwendet werden kann. In beiden Fällen erzwingt die Faktorspezifität eine langfristige Nutzung der Ressourcen. Nur so kann eine Amortisation der Investitionen sichergestellt werden. In der Transaktionskostentheorie wird dann von (bilateralen) Monopolen, von „Lock-in-Effekten", „Small-numbers-Situationen oder von „fundamentalen Transformationen" gesprochen. Je geringer die Möglichkeit einer Alternativverwendung ist, desto höher ist die Spezifität der Ressource. Die Ursachen der Spezifität können dabei z.B. in der physischen Beschaffenheit („physical asset specificity") oder in der räumlichen Lage einer Ressource („site specificity") liegen. Aber auch spezifisches Wissen („human asset specificity") oder Kapazitäten, für die allein von ihrem Umfang her keine andere Verwendung gefunden werden kann („dedicated assets"), sind Ursachen von Faktorspezifität. In aktuellen Veröffentlichungen führt Williamson zwei weitere Typen von Faktorspezifität ein, nämlich die Spezifität von Markennamen („brand name capital") und die Zeitspezifität („temporal specificity") (vgl. Williamson 1991, 281).

Als Indikator für die Spezifität einer Ressource wird häufig die sog. Quasi-Rente verwendet. Sie beschreibt den Wertverlust, den eine Ressource erfährt, wenn sie nicht in der ursprünglich vorgesehenen, sondern nur in der „zweitbesten" Verwendungsalternative eingesetzt wird. Die folgende Abbildung beschreibt den Zusammenhang zwischen Spezifität und Quasi-Rente.

Abbildung 2-4: Spezifitätsbedingter Verlust bei Alternativverwendung einer Ressource

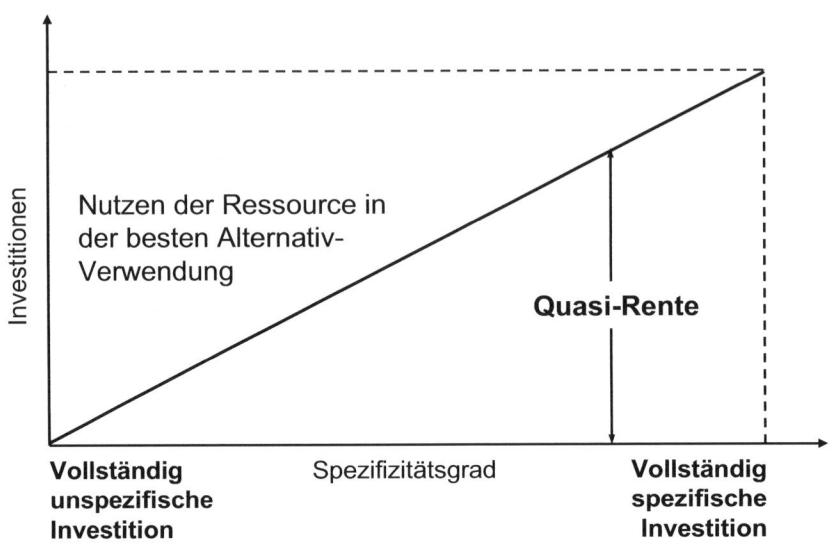

Quelle: Söllner, 2000, 50

Ist eine Investition vollständig unspezifisch, so ist der Nutzen der Investition in der „zweitbesten" Verwendung genau so hoch, wie in der ursprünglich vorgesehenen „erstbesten" Verwendung einer Ressource. Mit steigender Spezifität nimmt der Nutzen der besten Alternativverwendung jedoch zunehmend ab. Die Quasi-Rente, durch welche die Nutzendifferenz zwischen der erstbesten und der zweitbesten Verwendung einer Ressource angezeigt wird, steigt. Damit steigt aber auch die Abhängigkeit von der erstbesten Verwendungsmöglichkeit. Aus der spezifitätsbedingten langfristigen Perspektive erwächst zwangsläufig eine erhöhte Unsicherheit in Bezug auf die zukünftig entstehenden Kosten, sowie in Bezug auf die erzielbaren Preise und Absatzmengen. Besonders schwerwiegende Probleme ergeben sich nach einer fundamentalen Transformation allerdings, wenn für die Transaktionspartner opportunistisches Verhalten unterstellt werden muss (vgl. Williamson 1985).

2.3.4 Transaktionskosten

Die genannten Probleme in der Durchführung von Transaktionen werden von den Vertretern der Transaktionskostentheorie in einer ökonomischen Größe zum Ausdruck gebracht, die als eine wichtige Ursache von „Marktversagen" angesehen werden kann. Diese Größe sind die in der Neoklassik vernachlässigten Transaktionskosten. Um auf die Existenz von Transaktionskosten aufmerksam zu machen, vergleicht Williamson Transaktionen mit dem fein abgestimmten Laufen einer Maschine und die aus den genannten Annahmen resultierenden Transaktionskosten mit den beim Laufen einer Maschine auftretenden Reibungsverlusten. Williamson bemerkt (1985, 1 f.):

„In mechanical systems we look for frictions: Do the gears mesh, are the parts lubricated, is there needless slippage or other loss of energy? The economic counterpart of friction is transaction cost: Do the parties to the exchange operate harmoniously, or are there frequent misunderstandings and conflicts that lead to delays, breakdowns, and other malfunctions? Transaction cost analysis supplants the usual preoccupation with technology and steady-state production (or distribution) expenses with an examination of the *comparative costs of planning, adapting, and monitoring task completion under alternative governance structures.*"

Arbeitsteilung über Märkte oder innerhalb von Organisationen verursacht Transaktionskosten sobald von den Prämissen der Neoklassik abgewichen wird. Beschränkte Rationalität, die Möglichkeit eines opportunistischen Ausnutzens von Verhaltensspielräumen, Unsicherheit und Spezifität repräsentieren jeweils Marktunvollkommenheiten, die im Ergebnis Transaktionskosten verursachen. Die Parteien sind gezwungen, Kosten auf sich zu nehmen, um drohenden Schaden gering zu halten.

Definition: Transaktionskosten

Transaktionskosten sind Kosten der Koordination einer Transaktion. Sie umfassen die Anbahnungskosten, Vereinbarungskosten, Kontrollkosten, Anpassungskosten und Durchsetzungskosten (vgl. Alchian/Woodward 1988, 66, Picot 1981, 5, ähnlich z.B. auch de Alessi 1980, 2, Furubotn/Pejovich 1974, 2).

2.3.5 Überwachungs- und Durchsetzungssysteme (Governance-Strukturen)

Das Ziel der Neuen Institutionenökonomik besteht aber nicht nur darin, das Phänomen des Marktversagens und seine potentiellen Ursachen (insbesondere die Transaktionskosten) aufzudecken und auf die Rolle von Institutionen hinzuweisen. Vor allem die Vertreter der Transaktionskostentheorie haben es sich zur Aufgabe gemacht, die relative Vorteilhaftigkeit *unterschiedlicher* Überwachungs- und Koordinationsmechanismen (Governance-Strukturen) in bezug auf die Lösung von Interaktionsproblemen zu erforschen.

Definition   Governance-Strukturen

Überwachungs- und Durchsetzungssysteme (*Governance-Strukturen*) sind Bündel von untereinander abgestimmten Institutionen und ihre Durchsetzungsmechanismen. Idealtypische Governance-Strukturen sind der Markt, die Hierarchie und der relationale Austausch.

Governance-Strukturen sind somit als Systeme von Institutionen aufzufassen. Es ist daher zutreffender von Institutionen *in* Märkten, Hierarchien oder relationalen Austauschbeziehungen zu sprechen als von Hierarchien oder relationalen Austauschbeziehungen *als* Institutionen.

Diese differenziertere Sicht wird auch der Kritik von Heide (1994) gerecht, die sich strikt gegen eine eindimensionale Charakterisierung von Governance-Strukturen wendet. Auch Richter und Furubotn sind in diesem Sinne zu verstehen, da sie Governance-Strukturen als Systeme von Normen einschließlich ihrer Durchsetzungsinstrumente auffassen (vgl. Richter/ Furubotn 2003).

Eine Governance-Struktur ist somit ein Steuerungsmechanismus, der über eine ganz spezifische Kombination von Institutionen wirkt. Die Funktion einer Governance-Struktur besteht darin, Transaktionsprobleme effizient zu lösen. Governance wird damit als das beschrieben, was es wirklich ist, nämlich eine komplexe Aufgabe, die über den Einsatz von Bündeln von Institutionen gelöst werden soll. Diese Auffassung steht im Einklang mit der Definition von Palay (1984, S. 265), der Governance beschreibt als „the institutional framework in which contracts are initiated, negotiated, monitored, adapted, and terminated".

Inzwischen ist der Zusammenhang zwischen konkreten Transaktionsmerkmalen aus dem „market failures framework" und der Wirkung bestimmter Governance-Strukturen auf die Höhe der resultierenden Transaktionskosten in zahlreichen Beiträgen präzisiert und ergänzt worden. Gleichwohl bleibt die Logik, nach der bestimmte Transaktionstypen vorteilhaft (= transaktionskosteneffizient) durch bestimmte Governance-Strukturen koordiniert werden, bestehen. Die relative Vorteilhaftigkeit der Governance-Strukturen ergibt sich aus ihren Fähigkeiten, die Steuerungs- und Kontrollaufgabe von Transaktionen in Abhängigkeit von den Merkmalen der Transaktion besonders effizient zu lösen.

Die Grundannahme Williamsons, die von vielen Wirtschaftswissenschaftlern geteilt wird, lautet: Der Markt bietet die stärksten Leistungsanreize, die Hierarchie bietet die stärksten Kontrollmöglichkeiten und der relationale Austausch bietet Anreizvorteile und Kontrollvorteile, aber in jeweils abgeschwächter Form. Dadurch sind die drei idealtypischen Governance-Strukturen jeweils bei ganz bestimmten Merkmalen einer Transaktion vorteilhaft. Abbildung 2-5 zeigt den Zusammenhang zwischen Transaktionskosten, Transaktionsmerkmalen und der gewählten Governance-Struktur.

Abbildung 2-5: *Transaktionskosten als eine Funktion des Problemgehaltes einer Transaktion und ihrer Koordination*

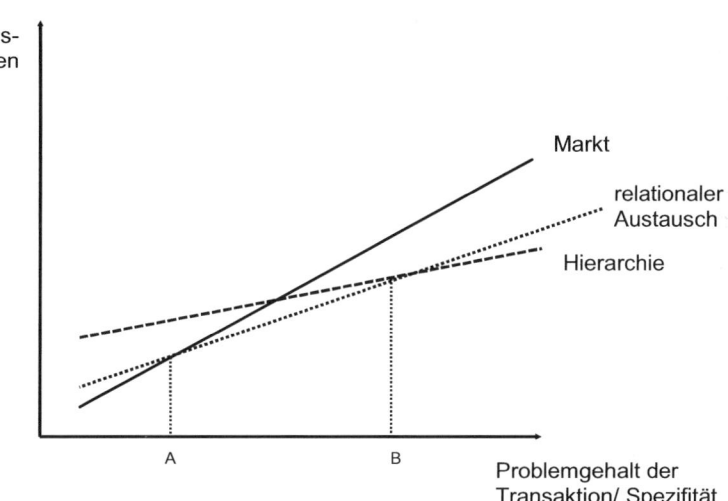

Quelle: In Anlehnung an Williamson, 1991, 108.

Die Merkmale der drei Governance-Strukturen und die Ursachen ihrer jeweiligen Vor- und Nachteile werden im folgenden kurz dargestellt:

Definition: *Marktkoordination*

Marktkoordination von Transaktionen erfolgt über den Preismechanismus und bietet ein Höchstmaß an Leistungsanreiz. Da im Falle der Marktkoordination keine über die reine Transaktion hinaus gehende Verbindung zwischen den Transaktionspartnern besteht, werden diese Transaktionen als *diskrete* Transaktionen bezeichnet.

Die hohen Anreize der Marktkoordination resultieren aus der engen Verknüpfung der Handlung eines Individuums mit dem Ergebnis der Handlung. Bei der idealtypischen Marktkoordination gibt es – abgesehen von der handelnden Partei selbst – keine anderen Marktteilnehmer, die einen Einfluss auf die Handlungsergebnisse des Indivi-

2 Eine institutionenökonomische Perspektive auf das internationale Management

duums nehmen könnten. Weder haben sie die Möglichkeit, sich an Gewinnen zu beteiligen, noch besteht anderseits die Möglichkeit, Verluste abzuwälzen. Der Markt stellt somit für „problemlose Transaktionen" die relevanten Informationen über den Preismechanismus effizient zur Verfügung und bietet darüber hinaus die Möglichkeit, Skalenvorteile zu realisieren.

Der Hierarchie werden bei „unproblematischen" Transaktionen dagegen keine Vorteile in der Koordination arbeitsteiliger Prozesse zugeschrieben. Sie verursacht lediglich Bürokratiekosten (vgl. Williamson 1985, 148 ff.), die als interne Transaktionskosten angesehen werden müssen. Einen höheren Nutzen gegenüber dem Markt stiftet sie aber nicht. Dementsprechend werden Abweichungen vom Marktideal in Form von Hierarchien auch von Williamson nur als „organization forms of last resort" betrachtet. Liegen Bedingungen vor, die Informations- und Anreizprobleme und somit auch Transaktionskosten verursachen, entsteht durch die Hierarchie auch ein Nutzen.

Definition: *Hierarchie*

Die *Hierarchie* ist eine über mehrere Managementebenen strukturierte Governance-Struktur, in der Koordination über den Anweisungsmechanismus erfolgt. Sie bietet ein Höchstmaß an Kontrollmöglichkeiten.

Als ein hierarchisches und arbeitsvertragliches Gebilde kann die Hierarchie die Informationslage der gefährdeten Partei verbessern und spezifische Investitionen schützen. Die Instrumente der Anweisung und Kontrolle lassen gegenüber der marktlichen Koordination die Anonymität sinken und tragen zur Lösung von Anreizproblemen bei. So ergibt sich bei „problematischen" Transaktionen durch den Koordinationsmechanismus der Hierarchie trotz der Bürokratiekosten eine Effizienzsteigerung gegenüber der Marktkoordination.

Definition: *relationaler Austausch*

Im *relationalen Austausch* werden Markttransaktionen durch Beziehungselemente (relationale Elemente) angereichert. Koordinationsinstrumente sind vor allem relationale Normen, der Austausch von „Pfändern" und Commitment. Im Ergebnis bieten relationale Austauschbeziehungen marktliche Anreize und hierarchische Kontrollmöglichkeiten, beides aber in abgeschwächter Form.

Für die Wahl hybrider Koordinationsformen (relationaler Austausch) sprechen vor allem drei Gründe: Erstens nimmt der Kontrollvorteil von Organisationen mit wachsender Größe ab. Coase hatte sehr abstrakt auf die abnehmenden Grenzerträge hierarchischer Organisation hingewiesen (vgl. Coase 1937, 395). Im Prinzip bedeutet das aber nichts anderes, als dass die Kapazität zur Lösung des Kontrollproblems mit wachsender Unternehmensgröße sinkt. Somit sind die Kontrollvorteile der Hierarchie umso niedriger ausgeprägt, je größer das Unternehmen und die Zahl der Hierarchieebenen ist (vgl. Williamson 1985, 134). Der relationale Austausch ist dann möglicherweise eine Alternative zu weiterem Wachstum. Zweitens kann der relationale Austausch eine Alternative zur Hierarchie werden, wenn die vertikale Integration zwar aus Effizienzgründen angezeigt, aber aufgrund von äußeren Umständen nicht durchführbar ist. Als Barrieren gegen die vertikale Integration werden beispielsweise Probleme beim Know-how-Erwerb angeführt (vgl. Hennart 1988, 372). Ähnlich argumentiert Picot, der den Argumentationsrahmen der Transaktionskostentheorie um die strategische Bedeutung bestimmter Aktivitäten ergänzt und ebenfalls auf den Know-how-Aspekt verweist (vgl. Picot 1991, 346, auch Baur 1990, 90).

Drittens können Ausprägungen von Transaktionsmerkmalen vorliegen, die eine enge Geschäftsbeziehung normativ als Koordinationsmechanismus vorgeben. Sie ist dann angezeigt, wenn die Interaktionsprobleme zwar nennenswert, aber nicht unüberwindbar sind. Die Geschäftsbeziehung bietet dann eine Möglichkeit Interaktionsprobleme zu überwinden, ohne auf die Wirkungen des Marktes vollständig zu verzichten. Sie bietet also eine Kombination von Anreiz- und Kontrollinstitutionen und löst damit – je nach den situativen Bedingungen – eher die bestehenden Anreiz- oder Informationsprobleme. Ziel der relationalen Austauschbeziehungen ist es somit, die Vorteile von Markt und Hierarchie zu kombinieren. Die institutionellen Gestaltungsmöglichkeiten in einer relationalen Austauschbeziehung sollen den optimalen Mix aus Anreizwirkung und Kontrollwirkung herbeiführen und damit bestehende Interaktionsprobleme besonders gut lösen (vgl. Tab. 2-2).

Tabelle 2-2: Merkmale von Markt, relationalem Austausch und Hierarchie

	Governance-Strukturen		
	Markt	relationaler Austausch	Hierarchie
Performance			
Anpassungseffizienz in unspezifischen Transaktionen	++	+	0
Anpassungseffizienz in Transaktionen mittlerer Spezifität	+	++	+
Anpassungseffizienz in spezifischen Transaktionen	0	+	++
Bestimmungsfaktoren der Anpassungseffizienz			
Anreizintensität	++	+	0
Kontrollmöglichkeiten	0	+	++

++ = hoch; + = mittel; 0 = niedrig

Quelle: Williamson, 1991, 105.

2.3.6 Internationale Unternehmen als Organisation und als Governance-Struktur

Die Ausführungen in diesem Kapitel verdeutlichen, dass internationale Unternehmen als zwei durchaus unterschiedliche Phänomene interpretiert werden können: *Internationale Unternehmen* als *Organisationen* sind Gruppen von Menschen, die gemeinsam das Ziel verfolgen, durch internationale Kooperation ihren Wohlstand zu mehren. *Internationale Unternehmen* als *hierarchische Governance-Strukturen* sind idealtypische Bündel von Institutionen, die zur Koordination von Transaktionen mit ganz bestimmten Merkmalen als effizienter Mechanismus angesehen werden können.

Diese zwei Perspektiven auf die internationalen Unternehmen decken sich auch mit der o.g. Unterscheidung von North zwischen Organisationen und Institutionen (vgl. North 1990, 5). Es ist nun möglich zu einer Arbeitsdefinition zu gelangen, die unsere Sichtweise auf das internationale Unternehmen präzisiert:

Definition: Internationale Unternehmen

Internationale Unternehmen sind Gruppen von Menschen, die gemeinsam das Ziel verfolgen, durch internationale Kooperation ihren Wohlstand zu mehren und sich dazu in ihrem Verhalten nach einem (hierarchischen) formalen oder informellen Regelwerk (Governance-Struktur) abstimmen.

2.4 Die Prinzipal-Agenten-Theorie

Die *Prinzipal-Agenten-Theorie* geht ganz ähnlich vor, wie die Transaktionskostentheorie. Allerdings stellt sie die Untersuchung des Verhältnisses zwischen einem Auftraggeber (Prinzipal) und einem Auftragnehmer (Agenten), der für den Prinzipal tätig werden soll, in den Vordergrund. Vertreter dieser Richtung sind z.B. Jensen/Meckling (1976) und Fama/Jensen (1983). Werden die Akteure als eigennutzorientierte homines oeconomici modelliert, ergeben sich Konflikte, die über eine entsprechende formale oder informelle Vertragsgestaltung aufgelöst oder abgeschwächt werden sollen. Für das Fach Internationales Management liefert die Prinzipal-Agenten-Theorie wertvolle Hinweise beispielsweise zur Gestaltung der Arbeitsbeziehungen in internationalen Unternehmen, etwa der Beziehung zwischen Vorgesetzen und Mitarbeitern oder der Beziehung zwischen Mutterunternehmen und den ausländischen Tochterunternehmen.

Zwei typische Probleme des Prinzipals, die in der Prinzipal-Agenten-Theorie behandelt werden, sind die adverse Selektion und das moralische Risiko.

2.4.1 Adverse Selektion

Definition: adverser Selektion

Von *adverser Selektion* oder Negativauslese wird gesprochen, wenn ein Akteur vor Vertragsschluss weniger über seinen Vertragspartner weiß als dieser selbst und daher gerade eine Auswahl der negativen Vertragspartner erfolgt.

2 Eine institutionenökonomische Perspektive auf das internationale Management

Dabei wird die besser informierte Partei häufig als Agent und die weniger gut informierte Partei als Prinzipal bezeichnet. Für den besser informierten Agenten besteht der Anreiz, sich ex ante opportunistisch zu verhalten und seinen Wissensvorsprung auszunutzen. Die Informationsdefizite des Prinzipals führen dazu, dass er nicht zwischen „guten" und „schlechten" Vertragspartnern unterscheiden und daher auch nur ein einheitliches Vertragsangebot machen kann. Dieses „Durchschnittsangebot" vertreibt aber gerade die „guten" Kooperationspartner vom Markt, wodurch es zu einer Negativauslese kommt (vgl. Richter/Furubotn 2003, 507).

2.4.2 Moralisches Risiko

Definition: moralisches Risiko

Von *moralischem Risiko* wird gesprochen, wenn der Agent nach Vertragsschluss entweder mehr Informationen erlangt hat, als der Prinzipal („versteckte Information"), oder die Möglichkeit zu „verstecktem Handeln" besitzt.

Für den Agenten besteht in diesem Falle ein Anreiz zum *Opportunismus nach Vertragsschluss* („ex post-Opportunismus") (vgl. Richter/ Furubotn 2003, 515). Die Antizipation dieser Gefahr kann die Kooperation für den Prinzipal so problematisch erscheinen lassen, dass sie gar nicht erst zustande kommt.

Während also das Problem des moralischen Risikos eine Herausforderung bei allen Formen der Delegation, also beispielsweise der Arbeitsteilung von Unternehmen und ihren Tochterunternehmen oder Niederlassungen auftaucht, steht beim Problem der adversen Selektion die Frage nach geeigneten Auswahlkriterien, z.B. für Mitarbeiter, Zulieferer etc., im Vordergrund.

2.5 Die Verfügungsrechtetheorie und das Coase-Theorem

2.5.1 Verfügungsrechte

Die *Verfügungsrechtetheorie* (Property-Rights-Theorie) stellt das System der Verfügungsrechte in einer Gesellschaft in das Zentrum der Betrachtung.

2.5 Die Verfügungsrechtetheorie und das Coase-Theorem

Definition: *Verfügungsrechte*

Verfügungsrechte sind gesellschaftlich anerkannte Rechte über materielle und immaterielle Dinge (vgl. Richter/Furubotn 2003, 82 f., Ullrich 2004, 106).

Die Einzelrechte umfassen das Recht,

- den Vermögenswert zu nutzen bzw. zu gebrauchen (ius usus)
- sich die Erträge (z.B. Zinsen, Umsatzerlöse, Ernteerträge) aus der Nutzung eines Vermögenswertes anzueignen (ius usus fructus)
- einen Vermögenswert in seiner Form, Substanz oder Örtlichkeit zu verändern (ius abusus)
- den Vermögenswert und damit das Bündel der an ihm bestehenden Verfügungsrechte ganz (z.B. durch Verkauf, Erbe, Schenkung) oder teilweise (z.B. durch Miete, Leasing) anderen zu überlassen (ius successionis).

Verfügungsrechte definieren somit die Nutzungsmöglichkeiten an Ressourcen und mit ihnen auch Verhaltensanreize für die Mitglieder einer Gemeinschaft. Die Verteilung von Verfügungsrechten hat damit einen unmittelbaren Einfluss auf die Wirtschaftsleistung einer Gemeinschaft. Vertreter dieser Richtung sind insbesondere Coase (1960), Furubotn/Pejovich (1972, 1974) und Richter/Furubotn (2003).

Während Williamsons „market failures framework" und die Logik der Transaktionskostentheorie den Umgang mit Transaktionskosten in internationalen Transaktionen darstellen, zeigen das Coase-Theorem und die Property-Rights-Theorie Lösungen für das Problem der externen Effekte auf. Damit liefert die Property-Rights-Theorie einen wichtigen Ansatzpunkt zur Lösung beispielsweise von Umweltproblemen, die im Zusammenhang mit Wachstum und Globalisierung entstehen. Dabei werden auch mit der Property-Rights-Theorie positive und normative Ziele verfolgt. Zum einen geht es in einem positiven Sinne darum zu erklären, welcher Zusammenhang überhaupt zwischen der Verteilung von Verfügungsrechten und den Ergebnissen des Marktprozesses besteht. Zum anderen liegt das normative Ziel darin, zu untersuchen, welche tatsächliche Verteilung von Verfügungsrechten der Wohlfahrtsmehrung am besten dient. Damit wird unmittelbar auch die Frage angesprochen, welche Verteilung von Verfügungsrechten durch den Staat vorgenommen werden muss, damit sich als Ergebnis eines freien Austauschs von Verfügungsrechten eine effiziente Nutzung von Ressourcen ergibt.

2.5.2 Klare und vollständige ex-ante Zuordnung von Verfügungsrechten

Um durch den Handel von Verfügungsrechten zu einer Beseitigung negativer externer Effekte zu kommen, müssen diese zunächst klar und vollständig spezifiziert sein. Erst die klare Zuordnung von Verfügungsrechten schafft die Voraussetzungen für einen Handel zwischen den Akteuren. Sind die Verfügungsrechte klar geregelt – besteht also Rechtssicherheit – kann der Handel ohne weitere staatliche Vorgaben über den Markt erfolgen. Effiziente Lösungen werden dann auf freiwilliger Basis zwischen den Akteuren erreicht. Umgekehrt gilt aber auch, dass unklare Verfügungsrechte und mangelnde Rechtssicherheit einer Lösung des Problems externer Effekte im Wege stehen. Sind die Rechte an den Fischbeständen der Meere nicht geregelt, so hat prinzipiell jeder Mensch das Recht auf die Bestände zuzugreifen und niemand hat das Recht, andere Menschen von diesem Zugriff abzuhalten. Bei der angenommenen Eigennutzorientierung der Menschen, ist die Überfischung dann aber die Konsequenz.

Sofern eine klare Zuordnung von Verfügungsrechten gewährleistet ist, kommt Coase (1960) zu einer originellen Irrelevanz-Aussage in Bezug auf die Anfangszuordnung der Verfügungsrechte. Danach beeinflusst die *ex-ante Verteilung* von Verfügungsrechten nicht die später vorfindbare Verteilung von Verfügungsrechten. Sie ist das Ergebnis eines freiwilligen Handels zwischen den Akteuren, der stattfindet, sofern sich die Transaktionspartner jeweils verbessern. Wichtig ist also nicht, wie die Verfügungsrechte verteilt sind, sondern dass sie klar zugewiesen sind.

2.5.3 Internalisierung externer Effekte

Gibt es eine klare ex-ante Zuordnung von Verfügungsrechten, so lassen sich externe Effekte nach Coase durch eine entsprechende Umverteilung der Verfügungsrechte *internalisieren*. Durch die Internalisierung externer Effekte werden deren wohlfahrtsmindernde Auswirkungen aufgehoben.

Definition: *Internalisierung externer Effekte*

Internalisierung externer Effekte bedeutet, dass die dem Preismechanismus entzogenen externen Effekte wieder in den marktlichen Preismechanismus einbezogen werden. Dadurch werden entsprechende Kompensationszahlungen für den (positiven oder negativen) Effekt auf Dritte möglich.

Wie bei allen Transaktionen, ist das Ergebnis des Handels mit Verfügungsrechten zur Beseitigung externer Effekte in der Realität mit Transaktionskosten verbunden. Transaktionskosten können die potentielle Internalisierung externer Effekte somit verhin-

Die Verfügungsrechtetheorie und das Coase-Theorem **2.5**

dern. Die Aussage von Coase, nach der sich externe Effekte immer durch eine geeignete Umverteilung der Verfügungsrechte internalisieren lassen, gilt somit nur unter der Maßgabe, dass der Handel mit Verfügungsrechten nicht durch Transaktionskosten oder sonstige Handelsbeschränkungen behindert wird.

Literaturhinweise

Um mit den Grundgedanken der Neuen Institutionenökonomik vertraut zu werden, bieten sich vor allem drei Zugänge an. Erstens ist es immer vernünftig, einige Originalquellen zu konsultieren. Hier bieten sich insbesondere der klassische Aufsatz von Coase (1937) aber auch Beiträge von Commons (1934), Demsetz (1968) und natürlich von Williamson (1975 und 1985) sowie North (1990) an. Für die Interpretation internationaler Unternehmen als Organisation kann auf North (1990) verwiesen werden.

Einen besonders interessanten Zugang bieten aber auch Beiträge, die als Fazit oder Zwischenfazit zu verstehen sind und sowohl den aktuellen Stand der Forschung als auch einen Ausblick auf die Zukunft anbieten. Zu denken wäre hier an Williamsons Ausblick (vgl. Williamson 2000) und die Standortbestimmung von North anlässlich des Empfangs des Nobelpreises (vgl. North 1994).

Schließlich gibt es inzwischen verschiedene Lehrbücher, die die institutionenökonomische Perspektive zu ihrem Gegenstand gemacht haben. Zu nennen sind beispielsweise die *Neue Institutionenökonomik* von Richter und Furubotn (2003) und das gleichnamige Buch von Erlei, Leschke und Sauerland (1999).

Zusammenfassung

1. Die Perspektive der Neuen Institutionenökonomik teilt einige Positionen mit der Neoklassik und unterscheidet sich in anderen Positionen.
2. Zu den Positionen, die von der Neoklassik und der Neuen Institutionenökonomik geteilt werden, gehören die Eigennutzorientierung, die sogar noch gesteigert wird (Opportunismus), als heuristische Grundannahme über den Menschen und der methodologische Individualismus.
3. Eine deutliche Abkehr von der Position der Neoklassik erfolgt in Bezug auf andere Annahmen. So betont die Neue Institutionenökonomik die Annahme beschränkter Rationalität und asymmetrischer Informationsverteilung. Die Gefahr opportunistischen Verhaltens der Marktgegenseite führt - ebenso wie andere problematische Merkmale von Transaktionen - beschränkte Rationalität der Ak-

teure, Unsicherheit und Abhängigkeit durch spezifische Investitionen - zu Transaktionskosten.

4. Transaktionskosten (Such-, Verhandlungs-, Überwachungs-, Durchsetzungskosten) können potentiell vorteilhafte Transaktionen unvorteilhaft werden lassen (Marktversagen).

5. Institutionen und Governance-Strukturen können als Spielregeln oder Bündel von Spielregeln Marktversagen verhindern. Dabei setzen die drei wichtigsten Schulen der Neuen Institutionenökonomik – die Transakitonskostentheorie, die Prinzipal-Agenten-Theorie und die Verfügungsrechtetheorie (Property Rights Theorie) - unterschiedliche Schwerpunkte.

6. Die Transaktionskostentheorie analysiert auf der Grundlage von Williamsons „market failures framework" Merkmale von Transaktionen und ordnet Transaktionen mit bestimmten Merkmalsausprägungen effiziente Governance-Strukturen (insbes. Markt, Hierarchie und relationalen Austausch) zu. Sie bietet eine wichtige theoretische Grundlage für die Koordination internationaler Transaktionsbeziehungen.

7. Die Prinzipal-Agenten-Theorie thematisiert Austauschbeziehungen zwischen einem Auftraggeber (Prinzipal) und einem Auftragnehmer (Agenten) und betont dabei Kooperationsprobleme, die auf asymmetrische Informationsverteilung zurückgeführt werden können. Adverse Selektion und moralisches Risiko können als typische Beispiele für derartige Fragestellungen angesehen werden. Derartige Probleme stellen auch innerhalb von internationalen Unternehmen relevante Fragestellungen dar.

8. Die Property-Rights-Theorie bietet ein theoretisches Fundament für die Lösung des Problems der externen Effekte. Zentral ist dabei die klare Zuordnung von Verfügungsrechten, um zu effizienten Lösungen zu gelangen. Im Zusammenhang mit der Globalisierung können vor allem negative Auswirkungen von Wachstum und internationaler Arbeitsteilung – z.B. Umweltbelastungen – theoretisch analysiert und gelöst werden.

Schlüsselbegriffe

Adverse Selektion; Anreizprobleme; Beschränkte Rationalität; Governance-Struktur; Hierarchie, Informationsprobleme; Institution; Internationale Unternehmen; Konkurrenzgleichgewicht; Markt; Marktversagen; Methodologischer Individualismus; Moralisches Risiko; Opportunismus; Recontracting; Relationaler Austausch; Spezifität; Strategische Unsicherheit; Tatonnement; Transaktion; Transaktionskosten; Unsicherheit; Verfügungsrechte; Verhaltensunsicherheit; (s. Opportunismus)

Teil II

Die institutionelle Umwelt internationaler Unternehmen

Im Teil I des Buches wurde gezeigt, dass Kooperationsgewinne aus internationaler Arbeitsteilung durch verschiedene Transaktionsmerkmale gefährdet sind. Wenn Kooperationsprobleme wiederholt auftreten, kann es effizient sein, für diese Probleme standardisierte, vom Einzelfall unabhängige Institutionen bzw. Institutionenbündel bereitzustellen. In diesem Teil des Buches geht es um Institutionen, deren Reichweiten über eine konkrete Kooperation hinausgehen. Es geht um Institutionen, die für Akteure im Marktprozess einen Rahmen von Spielregeln bieten, der sich durch Stabilität und Berechenbarkeit auszeichnet. Im Abschnitt A des zweiten Teils dieses Buches werden einige Vorüberlegungen zur institutionellen Umwelt angestellt: Welche ökonomische Begründung kann für die Existenz einer institutionellen Umwelt geliefert werden? (Kapitel 3). Welche Kooperationsziele sollen durch eine institutionelle Umwelt gefördert werden und wie kann die Legitimität dieser Ziele festgestellt werden? (Kapitel 4). Wieso beobachten wir in der Realität Institutionen, die keinem erkennbaren Ziel dienen oder sogar kontraproduktiv sind? (Kapitel 5).

Im Abschnitt B werden konkrete Spielregeln betrachtet: Die Spielregeln einer Nation oder eines regionalen Zusammenschlusses, wie der EU, die Spielregeln der Vereinten Nationen und des Welthandelssystems, Kultur und Moral, können als Beispiele institutioneller Umwelten angesehen werden (Kapitel 6 bis 10). All diese Spielregeln bilden in ihrer Gesamtheit ein Gewebe von Spielregeln, das gegenwärtig den Rahmen für nationale und internationale Transaktionen bildet. Die Darstellungen der jeweiligen konkreten institutionellen Umwelten erfolgen selektiv. Auch sind sie nicht vollständig. Das ist aber insofern nicht problematisch, als diese vor allem als Ausgangspunkt für die Diskussion denkbarer ökonomischen Erklärungen der jeweiligen Regeln, ihrer Legitimität und ihrer Implikationen für das Management dienen sollen.

In Abschnitt C werden die Herausforderungen für die internationalen Unternehmen im Umgang mit Institutionen in den Mittelpunkt gestellt: Welche Analyseaufgaben ergeben sich in Bezug auf die institutionelle Umwelt für internationale Unternehmen (Kapitel 11) und welche strategischen Handlungsoptionen besitzen Unternehmen gegenüber diesen Spielregeln? (Kapitel 12)

A
Vorüberlegungen zur institutionellen Umwelt internationaler Unternehmen

3 Die Begründung einer institutionellen Umwelt

3.1 Was ist eine institutionelle Umwelt?

Institutionen zur Lösung von Kooperationsproblemen werden nicht nur individuell zwischen Transaktionspartnern vereinbart. Eine Vielzahl von institutionellen Regeln existiert ganz unabhängig von konkreten Kooperationen und gibt den Transaktionspartnern sehr klare Verhaltensrichtlinien vor. Das besondere an der institutionellen Umwelt besteht somit gerade in der Losgelöstheit der Spielregeln von einer konkreten Koordinationssituation und in der über eine Koordinationsbeziehung hinausgehenden Reichweite der Spielregeln.

Bereits in Kapitel 2 wurde auf die unterschiedlichen institutionellen Ebenen hingewiesen. Für die institutionelle Umwelt kann diese Betrachtung weiter differenziert werden. So können aus der Sicht eines Unternehmens die Gepflogenheiten in einer Branche oder aber die Spielregeln innerhalb einer Gruppe von Marktteilnehmern als institutioneller Rahmen bezeichnet werden. Die Kaufmannsehre der Hansekaufleute lässt sich als eine solche Institution interpretieren. Ebenso repräsentieren nationale Gesetze Regelungen für natürliche und juristische Personen eines bestimmten Landes. Darunter fallen beispielsweise die Steuergesetzgebung aber auch das Niederlassungsrecht für Ärzte und Therapeuten. Auch gelten Sitten und Bräuche als Bestandteil der institutionellen Umwelt für bestimmte Kulturräume. Eine zusätzliche Bedeutung für die wirtschaftliche Kooperation hat die institutionelle Umwelt durch die wachsende Rolle von internationalen Regimes erlangt. Darunter versteht Zürn (1998, 172) eine Menge von Prinzipien, Normen und Regeln sowie die dazugehörigen Entscheidungsprozeduren und Programme, die zwischenstaatlich vereinbart sind und die das Verhalten der beteiligten Akteure dauerhaft regeln und entsprechende Verhaltenserwartungen in Übereinstimmung bringen. Richter und Furubotn definieren internationale Regimes folgendermaßen:

3 Die Begründung einer institutionellen Umwelt

Definition: *Internationale Regimes*

Internationale Regimes bezeichnen Formen bilateraler oder multilateraler Kooperation zwischen Staaten. Sie sind Spezialfälle relationaler Verträge und sind rechtlich – wegen der Souveränität der Staaten – nicht durchsetzbar (Richter/ Furubotn 2003, 583).

Zunehmend werden im Rahmen von Harmonisierungsbestrebungen auch formale Gesetze verabschiedet, deren Reichweite für Gruppen von Ländern gilt. Die Europäische Union kann als ein Raum angesehen werden, in dem – neben den nationalen Gesetzgebungen – auch eine Gesetzgebung auf EU-Ebene das Verhalten der Menschen steuert. Damit bewegen sich die internationalen Regimes in die Richtung auf rechtlich durchsetzbaren Vereinbarungen. Beispiele für internationale Regimes sind neben der Europäischen Union (vgl. Kapitel 7) auch die Regelungen der Vereinten Nationen (vgl. Kapitel 8).

Menschliche Interaktionen finden somit immer eingebettet in verschiedene Lagen von Spielregeln statt. Die dabei wirkenden Regeln können formalen oder informellen Charakter haben. Zu den eher formalen Spielregeln lassen sich z. B. Verfassungen, Gesetze oder Eigentumsrechte rechnen (vgl. auch North 1991, 97). Zu den eher informellen Spielregeln gehören beispielsweise Normen und Bräuche, aber auch Kultur, die Religion und Tradition (vgl. Williamson 2000, DiMaggio 1994, Granovetter 1985). In der historischen Betrachtung fällt auf, dass es gerade diese informellen Regeln sind, die sich im Zeitablauf durch eine sehr hohe Stabilität auszeichnen (North 1991, 111). Möglicherweise ist es diese Stabilität, die viele Ökonomen dazu gebracht hat, die Einbettung von Interaktionen in informelle Spielregeln als „gegeben" anzunehmen. Ihr Einfluss auf menschliches Kooperationsverhalten ist gleichwohl so groß, dass ihre Vernachlässigung zu Fehlern in der Erklärung von Kooperationsverhalten führen kann. Inzwischen ist daher ein deutlich steigendes Interesse an unterschiedlichen Formen der Einbettung und an der Entstehung informeller Spielregeln festzustellen (vgl. Smelser/Swedberg 1994).

Durch die Unterscheidung in eine formale und eine informelle institutionelle Umwelt darf nicht der Eindruck entstehen, beide Formen von Institutionen würden unterschiedlichen Zielen dienen. Das ist nicht der Fall. Regeln zum Schutz des Eigentums können beispielsweise als Gesetz formuliert werden oder aber Gegenstand tradierter Bräuche sein. Selbst Verfassungen können entweder schriftlich fixiert oder – wie im Falle Englands – informell aus einem Jahrhunderte lang eingespielten, gewohnheitsrechtlich geprägten Institutionengefüge bestehen. Für die weiteren Überlegungen reicht es zunächst aus, festzuhalten, dass menschliches Interaktionsverhalten immer vor dem Hintergrund einer bestehenden institutionellen Umwelt stattfindet. Diese Umwelt hat einen starken Einfluss auf das Verhalten der Menschen. Er wird selbst dann wirksam, wenn Menschen sich für ganz konkrete Transaktionen oder Transaktionsprobleme zusätzlich besondere Spielregeln ausdenken. Es gilt inzwischen als unbestritten, dass die institutionelle Umwelt einen entscheidenden Einfluss auf die Produktivität und den Wohlstand einer Gesellschaft hat (vgl. z. B. Olson 1996). Obwohl sie prinzipiell gestaltbar ist, zeichnet sie sich durch eine große Beharrlichkeit aus. Das gilt nicht nur für die informelle institutionelle Umwelt, sondern auch für die formalen Spielregeln in einer Gesellschaft. Die Komplexität der Regelwerke und die Vielzahl der beteiligten Akteure lassen Änderungen zu einem schwierigen und oft langwierigen Prozess werden. Radikale Veränderungen ergeben sich häufig nur in und nach Ausnahmesituationen wie Revolutionen, Kriegen oder wirtschaftlichen Zusammenbrüchen.

3.2 Erklärungsansätze einer institutionellen Umwelt

Wenn jede menschliche Kooperation eingebettet in eine institutionelle Umwelt stattfindet und diese Umwelt einen erheblichen Einfluss auf die Kooperationsergebnisse hat, so stellt sich die Frage, ob diese Spielregeln eine konkrete Aufgabe erfüllen. Die Lösung ganz konkreter Probleme könnte dann auch als Erklärung für die Existenz einer institutionellen Umwelt dienen.

Insbesondere für die informelle institutionelle Umwelt lassen sich konkrete Entstehungsgründe heute nur noch teilweise rekonstruieren. Einiges spricht dafür, dass verschiedene informelle Regeln spontanen Ursprungs und nicht das Ergebnis kalkulierter Wahlhandlungen sind (vgl. Williamson 2000, 597). Werden solche Spielregeln dann von einer Gesellschaft übernommen – weil sie tatsächlich bestimmte Aufgaben erfüllen oder weil sie einen symbolischen Wert für die Mitglieder einer Gemeinschaft gewonnen haben – so zeichnen sie sich durch die oben erwähnte Stabilität aus. Nehmen wir die Sprache als ein Beispiel für ein Regelwerk der institutionellen Umwelt, so ist wohl von einer spontanen Entstehung auszugehen. Die Aufgabe der Sprache ist gleichwohl offensichtlich. Sprache erleichtert die Kommunikation. Menschen, die verstanden werden wollen, haben somit einen starken Anreiz, sich an dieses Regelwerk zu halten. Bei anderen Spielregeln der informellen institutionellen Umwelt ist es nicht so einfach, eine konkrete Erklärung für ihre Existenz zu finden. Dies bedeutet allerdings keinesfalls, dass es nicht zu bestimmten Zeitpunkten sehr gute Gründe für die Einführung einer Regel gegeben hat, nur können diese Gründe im Laufe der Zeit in Vergessenheit geraten sein. Das Wissen um den Zweck der Regel ist gleichsam nur noch in der Regel selbst gespeichert. Dabei ist nicht auszuschließen, dass die früher gegebenen Gründe heute gar nicht mehr vorliegen. So ist der Grund für die Regel, Kartoffeln nicht mit dem Messer zu schneiden – die Stärke der Kartoffel sollte die silberne Klinge nicht angreifen – durch die Verwendung von Edelstahlbesteck weggefallen. Die Regel besteht gleichwohl fort. Auch die Gründe formaler Regeln der institutionellen Umwelt lassen sich nicht immer zweifelsfrei bestimmen. Häufig sollen sie

3 Die Begründung einer institutionellen Umwelt

jedoch konkrete Ausprägungen von Marktversagen überwinden. In den folgenden zwei Absätzen werden zwei Gründe für die Existenz einer institutionellen Umwelt hervorgehoben:

- Wiederholt auftretende Kooperationsprobleme zwischen Kooperationspartnern lassen eine generelle und über die konkrete Kooperationsbeziehung hinaus gehende institutionelle Lösung der Kooperationsprobleme effizient werden.

- Kooperationsbeziehungen haben Auswirkungen nicht nur für die beteiligten Kooperationspartner, sondern auch auf Dritte. Führen diese Auswirkungen zu unerwünschten Ergebnissen (externen Effekten), so lassen sich diese Auswirkungen durch eine institutionelle Umwelt mindern. Die Feststellung dessen, was als wünschenswert bzw. legitim angesehen werden kann, ist dabei keineswegs einfach (vgl. dazu Kapitel 4).

3.3 Wiederholte Fälle von Kooperationsproblemen

Die im vorherigen Kapitel beschriebenen Marktunvollkommenheiten erschweren das Zustandekommen von wirtschaftlicher Kooperation. Treten bestimmte Kooperationsprobleme immer wieder auf, ist es sinnvoll Standardlösungen für die Probleme zu finden. Die institutionelle Umwelt besteht daher aus Regelwerken, „die den Zweck haben, die Kosten der Spezifizierung, Verhandlung und Durchsetzung von Verträgen, die dem wirtschaftlichen Tauschverkehr zugrunde liegen, zu senken" (North 1981/1988, 24).

Die Implementierung und Durchsetzung einer institutionellen Umwelt ist vor diesem Hintergrund vor allem dann erklärbar, wenn es sich bei der zu lösenden Interaktionsproblematik um eine typische, wiederholt auftretende Problematik handelt. Wäre das nicht der Fall, so würde sich die Implementierung einer auf einen typischen Fall von Marktversagen ausgerichteten institutionellen Umwelt, kaum lohnen. Es muss sich somit um ein Interaktionsproblem handeln, das entweder bei unterschiedlichen Akteuren mehr oder weniger identisch immer wieder auftritt. Oder es muss sich um ein Problem handeln, dass zwischen den gleichen Akteuren im Zeitablauf häufig auftritt (vgl. Alt, Calvert, Humes 1988, 447). Für die Lösung dieser Probleme im internationalen Kontext wird dann die Territorialität des Rechts für die einzelnen Akteure zu einer entscheidenden Frage. Wie kann ein Marktteilnehmer seine Ansprüche gegenüber ausländischen Kooperationspartnern absichern (vgl. dazu Schmidt-Trenz 1990)?

3.3 Wiederholte Fälle von Kooperationsproblemen

Beispiel: Der Raub geistigen Eigentums

Der ungewollte Wissensabfluss an Kunden, Kooperationspartner oder Wettbewerber ist ein Beispiel für wiederholt auftretende Kooperationsprobleme. Die deutschen Maschinenbauer leiden zunehmend unter illegalen Plagiaten ihrer Produkte, die vor allem aus Asien kommen. Nach einer Studie des Branchenverbands VDMA sind zwei Drittel der Unternehmen von Produktpiraterie betroffen. Besonders in China und Taiwan, aber auch in Italien werden Maschinen, Komponenten und Ersatzteile kopiert. "20 Prozent dieser Fälschungen werden in Europa verkauft", sagte VDMA-Präsident Dieter Brucklacher auf der Industriemesse in Hannover. "Der Gesamtschaden liegt über 2 Mrd. Euro im Jahr." Fast ein Drittel der betroffenen Unternehmen verlieren durch solche Plagiate mehr als fünf Prozent ihres Umsatzes, für rund die Hälfte bewertet der Verband dies als "bedrohlich". Eine besondere Gefahr für die Kunden, aber auch für den Ruf deutscher Hersteller sieht Brucklacher bei Kopien, die äußerlich kaum von den Originalen zu unterscheiden, technisch aber minderwertig ausgestattet sind.

Abbildung 3-1: Stihl Schleifsäge TS400 (links) und sein Plagiat aus China

Quelle: Jana Galinowski, Chinesen arbeiten gerne detailgetreu, FTD.de, 17.05.2006.

Obwohl das Problem des nicht gewünschten Wissensabflusses für die Maschinen- und Automobilhersteller besonders dramatisch ist, spielt es auch in anderen Branchen eine Rolle. In einer Umfrage der Europäischen Handelskammer in Peking unter 150 ausländischen Unternehmen beschrieben drei Viertel der befragten Firmen die Lage als problematisch. Dabei betrifft das Problem des Wissensabflusses die Beziehungen zwischen Herstellern und Kunden aber auch zwischen Herstellern und Kooperationspartnern. Darüber hinaus ist auch aktive Industriespionage durch Wettbewerber eine Ursache unerwünschten Wissensabflusses.

Die Gründe für das Problem des Wissensabflusses in Kooperationsbeziehung lassen sich auf die im zweiten Kapitel beschriebenen Interaktionsprobleme zurückführen. Dabei kann erneut Williamsons „market failures framework" als Bezugsrahmen herangezogen werden. Interaktionen mit ausländischen Kooperationspartnern sind häufig komplex und von den Akteuren aufgrund ihrer eingeschränkten Rationalität nur unvollkommen zu durchschauen. Niemand kann mit Sicherheit vorhersagen, wozu ein Unternehmen das von einem Partner erhaltene Wissen verwenden wird und was seine Motive für die Zukunft sein werden. Müssen die Akteure mit opportunistischem Verhalten des Kooperationspartners rechnen, kommen sie in ein Entscheidungsdilemma (vgl. Tab. 3-1).

Tabelle 3-1: Die Rationalitätsfalle im Prisoner's Dilemma (Beispiel)

		Chinesischer Partner	
		kooperiert	kooperiert nicht
Deutsches Unternehmen	kooperiert	3 und 3	1 und 5
	kooperiert nicht	5 und 1	0 und 0

Dilemmasituationen zeichnen sich dadurch aus, dass es individuell rational ist, eine Option zu wählen, die im Ergebnis beide Parteien schlechter stellt. Dieses Ergebnis einer Dilemmasituation stellt sich ein, weil keiner der beteiligten Menschen das Koordinationsergebnis allein kontrolliert. Es liegt also eine Wechselwirkung zwischen den Verhaltensweisen der Interaktionspartner vor.

Erfolgt im Beispiel in Tabelle 3-1. die Kooperation wie geplant, erwirtschaften beide Partner einen Gewinn von 3. Nutzt der chinesische Partner die asymmetrische Informationsvorteile zu seinen Gunsten aus, so kann er seine Parte zu Lasten des deutschen Unternehmens, z.B. eines Maschinenbauunternehmens, auf 5 : 1 ausbauen, indem er z.B. unzulässig erworbenes Wissen für seine eigenen Zwecke einsetzt. Prinzipiell kann sich aber auch das deutsche Maschinenbauunternehmen opportunistisch verhalten. In diesem Fall ginge die Verteilung des Gewinns im Beispiel 5 : 1 für das deutsche Unternehmen aus. Sehen die beiden Parteien wegen der jeweiligen Verhaltensunsicherheit auf der Seite des Partners von der Kooperation ab, ist der Kooperationsgewinn gleich Null. Die Koordinationsprobleme hätten somit zu Marktversagen geführt.

Wie sich ein Unternehmen in einer solchen oder einer ähnlichen Dilemmasituation tatsächlich entscheidet, hängt von der subjektiven Einschätzung der Situation ab. Einige Unternehmen verzichten aufgrund der bestehenden Unsicherheit auf den

Markteintritt in China. Andere sehen zwar die Gefahr, erhoffen sich aber insgesamt dennoch ein positives Ergebnis. Teilweise wird ein Tausch „Wissen gegen Marktzugang" auch ganz bewusst in Kauf genommen. Offensichtlich ist aber, dass die Gefahr der Produktpiraterie Kooperation und Wachstum tendenziell behindert. Da dieses Kooperationsproblem immer wieder in Erscheinung tritt, liegt es nahe, die Problematik auf der Ebene der institutionellen Umwelt zu regeln. Während in den westlichen Industriestaaten z.B. ein durchsetzungsfähiges Patentrecht zum Schutz geistigen Eigentums überwiegend vorliegt, ist das in vielen asiatischen Staaten noch nicht der Fall.

Es stellt sich allerdings die Frage, ob eine Institution, die die Produktpiraterie ächtet, auch im Interesse eines Landes wie China wäre. Mittel- und langfristig ist die Frage sicher zu bejahen. Nicht nur passt das Image als Produktpirat vermutlich nicht zu den Ambitionen der aufsteigenden Wirtschaftsmacht, sondern auch chinesische Unternehmen werden zunehmend Opfer von Plagiaten. 3800 internationale Patente wurden im Jahr 2005 in China angemeldet. Das ist eine Steigerung um 50% gegenüber dem Vorjahr. Auch chinesische Unternehmen fordern ihre Regierung daher zum Schutz geistigen Eigentums auf (vgl. Ruch 2006). Doch während die Rechtslage zum Schutz von geistigem Eigentum schrittweise an die international geltenden Regeln angepasst wird, ist die Umsetzung des Schutzes von geistigem Eigentum nach wie vor kaum gegeben.

Es zeigt sich an diesem Beispiel, dass zur Lösung wiederholt auftretender Fälle von Kooperationsproblemen, nicht nur geeignete Spielregeln, sondern auch ihre konsequente Durchsetzung erforderlich sind. Die mangelnde Durchsetzung von Vereinbarungen und Zusagen ist es daher auch, die zunehmend zu Kooperationsproblemen führt. In seinem Buch „Weltkrieg um Wohlstand. Wie Macht und Reichtum neu verteilt werden" fordert Gabor Steingart zu einem vollständigen Umdenken in Europa und den USA auf. Verletzungen vereinbarter Spielregeln oder die Nichtakzeptanz bestehender Spielregeln des Freihandels sollten nach Steingart mit Sanktionen bis hin zur Gründung einer Amerikanisch-Europäischen Freihandelszone belegt werden. Er fordert die konsequente Umsetzung der Spielregeln des freien Handels und eine Vergeltung bei Zuwiderhandeln. Erste Schritte in diese Richtung werden von einzelnen Staaten erwogen. Als die US-Handelsbeauftragte Susan Schwab am 9. April 2007 in Washington die WTO-Klagen der US-Regierung gegen China ankündigt, hielt Sie eine raubkopierte DVD als Corpus Delicti in die Kameras.

3.4 Externe Effekte und die Zuordnung von Verfügungsrechten

Ein zweiter wichtiger Argumentationsstrang zur Erklärung einer institutionellen Umwelt betont Mängel bei der Zuordnung von Eigentumsrechten. Vor allem das Vorlie-

3 Die Begründung einer institutionellen Umwelt

gen externer Effekte wird dabei als ein Indikator für einen Korrekturbedarf wahrgenommen.

Definition: *Externe Effekte*

Externe Effekte sind immer dann gegeben, wenn die (wirtschaftliche) Situation einer Person durch wirtschaftliche Aktivitäten einer anderen Person – positiv oder negativ – beeinflusst wird (vgl. Richter/Furubotn 2003, 109). Wirtschaftliche Aktivitäten und Kooperation kommen dann zwar zustande, der Marktprozess führt aber nicht zu einem akzeptablen Ergebnis.

Die externen Nutzen und Kosten sind dafür verantwortlich, dass es zwischen dem gesamtwirtschaftlichen Nutzen und dem privaten Nutzen aber auch zwischen den gesamtwirtschaftlichen Kosten und den privaten Kosten Unterschiede gibt (vgl. Abb. 3-2).

Abbildung 3-2: *Externe Effekte im Überblick*

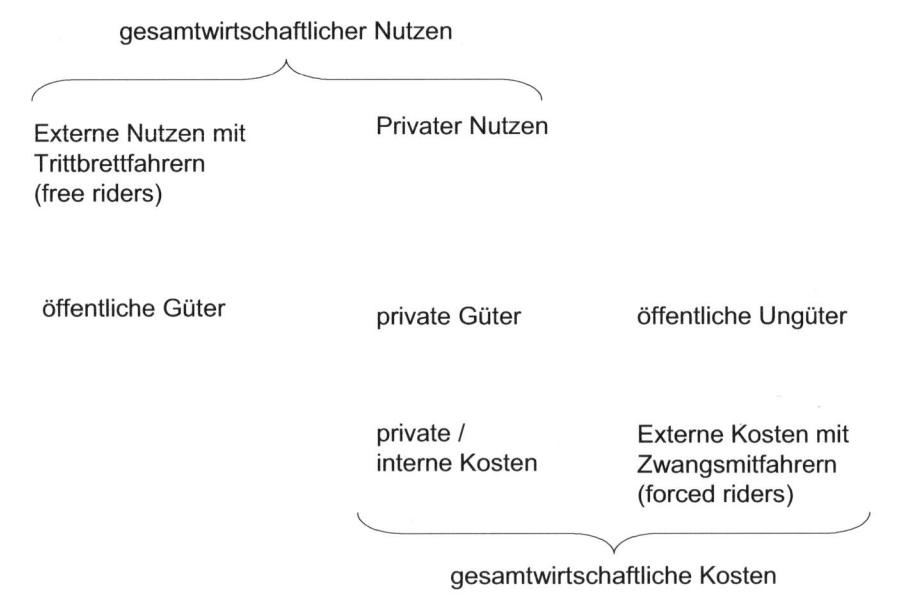

Quelle: Beck, 2002, , 121.

3.4 Externe Effekte und die Zuordnung von Verfügungsrechten

Im Falle positiver externer Effekte spricht man auch von öffentlichen Gütern.

Definition: *Öffentliche Güter*

Öffentliche Güter sind immer dann gegeben, wenn ein externer Nutzen derart entsteht, dass nicht von allen Begünstigten ein ausreichender Preis eingefordert werden kann (Nicht-Ausschließbarkeit, Nicht-Rivalität).

Die Schwierigkeit „Trittbrettfahrer" von der Nutzung auszuschließen, führt dazu, dass öffentliche Güter von gewinnorientierten Unternehmen nicht oder in nicht ausreichender Menge angeboten werden.

Neben den klassischen Beispielen für öffentliche Güter – etwa der öffentlichen Sicherheit oder Fernseh- oder Radioproduktionen, die per Antenne ausgestrahlt werden – stellen auch Forschungsleistungen von Unternehmen ein öffentliches Gut dar, wenn die Forschungsergebnisse, leicht imitierbar sind. Insofern ließe sich auch das firmenspezifische Wissen als ein öffentliches Gut bezeichnen, wenn es nicht nur von potentiellen Kooperationspartnern, sondern auch von anderen Marktteilnehmern imitiert werden könnte. Im Falle von öffentlichen Gütern geht es also darum, Wettbewerbern den Zugang zu einem Markt, z.B. durch Institutionen wie das Patent, vorübergehend zu verwehren und dadurch Kooperationsgewinne für einen Marktteilnehmer erst zu ermöglichen. Diese Argumentation steht auf den ersten Blick in einem Gegensatz zu dem Gedanken von Wettbewerb und Effizienz. Statt Markteintrittsbarrieren zu reduzieren, um Wettbewerb zu fördern, werden hier Markteintrittsbarrieren aufgebaut, um bestimmte Marktergebnisse zu erreichen. Es wird deutlich, dass der Marktmechanismus, wenn er ohne Spielregeln bleibt, zu unbefriedigenden Ergebnissen führen kann. Der Schlüssel zur Lösung des Problems der öffentlichen Güter wird in der Definition und Verteilung von Eigentumsrechten gesehen. Das Patentrecht hat keine andere Funktion. Erneut zeigt sich allerdings, dass das Problem weniger im Patentrecht als vielmehr die Durchsetzung des Patentrechtes in vielen Ländern liegt. Gelingt es nicht, den externen Nutzen durch eine entsprechende institutionelle Umwelt zu Gunsten der Produzenten des öffentlichen Gutes zu privatisieren, wird die Produktion des betroffenen Gutes unterbleiben. Als Alternative bliebe dann nur die Bereitstellung des Gutes von staatlicher Seite.

Öffentliche Güter sind nur ein besonderer Fall des generellen Problems der externen Effekte. Während die öffentlichen Güter den positiven Fall externer Effekte repräsentieren, belasten negative externe Effekte eine Gemeinschaft als externe Kosten. An die Stelle der „Trittbrettfahrer" treten „Zwangsmitfahrer", denen die Kosten der Aktivitäten eines anderen Akteurs aufgebürdet werden.

3 Die Begründung einer institutionellen Umwelt

Definition: *Externe Kosten*

Externe Kosten sind Kosten, die bei der Produktion oder der Nutzung eines Gutes entstehen, aber nicht von den unmittelbar beteiligten Kooperationspartnern – also z.B. vom Hersteller und Konsumenten - getragen werden, sondern von Drittparteien. Sie schlagen sich daher nicht in Kostenkalkulationen und Marktpreisen nieder.

Externe Kosten stellen eine ebenso große Herausforderung dar, wie externer Nutzen. Die Kosten belasten den privaten Verursacher nicht, wohl aber andere Akteure. So trägt der Personenindividualverkehr zu Umweltverschmutzung bei, unter der viele Menschen und nachfolgende Generationen leiden oder leiden werden. Ebenso kann die Abfallentsorgung eines Unternehmens einen Einfluss auf die Qualität von Wasser haben, das für ein anderes Unternehmen eine wichtige Ressource ist. In beiden Fällen werden die Effekte dem Verursacher aber nicht in Rechnung gestellt. Vielmehr erfolgt eine Trennung zwischen privaten und externen Kosten.

Gelingt es nicht, die Trennung zwischen privaten und externen Nutzen und Kosten durch eine „Internalisierung" (also verursachergerechte Zuordnung) der externen Effekte zu überwinden, entstehen Fehlanreize. Durch die Implementierung einer geeigneten institutionellen Umwelt sollen die externen Kosten internalisiert und damit entscheidungsrelevant werden.

Für Coase (1960) besteht die Lösung der Koordinationsprobleme in der Zuordnung von Verfügungsrechten (vgl. Kap. 2). Er betont, dass es sich beim Externalitätenproblem um ein Austauschproblem handelt, bei dem wenigstens zwei Parteien vertreten sein müssen. Im Falle von Lärmimmission könnte nicht von einer Externalität gesprochen werden, wenn es nicht wenigstens einen Lärmverursacher und eine Partei, die unter dem Lärm leidet, geben würde. Obwohl in dieser Situation mehrere Lösungsansätze denkbar wären, setzt Coase an der Verteilung von Eigentumsrechten an. Ein Verfügungsrecht darf durch andere Parteien nicht ohne die Zustimmung des Eigentümers verändert oder beeinträchtigt werden. Dabei ist es prinzipiell gleichgültig, wer durch ein Eigentumsrecht eine bestimmte Berechtigung erhält. Wichtig ist lediglich, dass durch die Vergabe von Eigentumsrechten ein Ansatzpunkt für die Bildung von Preisen entsteht. Das folgende kurze Beispiel kann das verdeutlichen:

Beispiel: *Schadstoffemission*

Bei Flügen fallen externe Kosten in Form von Schadstoff- und Lärmemissionen an. Diese Kosten werden nicht oder nicht nur von den Verursachern getragen.
Eine Lösung besteht darin, eine klare Ausgangsverteilung an sogenannten Emissionsrechten festzulegen. Durch diese Zuweisung von Eigentumsrechten wird eine Verhandlungslösung ermöglicht, unabhängig davon, wie die Anfangsaufteilung aussieht.

Externe Effekte und die Zuordnung von Verfügungsrechten **3.4**

Besitzt die Fluggesellschaft „Fly high" das Recht, im Jahr ein bestimmtes Volumen von CO^2 auszustoßen, dann bietet sich für Umweltschützer oder Betroffene die Möglichkeit, der Fluggesellschaft dieses Recht „abzukaufen" oder sie für die Nichtausübung des Rechtes zu kompensieren. Besitzen die Umweltschützer umgekehrt ein Eigentumsrecht z.B. an Lärmschutz etc., so ergibt sich für die Fluggesellschaft ein Ansatzpunkt, mit den Umweltschützern in einen Austausch zu treten.

In beiden Fällen werden potentielle externe Effekte internalisiert. Ohne damit etwas über die Verteilungseffekte gesagt zu haben, ergibt sich nach Coase somit die Möglichkeit einer Steigerung der sozialen Effizienz durch die Vergabe und Durchsetzung von Eigentumsrechten.

Die Identifikation externer Kosten ist nicht immer so einfach, wie in den genannten Beispielen. Die Diskussion um die Auswirkungen der Globalisierung zeigt die Schwierigkeiten. In zahlreichen Diskussionsbeiträgen zu den Auswirkungen der Globalisierung der Märkte und der Tätigkeit internationaler Unternehmen werden den Marktkräften nicht nur die positive Wirkungen zugeschrieben, sondern gerade auch die Gefahren der Globalisierung betont. Stellvertretend für viele Befürchtungen können hier die Beiträge von J.J. Servan Schreiber, von Peter Goldberg und Charles P. Kindleberger sowie von Joseph Stiglitz genannt werden (vgl. Eser 1982 und Stiglitz 2001):

- Der Multinationale Konzern wird zerstörerisch wirken, falls sich keine politische Macht entwickelt, die die Wirtschaft in den Dienst des Menschen stellt (J.J. Servan Schreiber).

- Ohne entsprechende Kontrollmaßnahmen führen die gegenwärtigen Entwicklungen in eine Welt der privaten Unternehmen. In einer solchen Situation würde der einzelne Nationalstaat den mächtigen, eng verzahnten und geographisch mobilen privaten Unternehmen hilflos gegenüber stehen (Peter Goldberg und Charles P. Kindleberger).

- I believe that globalization – the removal of barriers to free trade and the closer integration of national economies – can be a force for good and that it has the *potential* to enrich everyone in the world, particularly the poor. But I also believe that if this is to be the case, the way globalization has been managed, including the international trade agreements that have played such a large role in removing those barriers and the policies that have been imposed on developing countries in the process of globalization, need to be radically rethought (Joseph Stiglitz, 2001,ix).

Die Aktivitäten eines Akteurs in einer grenzenlosen Welt haben häufig unmittelbar auch einen Einfluss auf das Wohlergehen anderer Akteure. Die neuen Möglichkeiten der Produktionsstättenverlagerungen in Niedriglohnländer führen zwangsläufig zu Konsequenzen für die Menschen in Hochlohnländern. Der Verlust des Arbeitsplatzes und damit einer wesentlichen Lebensgrundlage ist nach Amartya Sen eine Bedrohung, aus der viele andere Probleme folgen (vgl. Sen 2000). Der rasante Verbrauch natürlicher Ressourcen im Zusammenhang mit dem Prozess der Globalisierung kann als ein weiterer externer Effekt angesehen werden. In all diesen Fällen muss letztlich durch einen gesellschaftlichen Konsens (vgl. dazu Kapitel 4) entschieden werden, ob der Minderproduktion von öffentlichen Gütern und der Überproduktion von öffentlichen Kosten durch eine institutionelle Umwelt entgegengesteuert werden soll.

3.5 Monopolmacht

Neben wiederholten Kooperationsproblemen und externen Effekten stellen Wettbewerbsverzerrungen durch Monopolmacht einen weiteren Grund für eine institutionelle Umwelt dar. Abhängigkeit und Macht können innerhalb einer bestimmten Kooperationsbeziehung oder aber für Märkte insgesamt betrachtet werden. Im zweiten Kapitel des Buches wurde das Problem der Abhängigkeit vor allem als eine Konsequenz spezifischer Investitionen in Transaktionen und der daraus resultierenden kleinen Anzahl potentieller Kooperationspartner („small numbers situation") für einen Marktteilnehmer thematisiert. Der Investor sah sich im Extremfall einer quasi monopolistischen Situation gegenüber und musste Ausbeutung – z. B. durch Preiserhöhungen – fürchten.

Auch für Märkte in ihrer Gesamtbetrachtung werden monopolistische Marktsituationen regelmäßig mit bestimmten Problemen in Verbindung gebracht. Ein Monopol liegt immer dann vor, wenn ein einziges Unternehmen ein Gut anbietet, zu dem es keine nahen Substitutionsgüter gibt. Im Vergleich zu wettbewerblichen Marktstrukturen treten bei monopolistischen Marktsituationen vor allem zwei negative Konsequenzen auf: Kleinere Angebotsmengen und zu höhere Preisen (vgl. dazu beispielsweise Beck 2002, 146). Damit finden zwar Transaktionen statt, das Kooperationsergebnis bleibt aber hinter dem zurück, was als wünschenswert angesehen wird. Da diese Ergebnisse bei monopolistischen Strukturen immer wieder auftreten handelt es sich um Fälle wiederholten Marktversagens. Die institutionelle Lösung von Kooperationsproblemen, die auf monopolistische Marktstrukturen zurückzuführen sind, ist daher auf die Ebene der institutionellen Umwelt zu übertragen.

Es liegt in der Natur des Wettbewerbs, dass die weltweit operierenden „Global Player" versuchen, dem weltweiten Wettbewerb auch durch weltweite Monopole und Kartelle zu begegnen. Offensichtlich ist der Konzentrationsprozess in der Automobilindustrie, aber auch bei Banken und Versicherungen, Flugzeugherstellern und Fluglinien oder der Pharmaindustrie. Die Herausforderung für eine institutionelle Umwelt besteht darin, auch unter den Bedingungen globaler Märkte, Wettbewerb und Effizienz sicherzustellen.

3.6 Institutionelle Umwelt und Autorität

Die Erklärungsansätze einer institutionellen Umwelt geben vor allem die Gründe für die Existenz dieser Spielregeln an. Sie lassen die Frage offen, ob die Regeln der institutionellen Umwelt von den interagierenden Menschen selbst durchgesetzt werden, oder ob diese Aufgaben von einer Autorität übernommen werden.

Definition: Autorität

Unter einer Autorität wird hier eine Instanz verstanden, die aufgrund von Tradition, fachlicher Kompetenz oder sonstigen Gründen ein hohes Ansehen oder andere Mittel besitzt, die eine Durchsetzung von Institutionen zulässt.

Die Notwendigkeit einer Autorität zur Durchsetzung von Regeln ist vor dem Hintergrund zweier Einflussgrößen zu analysieren. Zum einen geht es dabei um eine besondere Qualität der jeweiligen Spielregel, nämlich um die Frage, ob die Regel *sich selbst durchsetzend* ist oder nicht. Zum anderen geht es um die Frage, inwieweit die Gemeinschaft, innerhalb derer die Regel gelten soll, allein in der Lage ist, die Regel durchzusetzen oder nicht. In diesem Zusammenhang spielt der Grad der Anonymität in einer Gemeinschaft eine besondere Rolle. Tabelle 3-2 veranschaulicht die vier unterscheidbaren Fälle.

Tabelle 3-2: Sich selbst durchsetzende vs. sich nicht selbst durchsetzende Regeln

Durchsetzung der Institutionen / Anonymität in der Gesellschaft	Sich selbst durchsetzende Institutionen	Sich nicht selbst durchsetzende Institutionen
niedrig	Fall 1	Fall 3
hoch	Fall 2	Fall 4

3.6.1 Sich selbst durchsetzende vs. sich nicht selbst durchsetzende Regeln

Setzt man bei der Frage nach der Notwendigkeit von Autoritäten zur Durchsetzung von Spielregeln an der Qualität der Spielregel selbst an, so zeigt sich, dass für einen bestimmten Typ von Regeln keine Autoritäten benötigt werden.

Ein institutionelles Design kann so angelegt sein, dass die Vorteile der Nichteinhaltung der Regel geringer sind als die Vorteile der Regeltreue. In diesem Fall wird von einem *sich selbst durchsetzenden Vertrag* gesprochen (vgl. Richter/Furubotn 2003, 182). Als Beispiel für einen solchen Vertrag kann das Rechtsfahrgebot herangezogen werden. Das Rechtsfahrgebot (in manchen Ländern auch das Linksfahrgebot) erhöht die Effizienz im Straßenverkehr in hohem Maße. Gleichzeitig hat jeder Verkehrsteilnehmer einen Anreiz, die Regel einzuhalten, weil er dadurch selbst die größte Wahrscheinlichkeit hat, sicher ans Ziel zu kommen.

Aber auch in problematischen Kooperationssituationen – beispielsweise in den oben geschilderten Dilemmasituationen – können institutionelle Designs einen sich selbst durchsetzenden Charakter haben. Der Unsicherheit eines Abnehmers in Bezug auf die Qualität eines angebotenen Produktes kann z. B. durch ein von einer unabhängigen Agentur ausgestelltes Qualitätszertifikat begegnet werden, sofern die Agentur das Vertrauen des Kunden besitzt. Um eine solche Zertifizierung zu erhalten, sind vom Anbieter üblicherweise erhebliche Vorleistung und Investitionen zu erbringen. Natürlich würde ein Anbieter, der ein Versprechen hoher Qualität abgibt und einen entsprechend hohen Preis erzielt, seine Gewinnsituation kurzfristig verbessern, wenn er dieses Versprechen nicht einhält und beispielsweise minderwertige Ressourcen für die Herstellung seines Produktes verwendet. Da ein solches Verhalten aber rasch dazu führen würde, dass der Anbieter sein Qualitätssiegel – und damit auch die Möglichkeit einer entsprechenden Preissetzung – verlieren würde, gibt es einen Anreiz, das Versprechen einzuhalten. Die Investitionen in das Qualitätssiegel und die dadurch erzielbaren Mehrgewinne fungieren quasi als „Geisel" (Williamson 1985). Die Spielregeln der Qualitätsagentur setzen sich somit selbst durch, wenn Qualitätsdefizite sichtbar sind und den Verlust des Qualitätszertifikats zur Folge haben.

Andererseits gibt es Regeln, bei denen ein Anreiz besteht, sich selbst nicht an die Regel zu halten. Derartige Regeln setzen sich nicht selbst durch, sondern bedürfen der Durchsetzung. Ein Beispiel ist die Verpflichtung, Steuern zu entrichten. Selbst wenn sich alle Mitglieder einig sind, dass es vernünftig ist, für ein bestimmtes Ziel Steuern zu entrichten, so hat doch jedes Mitglied der Gemeinschaft individuell einen Vorteil davon keine Steuern zu entrichten. Dadurch würde – wenn es sich um einen Einzelfall handelte – das Steueraufkommen nicht nennenswert geschmälert und das angestrebte Ziel der Steuerentrichtung vermutlich dennoch erreicht. Der Steuerhinterzieher allerdings hätte den Vorteil des durch die Steuern realisierten Projektes zum Nulltarif erreicht. Er hätte einen „free ride" ergattert. In dieser Situation ist es erforderlich, dass die Einhaltung der Spielregeln überwacht wird, damit der Kooperationserfolg nicht generell in Frage gestellt wird. Die Dilemmastruktur des Kooperationsproblems wird also nicht nur durch das Bestehen einer Regel, sondern auch durch deren Durchsetzung aufgelöst.

3.6.2 Die Rolle des Anonymitätsgrades in einer Gesellschaft

Es ist offensichtlich, dass die sich selbst durchsetzenden Spielregeln (s. Fall 1 und Fall 2 in Tabelle 3-2) keine zusätzliche Autorität benötigen, um ihre Einhaltung zu gewährleisten. Lediglich aus Versehen würde ein Individuum von der Regel abweichen.

Aber selbst bei sich nicht selbst durchsetzenden Verträgen ist es nicht immer erforderlich, dass eine Autorität in Form einer dritten Partei die Durchsetzung einer Spielregel wahrnimmt. Sind sich die interagierenden Menschen nämlich persönlich bekannt und hat das regelkonforme oder aber regelabweichende Verhalten eines Menschen positive oder negative Konsequenzen für das Verhältnis zwischen dem handelnden Menschen und den anderen Mitgliedern der Gemeinschaft, so kann diese Tatsache bereits ausreichen, eine Einhaltung von Regeln sicherzustellen. Die Nähe von Kooperationspartnern in Hierarchien wird von der Transaktionskostentheorie explizit als Ursache von Kontrollvorteilen betont. Der Anonymitätsgrad in einer Gesellschaft kann somit als Erklärungsfaktor für die Regeleinhaltung in einer Gesellschaft angesehen werden.

In Gemeinschaften mit einer *geringen Anonymität* hat ein Bruch von Spielregeln für die jeweilige Person unmittelbare Konsequenzen. Tatsächlich reicht in den meisten Fällen bereits das Bekanntsein des Handelnden aus, dass eine Handlung gar nicht erst vorgenommen wird. Zu den denkbaren Konsequenzen kommt es daher in Gesellschaften mit geringer Anonymität häufig gar nicht.

In einer Gemeinschaft mit einer *hohen Anonymität* bleibt die Verletzung einer Spielregel dagegen häufig ohne Konsequenzen, selbst wenn sie wahrgenommen wird (vgl. Rao/Monk 1999). Es lässt sich somit festhalten, dass geringe Anonymität opportunistisches Verhalten einschränken kann, weil es opportunistisches Verhalten weniger attraktiv macht. Während also im Fall 3 der Tabelle 3-2 keine Autorität zur Durchsetzung einer sich nicht selbst durchsetzenden Regel erforderlich ist, kann regelkonformes Verhalten im Fall 4 – zumindest nach traditioneller Sicht - nur durch eine Autorität durchgesetzt werden (vgl. zu neueren Sichtweisen Haverland/Söllner 2007).

Davon unberührt kann die Opportunismusneigung eines Menschen in allen vier Fällen unverändert bleiben. Es ist also wiederum zwischen *opportunistischem Verhalten* und einer Opportunismusneigung, wie sie auch in der *Opportunismusannahme* zugrunde gelegt wird, zu unterscheiden. Anonymität setzt nicht bei der Opportunismusannahme an, sondern bei ganz konkretem, opportunistischen Verhalten.

3 Die Begründung einer institutionellen Umwelt

Gerade im Vergleich zwischen einem nationalen und internationalen Kontext wird deutlich, dass dort, wo Autorität zur Durchsetzung von Regeln möglich ist, teilweise gar keine Notwendigkeit für Autorität vorliegt. Dass aber andererseits dort, wo eine Autorität für die Durchsetzung von Regeln zwingend notwendig ist, keine anerkannte Autorität vorhanden ist. Kontrastiert man das folgende Beispiel mit dem unter Punkt 3.3 des Kapitels beschriebenen Problems illegaler Plagiate im internationalen Handel, so wird schnell deutlich, dass Autoritäten gerade dort, wo sie benötigt werden, oft nicht vorhanden sind:

Wenn die Bewohner einer Siedlung vereinbaren, in jedem Jahr zu Weihnachten Geld für ein Nachbarschaftsprojekt (beispielsweise einen Kinderspielplatz) zu sammeln, so wird es sehr stark von dem Anonymitätsgrad in der Gruppe abhängen, ob sich die Menschen an die vereinbarte Regel halten:

- In einer sehr kleinen Gemeinschaft, in der sich die Menschen gut kennen und in der auch die Information über die individuell gegebenen Spenden rasch die Runde macht, wird die Spendenbereitschaft sehr hoch ausgeprägt sein. Niemand wird sich gern vorwerfen lassen, nichts zum Nachbarschaftsprojekt beigetragen zu haben.

- Mit zunehmender Größe einer Siedlung und einer zunehmenden Anonymität unter den Bewohnern wird die Bereitschaft zur Einhaltung der vereinbarten Spendenpraxis abnehmen und es wird immer schwieriger werden, wünschenswerte Nachbarschaftsprojekte zu realisieren. Zwar kann es immer noch gelingen, Mittel für Ziele zu erhalten, die von den Menschen als wünschenswert angesehen werden, aber der Mechanismus einer quasi automatischen „Überwachung" durch die gegenseitige Wahrnehmung und Bewertung von Verhalten gegenüber vereinbarten Regeln erfolgt nicht mehr.

- In sehr großen Gemeinschaften, in denen weder Beziehungen zwischen den Menschen ausgeprägt sind, noch der Nutzen der Nachbarschaftsprojekte für den Einzelnen klar ersichtlich sind, kann die Einhaltung der Regel einer solidarischen Unterstützung völlig zum Erliegen kommen. Negative Konsequenzen für alle Mitglieder der Gemeinschaft können die Folge sein. Die Implementierung von Spielregeln zur Finanzierung von Gemeinschaftsprojekten und deren Durchsetzung durch eine Autorität könnte das Problem lösen.

- Während aber die Schaffung einer anerkannten Autorität beispielsweise im Umfeld einer Nation leicht möglich scheint, ist es auf internationaler Ebene deutlich schwieriger anerkannte Autoritäten zu bestimmen. Das „Regieren" jenseits von Nationalstaaten scheint komplexer, die Legitimitätsbasis dagegen deutlich schmaler. Gleichwohl etablieren sich neue Formen der Autorität und des Regierens zunehmend auch auf internationaler Ebene (vgl. Zürn 1998, 166 ff.).

Literaturhinweise

Als klassische Quellen zur Begründung von Spielregeln auf der Ebene der institutionellen Umwelt (insbesondere auf staatlicher Ebene) können Locke (1967) und Hobbes (1982) angesehen werden. Mit den Limits of Liberty hat Buchanan (1975/1984) ein aktuelles vertragstheoretisches Werk zur Begründung von Regeln vorgelegt. Ordnungserklärungen der Spieltheorie, der Konstitutionenökonomik und der Institutionenökonomik nach Douglas C. North untersucht Märkt (2004). Spielregeln auf internationaler Ebene werden von Keohane (1984) in seinem Buch After Hegemony. Cooperation and Discord in the World Political Economy institutionenökonomisch gerechtfertigt. Das Problem der Territorialität des Rechts wird von Schmidt-Trenz (1990) einer institutionenökonomischen Behandlung unterzogen.

Zusammenfassung

1. Menschliche Interaktionen finden in der Realität immer eingebettet in eine institutionelle Umwelt statt.
2. Obwohl sich die genaue Begründung der Existenz vieler Spielregeln in der Realität oft nicht rekonstruieren lässt, können aus ökonomischer Sicht vor allem Fälle wiederholten Marktversagens als Ursache für eine institutionelle Umwelt angesehen werden.
3. Typische Fälle von wiederholtem Marktversagen ergeben sich aus Informationsproblemen, einer hohen Umweltkomplexität, opportunistischen Verhaltensneigungen, Monopolmacht und Abhängigkeit sowie externen Effekten.
4. Bei sich selbst durchsetzenden Institutionen ist die Durchsetzung der Regeln durch eine Autorität nicht erforderlich. Bei sich nicht selbst durchsetzenden Regeln kann ein Anreiz für die Menschen bestehen, sich nicht an die Regel zu halten. In diesen Fällen ist neben der Implementierung einer Institution auch ihre aktive Durchsetzung erforderlich.
5. Hohe Anonymität wirkt einer Regeltreue tendenziell entgegen, niedrige Anonymität fördert Regeltreue. Die Notwendigkeit der Durchsetzung von Regeln steigt damit mit zunehmender Anonymität.

3 Die Begründung einer institutionellen Umwelt

Schlüsselbegriffe

Anonymität; Autorität; Beschränkte Rationalität; Dilemmasituation; Durchsetzung; Externe Effekte; Institutionelle Umwelt; Internationale Regimes; Monopolmacht; Opportunismus; Wiederholtes Marktversagen

4 Die Legitimität institutioneller Umwelten

4.1 Was ist Legitimität?

Jede institutionelle Umwelt basiert nicht nur auf dem Anspruch, Verhalten von Menschen zu steuern, sondern auch auf der Bereitschaft der Menschen zur Anerkennung der Spielregeln.

Definition: *Legitimität*

Legitimität wird in drei Bedeutungen verwendet:
1) Rechtmäßigkeit einer Herrschaftsordnung im Sinner der Bindung staatlichen und individuellen Handelns an Gesetz und Verfassung (→ Legalität);
2) Rechtmäßigkeit einer Herrschaftsordnung im Sinne ihrer durch allgemeinverbindliche Prinzipien begründete Annerkennungswürdigkeit;
3) seitens der Herrschaftsunterworfenen die faktische Anerkennung als rechtmäßig und verbindlich (→ Legitimitätsüberzeugung).
Vgl. Schmidt, Manfred G., 1995, Wörterbuch zur Politik, Kröner Stuttgart; S. 555f

---

Im Zusammenhang mit dem Prozess der Globalisierung hat die Frage nach einer geeigneten Ordnung eine zusätzliche Aktualität gewonnen. Dabei fällt auf, dass auf der einen Seite das Fehlen von Spielregeln für die Wirtschaft unter Hinweis auf Phänomene des Marktversagens bemängelt wird (vgl. Kapitel 3), auf der anderen Seite aber eine Vielzahl unterschiedlicher Spielregeln existiert. Welche dieser Ordnungen kann Legitimität für sich beanspruchen?

Sowohl die Tatsache des Nebeneinanders verschiedener Ordnungen als auch der Hinweis auf eine fehlende internationale (Wirtschafts-) Ordnung lassen im Prinzip zwei Teilaspekte der Frage nach der Legitimität einer institutionellen Umwelt erkennen:

- Zum einen geht es um die Frage nach der Legitimität der Ziele, die durch eine institutionelle Umwelt gefördert werden sollen. Die Beantwortung dieser Frage wirft allerdings erhebliche Schwierigkeiten auf, so dass nicht so sehr die Ziele selbst als vielmehr der Prozess und die Ordnung des Prozesses der Zielfindung in den Vordergrund rücken.

Die Legitimität institutioneller Umwelten

- Zum anderen geht es – bei einmal festgelegten Zielen – um die bestmögliche Erreichung dieser Ziele durch eine institutionelle Umwelt. Hierbei rücken die eingesetzten Mittel – also die Spielregeln selbst – in den Vordergrund. Legitim wäre eine institutionelle Umwelt nur dann, wenn sie das beste Mittel zur Zielerreichung darstellen würde.

4.2 Das Problem der Beurteilung der Legitimität von Zielen

Die Vielzahl der existierenden institutionellen Ordnungen (vgl. auch Homann/ Suchanek 2000, 185) und ihrer Ziele erschwert die Beantwortung der Frage nach der Legitimität einer institutionellen Umwelt. Teilweise ist es nicht einmal offensichtlich, welches Ziel durch eine Ordnung verfolgt werden soll.

- Die Zehn Gebote, die Moses auf dem Sinai empfing, enthielten eine Art Verfassung für die Menschen, deren Legitimität sich aus dem Willen Gottes und dem Glauben der Menschen ableitete. Die Ordnung zielt darauf ab, die Menschen ein gottgefälliges Leben führen zu lassen.

- Die Verfassungen von Staaten (z.B. der Bundesrepublik, der Vereinigten Staaten etc.) stellen bestimmte Ziele, z.B. die Chancengleichheit der Menschen, in den Vordergrund.

- Karl Marx hielt den Kommunismus für eine Ordnung, die sich zwangsläufig aus der historischen Nachfolge von Feudalismus und Kapitalismus ergeben würde mit dem zentralen Ziel einer klassenlosen Gesellschaft.

- Die WTO (World Trade Organization) ist in ihrem Kern ein Satz von Spielregeln des internationalen Handels, der von den Mitgliedsstaaten vereinbart und verabschiedet wurde. Das Ziel besteht in der Förderung des friedlichen Handels und der Wohlstandssteigerung (vgl. WTO 2003, 9).

- Hardt und Negri beschreiben eine „universal rule of capital without a centre" als die faktische Ordnung, die sich im Zuge der Globalisierung entwickelt hat, und die die Menschen heute in allen Lebensbereichen steuert. Das formale Ziel jener Ordnung besteht in der Schaffung eines Friedens, der aber nach Hardt und Negri durch Ausbeutung und Zerstörung erreicht wird (vgl. Hardt/Negri, 2001).

Die Beispiele von Ordnungen ließen sich beliebig fortsetzen. Die Hoffnung, dass der Glaube als gemeinsamer Ordnungs- oder „Normenstifter" die Grundlage einer sozialen Ordnung bilden könnte, wurde insbesondere durch Kant als unbegründet abgelehnt. Der Mensch muss die Aufgabe, eine Ordnung zu finden, selbst in die Hand nehmen (vgl. Kant 1785/1995). Die o.g. Beispiele zeigen, dass diese Aufgabe von verschiedener Seite angegangen wird. Immer reklamieren die Verfasser einer bestimmten institutionellen Ordnung eine Legitimität für ihren Vorschlag ganz unabhängig davon, ob dies durch „primitive Propaganda oder durch subtile Überzeugungskraft geschieht" (Anter 2004, 39f.). Eine weite Akzeptanz können viele Entwürfe für sich aber nicht in Anspruch nehmen. Zahlreiche bewaffnete Konflikte um die „richtige" Weltanschauung und um die richtigen Ziele belegen das.

In den im vorangegangenen Kapitel gebotenen „Erklärungsansätzen" einer institutionellen Umwelt hat eine Diskussion der Kooperationsziele der Kooperationspartner nur sehr eingeschränkt stattgefunden. Im Vordergrund stand die Überwindung von wiederholtem Marktversagen. Dadurch sollten Kooperationsmöglichkeiten realisiert werden, die zu Wohlstandssteigerungen beitragen könnten. Dahinter standen vor allem zwei Annahmen: 1. Viele Bedürfnisse der Menschen kommen in Konsumwünschen zum Ausdruck und daher ist der Erwerb von Einkommen und seine Absicherung als ein wesentliches Ziel der Menschen anzusehen. 2. Internationale Kooperation fördert die Erreichung dieses Ziels.

Amartya Sen (2000) macht gleichwohl deutlich, dass materieller Reichtum kein brauchbarer Maßstab für Wohlstand oder Bedürfnisbefriedigung ist. Er ist nur ein weiteres Mittel zur Erreichung menschlicher Ziele. Auch die Diskussion externer Effekte zeigt, dass eine Debatte wünschenswerter Kooperationsergebnisse aus einer institutionenökonomischen Perspektive kaum umgangen werden kann. Hier aber setzt ein zentrales Problem an: Jedermann kann behaupten, dass sein Ziel das richtige wäre und niemand kann das Gegenteil beweisen. Damit wird aber auch der unmittelbare Legitimitätsbeweis für Ziele unmöglich. Aus diesem Grund steht bei der Debatte der Legitimität institutioneller Ordnungen auch nicht ein konkretes Ziel im Vordergrund, sondern viel mehr die Art und Weise, wie ein Ziel in einer Gemeinschaft festgelegt wird. Legitimität ist dann nicht so sehr Ausdruck einer Zustimmung zu bestimmten Zielen, sondern – mit Luhmann – Ausdruck einer Zustimmung zum Verfahren: „Man kann Legitimität auffassen als eine generalisierte Bereitschaft, inhaltlich noch unbestimmte Entscheidungen innerhalb gewisser Toleranzgrenzen hinzunehmen" (Luhmann 1989, 53).

4.3 Die Beurteilung der Spielregeln des Entscheidungsprozesses zur Zielfindung

4.3.1 Der Konsens als demokratisches Zielfindungsverfahren

Darüber, wie ein Verfahren zur Zielfindung auszusehen hätte, besteht zwar keine grundlegende Einigkeit. Allerdings haben sich in den verschiedenen Kulturräumen

4 Die Legitimität institutioneller Umwelten

Vorstellungen darüber entwickelt, wie ein derartiges Verfahren aussehen könnte. An dieser Stelle wird die demokratisch geprägte, europäische Sichtweise auf einen Zielfindungsprozess in den Mittelpunkt gestellt.

Nach dieser, insbesondere durch Immanuel Kant (1724-1804) geprägten Sichtweise, sind Regeln und ihre Ziele zu ihrer Legitimierung auf die grundsätzliche Zustimmung aller Betroffenen angewiesen. Es ist somit der Mensch selbst, der einem Regelwerk zustimmen muss, um ihm Legitimität zu geben. Diese Zustimmung wird zwangsläufig auf der Basis eigener Interessen und Präferenzen erfolgen. Nicht diese Interessen (Zwecke) sind nach Kant aber legitimationsstiftend, sondern die eigene Zustimmung und die Zustimmung der anderen Menschen (Subjekte der Zwecksetzung) einer Gesellschaft. In der Grundlegung zur Metaphysik der Sitten betont Kant die Orientierung an den Mitmenschen wenn er schreibt: „Handle so, dass du die Menschheit sowohl in deiner Person, als in der Person eines jeden andern jederzeit zugleich als Zweck, niemals bloß als Mittel brauchst" (Kant 1785/1995, Abs. 429).

Als zentrales Legitimationsinstrument sind daher die Zustimmung und der Konsens anzusehen. „Jeder" muss zustimmen, tut das aber im Hinblick auf seinen individuellen Nutzen und ohne auf die Präferenzen anderer einzugehen. Da aber für die Allgemeingültigkeit einer Ordnung die Zustimmung aller Betroffenen erforderlich ist, finden die Interessen der anderen Menschen über die Konsenserfordernis wieder Berücksichtigung.

Als Ergebnis entsteht ein Gesellschaftsvertrag als Konstruktion der Vernunft mit dem Ziel „jeden Gesetzgeber zu verbinden, dass er seine Gesetze so gebe, als sie aus dem vereinigten Willen eines ganzen Volks haben entspringen können, und jeden Untertan, so fern er Bürger sein will, so anzusehen, als ob er zu einem solchen Willen mit zusammen gestimmt habe. Denn das ist der Probierstein der Rechtmäßigkeit eines jeden öffentlichen Gesetzes." (Kant 1910, Bd. 8, 297, zit. nach Homann/Suchanek 2000, 187). Der Mensch ist dann seinen ganz individuellen und eigenen Regeln unterworfen, die aber gleichwohl eine Allgemeingültigkeit besitzen.

In Europa dominiert heute diese Auffassung, nach der Ordnungen und ihre Zielsetzungen ausschließlich aus einem demokratischen Prozess heraus ihre Legitimität erhalten. Insoweit müssen Ziele und die aus ihnen resultierenden Regelungsnotwendigkeiten von den betroffenen Menschen gewollt und getragen werden. Demokratie beinhaltet die Zustimmung der Betroffenen zu einem Regelwerk und wird so zu einem universellen Prinzip der Legitimation von Spielregeln des menschlichen Zusammenlebens (vgl. Homann/Suchanek 2000, 186 ff.).

4.3.2 Probleme der Konsensfindung und die Simulation eines Konsenses

In der Realität wirft das Verfahren des Konsenses aber erhebliche Umsetzungsprobleme auf. Offensichtlich gibt es kaum eine Situation, in der alle Betroffenen einer bestimmten Regel ihre Zustimmung geben. Immer wird es Personen geben, die ein vorgeschlagenes Ziel ablehnen. Einstimmigkeit ist kaum vorstellbar, weil die Interessenlagen der betroffenen Personen sehr unterschiedlich sind. Darüber hinaus ist es kaum möglich und auch sehr kostspielig, alle betroffenen Menschen zu befragen. Wir beobachten daher in Parlamenten überwiegend Mehrheitsentscheidungen. Diese Praxis steht aber auf den ersten Blick in einem Gegensatz zum Kant'schen Standpunkt nachdem jeder einzelne Mensch „Würde" hat und keinen „Preis". Dadurch können Stimmen nicht aufgerechnet werden und im Prinzip hat jeder ein Vetorecht.

Als Lösung bietet es sich an, den Konsens als „regulative Idee" und Heuristik beizubehalten und gleichzeitig nach Verfahren zu suchen, durch welche die Idee des Konsenses nachgebildet (simuliert) werden kann. Die beiden wichtigen Simulationsverfahren sind dabei die theoretische und die politisch-praktische Simulation (vgl. Homann/Suchanek 2000, 193ff.).

Die theoretische Simulation des Konsenses orientiert sich stark an der deontologischen Sichtweise, genauer gesagt an einer regeldeontologischen Sichtweise. Bei der regeldeontologischen Perspektive geht es um die Frage, ob die Regel, nach der eine Handlung ausgeführt wurde, gut ist. Immanuel Kant gilt als der wichtigste Vertreter der deontologischen Sichtweise. Mit dem kategorischen Imperativ versucht er ein Prinzip zu entwickeln, das es ermöglicht, den moralischen Wert einer Handlung unabhängig von den Konsequenzen der Handlung zu bestimmen. Die Gültigkeit dieses Prinzips leitete Kant unmittelbar aus der menschlichen Vernunft ab. Das einzig Gute ist nach Kant ein guter Wille: „Es ist überall nichts in der Welt, ja überhaupt auch außer derselben zu denken möglich, was ohne Einschränkung für gut könnte gehalten werden, als allein ein guter Wille" (Kant 1785/1995, Abs. 393).

Ein guter Wille ist dabei ein solcher, der den Leitlinien der Vernunft folgt und die Handlung aus einem inneren Pflichtgefühl heraus hervorbringt. Ein guter Wille wählt eine Handlung danach aus, ob es die richtige Handlung ist und nicht danach, welche Konsequenzen sie nach sich zieht. Dabei sollte das Prinzip, an dem sich eine Handlung ausrichtet, ein universelles Gesetz sein können. Kant formuliert das in seinem ersten Satz des kategorischen Imperativs: „Handle nur nach derjenigen Maxime, durch die du zugleich wollen kannst, dass sie ein allgemeines Gesetz werde" (Kant 1785/1995, Abs. 421).

Diese Formulierung zeigt noch einmal Kants Überzeugung, dass Ethik im Prinzip ein vernunftbezogenes Unterfangen darstellt. Ethische Prinzipien sollten sich in dieser Hinsicht nicht von den rationalen Operationen der Logik oder der Mathematik unterscheiden. Innere Konsistenz und universelle Gültigkeit bilden dafür wichtige Voraus-

Die Legitimität institutioneller Umwelten

setzungen. Kant argumentiert, dass eine eigene Handlungsmaxime, die man sich auch als ein universelles Gesetz wünschen würde, diese Voraussetzung erfüllt. Dies sei an dem von Kant formulierten Beispiel der Geldleihe erläutert:

Beispiel: *Geldleihe*

„Ein anderer sieht sich durch Noth gedrungen, Geld zu borgen. Er weiß wohl, dass er nicht wird bezahlen können, sieht aber auch, dass ihm nichts geliehen werden wird, wenn er nicht festiglich verspricht, es zu einer bestimmten Zeit zu bezahlen. Er hat Lust, ein solches Versprechen zu thun; noch aber hat er so viel Gewissen, sich zu fragen: ist es nicht unerlaubt und pflichtwidrig, sich auf solche Art aus Noth zu helfen? Gesetzt, er beschlösse es doch, so würde seine Maxime der Handlung so lauten: wenn ich mich in Geldnoth zu sein glaube, so will ich Geld borgen und versprechen es zu bezahlen, ob ich gleich weiß, es werde niemals geschehen. Nun ist dieses Princip der Selbstliebe oder der eigenen Zuträglichkeit mit meinem ganzen künftigen Wohlbefinden vielleicht wohl zu vereinigen, allein jetzt ist die Frage: ob es recht sei. Ich verwandle also die Zumuthung der Selbstliebe in ein allgemeines Gesetz und richte die Frage so ein: wie es dann stehen würde, wenn meine Maxime ein allgemeines Gesetz würde. Da sehe ich nun sogleich, dass sie niemals als allgemeines Naturgesetz gelten und mit sich selbst zusammenstimmen könne, sondern sich nothwendig widersprechen müsse. Denn die Allgemeinheit eines Gesetztes, dass jeder, nachdem er in Noth zu sein glaubt, versprechen könne, was ihm einfällt, mit dem Vorsatz, es nicht zu halten, würde das Versprechen und den Zweck, den man damit haben mag, selbst unmöglich machen, indem niemand glauben würde, dass ihm was versprochen sei, sondern über alle solche Äußerung als eitles Vorgeben lachen würde" (Kant 1785/1995, Abs. 422).

Das falsche Versprechen – ein aus institutionenökonomischer Sicht opportunistischer Akt – ist daher nach Kant auch moralisch falsch, weil die Verhaltensmaxime, auf der es beruht, in sich nicht konsistent ist. Durch ihre Anwendung als universelles Gesetz zerstört sie nach Kant die Grundlage ihrer Existenz, nämlich die Institution des Versprechens. Aus diesem Grund können wir den Wortbruch nach Kant nicht wollen. Das Worthalten dagegen kann durchaus als ein universelles Gesetz gelten. Aus einer solchen Verhaltensmaxime, die als universelles Gesetz und damit auch als institutionelle Ordnung gelten kann, lässt sich dann die Pflicht ableiten, ihr zu folgen.

Die Prüfung auf Universalisierbarkeit kann als die theoretische Simulation eines Konsenses angesehen werden. Bei dem sich auf der Basis von „Vernunft" ergebenden Konsens handelt es sich allerdings um einen rein hypothetischen Konsens, der ggf. auch von einer einzigen Person durch Überlegung erreicht werden kann. Eine echte Zustimmung durch die betroffenen Personen ersetzt sie nicht. Insofern ist es besser bei der theoretischen Simulation von einem Test auf Zustimmungsfähigkeit und nicht von einem Test auf Zustimmung zu sprechen.

Aufgrund der Unmöglichkeit einer vollständigen Zustimmung aller Beteiligten, muss aber auch der faktische Konsens über eine politisch-praktische Simulation hergestellt werden. Zwei unterschiedliche Lösungsvorschläge können in diesem Zusammenhang besonders hervorgehoben werden. Beide lösen die Zustimmungsproblematik durch

Die Beurteilung der Spielregeln des Entscheidungsprozesses zur Zielfindung 4.3

eine Auflösung des unmittelbaren Zusammenhangs zwischen Zustimmung und Zustimmungswirkung:

- Der sog. „veil of ignorance" von Rawls (1993) befreit die Entscheider von ihren ganz individuellen Interessen, indem die Entscheidung so formuliert wird, dass sich ihre Wirkung erst in einer Zeit entfaltet, in der die Interessen des Entscheiders nicht mehr unmittelbar berührt werden. Dadurch ist es dem Entscheider möglich, Regelungen zuzustimmen, die in der aktuellen Situation gegen seine persönlichen Interessen gerichtet wären.

- In einem Konsens beschließen die Entscheider, spätere Entscheidungen in einem abgeschwächten Konsens zu treffen. Dieses Abweichen von dem vollständigen Konsens kann für alle einzelnen als vorteilhaft empfunden werden und daher Zustimmung finden.

Der erste Vorschlag löst individuelle Zielkonflikte durch eine Trennung von Entscheidungszeitpunkt und Entscheidungswirkung. Dadurch werden Entscheidungen im Konsens ermöglicht, die andernfalls nicht herbeizuführen wären. Ob der Vorschlag allerdings aus der Sicht der später betroffenen Menschen legitim ist, darf bezweifelt werden.

Der zweite Vorschlag kennzeichnet das Prinzip der konstitutionellen Demokratie. Die Simulation des Konsensprinzips erfolgt dabei aber nicht durch die Delegation der Entscheidung, sondern durch die Bedingungen, unter denen diese Delegation erfolgt. Buchanan betont in diesem Zusammenhang, dass die späteren (= postkonstitutionellen) Entscheidungen nur dann legitim sind, wenn sie tatsächlich allen betroffenen Bürgern Vorteile bringen.

Diese Bedingung soll in der Demokratie westeuropäischen Typs durch ein komplexes Institutionenwerk erfüllt werden. Es soll auch sicherstellen, dass die Delegation von Entscheidungsrechten und die damit verbundene faktische Einschränkung des Konsenses nur teilweise erfolgen dürfen:

- Wegen der großen Bedeutung für den einzelnen bleibt das individuelle Vetorecht – also die strenge Konsensbedingung – bei den Menschen- und Grundrechten bestehen. Hier bleibt auch die Betonung der „Würde" des Einzelnen im Sinne Kants vollständig bestehen.

- Alle anderen Entscheidungen, die unter Einschränkung der strengen Konsensbedingung gefällt werden, sind nur dann legitim, wenn sie unter legitimen konstitutionellen Bedingungen zustande kommen (vgl. Homann/Suchanek 2000, 195).

Diese Grundform der in allen westlich orientierten Demokratien praktizierten Simulation eines Konsenses lässt gleichwohl zahlreiche Fragen offen. An dieser Stelle ist nicht der Raum, auf die Fragen im Einzelnen einzugehen. Zwei Symptome, die auf Probleme bestehender institutioneller Ordnungen hinweisen, seinen aber genannt:

4 Die Legitimität institutioneller Umwelten

1. Einerseits ist die Handlungsfähigkeit sozialer Gebilde in Bezug auf Anpassung und Veränderung von Zielen und Maßnahmen stark eingeschränkt. Ziele, die gesamtgesellschaftlich fragwürdig sind, bleiben erhalten, weil Partikularinteressen nicht überwunden werden können. Spielregeln, die offensichtlich nicht zweckmäßig sind, bleiben gültig.
2. Andererseits werden die von Politikern und Verwaltungen getroffenen Entscheidungen von einer zunehmenden Zahl von Bürgern als nicht legitim empfunden. „Politikverdrossenheit" und sinkende Wahlbeteiligungen deuten auf den befürchteten Rückzug ins Private hin.

Ökonomen können in dieser Situation durchaus einen Beitrag leisten. Als Experten im Überkommen von Dilemmasituationen besitzen sie das Instrumentarium zum Auffinden gemeinsamer Interessen, die eine Zustimmung ermöglichen können. Ob damit auch ein Mittel gegen die zunehmende Politikverdrossenheit gefunden wird, ist allerdings fraglich. Entscheidend ist hier die Glaubwürdigkeit der Entscheidungsträger.

4.4 Die Legitimität der Mittel zur Zielerreichung

Sind über das Verfahren des Konsenses legitime Ziele definiert worden, so sind in einem zweiten Schritt legitime Mittel zur Zielerreichung festzulegen. Im Prinzip gilt dabei das gleiche wie für die Festlegung der Ziele. Auch hier bedarf es – wenn der Anspruch der Legitimität erhoben wird – eines Konsenses über die einzusetzenden Mittel.

Die Meinungsbildung zum Einsatz bestimmter Mittel hängt sehr stark von den Einschätzungen über den Zusammenhang zwischen Mitteleinsatz und Zielerreichung ab. Theorien beschreiben einen generellen Zusammenhang zwischen Ursachen und Wirkungen in der Form:

Die Ursache $x1$ führt zu dem Wirkungsbündel $[y1, y2, y3]$

Beispielsweise könnte man eine theoretische Aussage über den Zusammenhang zwischen bestimmten institutionellen Designs und ihren Auswirkungen in der folgenden Weise formulieren:

Eine institutionelle Umwelt vom Typ $(x1)$ führt unter der Bedingung $(a1, a2)$ zu einer Transaktionskostenminimierung $(y1)$.

Die Legitimität der Mittel zur Zielerreichung **4.4**

Werden diese theoretischen Aussagen als Grundlage für Gestaltungen in der Praxis herangezogen, so werden die Wirkungen als Ziele angestrebt und die Ursachen – soweit gestaltbar – als Mittel eingesetzt. Wirkungen und Ziele auf der einen Seite und Ursachen und Mittel auf der anderen Seite sind offensichtlich jeweils vergleichbare Größen. Ursachen und Wirkungen beschreiben dabei eine kausale Beziehung während Mittel und Ziele auf eine finale (teleologische) Betrachtung hindeuten. Popper (1969) spricht in diesem Zusammenhang von einer Technologie. Es sei in diesem Zusammenhang angemerkt, dass der Begriff der Technologie in der Umgangssprache häufig auf die Technologie des Ingenieurwesens eingeschränkt wird. Popper hat den Begriff aber ganz allgemein auf Lehren vom zielerreichenden Gestalten ausgedehnt (vgl. Popper 1969, 36 ff., 1957, 48, 281 f.). Eine Technologie stellt dann ein System von anwendungsbezogenen, aber allgemeingültigen Ziel/ Mittel-Aussagen dar.

Eine Technologie basiert somit auf theoretischen Aussagen und formuliert sie technologisch (instrumental, teleologisch) um. Dabei ist lediglich zu beachten, dass die Mittel gestaltbar sein müssen, da eine Anwendung ansonsten nicht möglich ist. Die äußere Form der Technologie lautet dann (vgl. Chmielewicz 1994, 12):

Wenn eine Zielvorstellung y1 verfolgt wird, ist x1 ein befriedigend oder optimal zielwirksames Mittel.

Abbildung 4-1 veranschaulicht, dass in der Praxis häufig nicht alle Ziele der Technologie erreicht werden. Wenn beispielsweise das Patentrecht als Bestandteil der institutionellen Umwelt existiert, so muss damit gerechnet werden, dass durch dieses Recht nicht alle angestrebten Ziele erreicht werden und darüber hinaus unerwünschte Nebenwirkungen auftreten. So ist es durchaus vorstellbar, dass der Patentschutz für ein Pharmaunternehmen einen Anreiz schafft, kostspielige Forschungsaktivitäten zu entfalten (erwünschte Zielwirkung). Es ist aber auch vorstellbar, dass der beabsichtigte Patentschutz durch illegale Plagiate nur eingeschränkt wirkt und der Forschungsanreiz dadurch schwächer als erwünscht ausfällt (unrealisierte Ziele). Darüber hinaus besteht die Gefahr, dass ein durch ein Patent geschütztes Unternehmen diesen Schutz verwendet, um sich wie ein Monopolist zu verhalten. Das könnte zu einem verringerten Angebot und zu erhöhten Preisen führen (unerwünschte Nebenwirkung).

4 Die Legitimität institutioneller Umwelten

Abbildung 4-1: Abweichungen zwischen Wirkungen und Zielen

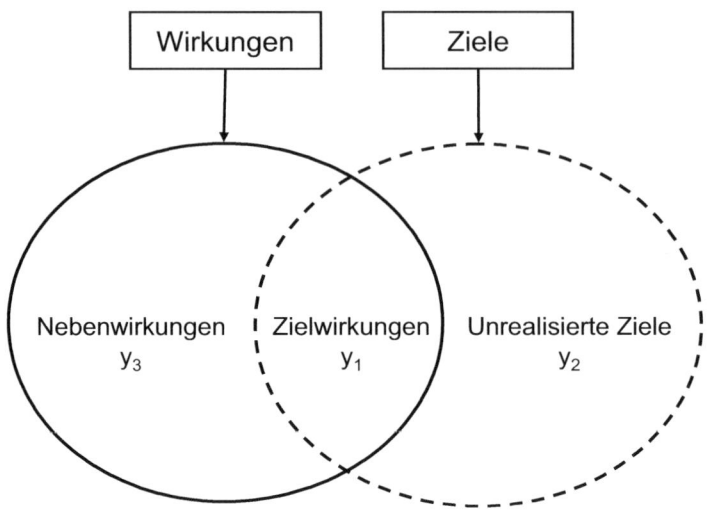

Quelle: Chmielewicz, 1994, 13

Zielwirkungen, Nebenwirkungen und unrealisierte Ziele sind für viele Akteure die Kriterien zur Beurteilung von Mitteleinsätzen. Da der Zielerreichungsgrad ganz erheblich von der Qualität der theoretischen Aussagen abhängt, die dem Mitteleinsatz zu Grunde liegen, kommt bei der Frage der Legitimität eines Mitteleinsatzes der Bewertung der jeweiligen theoretischen Aussagen eine zentrale Rolle zu (vgl. dazu Chmielewicz 1994, 13).

Literaturhinweise

Mit Fragen der Ordnung befasst sich aktuell sehr ausführlich Anter (2004). Besonders lohnend im Zusammenhang mit der Beurteilung von Spielregeln ist nach wie vor Kants Grundlegung zur Metaphyik der Sitten (Kant 1785/1995), die auch eine Basis für die Beurteilung der Legitimität von Spielregeln in Europa bildet. Zur Beurteilung einer Theorie und zum Zusammenhang zwischen Theorie und Technologie erhält man Hinweise bei Klaus Chmielewicz (1994).

Zusammenfassung

1. Die Frage der Legitimität einer institutionellen Umwelt hat durch den Prozess der Globalisierung eine neue Aktualität erhalten. Zum einen wird das Fehlen von Spielregeln für die Globalisierung bemängelt. Zum anderen existieren ganz unterschiedliche Entwürfe von Ordnungen nebeneinander.

2. Die Beurteilung der Ziele einer institutionellen Ordnung erweist sich als schwierig. Letztlich sind individuelle Ziele nicht wahrheitsfähig. In den Vordergrund rückt daher die Beurteilung des Zielfindungsprozesses.

3. Der Konsens ist als das entscheide Verfahren zur Zielfindung in einer europäischen Tradition anzusehen. Die Schwierigkeit der Erreichung eines Konsenses lässt dabei der theoretischen und praktischen Simulation eines Konsenses eine wichtige Bedeutung zukommen.

4. Die Beurteilung der Legitimität der Mittel zur Zielerreichung erfolgt prinzipiell nach den gleichen Kriterien wie die Beurteilung der Ziele. Für eine Abschätzung von Mittel-Ziel-Beziehungen ist dabei eine Analyse der Qualität theoretischer Ursache-Wirkungs-Aussagen erforderlich.

Schlüsselbegriffe

Legitimität; Ziele; Zielfindungsprozess; Konsens; Demokratie; Technologie

5 Agenten, Pfade und Interessen bei der Implementierung institutioneller Umwelten

5.1 Eine deskriptive Analyse der Implementierung institutioneller Umwelten

Während es in den bisherigen Kapiteln primär um die Frage ging, warum eine institutionelle Ordnung zur Realisierung potentieller Wohlstandsmehrungen durch eine offenere und damit stärker arbeitsteilig organisierte Welt beitragen kann, geht es in diesem Kapitel vor allem um den tatsächlichen Prozess der Implementierung von Spielregeln. Die institutionenökonomisch fundierte Erklärung einer institutionellen Umwelt im Kapitel 3 trägt somit eher erklärende und empfehlende Züge. Die Argumentation wird dabei strikt auf der Basis ökonomischer Überlegungen geführt. Im Kapitel 4 wird - über ökonomische Argumente hinausgehend – nach der Legitimität von Spielregeln auf der Ebene der institutionellen Umwelt gefragt.

In diesem Kapitel geht es dagegen um die Beschreibung und Erklärung des tatsächlichen Prozesses der Regelimplementierung. Dazu wird davon ausgegangen, dass sich im Zuge eines Konsenses eine Vorstellung über die Ziele der zu implementierenden Regeln gebildet hat. Es geht somit um die praktische Umsetzung des Wunsches nach legitimen Regeln. Dabei können die Rolle des oder der Auftraggeber (Prinzipale) und der Auftragnehmer (Agenten) unterschieden werden. Als Prinzipale der Implementierung einer institutionellen Umwelt können vor allem Bürger oder Wähler angesehen werden. Agenten sind insbesondere Politiker oder Verwaltungen.

5.2 Beschränkte Rationalität und eingeschränkte Kompetenz bei der Gestaltung von institutionellen Umwelten

Wenn die Existenz einer institutionellen Umwelt vornehmlich auf das Vorliegen von Marktunvollkommenheiten zurückgeführt wird, so wäre es inkonsequent zu erwarten, dass die Auswahl und Implementierung von Institutionen vollkommen rational erfolgen würde.

5 Agenten, Pfade und Interessen bei der Implementierung institutioneller Umwelten

Die beschränkte Rationalität der Akteure wirkt sich – selbst bei Annahme eines Konsenses über die Ziele der zu implementierenden Spielregeln - auf ihre Vorstellungen über die Merkmale einer geeigneten institutionellen Umwelt aus. Die individuellen Vorstellungen darüber, welche Spielregeln in einer bestimmten Situation als zielführend anzusehen sind, gehen dabei häufig auseinander. Jeder Mensch besitzt in gewisser Weise seine eigene „Theorie" über die Wirkungsweise von Institutionen, die in mentalen Modellen gespeichert ist (vgl. North 1990, 76, 96, Denzau & North 1994, 4, Haase, Roedenbeck, Söllner 2007). Selbst wenn diese individuellen Vorstellungen mit den im dritten Kapitel genannten theoretischen Ansätzen völlig übereinstimmen würden, wäre die Umsetzung der normativen Implikationen immer noch schwierig. Kompliziert wird die Implementierung einer geeigneten institutionellen Umwelt dadurch, dass Wechselwirkungen zwischen den privaten und öffentlichen, formalen und informellen Institutionen auf den unterschiedlichen Ebenen bestehen. Die konkrete Ausgestaltung der jeweiligen institutionellen Designs stellt somit hohe Anforderungen und setzt ein erhebliches Wissen über die Wirkungsweise von Institutionen voraus.

Die Implementierung von Spielregeln zur Lösung von Marktunvollkommenheiten ist damit selbst Gegenstand von Unvollkommenheiten. Spielregeln, die in bester Absicht entstanden sind, können zu Ergebnissen führen, die selbst im Vergleich zu den problematischen Ergebnissen der Marktkoordination nachteilig sind. Insofern erfordert das Abweichen von der Marktkoordination eine doppelte Rechtfertigung. Zunächst ist nachzuweisen, dass durch Marktunvollkommenheiten oder Marktversagen tatsächlich eine nicht-marktliche Koordination gerechtfertigt ist. Darüber hinaus ist zu belegen, dass die geplanten nicht-marktlichen Institutionen wirklich bessere Ergebnisse bringen, als die Koordination durch den Markt. Die Wirkung eines Marktversagens ist mit den Wirkungen des Versagens eines nicht-marktlichen Koordinationsmechanismus zu vergleichen (vgl. Wolf 1979 und 1988).

Neben dem Wissen der Agenten spielt dabei immer auch ihre Ausstattung mit Handlungskompetenzen eine Rolle. Eingeschränkte Kompetenzen – gerade in Administrationen, die mit der Entwicklung internationaler Spielregeln befasst sind – verhindern legitime Institutionen auch dann, wenn die Agenten über die erforderlichen Kenntnisse verfügen.

5.3 Pfadabhängigkeit bei der Entstehung institutioneller Umwelten

Bei der Umsetzung von Regeln, die Bestandteil einer institutionellen Umwelt werden sollen, sind weder die Prinzipale noch die Agenten völlig frei.

5.3 Pfadabhängigkeit bei der Entstehung institutioneller Umwelten

Definition: *Pfadabhängigkeit*

Die These der Pfadabhängigkeit beschreibt im Kern einen Prozess der zunehmenden Verengung von Handlungsspielraum im Zeitablauf, so dass frühere Entscheidungen und Handlungen in zunehmendem Maße spätere determinieren.

Pfadabhängigkeit wird bisher vor allem zur Erklärung von Prozessen der Technologieentwicklung, -durchsetzung und -standardisierung thematisiert. Aber auch bei der Herausbildung von Institutionen spielt das Phänomen eine wichtige Rolle. Im Ergebnis werden Pfadabhängigkeiten auch für Unterschiede in der Leistungsfähigkeit z.B. zwischen Regionen oder Unternehmen angesehen. In der Pfadabhängigkeitstheorie laufen verschiedene theoretische Ansätze, insbesondere historischer und ökonomischer Art zusammen. Diese theoretischen Ströme lassen sich für die Theorie der Pfadabhängigkeit durch das „history matters" Argument von Douglas North (North 1990) zusammenführen. Danach lassen sich ökonomische Entscheidungen teilweise erst durch die Berücksichtigung ihrer Vorgeschichte erklären. Die folgenden Ausführungen erfolgen in enger Anlehnung an die Überlegungen von Sydow, Schreyögg und Koch (vgl. Sydow/Schreyögg/Koch 2005).

5.3.1 Einengung des Entscheidungsspielraumes und die Gefahr nicht-effizienter Pfade

Das Prinzip der Pfadabhängigkeit widerspricht dem Prinzip der rationalen Wahl in freien Entscheidungssituationen. Stattdessen wird die Möglichkeit eines durch vorangegangene Entscheidungen eingeschränkten Handlungsspielraums betont. Lösungen sind dadurch potentiell durch die vorangehende Entscheidungs- und Handlungsgeschichte beeinflusst.

Die Berücksichtigung des Phänomens der Pfadabhängigkeit bei der Entstehung von Institutionen ist insbesondere deshalb relevant, weil dadurch die Gefahr ineffizienter institutioneller Lösungen offenbar und erklärbar wird. Durch das Phänomen der Pfadabhängigkeit können institutionelle „Lock-in"-Situationen entstehen, die dann nur schwer wieder zu verlassen sind (vgl. Arthur 1988). Im Extremfall wird angenommen, dass sich ein zunächst noch offener Prozess schließlich zu einem deterministischen Verlauf verfestigt. Ein solcher Lock-in-Befund wird oft als irritierend empfunden, weil für seine Erklärung in der Regel auf subjektiv rationale Handlungen verwiesen wird, die jedoch zu suboptimalen Gesamtlösungen führen können. Auslöser dieser Entwicklung sind in den bisherigen Analysen der Pfadabhängigkeitsforschung zumeist „kleine Ereignisse" (Small events). Gemeint sind damit erste Handlungsschritte, die kleine Vorteile versprechen oder sogar zufällige Ereignisse (Hirsch/Gillespie 2001, Ackermann 2001, Kappelhoff 2002). Aber auch der Einfluss von Interessengruppen

Agenten, Pfade und Interessen bei der Implementierung institutioneller Umwelten

wird in der Debatte um Pfadabhängigkeiten thematisiert (Scherrer 2001). Auf diesen Aspekt wird unter dem Punkt 4 dieses Kapitels noch gesondert eingegangen.

Aus der Perspektive der Neuen Institutionenökonomik handelt es sich bei den Problemen der Pfadabhängigkeit und bei den „kleinen Ereignissen" ganz überwiegend um Dilemmasituationen, bei denen individuelle Rationalität und kollektive Optimalität im Widerspruch zueinander stehen.

In der Theorie der Pfadabhängigkeit wird darüber hinaus den positiven Rückkoppelungen eine wichtige Rolle als Treiber einer dynamischen Entwicklung zugesprochen.

Definition: *positive Rückkoppelungen*

Positive Rückkoppelungen lassen sich im institutionellen Anwendungsbereich insbesondere auf Lerneffekte sowie auf Konfigurationen komplementärer Institutionen zurückführen (vgl. Ackermann 2001, North 1990).

Aber auch auf der Ebene von Branchen oder Industrieregionen lassen sich institutionelle Umwelten nach dem oben geschilderten Schema diskutieren. Gerade in bestimmten Branchenkulturen manifestieren sich teilweise Spielregeln, die wesentlich zum Erfolg aber auch zum Niedergang von Branchen beitragen können (vgl. z. B. die Studien zur schottischen Strickwarenindustrie von Porac u.a. 1995 oder zum britischen Lebensmitteleinzelhandel von Harris/Ogbonna 2002).

5.3.2   Effiziente Pfade und Pfadbrechung

Pfadabhängige Prozesse müssen nicht zwangsläufig in der Ineffizienz von Institutionen enden. Liebowitz und Margolis (1990, 1994, 1995a, 1995b) haben in einer Reihe von Publikationen die Ineffizienzthese pfadabhängiger Prozesse in Frage gestellt. Sie verweisen zum einen auf den Fall, dass Pfade durchaus auch in effizienten Optimallösungen münden können. Ferner knüpfen sie an das oben bereits erwähnte Argument der eingeschränkten Rationalität an und betonen, dass in vielen Fällen die Ineffizienz erst zu einem späteren Zeitpunkt sichtbar wird und die Entscheidung zum tatsächlichen Entscheidungszeitpunkt subjektiv rational war. Schließlich ist zu bemerken, dass „Lock-in"-Situationen durchaus auch zu Stabilität und Berechenbarkeit führen können und von daher eine positive Auswirkung auf Kooperationsbeziehungen haben können.

Auch im Zusammenhang mit der von Liebowitz und Margolis angeregten Diskussion um die Effizienz pfadabhängiger Prozesse wird zunehmend die Frage nach der Möglichkeit des Abweichens von einmal eingeschlagenen Pfaden untersucht (Pfadöffnung,

Pfadbrechung). Erste Studien zu dieser Thematik deuten auf Ansatzpunkte für eine solche Pfadöffnung hin (Bassanini/Dosi 2001). Neben der Frage nach der Möglichkeit des Verlassens eingeschlagener Pfade stellt sich auch die Frage nach der Möglichkeit, Pfade sogar strategisch zu kreieren (vgl. dazu insbes. Garud/Karnøe 2001). Auch für die Gestaltung bzw. Anpassung von institutionellen Umwelten ist diese Frage von großer Bedeutung.

5.4 Interessen und Interessengruppen

5.4.1 Legitimität vs. Partikularinteressen

Neben den Problemen der beschränkten Rationalität und der potentiellen Pfadabhängigkeit kann auch die Einflussnahme von Interessengruppen die Implementierung legitimer Spielregeln verhindern. Die Orientierung an individuellem Eigennutz bei der Gestaltung der institutionellen Umwelt ist dabei nur eine konsequente Weiterführung der Annahme des methodologischen Individualismus (vgl. Kapitel 2). Interessenverfolgung durch Interessengruppen ist aus der Sicht der Neuen Institutionenökonomik völlig normal. Was sonst sollten Gruppen verfolgen, wenn nicht ihre Interessen? Ist in einem Konsens aber ein legitimes Ziel definiert worden, stellt eine Einflussnahme auf die Implementierung von Regeln im Sinne einer Erreichung abweichender Ziele potentiell einen opportunistischen Akt dar.

Nach Ansicht zahlreicher Ökonomen lassen sich die zu beobachtenden Spielregeln ganz überwiegend auf die Durchsetzung von Partikularinteressen zurückführen. Sie sehen in der bestehenden institutionellen Umwelt das Ergebnis der Einflussnahme von Interessengruppen sind (vgl. Peltzman 1976, Posner 1974, Stigler 1971). Durch das eigennutzorientierte Verhalten von Individuen lässt sich erklären, dass viele institutionelle Regelungen keineswegs zur Lösung von Problemen des Marktversagens beitragen und / oder aus Sicht der Prinzipale legitim sind. Mancur Olson (1982/85) sieht in seinem Buch Aufstieg und Niedergang von Nationen in der Macht der Interessenverbände eine der wesentlichen Wachstumsbremsen eines Landes. Häufig ist das Wirken der Interessengruppen ein Ausgangspunkt von Koalitionen zu lasten Dritter. Als ein Beispiel kann der Versuch von Branchenvertretern gesehen werden, Politiker dazu zu bewegen, ausländischen Wettbewerbern den Marktzutritt zu erschweren. Für diese „Dienstleistung" der Politiker, die den Branchenvertretern höhere Gewinne verspricht, erhalten die Politiker eine irgendwie geartete Unterstützung. Beide Gruppen, Politiker und Branchenvertreter, bereichern sich in diesem Beispiel auf Kosten der Verbraucher, die bei Abschottung der Märkte mit höheren Preisen rechnen müssen. Die Medien oder auch die Reputation des Politikers und seiner Partei können hier häufig nur unvollkommen als Korrektiv wirken, weil die Absprachen überwiegend im Verborgenen bleiben.

Agenten, Pfade und Interessen bei der Implementierung institutioneller Umwelten

Es waren nicht zuletzt diese Kritikpunkte, die in den achtziger Jahren eine Welle der Deregulierung in allen westlichen Industriestaaten ausgelöst haben. Dabei wurde allerdings gelegentlich übersehen, dass durchaus gute Gründe für ein Abweichen vom Marktmechanismus vorliegen können. So kehrte man von einer Situation des Autoritätsversagens rasch wieder zurück in eine Situation des Marktversagens.

5.4.2   Die Interessen der Agenten

Häufig sind es nicht die Politiker oder die unterschiedlichen Interessengruppen bzw. deren Vertreter, die mit der Aufgabe der Implementierung von institutionellen Umwelten zur Erreichung legitimer Ziele betraut sind. Im Normalfall wird die Aufgabe einer „Administration" übertragen. Die Mitarbeiter dieser Administration („Bürokraten") können als die eigentlichen Agenten bei der Implementierung von Regeln angesehen werden. Dabei können sich die folgenden Probleme ergeben:

- Niskanen geht davon aus, dass die „Bürokraten" in den für die Gestaltung und Durchsetzung von Spielregeln verantwortlichen Organisationen ebenfalls auf ihr eigenes Interesse fixiert sind und es dadurch zu einer Diskrepanz zwischen den Zielen der Auftraggeber und den Bürokraten kommt (vgl. Niskanen 1971).

- Zusätzlich kann die Wahrnehmung der Regulierungsagenten durch den Kontakt mit Industrievertretern verändert werden. Selbst wenn das ursprüngliche Ziel der Agenten in der Beseitigung von Marktunvollkommenheiten liegen sollte, kann im Verlauf der Tätigkeit ein Perspektivenwechsel eintreten. Bernstein (1955) und Quirk (1981) weisen darauf hin, dass regelgebende Instanzen durch Interaktionen mit den zu regulierenden Firmen deren Probleme kennen lernen. Nicht selten nähmen sie dann die Perspektive dieser Firmen auf den Marktprozess an. Persönliche Beziehungen und teilweise auch persönliche Vorteile durch die Kontakte führen im Zeitablauf dazu, dass die implementierten Spielregeln eher den Firmen als den als legitim verabschiedeten Zielen dienten.

- Anders als in privatwirtschaftlichen Organisationen operieren die „Bürokraten" in Organisationen, die keinem Wettbewerb ausgesetzt sind. Dadurch können sie von einer Monopolstellung aus ihre eigenen Ziele (mehr Macht, mehr Budget etc.) verfolgen. Die korrigierende Wirkung des Wettbewerbs entfällt, so dass in monopolartigen öffentlichen Organisationen bürokratische Verzerrungen in höherem Maße zu erwarten sind als in privaten wettbewerblich ausgerichteten Organisationen (vgl. Luckenbach 1988). Die resultierende Diskrepanz zwischen Prinzipalen und „Bürokraten" ist bei der Gestaltung internationaler institutioneller Umwelten vermutlich noch größer, da Kontrollmechanismen noch schwieriger zu gestalten sind.

- Hinzu treten Probleme aus der gerade bei der Gestaltung internationaler institutioneller Umwelten erforderlichen Zusammenarbeit nationaler und internationaler Regulierungsbehörden. Wenn Nationalstaaten Hoheitsrechte behalten, internationale Organisationen also nur mit geringer Entscheidungs- und Handlungskompetenz ausgestattet sind, kommen zu den internen nationalen Ineffizienzen auch noch die Ineffizienzen der internationalen Organisationen (vgl. Zimmer 1998, 214). Richter und Furubotn (2003, 521 ff.) weisen auf die Probleme internationaler politischer Transaktionen hin. Danach ergeben sich zentrale Schwierigkeiten bei der Definition, Garantie und Übertragung politischer und wirtschaftlicher Verfügungsrechte aus der Tatsache, dass es im Konfliktfall keine übergeordnete Weltautorität gibt.

- Frey geht ebenfalls davon aus, dass sich diese Probleme der Gestaltung einer institutionellen Umwelt auf internationaler Ebene eher noch verstärken. Sowohl Probleme der Leistungsmessung als auch Unklarheiten in der Aufgabenstellung können Gründe für Leistungsdefizite sein (vgl. Frey, 1985, 136 ff.). Da in der Realität internationale Spielregeln meist in einem arbeitsteiligen Prozess zwischen nationalen und internationalen Organisationen geschaffen und implementiert werden, besteht die Gefahr, dass sich die Ineffizienzen öffentlicher Organisationen auf nationaler Ebene im internationalen Kontext noch verstärken.

- Hinzu tritt ein Argument von Vaubel (1984, 1986), wonach internationale Bürokratien von Politikern auch für ihre eigenen Zwecke instrumentalisiert werden. Nach Vaubel (1984) verwenden Politiker internationale Organisationen teilweise, um unliebsame Aufgaben zu delegieren. Auf politischer Ebene kann sich eine Arbeitsteilung dergestalt ergeben, dass internationale Organisationen Kompetenzen und Geldmittel dafür erhalten, dass sie unpopuläre Entscheidungen für Regierungen treffen, die diese vor ihren eigenen Wählern ungern selbst fällen würden.

Insgesamt wird durch die Überlegungen neben das „Marktversagen" – dem ökonomischen Hauptgrund für eine institutionelle Umwelt – auch das Phänomen des „Autoritäts-", bzw. „Bürokratieversagens" gestellt. Legitime Institutionen werden nicht implementiert, weil die Agenten nicht über das erforderliche Wissen (beschränkte Rationalität) oder die erforderliche Kompetenzausstattung verfügen, Pfadabhängigkeiten den Entscheidungsspielraum einschränken oder Interessen von Drittparteien oder der Agenten selbst einer Implementierung entgegenstehen. Durch verschiedene Lösungsansätze kann versucht werden, den Problemen zu begegnen:

- Kompetenzausstattung soll die Agenten in die Lage versetzten, ihre Aufgabe zu erfüllen.

- Anreize sollen ihre Motivation zur Aufgabenerfüllung erhöhen.

- Externe Kontrollen – insbesondere durch Nicht-Regierungs-Organisationen – sollen nicht-legitime Institutionen verhindern.

- Schließlich wird auch der Wettbewerb als potentielles Korrektiv von Fehlverhalten diskutiert.

Auf alle Punkte wird im Folgenden eingegangen.

5.5 Lösungsansätze der Probleme

5.5.1 Kompetenzausstattung

Die beschränkte Rationalität und eingeschränkte Entscheidungskompetenz von Agenten als Barrieren einer Implementierung legitimer Spielregeln kann – in bestimmten Grenzen – aufgehoben werden. Gerade bei der Umsetzung internationaler Spielregeln sind die Länder gefordert, ihre klügsten Köpfe zur Schaffung intelligenter Spielregeln abzustellen. Bislang erwecken die Besetzungen von Kommissionen noch den Eindruck, als wäre die nationale Ebene der für die Agenten interessante Karrierepfad, während die Lösung internationaler Kooperationsprobleme Personen vorbehalten bleibt, deren politisch Karriere sich dem Ende neigt. Eine Änderung dieser Sichtweise könnte der Gestaltung grenzüberschreitender Spielregeln eine neue Priorität einräumen. Ebenso können Fortschritte in der institutionenorientierten Forschung zu einem verbesserten Wissen bei der Umsetzung von Institutionen beitragen und Rationalitätsdefizite abbauen.

Unabhängig von der fachlichen Qualifikation der Agenten scheint die Bereitschaft, Entscheidungskompetenz und Verfügungsrechte an Ressourcen auf internationale Administrationen zu übertragen, die als Agenten die Implementierung und Durchsetzung einer institutionellen Umwelt übernehmen, häufig nicht sehr stark ausgeprägt. Dadurch haben Agenten oft gar nicht die Möglichkeit, institutionelle Arrangements zu schaffen und durchzusetzen. Teilweise ergibt sich zudem eine unklare und eingeschränkte Arbeitsteilung z. B. zwischen nationalen Auftraggebern und internationalen Administrationen.

Die Lösung des Problems ist vor allem in der Schaffung supranationaler Organisationen mit hoher Kompetenzausstattung zu sehen. Dies setzt aber zwei Bedingungen voraus, die nicht leicht zu realisieren scheinen:

1. Die legitimierte Abgabe der Entscheidungskompetenz in einem bestimmten Sachbereich von nationalen Entscheidungsträgern auf die supranationale Organisation.
2. Die Lösung des Motivationsproblems bei den Agenten durch Anreizkompatibilität oder Kontrolle.

5.5.2 Anreizkompatibilität bei der Umsetzung

Für die Umsetzung legitimer Institutionen ist es erforderlich, dass die Agenten die Umsetzung auch tatsächlich vollziehen. Damit wird unmittelbar das Problem der Motivation und der Kontrolle der Agenten angesprochen. Dieses Problem ist nicht trivial, da sich die Annahme einer quasi automatischen Umsetzung der institutionellen Spielregeln durch wohlmeinende Agenten oder aber durch Agenten, deren Handeln vom Auftraggeber problemlos kontrolliert werden kann, als nicht generell haltbar erwiesen hat.

So stellt gerade bei der Kontrolle der Umsetzung von institutionellen Umwelten durch internationale Organisationen die Kontrollleistung selbst wieder ein öffentliches Gut dar. Potenzielle Kontrolleure (z. B. die nationalen Auftraggeber) könnten versucht sein, einen „free ride" zu erhalten, d. h. zu hoffen, dass andere Parteien die Kontrolle durchführen werden. Kann eine intrinsische Motivation der Agenten bei der Umsetzung der institutionellen Umwelt nicht vorausgesetzt werden und ist eine Kontrolle der Akteure nicht machbar oder zu kostenintensiv, so kann eine Lösung des Interaktionsproblems zwischen Prinzipalen und Agenten durch anreizkompatible Verträge herbeigeführt werden.

Definition: Anreizkompatibilität

Anreizkompatibilität bedeutet, dass für den Vertragspartner (hier: für den Agenten) Anreize bestehen müssen, die vereinbarten Leistungen bzw. Aufgabenerfüllung tatsächlich zu erbringen. Anreizkompatibilität von Verträgen bedeutet somit, dass die Vertragserfüllung für die Vertragspartner stets individuell optimal ist, so dass kein Anreiz zu einem Abweichen vom Vertrag besteht.

Ist die Anreizkompatibilität gegeben, ist für einen Agenten ein Handeln im Sinne der Prinzipale auch individuell lohnend. Abstrakt gesprochen muss den Agenten eine Partizipation an den zu erwartenden Verbesserungen oder Wohlstandsmehrungen durch die neue institutionelle Umwelt gewährt werden. Ist eine solche Partizipation nicht möglich, so kann eine indirekte Partizipation durch entsprechende Transferzahlungen oder aber eine entsprechende Kontrolle durch die Prinzipale Anreize setzen.

Die Schwierigkeit, Agenten durch Partizipation zu motivieren, oder sie zu kontrollieren, erklärt die Zurückhaltung der Prinzipale bei der Delegation der von Entscheidungsrechten auf internationale Administrationen. Gleichzeitig ist sie eine Ursache für die oft langwierigen und ineffizienten Prozesse bei der Umsetzung international verbindlicher Spielregeln.

5.5.3 Kontrolle durch Nicht-Regierungs-Organisationen (NGOs)

Die Probleme bei der Delegation und Kontrolle von Entscheidungskompetenz bei der Etablierung internationaler Spielregeln haben auf der einen Seite zu einem Zurückhalten von Entscheidungskompetenz auf der Seite der nationalen Prinzipale geführt. Auf der anderen Seite wird dort, wo eine Delegation von Entscheidungskompetenz stattgefunden hat und eine Kontrolle durch die Prinzipale schwierig ist, die Kontrollfunktion durch Drittparteien wahrgenommen. Dazu gehören neben den Medien, der öffentlichen Meinung oder Gerichten neuerdings vor allem auch die sog. Nicht-Regierungs-Organisationen bzw. Non-governmental Organizations (NGOs).

Gerade die NGOs sind ein Indikator dafür, dass die Arbeitsteilung zwischen Unternehmen, Staaten und überstaatlichen Spielregeln und Organisationen noch keineswegs klar ist. NGOs sind zunehmend bei internationalen Beratungen, etwa Umweltgipfeln, offiziell zugegen. Allerdings stellt sich dabei regelmäßig die Frage nach dem genauen Status der NGOs, der festlegen würde, welchen Einfluss auf die Gestaltung und Durchsetzung von Spielregeln die NGOs tatsächlich haben. Die Beantwortung dieser Frage wird durch die inzwischen große Zahl von NGOs und durch ihre Heterogenität erschwert. Sicher ist nur, dass die NGOs offensichtlich einen Beitrag zur Bewältigung der Probleme bei der Gestaltung und Umsetzung legitimer, internationaler Spielregeln leisten können.

Der Begriff „Non-governmental Organisation" (NGO) geht nach Martens (2002, 31) auf Veröffentlichungen der Vereinten Nationen zurück. Danach zeichnen sich NGOs durch die folgenden Merkmale aus:

Non-governmental Organisations

- sind nicht-gewinnorientierte und auf freiwilliger Arbeit basierende Organisationen von Bürgern, die sowohl lokal als auch national oder international organisiert und tätig sein können
- sind auf ein bestimmtes Ziel ausgerichtet und werden von Menschen mit einem gemeinsamen Interesse gegründet
- versuchen eine Vielfalt von Leistungen und humanitären Funktionen wahrzunehmen, Bürgeranliegen bei Regierungen vorzubringen, die politische Landschaft zu beobachten und das politische Engagement in der Bevölkerung zu wecken
- stellen Analysen und Sachverstand zur Verfügung, dienen als Frühwarnmechanismus und helfen, internationale Übereinkünfte zu beobachten und umzusetzen.

Sie lassen sich nach den unterschiedlichsten Kriterien einteilen, etwa nach dem räumlichen Wirkungsbereich, dem Grad ihrer Nichtstaatlichkeit, der Art der Finanzierung, dem Grad ihrer Professionalität oder nach Tätigkeitsbereichen (Globale Marktwirtschaft, Entwicklungsländer, Nachhaltige Entwicklung, Humanitäre Angelegenheiten, Kriege und Konflikte,...).

Über die Zahl der NGOs gibt es kein verlässliches Zahlenmaterial. So ist die von der UNO geschätzte Zahl (50000) etwa zehnmal so hoch wie die vom Yearbook of International Organizations geschätzte Anzahl.

Ein wichtiger Indikator für die Bedeutung von NGOs sind ihre Mitspracherechtemöglichkeiten bei der UNO. Die folgende Abbildung gibt Auskunft über den jeweiligen Status von NGOs (vgl. Abb. 5.1).

Lösungsansätze der Probleme

5.5

Abbildung 5-1:   Mitsprachemöglichkeiten der NGOs bei der UNO

- Listen- (Roster-) Status: Wird NGOs gewährt, die nur gelegentlich zur Arbeit des Ecosoc beitragen können

- Spezieller Konsultativstatus: Wird kleineren (und jüngeren) NGOs gewährt, die spezifische Beiträge zu vom Ecosoc behandelten Fragen leisten können

- Allgemeiner Konsultativstatus: Wird NGOs gewährt, die sich mit fast allen oder der Mehzahl der vom Wirtschafts- und Sozialrat der UN (Ecosoc) behandelten Fragen beschäftigten
Der Status wird vom NGO-Ausschuss der ECOSOC auf Antrag verliehen. Nur NGOs mit allgemeinem Konsultativstatus (Kategorie I) haben beim ECOSOC Rederecht bzw. ein Vorschlagsrecht für die Tagesordnung und dürfen ihre Stellungnahmen als UN-Dokument verbreiten.

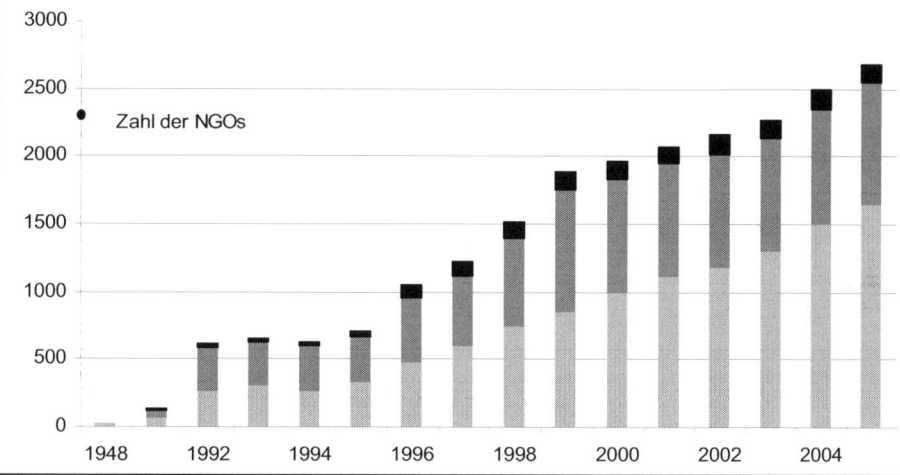

Quelle: Gresh, A., Radvanyi, J., Rekacewicz, P. et al. (Hrsg.) Altas der Globalisierung, Paris und Berlin, 2006

Die Bedeutung von NGOs für das Zusammenleben in einer international vernetzten Welt wird in der Theorie Internationaler Beziehungen zunehmend thematisiert. Dabei sind die Wirkung und die Rolle der NGOs in der internationalen Staatengemeinschaft allerdings noch nicht zweifelsfrei geklärt.

5 Agenten, Pfade und Interessen bei der Implementierung institutioneller Umwelten

Eine Sichtweise der Theorie Internationaler Beziehungen sieht die NGOs als eine wesentliche Kraft in der sich neu bildenden internationalen Zivilgesellschaft mit der „Vision einer Weltbürgerschaft" (Hirsch 2001, 29)

Definition: Zivilgesellschaft

Einer Zivilgesellschaft ist „jene vorstaatliche oder nicht-staatliche Handlungssphäre, in der eine Vielzahl pluraler (auch konkurrierender) Organisationen und Assoziationen ihre spezifischen Angelegenheiten autonom organisieren und Interessen artikulieren. Die Zielsetzung betrifft öffentliche Angelegenheiten" (Klein 1997, 321).

NGOs übernehmen die Rolle einer Vertretung der transnationalen Öffentlichkeit und Zivilgesellschaft gegenüber staatlichen, zwischenstaatlichen und wirtschaftlichen Organisationen (vgl. Schrader 2000, 46). Das sich über die Grenzen hinweg ergebende Beziehungsgeflecht lässt sich mit Keohane und Nye (1993) als komplexe Interdependenz beschreiben. Damit ist ein Zustand gemeint, in dem neben den Nationalstaaten viele Akteure grenzüberschreitend interagieren und dabei das früher dominierende Ziel der militärischen Sicherheit zunehmend durch andere Ziele abgelöst wird. Dazu gehört auch der Aufbau eines Netzwerkes von internationalen Spielregeln, das als Ergänzung oder Gegenentwurf der nationalen Staatsapparate zu interpretieren ist.

Doch nicht alle Sichtweisen auf die NGOs sind so positiv. Hardt und Negri sehen die NGOs in ihrem Buch „Empire" vielmehr in der Rolle von Dienstleistern mächtiger Interessengruppen (vgl. Hardt/Negri 2001). Statt legitime Ordnungen zu schaffen, verleihen NGOs danach fragwürdigen, nicht legitimen Entscheidungen von Staaten oder internationalen Organisationen eine Scheinlegitimität, indem sich mächtige Entscheidungsträger auf die NGOs als Legitimitätsquelle berufen können.

In der Tat sind NGOs aus neoinstitutionalistischer Perspektive nichts anderes als Organisationen, die ihre eigenen Ziele verfolgen. Das tun sie bei der Gestaltung von Regeln und auch bei der Überwachung der Umsetzung von Regeln, sofern die Kosten dieser Aktivitäten kleiner sind als der zu erwartende Nutzen. Kontrollaktivitäten sind insbesondere dann zu erwarten, wenn die Umsetzung der Regeln der Zielerreichung der NGOs dient. Es ist aber auch denkbar, dass bestimmte Gruppen Nachteile von einer Umsetzung der Spielregeln erwarten und diese zu verhindern oder aufzuschieben trachten. Ebenso sind Situationen denkbar, wo es für die Mitglieder einer NGO lohnend sein kann, Koalitionen mit mächtigen Akteuren einzugehen und den Entscheidungen dieser Akteure Legitimität zu verleihen.

In welche Richtung die Tätigkeit der NGOs im Einzelnen wirkt, ist somit keineswegs klar vorhersehbar. Unabhängig von der Situation und von den konkreten Zielen der NGOs kann aber festgestellt werden, dass durch die NGOs eine internationale Öffentlichkeit hergestellt wird, die eine höhere Transparenz und im Ergebnis auch eine konsequentere Umsetzung von vereinbarten Spielregeln gewährleistet.

5.5.4 Wettbewerb

Wenn es Probleme bei der Gestaltung und Implementierung einer institutionellen Umwelt gibt und die bislang geschilderten Instrumente zur Lösung der Probleme nicht vollständig beitragen können, liegt es nahe, einen klassischen Mechanismus zur Beseitigung von Ineffizienzen zu bemühen: den Wettbewerb. Wettbewerb kann dabei auf zwei Ebenen positiv wirken.

Zum einen gibt es den Wettbewerb zwischen den unterschiedlichen Ideen über geeignete Institutionen. Dies könnte Anlass zu der Hoffnung geben, dass sich in einem wettbewerblich organisierten und demokratischen Meinungsbildungsprozess die Vorstellungen durchsetzen, die eine besonders gute Lösung der Kooperationsprobleme darstellen.

Zum anderen gibt es einen Wettbewerb zwischen Nationen und Regionen, der nach der Überzeugung von Douglas C. North und anderen Vertretern der Neuen Institutionenökonomik ganz wesentlich durch die institutionellen Gegebenheiten in den jeweiligen sozialen Einheiten entschieden wird. Dieser Wettbewerb müsste ebenfalls dazu beitragen, dass ein Abweichen von effizienten Lösungen – z. B. zur Befriedigung von Partikularinteressen – nicht möglich ist. Auf die Wirkungen des Wettbewerbs auf beiden Ebenen wird im Folgenden eingegangen. Dabei werden aber auch die Faktoren gewürdigt, die zu einer Einschränkung der erhofften Wirkung beitragen können.

Den Wettbewerb auf der ersten Ebene – also den Wettbewerb zwischen Ideen – sah Schumpeter geradezu als ein typisches Merkmal der Demokratie an (vgl. Schumpeter 1942/1987, 428). Der Wettbewerb um die Stimmen der Wähler gibt dem Wähler in regelmäßigen Abständen die Gelegenheit, das Tun der gewählten Agenten zu beurteilen und sich ggf. für alternative Agenten zu entscheiden. Dabei steht neben dem Wettbewerb um Wählerstimmen bei Wahlen ein permanenter Wettbewerb auf unterschiedlichen Ebenen, insbesondere der Wettbewerb innerhalb von Parteien, der Wettbewerb zwischen Regierung und Opposition, der Wettbewerb zwischen Politik, halbstaatlichen und privaten Gruppen etc. (vgl. dazu auch Homann/Suchanek 2000, 223). Auf all diesen Ebenen findet ein permanenter Wettbewerb statt, um eigenen Ideen durchzubringen und Unterstützung (Wähler) dafür zu gewinnen. Die zentralen Instrumente in diesem Wettbewerb sind die eigenen Programme und Konzepte, aber auch das Aufdecken von Schwächen in den Programmen und Konzepten sowie Handlungen der Wettbewerber. Der Wettbewerb kann die Probleme der Delegation von Entscheidungskompetenzen an Agenten relativieren. Allerdings gibt es auch zahlreiche Argumente, welche die Wirkung von politischem Wettbewerb von vornherein in Frage stellen. So weist Downs (1957/1968) darauf hin, dass viele Wähler auf die Kontrolle der

Politiker verzichten, weil die Beschaffung von Informationen über das Verhalten der Politiker und ihre Bewertung viel zu kostspielig wäre (rationale Ignoranz). Die Kontrolle durch politischen Wettbewerb wird dadurch eingeschränkt. Verstärkt wird die Neigung zu rationaler Ignoranz durch zunehmend komplexe Sachverhalte, über die in der Politik entschieden wird und durch den zunehmenden Verlust klarer Positionen von Parteien. In zahlreichen Sachfragen lassen sich die Meinungslager nicht mehr nach Parteizugehörigkeit definieren. Auch wird das Problem der Einflussnahme durch Interessengruppen (vgl. auch Olson 1982) durch den Wettbewerb zwischen den Ideen und Politikern nicht völlig beseitigt. Allerdings kann ein radikales Abweichen vom Gemeinwohl durchaus zu Konsequenzen bei den nächsten Wahlen führen.

Insoweit hat der Wettbewerb zwischen Ideen und Menschen eine positive Wirkung auf die Qualität von Entscheidungen. Eine vollkommene Lösung der Probleme der Gestaltung und Durchsetzung von Institutionen kann aber auch vom Wettbewerb nicht erwartet werden. Vorschläge für Alternativen sind allerdings auch nicht zu erkennen.

Der Wettbewerb auf der zweiten Ebene – der Wettbewerb zwischen Nationen oder Gemeinschaften (Systemwettbewerb) – kann möglicherweise einen zusätzlichen Druck erzeugen, der effiziente und legitime Entscheidungen fördert. Immer schon bestand ein Wettbewerb nicht nur innerhalb eines Landes, sondern auch zwischen Nationen oder zwischen Systemen (z.B. zwischen unterschiedlichen Ländern oder nach dem Zweiten Weltkrieg zwischen Marktwirtschaft und Sozialismus). Heute begegnen wir einem komplexen Systemwettbewerb, der sich vor dem Hintergrund der Globalisierung vollzieht. Dieser Wettbewerb, so könnte man argumentieren, müsste dazu führen, dass mangelnde Effizienz aber auch mangelnde Legitimität und damit mangelnde Anerkennung unter den Menschen als ein Luxus offensichtlich wird, den sich keine Gesellschaft leisten kann. Weltumspannende Kommunikationsnetze und die Mobilität von Menschen, Waren und Dienstleistungen sowie vor allem des Faktors Kapital führen zu einer enormen Steigerung des Wettbewerbs zwischen den Staaten und Regionen.

Ob dieser Systemwettbewerb aber zur Durchsetzung legitimer Spielregeln führt, ist keineswegs sicher. Gegenwärtig scheint es relativ klar, was Staaten oder Regionen tun müssen, um im neuen Systemwettbewerb erfolgreich zu sein. Aktivitäten in den Bereichen Quellensteuer, Körperschaftssteuer oder aber auch der „Abschreckungswettbewerb" gegenüber Migration aus schwachen Ländern zeigen die Richtungen auf. Ob dieser Wettbewerb aber der geeignete Mechanismus ist, um Wohlstand und Leistungsfähigkeit zu fördern, kann durchaus angezweifelt werden. Die Wirkung des Wettbewerbs liegt häufig darin, dass Aktivitäten, die der Staat bzw. der öffentliche Sektor aus guten Gründen (Marktversagen) übernommen hat, nun wieder zurück in den wettbewerblich organisierten privaten Sektor verlagert werden. Sinn (2002, 398) spricht in diesem Zusammenhang von dem sog. Selektionsprinzip:

Lösungsansätze der Probleme — 5.5

Definition: Selektionsprinzip

„Das Selektionsprinzip besagt, dass Staaten jene ökonomischen Aktivitäten übernommen haben, für deren Erledigung sich der private Markt als unfähig erwies. Da der Staat ein Lückenbüßer ist, der fehlende Märkte ersetzt und die Fehler existierender Märkte korrigiert, kann man nicht hoffen, dass die Wiedereinführung des Marktes über die Hintertür des Systemwettbewerbs zu einem sinnvollen Allokationsergebnis führt. Vielmehr ist zu befürchten, dass die Fehler, die den Staat ursprünglich auf den Plan riefen, auf der höheren Ebene des staatlichen Wettbewerbs von neuem in Erscheinung treten".

Sichtbare Konsequenzen einer solchen Entwicklung könnten die Erosion des Sozialstaates, aber auch Probleme im Bereich Infrastrukturgüter oder in der Umweltpolitik sein. Der Wettbewerbsdruck könnte beispielsweise in Europa dazu führen, dass die Ergebnisse einer gesellschaftlichen Entwicklung, die zu humanistisch geprägten Werten und sozialen Standards geführt haben, gefährdet sind. Der Wettbewerb könnte sich als „race to the bottom" (vgl. Revesz 1992) entpuppen.

Wenn der Systemwettbewerb aber dazu beiträgt, dass sich der Staat zurückzieht und „problematische" Aktivitäten an den Markt zurückgibt, ist damit zu rechnen, dass legitime Ziele verfehlt werden. Es ist dann zu erwarten, dass die im Wettbewerb stehenden Staaten sich rational verhalten und „effizient" agierende Staatswesen selektiert werden. Aber gerade durch diese Selektion versagt das Prinzip des Systemwettbewerbs. Fruchtbar wäre dagegen ein Vergleich, wie als legitim ermittelte Ziele durch unterschiedliche institutionelle Designs in unterschiedlichen Ländern gelöst wird.

Literaturhinweise

Institutionenökonomische Literatur, die den Aspekt der Delegation von Aufgaben an öffentliche Agenten thematisiert, wird überwiegend der sog. Neuen Politischen Ökonomik zugerechnet. In den drei Kernbereichen Theorie der Bürokratie, Theorie der Demokratie und Theorie der Interessengruppen widmet sich die Neue Politische Ökonomik Institutionen im politischen Bereich und in der institutionellen Umwelt. Als einführende Quellen sind zu empfehlen: Frey/Kirchgässner 1994, Frey/Mueller 1993, Mueller 1997.

5 Agenten, Pfade und Interessen bei der Implementierung institutioneller Umwelten

Zusammenfassung

1. Die Implementierung einer institutionellen Umwelt zur Förderung legitimer Ziele erfolgt nicht automatisch. Vielmehr ist davon auszugehen, dass der praktischen Umsetzung verschiedene Barrieren entgegenstehen.
2. Wenn die Ursache für eine institutionelle Umwelt in der beschränkten Rationalität der Akteure liegt, gibt es keinen Grund zu der Annahme, dass die Gestaltung von Institutionen rational erfolgen würde.
3. Häufig erschweren frühere Entscheidungen die Umsetzung einer normativ gebotenen institutionellen Umwelt. Auch die Entwicklung von Spielregeln erfolgt „pfadabhängig".
4. Interessengruppen versuchen Institutionen zur Förderung legitimer Ziele zu ihren Gunsten zu verändern.
5. Die für die Implementierung von Institutionen zuständigen Agenten verfolgen eigene Ziele, die mit den Zielen der Prinzipale (Wähler, Bürger etc.) nicht deckungsgleich sein müssen.
6. Als Ansätze zur Lösung kommen insbesondere die Ausstattung von Agenten mit Entscheidungskompetenzen, die Kontrolle von Agenten durch Drittparteien, insbesondere Nicht-Regierungs-Organisationen (NGO), die Schaffung von Anreizkompatibilität und der Systemwettbewerb in Frage. Alle Lösungsansätze haben aber spezifische Schwächen.

Schlüsselbegriffe

Agenten; Anreizkompatibilität; Entscheidungskompetenzen; Interessengruppen; Lock-In; Nicht-Regierungs-Organisationen (NGO); Pfadabhängigkeit; Prinzipale

B Konkrete institutionelle Umwelten

6 Die Nation in der globalen Welt

6.1 Geschichtlicher Hintergrund

Wenn in diesem Kapitel die Rolle der Nation in einer globalen Umwelt behandelt wird und dabei die ökonomischen Funktionen der Nation als Bestandteil einer institutionellen Umwelt im Vordergrund stehen, so handelt es sich um eine Partialbetrachtung. Durch die Definition des Erkenntnisobjektes im ersten und zweiten Kapitel des Buches wird eine bestimmte Sichtweise auf unser Erfahrungsobjekt festgelegt. Zwangsläufig fallen andere Betrachtungsweisen dabei weg. Darüber hinaus hat das Kapitel eher das Ziel, Ausgangspunkt für eine Diskussion über die Rolle der Nation in der globalen Welt und über ihre Relevanz für Unternehmen zu sein. Dies ist dem schwierigen Thema auch allemal eher angemessen, als am Ende einer Analyse klare Positionen vorzugeben.

Bereits im letzten Kapitel wurde zudem deutlich, dass Diskrepanzen zwischen den durch eine ökonomische Analyse erklärbaren institutionellen Spielregeln und den tatsächlich vorfindbaren Institutionen auftreten können. Diese Diskrepanzen werden aus den in Kapitel 5 diskutierten Gründen in bezug auf fast alle in diesem und in den folgenden Kapiteln beschriebenen konkreten institutionellen Umwelten sichtbar werden. Immer haben – neben den ökonomischen Einflussfaktoren – ganz spezifische historische Konstellationen zur Entstehung der verschiedenen institutionellen Umwelten beigetragen. Dabei können auch zufällige Ereignisse durchaus zu Weichenstellungen führen, die dann Entstehungspfade von Institutionen determinieren. Aus diesem Grunde wird hier jeweils auch ein kurzer Einblick in die historische Entwicklung von Institutionen gegeben. Ein Verständnis der Bedingungen, die zu bestimmten Ausprägungen der institutionellen Umwelt beigetragen haben, erleichtert auch das Begreifen der Möglichkeiten und der Grenzen der Gestaltung von Spielregeln.

Einen guten Einstieg in die Frage nach der Rolle der Nation bieten die Überlegungen des französischen Religionswissenschaftlers Ernest Renan (1823 bis 1892), der sich nach dem deutsch-französischen Krieg von 1870/71 und angeregt durch die nationale Zerrissenheit des Elsass mit der Frage „Qu`est-ce qu´une nation?" befasste (vgl. Flacke 1998, 17). In seinem am 11. März 1882 an der Sorbonne gehaltenen Vortrag zum Thema widerlegt er einige der damals gängigen Vorstellungen darüber, was eine Nation sei. Insbesondere merkt er an, dass

- eine Nation nicht gleichbedeutend mit einer Rasse sein könne, weil praktisch alle Nationen eine ethnische Mischung aufwiesen,
- eine Nation nicht gleichbedeutend mit einer Sprache sein könne. Wie sonst könnten die USA und England oder aber die spanisch sprechenden Länder Südamerikas und Spanien unterschiedliche Nationen, die Schweiz mit ihren drei Sprachen aber eine Nation sein?
- eine Nation nicht gleichbedeutend mit einer Religion sei, wie die unterschiedlichen Landes- und Konfessionsgrenzen zeigten.
- eine Nation nicht ausschließlich als ein Interessenverbund angesehen werden könne – „Ein Zollverein ist kein Vaterland".
- eine Nation nicht auf der Basis „natürlicher Grenzen" errichtet werden könne, da kaum eine Grenzziehung willkürlicher wäre, als eine an „natürlichen Grenzen" orientierte Grenzziehung.

Das Fazit, das Renan aus seinen Überlegungen zieht, lautet: „Eine Nation ist eine Seele, ein geistiges Prinzip. Zwei Dinge, die in Wahrheit nur eins sind, machen diese Seele, dieses geistige Prinzip aus. Eins davon gehört der Vergangenheit an, das andere der Gegenwart [...]. Eine Nation ist [...] eine große Solidargemeinschaft, getragen von dem Gefühl der Opfer, die man gebracht hat, und der Opfer, die man noch zu bringen gewillt ist" (Renan 1993, 108).

Ganz offensichtlich verleiht Renan der Nation damit vor allem eine immaterielle Dimension, die getragen wird von einer klaren nationalen Identität. Diese Identität resultiert aus einer Homogenität der Staatsbürger in Bezug auf die Bewertung der gemeinsamen Geschichte und der Zukunft der Gemeinschaft.

Hans-Ulrich Wehler weist in diesem Zusammenhang auf die Bedeutung des Nationalismus hin. Bezogen auf die Englische Revolution (1642-1659), den Amerikanischen Unabhängigkeitskampf (1776-1783) und die Französische Revolution (1789) bemerkt er: „In allen Pionierländern galt der souveräne Nationalstaat, der durch den Nationalismus integriert und legitimiert wurde, als Hauptziel ihrer nationalen Bewegungen. Insofern wurde der neuzeitliche Staatsbildungsprozess in Gestalt des Nationalstaates weiter fortgesetzt, während der Nationalismus die Nationenbildung mit dem Ziel vollendeter Homogenität und unbestrittener nationaler Identität vorantrieb" (Wehler 2001, 25). Dabei wirkte bei den innerstaatlichen Revolutionen in England, Frankreich und den Vereinigten Staaten ein „integrierender" Nationalismus, während im Deutschen Reich und Italien der Nationalstaat durch die Vereinigung ehemals unabhängiger Reiche im Prozess eines „Einigungs- oder Risorgimento-Nationalismus" entstand.

Neben der immateriellen Dimension weist das Zitat Wehlers auch auf eine materielle Dimension des Nationalstaates hin. Diese Dimension wird auch mit dem Begriff der nationalstaatlichen Souveränität beschrieben. Damit ist sowohl die rechtliche Unabhängigkeit eines Staates nach außen (externe Souveränität) als auch die Fähigkeit des Staates gemeint, innerhalb eines abgegrenzten Territoriums alle Spielregeln des gemeinsamen Lebens festsetzen zu können (interne Souveränität). Dazu gehören z.B. Entscheidungen über die Bedingungen einer „Mitgliedschaft" in dem Staatswesen, über die wirtschaftliche Entwicklung oder aber die offizielle Landessprache.

6.2 Ökonomische Erklärung und Aufgaben von Nationalstaaten

Die ökonomische Erklärung von Nationalstaaten erfolgt nicht anders als die generelle Erklärung einer institutionellen Umwelt (vgl. Kapitel 3). Aus ökonomischer Sicht sind es erneut wiederholte Fälle von Marktversagen, die ein Abweichen vom Marktmechanismus rechtfertigen bzw. erforderlich machen. Dem Problem externer Kosten wird meist durch institutionelle Beschränkungen begegnet. Durch Vorschriften und Verbote werden Anreize gesetzt, durch die externe Kosten internalisiert werden sollen. Das Problem des externen Nutzens wird häufig durch staatliche Wertschöpfungsaktivitäten gelöst. Der Staat wirkt dann als Produzent oder schafft Bedingungen, des es Produzenten ermöglichen, Güter, die einen externen Nutzen stiften, zu schaffen. Der Staat engagiert sich daher beispielsweise in der Grundlagenforschung, in der Bereitstellung von Verkehrswegen, in der Schaffung von Gerechtigkeit und Chancengleichheit oder in der Konjunkturpolitik. Eine zentrale Aufgabe des Nationalstaates ist es, den Kooperationspartnern Rechtssicherheit zu geben. Rechtssicherheit bedeutet, dass sich Kooperationspartner darauf verlassen können, dass getroffene Vereinbarungen auch durchsetzbar sind.

Aber nicht immer sind Rechtspositionen eindeutig und regelmäßig ist die Durchsetzung von Rechtspositionen mit Transaktionskosten verbunden. Vor diesem Hintergrund ist es wichtig, dass die materielle und die immaterielle Dimension des Nationalstaates zur Bildung eines Vermögens einer Gesellschaft beitragen kann, das hilft, Interaktionsprobleme zu lösen. Dieses Vermögen wird als Sozialkapital bezeichnet und kann auf verschiedene Weise definiert worden:

Definitionen: Sozialkapital

Pierre Bourdieu: Social capital is „the sum of resources, actual or virtual, that accrue to an individual or a group by virtue of possessing a durable network of more or less institutionalized relationships of mutual acquaintance and recognition". (Bourdieu/Wacquant 1992, 119)
James Coleman: „Social capital is defined by its function. It is not a single entity, but a variety of different entities having two characteristics in common: They all consist of some aspect of social structure, and they facilitate certain actions of individuals who are within the structure. Like other

6 Die Nation in der globalen Welt

forms of capital, social capital is productive, making possible the achievement of certain ends that would not be attainable in its absence". (Coleman 1992, 302)
Robert Putnam: "Social capital [...] refers to features of social organization, such as trust, norms, and networks that can improve the efficiency of society by facilitating coordinated actions". (Putnam 1993, 167)

Eine besonders anschauliche Operationalisierung von Sozialkapital stammt von Elinor Ostrom und T.K. Ahn. Danach gibt es drei Formen von Sozialkapital: Vertrauenswürdigkeit, Netzwerke und Institutionen. Sind sie vorhanden, führen sie zu Vertrauen und ermöglichen Gewinne aus kooperativem Verhalten (vgl. Ostrom/Ahn 2003, xvii).

Vertrauen wird dabei lediglich als subjektiv kalkulierte Eintrittswahrscheinlichkeit für ein bestimmtes Verhalten des Kooperationspartners gesehen. Es wird somit in einem sehr ökonomischen Sinn als Indikator für eine geringe wahrgenommene Kooperationsunsicherheit dargestellt.

Definition: Vertrauen

Vertrauen ist „a particular level of the subjective probabiliy with which an agent assesses that another agent or group of agents will perform a particular action" (Ostrom/Ahn 2003, xvi, auch Gambetta 2000).

In dem gleichen Maße, in dem Vertrauen die subjektiv wahrgenommene Unsicherheit reduziert, erhöht es den Handlungsspielraum eines Akteurs. Jemand der vertraut, kann eine Kooperation mit jemandem eingehen, die – wenn der Kooperationspartner das Vertrauen enttäuscht – mit einem Verlust für ihn enden kann. Durch das Vertrauen wird eine potentiell gewinnbringende Kooperation häufig erst möglich. Das Vertrauen basiert auf den drei o.g. Dimensionen des Sozialkapitals, Vertrauenswürdigkeit, Netzwerke und Institutionen.

Definition: Vertrauenswürdigkeit

Vertrauenswürdigkeit ist eine Eigenschaft des Menschen, dem vertraut oder nicht vertraut wird. Sie verkörpert die Motivationen des Kooperationspartners als eine unabhängige Quelle von Vertrauen.

In der Neuen Institutionenökonomik würde man von der wahrgenommenen Opportunismusneigung sprechen. Wenn die Vertrauenswürdigkeit für den Erfolg bzw. das

6.2 Ökonomische Erklärung und Aufgaben von Nationalstaaten

Eingehen von Kooperationsbeziehungen relevant ist, zeigt sich erneut, dass es sinnvoll ist, Opportunismus als Variable und nicht als Annahme zu betrachten.

Definition: Netzwerke

Netzwerke als ein Bestandteil von Sozialkapital beschreiben Bindungen zwischen Akteuren, die sich durch eine höhere Intensität auszeichnen, als die Bindungen zwischen den Mitgliedern der Grundgesamtheit einer Gemeinschaft. Netzwerke spielen eine herausragende Rolle bei der Etablierung einer Norm der Reziprozität zwischen den Netzwerkmitgliedern (vgl. Putnam et al. 1993).

Familien oder enge Freundschaften repräsentieren enge Netzwerke. Die Bindungen zwischen den Mitgliedern dieser Netzwerke sind aber so stark, dass sich eine Reziprozitätsnorm, die in diesen Netzwerken besteht, kaum auf größere Gesellschaften ausweiten lässt. Sich überlappende schwächere Bindungen („weak ties") sind daher als Grundlage für Unsicherheitsreduktion und Kooperation besser geeignet (vgl. Putnam et al. 1993, Granovetter 1973, 1985). Die gemeinsam erlebte Vergangenheit und die gemeinsame Zukunftsbetrachtung in Nationen schaffen Netzwerke, die auch komplexe Interaktionen ermöglichen. Dies geschieht nicht zuletzt, weil innerhalb enger Netzwerke Verhaltenskontrollen praktisch automatisch ablaufen.

Definition: Institutionen

Institutionen als die dritte Form von Sozialkapital, sind die Spielregeln einer Gesellschaft (vgl. North 1990)

Ostrom und Ahn übernehmen für ihre dritte Dimension von Sozialkapital somit den Institutionenbegriff von North (1990), der im zweiten Kapitel des Buches bereits intensiv erläutert wurde.

Durch die simultane Betrachtung der unterschiedlichen Dimensionen von Sozialkapital wird deutlich, warum die Implementierung und Durchsetzung von Institutionen auf der Ebene der neu entstandenen Nationalstaaten als besonders wirkungsvoll angesehen werden kann. Die Nation kann eine Gesellschaftsform darstellen, der es gelingt oder zumindest in der Vergangenheit gelang, Sozialkapital in einem hohen Maße zu schaffen.

- Sie stellt ein System von institutionellen Regeln als Teil der institutionellen Umwelt bereit, durch das typische Formen wiederholten Marktversagens vermieden werden können.

6 Die Nation in der globalen Welt

- Die Entstehung der Nationalstaaten bietet aufgrund der Homogenität ihrer Mitglieder und der starken Identifikation der Staatsbürger mit ihrer Nation die Möglichkeit, die Nachteile der Anonymität auszugleichen. Dadurch werden die Koordinationskosten der Interaktionen der Staatsbürger gesenkt. Die Durchsetzung von Regeln ist in Gesellschaften mit hohen Ausprägungen der beiden anderen Dimensionen von Sozialkapital – Vertrauenswürdigkeit und Netzwerke – vergleichsweise einfach.

- Gleichzeitig integriert der Nationalstaat in der Zeit seiner Entstehung eine maximale Menge an Menschen. Es gibt zur Zeit der Entstehung der Nationalstaaten keine vorstellbaren größeren sozialen Gemeinschaften, die sich durch jeweils relativ homogene Lebens- und Wertvorstellungen sowie die gemeinsame Anerkennung einer Autorität auszeichnen. Durch den Aufbau dieses Sozialkapitals für eine größtmögliche Menge von Menschen werden eine maximale Arbeitsteilung und maximale Kooperationsgewinne ermöglicht.

Francis Fukuyama betont darüber hinaus, dass auch die Organisation des Staatswesens einen Einfluss auf den Aufbau von Sozialkapital hat. Gerade bei Staaten, die eher dezentral regiert werden, sieht Fukuyama das Potential für den Aufbau von Sozialkapital, weil die weniger stark ausgeprägten zentralen Vorgaben Raum für eigene zivilgesellschaftliche Gestaltung lassen (vgl. Fukuyama 1995). Die USA, Japan und Deutschland werden von ihm als Beispiele angeführt. In eher zentralistisch organisierten Staaten, werde der Aufbau von Sozialkapital dagegen weniger gefördert.

6.3 Relevanz für Unternehmen

Dass Nationen als Umfeld von Unternehmen einen massiven Einfluss auf die Geschäftstätigkeit von Unternehmen haben, ist offensichtlich. Beispiele wie die Einführung des Dosenpfands in Deutschland oder die Wettbewerbspolitik eines Landes zeigen die unmittelbaren Erfolgswirkungen staatlicher Institutionen für Unternehmen. Staatliche Eingriffe können Kooperation fördern oder behindern. Um Legitimität für sich in Anspruch nehmen zu können, bedürfen sie eines Konsenses der Mitglieder einer Gesellschaft (vgl. Kapitel 4).

Institutionen, Netzwerke und Vertrauenswürdigkeit beeinflussen zudem als Dimensionen des Sozialkapitals die Handlungsmöglichkeiten von Unternehmen. Länder, die sich durch ein hohes Sozialkapital und ein attraktives Angebot an öffentlichen Gütern, wie z.B. Infrastruktur, auszeichnen, können im internationalen Standortwettbewerb Vorteile erlangen und ein „race to the bottom" verhindern (vgl. Baldwin/Krugman 2001). Sozialkapital wird zu einem kritischen Faktor, wenn es darum geht, die Zukunft des Nationalstaates zu beurteilen. Sie bestimmen in einem hohen Maße die Standortattraktivität eines Landes.

6.4 Die Zukunft des Nationalstaates

Der Nationalstaat wird als institutionelle Umwelt von Menschen und Unternehmen noch sehr lange eine wichtige Rolle spielen. Die Probleme bei der Verabschiedung einer europäischen Verfassung zeigen deutlich, wie schwer es für die Menschen ist, sich von einem nationalen Orientierungsrahmen zu entfernen. Eigeninteressen spielen dabei eine wesentliche Rolle (vgl. auch Vaubel 2000). Gleichwohl wird heute vor allem eine eher abnehmende Bedeutung (vgl. z.B. Wilson 1999 oder Straubhaar 1998) oder aber eine völlig veränderte Rolle des Nationalstaates (vgl. z.B. Frey 2002) prognostiziert.

Eine abnehmende Bedeutung wird dabei vor allem auf den zunehmenden Systemwettbewerb zwischen den Staaten zurückgeführt. Da dieser Wettbewerb auch über die Steuersätze ausgetragen wird, führt er zu deutlich geringeren Handlungsmöglichkeiten des Staates. Als denkbare Ergebnisse dieses Prozesses werden Schlagworte wie „Null-Regulierung" gebraucht.

Eine völlig veränderte Rolle des Staates erwartet Frey (2002). Sowohl die Organisation der Aufgaben des Staates als auch das Verhältnis zwischen Staat und Bürger werden danach neu gestaltet. „Flexible, multiple und temporäre Körperschaften" (Frey 2002, 365) übernehmen die zukünftigen öffentlichen Tätigkeiten. Gleichzeitig weicht die monopolistische Beziehung zwischen Bürger und Nationalstaat auf. An ihre Stelle tritt die Möglichkeit, Bürger unterschiedlichster Organisationen zu sein. Damit büßt der Nationalstaat seine Dominanz bei der Identitätsstiftung ein. Stattdessen zeichnen sich die Menschen durch „multiple Zugehörigkeiten" und „mannigfache Identitäten" aus (Frey 2002, 371). Die bislang dem Nationalstaat vorbehaltene Loyalität wird auf andere Bereiche übertragen. Die Homogenität in der Bewertung einer gemeinsamen Vergangenheit und Zukunft geht – wenigstens teilweise – verloren. Nach Ulrich Beck erschüttert die Globalisierung in Deutschland aber auch in Frankreich die Vorstellung von einem abgeschlossenen und abschließbaren Raum: „Zwar ist auch die Exportnation Deutschland längst ein globaler Ort, an dem sich die Kulturen der Welt und ihre Widersprüche tummeln, aber diese Realität blieb abgedunkelt im herrschenden Selbstbild einer weitgehend homogenen Nation, die sich bis heute auf Blut- und Verwandtschaftsbande als ihre Identität beruft. Im Zuge der Globalisierungsdebatte bricht dies alles auf" (Beck 1997).

Die Diagnose von Beck hat zahlreiche Implikationen. Unter anderem ist nun auch ein zentraler ökonomischer Vorteil des Nationalstaates nicht mehr in vollem Maße gegeben. Wird die Identifikation mit dem eigenen Staat durch mannigfache Identitäten eingeschränkt, so hat das Konsequenzen auch für das auf der Ebene der Nation gebildete Sozialkapital. Die Bildung von Netzwerken auf nationaler Ebene wird relativiert durch die Schaffung von Netzwerken auf ganz anderen Ebenen, die teilweise innerhalb der Grenzen einer Nation liegen, teilweise die Grenzen von Nationen überschreiten. Die Vertrauenswürdigkeit der Mitglieder einer Nation wird durch die abnehmen-

6 Die Nation in der globalen Welt

de Identifikation reduziert. Die Kosten der Kontrolle und der Durchsetzung von Institutionen – also die Transaktionskosten – steigen an. Die Produktionskostenvorteile, die auf der Ebene des Nationalstaates früher dadurch geschaffen wurden, dass der Nationalstaat gleichsam den größtmöglichen Raum und die größtmögliche Anzahl von Menschen für einen arbeitsteiligen Wertschöpfungsprozess bereitstellte, sind durch die Globalisierung ebenfalls gefährdet. Durch den Wegfall von Handelsbarrieren ist die Arbeitsteilung nun weltweit möglich. Ein Unternehmen wie IKEA kann die Herstellung eines Produktes für alle Märkte in einem Land konzentrieren, das besonders günstige Voraussetzungen dafür bietet. Die Herstellung eines anderen Produktes kann gleichwohl in einem anderen Land konzentriert werden.

Betrachtet man die Transaktions- und Produktionskosteneffekte der Globalisierung für Nationen und vergleicht sie mit alternativen Gemeinschaftsformen – etwa einem kleineren Netzwerk von Menschen innerhalb der Nation (Peer Group) oder einer über die Grenzen der Nation hinausgehenden Gemeinschaft – so ist es durchaus denkbar, dass die Nation ihre vorteilhafte Position als Koordinations- und Orientierungsmuster einbüßt (vgl. Abb.6-1).

Abbildung 6-1: Die Zukunft des Nationalstaates?

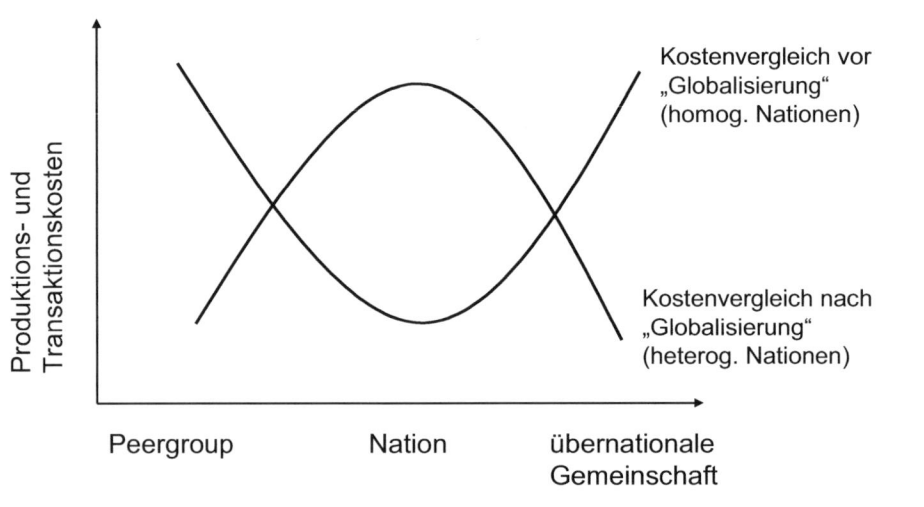

Der Kostenvergleich zwischen der Nation und alternativen Koordinationsformen menschlicher Interaktion fällt in der Phase vor der Globalisierung – also in einer Phase, in der sich Nationen durch Homogenität in bezug auf ihre Bürger auszeichnen – zu Gunsten der Nation aus. Die Nation weist aufgrund der hohen Identifikation ihrer Bürger die gleichen Transaktionskostenvorteile auf, wie die kleineren Peer Groups.

Die Zukunft des Nationalstaates — 6.4

Definition: Peer Groups

Peer Groups werden hier als kleinere Netzwerke von Menschen betrachtet, zwischen denen Bindungen bestehen.

Übernationale Gemeinschaften haben aufgrund der Heterogenität der Mitglieder hier einen Nachteil. In Bezug auf die Produktionskosten lassen die Nationen als Räume größtmöglicher Arbeitsteilung eine besonders effiziente Produktion zu. Die kleineren Peer Groups können diese Effizienz nicht bieten. Größere übernationale Gemeinschaften haben – wegen bestehender Handelsbarrieren – ebenfalls keinen Produktionskostenvorteil.

In der Phase der Globalisierung verschieben sich die Vorteile. Aufgrund sinkender Loyalität auf der Ebene der Nation gehen die bestehenden Transaktionskostenvorteile verloren. Die kleineren Netzwerke mit klarer Identifikation und Zugehörigkeit haben nun Transaktionskostenvorteile. Aber selbst übernationale Netzwerke können nun Identifikation stiften und zu Transaktionskostensenkungen beitragen. In bezug auf die Produktionskosten verliert die Nation ebenfalls den Vorteil, eine maximale Arbeitsteilung zu ermöglichen. Durch die Globalisierung überschreiten die Räume für Absatz und Produktion die Größe von Nationen. Tabelle 6-1 fasst die Überlegungen zusammen.

Tabelle 6-1: Die Nation in der globalen Welt

	Peer Group	Nation	übernationale Gemeinschaft
Homogene Nation vor Phase der Globalisierung			
Transaktionskosten	+	+	-
Produktionskosten	-	+	(+)
Heterogene Nation nach Globalisierung			
Transaktionskosten	+	-	(-)
Produktionskosten	-	-	+

Neben diesen Änderungen auf der Ebene des Nationalstaates durch den Prozess der Globalisierung, haben sich auch die zu bewältigenden Aufgaben in den vergangenen Jahren geändert. Während Probleme des Marktversagens und der externen Effekte

Die Nation in der globalen Welt

früher oft auf der Ebene des Nationalstaates lösbar schienen, erfordern viele Herausforderungen der Gegenwart nationenübergreifende Lösungen. Das betrifft die Fragen nach den Spielregeln des globalen Marktes ebenso, wie die Lösung von globalen Umweltproblemen.

Sollten diese Szenarien stimmen, blieben für die Nationalstaaten nur zwei Optionen. Entweder sie müssen versuchen, dem Verfall an Sozialkapital auf nationaler Ebene entgegen zu steuern. Bei einer heterogenen Bevölkerung ist das allerdings keine sehr einfache Aufgabe. Oder der Staat muss seine Tätigkeitsfelder neu definieren. Möglicherweise wird der Umfang der Tätigkeiten dann reduziert.

Literaturhinweise

Als Einstieg in das Thema Nation (und Nationalismus) eignet sich Wehler (2001). Da in der Erklärung des Nationalstaates in diesem Kapitel vor allem auf seine Fähigkeit abgestellt wurde, Sozialkapital aufzubauen, ist es sinnvoll dieses Konstrukt noch vertieft zu betrachten. Eine Zusammenstellung wichtiger Artikel zum Thema findet sich in Ostrom/Ahn (2003).

Zusammenfassung

1. Nationalstaaten stellen einen erheblichen Anteil an den Spielregeln bereit, denen Menschen in ihrem Kooperationsverhalten unterliegen. Viele dieser Regeln sind nicht ohne den historischen Kontext, in dem sie entstanden sind, zu verstehen. Gleichwohl gibt es auch ökonomische Erklärungsmöglichkeiten für nationale Spielregeln.

2. Die Schaffung von Sozialkapital ist einer der wesentlichen Vorteile der Koordinationsform Nationalstaat gegenüber alternativen Gesellschaftsformen. Im Nationalstaat gelang es, Sozialkapital für eine größtmögliche Menge von Akteuren bereitzustellen und die Kooperationsmöglichkeiten und die Möglichkeiten der Arbeitsteilung zu fördern.

3. Sozialkapital basiert vor allem auf der Vertrauenswürdigkeit der Mitglieder einer Gemeinschaft, auf bestehenden Netzwerken zwischen den Akteuren und auf Institutionen.

4. Vor dem Hintergrund der Globalisierung ist es fraglich, ob der Nationalstaat seine komparativen Vorteile beim Aufbau von Sozialkapital behalten kann.

Schlüsselbegriffe

Institutionen; Nation; Nationalstaat; Netzwerke; Peergroup; Rechtssicherheit; Sozialkapital; Vertrauen; Vertrauenswürdigkeit

7 Regionale Zusammenschlüsse und die Europäische Union

7.1 Geschichtlicher Hintergrund

In fast allen Regionen der Welt ist gegenwärtig eine Tendenz zu einer stärkeren Integration zu beobachten. Dabei ist der Integrationsgrad recht unterschiedlich. Während beim North American Free Trade Agreement (NAFTA) der Gedanke eine freien Handelszone bestehend aus Kanada, den USA und Mexiko im Vordergrund steht, ist in der Europäischen Union eine wirtschaftliche Union weitgehend realisiert. Erste Schritte in Richtung auf eine politische Union werden unternommen. Damit soll ein *internationales Regime* (vgl. Kapitel 3) auf der Ebene der Europäischen Union geschaffen werden, das rechtlich durchsetzbare Formen multilateraler Kooperation zwischen Staaten entwickelt.

Zwischen den beiden Polen einer Freihandelszone und einer politischen Union gibt es weitere Abstufungen(vgl. Abb.7-1).

- In einer *Freihandelszone* sind alle Handelsbarrieren, die den freien Handel von Gütern und Dienstleistungen zwischen den Mitgliedsstaaten behindern, abgeschafft. Im Idealfall sind in einer Freihandelszone alle diskriminierenden Tarife, Quoten, Subventionen und administrative Behinderungen beseitigt, so dass der Handel zwischen den Mitgliedsstaaten nicht verzerrt wird. Jedem Mitgliedsland ist es gewährt, gegenüber *Nicht*mitgliedsstaaten seine *eigene* Handelspolitik festzulegen. Deshalb kann der Fall eintreten, dass Produkte aus Nichtmitgliedsländern mit unterschiedlichen Tarifen belastet werden.

- Die *Zollunion* geht in Bezug auf eine ökonomische und politische Integration einen Schritt weiter als die Freihandelszone. In einer Zollunion sind alle Handelsbarrieren zwischen den Mitgliedsstaaten abgebaut und es wird eine gemeinsame Außenhandelspolitik verfolgt. Die Schaffung einer gemeinsamen Außenhandelspolitik erfordert einen bedeutenden Verwaltungsapparat, der die Handelsbeziehungen mit Nichtmitgliedsländern koordiniert und kontrolliert. Die meisten Länder, die einer Zollunion beitreten, verfolgen das Ziel einer verstärkten ökonomischen Integration.

7 Regionale Zusammenschlüsse und die Europäische Union

Abbildung 7-1: Stufen der regionalen Integration

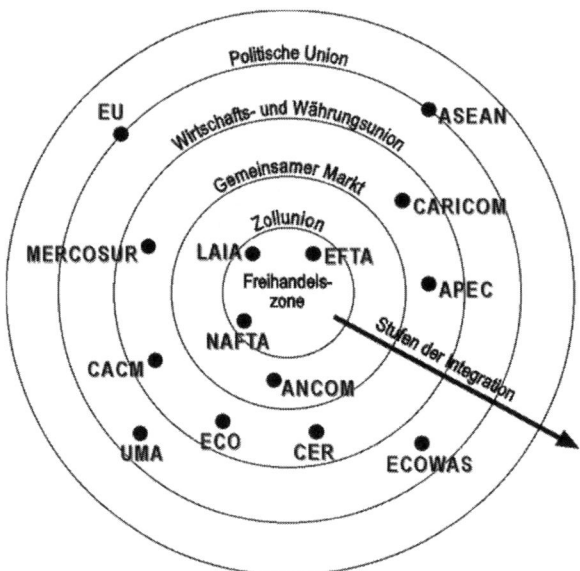

EU (Europäische Union), EFTA (European Free Trade Association), NAFTA (North American Free Trade Association), CARICOM (Carribean Community and Common Market) MERCOSUR (Mercado Común del Como Sur), LAIA (Latin American Integration Association), ANCOM (Andean Common Market oder Andenpakt bzw. Pacto Andino), CACM (Central American Common Market), ASEAN (Association of South- East- Asian- Nations), APEC (Asian Pacific Economic Cooperation), CER (Closer Economic Relationship), ECO (Economic Cooperation Organization), UMA (Union du Magreb Arabe oder Mahgreb Economic Community), ECOWAS (Economic Community of West African States)

Ähnlich wie die Schaffung von Zollunionen, verfolgt auch der Aufbau eines *gemeinsamen Marktes* den verstärkten Abbau von Handelsbarrieren zwischen den Mitgliedsländern und die Schaffung einer gemeinsamen Außenhandelspolitik. Ein zusätzlicher Integrationsaspekt besteht darin, dass in einem gemeinsamen Markt auch der freie Austausch von Produktionsfaktoren (Kapital, Arbeit) möglich ist. Die freie Faktormobilität wird durch die völlige Abschaffung von Restriktionen in Bezug auf Immigration und Emigration sowie einen freien grenzüberschreitenden Kapitalverkehr zwischen den Mitgliedsstaaten gewährleistet. Die Schaffung eines gemeinsamen Marktes erfordert ein hohes Maß an Harmonie und Kooperation in der Finanz-, Währungs- und Beschäftigungspolitik.

Gelegentlich wird der Begriff der *Wirtschaftsunion* verwendet, um einen weiteren Schritt der Integration zu kennzeichnen. Wie der gemeinsame Markt zeichnet sich eine Wirtschaftsunion durch einen freien Austausch von Produkten und Produktionsfaktoren zwischen den Mitgliedsstaaten und durch die Schaffung einer gemeinsamen Außenhandelspolitik aus. Hinzu kommen eine gemeinsame Währung, die Harmonisierung der Steuerraten der Mitgliedsländer und eine gemeinsame Geld- und Finanzpolitik. Dieses hohe Maß an Integration setzt jedoch eine völlig neue Arbeitsteilung zwischen Staat und internationalem Regime voraus, die auch in einem entsprechenden Verwaltungsapparat der Wirtschaftsunion ihren Ausdruck findet.

Geschichtlicher Hintergrund 7.1

Schon bei dem Übergang zu einer Wirtschaftsunion stellt sich die Frage, in welchem Umfang der koordinierende Verwaltungsapparat Verantwortung für die Einwohner in den Mitgliedsstaaten übernehmen kann und soll. Wird eine weitergehende Verantwortungsverlagerung auf eine gemeinsame Administration befürwortet, so erfolgt dies im Rahmen der Gründung einer *politischen Union*. Die Europäische Union kann als ein Beispiel für eine Gemeinschaft auf dem Weg zu einer politischen Union angesehen werden: Das Europäische Parlament spielt heute mehr denn je eine wichtige Rolle in der Europäischen Union. Es wird seit Ende der 70er Jahre direkt von den Einwohnern der EU-Staaten gewählt. Außerdem ist der Ministerrat (Kontroll- und Entscheidungsorgan der EU) besetzt mit Ministern aus allen EU-Ländern.

Die zahlreichen regionalen Zusammenschlüsse in Europa, Amerika, Asien und Australien und Afrika lassen sich den unterschiedlichen Stufen regionaler Integration zuordnen (vgl. Abb. 7-1).

Nicht selten durchlaufen regionale Zusammenschlüsse dabei im Zeitablauf eine Entwicklung, die zu einer immer stärkeren Integration führt. Der hohe Integrationsgrad der Europäischen Union wurde in einer Folge zahlreicher geschichtlicher Integrationsschritte erreicht, die jeweils als Weichenstellungen für weitere, nachfolgende Schritte interpretiert werden können.

Als Geburtsstunde der heutigen Europäischen Union gilt der 9. Mai 1950. An diesem Tag schlug der damalige französische Außenminister, Robert Schuman, vor, die Kohle- und Stahlproduktion Europas einer gemeinsamen Hohen Behörde zu unterstellen. Noch unter dem Eindruck des zweiten Weltkrieges wurden damit die für die Waffenproduktion maßgeblichen Industrien der vollständigen nationalen Souveränität entzogen. Obwohl die daraus im Jahr 1952 resultierende Europäische Gemeinschaft für Kohle und Stahl (EGKS) der sechs Gründungsstaaten Belgien, Bundesrepublik Deutschland, Frankreich, Italien, Luxemburg und den Niederlanden, einen eher bescheidenen Start des europäischen Integrationsprozesses markiert, und dieser Schritt ohne den Einschnitt des Krieges vermutlich nicht erfolgt wäre, steht der 9. Mai doch für die Orientierung an einem neuen Einigungsmodell. Es wurde in wichtigen Punkten von Jean Monnet, dem Mann hinter Schuman entwickelt. Er entwickelte für Europa das Modell der Delegation von begrenzten, aber wichtigen Entscheidungsbereichen auf eine europäische Ebene. Diese sich entwickelnde neue Arbeitsteilung wird von Helmut Schmidt in einer Rede vor der Berliner Humboldt-Universität folgendermaßen gewürdigt: „Das ist ein Vorgang, der in der ganzen Menschheitsgeschichte ohne Parallele ist. Seit Beginn des chinesischen Imperiums, seit den alten Ägyptern, seit den Reichen im Zweistromland oder später zu Zeiten von Dschingis Khan oder zu Zeiten von Napoleon oder noch später zu Zeiten Hitlers sind unter Druck und militärischer Eroberung viele Staaten vereinigt worden, viele Staaten untergegangen. Aber dass Staaten freiwillig, von sich aus, aus Erkenntnis der Notwendigkeit, Teile ihrer Souveränität aufgegeben hätten, das ist absolut ohne Beispiel in er menschlichen Geschichte, etwas völlig Neuartiges" (zit. nach Europäisches Parlament 2004, 54 f.).

7 Regionale Zusammenschlüsse und die Europäische Union

Abbildung 7-2: Die Geschichte Europäischer Einigung

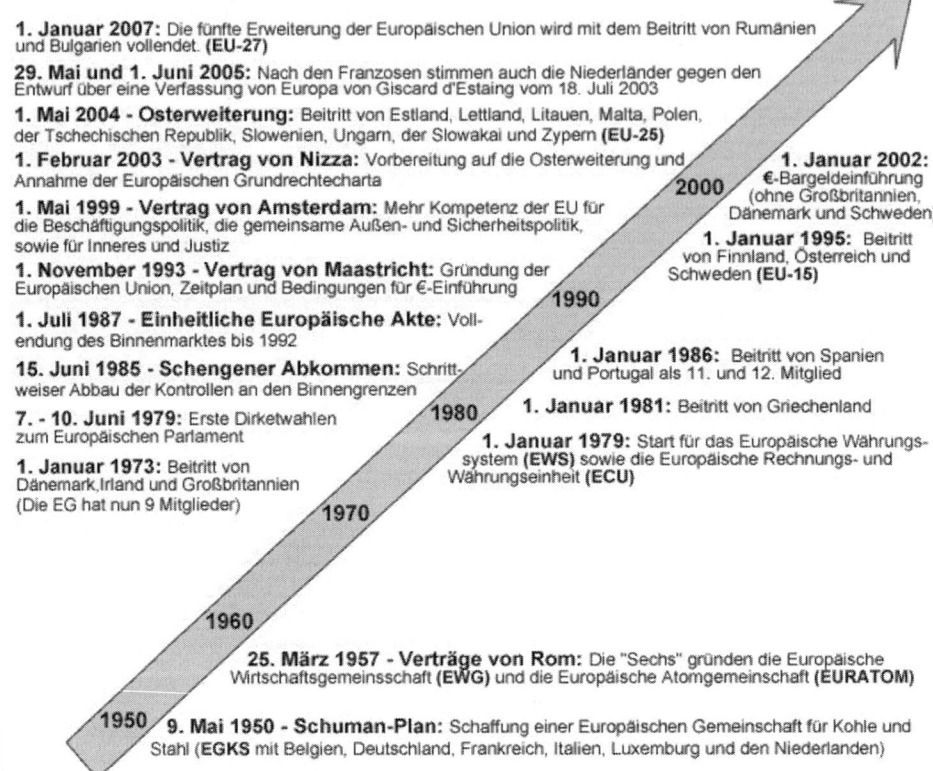

Quelle: Angelehnt an Europäisches Parlament (Hrsg.), 2004, 50-55

Seit dem Schuman-Plan ist der europäische Einigungsprozess weiter vorangeschritten. Abbildung 7-2 zeichnet die wichtigsten Stationen des Einigungsprozesses nach. Nicht nur hat sich die Zahl der ursprünglich sechs Mitglieder der Europäischen Gemeinschaft für Kohle und Stahl (EGKS) bis zum 1. Mai 2004 auf 25 Mitglieder erhöht, auch das Aufgabenspektrum und der Integrationsgrad der Gemeinschaft hat sich permanent erhöht. Am 18. Juli 2003 legt der Konventspräsident Giscard d'Estaing den Regierungen einen *Entwurf über eine Verfassung von Europa* zur endgültigen Entscheidung vor. Während verschiedene Parlamente, darunter auch der Deutsche Bundestag, dem Entwurf zustimmen, fällt das Papier bei Volksabstimmungen in Frankreich und den Niederlanden aber durch.

7.2 Ökonomische Erklärung des Zusammenschlusses zur Europäischen Union

Der kurze historische Überblick zeigt, dass der Zusammenschluss vormals autarker Staaten zur Europäischen Union offensichtlich auch politische Wurzeln hat. Wie bei allen anderen regionalen Zusammenschlüssen zeichnet sich die Integration Europas aber auch durch eine ganz eigene wirtschaftliche Logik aus. Dabei wäre es aus institutionenökonomischer Sicht falsch, ausschließlich auf die Vorteile der Größe des entstehenden Wirtschaftsraumes hinzuweisen. Bereits im dritten Kapitel wurde unter Punkt 3 auf die Probleme zunehmender Größe von Gemeinschaften hingewiesen. Die aus Zusammenschlüssen resultierenden Probleme der Heterogenität deuten eher auf gleichzeitig entstehende positive und negative Effekte der Integration hin. So sprechen auch Alberto Alesina und Enrico Spolaore in ihrem Buch *The Size of Nations* (2002) von einem grundlegenden Zielgegensatz zwischen den Vorteilen der Größe und den Nachteilen der mit der Größe einher gehenden Heterogenität (Alesina/Spolaore 2002, 5f.).

Was sind die besonderen Vorteile, die aus Größe resultieren und daher für einen Zusammenschluss vormals autarker Nationalstaaten in der EU sprechen? Die Hauptargumente lassen sich folgendermaßen zusammenfassen:

1. Ein größerer gemeinsamer Markt ermöglicht eine Intensivierung der Arbeitsteilung und dadurch erhebliche Effizienzgewinne. Die Effizienzgewinne resultieren dabei aus *Transaktionskosteneinsparungen* und *Produktionskostenersparnissen*. Transaktionskosten werden durch den gemeinsamen Markt allein schon durch den Abbau von Grenzbarrieren, also von Zöllen und nicht-tarifären Handelshemmnissen, reduziert. Eine gemeinsame Währung trägt ebenfalls zum Abbau von Transaktionskosten bei. Produktionskosten werden durch eine intensivere Arbeitsteilung und Spezialisierung innerhalb des regionalen Zusammenschlusses reduziert. Darüber hinaus wird durch Öffnung der nationalen Grenzen die Wettbewerbsintensität erhöht. Die Erleichterung des Warenbezugs aus anderen Ländern des Zusammenschlusses kann zu einer Verringerung von Monopolmacht und dadurch zu sinkenden Preisen und steigendem Output beitragen.

2. Die Bereitstellung öffentlicher Güter erfolgt zu geringeren Pro-Kopf-Kosten. Während die Kosten für die Bereitstellung zahlreicher öffentlicher Güter proportional mit der Zahl der Begünstigten steigen, gibt es auch zahlreiche öffentliche Güter, bei denen die Kosten – zumindest teilweise – fix in Bezug auf die Anzahl der Begünstigten sind. Verteidigung, öffentliche Verwaltung, das Rechtssystem, Infrastruktur und Kommunikation, innere Sicherheit und viele andere Leistungen verursachen sowohl begünstigtenvariable und begünstigtenfixe Kosten. Je größer die Zahl der Mitglieder einer Gemeinschaft ist, desto geringer sind dann die Kosten für die Bereitstellung öffentlicher Güter.

3. Sind die Mitglieder einer Gemeinschaft risikoavers, so ziehen sie – bei gegebenem Erwartungswert – geringere Schwankungen in ihrem Wohlbefinden größeren Schwankungen vor. Mit zunehmender Größe einer Region oder einer Gemeinschaft können bessere „Versicherungsmöglichkeiten" geboten werden. Im Falle von konjunkturellen Problemen oder Naturkatastrophen in bestimmten Gebieten, lässt sich in größeren Gemeinschaften leichter ein System von Transferzahlungen zwischen Gebieten, denen es überdurchschnittlich gut geht, und Gebieten, denen es unterdurchschnittlich gut geht, installieren als in kleinen Regionen und Gemeinschaften. Dadurch können Wohlstandsschwankungen besser abgefedert werden.

4. Hinzu kommt, dass die bereits in Kapitel 2 diskutierten Probleme des Marktmechanismus sehr unterschiedliche Reichweiten haben. Sicherheit auf einer kleinen innerstädtischen Straße ist eine lokale Angelegenheit. Darum fällt diese Aufgabe in den Zuständigkeitsbereich der Gemeinde. Menschenrechte oder der Schutz vor ansteckenden Krankheiten sind dagegen keine lokalen, oft nicht einmal nationale, Themen. Dementsprechend müssen hier Staaten im Rahmen einer regionalen Integration nach überstaatlichen Lösungen suchen. Gleiches gilt für viele externen Kosten.

Allein diese vier Hauptargumente für Größe und Zusammenschluss lassen einen Trend in diese Richtung erwarten. Regionale Integration kann als ein Schritt gesehen werden, durch den Wohlstandsgewinne durch die freie Mobilität von Menschen, Gütern und Dienstleistungen und Kapital geschaffen werden sollen. Gleichwohl gibt es aber auch Kräfte, die dem Trend der Integration entgegenwirken. So gehen Alesina und Spolaore (2002, 7) davon aus, dass die Pro-Kopf Ausgaben für Administration ab einer gewissen kritischen Größe von Gemeinwesen auch wieder steigen. Allerdings sehen sie darin nicht das Kernargument gegen eine regionale Integration. Vielmehr betonen sie die negativen Wirkungen einer mit zunehmender Größe wachsenden Heterogenität einer Gemeinschaft: „Hence administrative and congestion costs alone do not seem the force that determines the size distribution of countries and leads to have 193 countries, many of them quite small. Much more important is the consideration that, as countries become larger, diversity of preferences, culture, language etc. of their population increases. In one word, heterogeneity of preferences increases as countries become larger" (Alesina/Spolaore 2002, 7).

Bei steigender Heterogenität in den Präferenzen, wird es immer schwieriger, einen Konsens über zentrale politische Entscheidungen – beispielsweise über Fragen der Bereitstellung öffentlicher Güter oder der Außenpolitik – herbeizuführen. Für eine zentrale Entscheidungsinstanz wird es dann auch schwieriger, eine Politik zu realisieren, die den Präferenzen aller Mitglieder der Gemeinschaft entspricht. Im Ergebnis nehmen die Zufriedenheit und das Wohlbefinden der Mitglieder großer Gemeinwesen ab. Die ökonomischen Vorteile der Größe können durch die Kosten der Heterogenität kompensiert oder sogar überkompensiert werden. Die Auflösung der ehemaligen Sowjetunion oder der ehemaligen Tschechoslowakei können als Beispiele dafür dienen, dass die Menschen ihren heterogenen Präferenzen ein solches Gewicht beimessen, dass sie auf Größenvorteile verzichten. Der grundsätzliche Gegensatz zwischen den wirtschaftlichen Vorteilen großer Gemeinschaften und den Homogenitätsvorteilen kleiner Gemeinschaften wird dadurch offensichtlich.

Die Antwort auf diese zwei fundamentalen und gegensätzlichen Wirkungen der regionalen Integration liegt in einer bewussten Aufteilung von Kompetenzen und Aufgabengebieten zwischen einer zentralen und übergeordneten und einer dezentralen und lokalen Entscheidungsebene. Die Umsetzung der Idee einer Europäischen Union kann als ein Versuch einer solchen Kompetenzteilung angesehen werden.

7.3 Die Umsetzung der Idee einer Europäischen Union

Die ökonomische Erklärung regionaler Zusammenschlüsse hat Implikationen für die Arbeitsteilung zwischen der EU, den Nationalstaaten und nachgelagerten Entscheidungsebenen (vgl. auch Alesina/Angeloni/Schuknecht 2001, 2). Danach sollte die EU beispielsweise all die Aufgaben übernehmen, bei denen Skaleneffekte und nationenübergreifende externe Effekte eine große Rolle spielen. Die Nationalstaaten oder noch darunter liegende Entscheidungsebenen sollten Aufgaben übernehmen, bei denen die Heterogenität in den Präferenzen der Menschen eine Entscheidung auf EU-Ebene nicht wünschenswert erscheinen lässt.

Eine denkbare Aufgabenteilung zeigen Alesino/Angeloni und Schuknecht (2001) (vgl. Tab. 7-1).

Dabei stellt sich schnell heraus, dass nur einige Aufgaben klar zuzuordnen sind, während andere Aufgaben Merkmale aufweisen, die in unterschiedliche Richtungen deuten. So können weite Felder des Bereichs Bildung- und Kultur aufgrund heterogener Interessen leicht der nationalen oder sogar einer darunter liegenden Ebene zugeordnet werden. Bestimmte Teilfragen – etwa die Anerkennung von Studienabschlüssen – haben aber eine länderübergreifende Bedeutung. Ebenso können bestimmte Fragen aus dem Bereich Umweltpolitik wegen der grenzüberschreitenden Externalitäten als Aufgaben der EU angesehen werden. Aber schon für den Bereich Verkehr ist eine Zuordnung nicht so einfach. Einerseits deuten Skalenerträge in Richtung auf eine Zentralisierung. Andererseits ist die Interessenlage der Menschen in bezug auf verkehrspolitische Entscheidungen durchaus heterogen. Tabelle 7.1 beinhaltet einen ersten intuitiven Zuordnungsversuch von neun Tätigkeitsfeldern zwischen EU und den jeweiligen Mitgliedsstaaten (vgl. Alesina/ Angeloni/Schuknecht, 2001). Wenn es um die tatsächliche Koordination einer bestimmten Aufgabe geht, ersetzt die Tabelle aber nicht die genaue Analyse der konkreten Aufgabe.

Tabelle 7-1: Arbeitsteilung zwischen nationalen, europäischen und weltweiten Einrichtungen

	Policy Domains	Externalities	Pref. Assymmetry	Devolution
1	International Trade	High	Low	EU/Global
2	Common Market	High	Low	EU
3	Money & Finance	Med./High	?	National/EU
4	Education, Research & Culture	Low	High	Local/National
5	Environment	Med./High	High	National/EU/Global
6	Business Relations (Sectoral)	Low	High	National
7	Business Relations (Non-Sectoral)	High	?	EU/Global
8	International Relations	Med./High	Low	National/EU
9	Citizen & Social Protection	Low	High	Local/National

Quelle: Alesina/Angeloni/Schuknecht, 2001, 8 und Anhang Tabelle 1

Für einen Vergleich zwischen den theoretisch hergeleiteten normativen Implikationen zur Aufgabenverteilung zwischen EU und Nationen und der EU-Realität müssen die tatsächlichen Tätigkeitsfelder der EU betrachtet werden. Hinweise auf die wahrgenommenen Aufgaben geben die *Verträge* zwischen den Mitgliedsstaaten und die *Abkommen* mit EU-externen Staaten oder Organisationen, die *Gremien und Organe* der EU und ihre Tätigkeit aber auch die *EU-Gesetzgebung*.

Die *Verträge* zwischen den Mitgliedsstaaten sind der eigentliche Ausgangspunkt der Verlagerung von nationaler Souveränität auf die Union. Sie werden überwiegend auf internationalen Konferenzen zwischen den Mitgliedsstaaten erarbeitet und müssen von den nationalen Parlamenten ratifiziert werden. Darüber hinaus gibt es *Abkommen* mit Drittstaaten oder Organisationen. Dabei handelt es sich überwiegend um Handelsabkommen, z.B. im Rahmen von Abkommen mit der Welthandelsorganisation (WTO), um bilaterale Assoziationsabkommen z.B. mit verschiedenen Mittelmeeranrainern und um andere Kooperationsabkommen.

Einige Verträge haben unmittelbare Auswirkungen auf die Wahrnehmung von Aufgaben. Das trifft beispielsweise auf die Geldpolitik und die Rolle der Europäischen Zentralbank zu. Häufig stellen die Verträge zwischen den EU-Mitgliedsländern aber nur eine vage Umschreibung der von der EU wahrzunehmenden Aufgaben dar. In den verschiedenen *Gremien und Organen* der EU (vgl. Tab. 7-2) entstehen EU-Initiativen nicht selten auch ohne einen vorherigen Vertrag zwischen den Mitgliedsländern.

Die Umsetzung der Idee einer Europäischen Union **7.3**

Tabelle 7-2: EU Gremien und Organe

Das Europäische Parlament	Vertretung der Völker und Menschen aus den Mitgliedsländern. Wahl durch die EU-Bürger für 5 Jahre. Beschließt mit dem Ministerrat die EU-Gesetze.
Der Europäische Rat	Regelmäßiges Treffen der Staats- und Regierungschefs mit dem Präsidenten der Europäischen Kommission. Fungiert durch die Festlegung von Zielen für die Gemeinschaft als Impulsgeber und Schrittmacher der EU.
Der Ministerrat	Vertretung der Regierungen der Mitgliedsstaaten. Die Minister der 25 Mitgliedsstaaten versammeln sich in Brüssel und beschließen gemeinsam mit dem Parlament die EU-Gesetze.
Die Europäische Kommission	Exekutive der EU und Hüterin der Verträge. Kommissionspräsident und Kommissare sind unabhängig von den Mitgliedsstaaten. Eine Kontrolle erfolgt nur durch das Europäische Parlament. Die Kommission hat ein Initiativrecht und schlägt Gesetze vor. Sie nimmt Verwaltungsfunktionen wahr und übernimmt Aufgaben der Außenvertretung der EU.
Der Europäische Gerichtshof	Der Europäische Gerichtshof schützt das Gemeinschaftsrecht und entwickelt es weiter.
Die Europäische Zentralbank	Hat das ausschließliche Recht, die Ausgabe von Euro-Banknoten innerhalb der Union zu genehmigen. Ist politisch unabhängig. Zentrale Aufgabe: Sicherung der Preisstabilität in der EU.

Zentral für die Wahrnehmung von Aufgaben durch die EU ist daher neben den Verträgen zwischen den Mitgliedsstaaten die EU-Gesetzgebung. Dabei kann unterschieden werden zwischen *Gesetzen*, die ohne eine weitere Umsetzung in den Mitgliedsstaaten wirksam werden, und *Richtlinien* (z.B. der Feinstaubrichtlinie), die bestimmte Ziele vorgeben, es aber den Mitgliedsstaaten überlassen, geeignete Regelungen zu implementieren.

Prinzipiell gilt dabei für die Aufgabenteilung zwischen den Nationalstaaten und der Europäischen Union das *Subsidiaritätsprinzip*. Nach dem Subsidiaritätsprinzip wird die EU in Bereichen, die nicht in ihren ausschließlichen Zuständigkeitsbereich fallen, nur dann tätig, wenn die Ziele einer in Betracht gezogenen Maßnahme von den Mitgliedsstaaten nicht selbst ausreichend erreicht werden können, sondern wegen ihres Umfangs oder ihrer Wirkungen auf der Ebene der Europäischen Union besser erreicht werden können. Das Subsidiaritätsprinzip steht im Prinzip in Übereinstimmung mit den ökonomischen Gründen, die für eine regionale Integration sprechen. Die prinzipielle Übereinstimmung der Leitlinien der Arbeitsteilung zwischen EU und Mitgliedsländern mit der ökonomischen Erklärung regionaler Zusammenschlüsse, schließt ökonomisch nicht zu rechtfertigende Aktivitäten der EU nicht aus. In den Medien werden immer wieder bizarr anmutende Beispiele für Aktivitäten der EU aufgeführt. Zudem lässt sich eine sukzessive Ausweitung der Aktivitäten der EU beobachten. Sie betreffen nicht nur Aktivitäten in einem gegebenen Tätigkeitsfeld, sondern auch die Ausweitung der Tätigkeitsfelder selbst. Tabelle 7-3 zeigt die in den vergangenen Jahren sichtbar zunehmende Aktivität der EU in Bezug auf Gesetze, Richtlinien und Vorgaben.

Tabelle 7-3: Zunehmende Regulierungstätigkeit der EU

	1971-1975	1976-1980	1981-1985	1986-1990	1991-1995	1996-2000
No. of Directives	108	264	330	537	566	532
No. of Regulations	1788	4022	6106	9124	7752	5583
No. of Decisions	716	2122	2591	3251	4242	5299
Total No. of "domestic" legal acts	**2612**	**6408**	**9027**	**12912**	**12560**	**11414**
No. of Court Decisions	693	1155	1760	2127	2027	2487
No. of International Agreements	454	488	517	542	852	1223
No. of Recommendations and Opinions	68	114	95	143	1246	1505
No. of White and Green Papers	0	0	1	9	28	37
EU expenditure as % of EU GDP (last year of 5-year period only)	0.4	0.7	0.8	0.9	1.0	1.1
EU expenditure as % of gov. expenditure	1.0	1.5	1.6	1.8	2.0	2.4

Quelle: Alesina/Angeloni/Schuknecht, 2001, Anhang.

Die Zunahme an Aktivitäten ist möglicherweise auf einen zunehmenden Handlungsbedarf durch entsprechende Änderung der Merkmale der zu koordinierenden Aktivitäten zu rechtfertigen. Zahlreiche Probleme, die bislang in eine nationale Verantwortung fielen, haben durch den Prozess der Globalisierung inzwischen länderübergreifende Dimensionen erreicht.

Gleichzeitig besteht aus den im Kapitel 5 beschriebenen Eigeninteressen der Agenten möglicherweise auch eine Tendenz der Europäischen Union und ihrer Administration, weitere Kompetenzen an sich zu ziehen. Zwar muss die Europäische Kommission detailliert darlegen, warum ein Ziel durch die Union besser erreicht werden kann als auf nationaler oder kommunaler Ebene, im praktischen Anwendungsfall kann es aber durchaus schwierig sein, das Subsidiaritätsprinzip als trennscharfen Maßstab zu verwenden.

7.4 Relevanz für Unternehmen: Ein Beispiel

Die Wahrnehmung koordinierender Aufgaben durch die EU hat konkrete Auswirkungen auf die Handlungsmöglichkeiten von Unternehmen. Durch die Festlegung der Wettbewerbsspielregeln für den Binnenmarkt eröffnen sich auf der einen Seite neue Chancen für Unternehmen. Auf der anderen Seite sehen sich bislang durch Eintrittsbarrieren geschützte Unternehmen einem zunehmenden Wettbewerb ausgesetzt.

Dabei reguliert die EU auch, wie die Unternehmen ihr Geschäft ausüben sollen. Der folgende Beitrag zeigt das am Beispiel der Automobilindustrie:

Beispiel: *Automobilindustrie*

Die Zahl der Klagen europäischer Automobilhersteller über eine wachsende Reglementierung seitens der EU nimmt zu. Die zunehmende Kumulation von Belastungen durch die EU–Regelungen ist in keiner anderen Branche so stark ausgeprägt wie in der Automobilbranche, was sich zum Beispiel in der Altautorichtlinie oder Euronorm, einer neuen Chemikalienpolitik oder im Fußgängerschutz widerspiegelt. Die Kritik der Automobilhersteller scheint berechtigt. Ein schrumpfender Absatz und aggressiver Preiskampf sowie der Druck der asiatischen Konkurrenz, hat zu einer benachteiligten Wettbewerbsposition der Europäer geführt. Im Januar 2004 sanken die Zulassungszahlen in Deutschland um 9 %, in Westeuropa um 2 %. Die Folgen sind abzusehen. Ford hat mit seinen Europa – Aktivitäten im Jahr 2003 einen Verlust von 1,1 Mrd. Euro verbucht, General Motors mit den Marken Opel und Saab schloss das Jahr 2003 mit 286 Mill. Euro im Minus ab, Fiat rechnet damit, frühestens 2006 wieder die Gewinnzone zu erreichen. Besonders hart traf es den Volkswagenkonzern. Er verzeichnete 2003 einen Ergebnisschwund gegenüber 2002 von mehr als 50%. Der harte Konkurrenzkampf in Europa verhindert auch, dass die Automobilhersteller zusätzliche Entwicklungskosten auf Grund immer wieder verschärfter EU – Richtlinien über entsprechend höhere Preisforderungen kompensieren können. Die europäischen Autobauer sind momentan von mehr als 100 Richtlinien und Verordnungen sowie 200 Ergänzungen dieser Vorschriften betroffen. Es wurde nachgewiesen, dass die Brüsseler Regulierung in Europa gefertigte Neuwagen um bis zu 5181 Euro verteuert. Die Branche kritisiert vor allem unrealistische und sich widersprechende Reglementierungen seitens der Europäischen Union. So besteht Brüssel darauf, dass es sich alle Automobilhersteller zur „Pflicht" machen, die Entwicklung eines Drei – Liter – Autos voranzutreiben. Die Hersteller sollen leichtere Autos konzipieren, um Benzin zu sparen. Der von Brüssel vorgeschriebene Fußgängerschutz macht die Fahrzeuge aber schwerer.
Quelle: Scheerer/Hofmann 2004

Das Beispiel zeigt, wie durchschlagend sich die Aktivitäten der EU im Marktprozess auswirken. Betroffen von der Regulierung sind alle Menschen in den Mitgliedsstaaten in ihrer Rolle als Bürger der Union aber auch in ihrer Rolle als Mitarbeiter, Eigentümer oder Kunden der Unternehmen.

Aus der hohen Relevanz der EU-Regulierungen für den Marktprozess ergeben sich Herausforderungen für die Unternehmen, die prinzipiell in zwei Richtungen gehen können: Anpassung an die sich durch die EU-Aktivitäten ergebenden Spielregeln oder aber Einflussnahme auf den Prozess der Regulierung. In beide Richtungen entfalten Unternehmen Aktivitäten (vgl. Kapitel 11 und 12).

7.5 Zentrale Herausforderungen der Zukunft

Die EU wird ihre Entwicklungsdynamik nur dann beibehalten können, wenn sie sich wesentlichen Herausforderungen, die aus den bisherigen Überlegungen folgen, stellt. Zu den zentralen Herausforderungen gehören dabei die *Legitimität* der EU, ihrer Ziele und Maßnahmen. Zweitens muss die EU den Menschen gegenüber eine *Glaubwürdigkeit* aufbauen. Ansonsten wird es ihr nicht gelingen, das notwendige Vertrauen der Menschen und Organisationen – einschließlich Unternehmungen – zu erhalten. Drittens scheint es aus den oben angestellten theoretischen Gründen erforderlich, die Grenzen der EU zu definieren. Damit aber ist die zentrale Frage nach der Identität Europas angesprochen.

Die Menschen in den Mitgliedsländern der EU werden die Union nur dann akzeptieren, wenn sie die Ziele und die Mittel zur Zielerreichung der EU als *legitim* ansehen (vgl. Kapitel 4). Ein Konsens ist nur dann zu erwarten, wenn die Menschen die Übertragung von Kompetenzen an die EU für sinnvoll halten. Ökonomische Faktoren spielen dabei eine wesentliche Rolle. Allerdings müssen sie in Übereinstimmung mit den Präferenzen der betroffenen Menschen stehen.

Es reicht nicht aus, wenn die EU signalisiert, was ihre Ziele sind und wie sie erreicht werden sollen. Die EU muss auch *Glaubwürdigkeit* aufbauen und deutlich machen, dass sie es ernst mit dem meint, was sie kommuniziert. Das Aufweichen des sog. Stabilitätspaktes in dem sich die Euro-Staaten verpflichtet hatten die Neuverschuldung auf maximal 3 % des Bruttoinlandsproduktes zu beschränken und den Schuldenstand abzubauen, ist aus institutionenökonomischer Sicht – unabhängig davon ob die 3%-Grenze richtig oder falsch ist – ein denkbar schlechtes Signal. Durch den wiederholten und nicht geahndeten Verstoß gegen den Pakt insbesondere durch Frankreich und Deutschland, schafft die Spielregel des Stabilitätspaktes keine Sicherheit, sondern offenbart eine Beliebigkeit und Unberechenbarkeit in der Politik der EU, die den Menschen das erforderliche Vertrauen in die Institutionen Europas nimmt.

Das Problem der Interessenheterogenität in großen Gemeinschaften wirft die Frage nach der *Identität* der Gemeinschaft auf und hat gleichzeitig Implikationen für die Frage nach denkbaren Erweiterungsrunden der EU. Es ist zu erwarten, dass in einer kleineren Union mehr Entscheidungskompetenz an eine Zentrale delegiert werden kann. Im Falle der Erweiterung steigt dagegen die Heterogenität der Präferenzen der Bürger in den Mitgliedsstaaten und es können im Konsens nur wenige Kompetenzen an die Zentrale delegiert werden (vgl. Alesina/Angeloni/Schuknecht 2001, 3). In welche Richtung sich die EU entwickeln soll, ist eine wichtige strategische Fragestellung. Nur darf nicht der Fehler gemacht werden, zwei inkompatible Ziele – also beispielsweise eine regionale Erweiterung der Union bei gleichzeitig hoher Kompetenzverlagerung an die EU – erreichen zu wollen.

Von der Lösung der drei genannten Herausforderungen wird die Beurteilung der EU durch die Menschen in den Mitgliedsstaaten wesentlich geprägt werden.

Literaturhinweise

Die Literatur zum Thema regionale Integration, vor allem aber zum Thema Europa, ist inzwischen unübersichtlich geworden. Zahlreiche Publikationen beschreiben und analysieren den Prozess der wirtschaftlichen Integration Europas. Aus einer eher volkswirtschaftlichen Perspektive stellen z.B. McDonald und Dearden (1999) den Prozess der Einigung und die wesentlichen Betätigungsfelder der Union dar. Eine eher einzelwirtschaftliche Perspektive nehmen Mercado, Welford und Prescott (2001) ein. Sie analysieren die EU als institutionelle Umwelt aus Unternehmensperspektive. Sicher ist es auch immer interessant, die europaskeptischen Stimmen, etwa von John Newhouse (1998) zu hören. Das mehrfach zitierte Papier von Alesina, Angeloni, und Schuknecht (2001) kann als ein nüchterner, wenn auch nicht sehr detaillierter Versuch gewertet werden, zu zeigen, welche Ziele für die EU erreichbar sind und welche Ziele sich ausschließen.

Zusammenfassung

1. Regionale Zusammenschlüsse sind in allen Regionen der Welt zu beobachten. Der Integrationsgrad dieser Zusammenschlüsse reicht von der Freihandelszone bis hin zur politischen Union.

2. Die ökonomische Logik hinter dem Zusammenschluss von Ländern und Regionen liegt vor allen in Größeneffekten. Im Ergebnis ergeben sich Potentiale für Transaktionskosten- und Produktionskosteneinsparungen.

3. Die Bereitstellung von öffentlichen Gütern erfolgt zu geringeren Pro-Kopf-Kosten.

4. Wohlstandsschwankungen lassen sich in größeren Regionen leichter ausgleichen als in kleinen Gebieten.

5. Zahlreiche Probleme, z.B. im Umweltbereich lassen sich nur noch grenzüberschreitend lösen.

7 Regionale Zusammenschlüsse und die Europäische Union

6. Den Vorteilen der Größe steht üblicherweise der Nachteil einer größeren Heterogenität der Mitglieder einer Gemeinschaft gegenüber. Die Gegensätzlichkeit der Zielwirkungen von Größe und Heterogenität erfordert einen bewussten Umgang mit der Frage der geographischen Ausdehnung regionalen Zusammenschlüsse

Schlüsselbegriffe

Europäische Kommission; Europäische Union; Europäische Zentralbank; Europäischer Einigungsprozess; Europäischer Gerichtshof; Europäischer Rat; Europäisches Parlament; Freihandelszone; Gemeinsamer Markt; Glaubwürdigkeit; Größeneffekte; Heterogenität; Identität; Legitimität; Ministerrat; Politische Union; Regionale Zusammenschlüsse; Wirtschaftsunion; Zollunion

8 Vereinte Nationen und Welthandelssystem

8.1 Geschichtlicher Hintergrund

Bei den Vereinten Nationen und dem Welthandelssystem handelt es sich nicht um regionale Zusammenschlüsse. Vielmehr geht es darum, weltweit geltende Spielregeln für alle Mitgliedsstaaten zu schaffen. Um die Entwicklung der Vereinten Nationen und des Welthandelssystems nachzuvollziehen, ist es erneut hilfreich, die historischen Phasen zu betrachten, die letztlich zu ihrer Schaffung geführt haben. Dazu lassen sich vereinfachend drei sehr unterschiedliche Perioden ausmachen (vgl. zum folgenden insbes. Zimmer 1998, 217ff.).

8.1.1 Die Phase des Freihandels

Die erste Phase abgestimmter internationaler Spielregeln beginnt mit dem Wiener Kongress von 1814 und endet mit dem Beginn des Ersten Weltkrieges. In dieser Zeit spielt Europa, insbesondere Großbritannien, eine wirtschaftlich und politisch dominierende Rolle in der Welt. Es ist auch eine Zeit des Freihandels.

Im Prinzip liegen in dieser Phase durchaus bereits Ursachen vor, die eine institutionelle Umwelt begründen könnten. Auf der einen Seite wird durch die in Kapitel 6 beschriebenen Gründe die Entstehung des Nationalstaates vorangetrieben. Andererseits schafft die Industrielle Revolution ein Geflecht wirtschaftlicher Aktivitäten, das an den nationalen Grenzen nicht Halt macht.

Dass diese Situation gleichwohl nicht zu Aktivitäten zur Implementierung einer institutionellen Umwelt geführt hat, liegt daran, dass die industrielle Revolution mehr oder weniger im Rahmen einer bestehenden Ordnung erfolgt:

- Die Hegemonialmacht Großbritannien sorgt für weitgehend stabile politische Verhältnisse.

- Großbritannien ist bereit unter den Spielregeln des Kolonialismus, wichtige öffentliche Güter wie „Frieden", ein offenes Handelssystem und eine international akzeptierte Währung bereit zustellen.

8 Vereinte Nationen und Welthandelssystem

▪ Die Freihandelsideologie geht nicht nur einher mit einem Verständnis vom Staat als „Nachtwächterstaat", sondern setzt insgesamt sehr stark auf die Kräfte des Marktes. Dadurch werden zusätzliche Spielregeln als entbehrlich angesehen.

Gleichwohl gibt es auch in dieser Phase ein von den jeweiligen Nationalstaaten unabhängige bzw. sie ergänzende institutionelle Umwelt. Allerdings handelt es sich dabei häufig um regional begrenzte Abkommen, die in ihrer funktionalen Reichweite eng ausgerichtet sind. Als Beispiele lassen sich die internationalen Flusskommissionen – z.B. die Mainzer Rheinschifffahrtsakte von 1831 – nennen, die auf der Basis der auf dem Wiener Kongress verabschiedeten Akte (Art. 108-116) die Freiheit der Schifffahrtregeln.

8.1.2 Die Zeit zwischen den Weltkriegen

Die Zeit zwischen den Weltkriegen unterscheidet sich grundlegend von der Phase des Freihandels. Die politische und wirtschaftliche Vormachtstellung Europas geht weitgehend verloren. Die Philosophie des Freihandels wird vielfach durch Protektionismus ersetzt.

Die europäischen Mächte gehen geschwächt und verschuldet aus dem Ersten Weltkrieg hervor. Großbritannien büßt seine Vormachtstellung für immer ein. Allerdings können andere Mächte, insbesondere die USA und die junge Sowjetunion, das entstandene Vakuum noch nicht füllen. Das wird erst nach dem Zweiten Weltkrieg möglich. Die zahlreichen wirtschaftlichen Probleme der Nationen führen zu einer Abkehr vom Prinzip des Freihandels und zu einer Fülle von staatlichen Eingriffen in das Wirtschaftsleben. Devisenkontrollen, Zollerhöhungen, Importrestriktionen etc. schränken die Möglichkeiten einer internationalen Arbeitsteilung stark ein. Der 1930 vom Kongress der Vereinigten Staaten verabschiedete „Smoot-Hawley-tariff" errichtet enorme Handelsschranken, um der steigenden Arbeitslosigkeit in den USA entgegenzuwirken. Andere Länder ziehen nach, wodurch die Welt in den Strudel der Großen Depression gerät.

Gleichwohl ist gerade nach dem Ersten Weltkrieg der Versuch, eine sicherheitsstiftende Ordnung zu etablieren, nicht zu übersehen. Der Völkerbund geht aus den Friedensverhandlungen von Versailles 1919 als ein Forum mit einem weiten Spektrum von Aufgaben hervor, das primär auch der Konfliktlösung dienen soll. Die Bank für Internationalen Zahlungsausgleich (BIZ) wird 1930 als Bank für die Abwicklung der deutschen Kriegsschulden gegründet. Zwar verliert die Bank mit der Aussetzung der Reparationszahlungen durch das sog. Hoover-Moratorium bereits ein Jahr später ihre eigentliche Funktion. Sie findet in der Koordination der staatlichen Notenbanken aber schnell ein neues Betätigungsfeld.

Auch werden ab 1920 die Weltwirtschaftskonferenzen als eine neue Form der zwischenstaatlichen Kooperation eingeführt. An der Weltwirtschaftskonferenz in Genf im

Jahr 1927 nimmt erstmals auch die 1920 gegründete Internationale Handelskammer (ICC) teil. Sie richtet u.a. eine internationale Schiedsgerichtsbarkeit ein.

Trotz dieser Versuche, den internationalen wirtschaftlichen Austausch zu fördern, gelingt es den implementierten Spielregeln und Organisationen nicht, die wirtschaftlichen Probleme zu lösen. Zu stark wirken die desintegrierenden Kräfte auf das Wirtschaftssystem ein. Der „Smoot-Hawley-tariff" und der von den USA in den Jahren 1933/34 mit der Abwertung des Dollar eingeleitete Abwertungswettbewerb begünstigt eine „beggar thy neighbour" Politik – also eine Politik, die versucht, die eigenen Probleme zu Lasten der Nachbarn zu lösen – und führt hohe Handelsbarrieren herbei.

8.1.3 Die Nachkriegszeit

Die Nachkriegszeit bringt keine vollständige Rückkehr zum Laissez-faire und zur Freihandelsdoktrin der Zeit vor dem Ersten Weltkrieg. Stattdessen wird der freie Welthandel prinzipiell als wünschenswert anerkannt. Gleichzeitig wird die Notwendigkeit internationaler Spielregeln unter Aufrechterhaltung der Souveränität der Nationalstaaten erkannt. In der Nachkriegszeit entwickelt sich somit ein System, das sich bei konsequenter Befürwortung des Freihandels auch durch starke wirtschaftspolitische Eingriffe auszeichnet. Der Freihandel besteht somit nicht mehr als spontan entstandenes Prinzip, sondern als eine nach dem Weltkrieg insbesondere von den USA institutionalisierte Ordnung.

Diese Ordnung umfasste sehr unterschiedliche Länder mit verschiedenen Staatsformen. Sie reichen von parlamentarischen Demokratien über kommunistische Staaten und totalitäre Regime bis hin zu Diktaturen.

Auf der Grundlage der von 45 Staaten unterzeichneten „Charta der Vereinten Nationen" entstehen am 26.6.1945 in San Francisco, USA, die Vereinten Nationen. Das Ziel der Vereinten Nationen besteht darin, freundschaftliche Beziehungen zwischen den Nationen auf der Grundlage der Gleichberechtigung und Selbstbestimmung der Völker zu erreichen und die Zusammenarbeit bei der Lösung von Problemen – auch von wirtschaftlichen Problemen – zu fördern.

8.2 Organisation der Vereinten Nationen und des Welthandelssystems

Organisatorisch lassen sich die Vereinten Nationen in I. Hauptorgane, II. Sonderorgane und Programme, III. Sonderorganisationen und IV. Autonome Organisationen einteilen. Die wichtigsten Organe werden im Folgenden kurz genannt.

8 Vereinte Nationen und Welthandelssystem

Wichtige *Hauptorgane* der Vereinten Nationen sind die Generalversammlung, der Sicherheitsrat und der Internationale Gerichtshof.

Die *Generalversammlung* ist das organisatorische Zentrum der Vereinten Nationen. In ihr sind alle Mitgliedstaaten der Organisation nach dem Prinzip „Ein Staat – eine Stimme" gleichberechtigt vertreten. Die Generalversammlung besitzt 6 Hauptausschüsse, die sich mit unterschiedlichen Themen befassen. Der *Sicherheitsrat* besteht aus 15 Mitgliedstaaten der Vereinten Nationen. Die USA, Großbritannien, Frankreich, Russland und die Volksrepublik China gehören dem Rat als ständige Mitglieder an. Da jedes Jahr fünf nichtständige Mitglieder von der Generalversammlung bestimmt werden, ändert der Rat seine Zusammensetzung jährlich. Er ist das mächtigste der sechs Hauptorgane der Vereinten Nationen und besitzt die Hauptverantwortung für den Weltfrieden und die internationale Sicherheit. Er hat einen vorrangig moderierenden und beratenden Charakter. Er kann aber auch bindende Maßnahmen beschließen. Der *Internationaler Gerichtshof (IGH)* ist ein aus 15 unabhängigen Richtern bestehendes Hauptrechtssprechungsorgan der Vereinten Nationen in Den Haag. Die Richter werden in einem gemeinsamen Verfahren durch Sicherheitsrat und Generalversammlung bestimmt. Parteien vor dem IGH können nur Staaten sein.

Die **Sonderorgane** (= Spezialorgane) werden von der Generalversammlung eingesetzt und erstatten ihr Bericht (teils direkt, teils über den Wirtschafts- und Sozialrat). Sie sind an Weisungen der Generalversammlung gebunden und verfügen – im Unterschied zu den Sonderorganisationen – über keine Budgethoheit und keinen eigenen völkerrechtlichen Status. Das heißt aber nicht, dass sie nicht als selbständige Organisationen auftreten würden.

Trotz ihrer formalen Bindung an die Generalversammlung treten sie gegenüber Akteuren außerhalb der Vereinten Nationen durchaus autonom auf, weswegen sie gelegentlich als quasi-autonome Institutionen bezeichnet werden. Die Aufgaben der Sonderorgane umfassen z.B. entwicklungspolitische Hilfsprogramme (zum Beispiel das Kinderhilfswerk UNICEF, die Konferenz für Handel und Entwicklung UNCTAD oder das Welternährungsprogramm WFP) oder humanitäre Anliegen (zum Beispiel das Hilfsprogramm für die Palästina–Flüchtlinge UNRWA, der Hochkommissar für Flüchtlinge UNHCR).

Die **Sonderorganisationen** sind durchweg Fachorganisationen, die sich jeweils mit einem sehr speziellen Aufgabengebiet befassen. Im Unterschied zu den Sonderorganen wurden die Sonderorganisationen nicht von der UNO selbst geschaffen. Es handelt sich vielmehr um internationale Organisationen mit eigener Rechtsnatur, mit denen die Vereinten Nationen aufgrund vertraglicher Bindungen kooperieren (Sonderabkommen nach Artikel 63 der UN–Charta). Sonderorganisationen im sozialen, kulturellen und humanitären Bereich sind zum Beispiel die Weltgesundheitsorganisation WHO oder die Organisation der Vereinten Nationen für Erziehung, Wissenschaft und Kultur UNESCO.

Der Umgang mit Konflikten

8.3

In Kooperation mit den Vereinten Nationen stehen weitere **autonome Organisationen,** z.B. die Welthandelsorganisation (WTO) oder die internationalen Atomenergiebehörde (IAEA).

Die *Welthandelsorganisation (WTO)* beschäftigt sich mit der Regelung von Handels- und Wirtschaftsbeziehungen. Ins Leben gerufen wurde diese Institution am 15. April 1994 in Marrakesch. Sie ist die Dachorganisation der Verträge GATT, GATS und TRIPS. Ziel der WTO ist der Abbau von Handelshemmnissen. Die Grundlage dafür bilden die WTO–Verträge, die durch die wichtigsten Handelsnationen ausgearbeitet und unterzeichnet wurden. Die gegenwärtigen Verträge sind das Ergebnis der so genannten Uruguay–Runde. Die Uruguay-Runde war eine von mehreren GATT-Verhandlungsrunden und begann 1986. Sie endete 1994 mit der Marrakesh-Erklärung in der der GATT–Vertrag überarbeitet und die Gründung der WTO beschlossen wurde. Die Verhandlungen werden seitdem fortgesetzt. Neue Verhandlungen zum Thema Agrarwirtschaft und Dienstleistungen wurden im Jahr 2000 aufgenommen und im Jahr 2001 in ein breiteres Arbeitsprogramm, die Doha Development Agenda (DDA), integriert. Das in Doha, Quatar, beschlossene Arbeitsprogramm umfasst Themen wie die intellektuellen Eigentumsrechte, Wettbewerbspolitik, Anti-Dumping Regeln und den Umgang mit Konflikten.

Die WTO hat 148 Mitglieder (Stand: 2004), unter anderem die EU und alle EU–Mitgliedsstaaten.

8.3 Der Umgang mit Konflikten

Die zentrale Herausforderung für die Vereinten Nationen und das Welthandelssystem in Bezug auf die internationale Wirtschaft besteht darin, internationale Kooperation so zu ermöglichen, dass legitime Ziele effizient erreicht werden können. Dabei geht es nicht nur um die Schaffung von potentiellen Wohlstandssteigerungen, sondern auch um die Verteilung der Effizienzgewinne und um den Umgang mit dabei entstehenden Konflikten.

Insbesondere in den westlichen Industrieländern hat die Globalisierung der Wirtschaft nicht nur zu Wohlstandssteigerungen, sondern auch zu Verunsicherung und zu Angst um den Arbeitsplatz und die eigene Existenz geführt. Die Hoffnung, dass „abwandernde" Arbeitsplätze in der Produktion durch Arbeitsplätze im Bereich Dienstleistung und Wissen ersetzt würden, hat sich bislang nur teilweise erfüllt.

Die Politiker in den entsprechenden Regionen versuchen, diesen Entwicklungen entgegenzuwirken. Dabei führen staatliche Maßnahmen zur „Ankurbelung der Wirtschaft" meist nur zu kurzfristigen Effekten. Selbst wenn die Maßnahmen im günstigsten Fall eine kurzfristige Belebung bringen, ändern sie nichts an den strukturellen Problemen.

8 Vereinte Nationen und Welthandelssystem

Dadurch werden andere Reaktionen wahrscheinlich. Zum einen steigt der moralische Druck auf die Unternehmen, Arbeitsplätze zu schaffen. Zum anderen könnte sich gerade in den sich dynamisch entwickelnden Gebieten der regionalen ökonomischen Integration (NAFTA, EU etc.) eine Tendenz zur Abschottung ergeben. Dabei ist eine konsequente Rückkehr zum Protektionismus nicht zu erwarten. Bereits jetzt sind aber punktuelle Schutzmaßnahmen für bestimmte Branchen zu beobachten, die regelmäßig zu erheblichen Auseinandersetzungen führen.

Beispiel: *Der Stahlkonflikt mit den USA*

Der gegenwärtig insbesondere durch die Nachfrage aus China ausgelöste Boom im Stahlmarkt lässt leicht vergessen, dass die Branche noch vor wenigen Jahren durch erhebliche Überkapazitäten und den Abbau von Arbeitsplätzen gekennzeichnet war. Insbesondere die Situation auf dem US-Stahlmarkt hatte sich bis zum Jahrtausendwechsel permanent verschlechtert. Neben den veralteten und ineffizienten Produktionsanlagen hatten vor allem wochenlange Streiks in der Automobilindustrie und die Asienkrise von 1997 dazu geführt, dass die Nachfrage zurückging. Gleichzeitig stieg der Import der im Vergleich zu den amerikanischen Herstellern deutlich billigeren ausländischen Stahle. Zahlreiche amerikanische Stahlkonzerne gehen in den Konkurs. Tausende von Arbeitnehmern verlieren ihre Beschäftigung. Am 20. März 2002 führt die Bush-Administration auf Empfehlung der amerikanischen International Trade Commission (ITC) Schutzzölle von bis zu 30% für die meisten Stahlimporte ein. Sie sollen zunächst für drei Jahre in Kraft bleiben. Die Maßnahme soll die amerikanische Stahlindustrie vor „unfairen" Importen schützen und ihr die Möglichkeit der Umstrukturierung geben.

Unmittelbar nach Ankündigung der Schutzzölle kündigte Pascal Lamy, der EU-Handelskommissar, an, gegen diese Verletzung der Welthandelsregeln Beschwerde bei der WTO in Genf einzulegen. Die EU befürchtete als unmittelbare Konsequenz der Importzölle nicht nur einen Minderabsatz von bis zu 4 Mio. Tonnen Stahl pro Jahr in den USA, sondern zusätzlich ein Überschwemmen des europäischen Stahlmarktes mit bis zu 16 Mio. Tonnen Stahl aus Drittländern. Die EU sah sich somit als Hauptopfer der Zölle und erwartete einen Schaden von rund 2,7 Mrd. Euro pro Jahr und den Verlust von 20000 Arbeitsplätzen im Stahlsektor.

Als Reaktion auf die Abschottung des US-Stahlmarktes kündigte auch die EU am 27. März 2002 Einfuhrkontingente für Drittländer in 15 Stahlproduktkategorien ein. Bei Überschreitung einer Einfuhrquote von 5,7 Mio. Tonnen Stahl werden Zölle in einer Spanne von 14,9% bis 26% erhoben. Damit sollte der europäische Stahlmarkt stabilisiert werden. Gleichzeitig kündigte die EU an, dass – sollten die USA den Prozess vor dem WTO-Schiedsgericht verlieren und sich weigern, Kompensation zu zahlen, die EU gegen die USA Strafzölle für 316 Produkte völlig unabhängig vom Stahlsektor (Früchte, Papier, Textilien...) erheben würde. Damit wäre ein Handelskrieg eröffnet, der erhebliche Folgen für einzelne Industriezweige und die gesamte Weltwirtschaft haben könnte. Die inzwischen in China in großem Umfang stark ausgeweiteten Kapazitäten der Stahlproduktion könnten den Konflikt schon bald wieder aufflammen lassen

---

Das geschilderte Beispiel aus dem Stahlsektor ist kein Einzelfall. Vielmehr ist zu befürchten, dass das 21. Jahrhundert zu einem Jahrhundert der Handelskriege werden kann – trotz der von Krugman beschriebenen „win-win" Wirkung der Globalisierung. Die Wahrscheinlichkeit, dass in dieser Entwicklung die EU und die USA die Rolle

8.3 Der Umgang mit Konflikten

zweier Antipoden annehmen, steigt dabei um so mehr, je größer der Druck vom Arbeitsmarkt auf die jeweiligen Regierungen wirkt.

Vor diesem Hintergrund ist es umso wichtiger, dass eine institutionelle Umwelt existiert, die mit den potentiellen Konflikten umgehen kann. Dafür ist im Rahmen des GATT und der World Trade Organisation (WTO) nach dem Zweiten Weltkrieg ein differenziertes Regelwerk entstanden. Insbesondere die WTO beinhaltet ein System von legalen Spielregeln für den Welthandel (vgl. dazu z.B. Merrils 2002, Yüksel 2001). Das sog. Dispute Settlement Understanding (DSU) ist inzwischen als Anhang Bestandteil der GATT Vereinbarungen geworden (vgl. WTO 1994). Das DSU ergänzt die bis dahin gültigen GATT Vereinbarungen zur Konfliktlösung. Insbesondere sollen die folgenden Schwächen des bisherigen Systems ausgeglichen werden:

- Im Prinzip konnte jeder Staat Empfehlungen aus den sog. Panels (Expertengruppen aus unbeteiligten Vertragsparteien) blockieren, da die Vorschläge aus den Panels von den GATT-Mitgliedern einstimmig angenommen werden mussten.

- Wurden Entscheidungen getroffen, so war der Prozess der Umsetzung der Entscheidung oft unklar.

- Da es eine Vielzahl unterschiedlicher Spielregeln und Ablaufprozesse zur Konfliktlösung gab, konnten regelmäßig die Phänomene des „norm shopping" (Suche nach der jeweils vorteilhaften Spielregel durch die Parteien) und des „forum shopping" (Suche nach dem jeweils vorteilhaften Prozedere durch die Parteien) beobachtet werden.

Die Innovationen des DSU beinhalten

- ein einheitliches System der Konfliktlösung für den gesamten Anwendungsbereich von GATT und WTO, um dem Problem des „norm shopping" und des „forum shopping" zu begegnen (Geltungsbereich erweitert auch auf Dienstleistungen und intellektuelle Property Rights),

- eine neue und einheitlichere Gestaltung des Umsetzungsprozesses von Entscheidungen,

- die Reduzierung der Einflussnahme von Staaten durch die Schaffung des Dispute Settlement Body (DSB). Der DSB ist ein relativ eigenständiges Organ für die Streitschlichtung, das die Konsultationen und die Streitbeilegung verwaltet.

Vereinfacht lässt sich das Wirken des DSB in unterschiedliche Phasen aufteilen.

Die Phase der Konsultationen und Panels: Bevor ein Fall weitergehend behandelt wird, soll den Konfliktparteien Gelegenheit gegeben werden, eigene Vorschläge zur Konfliktbehebung zu erarbeiten. 30 Tage nach einer Eingabe muss die beklagte Partei in Konsultationen mit der klagenden Partei eingetreten sein. Kommt es dabei zu keiner Einigung, kann die klagende Partei bei der DSU die Einberufung eines Panels beantragen. Dieser Antrag kann nur abgelehnt werden, wenn die Mitglieder des DSU einstimmig dagegen votieren. Damit ist eine Blockierung des weiteren Verfahrens durch das beklagte Mitglied unmöglich.

Die Unabhängigkeit des Panels wird dadurch gewährleistet, dass die Besetzung durch den DSB erfolgt. Die Mitglieder des Panels müssen ihren Abschlußbericht in einer begrenzten Zeit (6-9 Monate) vorlegen. Gegen den Bericht dürfen die Parteien dann innerhalb einer Frist von 60 Tagen Berufung einlegen.

Die Ständige Berufungskammer (Standing Appellate Body): Wird der Panalbericht von einem WTO-Mitglied oder dem Dispute Settlement Body abgelehnt, so geht der Vorgang an die Ständige Berufungskammer. Insofern sind das Panelverfahren und das Appalate-Verfahren mit einem erstinstanzlichen- und einem Berufungsverfahren vergleichbar. Die Berufungskammer besteht aus sieben auf 4 Jahre ernannten Mitgliedern und ist wie ein Gerichtshof aufgebaut. Die Rechtsdurchsetzung ist aber mit den Durchsetzungsmöglichkeiten in einem nationalen Prozess nicht vergleichbar.

Umsetzung der Beschlüsse: Stellt das Panel oder die Berufungskammer einen Verstoß gegen geltendes WTO-Recht fest, so werden der im Verfahren unterlegenen Partei Empfehlungen gegeben, wie die Verletzung der WTO-Regeln zu beheben ist. Die Überwachung der Umsetzung der Empfehlung erfolgt durch den Dispute Settlement Body. Für die Umsetzung der Empfehlung gilt eine Frist von maximal 15 Monaten. Kommt die unterlegene Partei der Empfehlung nicht nach und findet keine Kompensationszahlung statt, so kann die andere Partei bei dem Dispute Settlement Body die Erlaubnis beantragen, nun seinerseits Zugeständnisse gegenüber der Gegenpartei aufzukündigen (Suspension of Concessions). Diese Gegenmaßnahmen sollen zunächst auf den Wirtschaftsbereich beschränkt bleiben, auf dem die WTO-Regelverletzung stattfand. Sie können aber auch auf andere Branchen ausgeweitet werden. Durch die Festlegung von Fristen für jede der Verfahrensstufen, werden die Verfahren von der Gesamtdauer her berechenbarer.

Insgesamt stellen die neueren WTO-Spielregeln zur Lösung zwischenstaatlicher Wirtschaftskonflikte eine deutliche Verbesserung gegenüber früheren Ansätzen dar. Sie führen zu mehr Transparenz und erhöhen die Klarheit bei der Arbeitsteilung zwischen den verschiedenen internationalen Organisationen. Abbildung 8-1 zeigt den Prozess der Konflikthandhabung aus europäischer Sicht. Ausgangspunkt ist eine Beschwerde bei der EU-Kommission.

Abbildung 8-1: Konfliktlösung nach dem Dispute Settlement Understanding

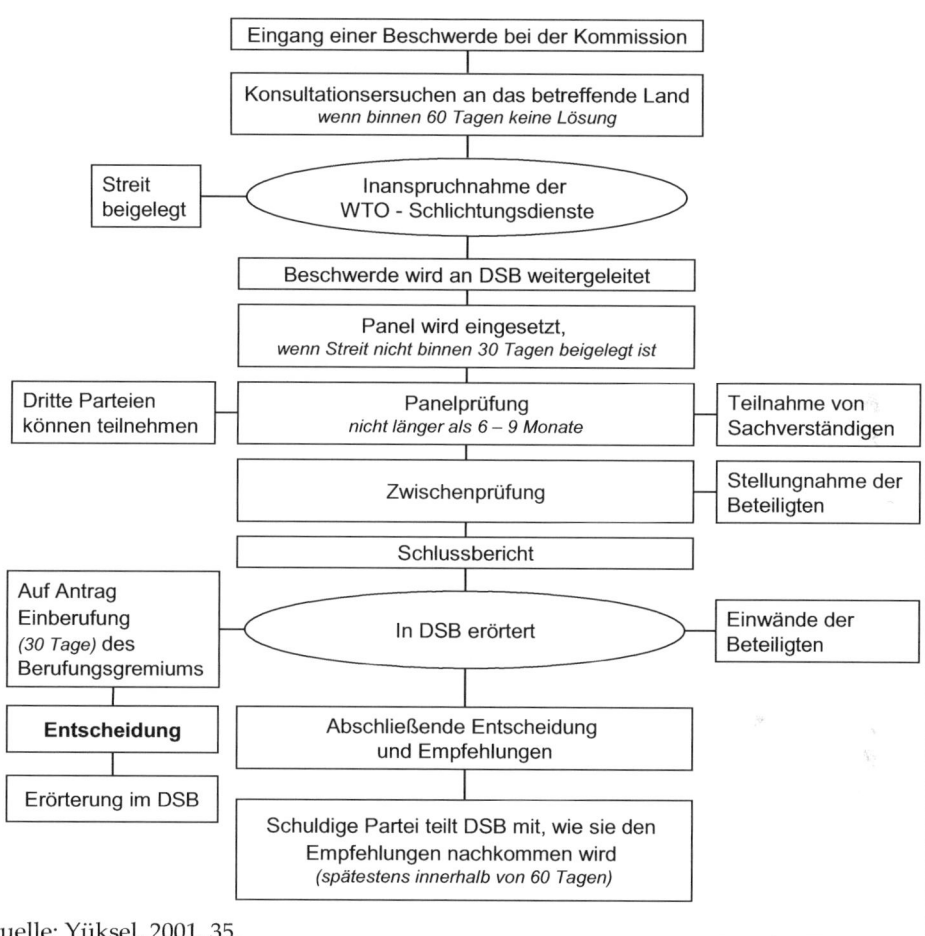

Quelle: Yüksel, 2001, 35.

8.4 Relevanz für Unternehmen

Für die Unternehmen, die im Wettbewerb unter einander stehen, ist der Wettstreit der Staaten und dessen Moderation durch die WTO von essentieller Bedeutung. Am Beispiel des Stahlkonfliktes wurde oben bereits deutlich, dass es um Arbeitsplätze und die Existenz von Unternehmen und Branchen in den jeweiligen Ländern gehen kann.

8 Vereinte Nationen und Welthandelssystem

Dennoch kommt es immer auf den Einzelfall an, wie konkrete Spielregeln und selbst die Einrichtung von Handelsbarrieren von einem Unternehmen beurteilt werden. Die denkbaren Auswirkungen der oben beschriebenen Stahl-Schutzzölle der USA für den deutschen Konzern ThyssenKrupp zeigt das folgende Beispiel.

Beispiel: *Der Stahlkonflikt aus der Sicht von ThyssenKrupp*

ThyssenKrupp ist im Jahr 2001 in sechs Segmenten in über 70 Ländern tätig. Der Umsatz des Technologiekonzerns beträgt 38 Mrd. €. Das Unternehmen beschäftigt 193.000 Mitarbeiter weltweit. Neben den Bereichen Automotive, Elevator, Technologies, Material und Service trägt der Bereich Steel 12,6 Mrd. € zum Umsatz bei (EBT 605 Mio. €, 51418 Beschäftigte, 33 Mio. Tonnen Stahl). Im Bereich Steel ist der Erfolg des Konzerns auf mehrere Anpassungsmaßnahmen der letzten Jahrzehnte zurückzuführen. Dazu gehören die Konzentration auf Flachstahlprodukte und Maßnahmen, die zu einer kontinuierlichen Produktivitäts- und Qualitätssteigerung geführt haben. ThyssenKrupp ist der zweitgrößte Produzent für Qualitätsflachstahl (Carbon Steel) in Europa und die Nummer Fünf auf dem Weltmarkt. Im Bereich rostfreier Flachstahlprodukte (Stainless Steel) ist der Konzern weltweit der größte Anbieter.

Das konjunkturelle Umfeld des Konzerns im Bereich Steel entwickelt sich im Jahr 2001 deutlich schlechter als zum Jahresbeginn erwartet. Bremswirkungen gehen von den USA aus, aber auch in Europa verschlechtert sich das konjunkturelle Klima. Nach OECD Berechnungen liegt die weltweite Stahlproduktion im Jahr 2001 mit rund 835 Millionen Tonnen deutlich über dem Verbrauch von 720 Millionen Tonnen.

ThyssenKrupp ist aufgrund der vom Konzern eingeleiteten Strategie von diesen Trends in geringerem Maße betroffen als zahlreiche Wettbewerber. Existierende Produktionsstätten in den USA könnten den negativen Effekt zusätzlich abschwächen. Auch ist das Umsatzvolumen in den USA mit nur 200 Mio. € nicht sehr hoch. Gleichwohl befürchtet die Konzernleitung nach der Einführung der Schutzzölle eine verstärkte Einfuhr von Stahlprodukten ausländischer Produzenten nach Europa, weil der Absatzmarkt in den USA versperrt ist. Durch Importe aus China, Südkorea, Japan und Indien wäre ThyssenKrupp einem verstärkten Preiswettbewerb ausgeliefert. Dieser Effekt könnte aber auf der anderen Seite auch zu einer Marktbereinigung bei weniger leistungsstarken Produzenten führen und dadurch zu einem Abbau der Überschusskapazitäten beitragen. Unabhängig von den Effekten der Schutzzölle ging man davon aus, dass die Handelsbarrieren ohnehin nicht von Dauer sein würden. Die Initiative der EU wurde daher begrüßt. Allerdings konnte man nie sicher sein, ob der Konflikt nicht jeder Zeit wieder aufflammen würde. Konsequenzen ergaben sich nicht nur für die Frage künftiger Produktionsstandorte, sondern auch in Bezug auf potentielle strategische Partnerschaften, um die Effekte von Handelskriegen abzuschwächen.

8.5 Ökonomische Würdigung

Die ökonomischen Gründe für eine institutionelle Umwelt in Form der Vereinten Nationen und des Welthandelssystems weichen aus theoretischer Sicht kaum von den Gründen ab, die für eine institutionelle Umwelt auf nationaler oder regionaler Ebene sprechen. Vor allem die Reichweite bestimmter Probleme, z.B. die weltweite Dimension von Umweltproblemen, von Gesundheitsproblemen oder von wirtschaftlichen Fragestellungen, begründet prinzipiell die Verlagerung von einer nationalen oder regionalen Ebene auf eine globale Regelungsebene. Aus der Perspektive der Neuen Institutionenökonomik ergäbe sich somit erneut die Aufgabe einer Analyse der Merkmale der zu koordinierenden Aufgaben. Darauf aufbauend könnte dann bestimmt werden, wie diese Aufgabe am besten zu lösen sei, also etwa durch marktliche Koordinationsmechanismen oder durch Spielregeln auf unterschiedlichen Ebenen.

Der Blick auf die historische Entwicklung unter Punkt 1 dieses Kapitels zeigt allerdings, dass diese Herangehensweise kaum als die dominante Logik bei der Gestaltung einer institutionellen Ordnung einschließlich der Vereinten Nationen und des Welthandelssystems anzusehen ist. Vielmehr zeigt die historische Betrachtung, dass konkrete politische Problemsituationen die Gestaltung der institutionellen Umwelt dominieren.

Auch die heute vorliegende institutionelle Ordnung kann aus institutionenökonomischer Sicht kaum befriedigen. So beschreibt Joseph Stiglitz, der bis zum Jahr 2000 Chief Economist der Weltbank war und im Jahr 2001 mit dem Nobelpreis für Wirtschaftswissenschaft ausgezeichnet wurde, die Gründung des International Monetary Fond (IMF) zwar als eine deutliche Reaktion auf wahrgenommenes Marktversagen. Heute aber gehört der IMF nach Stiglitz zu den ideologischen Befürwortern des Marktes, ohne die ökonomischen Gründe für ein Abweichen von diesem Koordinationsmechanismus zu berücksichtigen (vgl. Stiglitz 2002, 12 f.). Zu beobachten ist eine wirtschaftspolitische Grundordnung, die sich vor allem auf eine liberale Markt- und Freihandelsphilosophie beruft. Die institutionelle Ordnung soll primär die Marktkräfte unterstützen und Handelsbarrieren abbauen. Durch zahlreiche empirische Beispiele einer unreflektierten Marktliberalisierung belegt Stiglitz die Probleme dieser Herangehensweise (vgl. Stiglitz 2002).

In den Bereichen, die einer Regulierung unterzogen bleiben bzw. einer Regulierung unterzogen werden, dominiert nicht eine Orientierung an normativen und theoriegestützten Empfehlungen, sondern eher die Kraft pfadabhängiger Prozesse und der Verhandlungsmacht. Phänomene wie die aktuelle Zusammensetzung wichtiger Gremien, etwa des UN Sicherheitsrates, oder aber das Festhalten an der Subventionierung der Agrarproduktion in der EU und in anderen Regionen der Welt sind anders nicht zu erklären.

Die Diskrepanz zwischen der existierenden Ordnung und der normativ gebotenen institutionellen Umwelt macht die oben beschriebenen Konfliktlösungsmechanismen teilweise erst notwendig. Die Zahl der Konflikte ist nicht zuletzt ein Ergebnis der bestehenden institutionellen Spielregeln. Aus diesen Gründen wird die Suche nach legitimen Spielregeln wirtschaftlicher und globaler Kooperation gegenwärtig eine hohe Bedeutung beigemessen (vgl. z.B. Hardt/Negri 2001, Anter 2004). Der gegenwärtige Stand ist dabei um so unbefriedigender, als das Wissen um die Relevanz und Wirkung von Institutionen – so lückenhaft es auch sein mag – im Vergleich zur Zeit des Freihandels deutlich verbessert wurde. Es sollte daher Eingang in die wirtschaftlichen und politischen Gestaltungsprozesse finden.

Literaturhinweise

Die Literatur zu den Spielregeln internationaler Kooperation setzt sehr unterschiedliche Schwerpunkte. Einige Beiträge geben einen Überblick über die bestehenden Spielregeln der Vereinten Nationen und des Welthandelssystems und diskutieren ihre Entwicklung (z.B. Yüksel 2001). Andere Beiträge thematisieren ganz bestimmte Teilaspekte einer globalen Ordnung. Das kann z.B. die Lösung internationaler Handelskonflikte (vgl. z.B. Friedmann/ Mestmäcker 1993) oder internationaler Umweltprobleme sein (vgl. z.B. Weizsäcker 1994). Wieder andere Verfasser thematisieren die Möglichkeit einer neuen Ordnung (vgl. z.B. Anter 2004, Wolf 2000), oder entwickeln neue Utopien (vgl. Hardt und Negri 2001).

Zusammenfassung

1. In unterschiedlichen Zeiten wurde die Frage nach einer notwendigen Ordnung für internationale Kooperation unterschiedlich beantwortet. Das Spektrum der Antworten reicht vom Laissez-faire bis zu einer Politik staatlicher Interventionen.

2. Die Phase zwischen dem Wiener Kongress 1814 und dem Ersten Weltkrieg kann als Phase des Freihandels bezeichnet werden. Sie ist stark durch die Hegemonialmacht Großbritannien geprägt.

3. Zwischen dem Ersten und dem Zweiten Weltkrieg folgt eine Phase wirtschaftspolitischer Intervention und des Protektionismus. Die Große Depression wird unter anderem auf diese Politik zurückgeführt.

4. Nach dem Zweiten Weltkrieg entwickelt sich auf der Basis der Charta der Vereinten Nationen von 1945 eine differenzierte Nachkriegsordnung. Bei prinzipieller Befürwortung des Freihandels soll die Kooperation zwischen Ländern nach einer institutionalisierten Ordnung erfolgen.

5. Einer der wichtigen Gegenstände der Nachkriegsordnung ist die Bereitstellung eines Instrumentariums zur Handhabung von Handelskonflikten zwischen Nationen.

6. Allgemein wird die Notwendigkeit einer Reform der bestehenden Ordnung anerkannt. In der Konsequenz werden sowohl Vorschläge zu einer schrittweisen Wei-

8.5 Ökonomische Würdigung

terentwicklung der bestehenden Spielregeln als auch vollständig neue Ordnungsentwürfe vorgestellt.

Schlüsselbegriffe

Dispute Settlement Body (DSB); Dispute Settlement Understanding (DSU); Freihandel; Konfliktlösung; Protektionismus; Vereinte Nationen; Welthandelsorganisation (WTO); Welthandelssystem

9 Kultur als informelle institutionelle Umwelt

9.1 Kultur als institutionelle Umwelt

Kultur ist seit jeher ein Erfahrungsobjekt verschiedener Disziplinen. Dazu gehören insbesondere die Anthropologie und die Ethnologie, aber auch die Kommunikationswissenschaft, die Soziologie und die Psychologie. In der Wirtschaftswissenschaft hat die Kulturanalyse dagegen keine besondere Tradition. Offensichtlich ging man in der Wirtschaftswissenschaft lange davon aus, dass die Gesetze des Marktprozesses und damit auch des Verhaltens von Unternehmen weitestgehend unabhängig von den kulturellen Gegebenheiten existierten.

Die zunehmende Internationalisierung der Arbeitsteilung und die daraus resultierenden internationalen Kooperationsbeziehungen von Unternehmen haben jedoch ein zunehmendes Interesse an Kultur als Thema geweckt (vgl. zum folgenden insbes. Kutschker/Schmid 2005, 673 ff.).

Seit den 1960er Jahren entstanden vor allem im angelsächsischen Sprachraum zunehmend Arbeiten, die eine ländervergleichende Forschung betreiben (vgl. Schmid 1996, 230 ff.). Gegenstand dieser frühen Arbeiten war überwiegend der Vergleich von Managementstilen in unterschiedlichen Ländern. Ab 1970 erfolgte dann eine Verlagerung des Forschungsinteresses von ländervergleichenden Studien hin zu kulturvergleichenden Arbeiten. Doch erst in den 80er Jahren wurde der Kultur eine breite Aufmerksamkeit zuteil. Dabei stand allerdings nicht die Kultur von Ländern und Regionen im Vordergrund. Vielmehr ging es primär um Fragen der Unternehmenskultur und um ihren Einfluss auf bestimmte Erfolgskriterien von Unternehmen. Erst in den 90er Jahren kam es dann zu Arbeiten, die den Versuch einer Integration von unternehmenskulturellen Fragen mit landeskulturellen Fragen unternehmen. Stellvertretend können hier verschiedene Arbeiten von Schreyögg genannt werden (vgl. Schreyögg 1990, 1993, 1998). Neben der Integration von Landes- und Unternehmenskultur entstehen gegenwärtig Arbeiten, die ganz unterschiedliche kulturelle Aspekte integrieren (vgl. Geertz 1995).

Kultur als informelle institutionelle Umwelt

Tabelle 9-1: Die Phasen der Kulturforschung in der Betriebswirtschaftslehre

Zeitraum	Kulturelle Thematik	Forschungs-richtung	Methodische Ausrichtung
bis 1960	Weitgehende Ignoranz kultureller Thematik	-	-
ab 1960	Annäherung an kulturelle Thematik	„cross-national"	Primär empirisch und dabei quantitative Ausrichtung
ab 1970	Landeskulturelle Thematik	„cross-cultural"	Primär empirisch und dabei quantitative Ausrichtung
ab 1980	Unternehmenskulturelle Thematik	Unternehmens-kulturforschung	Eher konzeptionell als empirisch
ab 1990	Beginn der Integration der landes- und unternehmungs-kulturellen Thematik	Partiell-integrative Kulturforschung	Eher konzeptionell als empirisch
ab 1995	Integration dieser kulturellen Problemfelder	Integrative Kulturforschung	Konzeptionell sowie empirisch mit eher qualitativer Ausrichtung
ab 2000	Kultur als System informeller Regeln und Verhaltenserwartungen	Neue Institutionen Ökonomik	Eher konzeptionell als empirisch

So vielfältig die Ansätze zur Auseinandersetzung mit Kultur sind, so zahlreich sind auch die Definitionen von Kultur in der Literatur. Werte und Normen spielen dabei aber fast immer eine Rolle, so dass Kultur häufig als die Gesamtheit aller Werte und Normen angesehen wird, die unter den Mitgliedern einer Gemeinschaft geteilt werden und die eine bestimmte Lebensauffassung repräsentieren (vgl. z.B. Hofstede 1984, Hill 2003, Kutschker/Schmid, 2005, 666).

Definition: Werte und Normen

- *Werte* sind abstrakte Vorstellungen darüber, was gut und schlecht ist. Sie können Konzepte wie die individuelle Freiheit, Gerechtigkeit, Demokratie, die Rolle der Frau in der Gesellschaft etc. umfassen und haben handlungsleitende Konsequenzen.
- *Normen* sind verbindliche Handlungsregeln. Sie geben konkrete Verhaltensmuster vor und haben dadurch normativen Charakter.

Werte und Normen drücken sich in einer Vielzahl von Verhaltensweisen und Artefakten aus und sind als Antwort auf die vielfältigen Anforderungen zu verstehen, die an eine soziale Einheit gestellt werden

Trotz ihrer verhaltenssteuernden Wirkung wird Kultur erst seit wenigen Jahren auch in die Forschung der Neuen Institutionenökonomik integriert. North (1990, Kap. 5) sieht in der Kultur einen Teil der informellen institutionellen Umwelt. Andere Verfasser erwähnen zwar kulturelle Einflussfaktoren, gehen aber auf den Kulturbegriff nicht explizit ein (vgl. z.B. Erlei et al. 1999, 25f.) Die meisten Arbeiten sind dabei eher konzeptionell als empirisch ausgerichtet. Den folgenden Ausführungen wird die institutionenökonomisch geprägte Auffassung von Kultur nach Wolff und Pooria (2004, 452) zugrunde gelegt.

Definition: Kultur

Kultur ist ein „System informeller Regeln und Verhaltenserwartungen" und ist „Teil der impliziten institutionellen Rahmenbedingungen für Interaktionsbeziehungen" (Wolff/Pooria 2004, 452).

9.2 Einflussfaktoren der kulturbedingten institutionellen Umwelt

Die informellen institutionellen Rahmenbedingungen, die als Kultur einen Teil der institutionellen Umwelt von Menschen und Organisationen formen, bestehen nicht per se. Vielmehr entwickelt sich die kulturelle Umwelt in einem evolutionären Prozess. Sie wird dabei durch eine Reihe von Einflussfaktoren bestimmt. Dieser Prozess wird insbesondere von politischen und ökonomischen Faktoren, von der Sprache und Religion einer Kultur sowie der sozialen Struktur und dem Bildungswesen beeinflusst (vgl. Abb.9-1).

9 Kultur als informelle institutionelle Umwelt

Abbildung 9-1: Einflussfaktoren auf Kultur

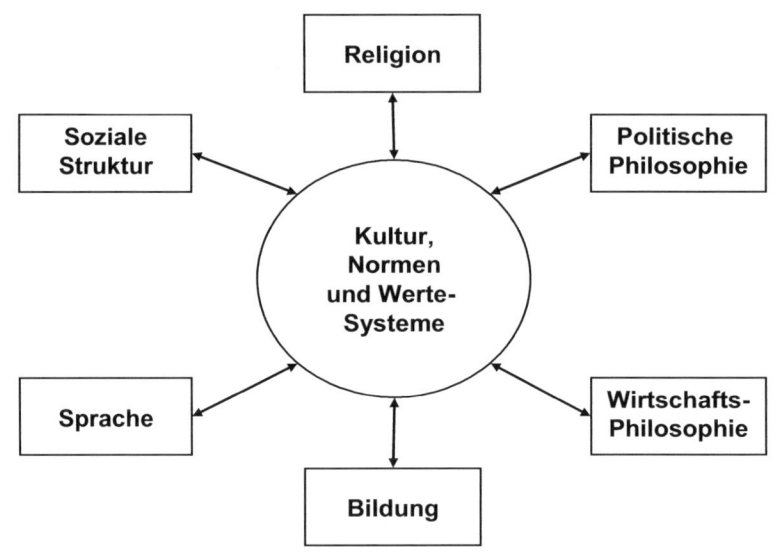

Quelle: Hill, 2003, 91.

Die *soziale Struktur* beschreibt die grundsätzliche Organisation einer Gesellschaft. Sie kommt in einer Vielzahl von Prinzipien zum Ausdruck, etwa der Homogenität oder Heterogenität einer Kultur oder der Offenheit oder Geschlossenheit einer Kultur. Zwei Merkmale der sozialen Struktur, denen in der Vergangenheit besonders viel Bedeutung beigemessen wurde, sind *die hierarchische Struktur* einer Gesellschaft (z.B. in Klassen oder Kasten) und die *Rolle des Individuums* in einer Kultur. In Bezug auf das erste Merkmal wird unterschieden zwischen Kulturen, die streng hierarchisch aufgebaut sind und eine Mobilität zwischen den hierarchischen Ebenen nur sehr eingeschränkt zulassen und Kulturen, in denen die Mobilität zwischen den Ebenen einer (oft flachen) Hierarchie hoch ist. In Bezug auf das zweite Merkmal stellt sich die Frage, ob die zentrale Einheit einer Kultur das Individuum ist, oder die Gruppe. In den meisten Studien wird dabei davon ausgegangen, dass in eher westlichen Kulturen, z.B. den USA, das Individuum den Nukleus einer Gesellschaft ausmacht (vgl. Dertouzos et al. 1989), während in fernöstlichen Gesellschaften die Gruppe im Vordergrund steht (vgl. Nakane 1970).

Eine *Religion* ist eine Gottesverehrung, die sich in einem gemeinsamen Glauben und in verschiedenen Ritualen manifestiert. Gemessen an der Zahl der Gläubigen sind das Christentum, der Islam, der Hinduismus, der Buddhismus und Konfuzianismus die größten Glaubensgemeinschaften. Der Einfluss der Religion auf die Kultur ist vielschichtig und es ergeben sich umfangreiche Implikationen für die wirtschaftliche Kooperation zwischen Individuen. Eine besonders prominente Analyse stammt von Max Weber, der den Kapitalismus westlicher Prägung vor allem auf die protestantische Arbeitsethik zurückführt (vgl. Weber 1904/1958, auch Giddens 1971).

Sprache umfasst sowohl gesprochene als auch nicht-verbale Mittel der Kommunikation. Sprache wird als das Merkmal angesehen, das Kulturen am stärksten differenziert. Dabei ist Sprache nicht nur ein Mittel der Kommunikation, sondern prägt auch das Denken und Fühlen in einer Kultur. Die Reduzierung der Kommunikation auf eine Weltsprache – Englisch – geht damit immer auch mit einem Verlust an kultureller Vielfalt einher.

Bildung umfasst Inhalte, die in einer Kultur als Wissen vorhanden sind und die von Generation zu Generation weitergegeben werden. Bildung macht einen ganz wesentlichen Anteil einer kulturellen Identität aus. Sie resultiert in einem hohen Maß aus Erfahrungen der Vergangenheit, die als Basis für eine Zukunftsgestaltung dienen (vgl. Fuhrmann 2002).

Die *politische Philosophie* beschreibt vor allem die Regierungsform eines Landes. Als eine erste sehr rudimentäre Einteilung lassen sich Regierungsformen danach klassifizieren, ob sie eher demokratisch oder eher totalitär ausgerichtet sind. Die politische Philosophie hängt oft eng mit der Wirtschaftsphilosophie zusammen. Unter der *Wirtschaftsphilosophie* eines Landes wird das Wirtschaftssystem des Landes verstanden. Wirtschaftssysteme lassen sich vereinfachend in drei Typen einteilen: Die freie Marktwirtschaft, die staatliche Planwirtschaft und gemischte Wirtschaftssysteme. Zwar gibt es eine häufig zu beobachtende Korrelation zwischen demokratischen Staatsformen und einer freien Marktwirtschaft auf der einen Seite und totalitären Systemen und einer Planwirtschaft auf der anderen Seite. Das Beispiel Chinas zeigt aber, dass auch bei totalitären Regierungsformen marktwirtschaftliche Elemente erfolgreich in das Wirtschaftssystem integriert werden können.

9.3 Kulturvergleichende Studien

Die unterschiedlichen Ausprägungen der Bestimmungsfaktoren der Kultur haben Autoren in verschiedenen kulturvergleichenden Studien analysiert. Dabei wurde den Einflussfaktoren je nach Studie durchaus unterschiedliches Gewicht beigemessen. Exemplarisch werden im folgenden zwei Studien vorgestellt, um die Vorgehensweise zu verdeutlichen: Die Studie von *Kluckhohn und Strodtbeck* (1961) und die Studie von *Hofstede* (1982, 1984).

Die beiden Studien sind aus unterschiedlichen Gründen interessant. Kluckhohn und Strodtbeck haben in ihrer frühen Arbeit, in der sie die Rolle von Grundannahmen zu

9 Kultur als informelle institutionelle Umwelt

verschiedenen Sachverhalten als Merkmale von Kulturen betonen, eine Übertragung ihrer Ergebnisse auf Fragen des Managements nicht angestrebt. Gleichwohl sind auf der Basis ihrer Studie zahlreiche Arbeiten entstanden, die sich Fragen des internationalen Managements widmen (vgl. z.B. Adler 2002, Mead 2000 oder Lane/DiStefano/Maznevski 2000). Die Ursache für das Interesse an den Ergebnissen von Kluckhohn und Strodtbeck dürfte vor allem in der Tatsache begründet sein, dass die Bedeutung von grundlegenden Orientierungen und Annahmen für das Verhalten von Menschen in wirtschaftlichen Kooperationsbeziehungen inzwischen in der Betriebswirtschaftslehre erkannt wurde.

Die Arbeit von Hofstede gehört zu den im wirtschaftswissenschaftlichen Schrifttum am häufigsten zitierten Kulturstudien überhaupt. Während Kluckhohn und Strodtbeck die Rolle der *Grundannahmen* von Menschen betonen, thematisiert Hofstede die Rolle der *Werte* von Menschen als Kulturmerkmal. Auch hier lässt die Klassifizierung von Ländern die Ableitung von Verhaltensempfehlungen für Interaktionen mit Menschen aus den jeweiligen Ländern bzw. Kulturen zu.

Gemeinsam ist den beiden Studien, dass sie bestimmte Dimensionen des Konstrukts Kultur betrachten und sie als Vergleichskriterien für Länder und Kulturen verwenden.

Die von Kluckhohn und Strodtbeck zur Klassifikation von Kulturen verwendeten Kulturdimensionen sind die menschlichen Grundannahmen.

Definition: Grundannahmen

Grundannahmen sind Orientierungspunkte, die als Menschenbilder, Weltbilder oder Gesellschaftsbilder ein „kollektives Unterbewußtsein" (Schein 1984). bilden.

Kluckhohn und Strodtbeck betrachten Grundannahmen, die allesamt philosophische Fragestellungen betreffen und die in unterschiedlichen Kulturen auf verschiedene Weise beantwortet werden. Im Einzelnen betreffen die Fragen

- das Wesen der menschlichen Natur
- die Beziehung des Menschen zur Natur
- die Beziehung des Menschen zu anderen Menschen
- die Zeitorientierung des Menschen
- die Aktivitätsorientierung des Menschen.

Hofstede (1982) gelangt in seiner Analyse, die er auf der Basis von 116.000 Befragungen bei Mitarbeitern von IBM in 67 Ländern durchführt hat, zu vier Kulturdimensionen:

Kulturvergleichende Studien 9.3

- Machtdistanz
- Individualismus vs. Kollektivismus
- Maskulinität vs. Femininität
- Unsicherheitsvermeidung.

Machtdistanz beschreibt die Erwartung der Menschen, dass die Entscheidungsmacht unter den Mitgliedern einer Gemeinschaft (z.B. eines Unternehmens) ungleich verteilt ist.

Die *Individualismus-Kollektivismus* Dimension misst, inwieweit sich die Menschen in einer Kultur eher als unabhängige Individuen oder als Mitglieder einer Gruppe wahrnehmen.

Die *Maskulinität versus Femininität* Dimension misst nach Hofstede, inwieweit die Rollen von Männern und Frauen in einer Gesellschaft unterschiedlich sind. Maskulinität kennzeichnet Kulturen, in denen a) die Rollen von Männern und Frauen klar von einander abgegrenzt sind und b) Männer eher erfolgsbezogen, konfliktorientiert und materiell orientiert sind. Femininität beschreibt dagegen Kulturen, in denen sich die Rollen von Männern und Frauen überlappen und „feminine" Werte (Ausgleich, Bescheidenheit etc.) nicht geringer eingeschätzt werden als „maskuline" Werte (Leistungsorientierung, Kämpfergeist etc.).

Unsicherheitsvermeidung erfasst, inwieweit unbekannte Situationen und Zustände der Unsicherheit von den Mitgliedern einer Kultur als Bedrohung wahrgenommen werden.

Die Arbeit von Hofstede hat zahlreiche Folgeprojekte angeregt. Als ein Beispiel kann das GLOBE Projekt genannt werden (Global Leadership and Organizational Behavior Effectiveness Research Project - Home Page: http://www.thunderbird.edu/ wwwfiles/ms/globe/). GLOBE untersucht interdisziplinär und in Längsschnittstudien die Interdependenzen zwischen Kultur, Organisationskultur und Führungsverhalten. Etwa 170 Wissenschaftler aus 61 Ländern sind an dem kulturvergleichenden Projekt beteiligt, dessen Kernziel es ist, eine empirisch fundierte Theorie zu entwickeln, um den Einfluss von Kultur auf organisationale Prozesse und ihre Effektivität zu beschreiben, zu verstehen und zu prognostizieren. Eine Reihe von Konstrukten spielen dabei eine zentrale Rolle. Dazu gehören: 1. Unsicherheitsvermeidung, 2. Machtdistanz, 3. Kollektivismus (I): Gesellschaftliche Bedeutung des Kollektivismus, 4. Kollektivismus (II): Kollektivismus in der Familie, 5. Geschlechterverhältnis, 6. Zuversicht, 7. Zukunftsorientierung, 8. Leistungsorientierung und 9. Orientierung auf den Menschen. Aktuelle Veröffentlichungen sind beispielsweise Fujimoto et al. (2007), Bhaskaran/ Sukumaran (2007) oder Gelfand (2007).

9.4 Herausforderungen für Unternehmen

Aus den kulturvergleichenden Studien geht hervor, dass die Interaktionen zwischen Menschen mit unterschiedlichem kulturellen Hintergrund zusätzliche Herausforderungen und oft auch durch ein zusätzliches Konfliktpotential begründen. Aufgrund von eingeschränktem Wissen über die Kultur des Interaktionspartners kann es zu Missverständnissen in der Kooperationsbeziehung kommen. Informationsdefizite über andere Kulturräume führen dazu, dass *beschränkte Rationalität* der Akteure bei interkulturellen Interaktionsbeziehungen tendenziell stärker vorliegt als bei Interaktionen innerhalb eines Kulturraumes.

Die Informationsdefizite gehen dabei mit einer gestiegenen *Komplexität* von kulturübergreifenden Transaktionen einher. Die Anzahl der in einer Transaktion zu berücksichtigenden Parameter wird deutlich erhöht. Neben anderen Rechtssystemen, Währungsräumen etc. sind die unterschiedlichen Ausprägungen der Kulturdeterminanten eine wesentliche Quelle gestiegener Komplexität. So können unterschiedliche Vorstellungen darüber, was adäquate Koordinations- und Motivationsinstrumente sind, zu einer „kulturellen Lücke" führen.

Definition: kulturelle Lücke

Eine *kulturelle Lücke* besteht, wenn Akteure mit bestimmten Ressourcenallokationen jeweils kulturell geprägte, unterschiedliche Verwendungsformen und –zielsetzungen verbinden (vgl. Wolff/Pooria 2004, 455).

Kulturelle Lücken repräsentieren damit vor allem ein Problem *eingeschränkter Information* bzw. *beschränkter Rationalität*. Die Akteure können sich jeweils nicht in die Situation des Interaktionspartners hinein versetzen. Grundannahmen oder Wertvorstellungen des Gegenübers sind nur eingeschränkt oder gar nicht bekannt. Damit verfehlen die eingesetzten formalen und informellen Spielregeln bei der Gestaltung der Kooperationsbeziehung ihre beabsichtigte Wirkung. North bemerkt zur Wirkung unterschiedlicher kultureller Hintergründe:

„That the informal constraints are important in themselves (and not simply appendages to formal rules) can be observed from the evidence that the same formal rules and/or constitutions imposed on different societies produce different outcomes" (North 1990).

Hinzu tritt im interkulturellen Kontext ein möglicherweise erhöhtes *Opportunismusrisiko*. Akteure könnten kulturbezogene Informationsvorteile zu ihrem Vorteil ausnutzen. Die Opportunismusgefahr besteht innerhalb von Unternehmen genau so, wie zwischen Marktteilnehmern, also beispielsweise zwischen Exporteur und Impor-

Herausforderungen für Unternehmen **9.4**

teur. Dabei sind allerdings in internationalen Transaktionen zwei unterschiedliche Kräfte spürbar. Einerseits erhöhen unterschiedliche Werte und die tendenziell höhere Anonymität zwischen Anbieter und Nachfrager die Opportunismusneigung und reduzieren die Identifikation mit und die Loyalität gegenüber dem Geschäftspartner. So kann die Neigung, Informationsvorteile auszunutzen, im interkulturellen Kontext zunehmen. Andererseits reduziert der Wettbewerbsdruck auf internationalen Märkten den Spielraum für opportunistische Handlungen. Dies setzt allerdings voraus, dass opportunistische Handlungen wahrgenommen und sanktioniert werden können. Ein solcher Sanktionsmechanismus kann beispielsweise in der Unterlassung weiterer Transaktionen durch den Interaktionspartner oder durch andere Marktteilnehmer bestehen.

Wie auch im intrakulturellen Kontext gilt, dass die Opportunismusgefahr in interkulturellen Interaktionsbeziehungen umso gravierender ausfällt, je höher die Abhängigkeit von dem Vertragspartner ist. Diese Abhängigkeit wird zu einem wesentlichen Teil durch die *Spezifität* von Investitionen geprägt (vgl. Kapitel 2). Länder- oder kulturspezifische Investitionen müssen nicht zwangsläufig zu einer höheren Abhängigkeit von den entsprechenden Kooperationspartnern führen, gleichwohl können sie eine Quelle von Abhängigkeit und damit auch von Verwundbarkeit durch den Vertragspartner sein.

Für den Umgang mit den genannten Interaktionsproblemen sind unterschiedliche Strategien vorgeschlagen worden. Obwohl sie an unterschiedlichen Punkten ansetzen, haben sie das gemeinsame Ziel, Komplexität zu reduzieren und die disfunktionalen Wirkungen unterschiedlicher Werte und Anschauungen abzubauen (vgl. z.B. Harris/ Moran 1996, Krewer 1996, Wolff/Pooria 2004). Keine der genannten Strategien ist aber ohne Nachteile.

Die *Dominanzstrategie* beinhaltet den Abbau kulturbedingter Interaktionsprobleme durch die vollständige Anpassung der Interaktionen an *eine* Kultur. Diese Strategie ist zwar aus der Sicht einer Partei – meist der eine Interaktion dominierenden Partei – besonders einfach. Sie vermeidet aber kaum die Probleme interkultureller Zusammenarbeit. Lediglich in Fällen, in denen eine Anpassung auch von dem sich anpassenden Kooperationspartner ausdrücklich befürwortet wird, kann mit einer Überbrückung der kulturellen Probleme gerechnet werden.

Die *Strategie des kleinsten gemeinsamen Nenners* sucht nach den in den beteiligten Kulturen gegebenen Gemeinsamkeiten. Dieser Kompromiss soll als Grundlage für die Zusammenarbeit fungieren. Zwar hat diese Strategie den Vorteil einer „fairen" Herangehensweise. Tatsächlich ist eine Kooperationsbeziehung auf der Basis eines Minimalkonsenses aber von vorn herein in ihren Möglichkeiten begrenzt. Außerhalb des Konsenses können zudem doch wieder auf Interaktionsprobleme auftreten.

Die *Synergiestrategie* sieht die Zusammenführung der beteiligten Kulturen mit dem Ziel des Aufbaus eines neuen Werte- und Normensystems vor. Häufig wird dieses Ziel durch die Stärkung oder Entwicklung einer Kultur auf organisationaler Ebene oder auf der Ebene von Geschäftsbeziehungen oder Netzwerken angestrebt (vgl. dazu auch Teil IV des Buches). Werte- oder Loyalitätskonflikte zwischen den Kulturen sollen durch eine gemeinsame starke Identifikation mit einer neuen Kultur auf einer ganz anderen Ebene aufgelöst werden.

Die Nebenwirkungen der genannten drei Strategien, aber auch ihr Charakter als reine Normstrategien verhindern eine unreflektierte Umsetzung. Im konkreten Fall ist jede „kulturelle Lücke" einzeln genau zu betrachten. Als Ergebnis der Analyse kann dann folgen, dass die Lücke durch bestimmte Maßnahmen geschlossen werden soll (vgl. Wolff/Pooria 2004, 456), z.B. durch verschiedene Maßnahmen der Personalentwicklung (vgl. dazu auch Teil IV des Buches). Ebenso ist es aber auch denkbar, dass eine kulturelle Lücke ganz bewusst bestehen bleibt und sie durch eine Verschiebung von Aufgaben auf andere Akteure ggf. in Kombination mit einer Anpassung der Koordinations- und Anreizinstrumente nur umgangen wird (vgl. Wolff/Pooria 2004, 457).

Literaturhinweise

Einen Überblick über Kulturforschung in der Betriebswirtschaftslehre gibt Schmid (1996). Um ein Gefühl für den Aufbau der ländervergleichenden Kulturstudien zu gewinnen, ist eine Lektüre von Hofstede (1982) durchaus empfehlenswert. Eine denkbare institutionenökonomische Perspektive auf die Kultur als institutionelle Umwelt zeigen Wolff und Pooria (2004). Darüber hinaus gehen inzwischen viele Managementbücher auf die Herausforderungen kulturübergreifender Interaktionen ein. Zu nennen sind beispielsweise Usunier/Lee (2005) oder Müller/Gelbrich (2004).

Zusammenfassung

1. Die Kultur spielt im der wirtschaftswissenschaftlichen Schrifttum traditionell keine wesentliche Rolle. Sie wird als „gegeben" angenommen. Erst die zunehmende Internationalisierung der Arbeitsteilung hat ein zunehmendes Interesse an dem Thema geweckt.
2. Kultur ist ein System informeller Regeln und Verhaltenserwartungen und ist Teil der informellen institutionellen Umwelt für Interaktionsbeziehungen.
3. Wesentliche Bestandteile der Kultur sind Normen und Werte.
4. Einflussfaktoren von Kultur sind Sprache, die soziale Struktur einer Gesellschaft, Religion und Bildung sowie die politische und wirtschaftliche Philosophie einer Gemeinschaft.

5. Kulturvergleichende Studien – etwa die von Hofstede oder von Kluckhohn/Strodtbeck – isolieren bestimmte Dimensionen des Konstrukts Kultur und vergleichen anhand dieser Dimension unterschiedliche Kulturen.

6. Neuere Studien versuchen Wechselwirkungen zwischen Kulturen auf unterschiedlichen Ebenen zu erklären und Gestaltungsempfehlungen zu geben.

7. Ländervergleichende Studien können helfen „kulturelle Lücken" im Management zu identifizieren und konstruktiv mit ihnen umzugehen.

Schlüsselbegriffe

Kultur; Kulturelle Lücke; Globe-Projekt, Werte; Normen; Soziale Struktur; Bildung; Religion; Sprache; Politische Systeme; Wirtschaftssysteme

10 Moral als informelle institutionelle Umwelt

10.1 Ethik und Wirtschaft

Die Diskussion über das moralisch angemessene Verhalten von Unternehmen hat durch die Globalisierung und die Internationalisierung der Wertschöpfungsketten vieler Unternehmen neuen Antrieb erhalten. Gerade die Arbeitsbedingungen bei ausländischen Zulieferern sind zunehmend in das öffentliche Interesse geraten.

Beispiel: *Katastrophale Zustände bei asiatischen Zulieferern von Motorola, Nokia & Co.*

Hungerlöhne, Vergiftungen, 13-Stunden-Schichten und 7-Tage Woche – nach einer Studie der im Auftrag der EU-Kommission, niederländischer Ministerien und Gewerkschaften arbeitenden niederländischen Organisation Stichting Onderzoeg Mulinationale Ondernemingen (Somo) sind die Arbeitsbedingungen bei den Zulieferern der weltgrößten Handy-Produzenten katastrophal. Nokia (Finnland), Motorola (USA), Samsung und Sony Ericsson kaufen in großem Stil bei Zulieferern ein, deren Angestellt unter menschenunwürdigen Bedingungen arbeiten müssen. So produziert beispielsweise der chinesische Zulieferer Hivac Startech in der Sonderwirtschaftszone Shenzhen bei Schanghai für Motorola Acryl-Linsen für Handys. Für die Politur der Linsen mit einer Lösung, die auch das giftige n-Hexan enthält, werden keine ausreichenden Schutzmaßnahmen für die Beschäftigten getroffen. Neun Arbeiterinnen mussten deshalb mit akuten Vergiftungen in eine Klinik eingeliefert werden. Eine Angestellte hätte laut Somo wegen der Vergiftung sogar eine Abtreibung vornehmen lassen müssen. Nach Joseph Wilde, einem der Co-Autoren der Somo-Studie, handelt es sich bei den aufgedeckten Missständen nicht um Einzelfälle: „Es handelt sich um ein strukturelles Problem der gesamten Mobilfunkindustrie". Durch den Preisdruck in der Branche und den resultierenden „komplexen Lieferketten" hätten selbst Großunternehmen wie Nokia und Motorola den Überblick bei ihren Zulieferern längst verloren.
Quelle: Thomas H. Wendel (2006): Neun Cent Stundenlohn in der Handy-Fabrik in: Berliner Zeitung, Nr. 281, 01.12.06, 13

Moral als informelle institutionelle Umwelt

Tabelle 10-1: Arbeitsbedingungen bei Handy-Zulieferern

Zulieferbetriebe (Auswahl)	Kunden	Arbeitstag in Stunden	Stundenlohn in US-Dollar	Wochen-arbeitstage
Hivac Startech (China)	Motorola	10-12	0,24	7
Giant Wireless (China)	Motorola	10-13	0,12 (2003) 0,44 (2006)	6-7
Kangyou Electronics (China)		10-13	0,33-0,37	7
LTEC (Thailand)	Nokia	12	0,32	7

Quelle: Thomas H. Wendel, 2006: Neun Cent Stundenlohn in der Handy-Fabrik in: Berliner Zeitung, Nr. 281, 01.12.06, 13

Für eine breite Öffentlichkeit, aber auch für Manager und Mitarbeiter stellt sich die Frage der moralischen Bewertung des geschilderten Falls. Dabei ist Moral sauber von Ethik zu trennen.

Definition: Moral

Unter *Moral* versteht man das *praktisch gelebte* Werte- und Normengefüge. *Ethik* befasst sich *theoretisch* mit den Grundlagen menschlicher Werte und Normen. Sie stellt theoretische Reflexionen über Sitte und Moral an. Als Teilbereich der Philosophie untersucht sie Motive, Arten und Folgen menschlichen Handelns und geht der Frage nach, was gutes oder schlechtes Handeln ausmacht.

Innerhalb der Ethik können zwei grundlegende Richtungen - die *Deontologie* und die *Teleologie* - unterschieden werden (vgl. z.B. Frankena 1963). Der deontologische Ansatz (von Griech. déon, Pflicht) behauptet, dass Handlungen an sich entweder moralisch richtig (z.B. die Wahrheit sagen, hilfsbereit sein) oder aber falsch sind (z.B. lügen oder stehlen). Der teleologische Ansatz (von Griech. télos, Zweck) behauptet, dass eine Handlung überhaupt keinen moralischen Gehalt hat und dass erst die aus der Handlung resultierenden Konsequenzen der Aktivität einen moralischen Status geben. Ein solcher utilitaristischer Ansatz setzt voraus, dass der Zweck als das einzig Gute angesehen wird. Zwar gibt es gute Gründe, dieser Zweiteilung kritisch gegenüberzustehen – schließlich benötigt jede Moral eine deontologische Komponente. Auch die utilitaris-

Ethik und Wirtschaft 10.1

tischen Ansätze kommen ohne sie nicht aus, wenn sie sich als moralische Ansätze verstehen wollen. Gleichwohl hat sich die Zweiteilung im philosophischen Schrifttum weitgehend durchgesetzt.

Definition: Wirtschaftsethik

Die *Wirtschaftsethik* verfolgt das Ziel, ökonomisch-rationales Handeln mit der ethischen Vernunft zu vereinbaren.

Wirtschaftsethik hat als Teilgebiet der Wirtschaftswissenschaft seit den 80er Jahren zunehmend an Bedeutung gewonnen. Aktuelle Probleme wie das oben geschilderte Beispiel der Arbeitsbedingungen bei internationalen Zulieferern, die Umweltzerstörung, Kinderarbeit oder eine erhöhte Arbeitslosigkeit haben ein kritisches Hinterfragen der normativen Grundlagen des Wirtschaftens ausgelöst. Auf gesellschaftlicher Ebene stellt sich damit die Frage nach den ethischen Spielregeln wirtschaftlicher Kooperation. Sie können als Ergänzung der formalen Regeln angesehen werden.

Doch zu welchem Handeln sollen die Unternehmen gebracht werden? Ein Ansatz des Commitee for Economic Development in New York definiert bereits 1971 sehr umfassende Verantwortungsbereiche des Unternehmens und gliedert sie in drei Teilbereiche (vgl. Dierkes/Zimmermann, 1991, 21).

- Der erste Verantwortungsbereich umfasst die Gewährleistung der unternehmerischen Funktion sowie das Einhalten bestehender Gesetze ein.

- Der zweite Teilbereich weist auf die nachhaltige Verantwortung der Unternehmen hinsichtlich negativer externer Effekte der unternehmerischen Tätigkeit auf sozialer, kultureller oder ökologischer Ebene hin.

- Im dritten Bereich wird den Unternehmen eine Mitverantwortung bei der Lösung gesellschaftlicher Probleme gegeben, die nicht in direktem Zusammenhang mit der Unternehmenstätigkeit stehen. Beispiele dafür sind die Einbindung von Minderheiten ins Unternehmen sowie die Beseitigung der Jugendarbeitslosigkeit.

Während die ersten beiden Verantwortungsbereiche plausibel erscheinen, wirft der dritte Verantwortungsbereich verschiedene Fragen auf. Neben dem potentiellen Eingriff in Freiheitsrechte (der einer expliziten Legitimation bedürfte), stellt sich vor allem die Frage nach der anvisierten Arbeitsteilung zwischen Staat und Unternehmen. Darüber hinaus wäre zu beachten inwiefern die genannten Forderungen und ihre Umsetzung zu Wettbewerbsverzerrungen führen können.

10.2 Institutionen als Ort der Moral

Homann unternimmt nicht nur den Versuch einer ökonomischen Rekonstruktion moralischer Normen, sondern trägt mit seinen Überlegungen auch zur Beantwortung der Frage nach dem Verantwortungsbereich von Unternehmen bei. Nach Homann lassen sich moralische Normen als „standardisierte Kurzfassungen langer ökonomischer Kalkulationen begreifen" (Homann 1990, 107). Der zentrale Vorteil einer allgemein akzeptierten Moral besteht danach in einer Komplexitätsreduktion in Kooperationsbeziehungen, die vor allem aus stabilen wechselseitigen Verhaltenserwartungen resultiert. Ökonomisch ausgedrückt ergibt sich durch moralische Normen eine Absenkung der Transaktionskosten. Dadurch ergeben sich gleichzeitig Interaktionsmöglichkeiten, die ohne eine Akzeptanz der Normen nicht möglich wären. Es ist vor allem die Aussicht auf höhere Kooperationsgewinne, die die Akteure einer Bindung an moralische Normen zustimmen lässt (vgl. Homann 1993, 49). Umgekehrt bedeutet das, dass ein Aufweichen moralischer Normen zwar auf der einen Seite mehr Handlungsmöglichkeiten gestattet, den Interaktionspartnern auf der anderen Seite aber auch Handlungsmöglichkeiten nimmt. Antonio Porchia bemerkt zurecht: Las cadenas que más nos encadenan son las cadenas que hemos roto (Die Ketten, die uns am stärksten ankennten, sind jene Ketten, die wir gebrochen haben).

Abbildung 10-1: Homanns zweistufige Konzeption der Wirtschafts- und Unternehmensethik

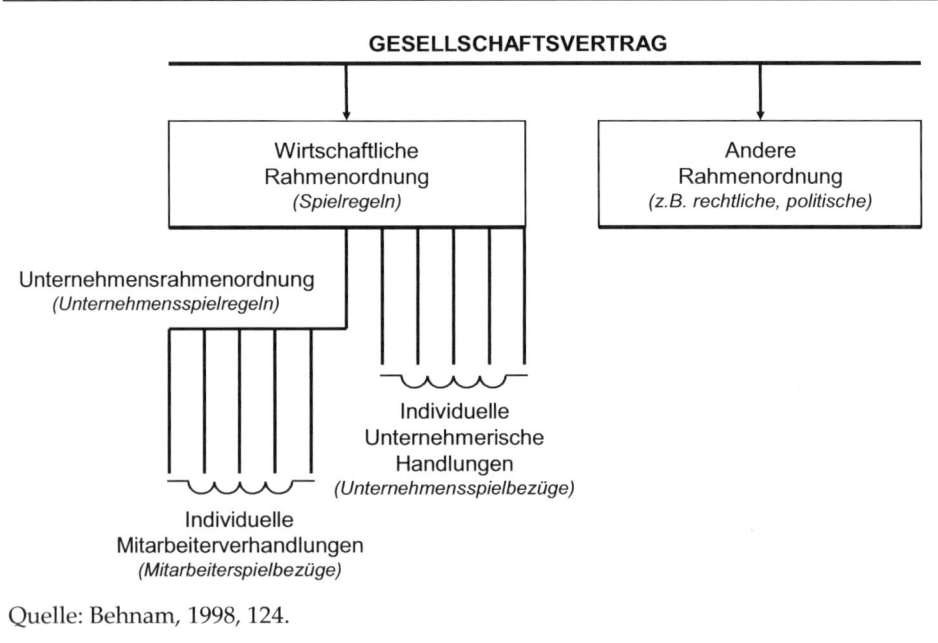

Quelle: Behnam, 1998, 124.

Institutionen als Ort der Moral

10.2

Die Bindung an moralische Vorstellungen erfolgt über akzeptierte Normen. Sie sind Gegenstand unterschiedlicher Rahmenordnungen (vgl. Homann 1992, 78). Für Homann ist die Rahmenordnung der „systematische Ort der Moral" in der Marktwirtschaft (Homann 1994, 112). Er interpretiert Rahmenordnungen als Spielregeln, durch welche die Handlungen der Akteure – die Spielzüge – vorhersehbar werden. In Bezug auf eine Wirtschaftsethik und auch eine Unternehmensethik heißt das konkret, dass moralische Normen auf der Ebene der wirtschaftlichen Rahmenordnung und der Unternehmensrahmenordnung angesiedelt sind (vgl. Abb. 10-1).

Die wirtschaftliche Rahmenordnung bedingt die unternehmerischen Handlungen. Beschließen die Mitglieder einer Unternehmung darüber hinaus, sich auch eine Unternehmensrahmenordnung zu geben, so legen sie dadurch die individuellen Handlungen der Mitarbeiter des Unternehmens fest. Der besondere Wert einer Unternehmensethik ergibt sich nach Homann vor allem, wenn die wirtschaftliche Rahmenordnung moralische Defizite aufweist. Die Verantwortung für ein moralisches Verhalten fällt in diesem Fall auf die Unternehmen und ihre Mitglieder zurück (vgl. Homann/ Blome-Drees 1992, 121). Allerdings kann es in diesem Fall rasch zu einem Konflikt zwischen ökonomischer Rationalität und moralischem Verhalten kommen. Um vor diesem Hintergrund unterschiedliche moralische Situation von Unternehmen abbilden zu können, hat Homann ein Vier-Quadranten-Schema entwickelt (vgl. Abb. 10-2). Die beiden Achsen beschreiben die Auswirkung einer bestimmten unternehmerischen Handlung in Bezug auf die moralische Akzeptanz der Handlung und in Bezug auf die Rentabilität des handelnden Unternehmens.

Abbildung 10-2: Das Vier-Quadranten-Schema nach Homann

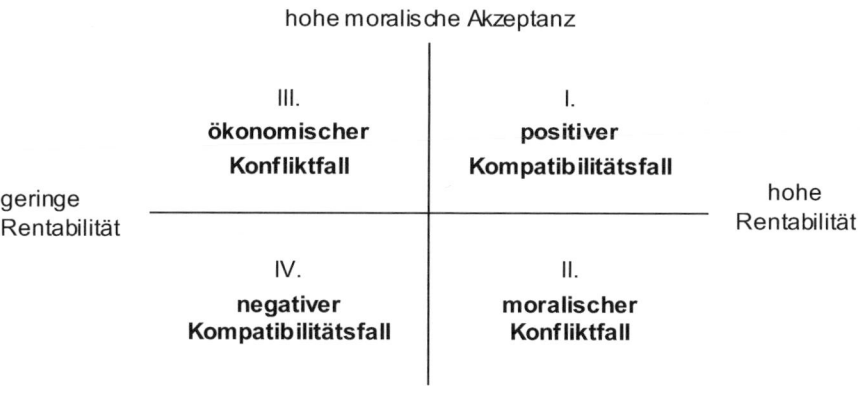

Quelle: Homann, 1994, 116.

Quadrant I beschreibt den Fall einer komplementären Beziehung zwischen moralischem Verhalten und ökonomischem Erfolg. Das kann entweder daran liegen, dass die wirtschaftliche Rahmenordnung moralisches Verhalten von allen Wettbewerbern gleichermaßen fordert und durchsetzt, so dass bei Einhaltung der Spielregeln der ökonomische Schaden durch Sanktionen unterbleibt. Oder aber das moralische Verhalten lässt sich gewinnbringend „verkaufen", indem es beispielsweise werbewirksam eingesetzt wird.

Quadrant II beschreibt einen Fall, in dem unternehmerisches Verhalten – auch wenn es legal ist – nicht im Einklang mit den moralischen Vorstellungen in einer Gesellschaft steht. Das Unternehmen entscheidet sich in diesem Konfliktfall für das Gewinnziel und gegen die Moral. Diese Entscheidung wird – sofern sie überhaupt begründet wird – meist durch Hinweise auf den Wettbewerbsdruck gerechtfertigt. Die Satz „Wir haben zur Zeit wirklich andere Probleme" als Antwort auf die Frage nach der moralischen Legitimität einer Handlung, ist symptomatisch für die Situation. Kritische Berichterstattung – wie im Fall Motorola – kann aber auch zu einem Umdenken bei den Unternehmen führen.

Der Quadrant III beschreibt ebenso wie der Quadrant II eine konfliktäre Beziehung zwischen Rentabilität und moralischer Akzeptanz. Allerdings hat sich das Unternehmen in diesem Fall für die Moral und damit gegen die Rentabilität entschieden.

Quadrant IV repräsentiert den Fall einer Handlung, die weder akzeptiert noch gewinnbringend ist. Marktaustritt kann in diesem Fall als eine wahrscheinliche Strategie erwartet werden (vgl. Homann 1994, 116 ff.).

Das Schema von Homann macht deutlich, dass ein moralisches Verhalten unter den Bedingungen starken Wettbewerbsdrucks durchaus problematisch für ein Unternehmen sein kann. Eine wirtschaftliche Rahmenordnung, die moralische Anforderungen konsequent integriert und durchsetzt, würde den Konflikt zwischen moralischem Verhalten und ökonomisch rationalem Verhalten im Wettbewerb aufheben. Moralische Erwartungen würden als Restriktion für alle Marktteilnehmer festgesetzt. Wettbewerb fände über die „Spielzüge" innerhalb der Spielregeln statt und nicht über den Verstoß gegen moralische Normen.

10.3 Herausforderungen für die Unternehmen

Der Homannsche Ansatz, der die Moral in der Wirtschaft auf die Ebene der Rahmenordnungen legt, hat unter anderem den Vorteil, dass Unternehmen nicht permanent unter einem Rechtfertigungsdruck für ihre Handlungen stehen. Ein der Rahmenordnung entsprechendes Verhalten kann als ethisch angesehen werden, wenn die Rahmenordnung im Einklang mit den moralischen Vorstellungen einer Gesellschaft steht.

10.3 Herausforderungen für die Unternehmen

Auf dieser Grundlage kann sich ein Unternehmen dann auf den rein ökonomischen Wettbewerb konzentrieren.

Gleichwohl verliert ein Unternehmen durch die Existenz einer Rahmenordnung nicht seine moralische Verantwortung. Ein rein gewinnorientiertes Verhalten ist moralisch nur dann gerechtfertigt, wenn die Rahmenbedingungen keine ethischen Defizite aufweisen. Davon ist aber kaum auszugehen. Die Nationalstaaten haben gegenüber international operierenden Unternehmen kaum die Möglichkeit, eine wirtschaftliche Rahmenordnung wirksam durchzusetzen. Dieses Defizit wird von Spielregeln auf der Ebene regionaler Zusammenschlüsse, durch die Spielregeln der WTO oder durch die Kontrolle durch NGOs nur teilweise aufgefangen.

Die o.g. Konfliktfälle II und III werden in der Realität somit oft auftreten. Als Reaktion durch die Unternehmen hält Homann dabei insbesondere zwei Strategietypen für gangbar: Die *Wettbewerbsstrategie* und die *ordnungspolitische Strategie*.

Die *Wettbewerbsstrategie* zielt darauf ab, moralisches Verhalten zu zeigen, weil bei den Transaktionspartnern eine Präferenz für moralisch integere Geschäftspartner vorhanden ist oder geweckt werden kann. Diese Präferenz kann sich auf ganz unterschiedliche Bezugsobjekte, wie Produkte, Produktionsverfahren, Mitarbeiterorientierung, Umweltorientierung etc. beziehen. Es geht im Prinzip um die Entdeckung von Gewinnmöglichkeiten, die in einem moralisch akzeptierten Verhalten begründet sind. Dadurch würden moralische und ökonomische Ziele in Einklang gebracht (vgl. Homann 1991, 112f.).

Als Wettbewerbsstrategie ist auch ein Konzept wie die Corporate Social Responsibility (CSR) zu verstehen. CSR bedeutet, dass sich Unternehmen ethisch verhalten und als gute „Bürger" – ganz im Sinne des Ansatzes des Committee für Economic Development (vgl. Punkt 1) auch über die unternehmerische Tätigkeit hinaus Verantwortung für die Gemeinschaft übernehmen (vgl. auch Abb. 10-3).

Nach Homann ist jedoch mit der Durchsetzung eines solchen Konzepts nur zu rechnen, wenn damit auch wirtschaftlich ein Erfolg für das jeweilige Unternehmen verbunden ist. „Niemand kann von einem Unternehmen verlangen, dass es schwere ökonomische Nachteile aufgrund moralischen Verhaltens hinnimmt, während die weniger moralischen Wettbewerber die Gewinne einstreichen (Homann 1991, 108).

Selbst wenn eine Wettbewerbsstrategie nicht machbar ist, sind die Unternehmen ihrer ethischen Verantwortung aber nicht enthoben. Sie müssen dann durch eine *ordnungspolitische Strategie* auf die Defizite in der bestehenden Rahmenordnung hinweisen und auf deren Abbau hinarbeiten (vgl. Homann 1994, 118f.). Als ein Beispiel für eine ordnungspolitische Strategie kann die aktive Unterstützung der „Global Compact"-Initiative des ehemaligen Generalsekretärs der Vereinten Nationen, Kofi Annan, angesehen werden.

10 *Moral als informelle institutionelle Umwelt*

Abbildung 10-3: Corporate Social Responsibility

Quelle: Carroll, 1996, 39

Der „Global Compact" wurde 1999 auf dem Weltwirtschaftsforum in Davos zum ersten Mal vorgestellt. Dieser globale „Pakt" verfolgt das Ziel, die Zusammenarbeit zwischen den Vereinten Nationen, Wirtschaftsunternehmen und gesellschaftlichen Gruppen zu stärken und sie für die Realisierung wesentlicher Ziele der UNO nutzbar zu machen. Um am Programm des „Global Compact" teilnehmen zu können, verpflichten sich Unternehmen und Gruppen, nach den zehn vorgegebenen Prinzipien aus den Bereichen Menschenrecht, Arbeitsbeziehungen, Umwelt und Anti-Korruption zu handeln. Diese zehn, aus den zentralen Zielen der UN abgeleiteten Prinzipien lauten:

Abbildung 10-4: Die Prinzipien des "Global Compact"

Human Rights

Principle 1: The support and respect of the protection of international human rights;
Principle 2: The refusal to participate or condone human rights abuses.

Labour

Principle 3: The support of freedom of association and the recognition of the right to collective bargaining;
Principle 4: The abolition of compulsory labour;
Principle 5: The abolition of child labour;
Principle 6: The elimination of discrimination in employment and occupation.

Environment

Principle 7: The implementation of a precautionary and effective program to environmental issues;
Principle 8: Initiatives that demonstrate environmental responsibility;
Principle 9: The promotion of the diffusion of environmentally friendly technologies.

Anti-Corruption

Principle 10: The promotion and adoption of initiatives to counter all forms of corruption, including extortion and bribery.

Quelle: United Nations, 2005

Die beteiligten Unternehmen erstellen regelmäßig Berichte über ihren Fortschritt auf diesen Gebieten und veröffentlichen sie auf einer Homepage, um anderen Firmen als Beispiel zu dienen und NGOs sowie der Öffentlichkeit die Möglichkeit zu bieten, dazu Stellung zu nehmen. Auch die Akzeptanz der Regeln des Global Compact kann für Unternehmen – wenn die Regeln nicht allgemein durchgesetzt werden – zu Wettbewerbsnachteilen führen.

Die ordnungspolitische Strategie schließt daher nicht aus, dass Unternehmen trotz einer aktiven Forderung von Korrekturen in der Rahmenordnung im Wettbewerb ein Verhalten zeigen, dass keine moralische Akzeptanz findet. Dieses Verhalten kann auf den ersten Blick den Anschein einer Doppelmoral wecken. Die Zwänge des wettbewerblichen Marktprozesses lassen den politischen Widerspruch oft zur einzigen Option für Unternehmen werden.

Moral als informelle institutionelle Umwelt

10.4 Ethische Prinzipien und kultureller Hintergrund

Ein Problem bei der Installierung ethischer Spielregeln besteht für international operierende Firmen in den unterschiedlichen kulturellen Kontexten vor deren Hintergrund die Implementierung stattfindet. Während die kulturellen Unterschiede gerade ein Merkmal internationaler Geschäftstätigkeit darstellen, nehmen die ethischen Prinzipien universelle Gültigkeit für sich in Anspruch. Die Unterschiede - auch die kulturellen Unterschiede – zwischen den Ländern, werfen gleichwohl verschiedene Fragen bei der Umsetzung ethischer Prinzipien auf. Beispielsweise könnte man fragen:

- Sind die in einer westlich geprägten Kultur entstandenen ethischen Prinzipien überhaupt auf andere Kulturräume übertragbar?
- Wie sind Verhaltensweisen zu bewerten, die zwar moralisch nicht einwandfrei, juristisch aber in bestimmten Ländern legal sind?
- Müssen die Sicherheitsstandards für bestimmte Tätigkeiten in allen Ländern identisch sein?
- Sollte dem Schutz der Umwelt in allen Ländern der gleiche Stellenwert eingeräumt werden, unabhängig vom Wohlstand oder von der Armut der Bevölkerung?
- Was ist eine angemessene Bezahlung für Arbeitsleistung in unterschiedlichen Regionen?

Schon in Bezug auf formale Rechte ergeben sich für internationale Firmen Schwierigkeiten aufgrund von inkonsistenten nationalen und internationalen Vorschriften. Die informellen und ethischen Verhaltensregeln werfen aber vor dem Hintergrund unterschiedlicher Kulturen ebenfalls massive Probleme für Unternehmen auf.

Beispiel:

Im Jahr 1991 formierte sich eine Koalition mit der Forderung nach Gerechtigkeit für die Maquiladoras. Dahinter verbarg sich der Wunsch, die Arbeitsbedingungen in 2000 US-amerikanischen Produktionsstätten (maquiladoras), die in Mexiko entlang der US-amerikanischen Grenze lagen, zu verbessern. Ganz konkret bemängelte die Koalition, dass die US-Konzerne zwar die mexikanischen Gesetze einhielten, aber amerikanische Gesundheits-, Sicherheits- und Umweltstandards nicht berücksichtigten. Schwester Susan Mika vom Interfaith Center on Corporate Responsibility (ICCR) bemerkte: „Moral behavior knows no borders. What would be wrong in the United States is wrong in Mexico". (vgl. Baron 2003, 799).

Durch die Kritik kommt der Standpunkt zum Ausdruck, dass es ethische Spielregeln gibt, dass sie universell gelten und dass dabei die Standards der entwickelten Indust-

Ethische Prinzipien und kultureller Hintergrund **10.4**

rieländer anzulegen sind. Gleichzeitig wird die Möglichkeit einer kulturellen Relativierung abgelehnt. Damit ist eine Position beschrieben, die gelegentlich auch als *kultureller Imperialismus* bezeichnet wird (vgl. Baron 2003, 800). Darunter versteht man eine vollständige Übertragung der ethischen Standards des Heimatlandes auf andere Länder und Regionen mit der Begründung, dass ethische Standards universelle Gültigkeit besitzen.

Die Gegenposition lässt sich als *kultureller Relativismus* beschreiben. Dahinter verbirgt sich die Auffassung, dass die kulturellen Besonderheiten verschiedener Kulturräume so gravierend sind, dass auch eine unterschiedliche Auslegung bzw. Anpassung von ethischen Regeln gerechtfertigt erscheint.

So wäre es auf der Basis einer utilitaristischen Position durchaus vorstellbar, deutlich niedrigere Löhne und Sozialstandards in den mexikanischen Werken von US-Unternehmen zu rechtfertigen. Durch einen Vergleich der Lebensumstände der Bevölkerung in den betroffenen Gebieten mit und ohne die amerikanischen Werke, ließe sich die Politik der amerikanischen Firmen eventuell als wohlstandsfördernd darlegen.

Die unterschiedlichen ethischen Positionen und die unterschiedlichen Positionen des kulturellen Imperialismus bzw. Relativismus eröffnen einen erheblichen Gestaltungsspielraum, wenn es für ein Unternehmen darum geht, die für das eigene Unternehmen gültigen Spielregeln zu finden.

Dabei besteht auch die Gefahr, dass Unternehmen in bestimmten Situationen Entscheidungen treffen und dann nach der ethischen Position suchen, die ihre Entscheidung rechtfertigt. Dieses Vorgehen ist – einmal abgesehen von der inhaltlichen Problematik dieser Vorgehensweise – insofern nachteilig, als die Berechenbarkeit der Handlungen von Unternehmen dadurch eingeschränkt wird.

Literaturhinweise

Die Gedanken von Karl Homann zur Wirtschaftsethik erschließen sich aus Homann/Blome-Drees (1992), Homann (1992) und (1993). Eine Behandlung ethischer Konflikte in internationalen Unternehmen mit zahlreichen Beispielen bieten Kreikebaum, Behnam und Gilbert (2001). Eine frühe und interessante Sicht auf Kultur und Moral als Teil der Allgemeinen Volkswirtschaftslehre bieten Gustav Schmoller und die deutsche historische Schule (vgl. Schmoller 1900).

10 Moral als informelle institutionelle Umwelt

Zusammenfassung

1. Moral beschreibt das in einer Gesellschaft praktisch gelebte Werte- und Normengefüge.

2. Wirtschaftsethik verfolgt das Ziel, ökonomisch-rationales Verhalten und ethische Vernunft in einen Einklang zu bringen.

3. Wettbewerbliche Zwänge führen jedoch häufig zu einem Gegensatz zwischen wirtschaftlichem Erfolg und moralischem Verhalten.

4. Karl Homann verweist vor diesem Hintergrund auf die institutionelle Rahmenordnung als Ort der Moral. Sie führt, wenn sie durchgesetzt wird, zu dem von allen Akteuren gewünschten Verhalten.

5. Gleichzeitig entbindet eine moralisch legitime institutionelle Umwelt die Unternehmen von einem permanenten ethischen Rechtfertigungsdruck. Sie können sich dann auf ihre eigentliche Aufgabe, nämlich Erfolg im Wettbewerb zu haben, konzentrieren.

6. Allerdings ist in der Realität nicht davon auszugehen, dass Rahmenordnungen vollständig sind. Vielmehr weisen sie häufig moralische Defizite auf. Auch werden sie nicht vollständig durchgesetzt. Die Verantwortung für ein ethisches Verhalten kehrt dann zu den Unternehmen zurück. Allerdings haben sie dabei im Prinzip nur zwei Möglichkeiten: Sie können sich moralisch verhalten, wenn der Markt dieses Verhalten entsprechende honoriert. Wenn das nicht der Fall ist, bleibt nur die moralische Pflicht, auf die Defizite in der Rahmenordnung hinzuweisen und sich für deren Beseitigung auszusprechen.

Schlüsselbegriffe

Ethik; Global Compact; Kultureller Imperialismus; Kultureller Relativismus; Moral; Rahmenordnung; Wirtschaftsethik

C Herausforderungen für internationale Unternehmen

11 Die Analyseaufgabe internationaler Unternehmen

11.1 Spielregeln als Analysegegenstand

Die unterschiedlichen formellen und informellen Spielregeln und ihre Relevanz für den Marktprozess stellen die Unternehmen vor erhebliche Herausforderungen.

- Die Unternehmen müssen prüfen, inwieweit ihre eigenen Aktivitäten und Interessen durch die *bestehende* institutionelle Umwelt betroffen sind.

- Die Unternehmen müssen außerdem prüfen, inwieweit das Unternehmen durch tatsächliche und potentielle *Veränderungen* in der institutionellen Umwelt berührt werden könnte.

Auf der Basis dieser Analysen können dann Strategien der Anpassung an die Spielregeln oder auch der Gestaltung bzw. Mitgestaltung der Spielregeln entworfen werden (vgl. Kapitel 12).

11.2 Schritte der Analyseaufgabe

Die Analyseaufgabe in Bezug auf die institutionelle Umwelt stellt Unternehmen vor allem vor Informationsprobleme. Dabei sind eine Reihe von grundsätzlichen Fragen zu beantworten (vgl. auch Backhaus 2003, 332 ff.):

11 Die Analyseaufgabe internationaler Unternehmen

Abbildung 11-1: *Informationsprobleme bei der Analyse der institutionellen Umwelt*

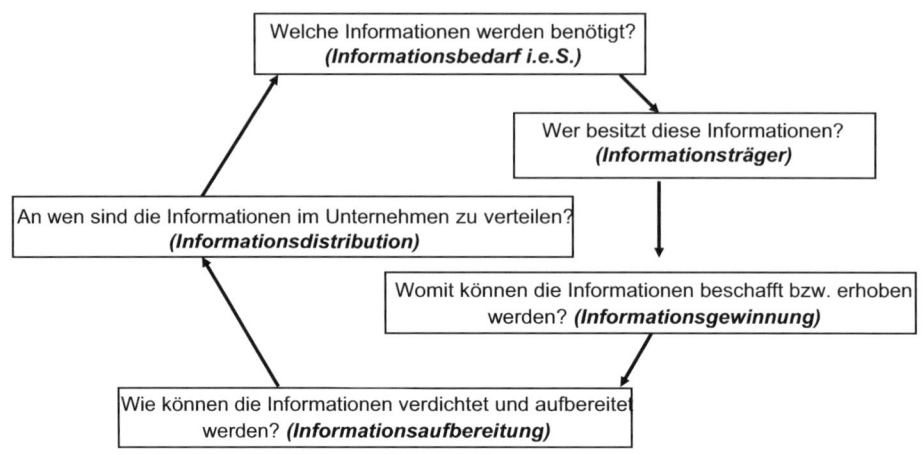

Quelle: Backhaus, 2003, 332.

Welche Informationen werden überhaupt benötigt? Dabei handelt es sich um den *Informationsbedarf* im engeren Sinne. Wer besitzt diese Informationen? Hierbei geht es um die Identifikation der entsprechenden *Informationsträger*. Wie können die Informationen beschafft bzw. erhoben werden? Damit ist die Frage der *Informationsgewinnung* angesprochen.

Darüber hinaus stellen sich für die Unternehmen aber auch Fragen danach, wie mit den Informationen umgegangen werden soll. Zwei Fragen stehen dabei im Vordergrund: Wie sollen die Informationen verdichtet, gespeichert und präsentiert werden? Damit ist der Teilschritt der *Informationsaufbereitung* angesprochen. Außerdem ist zu entscheiden, wem die Informationen zugänglich gemacht werden sollen? Diese Frage behandelt die *Informationsdistribution*.

Die genannten Schritte der Informationsbeschaffung können bei ihrer konkreten Bearbeitung durchaus weitere Fragen aufwerfen, die dann erneut zu einem Informationsbedarf i.e.S. führen können. Die Schritte der Analyseaufgabe werden dann erneut durchlaufen, so dass es sich bei der Analyseaufgabe im Prinzip um einen nie endenden Prozess handelt.

11.2.1 Informationsbedarf im engeren Sinne

Unter dem *Informationsbedarf im engeren Sinne* versteht man die Frage danach, welche Informationen über die formellen und informellen Spielregeln tatsächlich benötigt werden. Für die Festlegung des konkreten Informationsbedarfs ist vorab immer eine klare Definition des zu lösenden Problems, für das die Informationen benötigt werden, vorzunehmen. Ansonsten besteht die Gefahr, dass eine nicht zielgerichtete Informationssuche hohe Kosten verursacht.

Als ein erster Filter kann ganz generell die Frage dienen, ob die Geschäftstätigkeit des Unternehmens durch die Spielregeln in irgendeiner Weise berührt wird. Diese sehr offene Fragestellung führt aber möglicher Weise zu einem wenig strukturierten Informationsbedarf. Wird der Informationsbedarf dagegen für konkrete Unternehmensaktivitäten definiert, lassen sich die relevanten Spielregeln zielgerichteter identifizieren. Eine denkbare Strukturierungshilfe ist Porters sog. Wertkette (vgl. Abb. 11-2).

Abbildung 11-2: Die Wertkette

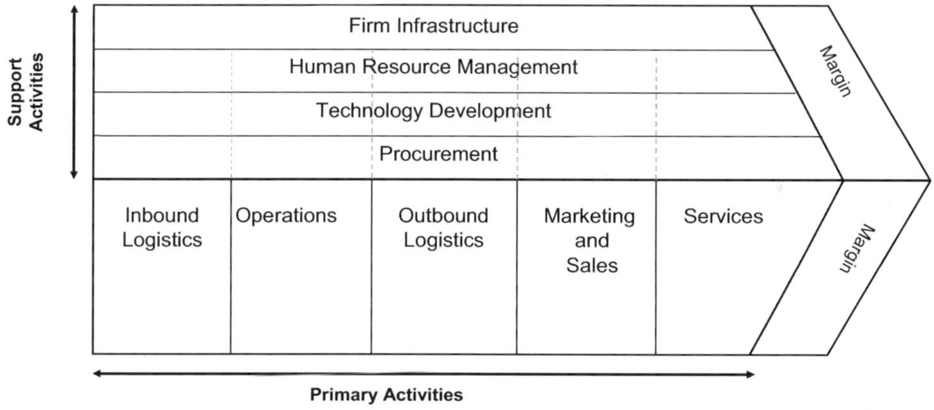

Quelle: Porter, 1986, 62

In der Wertkette macht Porter verschiedene Aktivitäten sichtbar. Wenn sie einen Wert schaffen – d.h. einen Nutzen beim Kunden stiften – der über den Kosten der Durchführung der Aktivitäten liegt, entsteht am Ende der Wertkette eine positive Gewinnmarge.

Prinzipiell lassen sich die Informationsbedarfe danach strukturieren, welche Wertschöpfungsaktivitäten von welchen Spielregeln betroffen sind. Für die einzelnen Wert-

Die Analyseaufgabe internationaler Unternehmen

schöpfungsaktivitäten können in Bezug auf die institutionelle Umwelt dann beispielsweise die folgenden Fragen gestellt werden:

- Welche Spielregeln gelten für die Beschaffung von Ressourcen?
- Welche Spielregeln gelten für den Herstellungs- und Produktionsprozess?
- Welche Spielregeln gelten im Verhältnis zu Kunden (Gewährleistung, Produkthaftung etc.)?
- Welche Spielregeln bestimmen den Gebrauch eines Produktes durch die Nachfrager und damit das Nachfragerverhalten?
- Welche Spielregeln gelten bei der Finanzierung von Aktivitäten und Projekten?
- Welche Spielregeln gelten bei der Einstellung oder Kündigung von Mitarbeitern?
- Welche Spielregeln gelten im Umgang zwischen Arbeitgeber und Arbeitnehmer?
- Welche Spielregeln gelten bei der Entwicklung von Innovationen?
- Welche Spielregeln gelten bei der Gestaltung der Aufbau- und Ablauforganisation?

Als Antworten kommen dabei unter anderem die in den Kapiteln 6 bis 9 angesprochenen formellen und informellen Spielregeln in Frage. Der Informationsbedarf konkretisiert sich in einer Matrix, die auf der einen Seite die Wertschöpfungsaktivitäten und auf der anderen Seite die verschiedenen formellen und informellen Spielregeln umfasst (vgl. Tab. 11-1). Darüber hinaus spielen Regeln eine Rolle, die sich nicht auf konkrete Wertschöpfungsaktivitäten beziehen aber gleichwohl eine Relevanz für ein Unternehmen haben können. Zu denken ist etwa an alltägliche Umgangsformen, die den Mitarbeitern eines Unternehmens in einer fremden Kultur erfolgreiche Interaktionen ermöglichen.

Es zeigt sich, dass der Informationsbedarf in Bezug auf die institutionelle Umwelt für die international tätigen Unternehmen als ausgesprochen hoch angesehen werden muss. Praktisch alle Aktivitäten, bei denen ein Wert für die Endabnehmer geschaffen werden soll, sind von Spielregeln der institutionellen Umwelt beeinflusst. So ist beispielsweise eine Finanzplanung ohne die Berücksichtigung der Fördermöglichkeiten durch die EU sicher in vielen Fällen suboptimal.

Der Umfang des Informationsbedarfs wird dadurch erweitert, dass es für viele Entscheidungen nicht ausreicht, die konkrete institutionelle Umwelt eines bestimmten Landes oder einer Region zu analysieren. Um für ein Unternehmen zu guten Entscheidungen – und das heißt, zu Entscheidungen, die zu verteidigungsfähigen Wettbewerbsvorteilen führen – zu kommen, sind häufig Vergleiche zwischen verschiedenen „Angeboten" von Spielregeln erforderlich. So ist es für ein forschungsorientiertes Unternehmen der Biotechnologie oder der Chemie erforderlich, die Spielregeln zu Forschung und Forschungsförderung von alternativen Standorten zu prüfen, um dann eine Standortentscheidung zu treffen.

Tabelle 11-1: Ermittlung des Informationsbedarfs

Wertschöpfungs-aktivitäten	formale Spielregeln				informelle Spielregeln		
	nationale Regeln	EU-Regeln	WTO-Regeln	...	kulturelle Regeln	moralische Normen, Branchengeflogenheiten etc.	...
Beschaffung							
Produktion							
Absatz							
Personal							
Finanzierung							
...							
Aktivitätenübergreifende Relevanz							
...							

11.2.2 Informationsträger

Ist der Informationsbedarf beschrieben, so geht es in einem nächsten Schritt darum, festzustellen, wo die erforderlichen Informationen vorhanden sind. *Informationsträger* sind die Menschen oder Medien, welche die nachgefragte Information besitzen. Sie stellen die eigentlichen Quellen der Information dar. Prinzipiell lassen sich die Informationsquellen nach ihrer *Informationsherkunft* und nach dem Grad des *Vorhandenseins der Information* unterscheiden (vgl. Tab. 11-2).

Tabelle 11-2: Systematisierung von Informationsträgern

	unternehmensintern	unternehmensextern
Primärforschung	Fall 1	Fall 2
Sekundärforschung	Fall 3	Fall 4

11 Die Analyseaufgabe internationaler Unternehmen

Der Herkunft nach lassen sich zum einen unternehmensinterne und zum anderen unternehmensexterne Informationsquellen heranziehen. Zu den internen Quellen zählen beispielsweise interne Länderberichte oder –studien sowie Informationen von Mitarbeitern, die sich in bestimmten Regionen aufgehalten haben bzw. aus diesen Regionen stammen. Zu den externen Informationsquellen gehören Gesetzestexte und die jeweiligen Kommentare, Regierungsstellen und –vertreter, Veröffentlichungen über Länder und Regionen in Print-Medien oder im Internet und zahlreiche andere kommerzielle und nicht-kommerzielle Angebote.

Darüber hinaus lassen sich die Informationsquellen danach unterscheiden, ob sie bereits zur Verfügung stehen (*Sekundärforschung*), oder ob sie ausschließlich für eine bestimmte Entscheidung erhoben wurden (*Primärforschung*). Für Unternehmen wird es in der Praxis oft darauf ankommen, rechtzeitig gut informierte Dienste in Anspruch zu nehmen. Die GfK in Nürnberg steht ihren Kunden heute auf der ganzen Welt als Marktforschungsunternehmen zur Verfügung. Um den Zugang zu Informationen und Wissen weltweit zu erhalten, ist das fränkische Unternehmen nicht durch eigene Niederlassungen, sondern durch den Aufkauf lokaler Informationsdienste gewachsen. Auf diese Weise wird das Wissen einheimischer Unternehmen erworben, das für ein deutsches Marktforsungsinstitut sonst nur sehr schwer aufzubauen wäre (vgl. Weiguny, 2007). Stehen die Daten dann zur Verfügung, gilt es die Informationen so *aufzubereiten*, dass sie in den Entscheidungsprozeß im Unternehmen einfließen können. Schließlich betrifft die *Informationsverteilung* die Frage danach, wer die Informationen im Unternehmen erhalten soll. Damit ist die gesamte Thematik des Wissensmanagements in internationalen Unternehmen angesprochen. Auf diese Herausforderung wird im vierten Teil des Buches gesondert eingegangen.

11.3 Triebkräfte der Veränderung von Spielregeln: Ein Beispiel

Unternehmen können es sich nicht leisten, die Analyse der institutionellen Umwelt auf eine Bestandsaufnahme zu beschränken. Die informellen und formellen Spielregeln haben einen zu großen Einfluss auf die Wettbewerbsfähigkeit und den Erfolg. Daher ist es für ein Unternehmen wichtig, die Triebkräfte einer Veränderung der institutionellen Umwelt zu identifizieren und ggf. eigene Aktivitäten zu entfalten. Das Wissen um die Triebkräfte der Veränderung von Spielregeln kann Unternehmen befähigen

- auf bestehende Spielregeln Einfluss zu nehmen und ggf. Veränderungen herbeizuführen,
- Prozesse der Veränderung von Spielregeln rechtzeitig zu erkennen und sich bzw. das Verhalten des Unternehmens rechtzeitig auf die neuen Bedingungen auszurichten oder aber die Prozesse der Veränderung mit zu gestalten.

11.3 Triebkräfte der Veränderung von Spielregeln: Ein Beispiel

Drei Triebkräfte werden hier in den Vordergrund gestellt (vgl. auch Baron 2003): Die *Themen*, die eine Gesellschaft beschäftigen und die sich in einer institutionellen Umwelt niederschlagen können. Die *Interessenträger bzw. –gruppen*, die von den Themen betroffen sind. Der *Entscheidungsprozess*, in dem aus Themen Institutionen werden. In vielen Fällen werden Fragestellungen, die als Themen in einen öffentlichen Meinungsbildungsprozess eingegangen sind, schließlich in Form von Verordnungen, Gesetzen, Richtlinien entschieden. Daneben entstehen aber auch Spielregeln, die nicht als formale Institutionen implementiert werden. Dazu gehören beispielsweise bestimmte Kodizes, die sich Branchen geben, oder aber auch freiwillige Ziele oder Selbstbindungen, die sich Unternehmen auferlegen. Auch privat installierte Schiedsstellen zur Konfliktlösung und dazu gehörige Verfahrensregeln können die Entscheidung eines „Themas" herbeiführen.

11.3.1 Themen

Definition: *Themen*

Themen sind Sachverhalte, die die Menschen in einer Gesellschaft berühren und für die aus der Sicht von Menschen ein Entscheidungs-, Handlungs- oder Regulierungsbedarf besteht.

Themen können vielfältiger Natur sein. Die Identifikation aktueller und zukünftiger Themen gestaltet sich dabei durchaus schwierig. Um einen neuen „Zeitgeist" rechtzeitig zu erkennen, benötigt man sehr sensible und sehr weit reichende „Antennen". Allerdings vollziehen sich derartige Änderungen in den kulturellen Spielregeln teilweise über recht lange Zeiträume, so dass auch die Unternehmen einen zeitlichen Spielraum haben, um ihr Verhalten auf die neuen Regeln auszurichten. Unterstützung finden sie z.B. durch Trendscouts und Zukunftsforschungsinstitute.

Andererseits gibt es Themen, die sich in einer Gesellschaft entwickeln und die sehr schnell eine Relevanz für die Unternehmenstätigkeit gewinnen, obwohl sie zunächst nichts mit dem unmittelbaren Geschäft eines Unternehmens zu tun haben. Diese Themen können sich gleichwohl im Zeitablauf zu ganz konkreten Spielregeln entwickeln, die den Erfolg oder Misserfolg eines Unternehmens im Wettbewerb mitbestimmen. Beispielsweise wird die Automobilindustrie von einer Vielzahl von Fragestellungen berührt:

- Lärm
- Recycling von Materialien
- Sicherheit und Rückrufaktionen

11 Die Analyseaufgabe internationaler Unternehmen

- Begrenzte Erdölreserven
- Treibhauseffekt
- Standortwettbewerb

Die Liste der potentiellen Themen ließe sich ohne weiteres fortsetzen. Deutlich wird erkennbar, dass es für jedes Unternehmen und für jede Branche eine Reihe von „Themen" gibt, die entweder bereits Eingang in die aktuelle Diskussion gefunden haben, oder aber finden könnten. Die Triebkräfte hinter der Veränderung von Themen können ganz unterschiedlicher Natur sein. Sie umfassen beispielsweise

- politische Veränderungen (z.B. durch Wahlergebnisse, neue Themen etc.)
- technologische Fortschritte (z.B. Senkung von Kommunikations- und Transaktionskosten)
- kulturelle Veränderungen (z.B. bezüglich der Bedeutung des Umweltschutzes oder dem Umgang mit Gesundheitsrisiken)
- Änderungen in Bezug auf moralische Vorstellungen.

Dass diese Faktoren zu Veränderungen in den gesellschaftlichen Themen führen, hängt vor allem damit zusammen, dass sie die Interessen der Menschen berühren oder verändern.

11.3.2 Die Interessenträger bzw. -gruppen

Die Behandlung des jeweils erkannten Themas wird sehr stark durch die Interessen der beteiligten Parteien am Thema geprägt. Die involvierten Parteien und ihre Interessen werden sich dabei von Branche zu Branche und von Unternehmen zu Unternehmen und in Abhängigkeit vom Thema sehr stark unterscheiden. Ihr gemeinsames Merkmal ist aber, dass die betroffenen Interessengruppen eine Regelung von Themen im Einklang mit ihren Interessen fordern.

Definition: *Interessengruppen*

Interessengruppen sind durch ein gemeinsames Interesse (materiellen oder ideellen Inhalts) der Gruppenmitglieder gekennzeichnet, wobei eine feste Organisationsstruktur nicht zwingend erforderlich ist (vgl. Daumann 1999, 10).

Zur Durchsetzung ihrer Forderungen bedienen sich die Interessengruppen verschiedener Instrumente, wie dem Lobbying oder anderer Formen politischer Einflussnahme. Die Intensität der Einflussnahme ist dabei abhängig von den Konsequenzen, die die Entscheidung eines Themas für einen oder mehrere Akteure hat.

Wichtig ist es aber nicht nur, die eigenen Interessen zu kennen und zu vertreten, sondern auch abzuschätzen, inwieweit andere Interessengruppen ihre jeweiligen – vielleicht abweichenden Interessen – vertreten. Dabei geht es sowohl um *organisierte* wie auch um *nicht organisierte Interessen*. Die Interessengruppen die bei einem Thema wie der Feinstaubdebatte für ein Unternehmen der Automobilindustrie eine Rolle spielen sind zahlreich. Es lassen sich beispielsweise die folgenden organisierten wie auch nicht organisierten Interessen feststellen:

- Organisierte Interessen:
  ADAC
  IG Metall
  Erdölindustrie
  Naturschutzverbände, z.B. NABU, BUND
  Politische Parteien
  Automobilhersteller

- Nicht organisierte Interessen:
  Konsumenten
  Bürger
  Steuerzahler

Jeweils zeichnen sich diese Interessengruppen durch eine eigene Sicht auf ein Thema aus, die auf die Interessen der in den Interessengruppen organisierten Individuen zurückzuführen ist.

11.3.3 Der Entscheidungsprozess und sein potentieller Ausgang

Wenn sich ein Thema entwickelt und ein ausreichender Druck von Interessengruppen in Richtung auf eine Entscheidung des Themas entsteht, dann wird diese Entscheidung im Ergebnis zu verhaltenssteuernden Spielregeln führen. Dieser Prozess kann die Gewalten der Legislative (z.B. Bundestag, Europäisches Parlament), die Judikative (nationale Gericht, Europäischer Gerichtshof etc.) und der Exekutive (Verwaltung und Administration) als auch internationale Organisationen wie die EU oder die Welthandelsorganisation berühren.

Die an der Entscheidung von Themen beteiligten Organisationen haben jeweils ihre eigenen Spielregeln. So gibt es für die Verabschiedung von Gesetzen in der Bundesrepublik Deutschland ein System des Zusammenspiels zwischen Bundestag und Bundesrat, das den Weg von einer Initiative bis zum Gesetz vorgibt. Die Prozeduren, die dabei zur Anwendung kommen, sind ebenfalls ein wichtiger Gegenstand der Analyse-

11 Die Analyseaufgabe internationaler Unternehmen

aufgabe für Unternehmen. Insbesondere, weil sie auch Anhörungs- und Mitsprachemöglichkeiten vorgeben.

Am Beispiel der Debatte um die schädliche Wirkung des Feinstaubs kann der Prozess der Konkretisierung eines Themas bis hin zu verbindlichen nationalen Regeln nachvollzogen werden. Das Regelwerk zur Feinstaubthematik hat dabei eine Vorgeschichte innerhalb derer sie zunehmend zu einem Gegenstand der wirtschaftspolitischen Debatte geworden ist. Parallel zu dieser Debatte hat das *Thema* dann auch einen wachsenden Einfluss auf die betroffenen Unternehmen der Automobilindustrie. Abb. 11-3 zeigt, wie das Thema Feinstaub zunächst ein „Thema" und dann immer mehr zu einem Einflussfaktor auf die Automobilindustrie wird (vgl. auch Baron 2003, 17).

Abbildung 11-3: Die Feinstaubdebatte: Vom Thema zur Institution

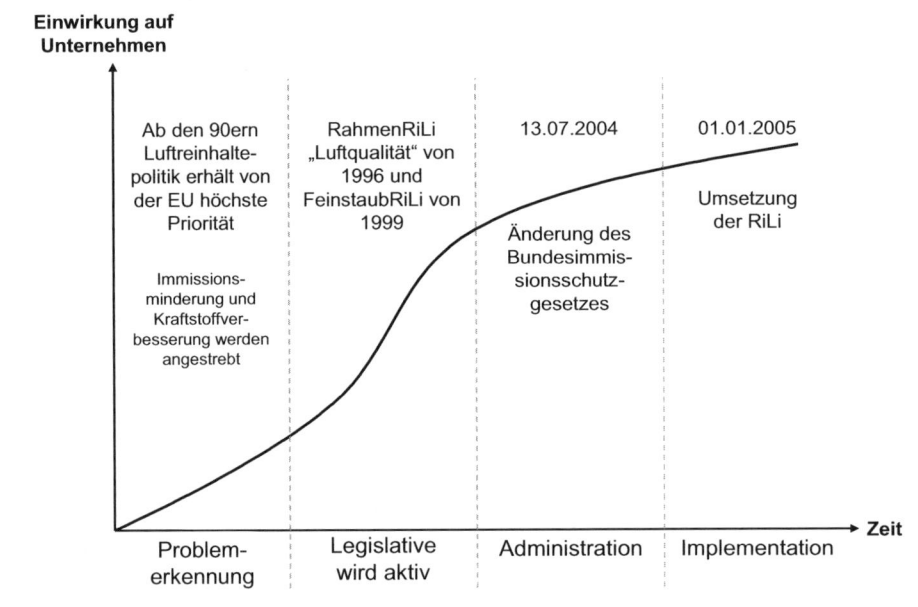

Das Thema Luftreinhaltung gewinnt als Thema in den 90er Jahren zunehmend an Relevanz in der öffentlichen Diskussion. Die EU-Legislative wird als Ergebnis der Diskussion des Themas gegen Ende der 90er Jahre aktiv und verabschiedet entsprechende Richtlinien. In den Mitgliedsstaaten der EU entsteht damit der Druck, die Richtlinie in Landesgesetze umzusetzen. Im Jahr 2004 kommt es zu entsprechenden Gesetzesänderungen in der Bundesrepublik Deutschland. Ab Januar 2005 ist das Gesetz in Kraft und wird durchgesetzt.

11.3 Triebkräfte der Veränderung von Spielregeln: Ein Beispiel

Die Verhaltensoptionen eines Unternehmens während des Entscheidungsprozesses sind zahlreich. Sie reichen vom passiven Abwarten der Themen und ihrer Entscheidung und einer Anpassung an die aus der Entscheidung resultierenden Institutionen bis hin zu einer antizipierenden Beobachtung der Umweltveränderungen einschließlich einer Politik der Mitgestaltung dieser Veränderungen. Die passive Beobachtung des Wechsels der institutionellen Umwelt kann dabei durchaus von einer aktiven Anpassung des Unternehmens an die neuen Spielregel begleitet werden.

Welche dieser Methoden Erfolg versprechend ist, lässt sich pauschal nicht festlegen. Erst durch einen Kosten-Nutzen-Vergleich der jeweiligen Handlungsweisen lässt sich die „richtige" Strategie ermitteln. Es ist daher erforderlich die Einflussgrößen der Kosten und der Nutzen der einzelnen Optionen zu analysieren.

In Bezug auf den potentiellen Nutzen einer Entscheidung stellt sich zunächst die Frage nach den Konsequenzen eines Zustandes und der Möglichkeit der Veränderung dieses Zustandes. Für ein internationales Unternehmen sind vor allem Konsequenzen relevant, die einen Einfluss auf die Umsätze und Erlöse des Unternehmens haben. Insofern sind Veränderungen dieser Erfolgsgrößen als Konsequenzen institutioneller Änderungen zu schätzen. Ebenso ist zu kalkulieren, inwieweit Anpassungen an die neuen Spielregeln zu Anpassungskosten und Veränderungen in den Ergebnisgrößen führen.

Diesen Optionen ist dann die Einflussnahme auf die Spielregeln gegenüber zu stellen. Wiederum sind Einflüsse auf die Ergebnisgrößen des Unternehmens zu erwarten. Beispielsweise kann sich ein Unternehmen, das sich einer bestimmten Abgabenlast ausgesetzt sieht, für Steuererleichterungen einsetzen. Die Kosten und Nutzen dieser Einflussnahme müssten aber einer Option der Anpassung an bestehende Regeln gegenüber gestellt werden. Eine solche Anpassung könnte beispielsweise in einer Produktionsverlagerung in ein Land mit geringerer Abgabenlast bestehen.

In Bezug auf die Feinstaubregulierung waren die zu erwartenden Änderungen der Spielregeln relativ früh klar war. Die Unternehmen wussten also, innerhalb welcher Regeln sich der Wettbewerb künftig vollziehen würde und alle Wettbewerber hatten in etwa die gleiche Zeit, sich auf die neuen Spielregeln einzulassen. Während einige Hersteller mit der serienmäßigen Produktion von Russpartikelfiltern für Dieselfahrzeuge begannen, verließen sich andere Hersteller darauf, dass die Grenzwerte in den europäischen Städten wohl nicht in kritischer Anzahl erreicht würden. Diese Einschätzung hat sich inzwischen als Irrtum erwiesen.

Literaturhinweise

Die Analyse der institutionellen Umwelt ist bislang kein dominierender Gegenstand in der Managementliteratur. In die deutschsprachige Managementliteratur hat der As-

11 Die Analyseaufgabe internationaler Unternehmen

pekt bislang kaum Eingang gefunden. Die Auswahl von potentiellen Quellen ist daher nur begrenzt möglich. Das ist umso überraschender, als die institutionelle Umwelt einen erheblichen Einfluss auf den Unternehmenserfolg hat. Das Buch von David Baron *Business and its Environment* (vgl. Baron 2003) bietet einen umfassenden und interessanten Einblick in die Herausforderungen von Unternehmen gegenüber ihrer Umwelt und stellt Instrumente zur Handhabung dieser Aufgabe vor.

Zusammenfassung

1. Gegenüber der institutionellen Umwelt bestehen für internationale Unternehmen prinzipiell zwei Verhaltensoptionen: Anpassung an die institutionellen Rahmenbedingungen oder Veränderung der institutionellen Umwelt..

2. Die zentrale Voraussetzung für diese Verhaltensoptionen bilden Informationen. Diese dürfen sich nicht nur auf die aktuelle Umwelt beziehen, sondern müssen die Triebkräfte der Veränderung der institutionellen Umwelt mit einschließen.

3. Triebkräfte der Veränderung sind insbesondere die in einer Gesellschaft aktuellen Themen, die Interessen und Interessengruppen, die mit diesen Themen verbunden sind und der Entscheidungsprozess, der zu Spielregeln oder Veränderungen von Spielregeln führen kann.

Schlüsselbegriffe

Entscheidungsprozess; Informationsbedarf; Informationsprobleme; Interessen; Interessengruppen; Themen

12 Die Gestaltungsaufgabe internationaler Unternehmen

12.1 Die Gestaltung der institutionellen Umwelt als strategische Option

Die Überlegungen zur Analyseaufgabe haben gezeigt, dass einem Unternehmen gegenüber den existierenden Spielregeln und ihren Veränderungen prinzipiell zwei Strategieoptionen zur Verfügung stehen: Es kann sich an die bestehenden Wettbewerbsspielregeln anpassen und versuchen innerhalb des gegebenen institutionellen Rahmens erfolgreich zu sein. Auf dieses Agieren im Wettbewerb nach gegebenen Spielregeln wird im Teil III des Buches eingegangen. Oder es kann versuchen auf die bestehende institutionelle Umwelt oder auf die sie beeinflussenden Triebkräfte Einfluss zu nehmen. Diese Einflussnahme kann a) *individuell durch ein Unternehmen oder kollektiv durch Interessenvertretungen* erfolgen, b) durch den Einsatz *unterschiedlicher Instrumente* realisiert werden und c) *verschiedene Ebenen* von Entscheidungsträgern berühren.

In diesem Kapitel werden vor allem die Probleme einer *kollektiven* Interessenvertretung dargestellt, weil sie in der Praxis der Einflussnahme auf die institutionelle Umwelt eine entscheidende Rolle spielen.

Die *Instrumente der Einflussnahme* können sehr unterschiedlich sein. Interessengruppen und -verbände verfügen prinzipiell über zwei Ressourcen, die sie einsetzen können: Finanzielle Mittel und Informationen. Welche Instrumente die höchste Wirkung versprechen, hängt dann aber vor allem von den Bedürfnissen der Zielpersonen oder -gruppen ab.

Die *unterschiedlichen Ebenen bzw. Arenen der Einflussnahme* lassen sich nach unterschiedlichen Kriterien einteilen. In Europa lassen sich als Ergebnis der in Kapitel 7 geschilderten Arbeitsteilung zwischen Nationalstaaten und Europäischer Union wenigstens *zwei Ebenen* der Einflussnahme unterscheiden. Zum einen bleibt die nationalstaatliche Ebene relevant, wenn es um Fragen wie die steuerlichen Anreize zur Unternehmensansiedlung oder um die konkrete Umsetzung von EU-Richtlinien geht. Zum anderen werden Themen wie die gemeinsame Agrarmarktpolitik oder die Wettbewerbspolitik auf EU-Ebene behandelt. Darüber hinaus sind die Sphäre der *Politik* und der *Verwaltung* zu unterscheiden. Zwar liegt die Entscheidungskompetenz offiziell bei den Politikern. Faktisch besitzt die Verwaltung aber oft große Entscheidungsspielräume und Informationsvorteile gegenüber den Politikern, die sie nutzt, um selbständige Entscheidungen zu treffen. In Abschnitt 4 dieses Kapitels wird auf den letztgenannten Aspekt eingegangen.

12.2 Die Bildung von Interessengruppen und -verbänden

Bei der zulässigen Einflussnahme der Unternehmen auf die Gestaltung von Regeln, spielt die Vertretung durch Interessenverbände der Unternehmen eine herausragende Rolle.

Definition: Interessenverbände

Interessenverbände sind im Gegensatz zur Interessengruppe durch eine klare und formale Struktur der Vereinigung gekennzeichnet. Wie auch Interessengruppen setzt sich der Interessenverband für Partikularinteressen ein, deren Umsetzung den Mitgliedern des Verbandes Vorteile bringen (vgl. Daumann 1999, 11).

Interessenverbände können prinzipiell überall aktiv werden. Sie vertreten die Interessen z.B. von Branchen direkt in Brüssel oder in den Mitgliedsstaaten. So repräsentiert beispielsweise die CEFIC als Zusammenschluss der nationalen Dachverbände die chemische Industrie in Brüssel. Auch nicht-europäische Firmen suchen auf dem Wege der gemeinsamen Interessenvertretung in Europa nach Einfluss. Die American Chamber of Commerce (AmCham) repräsentiert US Unternehmen in den Mitgliedsstaaten der EU und in Brüssel.

12.2.1 Vorteile kollektiver Interessenvertretung

Interessengruppen oder –verbände sollen – auf der Basis der in Kapitel 11 geschilderten Analyse - Einfluss auf die institutionelle Umwelt nehmen, um die Position der Mitglieder der Interessengruppe zu verbessern. *Kollektive* Interessenvertretung wird dabei gleichgesetzt mit der Entscheidung mehrerer Unternehmen, ihre Ziele nicht isoliert von einander zu verfolgen, sondern Ressourcen (z.B. Zeit, Geld...) in einer gemeinsamen Interessenvertretung zu bündeln und gemeinsam an der Gestaltung der institutionellen Umwelt mitzuwirken. Die Kosten einer gemeinsamen Interessenvertretung resultieren prinzipiell aus zwei Quellen. Zum einen entstehen Kosten durch die Organisation der kollektiven Interessenvertretung. Dazu gehören beispielsweise die Kosten der Identifikation, der Motivation und Abstimmung zwischen Parteien mit ähnlichen Interessen (vgl. Baron 2003, 165). Diese Kosten können bei einer großen Zahl von potentiellen Teilnehmern an einer Interessengruppe sehr hoch sein. Im Falle von dauerhaften gemeinsamen Interessen können die Kosten durch eine ständige Vertretung der beteiligten Unternehmen reduziert werden. Zum anderen entstehen Kosten durch die unmittelbare Einflussnahme auf Entscheidungsträger.

Den Kosten der Organisation einer Interessenvertretung steht ein Nutzen der kollektiven Wahrnehmung von Interessen gegenüber. Der Nutzen besteht darin, dass der Stimme der Interessenvertretung ein größeres Gewicht beigemessen wird, als der Summe der individuellen Stimmen der betroffenen Unternehmen. Daher sind die beteiligten Unternehmen auch bereit, auf das unmittelbare und alleinige Verfügungsrecht an den in die Interessenvertretung eingebrachten Ressourcen zu verzichten.

Wird das angestrebte Ziel erreicht, so profitieren alle Mitglieder des Interessenverbandes davon, unabhängig von der Höhe ihres individuellen Beitrages zur Zielerreichung. Die Schaffung eines Ergebnisses für alle Mitglieder der Interessenvertretung kann somit als die Produktion eines *öffentlichen Gutes* (= *Kollektivgutes*) angesehen werden (vgl. Olson 1967). Unternehmen, die nicht in der Interessenvertretung organisiert sind, aber prinzipiell die gleichen Interessen haben, wie die organisierten Unternehmen, profitieren vom Erfolg der Interessenvertretung ebenso wie die Unternehmen, die Ressourcen zur Organisation der Interessenvertretung aufgewandt haben.

Die Eigenschaft von Kollektivgütern hat unmittelbare Konsequenzen für die „Produktion" dieser Güter. Sie führt immer zu einer Dilemmasituation (vgl. Tab. 12-1).

Tabelle 12-1: Erträge alternativer Handlungen bei der Bereitstellung eines Kollektivgutes

Akteur A \ Andere Akteure	Investition	Verweigerung
Investition	Fall I: + 5	Fall II: - 5
Verweigerung	Fall III: + 10	Fall IV: +/- 0

Quelle: Daumann, 1999, 35 in Anlehnung an Buchanan, 1968, 88 ff.

In dieser Dilemmasituation stellt sich jeder Akteur die Frage, ob er in die Interessenvertretung Ressourcen einbringen, also investieren, soll, oder ob er darauf bauen soll, dass die anderen Akteure „sich der Sache schon annehmen werden". In genau diesem Fall III hätte ein Akteur den höchsten Nutzen (+10). Ohne eigene Kosten zu haben, würde die institutionelle Umwelt im Sinne des Akteurs A beeinflusst. Akteur A käme in den Genuss einer Freifahrt (*„free ride")* (vgl. Pethig 1978).

Den Anreiz zur „Verweigerung" hat aber nicht nur der Akteur A. Für alle anderen Akteure stellt sich die Situation genau so dar, so dass im Ergebnis der Fall 4 zu erwarten ist. Keiner der betroffenen Akteure übernimmt dann die Kosten der Einflussnahme auf den institutionellen Wandel und niemand verbessert seine Situation. Dieses Ergebnis ist unbefriedigend, weil der Fall I leicht realisierbar scheint. In diesem Fall würde der Akteur A seine Kosten tragen und auch die anderen Akteure würden ihren Beitrag leisten. Im Ergebnis würde gleichwohl ein Nettonutzen (+ 5) für den Akteur A entstehen, der nun unrealisiert bleibt.

Das in dem Modell geschilderte unbefriedigende Ergebnis tritt in der Realität nicht zwangsläufig ein. Erstens können Bedingungen vorliegen, die eine Kooperation wahrscheinlicher werden lassen. Zwei besonders wichtige Bedingungen sind der Zeithorizont der Kooperation und die Größe und Zusammensetzung der Gruppe (vgl. Daumann 1999, 36ff.). Zweitens können bewusst Instrumente eingesetzt werden, um ein Gelingen der Kooperation zu erreichen.

12.2.2 Erfolgsbedingungen der Organisation von Interessenvertretungen

Die Dauer der Zusammenarbeit in einer Interessenvertretung und die Größe und Zusammensetzung der in der Interessenvertretung organisierten Gruppe sind besonders wichtige Bedingungen für die erfolgreiche Koordination einer kollektiven Vertretung. Bei einer projektübergreifenden Interessenvertretung verliert die „Free-Rider" Position an Attraktivität, weil die Opportunitätskosten durch das potentielle Scheitern der Kooperation höher sind als bei einer einmaligen Interessenvertretung.

In Bezug auf die Größe und Zusammensetzung der Gruppe bieten vor allem kleine und homogene Gruppen die Chance, aus der Dilemmasituation auszubrechen. In kleinen und homogenen Gruppen sind die Koordinations- und Abstimmungskosten zwischen den Mitgliedern der Interessenvertretung kleiner als in großen oder heterogenen Gruppen. Es ist dadurch leichter möglich, Vereinbarungen über den Einsatz von Ressourcen in die Interessenvertretung zu erreichen. Die Gefahr des opportunistischen Abweichens von dieser Vereinbarung gilt in kleinen und homogenen Gruppen ebenfalls als geringer.

Tabelle 12-2: Der Einfluss der Dauer der Zusammenarbeit und der Gruppengröße auf die Organisation von Interessenvertretungen

	kleine / homogene Gruppe	große / heterogene Gruppe
dauerhafte Zusammenarbeit	**Fall I** besonders aussichtsreich	**Fall II** mittlere Erfolgsaussichten
themen- / projektbezogene Zusammenarbeit	**Fall III** mittlere Erfolgsaussichten	**Fall IV** besonders aussichtslos

Betrachtet man die beiden Einflussfaktoren der *Zeitperspektive* und der *Gruppenmerkmale* gemeinsam, so wird deutlich, dass am ehesten Situationen, in denen eine projektübergreifende Kooperation zwischen einer kleinen Zahl von homogenen Gruppenmitgliedern die Aussicht hat, das Dilemma der Interessenvertretung zu überwinden (Fall I). Die Interaktionen zwischen den Akteuren generieren in gewisser Weise selbst einen *solidarischen Anreiz* zur Kooperation (vgl. Daumann 1999, 41).

Es wird auch deutlich, dass gerade die Organisation kurzfristiger Kooperation mit heterogenen Mitgliedern schwierig sein kann (Fall IV). So wirft die länderübergreifende Interessenvertretung – z.B. von Arbeitnehmern durch einen internationalen Gewerkschaftsverband oder von Unternehmen aus unterschiedlichen Ländern – besondere Herausforderungen auf. Die beteiligten Mitglieder bilden auf internationaler Ebene eine im Vergleich zur nationalen Ebene eher heterogene und anonyme Gruppe. Auch innerhalb einer Interessenvertretung können dann durchaus *heterogene Interessen* aufeinander treffen. Unternehmen – insbesondere wenn sie in starker Konkurrenz zueinander stehen – haben oft eine firmenindividuelle, teilweise auch länderspezifische Sicht auf bestimmte Themen.

Die Fälle II und III beschreiben Ausgangsbedingungen, die jeweils eine mittlere Erfolgsaussicht für die Organisation einer kollektiven Interessenvertretung signalisieren.

12.2.3 Instrumente zur Organisation kollektiver Interessenverbände

Wenn keine günstigen Bedingungen für eine kollektive Interessenvertretung vorliegen, kann durch den Einsatz verschiedener Instrumente doch noch eine Zusammenarbeit hergestellt werden (vgl. Daumann 1999, 40f.)

- *Zwang* wäre ein geeignetes Instrument. Allerdings steht es im Prinzip nur staatlichen Organen zur Verfügung und kann zur Organisation von Interessenvertretungen kaum eingesetzt werden.

Die Gestaltungsaufgabe internationaler Unternehmen

- *Materielle Anreize* können das Kalkül der nicht kooperationswilligen Akteure verändern. Die Koordination zwischen Mitgliedern mit unterschiedlichen Interessen erfordert ggf. *Kompensationszahlungen* zwischen den Mitgliedern, um nach außen überhaupt mit einer Stimme sprechen können. Die Außenwirkung von Interessenvertretungen wird deutlich verbessert, wenn es gelingt, die Mitglieder nach außen mit einer Stimme sprechen zu lassen.

- *Ideelle Anreize* erwachsen aus dem durch die Gruppenmitglieder bereitzustellenden Kollektivgut selbst. Wird der Bereitstellung von Ressourcen durch einzelne Akteure in einer Gemeinschaft ein hoher ideeller Wert beigemessen und wird kooperierenden Akteuren eine entsprechende (ideologische oder moralische) Anerkennung zuteil, besteht ein ideeller Anreiz, sich an der Interessenvertretung zu beteiligen.

Gegebenenfalls ist die Aufgabe der Koordination der kollektiven Interessenvertretung einem „politischen Unternehmer" zu übertragen, der seinerseits durch monetäre oder nicht-monetäre Sondervorteile motiviert wird (vgl. Daumann 1999, 42 ff.). Der politische Unternehmer koordiniert potentielle Akteure als Interessenvertretung. Er muss die Kosten-Nutzen-Kalküle der Akteure so verändern, dass sich eine „Free-Rider" Position nicht lohnt. Es ist somit die Aufgabe des politischen Unternehmers, die o.g. Instrumente der Koordination von Interessenvertretungen einzusetzen und zu verdeutlichen, dass die kollektive Interessenvertretung für jeden Akteur vorteilhaft ist und die Ressourcen jedes einzelnen für den Erfolg absolut bedeutend sind.

12.3 Instrumente der Einflussnahme

Da die Spielregeln einer institutionellen Umwelt überwiegend in einem politischen Entscheidungsprozess festgelegt werden, liegt es nahe, den Einfluss von Interessengruppen vor dem Hintergrund dieses Entscheidungsprozesses zu untersuchen. Dabei stellt sich die Frage, welches Potential eine Interessenvertretung besitzt und wem gegenüber dieses Potential eingesetzt werden sollte. Beide Faktoren, die Ressourcenausstattung der Interessenvertretung und die Verwendung der Ressourcen, haben einen Einfluss auf die Erfolgsaussichten der Interessenvertretung.

In Bezug auf die Ressourcenausstattung werden unterschiedliche Einteilungen vorgenommen (vgl. Kollewe 1979, 19 ff. Streit 1988, 40 f., Daumann 1999, 120 ff.). Von herausragender Bedeutung sind aber:

- die finanziellen Mittel der Interessenvertretung im weitesten Sinne (Mittel der Vertretung und indirekt auch Mittel ihrer Mitglieder)

- Informationen über die Mitglieder der Interessenvertretung und über den Entscheidungsgegenstand

- die Größe der repräsentierten Gruppe (absolut und / oder relativ). Maßzahl der relativen Gruppengröße ist der Organisationsgrad. Er misst das zahlenmäßige Verhältnis zwischen Mitgliedern und potentiellen Mitgliedern. (vgl. Daumann 1999, 124). Eine Relevanz hat die Gruppengröße nicht zuletzt auch deshalb, weil die Mitglieder einer Interessenvertretung auch Wähler sind.

Die Betrachtung der Ressourcen einer Interessenvertretung ist deshalb wichtig, weil auch die Interaktionen zwischen der Interessenvertretung und den Zielakteuren der Interessenvertretung als Transaktionen interpretiert werden können. Ressourcen werden dabei eingesetzt bzw. gegeben, um eine bestimmte Gegenleistung zu erhalten (vgl. Lehner 1973, Groser 1979, 28). Ressourcen können aber auch indirekt eingesetzt werden, z.B. in öffentlichen Kampagnen. Regelmäßig geht es dabei darum, den Nutzen der Handlungsoptionen eines Entscheiders so zu verändern, dass die der Interessenvertretung angenehme Option gewählt wird.

Finanzielle Ressourcen stehen den Funktionären der Interessenvertretungen aus Mitgliedsbeiträgen oder sonstigen Zuwendungen der Mitglieder für besondere Vorhaben zur Verfügung. Darüber hinaus verfügt der Verband über umfangreiche Informationen über seine Mitglieder. Diese Informationen betreffen:

- die Marktaktivitäten der Mitgliedsunternehmen und deren Erfolgsbedingungen
- die Wettbewerbssituation der organisierten Mitglieder und die Triebkräfte des Marktprozesses
- die internen Strukturen und Bedingungen der Tätigkeit der Unternehmen
- die Rolle der Rahmenbedingungen, insbesondere der institutionellen Umwelt, die einen Einfluss auf die Marktaktivitäten und den Markterfolg der Unternehmen haben.

Diese Informationen können auch für den Erfolg der Entscheidungsträger und ihrer Maßnahmen von Bedeutung sein. Die Aufbereitung und Bereitstellung der Informationen ist daher für die Interessenvertretung ein wesentliches Instrument der Einflussnahme.

12.4 Arenen der Einflussnahme

Neben den vorhandenen Ressourcen bestimmen vor allem die Art und Weise, wie diese Ressourcen eingesetzt werden, die Erfolgsaussichten. Im Vordergrund stehen dabei Aktivitäten, die auf den politischen Entscheidungsprozess gerichtet sind.

Bei den Aktivitäten, die auf den politischen Entscheidungsprozess ausgerichtet sind, ist neben der Entscheidung über konkreten Maßnahmen vor allem die Auswahl der

12 Die Gestaltungsaufgabe internationaler Unternehmen

Arenen der Einflussnahme von Belang. Einmal abgesehen von den ganz konkreten Gremien und Entscheidungsträgern, auf die eine Interessenvertretung im speziellen Fall Einfluss nehmen kann, lassen sich vor allem zwei Arenen der Einflussnahme unterscheiden: Die *Administration*, die politische Entscheidungen umsetzen, aber auch vorbereiten soll. Die *Politiker*, die als Entscheidungsträger die politische Verantwortung für die Gestaltung der institutionellen Umwelt tragen.

12.4.1 Administration/Verwaltung (Umsetzung politischer Entscheidungen)

Eine Auseinandersetzung mit der Administration – unabhängig davon, ob es sich um nationale oder z.B. EU Administration handelt – liegt in der Tatsache begründet, dass die Administration Spielregeln wie Gesetze u.ä. ausarbeitet und im politischen Entscheidungsprozess eine wesentliche Rolle spielt. Nicht selten delegieren Politiker faktisch ihre Entscheidungskompetenz an die Fachabteilungen der Verwaltungen. Insofern werden die Administrationen zu Adressaten der Interessenverbände. Kenntnisse der Arbeitsweise von Verwaltungen sind für die Arbeit von Interessenvertretungen daher wichtig.

Die Merkmale der Verwaltung bzw. Administration lassen sich folgendermaßen darstellen. Sie gehen ganz überwiegend auf das Bürokratiemodell von Max Weber (1918/1990) zurück:

- Basis der Bürokratie ist ein umfassendes Regelwerk, das das Verhältnis der Mitglieder der Bürokratie untereinander und nach außen möglichst umfassend regeln soll.

- Alle Positionen innerhalb der Bürokratie sind mit Rechten und Pflichten ausgestattet und in eine hierarchische Führungs- und Kommunikationsstruktur eingebettet.

- Die Mitglieder der Bürokratie werden nicht gewählt, sondern nach fachlicher Eignung eingestellt. Ihre Karriere folgt einer formalen Laufbahnordnung. Die Stationen der Laufbahn werden stark durch das Lebensalter der Stelleninhaber und ggf. durch Beurteilungen von Vorgesetzten bestimmt.

- Gegenüber den Politikern zeichnen sich die Mitglieder der Bürokratie häufig durch Informationsvorsprünge aus, da Gesetzesinitiativen meist von der Verwaltung ausgehen (vgl. Ellwein 1971, 57 ff.).

Die Merkmale der Administration haben Auswirkungen auch für den Verhaltensspielraum von Interessenvertretungen. So sind Bürokraten, deren Karriere überwiegend durch ihr Lebensalter und interne Bewertungen bestimmt wird und die gleichzeitig durch unbefristete Beschäftigungsverhältnisse über eine Einkommensgarantie verfügen (vgl. Roppel 1979, 86), von externen Personen und Organisationen relativ unabhängig. Die Gelder, die ihnen im Rahmen ihrer Aufgaben zur Verfügung

12.4 Arenen der Einflussnahme

stehen, sind keine Einnahmen aus Umsatzerlösen, sondern Budgets, die für ein Jahr im Haushalt bereitstehen, und die im Falle der Nicht-Verwendung in ein allgemeines Budget zurückfließen.

Zwar verfolgen diejenigen in einer Bürokratie, die aufgrund ihrer hierarchischen Position Entscheidungsmacht besitzen, prinzipiell die gleichen Ziele, wie alle anderen Individuen, nämlich die bestmögliche Steigerung ihres Nutzens durch Bedürfnisbefriedigung (vgl. Downs, 1965, 1967, Tullock, 1965). Da aber die Sicherheit des Einkommens nicht von externen Belohnungs- oder Sanktionsmechanismen abhängt, ist das Verhalten der Vertreter bürokratischer Administrationen oft nicht mit dem Verhalten von Menschen in Organisationen, die dem Wettbewerb ausgesetzt sind, vergleichbar. (vgl. dazu im folgenden Daumann 1999, 127ff.). Das Ziel der Einkommensmaximierung wird bei Bürokraten abgelöst durch das Ziel der Steigerung des eigenen *Budgets*, das gleichzeitig Macht und Ansehen generiert. Ein hohes Budget oder Steigerungen im Budget bedürfen aber der Rechtfertigung und eine solche Rechtfertigung ist nur über die zu bewältigenden Aufgaben möglich. Insofern sind die Spitzen der Administration daran interessiert durch Kontakte mit Interessenverbänden Aufgaben und zu bearbeitende Fälle zu erhalten. Sie können die Kontakte zu Interessenverbänden und den resultierenden Regelungsbedarf als Argumente verwenden, wenn es um die Sicherung und Steigerung ihres Haushalts geht.

Darüber hinaus kann davon ausgegangen werden, dass die Mitglieder der Administration über Verhaltensspielräume verfügen, die sie zu Gunsten von Interessengruppen nutzen können. Die Verhaltensspielräume resultieren aus dem Verhältnis zwischen Politik und Verwaltung. Diese Prinzipal-Agent-Beziehung sieht die Administration zwar formal in der Rolle rein ausführender Agenten. Tatsächlich besitzt die Administration aber erhebliche Verhaltensspielräume und eine Kontrolle der Administration durch die Politik funktioniert nur sehr eingeschränkt. Dafür ist eine Reihe von Ursachen verantwortlich (vgl. Daumann 1999, 202ff.):

- Informationsasymmetrien zwischen Prinzipal und Agent bringen die Mitglieder der Administration in eine vorteilhafte Ausgangsposition.
- Komplexe Leistungen der Administration erschweren die Kontrolle.
- Vage Zielvorgaben, z.B. „öffentliches Interesse wahren", eröffnen weite Handlungsspielräume.
- Fehlende Bewertungsmaßstäbe erschweren Kontrolle.

Unter diesen Bedingungen haben die Vertreter von Interessenverbänden gute Aussichten, ihre Ziele bei den Verwaltungen durchzusetzen. Wenig konkrete Zielvorgaben der Politik an Regulierungsbehörden lassen Raum für eine Einflussnahme auf die Mitarbeiter der Administration. Häufig ist ohnehin von einer Interessenharmonie zwischen den Unternehmensvertretern und der Bürokratie auszugehen, da die Administration – nicht zuletzt aus Eigeninteresse – an der Prosperität der betroffenen Branchen interessiert ist: Florierende und wachsende Branchen bieten zu bearbeitende Fallzahlen und damit eine Absicherung der Verwaltungsbudgets.

12.4.2 Politiker (Politische Vorgaben an die Verwaltung)

Die Politiker selbst bieten einen weiteren Ansatzpunkt für die Arbeit der Interessenvertretungen. Sie sind es, die über Spielregeln formal entscheiden. Bei der Analyse der denkbaren Einflussmöglichkeiten auf Politiker ist es sinnvoll zwei Phasen zu unterscheiden: Die *Phase des politischen Wettbewerbs* und die *Phase der monopolistischen Handlungsspielräume* (vgl. Daumann 1999).

Die *Phase des politischen Wettbewerbs* beschreibt die Zeit vor den Wahlen. Politiker und Parteien stellen in dieser Phase dem Wähler ihre Programme vor. Vom Wahlergebnis werden dann auch die Karrieren der Politiker beeinflusst. Es wäre anzunehmen, dass es gerade in dieser Phase für Interessenvertretungen möglich sein müsste, ihre Anliegen zu lancieren und durchzubringen. Tatsächlich ist der politische Wettbewerb aber durch eine Reihe von Besonderheiten eingeschränkt (vgl. Daumann 1999, 133 ff.). Dazu gehören z.B. zeitliche Einschränkungen (Einfluss nur am Wahltag, kaum während der Legislaturperiode), Marktzutrittsbeschränkungen (z.B. durch Parteizugehörigkeit oder die 5%-Hürde in Deutschland) und die Tatsache, dass der Wähler nicht über Vorschläge zu einzelnen Sachfragen, sondern immer nur über Bündel von Vorschlägen aus Parteiprogrammen entscheiden kann.

Als Konsequenz aus den Einschränkungen des politischen Wettbewerbs ist anzunehmen, dass das Sanktionspotential der Wähler eher gering ist und die Mitglieder der Interessenverbände in ihrer Rolle als Wähler nicht sehr viel erreichen können. Andere Formen der Einflussnahme sind aber durchaus möglich. Eine unmittelbare Einflussnahme kann über eine direkte Interaktion zwischen dem Vertreter eines Interessenverbandes und Politikern erfolgen. Eine Einflussnahme ist vor allem unter Einsatz des Finanzierungspotentials und des Informationspotentials möglich.

- Finanzielle Zuwendungen können dabei das Spektrum von der Parteispende bis hin zum Angebot von lukrativen Positionen im Interessenverband oder in einem Mitgliedsunternehmen des Interessenverbandes umfassen.

- Das Informationspotential des Vertreters eines Interessenverbandes kann genutzt werden, um den Politikern zu signalisieren, wo Handlungsbedarf aus Sicht der Mitglieder des Interessenverbandes besteht. Es kann auch für die Formulierung von Gutachten oder Eingaben im Parlament und selbst die Ausarbeitung von Gesetzentwürfen, die an Politiker versandt werden können, genutzt werden. Der Interessenverband liefert auf diese Weise gleich Lösungsvorschläge für den von ihm diagnostizierten Handlungsbedarf.

Arenen der Einflussnahme **12.4**

Im Falle einer mittelbaren Einflussnahme wirken nicht die *Vertreter* der Interessenverbände unmittelbar auf Regierungspolitiker ein, sondern die Einflussnahme erfolgt über die Verbandsmitglieder oder über die Wähler. Zur Verwirklichung der Einflussnahme erfolgt erneut der Rückgriff auf das Informations- und Finanzierungspotential. So kann der Verband durch die Weitergabe von Informationen an die Medien die Regierungspolitik kommentieren, auf Themen aufmerksam machen und Lösungen anbieten.

Zusätzliche Handlungsspielräume für Politiker, die von Interessenvertretern genutzt werden können, bestehen insbesondere kurz nach Wahlen. Zwar gibt es auch in der *Phase des monopolistischen Handlungsspielraumes* Restriktionen für das Verhalten der Politiker (Verfassung, Haushalt, Verhalten der Opposition etc.), doch haben Handlungen der Politiker dann kaum einen Einfluss auf die Ergebnisse der kommenden Wahlen. Dadurch können Politiker auf die Wünsche von Partikularinteressen – in der Hoffnung auf Gegenleistung – eingehen.

Literaturhinweise

Die kollektive Interessenvertretung und Einflussnahme auf die institutionelle Umwelt wird bei Daumann (1999) behandelt. Wer darüber hinaus praktische Hinweise zu den Möglichkeiten der Einflussnahme sucht, findet Hinweise in Publikationen zu Themen wie Lobbying (vgl. Baron 2003) oder sog. „Grassroots Campaigns (vgl. Keim 1985, Baysinger/ Keim/Zeithaml 1985).

Zusammenfassung

1. Unternehmen können die Aufgabe der Gestaltung der institutionellen Umwelt individuell oder kollektiv – z.B. im Rahmen von Interessenverbänden – angehen.

2. Interessengruppen oder -verbände bieten wegen einer Professionalisierung der Einflussnahme und einer Konzentration der Interessen häufig eine bessere Möglichkeit der Einflussnahme.

3. Die Koordination von Interessengruppen erfolgt allerdings nicht kostenlos. Transaktionskosten und Transferzahlungen gehören zur Realität von Interessengruppen. Damit soll nicht zuletzt auch das Trittbrettfahrerproblem eingegrenzt werden.

4. Finanzielle Mittel und Informationen sind die entscheidenden Ressourcen, die einer Interessengruppe für ihre Aktivitäten zur Verfügung stehen.

12 *Die Gestaltungsaufgabe internationaler Unternehmen*

5. Als Arenen der Einflussnahme kommen sowohl Politiker als aus die Administration („Bürokraten") in Frage. Beide Zielgruppen unterscheiden sich aber in ihren jeweiligen Zielen, so dass unterschiedliche Instrumente der Einflussnahme zum Einsatz kommen müssen.

Schlüsselbegriffe

Administration; Bürokraten; Interessengruppen; Interessenverbände; Phase der monopolistischen Handlungsspielräume; Phase des politischen Wettbewerbs; Politiker; Trittbrettfahrerproblem

Teil III

Marktbeziehungen internationaler Unternehmen

Dieser Teil des Buches widmet sich den Marktbeziehungen internationaler Unternehmen. In dem von der institutionellen Umwelt vorgegebenen Rahmen streben die Unternehmen danach, ihre Ziele durch Kooperation mit anderen Marktteilnehmern zu erreichen. Der Abschnitt A behandelt dazu grundlegende Fragen: Wie funktioniert der Markt? Was sind die Bedingungen für das Zustandekommen von Transaktionen? Was sind Wettbewerbsvorteile und wie entstehen sie? Welche Rolle spielen enge Geschäftsbeziehungen beim Aufbau von Wettbewerbsvorteilen?

In den Abschnitten B und C geht es um die Gestaltung unterschiedlicher Typen von Transaktionen. Während in Abschnitt B isolierte Einzeltransaktionen zwischen einem Anbieter und seinen internationalen Kunden im Vordergrund stehen, geht es im Abschnitt C um den Aufbau enger Anbieter-Nachfrager-Beziehungen. Im Vordergrund des Teils B stehen daher Fragen wie: Welche Merkmale zeichnen das Exportgeschäft aus und welche Managementanforderungen stellt es? Was sind die Besonderheiten des internationalen Lizenzgeschäfts? Wie lässt sich der Erfolg internationaler Transaktionen bewerten?

Im Abschnitt C steht der Aufbau enger internationaler Geschäftsbeziehungen im Vordergrund. Relevant werden dabei Fragen wie: Welche Transaktionsprobleme führen beim Kunden zu dem Wusch nach einer engen Geschäftsbeziehung zum Anbieter? Wie kann ein Anbieter den Aufbau von Geschäftsbeziehungen durch Direktinvestitionen unterstützen? Welche weiteren Maßnahmen sind im Rahmen eines Geschäftsbeziehungsmanagements erforderlich? Wann ist es für einen Anbieter sinnvoll, eine Geschäftsbeziehung zum Kunden nicht allein, sondern gemeinsam mit einem Partner aufzubauen? Wie lassen sich internationale Geschäftsbeziehungen bewerten? Als Ergebnis der Überlegungen ergeben sich nicht nur eine fundierte Bewertung der eigenen Wettbewerbsposition im internationalen Marktprozess, sondern auch konkrete Implikationen für das Management.

A
Markt, Wettbewerb, Transaktionstypen

13 Der Markt als Koordinationsmechanismus internationaler Transaktionen

13.1 Der Markt als Koordinationsmechanismus und seine Wirkungsweise

Zwar läuft der Marktprozess in der Realität fast immer innerhalb existierender Spielregeln ab. Die Ursachen, die zu übergeordneten Spielregeln führen, wurden in Teil II des Buches diskutiert. Innerhalb dieser Spielregeln wirken dann aber wieder die Kräfte des Marktes. Der Markt bleibt somit diejenige Governance-Struktur, die als Ausgangspunkt aller Überlegungen zur Koordination ökonomischer Aktivitäten zu sehen ist (vgl. auch Kapitel 2).

Der Markt fördert ein erwünschtes menschliches Verhalten, nämlich sich Mühe mit einer Sache zu geben, sich anzustrengen und eine möglichst gute Leistung erzielen zu wollen. Im Hervorrufen dieses Verhaltens liegt die sog. Anreizwirkung des Marktes. Der Mechanismus, der diesen *Anreiz* erzeugt, ist einfacher Natur. Er *belohnt* gute Leistungen und er *bestraft* schlechte Leistungen und er tut dies *unmittelbar*. Nichts anderes steht hinter der Preisabsatzfunktion, die den Zusammenhang zwischen Preisänderungen und Änderungen der nachgefragten Menge wiedergibt. Auf Preisreduzierungen (= Leistungssteigerungen) erfolgt eine Ausweitung der Nachfrage und umgekehrt.

Auf vollkommenen Märkten mit homogenen Gütern ist der Preis tatsächlich das entscheidende Kriterium für die Belohnung oder die Bestrafung der Marktteilnehmer. Auf unvollkommenen Märkten wird der *Preismechanismus* dagegen ersetzt durch einen *Mechanismus subjektiv empfundener Werte*. Es ist dann nicht mehr der Preis allein, sondern das gesamte Bündel von Leistungsmerkmalen, das zu Belohnung oder Bestrafung führt. Dieses Leistungsbündel beinhaltet neben dem Preis auch andere Leistungsmerkmale, wie die subjektiv wahrgenommene Produktqualität oder das als sympathisch oder unsympathisch empfundene Auftreten des Verhandlungspartners. Obwohl das vom Marktpartner beurteilte Leistungsbündel in den meisten Fällen weit

13 Der Markt als Koordinationsmechanismus internationaler Transaktionen

über eine reine Bewertung des Preises hinausgeht, hat sich der Begriff des *Preismechanismus* zur Beschreibung der Funktionsweise des Marktes eingebürgert.

Der Marktmechanismus kann prinzipiell nur innerhalb der in der institutionellen Umwelt implementierten Spielregeln wirksam werden. Darüber hinaus wird er durch den Grad der Arbeitsteilung in einer Gesellschaft oder Region in seiner Wirkung bestimmt. Je größer ein Markt ist, desto höher ist potentiell auch der Grad an Arbeitsteilung zwischen den Wirtschaftsakteuren und damit die Möglichkeit marktlicher Koordination. Daher ist es sinnvoll neben der Betrachtung des Marktes als Governance-Struktur auch eine Betrachtung des Marktes als relevanter Markt zu setzen, um die potentielle Ausdehnung und damit den Grad an Arbeitsteilung einschätzen zu können.

Definition: *relevante Markt*

Der relevante Markt ist nach Plinke (2000) die „(r)äumlich und zeitlich abgegrenzte Menge aller aktuellen und potentiellen Käufer, die ein ähnliches Problem haben sowie die Menge der aktuellen und potentiellen Anbieter, von denen diese Käufer erwarten, dass sie dieses Problem lösen können."

Bereits in Kapitel 2 wurde festgestellt, dass aus ökonomischer Sicht vor allem Transaktionskosten die Grenzen des Marktes determinieren. Gleichzeitig wird durch die Definition des relevanten Marktes deutlich, dass relevante Wettbewerbsbeziehungen nicht nur innerhalb von Branchen existieren. Das folgende Beispiel zeigt die Sicht der Deutschen Bahn auf den relevanten Markt und den Wettbewerb. Deutlich wird im Wettbewerbsbericht 2007, dass sich die Bahn als Wettbewerber in einem Markt sieht, der keinesfalls auf das Medium Schiene festgelegt ist. Die Deutsche Bahn muss in ihren Marktbeobachtungen sowohl den Schienenwettbewerb als auch andere nationale und internationale Anbieter von Transportleistungen berücksichtigen. Die folgenden Aussagen der Deutschen Bahn zum Wettbewerbsbericht 2007 zeigen, welche Aspekte aus Sicht der Bahn zu berücksichtigen sind: So weist der Wettbewerbsbericht der Deutschen Bahn denn auch ganz unterschiedliche Informationen aus.

Beispiel: *Wettbewerb aus Sicht der Deutschen Bahn*

„Sowohl im Personenverkehr als auch im Güterverkehr hat die Schiene im vergangenen Jahr ihren Marktanteil ausweiten können", erklärte der Vorstand der Deutschen Bahn AG für Wirtschaft und Politik, Dr. Otto Wiesheu, am 3. Mai 2007 in Berlin bei der Vorstellung des sechsten Wettbewerbsberichts des Unternehmens. „Dieser Erfolg der Deutschen Bahn ist nicht zuletzt auf attraktive Angebote im Personenverkehr und den Ausbau der Aktivitäten entlang der Transportkette im Schienengüterverkehr zurückzuführen. Auch unsere Wettbewerber verzeichnen - wie schon in den vergangenen Jahren - hohe Zuwachsraten."

Neuer Leistungsrekord der Schiene im Güterverkehr
Mit rund 107 Milliarden Tonnenkilometern im vergangenen Jahr und einer Wachstumsrate von zwölf Prozent hat die Schiene beim Güterverkehr einen neuen Leistungsrekord aufgestellt. Insbesondere andere Bahnen verzeichneten mit etwa 28 Prozent einen kräftigen Anstieg. Der Personenverkehr der DB legte bei den Verkehrsleistungen im zurückliegenden Jahr 2006 um rund drei Prozent zu. Auch hier war der Anstieg der Wettbewerber überproportional. So stieg deren Zugleistung im Regionalverkehr um 15 Prozent gegenüber dem Vorjahr. Insgesamt konnten die Eisenbahnunternehmen ihre Verkehrsleistung im Personenverkehr um erfreuliche 3,8 Prozent steigern.

Schienenverkehr im Vergleich zu anderen Verkehrsträgern benachteiligt
Dennoch ist der Anteil der Schiene mit 17,2 Prozent im Güterverkehr und 9,4 Prozent im Personenverkehr im Mix der Verkehrsträger noch nicht zufriedenstellend. „Ein Ende der Benachteiligung insbesondere des Schienenfernverkehrs könnte auch den Wettbewerb auf der Schiene stärken", sagte der Konzernbevollmächtigte für Europäische Angelegenheiten, Wettbewerb und Regulierung der Deutschen Bahn, Joachim Fried. So zahlt die Bahn die volle Mineralöl- und Mehrwertsteuer – auch im internationalen Verkehr – während der Luftverkehr davon ausgeklammert ist. Auch die Umweltvorteile der Bahn sind heute nicht wettbewerbsrelevant.

Verzerrungen im Wettbewerb durch ungleiche Öffnung ausländischer Märkte
Ausländische Märkte sind der DB AG im Personenverkehr verschlossen, während hierzulande eine große Zahl ausländischer Unternehmen mit der Bahn konkurriert. So lange diese Benachteiligungen andauern, sei das Ausbleiben von Wettbewerb im Fernverkehr nur für die Monopolkommission erstaunlich, so Fried. Diese hatte in ihrem kürzlich vorgelegten Sondergutachten die Existenz eines gemeinsamen Marktes von Deutscher Bahn und Low-Cost-Airlines bestritten. Eine Beseitigung dieser Verzerrungen würde nicht nur für weitere Verlagerungseffekte auf die Schiene sorgen, sondern auch Anreize für Markteintritte von Wettbewerbern begründen.

Quelle: Wettbewerbsbericht 2007 der Deutschen Bahn AG

13.2 Bedingungen für das Zustandekommen von Markttransaktionen

Die Anreizwirkung des Marktes führt dazu, dass ein Akteur – wenn er auf dem Markt erfolgreich sein will – zwei Bedingungen erfüllen muss: 1. Er muss seinem Kooperationspartner im Austausch einen Nutzenzuwachs bringen. 2. Dieser Nutzenzuwachs muss im Wettbewerb größer und damit attraktiver sein, als die Konkurrenzangebote der Wettbewerber.

13.2.1 Die erste Bedingung: Nutzensteigerung für die Transaktionsparteien

Bei der Analyse von Marktvorgängen steht nicht so sehr der physische Austausch von Gütern im Vordergrund, sondern die *wertmäßige Abbildung des Austausches*. Einige wesentliche Charakteristika kennzeichnen die wertmäßige Betrachtung des Austausches, der hier als einfacher Austausch zwischen zwei Parteien dargestellt wird (vgl. Plinke 2000):

In einem Austausch geht es nie nur um die Bewertung *eines* Gutes. Immer werden wenigstens die Leistung, die man erhält *und* die Leistung, die als Gegenleistung zu entrichten ist, bewertet. Es handelt sich somit immer um die *Bewertung eines Nutzen-Kosten-Bündels*, das sich in seiner einfachsten Form als Leistung und Gegenleistung beschreiben lässt. Diese Bewertung wird jeweils von beiden Transaktionspartnern vorgenommen.

Auch gibt es bei der Bewertung von Austauschgütern *keine objektiven Werte*. Immer wird der *Wert individuell und subjektiv* von den Transaktionspartnern ermittelt. Gäbe es objektive Werte, wäre ein Austausch nur in dem absoluten Ausnahmefall denkbar, in welchem Leistung und Gegenleistung gleichwertig wären. Selbst dann würde sich aber keiner der Austauschpartner durch den Tausch besser stellen und damit der eigentliche Grund für die Transaktion entfallen.

Ob eine Leistung für die Marktgegenseite einen Nutzen stiftet und dadurch einen Wert für diese Partei darstellt, lässt sich nur vor dem Hintergrund der spezifischen Situation des Marktteilnehmers sagen. Allgemein formuliert macht sich der Wert eines Gutes für einen Marktteilnehmer daran fest, ob das Gut einen Beitrag zur Problemlösung des Marktteilnehmers leistet. Der Antrieb zum Austausch liegt somit in empfundenen Problemen und dem Streben nach Problemlösung.

Definition: Problem

Ein Problem ist ein Spannungszustand zwischen einem als unbefriedigend wahrgenommenen Anfangszustand (Ist-Zustand) und einem als erstrebenswert wahrgenommenen Endzustand (Soll-Zustand) (vgl. auch Plinke 2000, 17).

Die Transformation des Anfangszustandes in den Endzustand durch eine Transaktion bezeichnen wir als Problemlösung (vgl. Abb. 13-1).

13.2 Bedingungen für das Zustandekommen von Markttransaktionen

Abbildung 13-1: Problem und Problemlösung

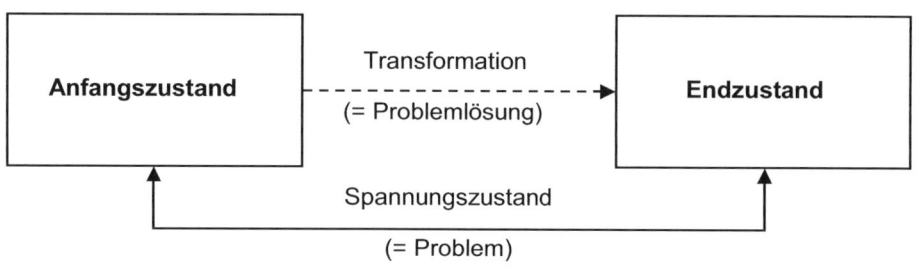

Quelle: Plinke, 2000, 17

Nur derjenige darf auf die Lösung seines eigenen Problems durch eine Transaktion mit anderen Akteuren hoffen, der gleichzeitig das Problem eines anderen Marktteilnehmers löst. Auf das bereits im zweiten Kapitel erwähnte Zitat von Adam Smith, nach dem auch der Metzger, Brauer oder Bäcker beim Verkauf seiner Waren die Wahrnehmung der eigenen Interessen und nicht Menschenliebe im Sinn hat (vgl. Smith 1776/1993, 17), sei hier noch einmal ausdrücklich hingewiesen. Damit kann die erste Bedingung für das Zustandekommen von Transaktionen definiert werden (vgl. Plinke 2000, 50):

Bedingung 1a.

Die Austauschrelation aus Käufersicht muss größer als eins sein!

$$V_K = \frac{Nutzen_K}{Kosten_K} > 1$$

- V_K = Wert der vom Anbieter A angebotenen Austauschrelation in den Augen des Kunden K;

- $Nutzen_K$ = Wert des vom Anbieter A Erhaltenen in den Augen des Kunden K (inkl. Transaktionsnutzen etc.)

- $Kosten_K$ = Wert des an den Anbieter A Herzugebenden in den Augen des Kunden K (inkl. Transaktionskosten etc.)

Bedingung 1b.

Die Austauschrelation aus Anbietersicht muss größer als eins sein!

$$V_A = \frac{Nutzen_A}{Kosten_A} > 1$$

- V_A = Wert der vom Kunden K angebotenen Austauschrelation in den Augen des Anbieter A;
- $Nutzen_K$ = Wert des vom Kunden K Erhaltenen in den Augen des Anbieter A (inkl. Transaktionsnutzen etc.)
- $Kosten_K$ = Wert des an den Kunden K Herzugebenden in den Augen des Anbieter A (inkl. Transaktionskosten etc.)

Bedingung 1c.

Die Austauschrelation muss das Anspruchsniveau der Vertragsparteien erfüllen!

$$V_K \geq CL \quad \text{wobei} \quad V_K = \frac{Nutzen_K}{Kosten_K}$$

- CL= Comparison Level für V_K (Anspruchsniveau bzw. Vergleichsmaßstab)

Sinngemäß bedeutet die erste Bedingung für das Zustandekommen einer Transaktion aus Anbieter- und Käufersicht, dass niemand freiwillig in eine Transaktion einwilligen wird, wenn er sich nicht durch die Transaktion verbessert. Die Bedingung 1c ergänzt die Bedingungen 1a. und 1b. dahingehend, dass Akteure möglicherweise so etwas wie einen individuellen Vergleichsmaßstab – einen Comparison Level besitzen, den sie zusätzlich an ein Transaktionsangebot anlegen. Zahlreiche Experimente insbesondere aus dem Bereich der Spieltheorie belegen inzwischen, dass die alleinige Vorteilhaftigkeit im Sinne der Bedingungen 1a und 1b noch keine hinreichende Voraussetzung für das Zustandekommen von Transaktionen bietet. So wurde im sog. Ultimatum-Spiel regelmäßig beobachtet, dass Fairness zwischen den Transaktionspartnern eine relevante Beurteilungsgröße von Transaktionen darstellt (vgl. z.B. Binmore 1992, Güth, Schmittberger, Schwarze 1982). Im Ultimatum-Spiel muss eine Person B einen von Person A erhaltenen bzw. geschenkten Geldbetrag, z.B. 1 Euro, zwischen sich und einer weiteren Person C aufteilen. Je nachdem, ob die Person C mit der Aufteilung einverstanden ist, oder nicht, wird der Aufteilungsvorschlag entweder akzeptiert und durchgeführt, oder aber der Geldbetrag geht zurück an Person A und die Personen B und C gehen leer aus. Obwohl sich die Person C bei einem Aufteilungsvorschlag von B von z.B. 0,80 für B und 0,20 für C gegenüber der Option leer ausgehen ökonomisch verbessert, wird in Experimenten immer wieder auch ein Ablehnen dieses Aufteilungsvorschlages beobachtet. Scheinbar wird die empfundene „Ungerechtigkeit" höher gewichtet, als der monetäre Vorteil. Die Ergebnisse der spieltheoretischen Experimente decken sich teilweise mit den frühen Erkenntnissen der Interaktionstheorie von Thibaut und Kelley (vgl. Thibaut/Kelley 1986, Kap. 2). Thibaut und Kelley, auf die der Begriff des Comparison Level zurück geht, hatten festgestellt, dass ein Akteur ein Angebot ablehnen könne, obwohl er sich durch die Transaktion wirtschaftlich „verbessern" würde, wenn er aus früheren Transaktionen einen größeren Nutzenzuwachs gewohnt war und das aktuelle Angebot – trotz Netto-Nutzen-Zuwachs – vor diesem Hintergrund als „ungerecht" oder als „nicht ausreichend" bewertet.

13.2.2 Die zweite Bedingung: Nutzensteigerung unter Wettbewerbsbedingungen

Neben der Bedingung einer Netto-Nutzensteigerung und dem Erreichen eines evtl. vorhandenen individuellen Vergleichsmaßstabes („comparison level") gilt es unter Wettbewerbsbedingungen eine zweite Bedingung zu erfüllen. Es handelt sich dabei um das Angebot eines potentiellen oder tatsächlichen Wettbewerbers, das – wenn es wahrgenommen wird – für den Transaktionspartner eine Transaktionsalternative darstellt.

Definition: Wettbewerb

Wettbewerb bedeutet, dass wenigstens zwei Akteure sich um eine Transaktion mit einem Dritten bemühen, dass aber nur wenige oder ein Akteur zum Zuge kommen können bzw. kann (Knappheit).

Durch den Wettbewerb ändert sich zwangsläufig die Bewertungsgrundlage für potentielle Transaktionen. Es muss nun nicht mehr nur eine für die beiden Transaktionspartner jeweils akzeptable Austauschrelation gefunden werden, sondern die Akteure müssen sich in ihrem Bemühen um die Transaktion gegen Angebote von konkurrierenden Wettbewerbern durchsetzen.

Die Bedingungen für den Austausch unter Wettbewerbsbedingungen lauten demnach:

Bedingung 2a (Käufersicht): $\quad V_{K/A} > V_{K/AW} \leftrightarrow \dfrac{\text{Nutzen}_{K/A}}{\text{Kosten}_{K/A}} > \dfrac{\text{Nutzen}_{K/AW}}{\text{Kosten}_{K/AW}}$

Bedingung 2b (Anbietersicht): $\quad V_{A/K} > V_{A/KW} \leftrightarrow \dfrac{\text{Nutzen}_{A/K}}{\text{Kosten}_{A/K}} > \dfrac{\text{Nutzen}_{A/KW}}{\text{Kosten}_{A/KW}}$

- $V_{K/A}$ = Wert der dem Kunden K vom Anbieter A angebotenen Austauschrelation in den Augen des Kunden K;
- $V_{K/AW}$ = Wert der dem Kunden K vom Anbieterkonkurrenten AW angebotenen Austauschrelation in den Augen des Kunden K;
- $V_{A/K}$ = Wert der dem Anbieter A vom Kunden K angebotenen Austauschrelation in den Augen des Anbieters A;
- $V_{A/KW}$ = Wert der dem Anbieter A vom Kundenwettbewerber KW angebotenen Austauschrelation in den Augen des Anbieters A.

Erst wenn jeweils beide Bedingungen für einen Anbieter und einen Nachfrager erfüllt sind, werden die beiden Parteien in eine Transaktion einwilligen.

Literaturhinweise

Um einen perfekten Einblick in die Funktionsweise des Marktes zu gewinnen empfiehlt sich nach wie vor die Lektüre von Adam Smith´ Klassiker An Inquiry into the Nature and the Causes of the Wealth of Nations (vgl. Smith (1776/1976). Eine sehr gute Einführung in die Grundlagen des Marktprozesses bietet außerdem Plinke (2000).

Zusammenfassung

1. Der Markt ist eine Governance-Struktur, die über den Preismechanismus und die daraus resultierende Belohnung der „Tüchtigen" und Bestrafung der „weniger Tüchtigen" starke Leistungsanreize bereitstellt.
2. Tüchtigkeit macht sich an den Nutzen-Kosten-Bündeln fest, die potentiellen Kooperationspartnern auf dem Markt als Problemlösung angeboten werden.

3. Die Suche nach Problemlösungen für Andere mit dem Ziel, die eigenen Probleme zu lösen, kann als der eigentliche Antrieb des Marktprozesses angesehen werden.

4. Zwei zentrale Bedingungen für das Zustandekommen einer Markttransaktion lassen definieren: Beide Transaktionspartner müssen sich durch die Transaktion subjektiv verbessern. Es darf kein Transaktionsangebot mit einer noch besseren Nutzen-Kosten-Relation vorliegen.

Schlüsselbegriffe

Austauschrelation; Comparison Level; Markt; Preisabsatzfunktion; Problem; Relevanter Markt; Transaktionsbedingungen; Transaktionskosten; Wettbewerb

14 Wettbewerbsvorteile auf internationalen Märkten

14.1 Wettbewerbsvorteile

Im vorherigen Kapitel wurden als Bedingungen für das Zustandekommen von Transaktionen zum einen ein aus Sicht der beteiligten Transaktionspartner positives Verhältnis zwischen Nutzen und Kosten definiert. Zum anderen mussten die jeweiligen Nutzen-Kosten-Bündel im Vergleich zu alternativen Angeboten als überlegen empfunden werden. Damit ist ein wesentlicher Bestandteil eines Wettbewerbsvorteils bereits genannt. Eine zweite Komponente des Wettbewerbsvorteils betrifft die Kostenposition, die ein Anbieter A gegenüber einem Wettbewerber AW hat (vgl. Plinke 2000, 77). Ein relativer Kostenvorteil lässt sich dann beschreiben als:

Relativer Kostenvorteil $^{A/AW}$ = Selbstkosten ^{AW} − Selbstkosten ^{A}

Ein positiver Wert zeigt die Überlegenheit des Anbieters A. Ein negativer Wert deutet auf einen Kostennachteil des Anbieters A hin. Obwohl die Kosten des Anbieters nicht unmittelbar etwas mit dem Preis den der Kunde entrichtet, zu tun haben, – in vielen Fällen kennt der Kunde die Kosten des Anbieters nicht – bringt eine vorteilhafte relative Kostenposition einem Anbieter erhebliche Vorteile. Durch die höhere Produktivität kann er höhere Stückgewinne erzielen und besitzt dadurch eine höhere Investitionskraft. Er kann die Kostenvorteile auch in Form von niedrigeren Preisen an seine Kunden weitergeben und dadurch den Nettonutzen des Kunden steigern. Ein Wettbewerbsvorteil des Anbieters A gegenüber dem Wettbewerber AW lässt sich somit folgendermaßen definieren:

Definition: Wettbewerbsvorteil

Nettonutzendifferenz $^{A/AW}$ des Käufers zugunsten des Wettbewerbers (Anbieters) ^{A}
+ Kostendifferenz $^{A/AW}$ des Anbieters ^{A}
= Wettbewerbsvorteil A/AW des Anbieters A

---

14 Wettbewerbsvorteile auf internationalen Märkten

Der Wettbewerbsvorteil ist somit eine zweidimensionale Größe, deren eine Dimension eine Effektivitätsdimension ist (Nettonutzendifferenz) und deren andere Dimension eine Effizienzdimension ist (Kostenvorteil), die durch die Gewinndifferenz operationalisiert werden kann.

Dabei stellt die *Effektivität* ein externes Leistungsmaß dar, das angibt, inwieweit ein Unternehmen den Erwartungen und Ansprüchen seiner Kunden gerecht wird. Die Erwartungen beziehen sich nicht auf ein Produkt, sondern auf ein vom Kunden empfundenes Problem und seine Lösung einschließlich der Lösung von Koordinationsproblemen. *Effizienz* ist dagegen ein internes Leistungsmaß, durch welches das Verhältnis von Output zu Input dargestellt wird (Plinke 2000, 86). Effektivität und Effizienz sind dabei in einem weiteren Sinne zu interpretieren. Nie geht es nur um ein Produkt und seinen Preis, sondern fast immer sind die mit einer Transaktion verbundenen Koordinationskosten oder –nutzen Einflussfaktoren auf Kosten und Nutzen.

14.2 Ressourcenorientierte Ansätze zur Erklärung von Wettbewerbspositionen auf internationalen Märkten

Die Ansätze zur Erklärung von Wettbewerbsvorteilen auf internationalen Märkten untersuchen die Ursachen von Wettbewerbsvorteilen in einem internationalen Kontext. Dabei werden Vorteile vorrangig durch ressourcenorientierte Argumente erklärt (vgl. zu dieser Sicht Wernerfelt 1984). Effektivitäts- oder Effizienzvorteile werden entsprechend auf Ressourcenvorteile zurückgeführt. Die Koordination von Transaktionen spielt explizit keine Rolle.

Die dominierenden Theorien liefern auf dieser Grundlage überwiegend kompatible Erklärungen in Bezug auf relevante Wettbewerbsfaktoren. Sie basieren erkennbar auf den „Klassikern" Adam Smith und David Ricardo. So stehen bei Adam Smith und David Ricardo zwar absolute und komparative *Produktivitäts*vorteile eines Landes im Vordergrund, wenn es darum geht, internationale Handelsströme zu erklären (vgl. Smith 1776 und Ricardo 1817). Die weitaus meisten Beispiele führen die Produktivitätsvorteile aber ursächlich auf unterschiedliche Faktorausstattungen zurück. Im Folgenden wird ein knapper Überblick über einige besonders prominente Ansätze zur Erklärung von internationalen Wettbewerbsvorteilen gegeben. Sie werden vor allem im folgenden Kapitel 15 um eine institutionenökonomische Perspektive ergänzt.

Ressourcenorientierte Ansätze zur Erklärung von Wettbewerbspositionen 14.2

14.2.1 Theorie der absoluten Kostenvorteile nach Adam Smith

Die Theorie der absoluten Kostenvorteile ist in ihrer orthodoxen Form ein Modell der Wirklichkeit, das zeigt, wie nationale Unterschiede zu Handel und Handelsgewinnen führen. In diesem Ausgangsmodell werden zwei Länder verglichen, die jeweils zwei Güter produzieren können und die sich in den für die Produktion erforderlichen Mengen an Produktionsfaktoren (z.B. Rohstoffen, Land oder Arbeitskraft) unterscheiden. Ein Land besitzt einen absoluten Kostenvorteil in der Produktion eines Gutes, wenn es eine Einheit des Gutes mit weniger „Rohstoffen", „Arbeit" etc. erstellen kann, als ein anderes Land. Besitzt ein Land in der Produktion eines Gutes einen absoluten Kostenvorteil und in der Produktion des anderen Gutes einen absoluten Kostennachteil, so sollte das Land sich auf die Produktion des Gutes spezialisieren, bei dem es absolute Vorteile hat. Die durch die Spezialisierung „zu viel" produzierten Einheiten des Gutes werden exportiert. Mit den Exporterlösen kann dann das andere Gut erworben (importiert) werden. Durch die Spezialisierung und den damit verbundenen Handel, ist es möglich, insgesamt mehr herzustellen und zu konsumieren, d.h. es kommt zu Wohlfahrtsgewinnen. Die Existenz absoluter Kostenvorteile kann durch höhere Arbeitsproduktivität, bessere Faktorausstattung, existierende Größenvorteile, überlegene Fähigkeiten, umfangreiche Erfahrung usw. begründet werden.

Im folgenden Beispiel werden die Länder Ghana und Südkorea betrachtet (vgl. Hill 2003). Nehmen wir an, beide Länder würden über den gleichen Umfang an Produktionsressourcen verfügen und könnten diese Ressourcen entweder für die Produktion von Reis oder Kakao verwenden.

Tabelle 14-1: *Produktionsmöglichkeiten von Ghana und Südkorea (Beispiel)*

	Benötigte Resourcen um 1 Tonne Kakao oder Reis zu produzieren		Faktorausstattung (Ressourcen, Land, Klima, Arbeitskraft...)
	Kakao	Reis	
Ghana	10	20	200
Südkorea	40	10	200

Quelle: Hill, 2003, 114

Aus Tabelle 14-1 geht hervor, dass beide Länder über jeweils 200 Einheiten der Inputressource verfügen. Würde Ghana diese Ausstattung komplett für die Produktion von Reis verwenden, so könnte es 10 Tonnen Reis produzieren, da es 20 Einheiten der

Inputressource für die Herstellung einer Tonne Reis benötigt. Ebenso könnte sich Ghana für die Produktion von 20 Tonnen Kakao (und null Tonnen Reis) entscheiden, da es für die Herstellung einer Tonne Kakao 10 Einheiten der Inputressource benötigt. Andere Kombinationen wären innerhalb der Ressourcenrestriktionen ebenfalls möglich.

Für Südkorea gestaltet sich die Situation folgendermaßen. Südkorea könnte 5 Tonnen Kakao und keinen Reis oder 20 Tonnen Reis und keinen Kakao oder aber eine zulässige Kombination aus Reis und Kakao realisieren.

Es ist offensichtlich, dass Ghana über einen Wettbewerbsvorteil bei der Produktion von Kakao verfügt, während Südkorea einen Wettbewerbsvorteil bei der Herstellung von Reis besitzt. Die Wettbewerbsvorteile basieren jeweils auf absoluten Kostenvorteilen. Wenn beide Länder jeweils 50% der ihnen zur Verfügung stehenden Ressourcen für die Produktion von Kakao und Reis verwenden, dann kann Ghana 10 Tonnen Kakao und 5 Tonnen Reis produzieren, während Südkorea auf 2,5 Tonnen Kakao und 10 Tonnen Reis käme. Unter diesen Umständen können beide Länder durch Spezialisierung und Handel einen Wohlstandsgewinn erzielen. Konzentrieren sich Ghana und Südkorea ausschließlich auf die Produktion des Gutes, bei dem sie einen absoluten Kostenvorteil besitzen, so steigt die insgesamt produzierte Menge an Kakao und Reis auf jeweils 20 Tonnen (vorher 12.5 Tonnen Kakao und 15 Tonnen Reis). Tauschen die beiden Länder den resultierenden Produktionszuwachs untereinander aus – beispielsweise indem Ghana 6 Tonnen Kakao gegen 6 Tonnen Reis aus Südkorea tauscht - so steigen die Konsummöglichkeiten in beiden Ländern durch die Arbeitsteilung an.

14.2.2 Theorie der komparativen Kostenvorteile nach David Ricardo

Ricardos Modell erweitert die Überlegungen von Adam Smith. Ricardo erklärt, warum auch Länder, die bei der Herstellung aller Güter absolute Kostenvorteile aufweisen, von Handel profitieren können und warum umgekehrt Länder, die keinen absoluten Kostenvorteil besitzen, wettbewerbsfähig produzieren können, wenn Sie einen komparativen Kostenvorteil aufweisen (vgl. dazu auch die Ausführungen im ersten Kapitel). Es wird somit nicht die absolute Höhe der Produktionskosten betrachtet, sondern die relative bzw. komparative Höhe der Produktionskosten. Die relativen Kosten sind die Kosten eines Gutes in Relation zu den Inputressourcen-Einheiten, die für die Produktion eines *anderen* Gutes erforderlich sind. Die Überlegungen Ricardos lassen sich leicht anhand des oben gebrauchten Beispiels veranschaulichen (vgl. Hill 2003, 147 ff.). Ghana hat nun einen absoluten Kostenvorteil sowohl beim Reis als auch beim Kakao.

14.2 Ressourcenorientierte Ansätze zur Erklärung von Wettbewerbspositionen

Tabelle 14-2: Produktionsmöglichkeiten von Ghana und Südkorea (verändertes Beispiel)

	Benötigte Resourcen um 1 Tonne Kakao oder Reis zu produzieren		Faktorausstattung (Ressourcen, Land, Klima, Arbeitskraft...)
	Kakao	Reis	
Ghana	10	13,33	200
Südkorea	40	20	200

Quelle: nach Hill, 2003, 147

Die relativen Kosten einer Einheit des jeweiligen Endproduktes ergeben sich nun durch eine einfache Division durch die Kosten des jeweils anderen Produktes (vgl. Tab. 14-3). Es wird deutlich, dass Ghana einen relativen Kostenvorteil nur beim Kakao nicht aber beim Reis besitzt. Während Ghana für die Produktion einer Tonne Kakao auf nur 0,75 Tonnen Reis verzichten muss, kostet Südkorea eine Tonne Kakao 2 Tonnen Reis. Umgekehrt kostet Ghana aber eine Tonne Reis 1,33 Tonnen Kakao, während die Kosten einer Tonne Reis für Korea nur bei 0,5 Tonnen Kakao liegen. Anders ausgedrückt könnte man auch sagen: Ghana kann viermal soviel Kakao produzieren, wie Südkorea, aber nur 1,5-mal soviel Reis. Die Produktion von Kakao ist in Ghana also relativ kostengünstiger als in Südkorea.

Tabelle 14-3: Relative Kosten von Reis und Kakao

	Relative Kosten von Kakao gemessen in Tonnen Reis	Relative Kosten von Reis gemessen in Tonnen Kakao	Faktorausstattung (Ressourcen, Land, Klima, Arbeitskraft...)
Ghana	10/13,33 = 0,75	13,33/10 = 1,33	200
Südkorea	40/20 = 2	20/40 = 0,5	200

Trotz des absoluten Kostenvorteils von Ghana bei der Produktion von Kakao und Reis, ist für Ghana dennoch eine Spezialisierung auf Kakao lohnend, da Südkorea einen komparativen Kostenvorteil bei der Herstellung von Reis besitzt. Ein Land exportiert dann die Güter, die relativ effizient produziert werden und importiert jene Güter, die relativ ineffizient hergestellt werden, d.h. der komparative Kostenvorteil bestimmt die Produktion. Spezialisierung und Handel ermöglichen erneut eine Mehrproduktion und im Ergebnis auch einen Mehrkonsum an den beiden betrachteten Gütern.

Wettbewerbsvorteile auf internationalen Märkten

Ohne Spezialisierung und Handel und bei Verwendung von jeweils 50% der Inputressourcen auf die Produktion und Kakao und Reis entstünden insgesamt jeweils 12,5 Tonnen Kakao und Reis. Würde Ghana seinen komparativen Kostenvorteil ausnutzen und z.B. 15 Tonnen Kakao produzieren und damit 150 Einheiten der Inputressource verbrauchen, verblieben noch 50 Einheiten der Inputressource für die Produktion von 3,75 Tonnen Reis (vgl. Tab. 14-4). Würde außerdem Südkorea sich z.B. ausschließlich auf die Produktion von Reis konzentrieren, so würden 10 Tonnen Reis (und kein Kakao) entstehen. Insgesamt stünden somit 15 Tonnen Kakao und 13,75 Tonnen Reis und damit deutlich mehr als ohne die Spezialisierung zur Verfügung. Durch einen Austausch z.B. von 4 Tonnen Kakao gegen 4 Tonnen Reis könnten beide Länder ihren Konsum und damit ihren Wohlstand verbessern.

Tabelle 14-4: Vorteile durch Arbeitsteilung bei komparativen Kostenvorteilen

	Produktion und Verbrauch ohne Handel	
	Kakao	Reis
Ghana	10,0	5,0
Südkorea	2,5	10,0
Totale Produktion	12,5	15,0
	Produktion mit Spezialisierung	
	Kakao	Reis
Ghana	20,0	0,0
Südkorea	0,0	20,0
Totale Produktion	20,0	20,0
	Verbrauch nachdem Ghana 6 Tonnen Kakao für 6 Tonnen südkoreanischen Reis gehandelt hat	
	Kakao	Reis
Ghana	14,0	6,0
Südkorea	6,0	14,0
	Zunahme des Verbrauchs als Ergebnis von Spezialisierung und Handel	
	Kakao	Reis
Ghana	4,0	1,0
Südkorea	3,5	4,0

Quelle: nach Hill, 2003, 147

Trotz vieler vereinfachender Annahmen – z.B. Zwei-Produkt Welt, keine Transportkosten, Faktormobilität innerhalb eines Landes (zwischen unterschiedlichen Produktionsmöglichkeiten) aber nicht zwischen Ländern – konnte in zahlreichen Studien gezeigt werden, dass das Modell die tatsächlichen Wettbewerbsverhältnisse und die resultierenden Außenhandelsströme gut prognostizieren kann.

14.2.3 Das Heckscher-Ohlin-Modell

Inzwischen gibt es zahlreiche Erweiterungen der Überlegungen von Smith und Ricardo. In ihrer überwiegenden Zahl bleiben sie jedoch bei einer angebots- bzw. ressourcenorientierten Erklärung von internationalen Wettbewerbsvorteilen. Die schwedischen Ökonomen Eli Heckscher und Bertil Ohlin führen die Richtung der Handelsströme sogar ganz ausschließlich auf die Faktorausstattung in einem Land zurück (vgl. Ohlin 1933). Unterschiedliche Ausstattungen mit Einsatzfaktoren wie Land, Arbeitskraft oder Kapital führen zu unterschiedlich hohen Faktorpreisen in verschiedenen Ländern. Nach Heckscher und Ohlin werden daher immer die Produkte exportiert, deren Herstellung den Einsatz der reichlich verfügbaren Faktoren erfordert, und es werden die Produkte importiert, die auf Ressourcen aufbauen, die in anderen Ländern in höherem Maße vorhanden sind.

Im Ergebnis führt der Außenhandel zum Ausgleich der Faktorpreise in den am Handel beteiligten Ländern, d.h. die Preise für z.B. Arbeit gleichen sich im Zeitablauf an. In der Realität kommt es jedoch aufgrund von Ressourcenausstattung, Handelsbarrieren und Technologieunterschieden nicht zu einem vollständigen Faktorpreisausgleich.

Da das Heckscher-Ohlin-Modell großen Einfluss auf die Außenwirtschaftslehre genommen hat, wurde es umfangreichen empirischen Tests unterzogen. Eine der berühmtesten Studien wurde 1953 von Wassily Leontief veröffentlicht. Der Ökonom stellte mit Hilfe der Theorie die Hypothese auf, dass die USA aufgrund ihrer in den Nachkriegsjahren gegebenen Faktorausstattungen vor allem kapitalintensive Güter exportieren und arbeitsintensive Güter importieren müssten. Allerdings stellte er fest, dass die Importe der USA kapitalintensiver waren als die Exporte (vgl. Leontief 1953, 331 ff.). Diese Widerlegung des Modells wird als Leontief-Paradoxon bezeichnet. Sie hat zu zahlreichen wissenschaftlichen Auseinandersetzungen geführt. Im Ergebnis blieb aber der Eindruck, dass sich internationale Wettbewerbsfähigkeit und die Welthandelsstrukturen nicht ausschließlich auf Ressourcenunterschiede zurückführen lassen.

14.2.4 Der Produktlebenszyklus nach Raymond Vernon

Vernons Theorie des Produktlebenszyklus (vgl. Vernon 1966) basiert auf der Beobachtung, dass ein Großteil der im 20. Jahrhundert neu entwickelten Produkte in den USA seinen Ursprung nahm. Neuheiten wurden in den USA entwickelt, zuerst auf dem amerikanischen Markt angeboten und ebenfalls (zunächst) in den USA produziert. Vernon argumentiert, dass zu Beginn eines Produktlebenszyklus Firmen, aufgrund des mit der Markteinführung verbundenen hohen Risikos, die Produktionsstätten nah bei der Geschäftsleitung belassen. Außerdem ist die Nachfrage nach neuen Produkten in der Einführungsphase nicht so stark preisabhängig. Während in dieser ersten Phase die Nachfrage in den USA schnell stark steigt, ist sie in anderen entwickelten Ländern zunächst noch beschränkt. Daher lohnt es sich für Firmen in diesen Ländern noch nicht mit der Produktion dieses Produktes zu beginnen. Der bestehende Bedarf ausserhalb der USA wird durch Export aus den USA abgedeckt. Mit der Zeit beginnt aber auch die Nachfrage in diesen Ländern zu steigen, was die Produktion vor Ort profitabel werden lässt. Damit einher geht ein Rückgang von Exporten aus den USA. Mit steigenden Marktanteilen reift das Produkt zu einem standardisierten Gut heran und der Preis wird zum Hauptwettbewerbsfaktor. Länder mit mittleren Einkommen beginnen nun das Produkt zu produzieren und in die USA zu exportieren. Mit steigendem Kostendruck treten später Niedriglohnländer in den Prozess ein. So verschiebt sich der Produktionsort von den USA zu Ländern mit mittleren Einkommen und schließlich zu Niedriglohnländern. Veränderungen der Welthandelsströme lassen sich nach Vernon somit über die Phase des Produktlebenszyklus, in dem sich ein Gut befindet, und über die Preise für die Produktionsfaktoren – insbesondere für den Faktor Arbeit – erklären. Abbildung 14-1 veranschaulicht diese Argumentation.

Obwohl die Theorie Vernons die Welthandelsströme in der Zeit nach dem zweiten Weltkrieg bis in die Mitte der 70er Jahre gut beschrieb, ist ihre Anwendung auf die global vernetzten Produktions- und Absatzmärkte heutzutage nur beschränkt möglich. Produkteinführungen erfolgen nicht selten simultan in den verschiedenen Märkten und die Wertschöpfungskette wird schon vor der Produkteinführung weltweit gestaltet.

Abbildung 14-1: Vernons Theorie des Produktlebenszyklus

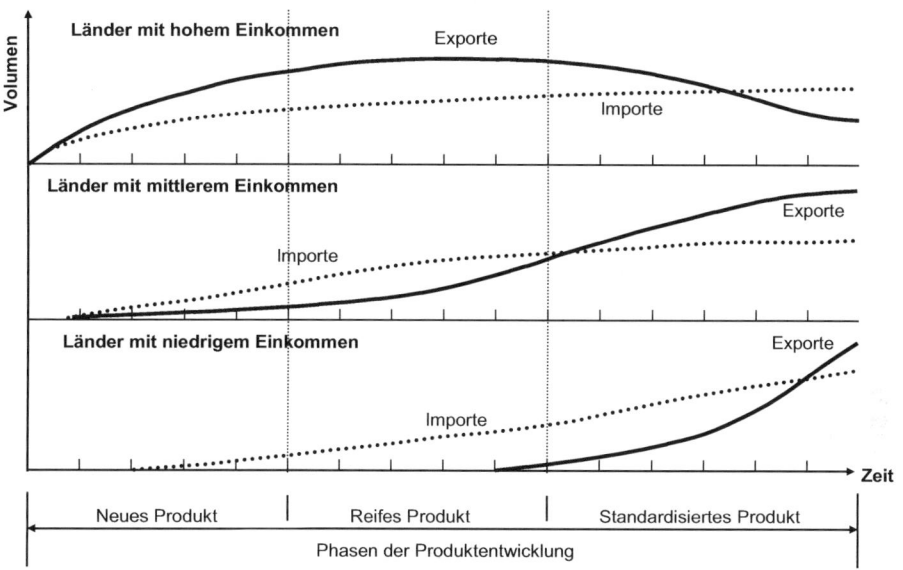

Quelle: nach Vernon 1966

14.2.5 Die Erweiterung durch Porter

Ein differenzierteres Erklärungsschema internationaler Wettbewerbsfähigkeit stammt von Michael Porter (vgl. Porter 1990). Porter kritisiert die einseitige Konzentration auf Produktivitätsvorteile und Faktorausstattungen. Auch ist seine primäre Analyseeinheit das Unternehmen und nicht das Land, obwohl die Bedingungen in einem Land auch bei Porter eine wichtige Rolle spielen.

Dauerhafte Wettbewerbsvorteile lassen sich nach Porter nicht auf der Basis von Ressourcen, sondern nur auf der Grundlage einer überlegenen Innovationskraft schaffen. Nach Porter sind es ganz bestimmte Konstellationen nationaler Bedingungen, die die Innovationskraft von Unternehmen entweder stärken oder schwächen. Das Vorliegen dieser Bedingungen entscheidet darüber, ob Innovationsprozesse gefördert oder gehemmt werden. Die vier wesentlichen Bedingungen, die Porter in seinem „Diamanten-Modell" zusammenfasst, sind (vgl. Abb. 14-2):

Abbildung 14-2: Porters „Diamant"

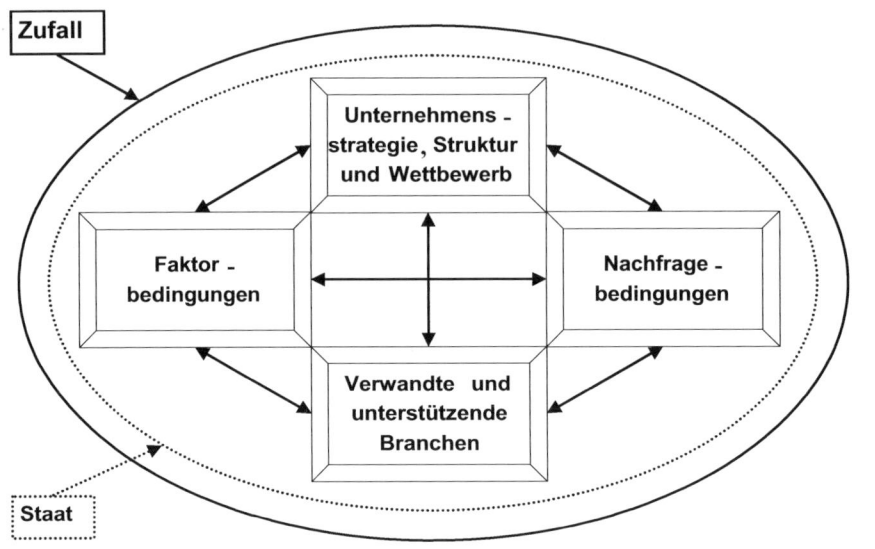

Quelle: Porter, 1990, 77

Die *Faktorbedingungen* kennzeichnen dabei die Situation eines Landes im Hinblick auf seine Ausstattung mit Produktionsfaktoren. Im Gegensatz zu Heckscher und Ohlin betont Porter vor allem die Rolle sog. fortschrittlicher Faktoren (advanced factors), wie z.B. Wissen. Gerade diese Faktoren sind es nach Porter, die die Basis für verteidigungsfähige Wettbewerbsvorteile schaffen können.

Die *Nachfragebedingungen* beschreiben die Beschaffenheit der heimischen Nachfrage nach dem Produkt oder der Leistung des Wirtschaftszweiges. Insbesondere die Größe des Marktes und das Anspruchsniveau der Kunden im Heimatland haben dabei einen Einfluss auch auf die internationale Wettbewerbsfähigkeit. Dabei machen insbesondere anspruchsvolle Kunden auf einem großen Heimatmarkt die Unternehmen international wettbewerbsfähig.

Verwandte und unterstützende Branchen sind Zulieferindustrien oder benachbarten Industrien, deren Vorhandensein oder Nicht-Vorhandensein über die Wettbewerbsfähigkeit von Unternehmen entscheidet. Der Existenz von Unternehmensnetzwerken (Clustern) wird in diesem Zusammenhang eine wichtige Rolle beigemessen.

Die Kategorie *Unternehmensstrategie, Struktur und Wettbewerb* beschreibt länder- und branchenspezifische Führungsstrukturen, Arbeitsmodelle, Verhaltensweisen, Unter-

Ressourcenorientierte Ansätze zur Erklärung von Wettbewerbspositionen 14.2

nehmensziele sowie unterschiedliche Managementideologien. Sie können die Wettbewerbsfähigkeit einer Branche sowohl fördern als auch behindern. Das Vorhandensein inländischer Konkurrenz verbessert die internationale Wettbewerbsfähigkeit eines Unternehmens. Die Komponenten des „Diamanten" stehen nicht isoliert nebeneinander. Vielmehr müssen sie sich nach Porter wechselseitig unterstützen, um eine positive Wirkung zu entfalten. Hinzu kommen im „Diamanten-Modell" zwei weitere Einflussfaktoren: der Zufall und der Staat. Während zufällige Entdeckungen, Krisen oder sonstige Erscheinungen immer einen Einfluss auf den Wettbewerbsprozess nehmen können, ist es vor allem auch der Staat, der die positiven oder negativen Ausprägungen der Komponenten des Diamanten beeinflusst.

Es ist interessant, dass Porter in seinem Modell die Rolle bestimmter nationaler Faktoren für die internationale Wettbewerbsfähigkeit so stark betont. Offensichtlich steht dahinter die Annahme, dass eine vollständige Mobilität von Unternehmen und ihren Ressourcen in der Realität doch nicht gegeben ist. Gleichwohl zeichnen sich international operierende Unternehmen gerade dadurch aus, dass sie in verschiedenen Ländern Standorte besitzen. Insofern wird ihre Wettbewerbsfähigkeit nicht mehr nur von den Bestandteilen des Diamanten im Heimatland, sondern auch vom „Diamanten" des Auslandsstandortes geprägt. Dieser Tatsache trägt der Vorschlag von Moon, Rugman und Verbeke (1995) Rechnung. Ihr Modell kombiniert einen nationalen mit einem internationalen „Diamanten" (vgl. Abb. 14-3).

Insbesondere für Unternehmen aus kleinen und offenen Volkswirtschaften ist die internationale Dimension des doppelten Diamanten wichtig. Nicht selten sind Auslandsengagements dann ein wichtiger Bestandteil der Gestaltung der eigenen Wertschöpfungskette. Stellt man die Aussagen von Porter und von Moon, Rugman und Verbeke gegenüber, so liegt die Wahrheit in der Realität vermutlich oft in der Mitte. Im Zeitalter der Globalisierung wird die Wettbewerbsfähigkeit von Unternehmen nicht mehr nur von den nationalen Ausprägungen der Faktoren des Diamanten bestimmt. Auf der anderen Seite zeigen viele empirische Beispiele, dass die vollständige Faktormobilität und damit die Irrelevanz nationaler Herkunft ein Mythos ist. Nationale Herkunft und die Fähigkeit zur internationalen Ausweitung der Aktivitäten bestimmen gemeinsam die Wettbewerbsfähigkeit eines Unternehmens.

Abbildung 14-3: Der doppelte Diamant

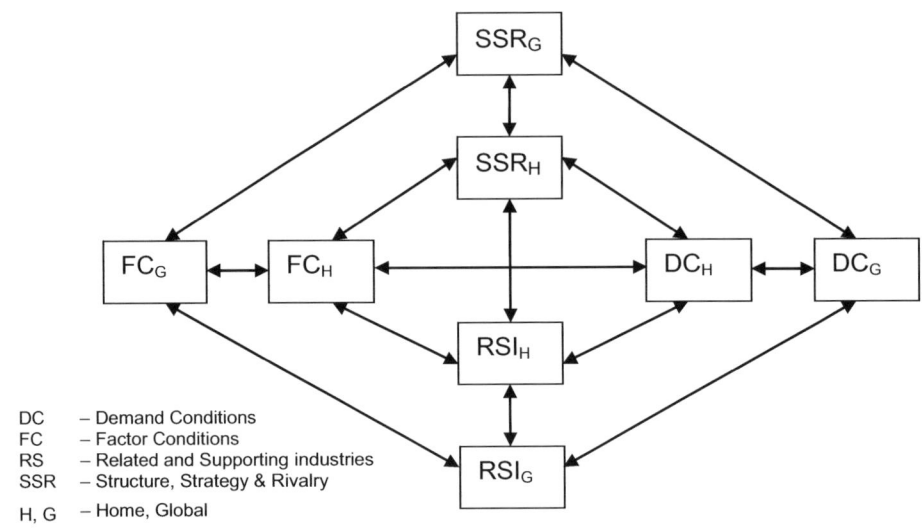

DC — Demand Conditions
FC — Factor Conditions
RS — Related and Supporting industries
SSR — Structure, Strategy & Rivalry
H, G — Home, Global

Quelle: Moon, Rugman, Verbeke, 1995, 107

Literaturhinweise

Eine allgemeine Einführung in das Thema Wettbewerbsvorteile bietet Plinke (2000). Übersichten über die Erklärungsansätze internationaler Wettbewerbsfähigkeit bieten fast alle Lehrbücher zum internationalen Management. Eine ausdrückliche Berücksichtigung der Besonderheiten eines globalen Marktprozesses findet sich in Porter (1989). Ein Beitrag, der dabei in der aktuellen Diskussion nach wie vor eine besondere Rolle spielt, ist der sog. Diamant von Porter. Die Lektüre von Porters *The Competitive Advantage of Nations* (vgl. Porter 1990) sei daher besonders empfohlen.

Zusammenfassung

1. Wettbewerbsvorteile lassen sich auf zwei Quellen zurückführen. Die Fähigkeit, den potentiellen Kooperationspartnern überlegene Austauschrelationen anzubieten und die Fähigkeit, diese Austauschrelationen effizient bereitstellen zu können.

2. Die meisten Aussagen zur Erklärung internationaler Wettbewerbsfähigkeit argumentierten ressourcenorientiert. Das gilt sowohl für die Klassiker Smith und Ricardo als auch für die modernen Klassiker wie Heckscher/ Ohlin, Vernon und Porter.

3. Die gemeinsame Aussage der ressourcen- oder angebotsorientierten Erklärungsansätze lautet: Ressourcenausstattung und spezifische Länderbedingungen stellen die wesentlichen Quellen von Wettbewerbsvorteilen dar.

4. Fragen der Koordination wirtschaftlicher Aktivitäten werden nicht tiefergehend thematisiert.

Schlüsselbegriffe

Absolute Kostenvorteile; Faktorausstattung; Komparative Kostenvorteile; Kostendifferenz; Nettonutzendifferenz; Porters Diamant; Produktlebenszyklus; Wettbewerbsvorteile

15 Eine institutionenökonomische Typologisierung von internationalen Marktbeziehungen

15.1 Das Ziel einer institutionenökonomischen Typologisierung

Die Überlegungen des vorangegangenen Kapitels zur Wettbewerbsfähigkeit von Unternehmen im internationalen Marktprozess werden in diesem Kapitel ergänzt und weitergeführt. Das Ziel des Kapitels besteht darin, die Position von Unternehmen im internationalen Wettbewerb über eine rein ressourcenorientierte Positionierung hinaus so zu bestimmen, dass Empfehlungen für das Verhalten eines Unternehmens auf einem internationalen Zielmarkt abgeleitet werden können. Neben der Ressourcenposition wird daher ergänzend das Nachfragerverhalten institutionenökonomisch analysiert und zur Positionierung eines Anbieters herangezogen (vgl. auch Söllner 2007). Im Ergebnis entsteht eine Typologisierung von unterschiedlichen Marktbeziehungen, aus denen sich die Wettbewerbspositionen internationaler Anbieter ableiten lassen.

Im Folgenden wird in drei Schritten vorgegangen: Erstens werden die traditionellen ressourcenorientierten Überlegungen um aktuelle Ergebnisse zur *Verteidigungsfähigkeit* von Wettbewerbsvorteilen ergänzt. In einem zweiten Schritt wird eine Analyse der *Koordinationsprobleme* der Transaktionspartner durchgeführt. Dazu werden Transaktionen anhand der Kriterien aus Williamsons „organizational failures framework" danach unterschieden, ob sie aus der Perspektive der Nachfrager „problematisch" sind, oder ob sie eher „unproblematisch" sind (vgl. auch Kapitel 2). Für den *Nachfrager* kann eine Transaktion beispielsweise problematisch sein, wenn er sich im Verlauf der Transaktion in Abhängigkeit begibt. Für die Anbieter können Transaktionen ebenfalls Probleme aufweisen. Vor allem der Schutz von wettbewerbsrelevantem *Wissen* ist heute in vielen internationalen Transaktionen zu einem Problemfeld für Anbieter geworden. In einem dritten Schritt werden die ressourcenorientierten und die institutionenorientierten Argumente in einem integrierten Analyserahmen zusammengefasst. Auf der Basis der daraus ableitbaren Typologie lassen sich dann in einem vierten Schritt Handlungsempfehlungen einschließlich der Empfehlung von konkreten Markteintritts- und Marktbearbeitungsformen ermitteln.

15.2 Die Verteidigungsfähigkeit von Ressourcenvorteilen

Den Ausgangspunkt der Überlegungen bilden die im vorherigen Kapitel genannten Ansätze zur Erklärung internationaler Wettbewerbsfähigkeit. Sie betonten die Ressourcen oder Bedingungen in einem Lande, die zu vorteilhaften Wettbewerbspositionen beitragen. Sie zeigten aber noch etwas anderes: Viele Bedingungen, die ein Unternehmen im internationalen Wettbewerb mit einem Vorteil ausstatten, liegen nicht im unmittelbaren Gestaltungsbereich der Unternehmen. Einem Unternehmen, das auf vorteilhafte Bedingungen in seinem Land zurückgreifen kann, erwachsen daraus möglicherweise Vorteile in Form von Barrieren, die Kooperationsgewinne langfristig schützen. Einem Unternehmen, das in seinem Land unter ungünstigen Bedingungen arbeitet, wird es umgekehrt sehr schwer fallen, die bestehenden Nachteile auszugleichen. Vorteilhafte Bedingungen in einem Land – unabhängig von den individuellen Merkmalen von einzelnen Unternehmen - legen die Basis für *dauerhafte* Wettbewerbsvorteile. Sie sind, um es in den Worten von Ghemawat zu sagen, „sticky". Um einen Wettbewerbsfaktor als „sticky" bezeichnen zu können, müssen drei Bedingungen erfüllt sein (vgl. Ghemawat 1991, 18):

Der Faktor muss *von Dauer* sein, um eine langfristige Wirkung haben zu können. Er muss auf irgendeine Weise *speziell* sein, sich also von den ansonsten verwendeten Faktoren unterscheiden, sonst hätte er nicht das Potential, einen Wettbewerbsvorteil herbeizuführen. Schließlich muss die *Handelbarkeit* des Faktors *eingeschränkt* sein. Wäre ein Handel der Wettbewerbsfaktoren ohne Probleme möglich, so wäre es denkbar, Ressourcen zu verkaufen oder zu kaufen. Unterschiede in der Wettbewerbsfähigkeit, die auf der nationalen Herkunft eines Unternehmens beruhen, würden dann schnell verschwinden. Tatsächlich ist aber anzunehmen, dass zahlreiche Determinanten internationaler Wettbewerbsfähigkeit, die ihre Quellen in den Besonderheiten des Herkunftslandes eines Unternehmens haben, ihrem Wesen nach „sticky" sind. Wenn sie darüber hinaus knapp sind und es einem Unternehmen gelingt, sich den aus Faktoren und Bedingungen resultierenden Wert zumindest teilweise anzueignen, verfügt es über einen dauerhaft verteidigungsfähigen Wettbewerbsvorteil.

Diese Betrachtung führt zu einer veränderten Darstellung der Position eines Unternehmens im internationalen Wettbewerb, die aber immer noch ressourcenorientiert ist (vgl. Abb. 15-1):

15.2 Die Verteidigungsfähigkeit von Ressourcenvorteilen

Abbildung 15-1: Ressourcenorientierte Positionen im internationalen Wettbewerb

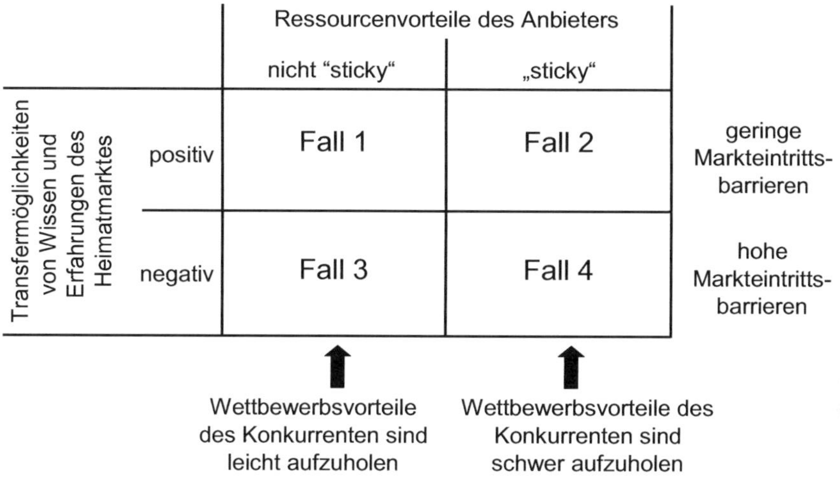

	Ressourcenvorteile des Anbieters		
	nicht "sticky"	„sticky"	
Transfermöglichkeiten von Wissen und Erfahrungen des Heimatmarktes — positiv	Fall 1	Fall 2	geringe Markteintrittsbarrieren
Transfermöglichkeiten von Wissen und Erfahrungen des Heimatmarktes — negativ	Fall 3	Fall 4	hohe Markteintrittsbarrieren
	↑ Wettbewerbsvorteile des Konkurrenten sind leicht aufzuholen	↑ Wettbewerbsvorteile des Konkurrenten sind schwer aufzuholen	

Dabei werden zunächst in den beiden Zeilen der Matrix zwei Ausgangsfälle danach unterschieden, ob ein angenommener Ressourcenvorteil eines Unternehmens auf einen ausländischen Zielmarkt transferiert werden kann oder nicht. In den Fällen 1 und 2 ist das der Fall und daher sind die Markteintrittsbarrieren relativ gering. In den Fällen 3 und 4 bestehen dagegen keine transferierbaren Ressourcenvorteile und daher sieht sich ein Unternehmen bei der Betrachtung eines potentiellen Zielmarktes mit hohen Markteintrittsbarrieren konfrontiert. In den Spalten wird zusätzlich danach unterschieden, ob ein Ressourcenvorteil verteidigungsfähig – also „sticky" – ist, oder nicht. Dementsprechend zeichnen sich die Fälle 1 und 3 dadurch aus, dass Wettbewerbsvorteile durch Konkurrenten relativ leicht aufgeholt werden können. Die Wettbewerbsvorteile in den Fällen 2 und 4 sind dagegen für Konkurrenten nur schwer imitierbar. Gerade nationale Besonderheiten eines Wettbewerbers können dazu führen, dass Vorteile durch ausländische Wettbewerber nur schwer imitierbar sind und ggf. gar nicht aufgeholt werden können.

Für ein Unternehmen, das in einen ausländischen Zielmarkt eintreten will, ist der Fall 2 besonders attraktiv. Ein Markteintritt ist ohne Probleme möglich (niedrige Markteintrittsbarrieren) und der eigene Wettbewerbsvorteil ist verteidigungsfähig. Von einem Markteintritt abzuraten ist dagegen im Fall 3. Die Fälle 1 und 3 geben kein einheitliches Bild. Im Fall 1 ist der Markteintritt problemlos möglich, aber es besteht die Gefahr, dass der bestehende Wettbewerbsvorteil schnell imitiert wird. Im Fall 4 ist der Wettbewerbsvorteil zwar verteidigungsfähig, das Unternehmen sieht sich aber Markteintrittsbarrieren gegenüber.

15.3 Koordinationsfragen bei der Festlegung internationaler Wettbewerbspositionen

Die geringe empirische Fundierung der ressourcenorientierten Überlegungen zu internationalen Wettbewerbsvorteilen wirft die Frage auf, welche wettbewerbsrelevanten Faktoren im internationalen Marktprozess noch zu berücksichtigen sind. Aus der Perspektive der Neuen Institutionenökonomik sind dies vor allem die Koordinationsprobleme der Marktakteure, die bislang kaum in die Diskussion internationaler Wettbewerbsfähigkeit eingeflossen sind. Durch die einseitige Betonung ressourcen- und anbieterorientierter Argumente wurden gerade auch nachfragerorientierte Überlegungen vernachlässigt.

Die Defizite einer rein ressourcenorientierten Argumentation können durch die Erkenntnisse der Neuen Institutionenökonomik abgebaut werden. Durch sie wird eine fruchtbare Erweiterung der Diskussion über die internationale Arbeitsteilung erreicht, indem die Koordinationserfordernisse internationale Transaktionen explizit berücksichtigt werden.

Abbildung 15-2: Implikationen von Transaktionsmerkmalen für das Management

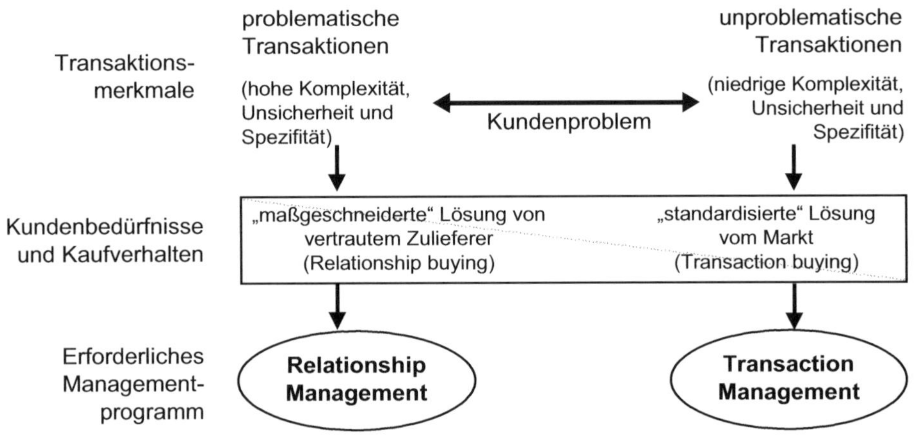

Transaktionsmerkmale	problematische Transaktionen (hohe Komplexität, Unsicherheit und Spezifität)	← Kundenproblem →	unproblematische Transaktionen (niedrige Komplexität, Unsicherheit und Spezifität)
Kundenbedürfnisse und Kaufverhalten	„maßgeschneiderte" Lösung von vertrautem Zulieferer (Relationship buying)		„standardisierte" Lösung vom Markt (Transaction buying)
Erforderliches Managementprogramm	Relationship Management		Transaction Management

Quelle: Söllner, 2003, 182

Koordinationsfragen bei der Festlegung internationaler Wettbewerbspositionen — 15.3

In dem Schaubild in Abbildung 15-2 werden daher in Abhängigkeit von den Merkmalen einer Transaktion zwei Typen von Transaktionen unterschieden. Transaktionen können aus der Perspektive des Kunden „problematisch" oder aber „unproblematisch" sein. Die Gründe für Probleme liegen dabei in der Komplexität oder Unsicherheit einer Transaktion, im unzureichenden Wissen des Kunden über das Produkt oder die angestrebte Problemlösung, oder aber in Abhängigkeiten gegenüber dem Anbieter, die aus dem Kauf resultieren (vgl. Williamson 1975, 1985). In all diesen Fällen entstehen dem Kunden zusätzlich zu dem Kaufpreis weitere Transaktionskosten in Form von Such-, Verhandlungs-, Anpassungskosten oder Durchsetzungskosten. Die aus der Problematik einer Transaktion resultierenden Transaktionskosten haben einen gravierenden Einfluss auf die Kundenbedürfnisse und das Kaufverhalten der Kunden. Wenn es möglich ist, die Transaktionskosten durch das Eingehen einer engen Geschäftsbeziehung zu reduzieren, kann es durchaus effizient sein, die eigene Freiheit der Lieferantenwahl einzuschränken und eine enge Bindung zu einem vertrauenswürdigen Lieferanten aufzubauen. Der Kunde sucht dann eher eine maßgeschneiderte Lösung von einem vertrauenswürdigen Zulieferer als eine standardisierte Marktlösung.

Eine konsequente und managementorientierte Umsetzung der Überlegungen von Williamson findet sich bei Plinke (1997). Er unterscheidet in Anlehnung an Williamsons Analyse von Transaktionen zwei Typen von Kunden und Kaufverhalten: Zum einen gibt es Kunden, die ihre Kaufentscheidungen jeweils neu, also ohne Berücksichtigung von früheren Kaufentscheidungen, treffen. Diese Kunden erwerben Produkte oder Dienstleistungen über den „anonymen Markt" („Transaction buying"). Zum anderen gibt es Kunden, die immer wieder Transaktionen mit dem gleichen Geschäftspartner abwickeln. In einem solchen Fall, in dem zwischen den Transaktionen eine innere Verbindung besteht, kann von „Relationship buying" gesprochen werden (vgl. Plinke 1997).

Für den Anbieter resultieren aus dem Kaufverhalten des Kunden – Transaction- und Relationship buying – ganz unterschiedliche Herausforderungen. Das Management einer Geschäftsbeziehung stellt andere und höhere Anforderungen als das Management einer diskreten Transaktion. Eine Geschäftsbeziehung lässt sich nicht von heute auf morgen aufbauen, sondern erfordert meist einen erheblichen Einsatz von Zeit und Ressourcen. Durch die Gestaltung eines Managementprogramms, das sich an der Art des Kaufverhaltens der Kunden orientiert, lassen sich Misserfolge beim Kunden und Fehlinvestitionen vermeiden (vgl. Tab. 15-1).

Eine institutionenökonomische Typologisierung von internationalen Marktbeziehungen

Tabelle 15-1: Fit und Misfit zwischen Kauf- und Verkaufsverhalten

		Kunde zeigt Relationship buying	
		ja	nein
Anbieter zeigt Relationship selling	ja	Fall 1 Geschäftsbeziehung („Fit")	Fall 2 Ineffizienz („Misfit")
	nein	Fall 3 Ineffektivität („Misfit")	Fall 4 Diskrete Transaktion („Fit")

Quelle: Plinke, 1997, 12

Insgesamt lassen sich vier Fälle unterscheiden, die den jeweiligen „Fit" oder „Misfit" zwischen Kauf- und Verkaufverhalten beschreiben. Im ersten Fall wünscht der Kunde eine Geschäftsbeziehung, d.h. die Transaktion weist aus seiner Perspektive „problematische" Merkmale auf. Der Anbieter praktiziert Relationship selling. Das Verhaltensprogramm kann als effektiv und effizient bezeichnet werden. Es ist effektiv, weil es das Kundenproblem löst. Und es ist effizient, weil der Anbieter keine Mittel verschwendet. Die bestehende Bindung zwischen Anbieter und Kunde stellt für potentielle Wettbewerber gleichzeitig eine erhebliche (Geschäftsbeziehungs-) Barriere dar.

Definition: Wechselbarrieren

Wechselbarrieren resultieren aus den Opportunitätskosten des Wechsels, den relevanten Transaktionskosten des Wechsels und den versunkenen, spezifischen Investitionen in die bestehende Geschäftsbeziehung (vgl. Plinke 1997, 44 f.)

Im zweiten Fall investiert der Anbieter wiederum in den Aufbau einer Geschäftsbeziehung. Der Kunde honoriert diesen Versuch aber nicht. Dieser „Misfit" ist für den Anbieter ineffizient, da er Ressourcen verschwendet.

Im dritten Fall benötigt der Kunde ein vertrauensvolles Verhältnis zum Anbieter. Dieses Kundenbedürfnis wird vom Anbieter entweder nicht wahrgenommen oder aber nicht erfüllt. Sein praktizierter Ansatz ist daher ineffektiv. Der vierte Fall beschreibt einen „Fit": Beide Parteien wickeln die Transaktion als diskrete Transaktion ab. Es findet also eine Markttransaktion statt, die nicht durch relationale Elemente angereichert wird.

Bisher wurde in Bezug auf die „Problematik" einer Transaktion vor allem auf die Perspektive des Kunden abgestellt. Möglicherweise bestehen auf der Anbieterseite aber auch Transaktionsprobleme. Die Ursachen sind die gleichen, wie auf der Seite des Kunden. Als eine besonders im internationalen Geschäft relevante Unsicherheit ergibt sich dabei die Gefahr, dass im Falle eines Markteintritts wettbewerbsrelevantes Wissen an Wettbewerber abfließt. Diese Gefahr besteht vor allem dann, wenn ein Unternehmen den Schritt auf einen Auslandsmarkt nicht alleine, sondern mit einem Partner – z.B. einem Unternehmen aus dem Zielland – unternimmt.

15.4 Ein ressourcen- und institutionenorientierter Analyserahmen

In diesem Abschnitt werden die ressourcenorientierten Überlegungen aus dem ersten Abschnitt des Kapitels mit den institutionenorientierten Argumenten des zweiten Abschnitts verbunden. Eine institutionenorientierte Erweiterung der ressourcenorientierten Analyse internationaler Wettbewerbsvorteile soll zu einer besseren Erklärung von Wettbewerbspositionen und der resultierenden internationalen Arbeitsteilung führen (vgl. Söllner 2007, 135 ff.). Zur Veranschaulichung wird dabei der Fall eines Unternehmens herangezogen, das beabsichtigt, in einen existierenden Auslandsmarkt – also einen Markt, auf dem Wettbewerber bereits etabliert sind – einzudringen. Die Integration der ressourcen- und institutionenorientierten Überlegungen soll im Ergebnis dann nicht nur Erfolg oder Misserfolg im internationalen Wettbewerb erklären und prognostizieren, sondern auch zur Ableitung von Handlungsempfehlungen führen.

Tabelle 15-2: Positionen im internationalen Wettbewerb (ressourcen- und nachfrageorientiert)

		Ressourcenvorteil des Herausforderers ist		
		"sticky"		„not sticky"
		Stickiness durch Kooperationen nicht gefährdet	Stickiness durch Kooperationen gefährdet	
Beim Eintritt in den ausländischen Zielmarkt trifft der Herausforderer auf einen	„Fit" zwischen dem Beschaffungsverhalten der Kunden und dem Verkaufsverhalten der etablierten Anbieter	1a TB/TS	1b TB/TS	2 TB/TS
		3a RB/RS	3b RB/RS	4 RB/RS
	„Misfit" zwischen dem Beschaffungsverhalten der Kunden und dem Verkaufsverhalten der etablierten Anbieter	5a TB/RS	5b TB/RS	6 TB/RS
		7a RB/TS	7b RB/TS	8 RB/TS

TB = Transaction buying, TS = Transaction selling,

RB = Relationship buying, RS = Relationship selling

In Tabelle 15-2 werden unterschiedliche denkbare Positionen im internationalen Wettbewerb veranschaulicht. Die verschiedenen Konstellationen haben weitreichende Implikationen für den Wettbewerbsprozess. Die Fälle 1 bis 4 beschreiben einen „Fit" zwischen dem Verhalten des aktuellen Anbieters und dem Verhalten seines Kunden. In den Fällen 1 und 2 wird Transaction buying und -selling praktiziert. In den Fällen 3 und 4 gehen Anbieter und Nachfrager eine Geschäftsbeziehung ein. Ein ausländischer Herausforderer stößt daher in den Fällen 1 und 2 nicht auf existierende Geschäftsbeziehungsbarrieren. Insbesondere der Ressourcenvorteil („sticky") des Herausforderers in Fall 1 legt die Grundlage für einen dauerhaft verteidigungsfähigen Wettbewerbsvorteil. In den Fällen 3 und 4 wird der Herausforderer mit bestehenden Beziehungsbarrieren konfrontiert. Selbst bei überlegenen Ressourcen kann der Anbieter in diesen Fällen nicht mit einem raschen Erfolg rechnen. Insbesondere in Fällen, in denen der Ressourcenvorteil des Herausforderers nicht „sticky" ist, verbleibt dem etablierten Anbieter durch die Wechselbarrieren seines Kunden viel Zeit, den Vorteil des Herausforderers aufzuholen.

Die Fälle 5 bis 8 repräsentieren Fälle von „Misfit". In den Fällen 5 und 6 empfindet der Kunde die Transaktion nicht als „problematisch". Gleichwohl investierte der etablierte Anbieter in den Aufbau einer Geschäftsbeziehung und gefährdet dadurch seine Effizienz. Für einen Herausforderer sollte es in diesen Fällen nicht sehr schwer sein, aufgrund überlegener Ressourcen Kunden in dem neuen Zielmarkt zu gewinnen. In den Fällen 7 und 8 würde der Kunde gern über eine Bindung zu ausgewählten Anbietern verfügen, um komplexe oder riskante Transaktionen zu bewältigen. Der etablierte Anbieter erkennt dies aber nicht. Für den Herausforderer ergibt sich aus dieser Konstellation eine Chance. Allerdings dürfte es unter diesen Bedingungen deutlich schwieriger sein, zu einem Erfolg zu kommen. Der Aufbau einer Geschäftsbeziehung erfordert Investitionen und Zeit. Vor allem aber hat ein ausländisches Unternehmen gegenüber inländischen Unternehmen einen Startnachteil, der in der räumlichen und ggf. auch kulturellen Distanz zwischen Anbieter und Nachfrager zu sehen ist. Geschäftsbeziehungen sollen in problematischen Transaktionen Unsicherheit reduzieren. Hierbei ist räumliche Nähe und gegenseitiges Kennen ein Vorteil, über den ein ausländischer Herausforderer möglicherweise nicht verfügt. Dieser Nachteil kann selbst den Ressourcenvorteil des Herausforderers aufwiegen.

Aus der Sicht des Anbieters stellt sich auch die Frage, inwieweit er bei einem Markteintritt alleine agiert oder bestimmte Aktivitäten auf einen Partner verlagert. Eine Kooperation ist allerdings nur dann machbar, wenn dadurch nicht wettbewerbsrelevantes Wissen an Partner oder Konkurrenten abfließt. Die Fälle 1, 3, 5 und 7, in denen ein verteidigungsfähiger („sticky") Vorteil des Herausforderers vorliegt, werden daher in die jeweiligen Unterfälle a) und b) unterschieden. Der Unterfall a) deutet darauf hin, dass Wettbewerbsvorteile durch die Kooperation nicht gefährdet sind. Wettbewerbsrelevantes Wissen fließt somit nicht ab. Der Unterfall b) bedeutet, dass Wissen in einer Kooperation nicht geschützt werden kann und langfristig Wettbewerbsnachteile durch Wissensabfluss zu befürchten sind.

15.5 Eine Typologie von Transaktionen auf internationalen Märkten

Das Schema in Abbildung 15-3 kann aber nicht nur zur Erklärung von Erfolg oder Misserfolg im internationalen Marktprozess herangezogen werden. Es kann auch zur Ableitung von Handlungsempfehlungen für die jeweiligen Typen dienen. Dazu wird das o.g. Schema in das folgende Ablaufschema überführt.

Eine institutionenökonomische Typologisierung von internationalen Marktbeziehungen

Abbildung 15-3: Entscheidungsbaum für den Eintritt in einen ausländischen Markt

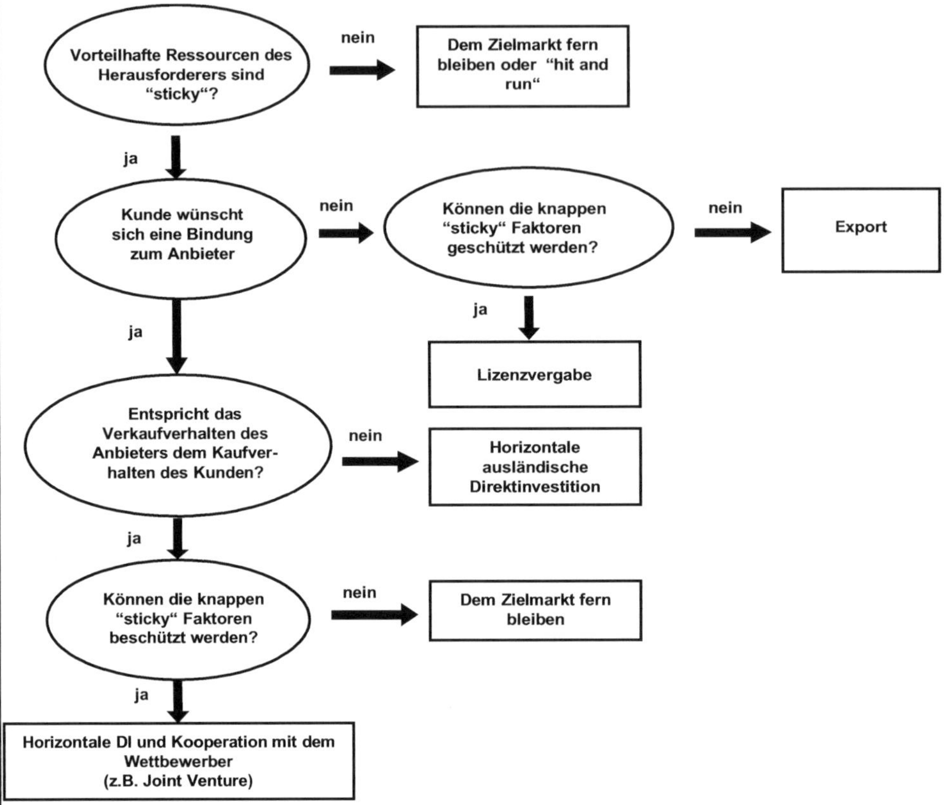

```
                    nein
Vorteilhafte Ressourcen des  ──────►  Dem Zielmarkt fern
Herausforderers sind                   bleiben oder "hit and
    "sticky"?                                  run"
        │
        │ ja
        ▼
                              nein                              nein
Kunde wünscht sich eine  ──────►  Können die knappen  ──────►  Export
Bindung zum Anbieter              "sticky" Faktoren
                                  geschützt werden?
        │                                 │
        │ ja                              │ ja
        ▼                                 ▼
                                    Lizenzvergabe
Entspricht das
Verkaufverhalten des      nein      Horizontale
Anbieters dem Kaufver- ──────►      ausländische
halten des Kunden?                  Direktinvestition
        │
        │ ja
        ▼
Können die knappen       nein       Dem Zielmarkt fern
"sticky" Faktoren    ──────►        bleiben
beschützt werden?
        │
        │ ja
        ▼
Horizontale DI und Kooperation mit dem
Wettbewerber (z.B. Joint Venture)
```

Aus der Perspektive des Herausforderers ist zunächst zu fragen, ob die vorteilhaften Ressourcen, über die er verfügt, verteidigungsfähig sind – wären sie nicht vorteilhaft, käme ein Markteintritt ohnehin nicht in Betracht. Sind sie nicht verteidigungsfähig, so ist der kostspielige Markteintritt aufgrund der Imitationsgefahr der Faktoren riskant. Die Botschaft für den Herausforderer lautet dann: *Bleib dem Zielmarkt fern* oder verfolge eine „*hit and run*"-Politik, d.h. geh in den Markt, wenn ein schneller Profit machbar ist und zieh Dich zurück, wenn die Wettbewerbsposition sich durch Imitation etc. verschlechtert. Die Möglichkeit eines raschen Markteintritts und ggf. -austritts besteht allerdings nur in den Fällen, in denen der Kunde die Transaktion für „unproblematisch" hält.

15.5 Eine Typologie von Transaktionen auf internationalen Märkten

Sind die Ressourcen des Herausforderers „sticky", so hängt sowohl die Form des Markteintritts als auch die zukünftige internationale Arbeitsteilung entscheidend vom Beschaffungsverhalten des Kunden ab. Wenn der Kunde ein transaktionales Kaufverhalten zeigt, so kommen prinzipiell die Transaktionstypen *Export* (vgl. Kapitel 16) und *Lizenzvergabe* (vgl. Kapitel 17) als Formen des Markteintritts in Betracht. Da der Kunde keine enge Geschäftsbeziehung benötigt, ist es nicht erforderlich, vor Ort präsent zu sein und eine enge Bindung anzustreben. Der flexible Markteintritt durch Export stellt dann eine interessante Option für den Herausforderer dar. Sie ist deutlich weniger riskant und kostspielig als eine ausländische Direktinvestition und erfüllt dennoch genau die Bedürfnisse des Kunden. Die Wertschöpfung würde im Land des Herausforderers erfolgen. Alternativ kommt aber auch die Lizenzvergabe an ein Unternehmen im Zielland in Frage. Ob dieser Weg aber tatsächlich gangbar ist, hängt vor allem davon ab, ob die Verteidigungsfähigkeit des Wettbewerbsvorteils durch die Lizenzvergabe in irgendeiner Weise beeinträchtigt wird. Darüber hinaus darf durch die Lizenzvergabe kein schädlicher Kontrollverlust des Herausforderers über Wertschöpfungsaktivitäten eintreten. Außerdem muss das Produkt bzw. die Dienstleistung ihrem Wesen nach für eine Lizenzierung geeignet.

Zeigen die Kunden im Zielsegment dagegen ein relationales Kaufverhalten, so stellt sich für den Herausforderer als nächstes die Frage, ob die Zielkunden sich bereits in Geschäftsbeziehungen mit Anbietern befinden. Ist das nicht der Fall, so muss der Anbieter seine Anstrengungen auf den Aufbau von Geschäftsbeziehungen richten. Durch einen Markteintritt per Export wird das jedoch kaum möglich sein. In Frage kommt hier vor allem der Transaktionstyp der *ausländischen Direktinvestition* (vgl. Kapitel 20). Die räumliche Nähe zum Kunden muss als eine wichtige Voraussetzung für ein Relationship selling angesehen werden. Durch den verteidigungsfähigen Ressourcenvorteil und die Tatsache, dass auch die etablierten Anbieter noch keine Geschäftsbeziehungen zu den Zielkunden aufgebaut haben, bietet sich dem Herausforderer über die Direktinvestition eine Möglichkeit zum erfolgreichen Markteintritt.

Völlig anders stellt sich der Fall dar, wenn Zielkunden bereits in einer bestehenden Geschäftsbeziehung gebunden sind. Der Herausforderer kann in diesem Fall nicht mit einem schnellen Erfolg rechnen. Selbst bei einem Markteintritt über eine Direktinvestition ist es möglich, dass die Kunden nicht bereit sind, die bestehende Geschäftsbeziehung aufzugeben. Insofern stellt sich die Frage, ob eine Form der *horizontalen Kooperation* mit dem Wettbewerber, z.B. in Form eines *Joint Ventures*, denkbar ist (vgl. Kapitel 21). *Gemeinsam* würden die Anbieter dann sowohl über die überlegenen Ressourcen als auch über den Zugang zum Kunden verfügen. Für beide Kooperationspartner ist dieser Weg jedoch nicht ohne Risiko. Der ausländische Herausforderer wird nur zu einer Kooperation bereit sein, wenn er sein überlegenes Wissen bzw. seine überlegenen Ressourcen schützen kann. Der etablierte Anbieter dagegen wird die Gefahr einer Abwanderung des Kunden kalkulieren. Kommt eine Kooperation zwischen den Wettbewerbern nicht zustande, so ist – sofern eine Direktinvestition wegen des ungewissen Ausgangs dieses Engagements nicht vorgenommen wird – eine Entscheidung des Herausforderers gegen einen Markteintritt zu empfehlen.

Literaturhinweise

Die Betonung der *Verteidigungsfähigkeit* von Wettbewerbsvorteilen in der Diskussion von Wettbewerbsfähigkeit findet sich sehr anschaulich in Ghemawat (1991). Die Ergänzung der ressourcenorientierten Erklärung internationaler Wettbewerbsvorteile basiert auf den Grundüberlegungen der Vertreter der Neuen Institutionenökonomik. Eine sehr komprimierte Zusammenfassung der Transaktionskostentheorie bieten Picot/ Dietl (1990). Ansonsten kann ein Einstieg in die Sichtweise der Neuen Institutionenökonomik über Richter/Furubotn (2003) oder Erlei et al. (1999) erfolgen (vgl. auch Kapitel 2 dieses Buches).

Zusammenfassung

1. Ghemawat (1991) erweitert die ressourcenorientierten Erklärung von Wettbewerbsvorteilen um das Argument der Verteidigungsfähigkeit von Wettbewerbsvorteilen. Im Kern bleibt seine Erklärung jedoch ressourcenorientiert.

2. Die Überlegungen der Neuen Institutionenökonomik sind geeignet, Koordinationsfragen in die Analyse internationaler Wettbewerbsvorteile zu integrieren.

3. Auf der Grundlage einer ressourcen- und institutionenökonomischen Argumentation ist es möglich Wettbewerbspositionen von Anbietern abzubilden.

4. Die resultierenden Wettbewerbspositionen haben Implikationen sowohl für die Markteintrittsformen der Unternehmen als auch für die Gestaltung der Marketinginstrumente.

Schlüsselbegriffe

Relationales Kaufverhalten (relationship buying); Relationales Verkaufsverhalten (relationship selling/management); Sticky Factors; Transaktionales Kaufverhalten (transaction buying); Transaktionales Verkaufsverhalten (transaction selling/ management); Transaktionstypen; Verteidigungsfähigkeit von Wettbewerbsvorteilen; Wechselbarrieren

B Diskrete Transaktionen auf internationalen Märkten

16 Exportgeschäft

16.1 Charakteristika des Exportgeschäfts

Export und Exportgeschäft haben viel gemeinsam, sind aber nicht identisch. Um diesen Unterschied deutlich zu machen, unterscheiden wir in diesem Kapitel den *Export* als grenzüberschreitenden Warenverkehr vom *Exportgeschäft* als einem Geschäftstyp. Bei dem Exportgeschäft geht es um eine diskrete Markttransaktion.

Definition: Export und Exportgeschäft

Unter einem *Export* versteht man den Absatz von im Heimatland eines Unternehmens hergestellten Gütern auf ausländischen Zielmärkten.
Ein *Exportgeschäft* im Sinne der in Kapitel 15 entwickelten Transaktionstypologie beschreibt einen Geschäftstyp, bei dem es aus der Sicht des Kunden keine Transaktionsprobleme gibt, aus der Sicht des Anbieters aber Gründe vorliegen, Kontrolle über die Transaktion zu behalten.

Das *Exportgeschäft* setzt auf der Anbieterseite einen verteidigungsfähigen Wettbewerbsvorteil voraus. Dies gilt auch für die anderen Formen des Markteintritts. Ohne einen solchen Vorteil lohnen sich die Aktivitäten, die der Eintritt in den Auslandsmarkt erfordert, in den meisten Fällen nicht. Das schließt nicht aus, dass ein zeitlich befristeter Markteintritt („hit and run") im Einzelfall doch sinnvoll sein kann. Gleichwohl sind die Markteintrittskosten, die sich vor allem in Informationskosten (z.B. über Konsumgewohnheiten der Menschen oder über das Wettbewerberverhalten) aber auch in Anpassungskosten des eigenen Angebots an die Besonderheiten des Ziellandes niederschlagen, in den meisten Fällen sehr hoch. Die Notwendigkeit der Deckung dieser Kosten erfordert üblicherweise ein gewisses Geschäftsvolumen und damit einen gewissen zeitlichen Mindestaufenthalt im Markt.

Abbildung 16-1: Entscheidungsbaum für den Eintritt in einen ausländischen Markt (Teilausschnitt)

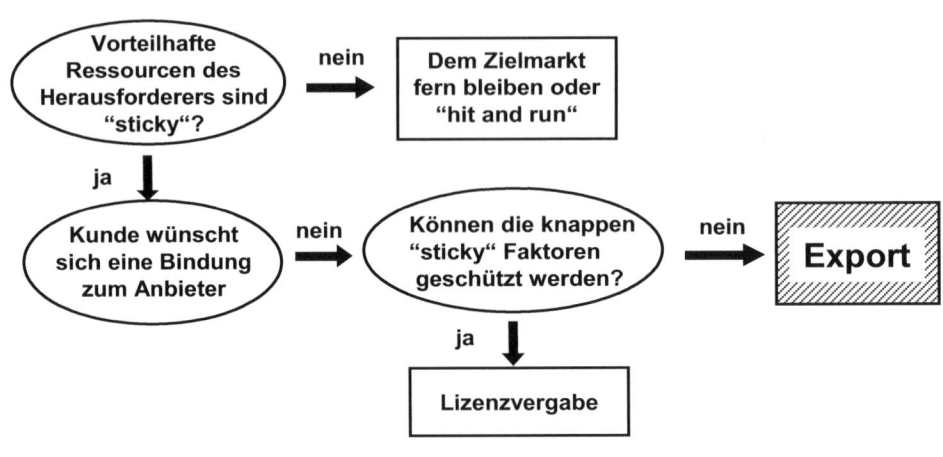

Im Hinblick auf die Nachfragerseite ist das Exportgeschäft immer dann eine effiziente Lösung, wenn der Kunde die Transaktion als „unproblematisch" einstuft. Es bedarf dann keiner Investitionen in den Aufbau von Geschäftsbeziehungen. Der diskrete Marktaustausch wird von Anbieter und Nachfrager in diesem Fall als die beste Koordinationsform angesehen.

Allerdings müssen für den Anbieter Gründe vorliegen, die Produktion des Gutes in der eigenen Hand zu behalten und nicht auch die Produktion – beispielsweise im Rahmen eines Lizenzabkommens (vgl. Kapitel 17) – an Marktpartner im Zielland abzugeben. Die Lizenzierung ist im Prinzip die einfachste und sicherste Methode, um die eigenen Fähigkeiten gewinnbringend auf Auslandsmärkte zu übertragen. Der zentrale Grund, der häufig gegen eine Lizenzierung spricht, ist die Gefahr des Wissensabflusses (vgl. dazu insbesondere auch Kapitel 17). Durch diese Gefahr wird eine Transaktion für den Anbieter „problematisch". Im Exportgeschäft behält der Anbieter die Kontrolle über die relevanten Wertschöpfungsaktivitäten. Er vermeidet dadurch, Wissen an Wettbewerber zu verlieren.

16.2 Marktorientierte Informationsanforderungen im Exportgeschäft

Die Informationsanforderungen im Exportgeschäft konzentrieren sich weniger auf die Probleme der Koordination der Transaktion, da diese Probleme definitionsgemäß

16.2 Marktorientierte Informationsanforderungen im Exportgeschäft

gering sind, sondern auf die Fragen nach dem Kundenproblem, seinen Kaufkriterien und seiner Preisbereitschaft sowie den Bedingungen des ausländischen Zielmarktes. Diese Fragen sind auch für alle anderen in den folgenden Kapiteln zu behandelnden Formen des Markteintritts relevant. Da das Exportgeschäft aber als diskreter Austausch gewissermaßen den Ausgangspunkt einer marktlichen Koordination darstellt, werden die Fragen hier erörtert und behalten für die anderen Geschäftstypen ebenfalls Gültigkeit.

Das Wissen über den Absatzmarkt soll das Unternehmen befähigen, Leistungen zu erbringen, durch welche Probleme der Zielkunden gelöst werden. Dahinter steht das eigentliche Ziel des Unternehmens, über die Lösung von Problemen anderer Marktteilnehmer das eigene Problem, nämlich der Gewinnerzielung, zu lösen. Diese Vorgehensweise steht im Einklang mit einer konsequenten Marktorientierung des Anbieters.

Die Marktorientierung ist eine besonders intensive Ausrichtung auf den Markt. Sie kann als unmittelbare Konsequenz einer hohen Wettbewerbsintensität angesehen werden (vgl. Abb. 16-2).

Abbildung 16-2: Ausrichtung des Unternehmens auf den Markt

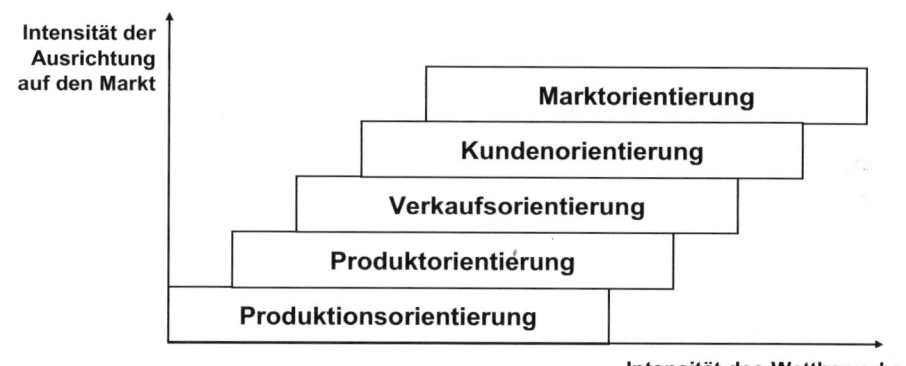

Quelle: Plinke, 2000a, 108

Die *Produktionsorientierung* ist eine Managementausrichtung, die in der Verfügbarkeit von Produktionskapazität einen entscheidenden Erfolgsfaktor sieht. In Zeiten großen Mangels kann diese Ausrichtung auf den Markt durchaus erfolgreich sein. Sie basiert auf der Annahme, dass alles, was produziert wird, auch gekauft wird. Wettbewerb unter den Anbietern spielt in dieser Situation keine Rolle.

16 Exportgeschäft

Die *Produktorientierung* ist eine Reaktion der Anbieter auf einsetzenden Wettbewerb. Die zentrale Annahme des Managements besagt, dass Güter, die qualitativ gut sind, ihren Markt finden werden. Die Entwicklung hochwertiger Produkte wird nach dieser Philosophie zum Engpass für den Unternehmenserfolg.

Die *Verkaufsorientierung* ist die Konsequenz einer weiteren Intensivierung des Wettbewerbs. Erfolgreich ist nach dieser Orientierung das Unternehmen, das den Kunden – bei vergleichbaren Produkten der Anbieter – den Einkauf einfacher oder attraktiver macht. Der Vertrieb wird somit zu einer Funktion im Unternehmen, dem eine zentrale Erfolgsrolle zukommt. Eine Verkaufsorientierung hat ihren Ursprung nicht selten in Angebotsüberhängen, die in hohen Lagerbeständen zum Ausdruck kommen. Ein aggressiver Einsatz des Vertriebsinstrumentariums soll die Lagerbestände abbauen und die Kunden zum Kauf anregen. Ebenso wie die Produktions- und Produktorientierung geht auch die Verkaufsorientierung zunächst von den Problemen des Anbieters aus (Anbieterorientierung). Das ist bei den beiden folgenden Orientierungen grundlegend anders.

Die *Kundenorientierung* ist eine Reaktion auf eine weitere Intensivierung des Wettbewerbs. Unter den Bedingungen reifer und gesättigter Märkte lässt sich eine Erfolgssteigerung der Anbieter nicht mehr durch Produktions-, Produkt- oder Verkaufsorientierung erreichen. Erfolgreich im Wettbewerb kann nur sein, wer sich konsequent auf die Bedürfnisse des Kunden einstellt und alle Marketing-Instrumente auf die Kundenwünsche ausrichtet. Mit der Kundenorientierung geht eine radikale Umorientierung einher, die ihren Ausgangspunkt nicht mehr beim Anbieter, sondern beim Kunden hat.

Die *Marktorientierung* führt das Konzept der Kundenorientierung einen Schritt weiter. In einer globalen Welt mit offenen Märkten wird der wirtschaftliche Erfolg nicht nur durch das Verhalten des Anbieters gegenüber dem Kunden bestimmt, sondern auch durch das Verhalten der Wettbewerber. Der Informationsbedarf eines Anbieters erhöht sich unter diesen Bedingungen nochmals. Neben die Kundenanalyse tritt jetzt auch noch die Wettbewerberanalyse. Das resultierende Marketing-Dreieck aus Anbieter, Kunde und Wettbewerber wird zum neuen Bezugsrahmen für die Aktivitäten der Marktteilnehmer.

Narver und Slater machen mit Ihrer Definition von Marktorientierung auch klar, dass Marketing auf der Anbieterseite eine interne Aufgabe – nämlich die marktorientierte Koordination und Abstimmung aller Wertschöpfungsaktivitäten beinhaltet - und dass all diese Aktivitäten letztlich einem einzigen Ziel dienen sollen: dem langfristigen ökonomischen Erfolg des Anbieters und seiner Organisationsmitglieder: "Market orientation consists of three behavioral components – customer orientation, competitor orientation, and interfunctional coordination – and two decision criteria – long-term focus and profitability." (Narver/Slater 1990, 21)

Dass es in der Realität keineswegs immer einfach ist, eine marktorientierte Leistung zu erbringen, zeigt Utzig (1997).

Abbildung 16-3: Abgrenzung von Marktorientierung und Kundenorientierung

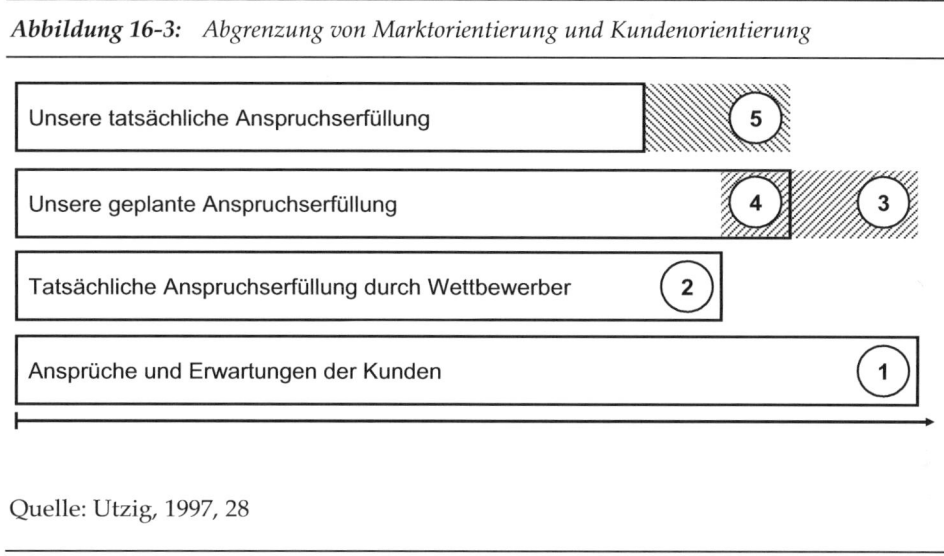

Quelle: Utzig, 1997, 28

Kundenorientierte Anbieter orientieren sich zunächst an den Vorstellungen und Bedürfnissen der Kunden (1) in Abbildung 16-3. Durch eine Analyse der Leistung der Wettbewerber (2) wird es einem Anbieter möglich, eine eigene marktorientierte Leistung zu planen. Diese kann durchaus unter den Bedürfnissen des Kunden liegen (hier um (3)), aber es muss über den Wettbewerberangeboten liegen (hier um (4)).

Ob das geplante kunden- und wettbewerberorientierte Angebot dann tatsächlich realisiert wird, hängt vor allem auch von der internen Koordination und Umsetzung ab. So kann es durchaus geschehen, dass die geplante Anspruchserfüllung in der Wahrnehmung des Kunden nicht erreicht wird. In der Abbildung wird das geplante Anspruchsniveau um (5) verfehlt. Das Angebot liegt unter dem Wettbewerbsangebot. Dadurch wird eine der Bedingungen für das Zustandekommen einer Transaktion verletzt.

16.3 Marketing-Aktivitäten im Exportgeschäft

16.3.1 Der Rahmen für Marketing-Entscheidungen

Ziel der Marketing-Entscheidungen im Exportgeschäft ist es, eine marktorientierte Produkt- oder Marktposition zu schaffen, um durch den Absatz der Exportgüter ein Einkommen für die Mitglieder des Anbieterunternehmens zu erzielen. Das Einkommen aus dem Export von Gütern bestimmt sich aus den Absatzpreisen, der Absatzmenge und den Stückkosten der Güter. Die Differenz aus Preis und Stückkosten zeigt,

16 Exportgeschäft

wie viel Gewinn mit dem Verkauf eines Gutes erwirtschaftet wird. Die Absatzmenge bestimmt dann den Gesamtgewinn. Ghemawat (1991) veranschaulicht den Zusammenhang in der folgenden Abbildung.

Abbildung 16-4: Der Wert einer Marktposition

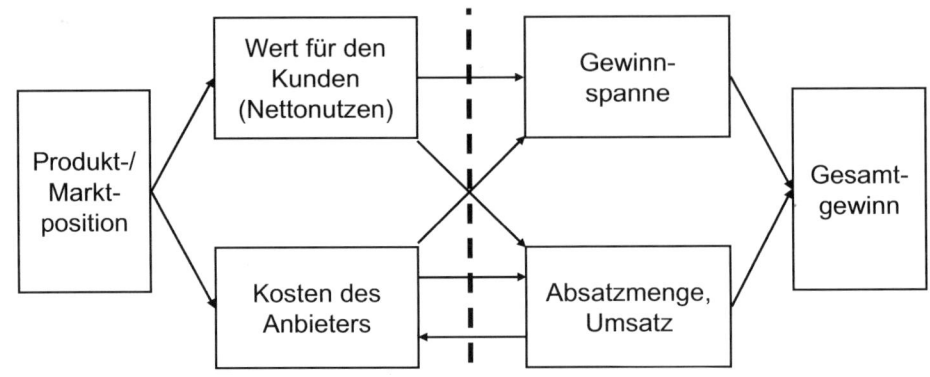

Quelle: In Anlehnung an Ghemawat, 1991, 59

Dabei weisen die in der Abbildung genannten Größen starke Interdependenzen auf. So hat der von den Kunden empfundene Nettonutzen eines Angebots einen Einfluss auf die Absatzmenge. Da verschiedene Kostenbestandteile eines Angebots aber nicht variabel, sondern fix sind, beeinflusst die Absatzmenge die Stückkosten des Anbieters und hat damit auch einen Einfluss auf die Gewinnspanne. Selbst bei Maßnahmen, die im ersten Augenblick kostensteigernd wirken, ist über die Mengenwirkungen nicht klar, ob sich tatsächlich eine Stückkostensteigerung ergibt. So führen Werbeaktivitäten oder Verbesserungen der Produktqualität zwar zunächst zu Kosten. Über eine potentielle Absatzmengensteigerung und eine damit einher gehende potentielle Fixkostendegression kann aber ein die Stückkosten senkender Effekt eintreten. Darüber hinaus können ggf. höhere Preise erzielt werden, wenn der wahrgenommene Nutzen durch die Maßnahmen gesteigert wird.

Viele Marketingaktivitäten zielen darauf ab, das Kaufverhalten und damit die sog. Preis-Absatz-Funktion zu beeinflussen.

Marketing-Aktivitäten im Exportgeschäft **16.3**

Abbildung 16-5: Preis-Absatz-Funktion

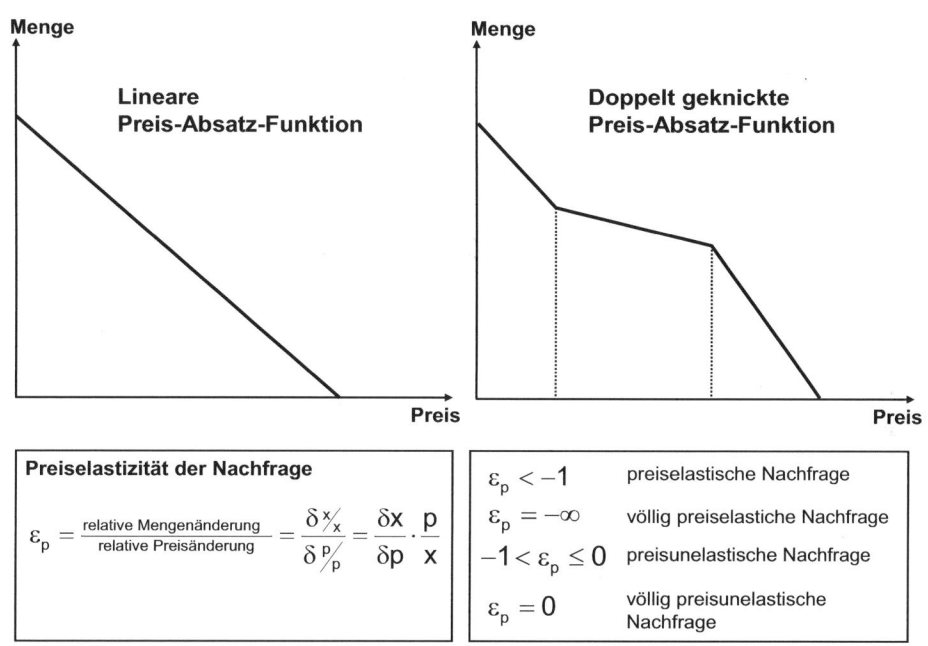

Eine wichtige Kenngröße in Bezug auf die Preis-Absatz-Funktion ist die Preiselastizität. Die Preiselastizität ε_P beschreibt das Verhältnis der prozentualen Absatzmengenveränderung (dx/x) zu der prozentualen Preisänderung (dp/p) (vgl. Abb. 16-5). Die Preiselastizität kann Werte zwischen 0 und $-\infty$ annehmen. Von einer *elastischen* Nachfrage wird gesprochen, wenn die Werte von $\varepsilon_P < -1$ sind, da die prozentuale Mengenänderung größer ist, als die entsprechende Preisänderung. Fällt beispielsweise bei einer Preissteigerung um 10% die Absatzmenge um 25%, so beträgt die Preiselastizität -2,5. Ist $\varepsilon_P > -1$, so ist die Nachfrage *unelastisch*, d.h. die prozentuale Mengenänderung fällt kleiner aus, als die entsprechende Preisänderung. Wenn $\varepsilon_P = 0$ ist, ist die Nachfrage *vollkommen unelastisch*. Bei einer Elastizität von $\varepsilon_P = -\infty$ ist die Nachfrage *völlig preiselastisch*.

Durch den Einsatz der vier Marketing-Instrumente – Produkt, Kommunikation, Distribution, Preis – soll vor diesem Hintergrund eine möglichst unelastische Nachfrage für die Unternehmensmitglieder erreicht werden. Der grenzüberschreitende Charakter von Exporten führt dabei beim Einsatz der Marketing-Instrumente zu einigen Besonderheiten. Eine besondere Herausforderung besteht in der Frage, ob Produkte länderspezifisch angepasst werden sollen (Differenzierung), oder ob sie standardisiert auf einem internationalen Markt angeboten werden sollen (Standardisierung). Das folgende Beispiel zeigt den trade-off zwischen Differenzierung und Standardisierung am Beispiel der japanischen Automobilindustrie:

Beispiel: *"Fat design" vs. "lean design" in der japanischen Automobilindustrie*

Die japanische Automobilindustrie verspürte in den 1990er Jahren zunehmend den Kostendruck einer hohen Produktdifferenzierung. Eine mit dem Begriff „fat design" umschriebene Strategie der hohen Produktvielfalt gestattete in hohem Maße kundenindividuelle Produktanpassungen. Damit konnte auch auf die Besonderheiten von unterschiedlichen Ländermärkten sehr gut eingegangen werden. Die „fat design" Strategie führte auf der anderen Seite aber zu hohen Kosten. Hohe Variantenvielfalt gepaart mit raschen Modellwechseln gefährdeten den Kostenvorteil, den Firmen wie Toyota und andere japanische Automobilbauer einst durch „lean production"-Systeme aufgebaut hatten, zumal europäische und amerikanische Automobilhersteller die Logik der prozessorientierten Kostenreduktion zunehmend besser beherrschten.

Seit Mitte der 90er Jahre strebten japanische Unternehmen daher eine Reduktion der Variantenvielfalt an. Im Ergebnis wurde „lean product design" die entscheidende Quelle für japanische Automobilhersteller, um ihren Kostenvorsprung aufrecht zu erhalten. „Lean design" als eine Standardisierungsstrategie löste „fat design" als Ausprägung der Differenzierungsstrategie zunehmend ab. Inzwischen zeigt sich allerdings, dass die Vereinfachung teilweise zu weit getrieben wurde. Sinkende Kundenzufriedenheit und der Verlust von Marktanteilen zeigen wie schwierig es ist, die richtige Balance zwischen Standardisierung und Differenzierung zu finden.

16.3.2 Produktpolitik im Exportgeschäft

Das soeben dargestellt Beispiel zeigt die Relevanz der Frage nach der länderübergreifenden Standardisierung von Produkten und Dienstleistungen. Die Antwort auf diese Frage, ergibt sich aus der grundlegenden Logik der Marktorientierung: Sind die Kundenbedürfnisse in unterschiedlichen Ländern verschieden, so muss auf die länderspezifischen Bedürfnisse mit entsprechend differenzierten Angeboten geantwortet werden. Sind die Bedürfnisse dagegen weitgehend einheitlich, so ist ein standardisiertes Angebot, das dem anbietenden Unternehmen die Realisierung von Kostensynergien ermöglicht, geeignet. Insbesondere Levitt (1983) hatte mit seiner Konvergenzthese in bezug auf die Bedürfnisse der Menschen in unterschiedlichen Ländern und Kulturen die Hoffnung geweckt, dass globale Märkte mit standardisierten Gütern bedient werden könnten. Tatsächlich zeigen sich aber in Bezug auf zahlreiche Märkte doch starke regionale Unterschiede, die einer Standardisierung entgegenstehen.

Auch wenn länderspezifische Bedürfnisse vorliegen, wird die Standardisierungs- bzw. Differenzierungsentscheidung üblicherweise nicht für die Produktpolitik insgesamt, sondern für einzelne Entscheidungstatbestände der Produktpolitik gefällt (vgl. Backhaus / Büschken / Voeth 2003, 199 ff.). Die Entscheidungstatbestände sind insbesondere der Produktkern, die Verpackung, die Markierung und Dienstleistungen.

Marketing-Aktivitäten im Exportgeschäft **16.3**

Definition: Produktkern
Als *Produktkern* wird der Teil des Produktes bezeichnet, der dem Kunden einen *originären Grundnutzen* (vgl. Sabel 1971) bringt. Die Aufgabe des Produktkerns besteht insofern darin, eine bestimmte Grundfunktion für den Nutzer zu erfüllen.

So stiftet ein PKW im Kern den Nutzen Mobilität. Das Standardisierungspotential des Produktkerns hängt in hohem Maße von der Homogenität der Kundenbedürfnisse ab. Je ähnlicher die Bedürfnisse, desto größer sind die Möglichkeiten der Standardisierung. Tendenziell kann vermutet werden, dass die Standardisierungsmöglichkeiten bei Konsumgütern aufgrund von regionalen Besonderheiten geringer sind als bei Investitionsgütern, bei denen technische Funktionen im Vordergrund stehen und für die nicht selten international standardisierte Qualitätsnormen (z.B. die ISO 9000-Normen) gelten.

Nach dem Grad der Produktkernstandardisierung lassen sich vier Grundtypen unterscheiden (vgl. Backhaus/Büschken/Voeth 2003, 202 f.):

- *Differenzierte Produkte* zeichnen sich durch einen hohen Grad an länderspezifischer Anpassung aus. Im Ergebnis wird auf eine Produktkernstandardisierung komplett verzichtet.

- Sollen allein bestimmte Produktkomponenten länderspezifisch variiert werden – z.B. weil das aufgrund von technischen oder rechtlichen Vorgaben erforderlich ist – so kann die Anwendung eines *modularen Designs* sinnvoll sein. In diesem Fall wird ein auf verschiedenen Ländermärkten verwendetes Kernprodukt nur durch den separaten Einbau einiger länderspezifischer Module an die Erfordernisse eines speziellen Landes angepasst. Als ein typisches Beispiel kann die länderspezifische Adaption bestimmter Teile in der Automobilindustrie an das Rechts- bzw. Linksfahrgebot angesehen werden.

- Noch weiter fortgeschritten ist die Standardisierung im Falle einer *Built-in-Flexibility*. Das Produkt trägt hier die Anpassungsflexibilität auf die besonderen Ansprüche in bestimmten Zielländern bereits in sich. So können verschiedene Elektrogeräte auf unterschiedliche Stromspannungen (z.B. 110 V oder 220 V) quasi per Knopfdruck eingestellt werden.

- Wird ein Produkt aufgrund homogener Bedürfnisse der Abnehmer weltweit identisch vermarktet, spricht man von einem *standardisierten Produkt*. Fernsehgeräte und andere Geräte der Unterhaltungsindustrie können hier als Beispiele betrachtet werden.

16 Exportgeschäft

Definition: *Verpackung*

Unter einer *Verpackung* wird jede Art der Umhüllung von Produkten verstanden (vgl. Meffert 2000, 455). Das Aufgabenspektrum der Verpackung reicht vom Schutz des Produktes über Transport und Aufbewahrungsfunktionen bis hin zu akquisitorischen Aufgaben.

Eine Standardisierung kann sich auf die Form, Farbe, Beschriftung oder sonstige Gestaltungsmerkmale der Verpackung beziehen. Zahlreiche Gründe können einer Standardisierung aber entgegenstehen. So werden Verpackungen in den EU-Ländern zunehmend unter dem Aspekt der Wiederverwertbarkeit und des Umweltschutzes betrachtet. In Japan stellt dagegen eine aufwendige Verpackung einen wesentlichen Nutzenbestandteil eines Gutes dar (vgl. Hünerberg 1994). Darüber hinaus müssen ggf. klimatische, gesetzliche oder kulturelle Besonderheiten bei der Verpackungsgestaltung berücksichtigt werden. So haben z.B. Farben in verschiedenen Kulturkreisen eine unterschiedliche symbolische Bedeutung.

Definition: *Markierung*

Die *Markierung* stellt die Kennzeichnung eines Gutes oder einer Leistung mit einem Namen, Zeichen, Symbol, Design oder einer Kombination aus diesen Elementen dar. Sie ist als Teilaspekt der *Marke* zu interpretieren, die den Mehrwert aller Marketing-Aktivitäten im Zeitablauf darstellt (vgl. Backhaus 2003, 406 ff.).

Da dem Kunden zu seiner Bedürfnisbefriedigung üblicherweise mehrere Konkurrenzangebote zur Verfügung stehen, ist es für einen Anbieter sinnvoll, beim Kunden eine Identifikation mit der Leistung des Anbieters herzustellen und das Image des Herstellers auf die jeweiligen Zielländer zu transferieren. Die Markierung ist dazu ein geeignetes Instrument. Allerdings muss bei der Standardisierung der Markierung geprüft werden, ob Namen, Zeichen oder Symbole in unterschiedlichen Zielländern auch tatsächlich die gleichen Assoziationen hervorrufen. Als Beispiele ungeeigneter Markierungen sei hier der Chevrolet Nova in Spanien (nova = funktioniert nicht) und des Fiat Rustica in England (rust = Rost) genannt (vgl. Hünerberg 1994). Um derartige Pannen zu vermeiden, wird von vielen Unternehmen eine differenzierte Markierung vorgenommen. Die folgenden Beispiele zeigen Markenanpassungen für den chinesischen Markt und deren Bedeutung. Es fällt dabei auf, dass teilweise versucht wird, die angepasste Marke klanglich immer noch in der Nähe der ursprünglichen Marke zu halten:

Tabelle 16-1: Differenzierung von Marken für China

Original Marke	Chinesische Variante	Bedeutung
■ BMW	Bao-ma	Schatz-Pferd, ein edles Ross (unter Wegfall des dritten Buchstaben W)
■ Opel	Ou-bao	Schatz aus Europa
■ Coca-Cola	Ke-kou-ke-le	Wohlschmeckend und erfrischend; geeignet für den Mund; geeignet für Freunde
■ Volkswagen	Da-zhong qiche	Groß-Volk, Massenfahrzeug
■ Siemens	Xi-men-zi	West-Tor-Sohn, der Sohn aus dem Westen
■ Ford	Fu-te	Ein spezielles Glück

Quelle: Auswahl aus M. Vermeer, 1995 sowie Zhen Jiang Yan, o.J

Einen zentralen Aspekt stellt in diesem Zusammenhang auch der Hinweis auf das Herkunftsland dar (vgl. Clarke/Owens/Ford 2000). Die Aufschrift „Made in ..." kann in Abhängigkeit vom Zielland ein positives oder ein negatives Image verkörpern. Ist das Image des Herkunftslandes in einigen Zielländern nicht positiv oder sogar negativ, so steht das einer Standardisierung entgegen.

Dienstleistungen haben im Zuge eines zunehmenden Wettbewerbs und der daraus resultierenden zunehmenden Marktorientierung kontinuierlich an Bedeutung gewonnen (vgl. zu den Schwierigkeiten der Festlegung von Dienstleistungsmerkmalen Ullrich 2004, 50 ff.). Gerade bei homogenen Produktkernen ist eine Differenzierung des eigenen Angebots teilweise nur über zusätzliche Service-Leistungen möglich. Darüber hinaus haben auch technologische Fortschritte Produkte teilweise komplexer werden lassen und dadurch eine Nachfrage nach zusätzlichen Dienstleistungen erzeugt. Sofern es sich bei den Dienstleistungen um Beratungs- oder Schulungsleistungen handelt, muss eine Standardisierung vor dem Hintergrund sehr unterschiedlicher Beratungsbedürfnisse als schwierig angesehen werden. Bei den Dienstleistungen, die z.B. als Ersatzteillieferung oder Wartung, zeitlich nach dem Kauf angesiedelt sind, ist dagegen ein Potential für Standardisierungen vorhanden.

16.3.3 Kommunikationspolitik im Exportgeschäft

Die Kommunikationspolitik dient der Übermittlung von Informationen und Bedeutungsinhalten zum Zweck der Steuerung von Meinungen, Einstellungen, Erwartungen und Verhaltensweisen gemäß den spezifischen Zielsetzungen des Anbieters. Die Standardisierung der Kommunikationspolitik im Exportgeschäft geht aus Sicht des Exporteurs wiederum mit Effizienzvorteilen einher. Allerdings können auch bei der Kommunikation erhebliche Standardisierungsbarrieren existieren. Probleme können insbesondere auftreten in Bezug auf:

- die Kultur und Sprache,
- die Medienlandschaft in den Ziellandern,
- die institutionellen Rahmenbedingungen.

Fast alle Einflussfaktoren von *Kultur* (vgl. Kapitel. 9) können zu Barrieren einer Standardisierung der Kommunikationspolitik werden. Unterschiedliche soziale Normen und Werte, Religionsunterschiede, verschiedene Auffassungen von Humor lassen eine vereinheitlichte Botschaft oft scheitern (vgl. Rinner-Kawai 1993). Vor allem sprachliche Besonderheiten spielen dabei eine wesentliche Rolle.

Die *Medienlandschaft* kann sowohl von der Infrastruktur her, als auch von den Nutzungsgewohnheiten der Rezipienten Unterschiede zwischen Ländern aufweisen. So ist der Verbreitungsgrad von Internetanschlüssen von Land zu Land unterschiedlich. Auch die Nutzungsgewohnheiten der Zielkunden in Bezug auf Medien wie das Fernsehen, Zeitungen oder Radio weisen Unterschiede auf. Daher müssen die Kommunikationsinstrumente ggf. auf konkrete Zielmärkte angepasst werden.

Die *institutionellen Rahmenbedingungen* schließen in einigen Ländern bestimmte Kommunikationsmaßnahmen von vorn herein aus. So ist vergleichende Werbung nicht in allen Ländern gestattet (z.B. Deutschland). In anderen Ländern unterliegt die Werbung generell einer starken staatlichen Kontrolle (z.B. China).

16.3.4 Distributionspolitik im Exportgeschäft

Die Probleme der Standardisierung stellen sich bei der Distributionspolitik in ganz ähnlicher Weise wie bei der Kommunikationspolitik. Die Nutzung gleicher Absatzkanäle in verschiedenen Ländern setzt

- ein kulturell ähnliches Beschaffungsverhalten in den unterschiedlichen Zielländern,
- eine in etwa ähnliche Vertriebsinfrastruktur und
- einen entsprechenden institutionellen Rahmen voraus.

Standardisierte Vertriebskanäle sind somit nur dann möglich, wenn die entsprechenden Kanäle in den verschiedenen Ländern auch tatsächlich gestattet und vorhanden sind und wenn sie eine vergleichbare Bedeutung bei der Beschaffung der Güter durch die Zielkunden haben. Das ist aber keineswegs immer der Fall. So kommt beispielsweise in Japan großflächigen Warenhäusern bei weitem nicht die Bedeutung zu, wie in Europa. Der Grund ist teilweise in den sehr viel kleineren Wohnungen vieler Japaner zu sehen, die eine Vorratshaltung von Lebensmitteln in Wirtschaftsräumen mit Tiefkühltruhen etc. kaum zulässt. Aus diesem Grund gibt es aber auch den umfangreichen „Wocheneinkauf" in Japan kaum. Stattdessen wird mehrfach pro Woche in kleineren Geschäften und in Laufdistanz von der Wohnung für den täglichen Bedarf eingekauft (vgl. Biehl 2001).

16.3.5 Preispolitik im Exportgeschäft

In der Preispolitik stellt sich im Exportgeschäft ebenfalls die Frage nach dem Standardisierungsgrad. Allerdings ist die Motivationslage des Exporteurs bei der Preispolitik anders gelagert als bei den anderen Marketing-Instrumenten. Der Exporteur ist hier nämlich nicht grundsätzlich an einer Standardisierung interessiert. Im Gegenteil: Preisdifferenzierung eröffnet Möglichkeiten unterschiedliche Preisbereitschaften abzuschöpfen und die Ertragsposition des Anbieters zu verbessern.

Definition: *Preisdifferenzierung*

Preisdifferenzierung beschreibt eine länderspezifische Anpassung der Preise an die unterschiedlichen Zahlungsbereitschaften der Kunden (vgl. Meffert/ Bolz 1998, 158 ff.)

Die Frage, ob Preisdifferenzierung oder Preisstandardisierung betrieben werden sollte, ist abhängig davon,

- ob die Preisbereitschaft ggf. Preiselastizitäten in verschiedenen Zielländern heterogen sind und
- inwieweit Arbitrage zwischen unterschiedlichen Ländermärkten möglich ist.

Unterschiedliche Preisbereitschaften können auf ganz unterschiedliche Ursachen zurück zu führen sein. Unterschiedliche Präferenzen für bestimmte Güter oder unterschiedliche Kaufkraft in den verschiedenen Ländern haben einen wesentlichen Einfluss auf die Preisbereitschaft der Kunden. So haben Franzosen eine starke Präferenz für gutes Essen und sind daher bereit für Essen einen erheblichen Anteil des verfügbaren Einkommens auszugeben. Auslandsurlaub wird dagegen offensichtlich als nicht so wichtig eingestuft. In Deutschland liegen die Präferenzen dagegen genau anders herum. Für Unternehmen der Lebensmittel- und der Tourismusindustrie folgen daraus Konsequenzen für die Preissetzung.

Sind die Präferenzen und die daraus resultierende Preisbereitschaft in unterschiedlichen Ländern ähnlich, so hängt die Möglichkeit der Preisdifferenzierung vor allem davon ab, ob den Kunden Preisinformationen aus anderen Märkten leicht zugänglich

16 Exportgeschäft

sind, ob also Preistransparenz herrscht und ob eine Arbitrage zwischen verschiedenen Ländern leicht möglich oder mit großen Schwierigkeiten verbunden ist. Informationsintransparenz und hohe Arbitragekosten sind prinzipiell günstige Voraussetzungen für eine länderspezifische Preisdifferenzierung.

Insofern ist auf dem europäischen Binnenmarkt langfristig mit einer Angleichung der Preise auf den verschiedenen nationalen Märkten zu rechnen. Der weitgehende Wegfall von Handelsbarrieren reduziert die Arbitragekosten und die Preistransparenz erhöht sich. Es gibt aber auch gegenläufige Tendenzen. Gerade im Industriegütersektor haben Kompensationsgeschäfte an Bedeutung gewonnen. Die Vergleichbarkeit von Angeboten nimmt dadurch ab.

Definition: Kompensationsgeschäften

In *Kompensationsgeschäften* tauschen Vertragspartner wechselseitig Realgüter aus. Güter werden nicht gegen Geld, sondern gegen andere Güter oder Dienstleistungen getauscht (vgl. Günter 1995).

Kompensationsgeschäfte – also beispielsweise der Verkauf von Motoren gegen Erdöl – reduzieren die Preistransparenz auf den Märkten. Dadurch bieten sie Ansatzpunkte für eine Preisdifferenzierung. Allerdings stellen die teilweise komplexen Kompensationen oft erhebliche Anforderungen an das Management.

Literaturhinweise

Zum Export als Markteintrittsstrategie gibt es zahlreiche Beiträge, die einen Einstieg ermöglichen (z.B. Sauer 2002, Dichtl/Issing 1992). Für ein Verständnis von Export als Geschäftstyp ist es vor allem wichtig, einen Überblick über das klassische Marketing-Instrumentarium zu gewinnen und die Herausforderungen eines länderübergreifenden Einsatzes zu diskutieren. Zu diesem Zweck ist insbesondere geeignet Backhaus/Büschken/Voeth (2003). Herausforderungen eines interkulturellen Marketings werden beispielsweise bei Müller/Gelbrich (2004) und Usunier (2000) behandelt.

Zusammenfassung

1. Das Exportgeschäft als Geschäftstyp ist vom Export als einem Absatz von im Heimatland hergestellten Gütern im Ausland zu unterscheiden.

2. Das Exportgeschäft beschreibt eine diskrete Markttransaktion, in der der Kunde keine Transaktionsprobleme wahrnimmt. Der Anbieter behält gleichwohl die Kontrolle über wichtige Wertschöpfungsaktivitäten.

3. Durch den Einsatz der klassischen Marketing-Instrumente soll eine marktorientierte Leistung des Anbieters geschaffen werden. Relationale Elemente spielen keine Rolle im Management der Transaktion.

4. Die Möglichkeit eines standardisierten Einsatzes von Marketing-Instrumenten auf unterschiedlichen Ländermärkten stellt eine der zentralen Fragen im Exportgeschäft dar.

Schlüsselbegriffe

Differenzierung; Distributionspolitik; Export; Exportgeschäft; Kommunikationspolitik; Kompensationsgeschäft; Marketinginstrumente; Markierung; Marktorientierung; Preisabsatzfunktion; Preisdifferenzierung; Produktpolitik; Standardisierung

17 Lizenzgeschäft

17.1 Charakteristika des Lizenzgeschäfts

Definition: *Lizenzierung*

Unter einer *Lizenzierung* in das Ausland versteht man eine vertragliche Übereinkunft zwischen einem inländischen Lizenzgeber und einem ausländischen Lizenznehmer nach der dem Lizenznehmer Verfügungsrechte an einem intangiblen Vermögenswert für einen bestimmten Zeitraum zur Verfügung gestellt werden.

Von der Lizenzierung als Vorgang zu unterscheiden ist das Lizenzgeschäft als ein Transaktionstyp, der aus einem theoretischen Bezugsrahmen abgeleitet wurde (vgl. Abbildung 17-1). Wie das Exportgeschäft zeichnet sich auch das Lizenzgeschäft dadurch aus, dass der Kunde in der Transaktion *keine nennenswerten Transaktionsprobleme* wahrnimmt. Eine diskrete Markttransaktion ist für seine Problemstellung daher ausreichend. Dadurch behalten auch die Ausführungen über die Marketing-Aktivitäten des Exportgeschäfts ihre Gültigkeit. Die zentrale Veränderung im Lizenzgeschäft gegenüber dem Exportgeschäft betrifft nicht so sehr die Situation des Nachfragers als vielmehr die Situation des Anbieters. Während er im Falle des Exportgeschäfts in der Rolle des Herstellers verbleibt und die Transaktion mit dem Kunden entweder selbst oder durch Intermediäre abwickelt, werden im Falle der Lizenzierung umfangreiche Aktivitäten der Wertschöpfungskette – vor allem auch die Produktion – an einen ausländischen Hersteller abgegeben. Voraussetzung der Weitergabe intangibler Vermögenswerte – also insbesondere des eigenen Wissens – an einen Lizenznehmer ist allerdings, dass dadurch nicht wettbewerbsrelevantes Wissen an Konkurrenten abfließt. Auch für den Anbieter dürfen somit *keine Transaktionsprobleme* bestehen.

17 Lizenzgeschäft

Abbildung 17-1: Entscheidungsbaum für den Eintritt in einen ausländischen Markt (Teilausschnitt)

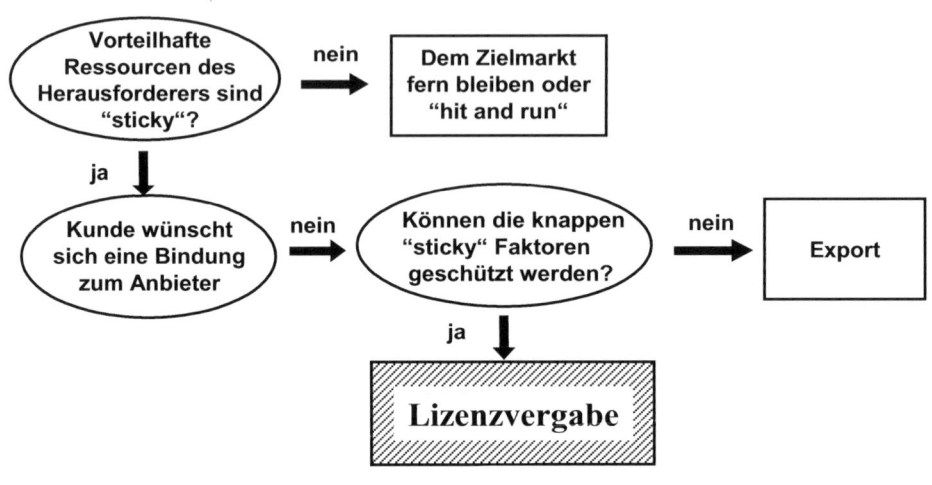

Als intangible Vermögenswerte kommen als Lizenzgegenstände sowohl verliehene Rechte (z.B. Patente, Markenrechte, Copyrights, Firmennamen, Warenzeichen, Geschmacksmuster) als auch faktische Vorteilsstellungen (z.B. technologisches oder managementorientiertes Wissen) in Frage.

Für die Erlaubnis der wirtschaftlichen Verwertung dieser Rechte zahlt der Lizenznehmer an den Lizenzgeber einmalig oder laufend Lizenzgebühren (sog. „royalties"). An die Stelle der Zahlung eines Entgelts können aber auch Kompensationsgeschäfte treten. Auch der wechselseitige Austausch von Lizenzen (Gegenlizenz, Cross-Licence) ist in der Praxis üblich. Der Lizenzgeber erhält auf diese Weise ebenfalls einen Zugang z.B. zu neuen Technologien ohne selbst in Forschung und Entwicklung investieren zu müssen.

Charakteristika des Lizenzgeschäfts

Abbildung 17-2: Leistung und Gegenleistung im Lizenzgeschäft

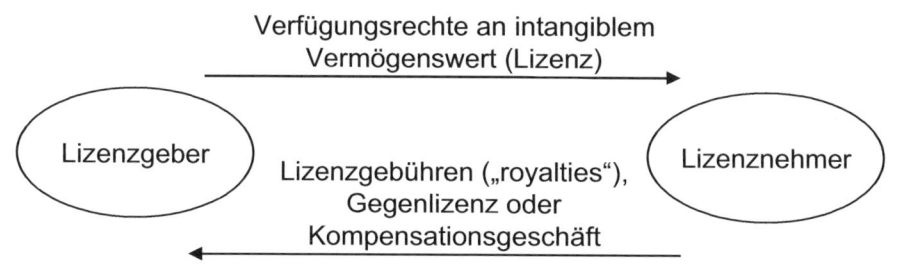

Bedeutung

Die zahlenmäßige Bedeutung des Lizenzgeschäfts für Deutschland wird in der folgenden Übersicht wiedergegeben. Allerdings werden in der Statistik Lizenzen und Patente gemeinsam ausgewiesen. Nahezu alle Ausgaben im internationalen Lizenzverkehr entstehen durch den Austausch mit Industrieländern.

Tabelle 17-1: Grenzüberschreitende Zahlungen für Patente und Lizenzen

Deutschland		2000	2001	2002	2003	2004
Patente und Lizenzen (in Mio. Euro)	Einnahmen	3.175	3.710	4.088	3.926	4.098
	Ausgaben	6.186	6.141	5.643	4.681	4.629
	Saldo	-3.012	-2.431	-1.556	-755	-531

In dieser Statistik der Deutschen Bundesbank werden Patente, Erfindungen, Verfahren und übrige Schutzrechte unter dem Begriff Patente und Lizenzen zusammen gefasst.

Quelle: Deutsche Bundesbank - Zahlungsbilanzstatistik (Stand vom 12.12.2005)

Auffällig ist der für Deutschland negative Saldo in den Zahlungen für Patente und Lizenzen, der allerdings in den letzten Jahren eine rückläufige Tendenz hat und für die ersten drei Quartale 2005 sogar einen positiven Saldo von 318 Mio. Euro aufweist.

17 *Lizenzgeschäft*

Dieser in der Vergangenheit fast schon traditionell negative Saldo im Lizenzverkehr bedarf der Interpretation, bevor er als alarmierend angesehen wird.

Die Verwertung von technologischem Wissen über Lizenzen ist nur ein Weg von vielen, durch welche eine Verwertung des Wissens vorgenommen werden kann. Wettbewerbsrelevantes Wissen schlägt sich ebenso im Export, z.B. beim Verkauf von Anlagen oder aber in Direktinvestitionen (vgl. Kapitel. 20) nieder. Der Weg des Lizenzgeschäfts ist zwar der einfachste Weg der Verwertung des eigenen Wissens. Nicht selten stehen diesem Geschäftstyp aber Transaktionsmerkmale entgegen, die eine andere Verwertung des Wissens empfehlenswert machen.

Größen wie der Außenhandelsüberschuss sind somit aussagekräftigere Indikatoren für die Wettbewerbsfähigkeit einer Wirtschaft als der Saldo der Zahlungen für Patente und Lizenzen. Im Vergleich zum Außenhandelsüberschuss Deutschlands ist das Defizit bei den Zahlungen für Patente und Lizenzen klein.

Eine Aufschlüsselung der Einnahmen und Ausgaben des Patent- und Lizenzverkehrs nach Kapitalverflechtung zeigt zudem, dass deutsche Mutterkonzerne mit ausländischen Tochtergesellschaften einen Einnahmenüberschuss erwirtschaften. Im Vergleich dazu entfällt der größte Teil der Ausgaben für Lizenzerwerb auf deutsche Tochterunternehmen mit ausländischer Kapitalbeteiligung; hier ist der Saldo negativ (vgl. Tab. 17-2). Weiterhin liefert eine Aufschlüsselung nach Wirtschaftszweigen ein differenzierteres Bild. Die chemische Industrie ist ein wichtiger Lizenzgeber und erwirtschaftet einen Einnahmenüberschuss. Dagegen fallen in den Bereichen Elektrotechnik und Dienstleistungen mehr Ausgaben als Einnahmen an. Diese Industriezweige sind traditionell Lizenznehmer.

Tabelle 17-2: Zahlungen aus Lizenzgeschäften nach Kapitalverflechtung (Deutschland)

Kapitalverflechtung		Davon: Unternehmen mit	
In Mio. Euro aus Lizenzgeschäften	Insgesamt	Beteiligungen im Ausland	Ausländischer Kapitalbeteiligung
Einnahmen			
2002	3.124	1.883	1.089
2003	2.720	1.429	1.042
Ausgaben			
2002	2.886	900	1.718
2003	2.705	895	1.469
Saldo			
2002	238	982	-629
2003	15	534	-427

Für die Aufschlüsselung nach Kapitalverflechtung nimmt die Deutsche Bundes-bank ausschließlich die Zahlen für Patente, Erfindungen und Verfahren, nicht aber für die übrigen Schutzrechte. Dies erklärt die unterschiedlichen Gesamtbeträge in den Statistiken.
Quelle: Deutsche Bundesbank (Stand Juni 2004)

17.2 Bedingungen erfolgreicher Lizenzpolitik

17.2.1 Der Lizenzgegenstand als Quelle von Wettbewerbsvorteilen

Durch die Lizenzierung wird es dem Lizenzgeber möglich, Vorteile aus der Erschließung von Auslandsmärkten zu realisieren. Die Abgabe von Verfügungsrechten an den Lizenznehmer ermöglicht eine Kapitalisierung des Wissens des Lizenzgebers, ohne dass er selbst umfangreiche und riskante Aktivitäten auf einem Auslandsmarkt entfalten muss. Umgekehrt kann auch der Lizenznehmer von der Lizenzvergabe profitieren. Die Gründe für die wechselseitige Vorteilhaftigkeit der Lizenzvereinbarung ähneln den generellen Gründen für eine Kooperation (vgl. Kapitel 1). Im Einzelnen werden genannt:

- „Technologisches" Gefälle zwischen Lizenzgeber- und Lizenznehmer. Bei einer ungleichen Verteilung von Wissen zwischen den Marktteilnehmern, können sich die Parteien durch Austausch und Kooperation verbessern.

17 Lizenzgeschäft

- *Kostenvorteile des Lizenznehmers.* Der Lizenznehmer besitzt gegenüber dem Lizenzgeber in Bezug auf die Durchführung bestimmter Wertschöpfungsaktivitäten Kostenvorteile, die eine Effizienzsteigerung der Ressourcennutzung ermöglichen. Länderkenntnisse gehören regelmäßig zu den Quellen von Kostenvorteilen des Lizenznehmers.

- *Risikoteilung* zwischen den Kooperationspartnern. Unter der Annahme von Risikoaversion kann es für die Kooperationspartner sinnvoll sein, bestimmte Aktivitäten untereinander aufzuteilen.

Ein *Gefälle* in Bezug auf technologisches Know-how oder andere wettbewerbsrelevante Faktoren zwischen dem Lizenzgeber und Lizenznehmer stellt eine Grundvoraussetzung für das Zustandekommen eines Lizenzvertrages dar. Je größer das Gefälle zwischen Lizenzgeber und –nehmer ist, desto größer ist das Interesse des Lizenznehmers am wettbewerbsrelevanten Lizenzgegenstand. Der aus dem Lizenzgegenstand resultierende Vorteil des Lizenznehmers sollte zudem *verteidigungsfähig* sein, damit er vor Nachahmung durch Dritte geschützt ist. Dieser Schutz ist theoretisch bei Schutzrechten, z.B. Patenten, Warenzeichen, Urheberrechten etc., am größten. In der Realität zeigen sich aber häufig Lücken in den gesetzlichen Schutzrechten bzw. bei ihrer Durchsetzung vor Ort. Faktisch hängt die Verteidigungsfähigkeit daher häufig von der Fähigkeit ab, Wettbewerber daran zu hindern, einen Vorsprung durch Imitation oder Innovation einzuholen. Dabei kann ein schwer imitierbarer Vorteil durchaus immateriellen sein, also z.B. in der Reputation einer Marke zum Ausdruck kommen.

Für den Lizenzgeber ergibt sich der ökonomische Vorteil bei der Entscheidung „Selbstverwertung des Know-hows" oder „Fremdverwertung durch den Lizenznehmer" vor allem durch die erhaltenen Lizenzgebühren. Kostenvorteile des Lizenznehmers, z.B. aufgrund von Länderkenntnissen, können ein weiterer Anreiz zur Lizenzvergabe sein.

Risikogründe können sowohl beim Lizenznehmer als auch bei Lizenzgeber eine Motivation für den Abschluss einer Lizenzvereinbarung sein. Risikoneigung und Portfolioüberlegungen können einen Anreiz bieten, ein Projekt auf mehrere Schultern zu verteilen.

17.2.2 Beispiele für lizenzierbare Güter

Als intangible Vermögenswerte für die Lizenzvergabe kommen als sog. Schutzrechtslizenzen vor allem in Frage (vgl. z.B. Kutschker/Schmid 2005, 839f.):

- Patente,
- Gebrauchsmuster,
- Geschmacksmuster,

17.2 Bedingungen erfolgreicher Lizenzpolitik

- Warenzeichen (Marken) und
- Urheberrechte in Frage.

Bei den Know-how Lizenzen unterscheidet man zudem zwischen

- technischem Know-how und
- kaufmännischem Know-how.

1. Ein *Patent* ist ein vom Staat bzw. einer Staatengemeinschaft erteiltes ausschließliches Recht, eine *Erfindung* im Rahmen der Rechtsvorschriften unbeschränkt zu nutzen. Ein Patent ist zeitlich befristet und die Vergabe eines Patents setzt voraus, dass es sich um eine neue Erfindung auf dem Gebiet der *Technik* handelt, die *gewerblich verwertbar* ist.

2. Ein *Gebrauchsmuster* ist ein Arbeits- oder Gebrauchsgegenstand, der durch eine neue *Gestaltung, Anordnung, Vorrichtung* oder *Schaltung* dem Arbeits- oder Gebrauchszweck dient.

3. Ein *Geschmacksmuster* ist ein ästhetisches gewerbliches Muster (z.B. ein Tapetenmuster oder ein Porzellandesign). Ist ein solches Muster *neu, eigentümlich* und *gewerblich verwertbar*, kann es durch eine Eintragung im Musterregister beim Amtsgericht gegen Nachbildung aber nicht gegen selbständige Neuschöpfung geschützt werden.

4. Ein *Warenzeichen (Markierung)* ist die Kennzeichnung eines Gutes oder einer Leistung mit einem *Namen, Zeichen, Symbol, Design* oder einer *Kombination aus diesen Elementen*. Warenzeichen spielen als Herstellermarken, Handelsmarken oder Dienstleistungsmarken eine wichtige Rolle. Sie werden in die Zeichenrolle des Patentamts eingetragen.

5. Das *Urheberrecht* ist das Recht eines Urhebers an einer persönlichern und kreativen geistigen Schöpfung. Gegenstand eines Urheberrechts sind individuelle Arbeitsergebnisse in den Bereichen Literatur, Musik, Kunst, Film und Tanz. Nicht unter das Urheberrecht fallen wissenschaftliche Theorien, kommerzielles Wissen sowie politische oder wirtschaftliche Programme.

Generell gilt für alle Schutzrechte das Territorialitätsprinzip. Das bedeutet, dass der Schutz des Schutzrechtes nur in dem Land gilt, in dem das Schutzrecht auch eingetragen ist. Ein Unternehmen, das im Ausland das alleinige Recht an einer Erfindung, einer Markierung etc. haben möchte – auch um dieses Recht ggf. an exklusiv an einen Lizenznehmer zu veräußern – muss dieses Recht somit in jedem Land separat eintragen lassen. Eine vorausschauende Schutzrechtspolitik ist insofern wichtig, um Imitatoren von der legalen Nutzung eigenen Wissens auszuschließen.

17 Lizenzgeschäft

Beispiel: *Olymp*

Olymp wurde im Jahr 1951 von Eugen Bezner in Bietigheim-Bissingen, einem Vorort von Stuttgart, gegründet. Das Unternehmen beschränkte sich von Anfang an auf die Herstellung von Hemden und Krawatten. Das Sortiment wurde später lediglich um Poloshirts erweitert. Olymp produziert seit Langem in Osteuropa (Bulgarien, Mazedonien und Rumänien) und in Asien (Indonesien und China). Die Mitarbeiterzahl in Deutschland wächst gleichwohl weiter (allein im Jahr 2006 von 256 au 287 Mitarbeiter). China ist für das Unternehmen aber nicht nur ein kostengünstiger Produktionsstandort, sondern auch ein wichtiger Zukunftsmarkt auf dem die Marke Olymp und das Design- und Produktions-Know-how per Lizenz verwertet werden kann. Das Unternehmen verkauft seine Hemden in China zu Preisen, die bis zu 50% über den Preisen in Deutschland liegen. Für den Einstieg in China holte sich Olymp Unterstützung durch den Vertriebs- und Lizenzpartner Yangtzekiang Garment Manufacturing Company (YGM) aus Hongkong. YGM verwendet die Olymp-Designs, kauft gemeinsam mit Olymp die Stoffe und produziert mach Vorgaben auf Maschinen, die von Olymp für gut befunden werden. An jedem Hemd, das in China verkauft wird, verdient Olymp sechs bis acht Prozent Lizenzgebühr. Damit kann man nicht schnell reich werden, aber die Risiken halten sich dafür ebenfalls in Grenzen. Dem Risiko der Produktpiraterie begegnet die Firma durch ständig wechselnde Kollektionen. Dass Olymp-Produkte exklusiv in eigenen Shops verkauft werden, reduziert die Vemarktungschancen von Plagiaten zusätzlich. Gleichwohl sind permanente Kontrollen der Produktion und des Marketings erforderlich. Als das Orient Shopping Centre Shanghai vorschlug, Olymp zwei Wochen lang mit Oktoberfest, Blasmusik und Neuschwanstein-Attrappe zu bewerben, gelang es Mark Bezner, dem Geschäftsführer von Olymp, erst mit viel Anstrengung, seine Geschäftspartner davon zu überzeugen, dass deutsche Sportwagen das Business-Image von Olymp besser präsentieren als bayerische Folklore. Dabei half Beznerns Freund, Porsche-Chef Wendelin Wiedekind aus dem benachbarten Zuffenhausen, und brachte zwei Autos nach Schanghai.
Quelle: Witte 2007, 4-7

17.3 Strategische Ziele einer internationalen Lizenzpolitik

Eine internationale Lizenzpolitik hat aber nicht nur das Ziel, Wissen möglichst effizient auf Drittmärkten zu verwerten. Ein rascher Markteintritt durch Lizenzvergabe kann auch das Ergebnis einer *strategischen* Entscheidung sein.

Definition: *Strategisches Verhalten*

Strategisches Verhalten umfasst Aktivitäten, die in zeitlicher und inhaltlicher Hinsicht eine besondere Bedeutung für die Zielerreichung des Handelnden haben (vgl. Plinke 2000b, 4).

Als Adressaten strategischen Verhaltens lassen sich wenigstens vier Gruppen ausmachen (vgl. Neus 2003, 253):

17.3 Strategische Ziele einer internationalen Lizenzpolitik

- Die Marktteilnehmer auf derselben Marktseite (Konkurrenten),
- die Marktteilnehmer auf der anderen Marktseite (Zulieferer, Kunden, Organisationsmitglieder),
- die Entscheidungsträger selbst und
- staatliche Instanzen, die den institutionellen Rahmen beeinflussen.

Die Entscheidung einen Auslandsmarkteintritt über die Lizenzvergabe durchzuführen beeinflusst die Wettbewerbsposition eines Anbieters in hohem Maße. So hat eine mengenorientierte Lizenzpolitik erheblichen Einfluss auf das Verhalten von Konkurrenten und Kunden. Die Auswirkungen einer raschen und mengenorientierten internationalen Lizenzpolitik lassen sich leicht am bekannten Beispiel der erfolgreichen Verbreitung des VHS-Videosystems veranschaulichen:

Beispiel: Videoformate

Das Heimvideoformat Video 2000 von Philips/Grundig und das Beta-Videosystem (1971) von Sony konnten sich beide nicht gegen das 1975 eingeführte Home Video System (VHS) der japanischen Matsushita-Gruppe (Panasonic, Technics, JVC) auf dem Markt durchsetzen. Obwohl gerade das Video 2000 System das technisch beste System darstellte, musste es im „Formatkrieg" Anfang der 80er Jahre unterliegen. Matsushita hatte bereits frühzeitig eine gezielte Lizenzpolitik betrieben, um den Weltmarkt systematisch zu erschließen. Durch diese Lizenzvergabe wurde schnell ein hoher Penetrationsgrad erreicht, der es ermöglichte, VHS als weltweiten Standard im Heimvideobereich zu etablieren. Zu dieser Entwicklung trugen außerdem die Videotheken bei, die aufgrund der weiten Verbreitung von VHS-Videorekordern in ihrer Kundschaft fast ausschließlich VHS-Kassetten führten. Dieser Trend führte dazu, dass bereits 1984 Philips/Grundig von ihrem System abgingen und ebenfalls Rekorder im „zukunftsweisenden VHS-System" anboten (vgl. Liebowitz 1995, Backhaus 1999,666).

Es wird deutlich, dass das Verhalten der Konkurrenten durch Lizenzentscheidungen beeinflusst werden kann. Die lizenzunterstützte Mengenpolitik der Matsushita-Gruppe führte sowohl von der Angebotsseite als auch von der Nachfragerseite her zu einer Verhaltensänderung potentieller Konkurrenten. Für einige Wettbewerber bot die Möglichkeit der Lizenznahme eine Chance zur Senkung von Risiken und F&E-Kosten. Sie verzichteten auf die Entwicklung eigener Systeme und setzten auf den Erfolg des (mehr oder weniger) etablierten VHS-Standards. Aus Konkurrenten wurden Verbündete des Lizenzgebers. Andere Wettbewerber wurden durch die rasche Verbreitung des VHS-Systems beeindruckt und sahen die Chancen für die Nachfrage eigener Systeme schwinden. Der Videokassettenverleih, der aus Effizienzgründen bevorzugt VHS-Kassetten führte, unterstütze diesen Trend noch. Um überhaupt noch einen Anteil am entstehenden Markt zu erhalten, entschieden sich verschiedene Anbieter für die Produktion unter einer Lizenzvereinbarung.

17 Lizenzgeschäft

Dem Lizenzgeber gelang es durch seine erfolgreiche Lizenzpolitik verschiedene Ziele erreichen. Zum einen wurde eine gewinnbringende Verwertung von existierenden Ressourcen durch den Eintritt in einen ausländischen Markt ermöglicht. Zum anderen konnte das Verhalten der Kunden und der Wettbewerber – auch in Bezug auf den eigenen Heimatmarkt – durch das strategische Lizenzverhalten im Sinne des Lizenzgebers beeinflusst.

17.4 Vertragsgestaltung im Lizenzgeschäft

Der Erfolg eines Markteintritts für den Lizenzgeber hängt in hohem Maße davon ab, mit welcher Qualität der Lizenzvertrag abgeschlossen wird. Die Schwierigkeit der Vertragsformulierung wird offensichtlich, wenn man sich vergegenwärtigt, dass die Vertragsdauer nicht selten die gesamte Lebensdauer eines Schutzrechtes umfasst. Die Schutzdauer kann dabei durchaus 15 bis 20 Jahre umfassen. Die Beziehung zwischen dem Lizenzgeber und Lizenznehmer, das wirtschaftliche Umfeld im Zielland oder aber die technologischen und politischen Bedingungen können in diesem Zeitraum starken Änderungen unterworfen sein. Ein Lizenzvertrag wird daher notwendigerweise in bestimmten Fragestellungen *offen* formuliert sein. Andererseits gibt es zahlreiche Punkte, die im Vorfeld geklärt werden müssen, damit es nicht zu Konflikten zwischen den Vertragspartnern kommt. Die Klärungen betreffen alle vier Einzelrechte, die üblicherweise als Bestandteil eines Verfügungsrechtes unterschieden werden (vgl. Kapitel 2) und Gegenstand des Lizenzvertrages sein können:

Die Festlegung der Nutzung des Vermögenswertes (*ius usus*) stellt regelmäßig die größten Herausforderungen an die Verhandlungspartner eines Lizenzvertrages. Dabei geht es um die Spezifizierung des *Gegenstandes* der Lizenz, also beispielsweise um ein Patent etc., und außerdem um die Festlegung des genauen *Inhaltes* der Lizenzvereinbarung. In Bezug auf den *Lizenzgegenstand* ist zu spezifizieren, welche Angaben vom Lizenzgeber an den Lizenznehmer in welcher Form zu liefern sind, damit der Lizenznehmer in die Lage versetzt wird, Herstellung und Qualitätssicherung zu gewährleisten. Dazu kann auch vereinbart werden, dass der Lizenzgeber den Lizenznehmer personell unterstützt oder Schulungsmaßnahmen anbietet.

Der *Lizenzinhalt* legt fest, wie der Vermögenswert vom Lizenznehmer genau zu nutzen bzw. zu gebrauchen ist, welche unternehmerischen Aktivitäten dem Lizenznehmer somit in Bezug auf den Lizenzgegenstand gestattet sind bzw. von ihm gefordert werden. In den meisten Fällen werden dem Lizenznehmer alle Aktivitäten zur Herstellung und zum Vertrieb eines Produktes gestattet. Es ist aber auch möglich, einzelne Verfügungsrechte, die beispielsweise mit einem Patent einhergehen würden, getrennt zu behandeln und zu lizenzieren oder sie mit bestimmten Restriktionen auszustatten.

17.4 Vertragsgestaltung im Lizenzgeschäft

Üblich sind Restriktionen in *räumlicher und zeitlicher* Hinsicht. Sie schränken das Verfügungsrecht des Lizenznehmers auf bestimmte geographische Gebiete und auf eine bestimmte Lizenzdauer ein. Auch in *sachlicher* Hinsicht lassen sich die zugelassenen Aktivitäten bestimmen. So kann beispielsweise die Produktion an den Lizenznehmer A, der Vertrieb aber an den Lizenznehmer B vergeben werden. Vorstellbar ist aber auch eine Gebrauchslizenz, die den Lizenznehmer lediglich zur internen Nutzung des Lizenzobjektes berechtigt.

Restriktionen können aber auch die *Zahl der Lizenznehmer* betreffen. Es ist zu prüfen, ob eine Lizenz exklusiv an nur einen Lizenznehmer vergeben wird, oder ob parallel mehrere Lizenznehmer in den Genuss der Lizenz kommen sollen. Zwischen dem Lizenzgeber und einem Lizenznehmer bestehen gerade in dieser Frage nicht selten Zielkonflikte, da ein Lizenznehmer häufig exklusive Rechte wünscht. Im Falle einer Exklusiv-Lizenz sind alle anderen Marktteilnehmer – auch der Lizenzgeber selbst – von der Nutzung des Lizenzgegenstandes im Zielland ausgeschlossen. Bei nicht-exklusiven Lizenzen erhält der Lizenzgeber dagegen das Recht, noch weitere Vertragspartner für die Nutzung des Lizenzgegenstandes zu werben. Nicht selten werden in dieser Konstellation Zwischenlösungen gefunden, die eine exklusive Nutzung zeitlich beschränken. Auf diese Weise kann beispielsweise die Anfangsinvestition des Lizenznehmers geschützt werden. Gleichzeitig hat der Lizenzgeber die Möglichkeit nach Ablauf eines Zeitraums weitere Lizenzen zu vergeben oder selbst auf dem Zielmarkt aktiv zu werden.

Eine Besonderheit von Lizenzverträgen liegt darin, dass der Lizenzgeber nicht nur das Recht zur Nutzung des Lizenzgegenstandes vergibt, sondern – insbesondere wenn es sich um ein exklusives Recht handelt und die Lizenzgebühr erfolgsabhängig berechnet wird – auch ein besonderes Interesse an der Nutzung hat. Als ein wichtiger Vertragsbestandteil, der einem zu geringen Engagement des Lizenznehmers entgegen wirken soll, kann daher die Verpflichtung zur Ausübung der Lizenz aufgenommen werden. Als Sanktionsmechanismus kommt dabei insbesondere die frühzeitige Aufkündigung der Lizenzvereinbarung oder aber die Aufkündigung der Exklusivität der Vereinbarung in Frage. Auch die Entgeltpolitik kann – beispielsweise durch Mindestlizenzgebühren – zur Absicherung des Lizenzgebers beitragen.

Das wirtschaftliche Interesse des Lizenznehmers kommt primär in dem Recht zum Ausdruck, sich die Erträge aus der Nutzung eines Vermögenswertes anzueignen (*ius usus fructus*). Hierbei sind dem Lizenznehmer – zumindest von Seiten des Lizenzgebers – alle Aktivitäten und ihre wirtschaftliche Verwertung gestattet, die im Rahmen des Lizenzinhalts liegen. Geschmälert werden die Erträge des Lizenznehmers zum einen durch eigene Investitionen, die im Zusammenhang mit der Lizenzverwertung ggf. erforderlichen sind. Zum anderen ist der Lizenznehmer dem Lizenzgeber gegenüber zu einer Gegenleistung, dem Lizenzentgelt, verpflichtet.

Das Nutzenkalkül des Lizenznehmers ist somit dem eines jeden Kapitalinvestors vergleichbar. Einer Anfangsinvestition bestehend aus einem Lizenzentgelt und ggf. weiteren Investitionen stehen Umsatzerlöse in den Folgeperioden und ggf. weitere Lizenzentgelte und Folgekosten gegenüber.

$$C_0 = -I_0 + \sum_{t=0}^{n} (E_t - A_t)(1+i)^{-t}$$

wobei:

C_0 = Kapitalwert zum Zeitpunkt 0

I_0 = Anfangsinvestition zur Lizenznutzung und ggf. Anfangsauszahlung an den Lizenzgeber

E_t = (Umsatz-) Erlöse aus der Nutzung des Lizenzgegenstandes in der Periode t

A_t = Ausgaben in Form von Folgekosten und Lizenzentgelt in der Periode t

i = Kalkulationszinsfuß

Die Gegenleistung des Lizenznehmers besteht in den meisten Fällen in einer Geldzahlung. Darüber hinaus sind aber auch andere Gegenleistungen üblich, von denen hier nur die wichtigsten genannt werden (vgl. Kriependorff 1989, 1335, Kutschker/Schmid 2005, 841f.).

Für den Wissenstransfer durch die Lizenzerteilung wird häufig eine *Pauschallizenzgebühr* („down-payment", „lump sums") als Einmalzahlung (oder in Raten) vereinbart. Gelegentlich wird diese Pauschalgebühr mit den laufenden Lizenzgebühren, die im Verlauf der Lizenzdauer zu entrichten sind, ganz oder teilweise verrechnet, um die Anfangsbelastung des Lizenznehmers möglichst gering zu halten.

Die *laufenden Lizenzgebühren*, die sog. „royalties", orientieren sich entweder an der Menge der vom Lizenznehmer produzierten Güter (Stücklizenz) oder am wirtschaftlichen Erfolg des Lizenznehmers. Bei der letztgenannten Vorgehensweise kommen als Berechnungsgrundlage unterschiedliche Kenngrößen, wie Umsatz- oder Gewinngrößen in Frage. Je nach dem gewählten Zahlungsmodell kommt es zu einer ganz individuellen Risikoteilung zwischen Lizenznehmer und Lizenzgeber. Die verschiedenen Zahlungsmodelle bieten somit auch die Möglichkeit eines differenzierten Interessenausgleichs zwischen den Vertragspartnern.

Beim *Austausch von Lizenzen* (cross licensing) tritt an die Stelle eines Entgelts für das Lizenzgeben eine Lizenz des Lizenznehmers. Diese Form der Bezahlung ist dann möglich, wenn die beiden Vertragspartner Wettbewerbsstärken auf unterschiedlichen Gebieten haben und zusätzlich ein wechselseitiges Interesse an den jeweiligen Quellen der Wettbewerbsstärke besteht.

Ebenso kann dem Lizenzgeber eine *Kapitalbeteiligung* am Lizenznehmer eingeräumt werden. Diese Kapitalbeteiligung ist in den meisten Fällen als Finanzinvestition und nicht als Direktinvestition zu interpretieren, da der Lizenzgeber selbst nicht unternehmerisch im Zielland tätig werden möchte.

Die Bezahlung für eine Lizenz durch die Lieferung von *Lizenzprodukten* („buy-back-arrangements", „co-producer-price") hat für den Lizenznehmer gleich mehrere Vorteile. Er vermeidet Aufwand für die Lizenzgebühren und hat den Absatz eines Teils der Lizenzproduktion bereits gesichert. Neben den Lizenzprodukten kommen für die Bezahlung von Lizenzen auch andere Produkte im Sinne eines klassischen Kompensationsgeschäfts in Frage. Derartige Kompensationsgeschäfte spielen vor allem im Lizenzverkehr mit rohstoffreichen und devisenarmen Ländern eine Rolle.

Das Recht, den Lizenzgegenstand in seiner Form, Substanz oder Örtlichkeit zu verändern (*ius abusus*), kann ebenfalls Gegenstand der Vertragsverhandlungen sein. Es kann im Interesse beider Lizenzparteien sein, dass dem Lizenznehmer eine gewisse Freiheit in Bezug auf Veränderungen des lizenzierten Produktes gestattet ist. Dies ist regelmäßig dann der Fall, wenn regionale Besonderheiten in der Nachfrage Anpassungen des Produktes erforderlich machen. Der Lizenznehmer besitzt dabei gegenüber dem Lizenzgeber i.d.R. einen besseren Wissensstand, so dass er auch für die Produktanpassungen prädestiniert ist.

Das Recht, das Lizenzobjekt und damit das Bündel der an ihm bestehenden Verfügungsrechte ganz oder teilweise anderen zu überlassen (*ius successionis*), stellt einen weiteren Verhandlungsgegenstand dar. So kann dem Lizenznehmer das Recht eingeräumt werden, Unterlizenzen für den gesamten Lizenzgegenstand oder für einzelne Rechte zu vergeben. Es muss darüber hinaus auch geklärt werden, ob der Lizenznehmer generell berechtigt sein soll, die Lizenz an einen Dritten zu übertragen oder zu verkaufen. In der Praxis wird die Möglichkeit einer Weitergabe aber meist ausgeschlossen, da der Lizenzgeber eine von seiner Entscheidung losgelöste Weitergabe überwiegend ausschließen möchte.

Literaturhinweise

Wichtige Beiträge zum Thema Lizenzierung stammen von Farok Contractor (z.B. Contractor 1981, 1984 und 1985). Einen ersten Überblick über die internationale Lizenzpolitik gibt Kriependorf (1989). Mordhorst (1994) bietet in seiner Arbeit einen ausführlicheren Einblick über die Ziele und Erfolgsfaktoren von Lizenzstrategien. Clegg (1990) diskutiert länderspezifische Besonderheiten in der internationalen Lizenzpolitik.

17 Lizenzgeschäft

Zusammenfassung

1. Durch internationale Lizenzvereinbarungen wird eine vertragliche Übereinkunft zwischen einem inländischen Lizenzgeber und einem ausländischen Lizenznehmer hergestellt, nach der dem Lizenznehmer Verfügungsrechte an einem intangiblen Vermögenswert für einen bestimmten Zeitraum zur Verfügung gestellt werden.

2. Das Lizenzgeschäft unterscheidet sich gegenüber dem Kunden nicht vom Exportgeschäft. Gemäß der Definition dieses Geschäftstyps nimmt der Kunde im Lizenzgeschäft keine Transaktionsprobleme wahr. Die Transaktion kann somit als diskrete Markttransaktion abgewickelt werden. Am Einsatz des Marketing-Instrumentariums ändert sich im Vergleich zum Exportgeschäft nichts.

3. Der Wertschöpfungsprozess ändert sich im Vergleich zum Exportgeschäft. Je nach Lizenzvereinbarung werden Wertschöpfungsaktivitäten nicht mehr vom Lizenzgeber, sondern vom Lizenznehmer durchgeführt. Durch eine Lizenzierung entsteht für die Vertragsparteien die Möglichkeit, Gewinnpotentiale durch Arbeitsteilung zu realisieren. Die Voraussetzung dafür ist jedoch, dass dem Lizenzgeber durch die Vereinbarung mit dem Lizenznehmer kein Schaden durch den potentiellen Abfluss von Wissen entsteht.

Schlüsselbegriffe

Gebrauchsmuster; Geschmacksmuster; Lizenz; Lizenzgeber; Lizenzgebühr; Lizenzgeschäft; Lizenznehmer; Lizenzvertrag; Patent; Royalties; Urheberrechte; Warenzeichen

18 Die Bewertung diskreter internationaler Transaktionen

18.1 Ansatzpunkte zur Bewertung internationaler Transaktionen

Bei der Bewertung von diskreten Transaktionen auf Auslandsmärkten geht es prinzipiell um die Feststellung des Erfolges der Transaktionen auf dem betreffenden Zielmarkt und um potentielle Gefährdungen dieses Erfolges. Traditionell wird diese Aufgabe der Erfolgsfeststellung durch die *Kostenrechnung* eines Unternehmens wahrgenommen. Zur Bewertung von Transaktionen im Exportgeschäft ist dieser Ansatz als Ausgangspunkt der Bewertung geeignet, da der Erfolg des Unternehmens von Absatzmenge und Gewinnmarge determiniert wird. Zur Bewertung von Auslandsengagements im Lizenzgeschäft ist er als Ausgangspunkt der Bewertung geeignet, wenn sich die Einkünfte des Lizenzgebers an der Menge der vom Lizenznehmer produzierten Güter (Stücklizenz) oder am wirtschaftlichen Erfolg des Lizenznehmers orientieren. Die Kostenrechnung kann dann auf der Basis prognostizierter Gewinne des Lizenznehmers eine wichtige Hilfestellung z.B. zur Kalkulation der Lizenzgebühren bieten.

Da aber zahlreiche Einflussfaktoren auf die Kosten und die Leistung internationaler Transaktionen in den spezifischen Bedingungen in den Zielländern begründet sind, ist die Kostenrechnung um eine *Länderanalyse* zu ergänzen. Durch eine Länderanalyse werden wesentliche in den Zielländern liegende Einflussfaktoren auf den Erfolg internationaler Transaktionen ermittelt. Sie bietet damit einen zweiten Ansatzpunkt für die Bewertung internationaler Transaktionen.

Schließlich ist zu berücksichtigen, dass der Eintritt in einen Auslandsmarkt Rückkoppelungseffekte auch auf die Position eines Anbieters in anderen Märkten hat. Daher ist die Bewertung von eventuellen *Rückkoppelungseffekten* eines Auslandsengagements ein dritter zentraler Ansatzpunkt zur Bewertung internationaler Transaktionen. Auf die drei genannten Ansatzpunkte wird im Folgenden eingegangen.

18.2 Kostenrechnerische Bewertung von diskreten Transaktionen

Die Bewertung eines internationalen Engagements im Rahmen des Export- oder Lizenzgeschäfts legt – da es sich im Hinblick auf den Endabnehmer um diskrete Transaktionen handelt – das einzelne Gut bzw. Produkt oder den einzelnen Auftrag als Bewertungsobjekt nahe. Kostenrechnerisch gesehen handelt es sich somit um eine *Objektrechnung* (Plinke/Rese, 2002). Sie kann als *Ist-Rechnung* durchgeführt werden, wenn die Kosten- und Leistungsinformationen auf tatsächlich eingetretenen Entwicklungen beruhen. Baut die Rechnung auf Planungsdaten auf, die mit der tatsächlichen Entwicklung verglichen werden, wird von einer *Soll-Ist-Rechnung* gesprochen.

Je nach dem Umfang der Kostenerfassung und –verrechnung bei der einzelnen Transaktion lässt sich außerdem zwischen einer *Vollrechnung* und einer *Teilrechnung* unterscheiden.

Definition: *Vollkostenrechnung und Teilkostenrechnung*

Bei der *Vollkostenrechnung* werden alle Kosten des Betriebes in einer Periode auf die Bezugsobjekte verteilt.
Bei der *Teilkostenrechnung* werden nur bestimmte Teile der Gesamtkosten (Teilkosten) auf die einzelnen Aufträge oder Produkte verteilt (vgl. Plinke/Rese, 2002, 52).

Der bei der Vollkostenrechnung ermittelte Transaktionserfolg ist ein *Nettoerfolg*. Er soll anzeigen, wie die Gewinnlage des Unternehmens durch die Transaktionen mit den Kunden im Zielland verändert wurde. Dabei ergibt sich der Nettoerfolg einer Transaktion folgendermaßen:

Leistung pro Transaktion – Kosten pro Transaktion = Erfolg pro Transaktion

Die Leistung einer Transaktion ist der tatsächlich durch die Transaktion für den Exporteur realisierte Wert. Dies ist im Normalfall der Preis, der vom Kunden entrichtet wird. Nur im Falle von Erlösschmälerungen – insbesondere durch Rabatte oder Skonti - ist der Bruttoerlös entsprechend zu korrigieren.

Probleme wirft vor allem die Interpretation dieser Erfolgsgröße auf (Plinke/Rese 2002, 137 ff.). Dafür ist vor allem die Problematik der Fixkosten und der Gemeinkosten verantwortlich.

Kostenrechnerische Bewertung von diskreten Transaktionen 18.2

Definition: *Fixkosten und Gemeinkosten*

Fixkosten sind (im Gegensatz zu variablen Kosten) leistungsmengenunabhängige Kosten, d.h. sie fallen unabhängig von der Höhe der Ausbringung an. Vielmehr sind sie Ausdruck der Absicht eines Unternehmens, eine Kapazität aufzubauen („Bereitschaftskosten").
Gemeinkosten sind (im Gegensatz zu Einzelkosten) solche Kosten, die der einzelnen Leistungseinheit (hier: der einzelnen Transaktion) nicht unmittelbar zugerechnet werden können. Vielmehr fallen sie für mehr als eine Leistungseinheit an (vgl. Plinke/Rese 2002, 32 und 36).

Auf der Erlösseite ergibt sich andererseits zudem das Problem, dass möglicherweise nicht alle Erlöse einzelnen Transaktionen zugerechnet werden können, weil sie z.B. nur im Zusammenhang mit anderen Transaktionen gesehen werden können.

Je größer der betriebliche Anteil *fixer* Kosten an den Gesamtkosten ist, desto stärker reagieren die Kosten pro Transaktion (Stückkosten) auf Änderungen der Beschäftigung des Betriebes. Abbildung 17-1 zeigt den Zusammenhang.

Abbildung 18-1: *Erfolg einer Transaktion in Abhängigkeit von der Beschäftigung*

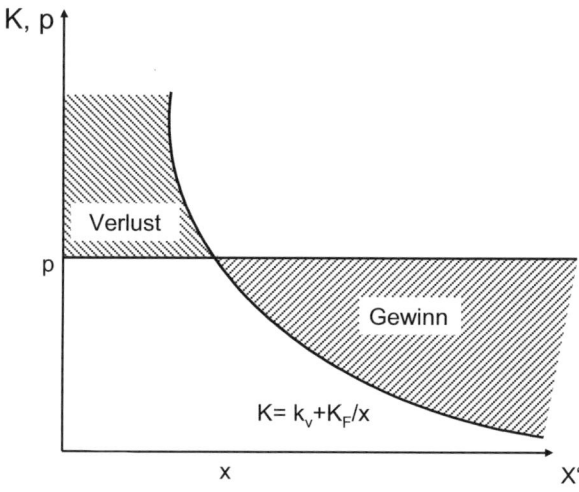

K = Stückkosten, k_v = variable Kosten pro Stück bzw. Transaktion, K_F = Fixkostenblock, x = Menge, p = Preis

Quelle: Vgl. Plinke/Rese, 2002, 138

18 Die Bewertung diskreter internationaler Transaktionen

Die Kosten einer Transaktion hängen dann davon ab, auf wie viele Transaktionen der beschäftigungsfixe Kostenblock verteilt werden kann.

Zu dem Fixkostenproblem kommt im Falle des Mehrproduktbetriebes das *Gemeinkostenproblem*. Immer dann, wenn bei der Ermittlung der Selbstkosten eines Produktes oder einer Transaktion Gemeinkosten aufgeschlüsselt werden, erfolgt die Kostenzurechnung nicht mehr verursachungsgerecht. Die verwendeten alternativen Verteilungsprinzipien enthalten zwangsläufig subjektive Entscheidungsspielräume, da objektive Kriterien fehlen. Im Ergebnis können dadurch aber auch die Kosten einer Transaktion niemals objektiv richtig sein. Sie sind bestenfalls akzeptabel im Sinne einer konsensfähigen Verteilung der Gemeinkosten.

Ebenso wie es sich bei den Gemeinkosten um Kosten handelt, die von mehreren Bezugsobjekten gemeinsam verursacht werden, sind *Gemeinerlöse* Erlöse, die von mehreren Bezugsobjekten gemeinsam ausgelöst werden. Ein typisches Beispiel für derartige Gemeinerlöse ist eine Transaktion, die vom Anbieter so gut abgewickelt wird, dass sie Folgetransaktionen nach sich zieht. Im Auslandsgeschäft sind es vor allem auch *Rückkoppelungen* zwischen verschiedenen Märkten, die sowohl das Gemeinkosten- als auch das Gemeinerlösproblem auftreten lassen (vgl. Punkt 3 dieses Kapitels).

Die Probleme der Vollkostenrechnung - die Proportionalisierung der Fixkosten und die Schlüsselung der Gemeinkosten – haben zur Entwicklung von Rechnungen geführt, die den „problematischen" Teil der Kosten ausklammern und dem Kalkulationsobjekt nur noch den "unproblematischen" Teil der Kosten zurechnen. Die resultierende *Teilkostenrechnung* ist somit eine Brutto-Rechnung, weil der „problematische" Gemeinkosten- und Fixkostenblock unberücksichtigt bleibt. Fixe Kosten und Gemeinkosten gelten in der Teilkostenrechnung als von der Entscheidung über eine konkrete Transaktion unabhängig und gehen daher nicht in die Kalkulation ein. Der Stück- oder Transaktionsdeckungsbeitrag ergibt sich als Bruttoerfolg daher aus der folgenden Kalkulation:

Nettopreis (relevante, von der Transaktionsentscheidung abhängige Erlöse)

- Relevante Kosten (von der Transaktionsentscheidung abhängige Kosten

= Deckungsbeitrag (der Transaktionsentscheidung)

Da die relevanten Kosten in der Realität immer kleiner als die Gesamtkosten sind, ist der Deckungsbeitrag *kein* Nettogewinn. Er ist lediglich ein Überschuss des (Netto)Preises über den Betrag der relevanten Kosten (variable Kosten oder direkte Kosten). Aus der Summe *aller* Deckungsbeiträge sind noch *sämtliche* „irrelevanten" Kosten (Fixkosten, Gemeinkosten) zu decken. Erst wenn das im sog. Break-Even-Punkt erreicht ist, hat das Unternehmen einen Gewinn erwirtschaftet.

18.2 Kostenrechnerische Bewertung von diskreten Transaktionen

Abbildung 18-2: Das Erfolgsmodell der Deckungsbeitragsrechnung

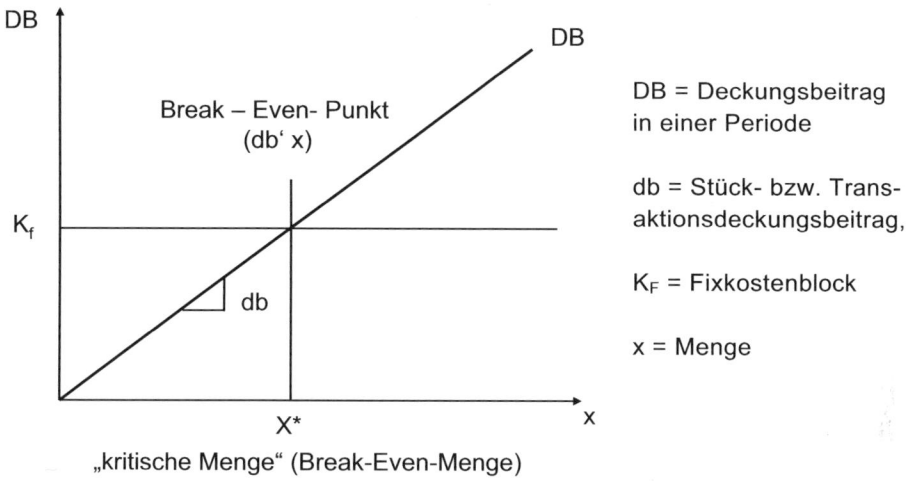

DB = Deckungsbeitrag in einer Periode

db = Stück- bzw. Transaktionsdeckungsbeitrag,

K_F = Fixkostenblock

x = Menge

Quelle: Vgl. Plinke/Rese, 2002, 199.

In der Abbildung repräsentieren die Fixkosten K_f die irrelevanten und transaktionsunabhängigen Kosten. DB ist der Gesamtdeckungsbeitrag einer Periode der sich aus dem Stückdeckungsbeitrag db und der abgesetzten Menge x ergibt.

Der Schnittpunkt der Gerade DB = db · x mit der Linie K_F hat eine besondere Bedeutung aber nicht nur in der ex-post Analyse, sondern auch in der Planung. Er gibt die kritische Menge X* an, die abgesetzt werden muss, damit die Summe der Stückdeckungsbeiträge den Fixkostenblock deckt. Dieser Break-Even-Punkt ist für den Exporteur ebenso wichtig, wie für den Lizenzgeber und den Lizenznehmer. Die Break-Even-Analyse kann hilfreich eingesetzt werden, wenn es um Fragen geht wie:

- Wie hoch muss die Absatzmenge auf einem Auslandsmarkt mindestens sein, damit bei einem gegebenen Preis ein Gewinn realisiert werden kann?
- Welcher Preis muss mindestens erzielt werden, damit bei einer gegebenen Absatzmenge kein Verlust eintritt?
- Wie hoch müssen zusätzliche Mengen oder Preisänderungen sein, damit sich eine Marketingmaßnahme – z.B. eine Werbekampagne – lohnt?

Für den Exporteur und Lizenznehmer sind diese Fragen relevant, um die Erfolgsaussichten eines potentiellen Engagements zu kalkulieren. Für den Lizenzgeber ergeben

18 *Die Bewertung diskreter internationaler Transaktionen*

sich aus den Informationen Hinweise für die Vertragsverhandlungen mit dem Lizenznehmer, insbesondere in Bezug auf die Vereinbarung einer Gegenleistung für die Überlassung des Lizenzgegenstandes. Vor einem Markteintritt in einen Auslandsmarkt sind die Informationsanforderungen in Bezug auf Kosten, Erlöse und Absatzmengen allerdings sehr hoch. Es gilt somit die Determinanten des Erfolges zu ermitteln. Neben der in Kapitel 16 angesprochenen Analyse der Kundenbedürfnisse ist dies üblicherweise die Aufgabe der Länderbewertung.

18.3 Bewertung von Länderpotentialen und -risiken

Prinzipiell besteht die Aufgabe der Länderbewertung darin, die Determinanten des Erfolges auf einem Auslandsmarkt zu bestimmen. Es geht somit darum, die länderspezifischen Bestimmungsfaktoren zu ermitteln, die letztlich hinter Kosten und Leistung stehen.

Die Länderbewertung trägt der Tatsache Rechnung, dass Entscheidungen in Bezug auf ausländische Märkte mit einem höheren Maß an *Unsicherheit* und *Komplexität* verbunden sind. Unsicherheit beschreibt hier die in Kapitel 2 beschriebene *statistische Unsicherheit* (und nicht Verhaltensunsicherheit). Die *Unsicherheit* resultiert beispielsweise aus internationalen Handelshemmnissen, rechtlicher Unsicherheit, politischen und wirtschaftlichen Risiken. Die höhere *Komplexität* von Entscheidungen, die ausländische Zielmärkte betreffen, ist auf die höhere Zahl von Entscheidungsparametern bei Auslandsengagements zurückzuführen. Unsicherheit und Komplexität beziehen sich somit nicht nur auf die Transaktion zwischen den Marktparteien – Anbieter und Käufer – sondern vor allem auch auf das internationale Umfeld, in dem die Transaktion stattfindet. Aus der erhöhten Unsicherheit und Komplexität erwächst ein gestiegenes Informationsbedürfnis, das durch die systematische Länderbewertung befriedigt werden soll. Zur Befriedigung des Informationsbedürfnisses werden *qualitative und quantitative Verfahren der Länderbewertung* eingesetzt (vgl. Berndt/Altobelli/Sander 1997).

Qualitative Verfahren fassen relevante Risikokomponenten einzeln oder als Gesamtergebnis ohne vorgegebene Kriterien und ohne einen klaren Bewertungsalgorithmus zusammen. Zu den qualitativen Verfahren gehören insbesondere Länderberichte (z.B. der Bundesstelle für Außenhandelsinformationen BfAI oder der AGEFI-Country-Index).

Quantitative Verfahren basieren auf objektivem Datenmaterial oder aber auf subjektiven Einschätzungen. Als objektives Datenmaterial kommen sowohl statistische Kennzahlen als auch die Ergebnisse ökonometrischer Modelle in Frage. Subjektive Einschätzungen werden vor allem in ein- oder mehrdimensionalen Punktbewertungsmodellen verarbeitet. Sie beruhen häufig auf der Befragung von Länderexperten oder

Bewertung von Länderpotentialen und -risiken

18.3

Führungskräften, deren Ergebnisse z.B. in sog. Länder-Risiko-Indizes wiedergegeben werden. Hervorzuheben ist dabei insbesondere der BERI-Index der Business Environment Risk Intelligence S.A., Genf.

Insgesamt besteht das Gesamturteil zu einem Land durch die Aggregation dreier Subindizes des BERI-Index:

- dem Operation Risk Index (Geschäftsklima-Index)
- dem Political Risk Index (Politischer Risiko-Index) und
- dem R-Factor (Rückzahlungsfaktor).

Beispielhaft lässt sich das Vorgehen anhand der Bestimmung des Operation Risk Index (ORI) darstellen (vgl. Tab. 18-1).

Tabelle 18-1: Berechnung des ORI (1999) für Argentinien

Kriterien (i = 1,2,...,15)	(a_i)	(g_i)	($a_i * g_i$)
1. Politische Stabilität	2,2	3	6,6
2. Einstellung gegenüber ausländischen Investoren	2,5	1,5	3,75
3. Enteignung	2,8	1,5	4,2
4. Inflation	2,3	1,5	3,45
5. Zahlungsbilanz	0,8	1,5	1,2
6. Bürokratische Hemmnisse	1,5	1	1,5
7. Wirtschaftswachstum	1,6	2,5	4
8. Währungskonvertibilität	2,3	2,5	5,75
9. Durchsetzbarkeit von Verträgen	2	1,5	3
10. Lohnkosten / Produktivität	1,1	2	2,2
11. Verfügbarkeit örtlicher Fachleute und Lieferanten	1	0,5	0,5
12. Nachrichten/ Transport	1	1	1
13. Ortsansässiges Management und Partner	1,5	1	1,5
14. Verfügbarkeit kurzfristiger Kredite	1,2	2	2,4
15. Verfügbarkeit langfristiger Kredite und Eigenkapital	0,9	2	1,8
max. 100 Punkte	i=1		$\Sigma a_i * g_i$ = 42,85

Quelle: BERI, 2000 zit. nach Backhaus, Büschken, Voeth, 2003, 140.

Bei diesem Index geht es vor allem um das Geschäftsklima in einem Zielland und um verschiedene andere Bedingungen, die einen negativen Einfluss auf die Gewinnerzielung haben könnten. In vier Schritten wird der Index durch Experten aus Unternehmen und Regierungsbehörden ermittelt.

1. Schritt: Auf einer Ratingskala beurteilen 10-15 Experten ein Land anhand von verschiedenen Kriterien (vgl. Tab. 18-1).
2. Schritt: Für die in der Abbildung genannten Kriterien werden das arithmetische Mittel und die Standardabweichung der Bewertung ermittelt. Anschließend werden alle Panel-Mitglieder mit dem Durchschnittswert konfrontiert und es wird ihnen die Möglichkeit einer Korrektur der Bewertung gegeben (Delphi-Prinzip).
3. Schritt: Die gemittelten und ggf. korrigierten Beurteilungen werden mit vorgegebenen Faktoren gewichtet.
4. Schritt: Je nach dem Gesamtpunktwert, der sich für ein Land ergibt, wird es einer bestimmten Risikoklasse zugeordnet:

   - prohibitives Risiko (0-40)
   - hohes Risiko (41-55)
   - mäßiges Risiko (56-70)
   - geringes Risiko (70-100)

Im Jahr 1999 ergibt sich für Argentinien somit ein hohes Risiko. Generell schneiden immer noch die westlichen Industrieländer besonders gut ab. Im Jahr 2006 weisen die USA mit 75 Punkten, die Schweiz mit 74 Punkten, sowie Belgien (73) und Japan (72) ein „geringes Risiko" aus. Als Länder mit mäßigem Risiko werden z.B. die Türkei (56), Österreich (57), Portugal (58), Deutschland (61) und die Niederlande (66) klassifiziert. Es ist interessant, dass die neuen EU-Länder im Ranking inzwischen stark aufgeholt haben. Polen (51), Ungarn (55) und Tschechien (55) reichen inzwischen schon fast an den Wert von Österreich heran. China mit 46 Punkten wird aber immer noch als ein Land mit einem hohen Risiko eingestuft.

Das Vorgehen bei der Bewertung durch das BERI-Institut unterscheidet sich kaum von anderen Verfahren, etwa anders aufgebauten Checklisten- der Punktbewertungsverfahren, oder der Portfolio-Analyse. Auch neuere Verfahren, wie der *Politisch Ökonomische Länderrisiko Index* (POLaR) (vgl. Przybylski 1993) basiert meist auf einer Variante eines Punktbewertungsverfahrens.

Alle Verfahren bieten eine Strukturierungshilfe, wenn es darum geht, die Erfolgsdeterminanten internationaler Transaktionen zu evaluieren. Alle Verfahren weisen aber auch gravierende Schwächen auf, die ihren unreflektierten Einsatz verbieten. So gibt es keinen Algorithmus, der Auskunft über die „richtige" Auswahl von Bewertungskriterien, Gewichtungen oder Aggregationsregeln geben könnte. Die auf einen Zeitraum von ein und fünf Jahren ausgerichteten Prognosen des BERI-Instituts haben sich daher nicht immer als richtig herausgestellt.

18.4 Bewertung von Rückkoppelungseffekten

Die o.g. erhöhte Komplexität von Transaktionen auf Auslandsmärkten resultiert unter anderem aus den wechselseitigen Rückwirkungen zwischen unterschiedlichen ausländischen Zielmärkten. Rückwirkungen werfen für das anbietende Unternehmen das Problem auf, einen Ländermarkt nicht isoliert betrachten zu können. Erforderlich wird vielmehr eine Planung, die Auswirkungen eines Markteintritts oder einer Veränderung des Marktauftritts auf einem Markt auf andere Märkte mit einbezieht (vgl. Backhaus u.a. 2003, 56 ff.).

Ziel der Berücksichtigung von Rückkoppelungseffekten ist es, nicht durch eine isolierte Bewertung von Zielmärkten zu einem Ergebnis für oder gegen eine Marktbearbeitung zu kommen, die unter Berücksichtigung der tatsächlich eintretenden Rückkoppelungen möglicherweise so nicht gefällt worden wäre. Die Entscheidung für oder gegen einen Markteintritt in Brasilien hat möglicherweise auch Konsequenzen für den Verhaltensspielraum eines Unternehmens in Peru. Die Bewertung der unterschiedlichen Rückkoppelungseffekte ist daher ein eigenständiger Analysegegenstand. Rückkoppelungseffekte betreffen die Anbieter, die Nachfrager und die Wettbewerber. Darüber hinaus gibt es institutionelle Rückkoppelungen. Alle Rückkoppelungseffekte werden im Folgenden kurz vorgestellt.

18.4.1 Anbieterbezogene Rückkoppelungseffekte

Der Eintritt in einen Auslandsmarkt oder aber die Änderung der Bearbeitung eines Unternehmens verändern die Bedingungen auch *innerhalb* des anbietenden Unternehmens. Das hat wiederum Rückwirkungen auf die Bearbeitung von anderen Märkten, auf denen das Unternehmen agiert bzw. beabsichtigt tätig zu werden.

Als Gründe anbieterbezogener Rückkoppelungen können genannt werden (vgl. Backhaus u.a. S. 56 ff.):

- Rückwirkungen aus dem *strukturellen Aufbau* der internationalen Unternehmenstätigkeiten einschließlich der Zahl der Unternehmenseinheiten und ihrer geographischen Verteilung (vgl. auch Porter 1989). Derartige Rückkoppelungen treten vor allem dann auf, wenn unterschiedliche Standorte eines Unternehmens wechselseitig Leistungen austauschen.

- *Kostenwirkungen* eines Markteintritts berühren rasch die Marktposition in anderen Märkten. Gerade das bereits oben angesprochene Fixkostenproblem kann zu einem Bestreben nach Ausweitung der Absatzmenge führen. Der Markteintritt in einen neuen Markt und die damit einhergehende Mengenausweitung kann durch eine Fixkostendegression die Stückkosten einer Leistung auch auf anderen Märkten senken.

18 Die Bewertung diskreter internationaler Transaktionen

- *Ländermarktübergreifende Unternehmensziele* können zusätzlich zu anbieterbezogenen Rückkoppelungen führen, sofern die Erreichungsgrade der länderbezogenen Subziele voneinander abhängig sind. Neben der bereits genannten Fixkostenproblematik kann hier an Ziele wie die Marktpositionierung oder aber die Rentabilität gedacht werden.

18.4.2 Nachfragerbezogene Rückkoppelungseffekte

Der Eintritt in einen Auslandsmarkt oder Änderungen in der Bearbeitung eines Auslandsmarktes können Rückwirkungen auf das Verhalten von Kunden in anderen Märkten haben, so dass Anpassungen auf Seiten des Anbieters erforderlich werden können. Ursache für nachfragerbezogene Rückkoppelungseffekte sind insbesondere der *Informationsaustausch* und der *Güteraustausch* zwischen Ländermärkten:

Der Informationsaustausch auf Nachfragerebene zwischen unterschiedlichen Ländermärkten ist heute insbesondere durch die neuen Informations- und Kommunikationstechnologien deutlich einfacher als noch vor einigen Jahren.

Die neuen Kommunikationsmöglichkeiten lassen den *Informationsaustausch* zu einer eigenen Ursache von nachfragerbezogenen Rückkoppelungen werden (vgl. Backhaus u.a. 2003, 73):

- Das Internet bietet einen ungehinderten und kostengünstigen Zugriff auf Informationsanbieter aus einer Vielzahl von Ländern. Dadurch werden Informationsbarrieren abgebaut. Anbieter, die bisher kaum wahrgenommen wurden, rücken nun in das Blickfeld der Kunden. Hinzu kommen professionelle Anbieter, die als Preisbörsen oder Preisagenturen Preisinformationen an Kunden verkaufen oder zur Verfügung stellen und zu mehr Preiswissen im Markt führen. Der Wettbewerbsdruck erhöht sich durch die gestiegene Markttransparenz zwangsläufig. Im Ausland eingeholte Angebote können dann beispielsweise unmittelbar für Verhandlungen im Inland eingesetzt werden.

- Der freie und schnelle Fluss von Informationen kann die Position eines Unternehmens in kürzester Zeit positiv oder negativ beeinflussen. Eine Erfolgsgeschichte in einem Land verbreitet sich ebenso rasch in anderen Ländern, wie eine Meldung über einen Schaden oder über Probleme mit einem Produkt.

Neben dem Informationsaustausch ist auch der Güteraustausch eine Quelle von nachfragerbezogenen Rückkoppelungen. Sind länderspezifische Angebote sowie die Preis- und Qualitätsunterschiede durch die gestiegene Markttransparenz bekannt, und werden eventuelle Preis- oder Qualitätsvorteile einer Auslandsbeschaffung nicht durch Transaktionskosten aufgewogen, so wird es zwischen den Märkten zu Arbitrage durch findige Marktteilnehmer kommen. Gewinnmöglichkeiten, die für die Anbieter früher vielleicht aus der Möglichkeit einer Preisdifferenzierung bestanden, verschwinden dadurch. Als ein Beispiel kann der „graue" Markt für PKW in der Europäischen Gemeinschaft angesehen werden.

Beispiel: *Der „graue" Markt für PKW*

Mitte der 90er Jahre haben viele Automobilhersteller eine erhebliche Preisdifferenzierung zwischen den unterschiedlichen Staaten der Europäischen Gemeinschaft vorgenommen. So hat beispielsweise die Volkswagen AG ihre VW- und Audi-Modelle in Italien um 30 Prozent billiger als in Österreich angeboten. Auch andere Autoanbieter, wie die DaimlerChrysler AG, Opel, Renault, Citroen und Peugeot, hatten sich diese Praxis zueigen gemacht. Verbesserte Markttransparenz und die Wahrnehmung von Arbitragemöglichkeiten durch Händler führen inzwischen aber zu nachfragebezogenen Rückkoppelungen. Preissenkungen in einem Land führen dazu, dass höhere Preise in einem anderen EU-Land kaum noch aufrecht zu halten sind.
Die Automobilhersteller versuchten diese Rückkoppelung einzudämmen, indem sie ihren Vertriebspartnern den Verkauf an nicht ansässige Kunden untersagten (vgl. EU-Kommission (2000), 64 ff.). Zahlreichen Kundenbeschwerden an die Europäische Kommission folgten. Bei einer Bestätigung von Wettbewerbsverstößen wurden erhebliche Strafgelder verhängt. So wurde beispielsweise im Jahr 2000 der VW AG ein Verstoß gegen Art. 81 EGV (vgl. § 16 Nr. 3 GWB) vorgeworfen und mit einer Geldbuße in Höhe von 90.000.000 Euro geahndet (EuGH Urteil von 6.7.2000, T-62/98).

Die Arbitragemöglichkeiten zwischen den europäischen Automobilmärkten werden früher oder später zu einem Verschwinden von Preisunterschieden zwischen den nationalen Märkten beitragen.

18.4.3 Konkurrenzbezogene Rückkoppelungseffekte

Der Eintritt in einen Auslandsmarkt oder aber die Änderung in der Bearbeitung eines Auslandsmarktes kann Reaktionen von Wettbewerbern zur Folge haben, die Auswirkungen auf die Marktposition des Anbieters auf anderen Märkten haben kann. Ein solcher Rückkoppelungseffekt kann sich auch dann ergeben, wenn ein Unternehmen gar keine Internationalisierungsaktivitäten unternimmt, es aber auf seinem eigenen Heimatmarkt von international operierenden ausländischen Unternehmen herausgefordert wird. Das folgende Beispiel von konkurrenzbezogenen Rückkoppelungen veranschaulicht noch einmal die wechselseitigen Interdependenzen:

Beispiel: *Adidas und Nike*

Der Markt für Sportartikel ist hart umkämpft. Weltmarktführer ist die Firma Nike. Im Bereich Fußball aber hat Adidas die Nase vorn. Das möchte Nike gern ändern und drängt mit großen Anstrengungen in den Markt. Die Ausstattung von Nationalmannschaften gilt dabei als ein wichtiger Schlüssel zu den jeweiligen Länderzielmärkten. Das Nike-Aushängeschild ist Brasilien. Adidas

betrachtet diese Entwicklung argwöhnisch. Den Brasilianern hatte daher kürzlich auch Adidas aus Herzogenaurach ein Angebot gemacht und so den Preis hochgetrieben. Mexiko erlag der Adidas Offerte bereits und verabschiedete sich von Nike. Nun aber holt Nike zum großen Schlag aus. Der Konzern hat für den Deutschen Fußball-Bund (DFB) ein Mega-Angebot geschnürt. Nike bietet dem DFB eine halbe Millarde Euro: 50 Millionen pro Jahr ab 2011 für acht Jahre, um alle Nationalmannschaften des DFB auszustatten. Zusätzlich 50 Millionen als „signing fee" sowie 50 Millionen für die Frauennationalmannschaft. Das ist die beste Offerte, die weltweit im Fußball jemals unterbreitet wurde und eine echte Herausforderung an Adidas.
Quelle: Hellmann (2006), 28

Das Beispiel zeigt vor allem, wie die Aktivitäten der Wettbewerber Adidas und Nike sich gegenseitig bedingen. Die Aktivitäten von Nike haben Auswirkungen auf die Position von Adidas beispielsweise in Deutschland und zwingen Adidas zu Reaktionen, die ihrerseits Auswirkungen auf die Marktposition von Nike in ganz anderen Ländern haben können.

18.4.4 Institutionelle Rückkoppelungseffekte

Institutionelle Verflechtungen zwischen Ländermärkten, die z.B. rechtliche oder politische Ursachen haben, können dazu führen, dass Ländermärkte nicht isoliert, sondern in enger Abstimmung bearbeitet werden müssen.

Sie können sich aus *internationalen Abkommen* ergeben (vgl. Teil II). Darüber hinaus können *außenpolitische Konflikte* aber auch *innenpolitische Krisen* in einem Land Rückwirkungen auf die Attraktivität anderer Länder haben. Verschiedene Währungskrisen in der Mitte der neunziger Jahre des vergangenen Jahrhunderts haben die institutionellen Interdependenzen offensichtlich werden lassen.

18.4.5 Koordinationsbedarf als Folge von Rückkoppelungen

Als Ergebnis der genannten Rückkoppelungen ergibt sich ein erheblicher Koordinationsbedarf. Der internationale Marktauftritt ist in Bezug auf die nationale Positionierung eng abzustimmen und eine regelmäßige Kontrolle der Wechselwirkungen zwischen den unterschiedlichen Ländermärkten ist zwingend geboten (vgl. Backhaus u.a. 2003, 92 ff.).

Literaturhinweise

Die Ansatzpunkte zur Bewertung von internationalen Transaktionen aus sehr unterschiedlichen Bereichen. Insofern sind auch die Literaturquellen ganz unterschiedlichen Gebieten zuzurechnen. Kostenrechnerischen Grundlagen einer Beurteilung von Transaktionen finden sich beispielsweise in Plinke/Rese (2002). Ausführungen zur Bewertung von Länderpotentialen und Länderrisiken finden sich in vielen Büchern zum Internationalen Management (z.B. in Hill 2003). Darüber hinaus gibt es zahlreiche regelmäßig erscheinende Veröffentlichungen zu aktuellen Risikoeinschätzungen, z.B. das Country Risk Rating von Euromoney oder die Berichte des BERI-Instituts. Auf die Bedeutung der Rückkoppelungseffekte gehen insbesondere Backhaus/ Büschken/ Voeth (2003) ein.

Zusammenfassung

1. Ansatzpunkte zur Bewertung internationaler Transaktionen bieten die Kostenrechnung, die Bewertung von Länderpotentialen und -risiken, sowie die Bewertung von Rückkoppelungseffekten.

2. Kostenrechnerisch kommt eine Kalkulation von Transaktionsergebnissen als Ist- oder Soll-Ist-Rechnung in Betracht. Die Rechnung kann entweder als Vollkostenrechnung oder Teilkostenrechnung durchgeführt werden.

3. Zur Länderbewertung stehen verschiedene quantitative und qualitative Verfahren zur Verfügung. Qualitative Verfahren sind insbesondere Länderberichte verschiedener Quellen. Quantitative Verfahren umfassen z.B. statistische Kennzahlen, ökonometrische Modelle oder ein- oder mehrdimensionale Punktbewertungsmodelle (z.B. BERI-Index).

4. Da Transaktionen auf internationalen Märkten Rückwirkungen auf andere Aktivitäten eines Unternehmens haben können, bietet sich eine Analyse potentieller Rückkoppelungseffekte an. Rückkoppelungseffekte können den Anbieter selbst, die Kunden oder die Wettbewerber betreffen. Darüber hinaus gibt es Verbunde, die vor allem aus der institutionellen Umwelt resultieren.

Schlüsselbegriffe

BERI-Index; Break-Even-Punkt; Deckungsbeitrag; Länderbewertung; Länderrisiko; Rückkoppelungseffekte; Teilkostenrechnung; Transaktionserfolg; Vollkostenrechnung

C Relationale Transaktionen auf internationalen Märkten

19 „Problematische" Transaktionen und relationales Kauf- und Verkaufsverhalten

19.1 Transaktionsprobleme als Hauptursachen für relationales Kaufverhalten

Transaktionsprobleme aus der Sicht des Kunden wurden in Kapitel 15 als eine der Hauptursachen für ein relationales Kaufverhalten des Kunden identifiziert. In diesem Kapitel wird auf zentrale Transaktionsprobleme des Kunden näher eingegangen. Es bildet somit auch die Grundlage für das resultierende Kaufverhalten des Kunden und das erforderliche Verkaufsverhalten des Anbieters.

Dabei ist der Wunsch vieler Kunden im internationalen Marktprozess eine über die diskrete Transaktion hinausgehende Beziehung zum Anbietern zu etablieren, zunächst überraschend, da mit der engen Anbindung an einen Lieferanten die positiven Kräfte des Marktes abgeschwächt werden. Es muss also Gründe dafür geben, dass ein Abnehmer bereit ist, die Vorteile der Marktkoordination aufzugeben. Im zweiten Kapitel ist die Grundlogik der institutionenökonomischen Erklärung für Koordinationsalternativen zum Markt bereits dargestellt worden. Ganz allgemein gesprochen sind es vor allem Unsicherheiten in der Transaktion, die für den Kunden die marktliche Koordination von Beschaffungstransaktionen problematisch werden lassen können. Die aus Williamsons „organizational failures framework" (vgl. Kap. 2) zitierten Merkmale von Transaktionen - Komplexität und Umweltunsicherheit, Abhängigkeit durch Spezifität, Einschränkungen der eigenen Rationalität in Bezug auf die Transaktion, Gefahr des opportunistischen Verhaltens des Transaktionspartners – zeigten potentielle Quellen der Unsicherheit auf.

Eine Unsicherheitsproblematik liegt in vielen Transaktionen vor. Dafür sind auch der *technologische Fortschritt* und die *Globalisierung* verantwortlich. Der technologische Fortschritt zwingt den Käufer nicht selten zu spezifischen Investitionen. Als Beispiel kann die heute in einem ganz anderen Maße mögliche Vernetzung zwischen einem Zulieferer und seinem Kunden, z.B. in der Automobilindustrie, angesehen werden. Zwar ermöglichen die Informationstechnologien eine Verknüpfung der Wertschöpfungsketten in bislang ungekanntem Ausmaße. Gleichzeitig werden aber (auf beiden Seiten) erhebliche Investitionen in die Schnittstellengestaltung oder den Informationsaustausch notwendig. Durch die gestiegene Komplexität der Transaktion können viele Kunden die Gestaltungs- und Erfolgsparameter der Transaktion nicht mehr vollständig beherrschen. Sie sind nur noch „beschränkt rational". Gleichzeitig schaffen die durch spezifische Investitionen bedingten Abhängigkeiten Spielraum für opportunistische Verhaltensweisen auf der Marktgegenseite.

Die Globalisierung und die Möglichkeit grenzüberschreitender Transaktionen tragen zusätzlich zur Unsicherheitserhöhung bei. Als Konsequenz der Transaktionskosten im internationalen Geschäft ist der potentielle Kooperationsnutzen in internationalen Transaktionen gefährdet. Im Folgenden werden Beispiele für die im „organizational failures framework" thematisierten problematischen Transaktionsmerkmale gegeben und ihre Konsequenzen für das Beschaffungsverhalten der Kunden diskutiert.

19.2 Komplexität und beschränkte Rationalität beim Kauf von Anlagen

Eine Transaktion, die durch ihre Komplexität besonders hohe Anforderungen an den Kunden stellt, ist die Beschaffung von Anlagen.

Definition: *Anlage*

Unter einer *Anlage* versteht man eine Leistung, bei der es sich um ein „durch die Vermarktungsfähigkeit abgegrenztes, kundenindividuelles Hardware- oder Hardware-/Software-Bündel zur Fertigung weiterer Güter bzw. Leistungen handelt. Die Hard- und Software-Elemente werden zum großen Teil in Einzel- und Kleinserienfertigung erstellt und häufig beim Kunden zu funktionsfähigen Einheiten montiert" (Backhaus 2003, 481).

Beispiele für derartige Güter sind industrielle Großanlagen, wie z.B. Erdölraffinerien oder Verhüttungsanlagen, Walzwerke oder aber auch Infrastruktureinrichtungen aus den Bereichen Energie, Wasserversorgung, Telekommunikation. Eines der zentralen Merkmale der diese Güter umfassenden Transaktionen ist ihre Komplexität. Die Ursachen der Komplexität für den Kunden lassen sich in verschiedenen Punkten zusammenfassen (vgl. auch Backhaus 1999, 453):

19.2 Komplexität und beschränkte Rationalität beim Kauf von Anlagen

- *Auftrags- und Einzelfertigung*: Üblicherweise handelt es sich bei Anlagen um Güter, die kundenindividuell hergestellt werden und die es so nicht auf dem Markt gibt. Dadurch ist es für den Kunden schwierig, Informationsprobleme beispielsweise durch Marktvergleiche zu reduzieren.

- *Know-how-Gefälle*: Während der Anlagenanbieter in diesem Geschäft über Erfahrungen verfügt, besitzt der Nachfrager in den meisten Fällen kein oder aber deutlich geringeres Wissen als der Hersteller. Aus der Sicht des Nachfragers entstehen in dieser Situation eine erhebliche Unsicherheit und gleichzeitig ein Ausbeutungspotential durch die Marktgegenseite.

- *Langfristigkeit der Transaktion und Variabilität des Lieferumfangs und des Auftragsinhalts*: Transaktionen im Anlagengeschäft erstrecken sich über einen langen Zeitraum von mehreren Monaten oder Jahren. Oft weis der Kunde am Anfang der Transaktion nicht, welche Problemlösung für sein Beschaffungsproblem die richtige ist. Die Problemlösung wird oft erst im Verlauf der Transaktion erarbeitet, so dass der Interaktionsprozess deutlich komplexer ist als z.B. beim Kauf von Standardprodukten.

- *Wertdimension*: Durch den hohen Wert einer Anlage ist die Transaktion für den Kunden per se mit einem hohen Risiko verbunden. Ein Fehler bei der Beschaffung einer Anlage hat daher folgenschwere Konsequenzen.

- *Kooperative Anbieterorganisation*: Nicht selten werden Anlagen nicht von einem Hersteller produziert, sondern von einer – oft internationalen - Gruppe von Herstellern arbeitsteilig erstellt. Allein die Tatsache, dass für die vom Kunden gewünschte Leistung mehrere Hersteller verantwortlich zeichnen, erhöht Unsicherheit und Komplexität der Transaktion.

- *Internationalität*: Transaktionen, die Anlagen beinhalten, sind fast immer grenzüberschreitende Transaktionen. Für den Kunden resultieren dadurch automatisch eine höhere Unsicherheit und Komplexität gegenüber Transaktionen mit nationalen Anbietern.

Auf der Seite des Kunden würden die genannten Probleme zu erheblichen Kosten führen, wenn er beispielsweise versuchte, die Informationsdefizite oder Risiken abzubauen. Der Kunde zeigt daher beim Kauf von Anlagen kein „transaktionales", sondern ein „relationales" Kaufverhalten. Er sucht nach einer Beschaffungsmöglichkeit, durch welche die Probleme erträglich gemacht werden, ohne dass Transaktionskosten die potentiellen Kooperationsgewinne aufbrauchen. Für den Anbieter resultieren aus diesem Kaufverhalten erhebliche Herausforderungen. Er muss mehr bieten, als nur eine Anlage, nämlich eine Beziehung zum Kunden.

19.3 Einseitige Abhängigkeit und Ausbeutungspotential beim Kauf von Systemen

Während im Geschäft mit Anlagen die Komplexität häufig ein herausragendes Merkmal der Transaktion ist, spielt im Systemgeschäft vor allem die Sorge um Abhängigkeit eine Rolle in der Kundenwahrnehmung. Davon unabhängig zeichnen sich viele Systemtechnologien auch durch eine – im Vergleich zu Einzelprodukten – hohe Komplexität aus.

Definition: *System*

Unter einem *System* versteht man "... eine Anzahl interagierender Elemente ..., wobei das zentrale Charakteristikum eines jeden Systems darin zu sehen ist, dass der *Nutzen* einer Anzahl von Elementen in einem System in der Summe höher zu veranschlagen ist als der additive Nutzen der einzelnen Elemente bei isolierter Verwendung." (Beinlich 1996, 1).

Bei der Beschaffung von Systemen werden sukzessive Leistungen gekauft, die auf Basis einer *Systemarchitektur* miteinander verknüpft werden sollen. Es besteht also ein enger Verbund zwischen einer langfristig wirkenden Architekturentscheidung (Systemphilosophie) und einer durch z.T. extrem kurzfristige Lebenszyklen gekennzeichneten *Systemkomponenten*-Beschaffungsentscheidung (vgl. Backhaus 2003, S. 599 ff.). Porzellan, Möbelsysteme oder Kommunikationssysteme können als Beispiele für Systeme angesehen werden. Durch den Kauf eines Systems wird vom Kunden ein höherer Nutzen angestrebt, als dies bei einem isolierten Kauf von einzelnen, nicht im System verbundenen Komponenten möglich wäre. Es gilt somit:

$U(x_1, x_2, x_3, [...]) > U(x_1) + U(x_2) + [...] + U(x_i)$ wobei:

U = Nutzen des Gesamtsystems bzw. der Systemkomponente

x_i = Systemkomponente i.

Ein typisches Merkmal von Systemkäufen ist dabei die sukzessive Beschaffung. Im Normalfall wird ein System nicht vollständig erworben, sondern im Zeitverlauf ergänzt und erweitert. Auf eine Initialkaufentscheidung folgen im Zeitablauf weitere Folgekaufentscheidungen, die aber durch den Initialkauf determiniert sind. Die Gründe für einen sukzessiven Kauf eines Systems können vielfältig sein. Eine wesentliche Rolle spielen die aufgabenbezogenen Anforderungen des Nachfragers an das System. Häufig ändern sich diese in Bezug auf die Kapazität oder den Inhalt im Zeitablauf. Erweiterungen oder Veränderungen des Systems können dann erforderlich werden.

19.3 Einseitige Abhängigkeit und Ausbeutungspotential beim Kauf von Systemen

Darüber hinaus können aber auch andere Motive eine Rolle spielen (vgl. Weiber 1997, 295 ff.). Das Gesamtsystem steht möglicherweise vom Anbieter her noch gar nicht vollständig zur Verfügung, oder der Nachfrager rechnet bei bestimmten Produkten des Systems noch mit Verbesserungen oder Weiterentwicklungen. Es ist auch denkbar, dass der Nachfrager aufgrund von finanziellen Restriktionen oder wegen der Komplexität der organisatorischen Umstellungen, die mit der Einführung eines neuen Systems einhergehen, einen sukzessiven Einkauf bevorzugt.

Abbildung 19-1: Sukzessive Beschaffung von Systemen

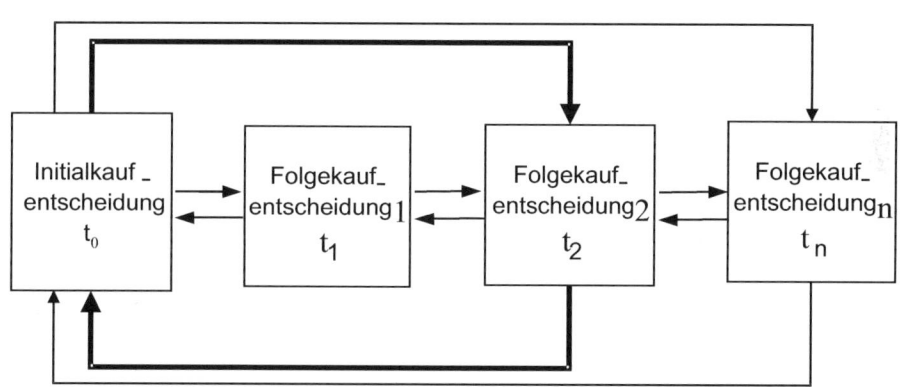

Quelle: Vgl. Weiber, 1997, 297

Die Vorteile des Systemkaufs gehen für den Käufer allerdings mit erheblichen Risiken einher, die den Kauf als diskrete Markttransaktion praktisch unmöglich machen. Die Risiken des Käufers resultieren vor allem aus den Bindungen an das System („Lock-In") und den damit einhergehenden Abhängigkeiten. Die Quellen der Systembindung können dabei unterschiedliche Ursachen haben und zu unterschiedlich starken Bindungen führen.

In dem von der Bindungswirkung her am wenigsten problematischen Fall, *stößt der Initialkauf weitere Folgekäufe an*, ohne aber den Kunden auf bestimmte Produkte beim Folgekauf festzulegen. Als Beispiel kann der Kauf eines USB-Sticks als externes Speichermedium für einen PC angesehen werden. Der Kauf des Sticks setzt zwar den Kauf eines PC voraus, die Entscheidung, welcher Stick erworben wird, bleibt wegen der hohen Kompatibilität allerdings vollständig beim Kunden. Im zweiten Fall *limitiert* der Initialkauf durch die Festlegung einer Systemphilosophie die Auswahl möglicher Ergänzungen des Systems. Es stehen nicht mehr alle Komponenten, sondern wegen der eingeschränkten Kompatibilität nur noch eine begrenzte Anzahl von Produkten zur Verfügung. Im dritten Fall *determiniert* die mit dem Initialkauf festgelegte Systemarchitektur die Folgekäufe. Nur die Angebote eines Anbieters kommen in Betracht.

Die Bindung kann in allen drei genannten Fällen unterschiedliche Quellen haben. Sie kann – wie im Fall von Büromöbelsystemen – *technik- oder designbasiert* sein. In diesem Fall steht die *Kompatibilität zwischen den Produkten* (= Systemkomponenten) im Vordergrund. Die Bindung kann aber auch *organisationsbedingt* entstehen. Immer dann, wenn die Nutzung eines Systems spezifisches Wissen auf der Seite des Kunden erfordert, entsteht eine Bindung, die auf einer *Produkt-Nutzer-Kompatibilität* beruht. So erfordert die Einarbeitung von Mitarbeitern in die integrierten EDV-Lösungen von SAP erhebliche Ressourcen. Das dadurch aufgebaute spezifische Wissen ist auf das Angebot anderer Hersteller nicht übertragbar, so dass eine enge Anbindung an SAP erfolgt. Schließlich können auch *psychologische Bindungen* zu eingeschränkten Wechselmöglichkeiten zwischen Anbietern führen. Gegenstand dieser Bindung sind aber in den meisten Fällen die Anbieter und die den Anbieter vertretenden Personen und weniger die gewählten Systeme selbst.

Im Ergebnis entstehen wegen des sukzessiven Kaufes und der durch die Bindungen des Kunden erzeugten „Lock-In"-Situationen erhebliche *Umwelt-* und *Verhaltensunsicherheiten*. Die *Umweltunsicherheiten* beinhalten beispielsweise unvorhergesehene technologische Entwicklungen, auf die durch die bestehende *Systembindung* nicht problemlos reagiert werden kann. *Verhaltensunsicherheiten* bestehen nicht nur in Bezug auf das zukünftige Systemangebot des Verkäufers, sondern auch in Bezug auf seine Konditionengestaltung, da der Käufer aufgrund der Bindung auf Preiserhöhungen nicht mit Abwanderung zu einem anderen Anbieter reagieren kann.

Eine Operationalisierung der Bindung ist über die sog. Quasirente möglich. Die Quasirente steht für den Nutzen, der dadurch entsteht, dass eine Ressource in der eigentlich vorgesehenen Nutzung und nicht in der zweitbesten Nutzungsalternative der Ressource verwendet wird. Nimmt die Quasi-Rente in Bezug auf ein System ein nennenswertes Ausmaß an, verursacht sie eine dementsprechende Bindung an ein System. Damit begründet sie aber auch einen Spielraum für opportunistisches Verhalten des Anbieters.

Abbildung 19-2 zeigt die ein Gefährdungspotential beschreibende Quasi-Rente am Beispiel der Informationssysteme von IBM und Apple. Während das IBM-System als ein offenes System konzipiert ist, das den Nutzer nicht bindet, handelt es sich im Beispiel bei dem Apple-System um ein für eine spezielle Nutzergruppe konzipiertes System, das für das spezielle Zielsegment einen höheren Nutzen bringt, als das IBM-System.

19.3 Einseitige Abhängigkeit und Ausbeutungspotential beim Kauf von Systemen

Abbildung 19-2: Die Quasi-Rente und Systembindung

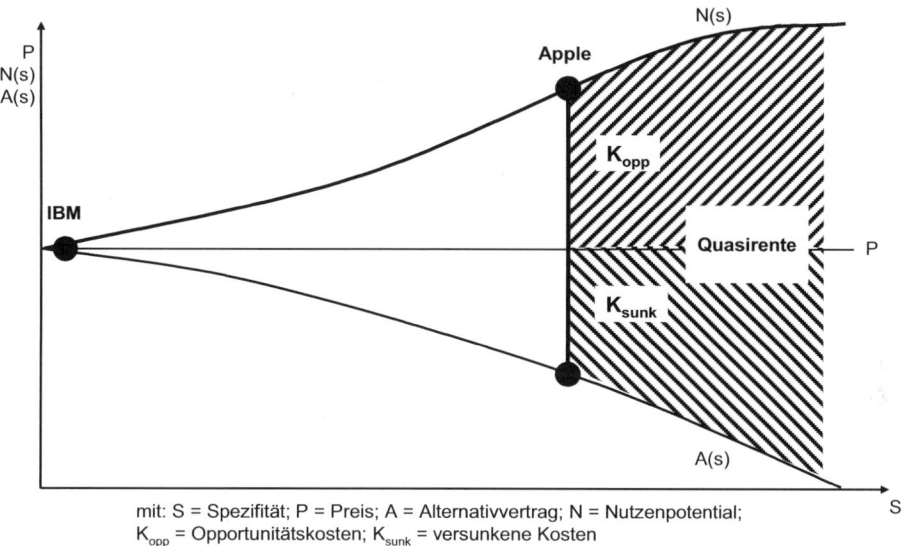

mit: S = Spezifität; P = Preis; A = Alternativvertrag; N = Nutzenpotential; K_{opp} = Opportunitätskosten; K_{sunk} = versunkene Kosten

Quelle: Backhaus, 2003

Das maßgeschneiderte Apple-System verursacht aber auch eine größere Quasi-Rente. Beschließt der Nutzer den „Ausstieg" aus dem von ihm verwendetem System, so ist der Verlust des Apple-Nutzers deutlich höher als der des IBM-Nutzers, da eine Alternativverwendung des spezifischen Systems schwieriger ist, als bei dem offenen IBM-System. Ein wechselbereiter Apple-Nutzer hat im Fall eines Wechsels zusätzlich zu den direkten Kosten des Wechsels (Such- und Informationskosten) somit Kosten in Höhe der Opportunitätskosten und der versunkenen Kosten. Die versunkenen Kosten repräsentieren den Teil der Investition in das Apple-System, der aufgrund der Spezifität des Systems nicht mehr monetarisiert werden kann.

Insgesamt liegt das Risiko beim Kauf und Verkauf von Systemen in höherem Maße beim Kunden als beim Verkäufer. Während der Kunde durch den Kauf eines spezifischen Systems in hohem Maße spezifische Investitionen tätigt, setzt der Verkäufer das kundenspezifische System aus weitgehend standardisierten Komponenten zusammen. Gleichwohl stellen die Probleme, die dem Kunden aus der einseitigen Abhängigkeit erwachsen, für den Anbieter eine gravierende Herausforderung dar. Kann er die Probleme des Kunden nicht lösen, wird der Kunde die Transaktion möglicherweise nicht als vorteilhaft wahrnehmen.

19.4 Wechselseitige Abhängigkeit in vernetzten Zulieferbeziehungen

Ebenfalls problematisch sind Transaktionen, bei denen sich die Kooperationspartner in eine wechselseitige Abhängigkeit begeben. Dies ist regelmäßig in engen Zulieferer-Abnehmer-Geschäftsbeziehungen oder -Netzwerken der Fall. Hersteller und Kunde vernetzen ihre beiden Unternehmen dabei nicht selten logistisch oder in Bezug auf den Datenaustausch, so dass im Ergebnis ein Wechsel des Transaktionspartners nicht mehr möglich ist. Der Vorteil des Eingehens dieser engen Bindung besteht in erheblichen Effizienzgewinnen. Gleichzeitig entstehen durch die enge Anbindung aber auch wechselseitige Abhängigkeiten.

Die Abhängigkeiten resultieren dabei i.d.R. nicht aus der Art des Gutes, das Gegenstand der Transaktion ist, sondern aus der Art und Weise der Zusammenarbeit.

Definition: OEM-Geschäft

Im sog. *OEM-Geschäft* (OEM = Original Equipment Manufacturer = Erstausrüster) beliefern Zulieferer Herstellerunternehmen mit industriellen Vorprodukten und den zugehörigen Dienstleistungen. Die Herstellerunternehmen werden dabei als OEMs bezeichnet. Sie sind organisationale Kunden, die Produkte als Teile oder Module bei Zulieferern beschaffen, um sie in ihre Endprodukte einzubauen.

Der Automobilhersteller Ford kann beispielsweise als OEM Schlösser für Türen in diskreten Markttransaktionen beziehen, oder aber eine enge Beziehung zu einem oder wenigen Lieferanten aufbauen, um dadurch Vorteile zu erzielen. Durch Just-In-Time Konzepte und Schnittstellenabstimmungen zwischen den Transaktionspartnern lassen sich Effizienzvorteile und damit auch Kostenvorteile in der Wertschöpfungskette realisieren. Ein Wechsel des Lieferanten ist für den OEM dann allerdings schwierig. Ebenso ist der Zulieferer aufgrund der spezifischen Investitionen in den Kunden in einer Abhängigkeitsbeziehung. Dabei sind es insbesondere zwei Faktoren, die zu der Abhängigkeit beitragen:

- Der Fokus der Transaktion ist auf den Einzelkunden gerichtet. Dadurch ist die Gestaltung der Transaktion in hohem Maße *spezifisch*. Gegenseitige Abhängigkeit ist die Folge.

- Die Gestaltung der Beziehung zwischen Anbieter und Nachfrager ist auf einen längeren Zeitraum – oft auf den Lebenszyklus eines Gutes – ausgerichtet. Dadurch weist die Geschäftsbeziehung investive Züge auf, die ein langfristiges Zusammenarbeiten nahe legen.

19.4 Wechselseitige Abhängigkeit in vernetzten Zulieferbeziehungen

Die Abhängigkeit zwischen den Partnern im OEM-Geschäft wird am Beispiel des Verhältnisses zwischen dem Unternehmen Ford und seinen Zulieferern sehr deutlich:

Beispiel: *Zulieferer unter Druck*

„In der vergangenen Woche wurden dem Aufsichtsrat der Ford Werke in Köln, der größten europäischen Tochtergesellschaft des zweitgrößten Autoherstellers der Welt, Details zu dem neuen Kostensenkungsprogramm Team Value Management vorgestellt.
Ford will dabei offenbar auch Lieferanten dazu bringen, ihre Kalkulationen offen zu legen, schreibt die "Financial Times Deutschland" unter Berufung auf Aufsichtsratskreisen. So hoffe das Unternehmen, die Preise für Zulieferteile drücken zu können, die nach Ansicht der Verantwortlichen mit einer zu hohen Gewinnmarge verkauft werden. Ein Ford-Sprecher bestätigte, das Kostensenkungsprogramm sei Thema der Aufsichtsratsitzung gewesen. Dass Zulieferer Ford gegenüber ihre Kalkulationen offen legen müssen, wollte der Sprecher ausdrücklich nicht bestätigen. Er machte jedoch klar, dass Kürzungen bei den Einkaufskosten ein zentraler Punkt von Team Value Management sind. Dabei gehe es auch darum, die Zulieferer zu beraten, sagte der Ford-Sprecher. "Diese Beratung bezieht sich natürlich auch auf die Bereiche Controlling und Finanzen." Das Programm laufe jedoch auf freiwilliger Basis. Kein Zulieferer würde zu etwas gezwungen."
http://www.manager-magazin.de/unternehmen/artikel/0,2828,292961,00.html 29.3.2004

Wie dramatisch die Abhängigkeit der Zulieferer von den OEM sein kann, zeigt eine Reaktion von David J. Andrea, dem Vice President Business Development von der Original Equipment Suppliers Association (OESA). Andrea bemerkt: „In den letzten Jahren haben 25 Zulieferer Insolvenz nach Chapter 11 angemeldet – ein trauriger Rekord. Bis die Restrukturierung vollzogen ist, werden noch weitere Lieferanten hinzukommen". Zu den Unternehmen, die im Jahr 2005 Insolvenz anmelden mussten, gehörten Delphi, Collins & Aikman, Eagle Picher, Tower und Meridian. Im Jahr 2006 kamen Dana und Dura dazu. Dass der Lösung der eigenen Probleme auf Kosten der abhängigen Zulieferer möglicherweise zu kurzfristig gedacht ist, erkennen zunehmend auch die OEM. Für die ehemalige Ford-Tochtergesellschaft und den jetzigen Zulieferer Visteon muss Ford spektakuläre Rettungsaktionen ergreifen. In diesem Paket soll Visteon 23 nordamerikanische Produktionsstätten mit über 17.000 Mitarbeitern an Ford zurückgeben. Visteon geht aus einer Abspaltung von Ford im Jahre 2000 hervor. Der Druck auf die Zulieferer hat aber auch bei Visteon dazu geführt, dass das Unternehmen niemals schwarze Zahlen schrieb.

19.5 Relationales Kaufverhalten als Konsequenz aus problematischen Transaktionen

Die Komplexität der Transaktion beim Kauf von Anlagen, die einseitige Abhängigkeit des Kunden bei der Beschaffung von Systemen und die wechselseitige Abhängigkeit als Folge von Beziehungen zwischen Zulieferer und Abnehmer, haben eine gemeinsame Konsequenz: Für die Kunden resultieren aus den Transaktionsmerkmalen erhebliche Probleme, die sich in erhöhten Transaktionskosten niederschlagen. Unter diesen Umständen sind die Kunden bereit, auf die Freiheit des Marktes zu verzichten. Sie zeigen ein relationales Kaufverhalten, um durch den Aufbau einer engen Beziehung zum Lieferanten die erforderliche Sicherheit für eine Transaktion zu erhalten. Sie streben keine diskrete Beschaffungstransaktion an, sondern fordern von einem potentiellen Anbieter die Anreicherung der Transaktion um relationale Elemente, also einen relationalen Austausch. Im zweiten Kapitel wurde der relationale Austausch als eine Transaktion zwischen einem Anbieter und einem Nachfrager charakterisiert, der über den reinen Austausch von Verfügungsrechten hinausgeht und durch unsicherheitsreduzierende Beziehungselemente unterstützt wird.

19.6 Relationales Verkaufsverhalten und Commitment

Relationales Kaufverhalten verlangt vom Anbieter relationales Verkaufsverhalten. Die Verkaufsanstrengungen des Verkäufers werden nicht effektiv sein, wenn es ihm nicht gelingt, auf das Kaufverhalten des Kunden einzugehen und die Transaktion als relationalen Austausch zu gestalten. Das Problem des Kunden würde sonst nicht oder nur teilweise gelöst. Relationales Verkaufsverhalten kann auf komplexe Einzeltransaktionen oder aber auf längerfristige Geschäftsbeziehungen gerichtet sein.

Definition: Geschäftsbeziehung

Eine *Geschäftsbeziehung* ist eine Folge von Markttransaktionen zwischen einem Anbieter und einem Nachfrager, die nicht zufällig ist. Sie lässt sich als eine Folge von Markttransaktionen ansehen, zwischen denen eine innere Verbindung existiert (vgl. Plinke 1989, 307 f.).

Kennzeichen eines relationalen Verkaufsverhaltens ist der Aufbau einer Bindung gegenüber dem Kunden, die unsicherheitsreduzierend wirkt. Zur Erfassung von Bindungen wird häufig das Commitment-Konstrukt verwendet (vgl. Anderson/Weitz 1992, Söllner 1993, 1999).

Definition: Commitment

Commitment beschreibt die empfundene Bindung eines Wirtschaftssubjektes gegenüber einem anderen. Diese Bindung resultiert aus dem Nutzen, der aus der Transaktionsbeziehung entsteht (Output) und aus dem, was in eine Transaktionsbeziehung investiert wird (Input).

Der Input kann dabei materieller Natur sein (spezifische Investitionen etc.), er kann aber auch immaterieller Natur sein und z.B. als Loyalität gegenüber dem Partner oder als Übereinstimmung mit den Zielen der Geschäftsbeziehung in Erscheinung treten (Allen/Meyer 1990; Gundlach et al. 1995). Macneil hatte die Unterscheidung zwischen relationalem Austausch und anonymen (diskreten) Transaktionen gerade an solchen Faktoren festgemacht (Macneil 1978, 1980). Die spezifische Haltung gegenüber einer Beziehung kann völlig ungeplant im Verlauf der Geschäftsbeziehung entstehen. Sie kann aber auch bewusst geschaffen werden, z.B. indem interorganisationale Beziehungen durch geplante interpersonale Beziehungen unterstützt werden oder indem auf andere Weise Nähe und Verständnis geschaffen werden.

Der Aufbau von Commitment in einer individuellen Geschäftsbeziehung wird wegen der Langfristigkeit des Prozesses oft in verschiedene Phasen unterteilt (vgl. Abb. 19-3).

Abbildung 19-3: Phasen einer Geschäftsbeziehung

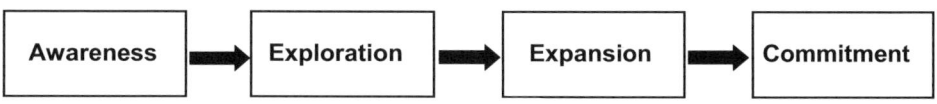

Quelle: nach Dwyer/Schurr/Oh, 1987, 21

In der *Awareness-Phase* (aware = gewahr, unterrichtet) werden die Transaktionspartner auf einander aufmerksam. Sie nehmen sich wahr und es kann sich die Vorstellung gemeinsamer Kooperation entwickeln.

In der *Exploration-Phase* (explore = untersuchen, erkunden) kommt es zu ersten Interaktionen, die aber überwiegend Versuchscharakter haben. Kleinere Testkäufe und die Kommunikation wechselseitiger Erwartungen sind in dieser Phase denkbar.

Die *Expansion-Phase* (expand = ausweiten) zeichnet sich durch eine kontinuierliche Ausweitung der Kooperation aus. Dabei nehmen sowohl der Nutzen der beiden Transaktionspartner als auch die einseitige oder wechselseitige Abhängigkeit zu.

In der *Commitment-Phase* (commit = eine Bindung eingehen) entsteht eine hohe Intensität der Zusammenarbeit, die von den Parteien als vorteilhaft angesehen wird. Es entstehen aber auch hohe Wechselkosten, so dass eine oder beide Parteien nicht ohne Verlust aus der Geschäftsbeziehung hinaus kämen.

Die Bedeutung der einzelnen Phasen kann in verschiedenen Fällen durchaus unterschiedlich sein. Soll ein Commitment nicht gegenüber einem individuellen Geschäftspartner, sondern gegenüber einer Gruppe von Zielkunden (Zielsegment) aufgebaut werden, so sind individuelle Interaktionen, z.B. in einer Exploration-Phase, oft nicht möglich. Es ist dann erforderlich, *allen* Zielkunden gemeinsam eine Bindung durch Commitment zu signalisieren.

Literaturhinweise

Die meisten Beispiele für problematische Transaktionen stammen in diesem Kapitel aus dem Industriegüterbereich. Die beste Quelle für ein Verständnis der Kauf- und Verkaufsprozesse in diesem Sektor ist Backhaus, Industriegütermarketing (2003).

Da der Aufbau von Commitment als ein Kernbestandteil des relationalen Verkaufsverhaltens ist ein Verständnis dieses Konstrukts hilfreich. Eine viel zitierte Quelle ist Anderson/Weitz (1992). Als ein genereller Einstieg in das Management relationaler Transaktionen ist vor allem Plinke (1997) geeignet.

Zusammenfassung

1. Transaktionen, die der Kunde als problematisch wahrnimmt, führen bei ihm zu einem relationalen Kaufverhalten. Die Ursachen für problematische Transaktionen lassen sich aus dem „organizational failures framework" von Williamson ablesen.

2. Beispiele für problematische Transaktionen sind der Kauf von Anlagen (Komplexität und beschränkte Rationalität), der Kauf von Systemen (einseitige Abhängigkeit des Kunden) und enge Zulieferer-Hersteller-Beziehungen (wechselseitige Abhängigkeit).

19.6 Relationales Verkaufsverhalten und Commitment

3. Im Fall von relationalem Kaufverhalten wird ein Anbieter nur dann als potentieller Problemlöser vom Kunden wahrgenommen, wenn er ein relationales Verkaufsverhalten zeigt.

4. Als wesentliches Element eines relationalen Verkaufsverhaltens kann der Aufbau von Commitment gegenüber dem Kunden angesehen werden.

Schlüsselbegriffe

Anlagen; Commitment; Geschäftsbeziehung; Original Equipment Manufacturers (OEM); Quasi-Rente; Relationales Kaufverhalten; Relationales Verkaufsverhalten; Systeme; Zulieferer-Hersteller-Beziehungen

20 Direktinvestition und relationales Verkaufsverhalten

20.1 Commitment durch Direktinvestitionen in internationalen Transaktionen

In diesem Kapitel ist zwischen Direktinvestitionen als einem empirischen Phänomen des internationalen Wirtschaftslebens und einer Direktinvestition als bewusster Antwort auf wahrgenommene Transaktionsprobleme zu unterscheiden. In Bezug auf den erstgenannten Aspekt gilt:

Definition: Direktinvestitionen

Direktinvestitionen sind grenzüberschreitende Investitionen, die darauf abzielen, einen dauerhaften Einfluss auf eine Unternehmung in einem anderen Land zu erzielen (vgl. Deutsche Bundesbank 1997, 81).

Ein entscheidendes Merkmal von Direktinvestitionen ist somit das Motiv *der eigenständigen Steuerung, Einflussnahme bzw. der Kontrolle* einer bestehenden oder neu zu errichtenden wirtschaftlichen Einheit in einem anderen Land. Eine Direktinvestition stellt ein *langfristiges Engagement* im Zielland dar, das nicht ohne Probleme kurzfristig rückgängig gemacht werden kann.

Direktinvestitionen sind von sog. *Portfolio- bzw. Finanzinvestitionen* abgrenzbar. Bei den beiden letztgenannten Investitionen steht nicht die Absicht der Einflussnahme auf eine Geschäftstätigkeit, sondern das Motiv des *Ertrages* und der *Risikodiversifikation* im Vordergrund. Da es für den Außenstehenden aber nicht immer einfach ist, zu erkennen, ob es sich um eine Direktinvestition oder eine Portfolioinvestition handelt, werden häufig die Kapitalbeteiligung und die Stimmrechtsanteile als Indikatoren für das Vorliegen einer Direktinvestition herangezogen. In den meisten nationalen und internationalen statistischen Ämtern gilt dabei ein Schwellenwert von 10% der Kapital- *oder* Stimmrechtsanteile als ein Indikator dafür, dass eine Direktinvestition angenommen werden kann.

Steht der zweite o.g. Aspekt im Vordergrund, dann sind Direktinvestitionen eine bewusste Antwort auf wahrgenommene Transaktionsprobleme von Kunden. Sie sind dann eine Markteintrittsform, die ein Unsicherheitsproblem des Kunden durch den

Direktinvestition und relationales Verkaufsverhalten

Aufbau von Commitment lösen und dadurch die Voraussetzungen für erfolgreiche Kooperation schaffen soll (vgl. Abb. 20-1).

Abbildung 20-1: Entscheidungsbaum für den Eintritt in einen ausländischen Markt (Teilausschnitt)

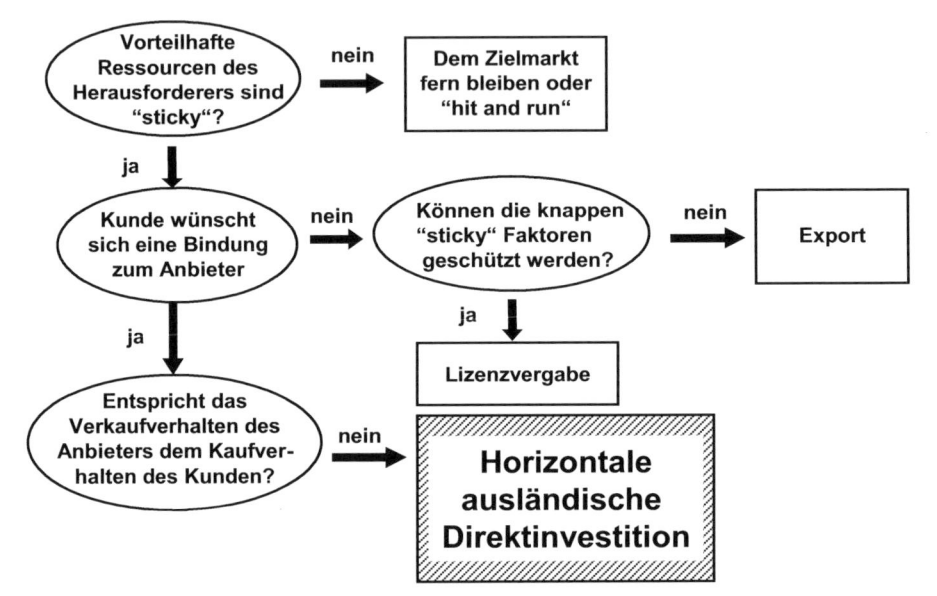

Die Selbstbindung des Anbieters durch Direktinvestitionen auf einem ausländischen Zielmarkt hat einen Einfluss auf das antizipierte Transaktionsergebnis des Kunden. Sie reduziert potentiell die Transaktionskosten und kann die Beziehung zwischen Kunden und Anbieter intensivieren. Gegenüber der diskreten Markttransaktion (z.B. Export) verändert die Direktinvestition die Verhaltensanreize des Anbieters. Kurzfristige Gewinne durch opportunistisches Verhalten werden durch das dauerhafte Engagement durch Direktinvestitionen tendenziell unattraktiv. Selbst wenn die Investitionen nicht auf einen konkreten Kunden bezogen sind, so handelt es sich in Bezug auf das Zielland doch meistens um länderspezifische Investitionen, die nicht ohne Schaden rückgängig gemacht werden können. Gerade die durch eine Direktinvestition geschaffene Flexibilitätseinschränkung ist es somit, die gegenüber dem oder den Kunden ein Commitment signalisiert. Eine Direktinvestition bedeutet, dass es der Anbieter ernst mit seinen Kunden meint und dass er sich auf eine längerfristige Präsenz im Zielland einrichtet.

20.1 Commitment durch Direktinvestitionen in internationalen Transaktionen

Direktinvestitionen können in unterschiedlichen Formen realisiert werden. Die *Niederlassung* gilt als *rechtlich unselbständige Unternehmenseinheit* im Ausland. Sie kann unterschiedlich weitreichende Aufgaben wahrnehmen, die von Vertriebsaktivitäten bis hin zur vollständigen Wahrnehmung aller Aufgaben der Wertschöpfungskette reichen können. Ebenso wie bei der Niederlassung handelt es sich bei *Filialen, Betriebsstätten* oder *Repräsentanzen* um unselbständige Einheiten. Bei *Repräsentanzen* ist das Aufgabenspektrum überwiegend auf die Anbahnung von Transaktionen sowie den Aufbau von Kontakten zu unterschiedlichen Personengruppen beschränkt. Bei der *Tochtergesellschaft* handelt es sich dagegen um ein *rechtlich selbständiges Engagement*. Wirtschaftlich kann eine Tochtergesellschaft allerdings in einer engen Abhängigkeitsbeziehung zur Muttergesellschaft stehen. Wie bei der Niederlassung können die von der Tochtergesellschaft ausgeführten Aufgaben sehr unterschiedlich sein.

Es sei an dieser Stelle bemerkt, dass es durchaus eine Vielzahl weiterer Motive für Direktinvestitionen geben kann. Im Prinzip lassen sich durch Direktinvestitionen verschiedene Nachteile ausgleichen, die allein dadurch bestehen, dass ein Unternehmen aus dem Ausland kommt. Stephen Hymer hatte diese Nachteile als „barriers to international operations" bezeichnet. Ganz ähnlich wird in der Literatur häufig von einer „liability of foreignness" (vgl. Miller/Parkhe 2002, Zaheer 1995) gesprochen. Darunter fallen neben mangelndem Vertrauen der Marktpartner (Lieferanten und Kunden) beispielsweise auch:

- ein gegenüber den nationalen Wettbewerbern geringerer Informationsstand in Bezug auf die wirtschaftliche, politische, rechtliche und kulturelle Umwelt,
- schwierige oder diskriminierende Bestimmungen durch Verwaltungen und Behörden,
- Risiken durch Wechselkursschwankungen, die Gewinn- und Kapitaltransfers erschweren.

Da in der hier gewählten Perspektive die Koordinierung von Kooperationsbeziehungen zwischen Anbieter und Nachfrager im Vordergrund steht, wird auf diese Argumente für Direktinvestitionen nicht vertieft eingegangen. Stattdessen sei darauf hingewiesen, dass der Aufbau von Commitment durch Direktinvestitionen oft nur ein notwendiger erster Schritt zur Lösung von Kooperationsproblemen ist. Je nach der Problemlage ist das Commitment durch Direktinvestitionen durch weitere Maßnahmen eines Beziehungsmanagements zu ergänzen. Beim Verkauf von Anlagen ergibt sich durch den Projektcharakter des Geschäfts sogar eine Situation, in der Direktinvestitionen von vornherein ungeeignet erscheinen. Wegen der Projektorientierung bei der Realisierung von Anlagen ist ein langfristiges Engagement in einem Land ökonomisch nicht sinnvoll. Die Commitment-Wirkung der Direktinvestitionen ist dann gänzlich durch andere relationale Elemente zu substituieren.

Die folgende Übersicht zeigt Möglichkeiten, Transaktionsprobleme beim Verkauf von Anlagen, Systemen und in engen Zulieferbeziehungen durch relationale Elemente für

Direktinvestition und relationales Verkaufsverhalten

den Kunden erträglich zu machen. Im Systemgeschäft gibt es darüber hinaus die Möglichkeit für den Anbieter, die Transaktionsprobleme nicht nur erträglich zu machen, sondern sie generell durch eine Standardisierung oder bestimmte Leasing-Arrangements verschwinden zu lassen.

Tabelle 20-1: *Möglichkeiten relationalen Austauschs*

	Transaktionsprobleme reduzieren	Transaktionsprobleme durch relationale Transaktionselemente erträglich machen
Anlagen		Gestaltung des Vertrages
		Reputation und Referenzen
		Gestaltung der Anbieterorganisation
Systeme	Leasing	Garantien
	Standards	Glaubhafte Zusicherungen
Zulieferbeziehungen		Wechselseitige Kapitalbeteiligungen
		Wechselseitige Mandate in Aufsichtsgremien
		Exklusivverträge

20.2 Ergänzendes Beziehungsmanagement beim Verkauf von Anlagen

Beim Verkauf von Anlagen bieten sich zahlreiche Maßnahmen an, um die Kundenprobleme in der Transaktion zu verringern. Dies ist umso dringender erforderlich, da im Anlagengeschäft – wie oben erwähnt – der Aufbau von Commitment durch Direktinvestitionen nicht möglich ist. Zwar dauert der Verkauf und die Errichtung einer Anlage lange. Da es sich aber häufig um Einzelprojekte mit einem Kunden handelt, erfolgt der Markteintritt in ein Land projektorientiert. Das Engagement des Anbieters erfolgt also nicht auf unbestimmte Zeit, sondern nur für den Zeitraum des Projektes. Eine Direktinvestition ist vor diesem Hintergrund sinnlos.

Ergänzendes Beziehungsmanagement beim Verkauf von Anlagen 20.2

Allerdings ist es für das Geschäft mit Industrieanlagen kennzeichnend, dass der Anbieter – entscheidet er sich dafür ein Angebot zu unterbreiten – auf andere Weise in Vorleistung geht. Die kundenspezifischen Vorleistungen des Anbieters im Verlauf der Erstellung der Anlage signalisieren somit allein durch die zeitliche Abfolge von Anlagenerstellung und Gegenleistung des Kunden ein erhebliches Commitment.

Ergänzend sind verschiedene Instrumente geeignet, dem Kunden die erforderliche Sicherheit zu geben. Der *klassische Vertrag* kann dabei wegen der Variabilität der Leistung zwangsläufig nur eingeschränkt Sicherheit stiften.

Zwei wesentliche Instrumente beim Versuch, den Verkauf einer Anlage um relationale Elemente zu ergänzen, sind die *Reputation des Anbieters* und das Bereitstellen von *Referenzanlagen*. Durch Referenzanlagen werden dem Kunden transaktionskostengünstig Informationen über die Leistungsfähigkeit des Anbieters zur Verfügung gestellt. Durch den Aufbau einer guten Reputation schafft der Anbieter ein Kapital, das dem Kunden in gewisser Weise als Geisel in der Transaktion dient. Da eine Reputation schwer aufzubauen aber leicht zu zerstören ist, muss einem Anbieter daran gelegen sein, seinen Ruf in jeder Transaktion neu zu unterstreichen, damit die Reputation auch für weitere Transaktionen nutzbar bleibt.

Ein drittes Instrument zur Redzierung der Unsicherheit des Kunden, ist die bewusst gestaltete *Anbieterorganisation*. Das Risiko des Kunden resultiert ja zum Teil aus der Tatsache, dass der Anbieter die Erstellung einer Anlage üblicherweise nicht allein bewältigt, sondern *Anbieterkoalitionen* eingeht. Die Gründe für das Eingehen von Anbieterkoalitionen sind vielfältig und reichen von der Risikoteilung bis hin zur Ausschaltung von Konkurrenz. Häufig ist ein Anbieter allein gar nicht in der Lage, ein Anlagenprojekt abzuwickeln.

Für den Kunden wird damit die Identifikation eines Ansprechpartners für das Projekt erschwert. Auch in Fragen der Haftung für Mängel erhöht die kollektive Leistungserstellung die Komplexität und die Unsicherheit des Kunden. Relationale Elemente, wie vertrauensvolle Bindungen, lassen sich unter diesen Bedingungen kaum aufbauen. Die Lösung des Problems kann in der Aufbauorganisation in Form z.B. einer Generalunternehmerschaft liegen.

Definition: Generalunternehmerschaft

In der *Generalunternehmerschaft* kontrahiert ein Anbieter (der Generalunternehmer) mit dem Kunden die Gesamtleistung und haftet gegenüber dem Kunden im sog. „Außenverhältnis" allein für diese Leistung. Im Innenverhältnis vergibt der Generalunternehmer dann Unteraufträge an andere Lieferanten (Subunternehmer), ohne dass zwischen den Subunternehmern und dem Kunden ein Vertragsverhältnis entsteht (vgl. Backhaus 2003, 512).

20 Direktinvestition und relationales Verkaufsverhalten

Im Gegensatz zum Offenen Konsortium, das als Zusammenschluss von rechtlich selbständigen Unternehmen gemeinsam einen Vertrag mit dem Kunden eingeht, wird die Komplexität für den Kunden durch die Generalunternehmerschaft stark reduziert. Die Kommunikationsstrukturen und die Haftung werden für den Kunden transparent. Auch bietet sich bei nur einem Verhandlungspartner in höherem Maße die Möglichkeit für die Entwicklung relationaler Bindungen in der Beziehung. Tabelle 20-2 fasst die Vor- und Nachteile der Generalunternehmerschaft im Vergleich zum Offenen Konsortium aus der Sicht des Anbieters und des Nachfragers zusammen.

Tabelle 20-2: Gegenüberstellung der Vorteile von Generalunternehmerschaft und offenes Konsortium

	Generalunternehmerschaft	**Offenes Konsortium**
Vorteile für den Kunden	Angebot aus einer Hand	Leistungsanteile direkt verhandelbar
	Ein Verhandlungspartner	Größere Haftungsbasis (gesamtschuldnerische Haftung)
	Verantwortlichkeit in einer Hand	
Vorteile für den Anbieter	Frei bestimmbarer Eigenleistungsanteil	Kapazität für Großprojekte
	Spielraum bei Planung, Beschaffung und Abwicklung	Risikoverteilung im Innenverhältnis
	Stark zentralisiertes Projektmanagement	Direkter Kundenkontakt für alle Konsorten
		Evtl. bessere Finanzierungsmöglichkeiten
		Kooperation auch mit Wettbewerbern leichter möglich
Nachteile für den Kunden	Geringere Haftungsbasis als beim Konsortium	Mehrere Verhandlungs-partner
	Möglicher Eigenleistungsanteil (Beistellung) evtl. geringer	Nahtstellenprobleme müssen beurteilt werden
Nachteile für den Anbieter	Hohes Projektmanagement-Know-how erforderlich	Zusätzliche Koordinationserfordernisse (Leistung, Haftung)
	Alleinverantwortung hohes Gesamtrisiko	Direkter Haftungszugriff durch den Kunden auf alle Konsorten möglich
	Zulieferkonditionen können evtl. nicht an Kunden weitergegeben werden	

Quelle: Vgl. Backhaus, 1999, 487

20.3 Ergänzendes Beziehungsmanagement beim Verkauf von Systemen

Im Systemgeschäft gibt es sowohl die Möglichkeit, die Unsicherheiten für den Kunden zu reduzieren (Leasing, Standards) als auch die Möglichkeit, die Unsicherheiten erträglich zu machen (Garantien, glaubhafte Zusicherungen).

Eine echte Reduktion der Unsicherheit des Kunden erfolgt durch Leasingangebote des Herstellers.

Definition: Leasing

Leasing ist eine Dienstleistung, bei der Organisationen (Leasinggeber) Wirtschaftsgüter an den Leasingnehmer vermieten oder verpachten. Im Gegensatz zum normalen Mietverhältnis wird beim Leasing meistens zwischen dem Hersteller eines Gebrauchsgutes und dessen Verwender eine Leasing-Gesellschaft als Käufer und Vermieter eingeschaltet (indirektes Mietverhältnis).

Neben verschiedenen anderen Vorteilen für den Leasingnehmer, etwa der Schonung von Liquidität oder Kreditlinien, der sofortigen steuerlichen Absetzbarkeit, der Erleichterung der Modernisierung etc., ist es vor allem die Senkung des Systembindungseffekts durch Leasing, die zu einer Unsicherheitsreduktion führt. Dieser Effekt tritt in besonderem Maße auf, wenn eine Anpassung der Vertragslaufzeit an die Nutzungserfordernisse erfolgt und wenn eine leichte Austauschbarkeit der Leasingobjekte vereinbart wird. Das sog. Produktionskapazitätenleasing reduziert darüber hinaus das Marktrisiko des Leasingnehmers. Die Leasingrate berechnet sich dabei nicht pauschal nach einer bestimmten Nutzungsmöglichkeit, sondern nach dem tatsächlichen Auslastungsgrad des geleasten Systems (vgl. Backhaus 2003, 633 ff.).

Durch eine *Standardisierung* der Systemarchitektur bzw. von Systemkomponenten lassen sich Systembindungseffekte ebenfalls wirkungsvoll senken. Der Nutzer kann dann ohne Verlust auf eine andere Systemarchitektur oder auf Systemkomponenten anderer Hersteller wechseln. Je nach Grad der Verbindlichkeit der technischen Spezifikation und nach der Art des Zustandekommens, lassen sich neben dem *Standard* auch der *Typ* und die *Norm* als Arten technischer Spezifikation unterscheiden.

Während *Typen* von einem Hersteller oder eine Gruppe von Herstellern vorgegeben bzw. akzeptiert werden, wird ein *Standard* praktisch von allen Marktteilnehmern akzeptiert. Von *Normen* wird dagegen gesprochen, wenn eine Standardisierung rechtlich bindend durch öffentliche Einrichtungen vorgegeben wird.

Durch *Garantien* kann der Anbieter im Systemgeschäft versuchen, die Unsicherheit für den Kunden erträglich zu machen (vgl. Abb. 20-2).

Direktinvestition und relationales Verkaufsverhalten

Definition: *Garantien*

Garantien sind Gewährleistungspflichten eines Anbieters, die sich auf die Funktion bereits gekaufter Produkte (Funktionsgarantien) oder aber auf zukünftig noch zu tätigende Käufe (Erfüllungsgarantien) erstrecken können.

Funktionsgarantien sind dabei häufig eine Umsetzung gesetzlicher Vorschriften. Sie können aber auch freiwillige Zusatzleistungen beinhalten. Für den Verkauf von Systemen kommen vor allem Erfüllungsgarantien als geeignete Institutionen in Frage. Der Anbieter verpflichtet sich dadurch in der Gegenwart dazu, mit dem Initialkauf ausgesprochene Verpflichtungen in der Zukunft zu erfüllen. Für den Kunden ist es in diesem Zusammenhang wichtig, ob die Garantie mit oder ohne Konditionenfixierung ausgesprochen wird. Findet eine Konditionenfixierung nicht statt, dann hat der Kunde zwar die Sicherheit, z.B. bestimmte Systemkomponenten auch in Zukunft erwerben zu können. Über die Kosten bleibt er aber im Unklaren. Eine Erfüllungsgarantie mit Konditionenfixierung kann hier Abhilfe schaffen.

Abbildung 20-2: Garantieformen als Marketing-Instrument

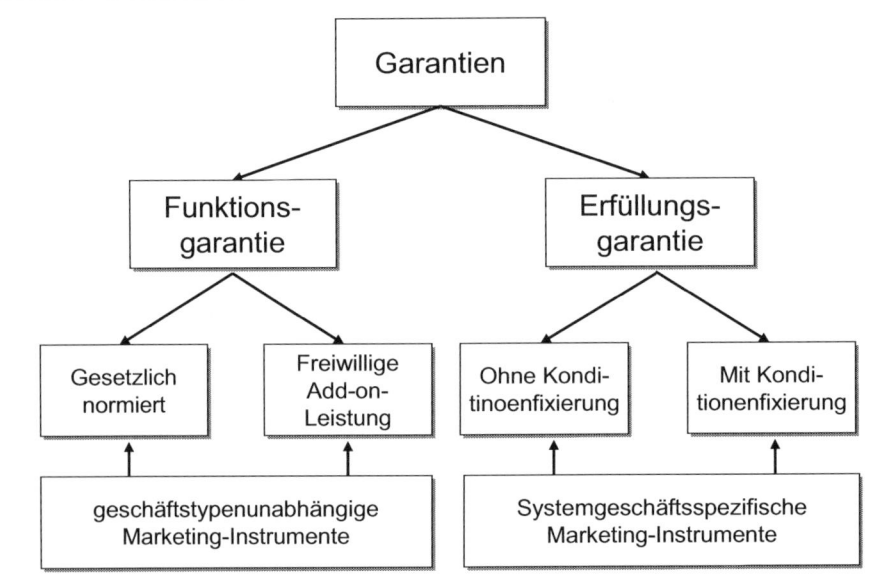

Quelle: Backhaus, 2003, 671

Glaubhafte Zusicherungen (credible commitments) können als ein weiteres Element angesehen werden, das dazu beiträgt, Unsicherheit im ökonomisch relevanten Sinn zu reduzieren. Direktinvestitionen sind als eine glaubhafte Zusicherung zu verstehen, da sie einer drohenden Abhängigkeit des Nachfragers eine freiwillige Selbstbindung des Anbieters entgegenstellen. Sie können durch *Referenzen* oder den *Nachweis von Servicenetzen* ergänzt werden. Wie beim Verkauf von Anlagen spielt aber nicht nur die Leistungsfähigkeit, sondern auch die Leistungswilligkeit des Anbieters eine wichtige Rolle für den Kunden. Erneut kann die *Reputation* des Anbieters dem Kunden Unsicherheit nehmen. Eine gute Reputation des Anbieters zeigt dem Nachfrager, dass sich der Anbieter nicht opportunistisch verhalten wird, da der langfristige Schaden durch die Verletzung der Reputation für den Anbieter größer ist, als der kurzfristige Nutzen.

20.4 Ergänzendes Beziehungsmanagement im Geschäft zwischen Zulieferern und OEMs

Im Zuliefergeschäft (= OEM-Geschäft) kommt es vor allem darauf an, eine individuelle Beziehung zwischen Anbieter (Zulieferer) und Nachfrager (OEM) zu schaffen. Durch den Aufbau von Commitment durch Direktinvestitionen wird die Voraussetzung für weitere erforderliche Maßnahmen im Management von Geschäftsbeziehungen ermöglicht (vgl. Heide 1994, Frazier/Spekman/O'Neal 1988, Dwyer/Schurr/Oh 1987). Die Besonderheiten im Management von Zulieferer-OEM-Beziehungen werden besonders deutlich, wenn sie mit den Managementaufgaben im Falle diskreter Transaktionen, z.B. beim Export verglichen werden (vgl. Tab. 20-3).

Tabelle 20-3: Managementaufgaben in Markttransaktionen und relationalen Austauschbeziehungen

Managementaufgaben nach Phasen	Governance-Struktur	
	Export (=Markt)	**Zulieferergeschäft** (= Relationship)
Initiierung	kein Initiierungsprozess	Auswahl, Kennen lernen
Aufbau und Reife Rollenfestlegung	transaktionsbezogene Rollenfestlegung	Definition transaktionsübergreifender Rollen
Planung	Orientierung am Preismechanismus	gemeinsame und flexible Planung
Anpassung	keine Anpassung innerhalb einer Transaktion	gemeinsame Anpassungen auf der Grundlage relationaler Normen
Anreizsystem	kurzfristig, transaktionsorientiert	langfristig, beziehungsorientiert
Kontrolle	externe Kontrolle, orientiert am Output	beziehungsinterne Kontrolle, orientiert am Wert der Geschäftsbeziehung
Durchsetzung	Nutzung des externen Rechtssystems	Herstellung von Interessenkongruenz durch relationale Normen und „credible commitments"
Trennung	automatisch nach Durchführung der Transaktion	Planung mit offenem Ende, Trennung als Desinvestitionsprozess

Eine Initiierungsphase gibt es in den diskreten Transaktionen eines Exportgeschäftes nicht. Es findet keine Prüfung und Selektion von Transaktionspartnern statt, die über eine Prüfung des Preisangebots für eine Leistung hinausgeht (vgl. Butler 1983). Verhandlungen und ein wechselseitiges Kennen lernen sind ebenfalls nicht erforderlich. Vor diesem Hintergrund erübrigt sich im internationalen Geschäft auch der schwerwiegende Schritt der Direktinvestition. Kundennähe und Commitment würden vom Kunden nicht honoriert.

Ganz anders gestalten sich die Aufgaben in der Initiierungsphase von relationalen Austauschbeziehungen. Hier ist ein umfangreiches Kennen lernen des Partners erforderlich, das weit über gegenwärtige Fähigkeiten des Zulieferers aber ggf. auch des Kunden hinausgeht. Die Partnerevaluation muss nach Kriterien erfolgen, die eine Einschätzung des gesamten Potentials der zukünftigen Zusammenarbeit ermöglichen. Die zu bewältigenden Aufgaben sind in relationalen Austauschbeziehungen entsprechend umfangreicher als in einer diskreten Transaktion. Vorkenntnisse des potentiellen Marktpartners sind wichtig, um Informationsprobleme möglichst leicht überwinden zu können. Aus der Sicht des Kunden ist auch eine physische Nähe des Anbieters – trotz der Möglichkeiten durch die neuen Medien – dringend geboten. Nur so kann er seine Unsicherheiten und Risiken überwinden. Für den Anbieter ist im internationalen Zuliefergeschäft der Markteintritt per Direktinvestition daher effektiv.

In der Phase des Aufbaus und der Reife gestaltet sich die Situation nicht anders. Die zu bewältigenden Aufgaben in Markttransaktionen sind relativ gut überschaubar. Die Rollen der Partner werden anhand der konkret zu absolvierenden Transaktion definiert. Ein Anpassungsbedarf innerhalb der Transaktion besteht nicht. Das Anreizsystem wird gewissermaßen vom Markt gestellt. Die Kontrolle erfolgt problemlos anhand des Outputs und Streitfälle können von externen Schiedsstellen leicht geschlichtet werden.

Die Langfristigkeit und oft wechselseitige Abhängigkeit in relationalen Geschäftsbeziehungen stellen dagegen ganz andere Anforderungen an das Management. Es muss sichergestellt werden, dass Planung und Anpassung in Zukunft kooperativ erfolgen werden. Der Kunde muss sich darauf verlassen können, dass der Anbieter aus einem anderen Herkunftsland dauerhaft im Zielland vertreten sein wird. Die Implementierung von Normen oder anderen stabilisierenden Größen muss vorgenommen werden, damit nicht Anreizprobleme der Kooperation im Wege stehen.

Neben der Gestaltung der Geschäftsbeziehung muss auch ein System zur Beurteilung und Kontrolle des Erfolgs von Geschäftsbeziehungen eingerichtet werden. Allein der letztgenannte Punkt stellt erhebliche Anforderungen an das Management. Das traditionelle Rechnungswesen ist für das Bezugsobjekt „Geschäftsbeziehung" nicht geeignet.

Selbst in der Trennungsphase gibt es relevante Unterschiede. Während die Transaktion im diskreten Markttausch eine abgeschlossene Angelegenheit darstellt, ist der relationale Austausch oft ohne ein spezifiziertes Ende geplant. Kommt es doch zu einer (vorzeitigen) Beendigung der Beziehung, so ist der Prozess eher mit einer Desinvestition als mit dem Ende einer Transaktion zu vergleichen.

Literaturhinweise

Zum Thema Direktinvestitionen gibt es ein umfangreiches Schrifttum (vgl. z.B. den Überblick bei Dülfer 2001). Dabei wird auch auf die Motive von Direktinvestitionen eingegangen. Obwohl beispielsweise Dunning (z.B. 1994) auch absatzorientierte Motive thematisiert und auf die Vorteile der Nähe zu Kunden hinweist, spielt der Koordinationsaspekt problematischer Transaktionen bei der Behandlung von Direktinvestitionen eine eher untergeordnete Rolle.

Zum ergänzenden Management von relationalen Transaktionen finden sich gute Ausführungen in Kleinaltenkamp/Plinke (1997) und in Bruhn/Homburg (2005).

Zusammenfassung

1. Auf Auslandsmärkten ist die physische Präsenz der Anbieter im Fall von problematischen Transaktionen – trotz der weltweiten Vernetzung von Kommunikationskanälen – ein wichtiges Signal für den Kunden. Durch Direktinvestitionen kann ein Commitment gegenüber den Kunden des Zielmarktes signalisiert werden, das auf den Kunden unsicherheitsreduzierend wirkt.

2. Allerdings sind Direktinvestitionen nur ein gedanklicher Ausgangspunkt für das Management relationaler Austauschbeziehungen. In einigen Fällen (z.B. dem Verkauf von Anlagen) ist der Markteintritt über Direktinvestition wegen der Projekthaftigkeit des Anlagengeschäfts ökonomisch nicht sinnvoll. Commitment durch Direktinvestitionen ist dann zu substituieren durch andere unsicherheitsreduzierende Maßnahmen.

3. Auch beim Verkauf von Systemen und dem Eingehen enger Beziehungen zwischen Herstellern und Zulieferern ist das Commitment durch Direktinvestitionen durch weitere Managementaktivitäten zu ergänzen.

Schlüsselbegriffe

Anbieterkoalition; Direktinvestition; Garantien; Generalunternehmerschaft; Geschäftsbeziehung; Geschäftsbeziehungsmanagement; Glaubhafte Zusicherung (credible commitment); Leasing; Offenes Konsortium; Reputation

21 Kooperativer Markteintritt durch Joint Ventures

21.1 Joint Venture als Transaktionstyp

Definition: internationales Joint Venture

Ein *internationales Joint Venture* ist eine Unternehmung, die von zwei oder mehr Partnern durchgeführt wird. Dabei muss wenigstens einer der Partner im Ausland angesiedelt sein. Meist wird von den beteiligten Parteien ein neues Unternehmen (z.B. in Form einer Kapitalgesellschaft) gegründet, in das von beiden Seiten Ressourcen, insbesondere Kapital, Personal und Wissen, eingebracht werden (vgl. Kogut 1988, Weder1989, Yan/Gray 2001).

Während eine Kooperation zwischen Wettbewerbern prinzipiell mit oder ohne Gründung einer eigenständigen Organisation möglich ist – Management- und Beratungsverträge oder Marketingvereinbarungen für bestimmte Produkte und Dienstleistungen sind auch ohne eine gemeinschaftliche Organisationseinheit möglich – zeichnet sich ein Joint Venture gerade durch die gemeinschaftliche Schaffung einer neuen Organisationseinheit aus. Je nachdem, ob die Kooperationspartner sich auf der gleichen Wertschöpfungsstufe oder auf vor- oder nachgelagerten Wertschöpfungsstufen befinden, spricht man von *horizontaler* oder *vertikaler* Kooperation. Für die vertraglichen und gesellschaftsrechtlichen Regelungen gelten üblicherweise die Rechtsvorschriften des Gastlandes. Gerade in Ländern, die einen starken ausländischen Einfluss in ihrer Wirtschaft vermeiden wollen, ist das Joint Venture häufig die einzige Möglichkeit Eigenkapital zu übertragen. In China war das Joint Venture für lange Zeit der einzige Weg für ausländische Unternehmen, wirtschaftlich aktiv zu werden. Die Kapitalbeteiligung war dabei auf maximal 49 % begrenzt. Durch die Rechtslage in den verschiedenen Ländern kann es daher vorkommen, dass ein Unternehmen, das eigentlich eine andere Form des Markteintritts vorziehen würde, gezwungen wird, ein Joint Venture einzugehen.

In unserer Betrachtung handelt es sich beim Joint Venture um einen Transaktions- und Markteintrittstyp, der aus einer ganz bestimmten Konstellation von Problemlagen beim Anbieter und beim Kunden folgt (vgl. Abb. 21-1).

21 Kooperativer Markteintritt durch Joint Ventures

Abbildung 21-1: Entscheidungsbaum für den Eintritt in einen ausländischen Markt

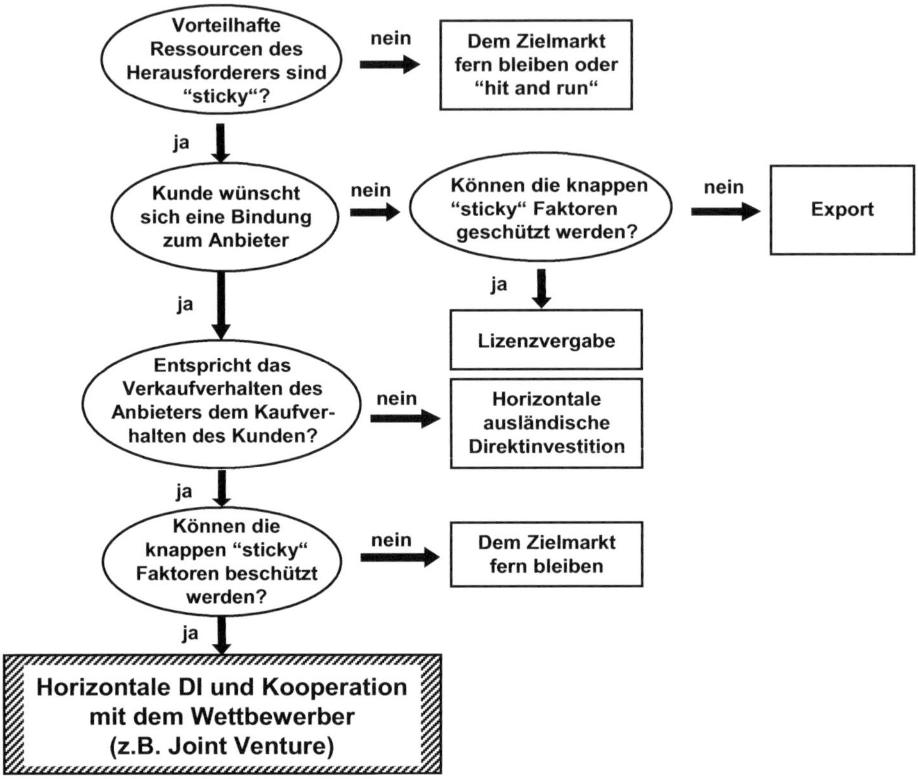

```
        Vorteilhafte
        Ressourcen des      nein      Dem Zielmarkt
        Herausforderers sind  →       fern bleiben oder
        "sticky"?                     "hit and run"
            │ ja
            ▼
        Kunde wünscht       nein    Können die knappen    nein
        sich eine Bindung    →      "sticky" Faktoren      →     Export
        zum Anbieter                geschützt werden?
            │ ja                        │ ja
            ▼                           ▼
                                    Lizenzvergabe
        Entspricht das
        Verkaufverhalten des        Horizontale
        Anbieters dem Kaufver-  nein  ausländische
        halten des Kunden?       →   Direktinvestition
            │ ja
            ▼
        Können die
        knappen "sticky"    nein    Dem Zielmarkt
        Faktoren beschützt   →      fern bleiben
        werden?
            │ ja
            ▼
        Horizontale DI und Kooperation
        mit dem Wettbewerber
        (z.B. Joint Venture)
```

Für den Kunden handelt es sich um eine problematische Transaktion. Der Kunde zeigt daher ein relationales Kaufverhalten und fordert vom Anbieter ein relationales Verkaufsverhalten. Ein Anbieter, der das Problem des Kunden lösen möchte, muss also neben einem wettbewerbsfähigen Produkt auch über eine Bindung zum Kunden verfügen, um dem Kunden die entsprechende Sicherheit zu geben.

Verfügt ein ausländisches Unternehmen über eine überlegene Produkttechnologie (aber nicht über eine Beziehung zum Zielkunden) und ein etabliertes inländisches Unternehmen über vertrauensvolle Beziehungen zu den Kunden (aber nicht über einen Ressourcenvorteil), kann durch die Gründung eines Joint Ventures wechselseitige Teilhabe an den jeweiligen Vorteilen der beiden Wettbewerber herbeigeführt werden.

Insofern ist das Joint Venture aus marktorientierter Perspektive eine Alternative zur Direktinvestition, die – wenn die Zielkunden in festen Geschäftbeziehungen mit etablierten Anbietern „gefangen" sind – sehr riskant wäre. Eine der zentralen Wirkungen von Joint Ventures als Alternative zur Direktinvestition ist für den Anbieter somit die Einsparung der beiden Ressourcen *Managementkapazität* und *Zeit*. Beide Ressourcen sind für den Aufbau enger Geschäftsbeziehungen zum Kunden wesentlich und beide Ressourcen stellen beim Eintritt in einen fremden Markt häufig einen Engpass dar. Alternativ zum Joint Venture könnte der Kauf der beiden Ressourcen über den Markt letztlich nur über die Akquisition eines Konkurrenten erfolgen, der über bestehende Geschäftsbeziehungen zu den Zielkunden verfügt. Wäre dieser Weg gangbar, so könnte der Markteintritt über eine Direktinvestition durch Firmenkauf erfolgen. Ist der Erwerb eines Wettbewerbers aber nicht möglich, so lassen sich die für den raschen Aufbau von Kundenbeziehungen erforderlichen Ressourcen nur über eine Kooperationsbeziehung erwerben.

Ein Joint Venture repräsentiert somit einen Pool von Ressourcen, der für die erfolgreiche Abwicklung von Transaktionen mit Kunden erforderlich ist, der so aber nicht über den Markt erworben werden kann. Die Kooperationspartner bringen dann beide Ressourcen in den Pool ein.

Durch eine solche Kooperation lässt sich der Ausnutzungsgrad einer Ressource erweitern bzw. die weitere Nutzung einer Ressource sicherstellen. Für das expandierende Unternehmen wäre eine Ausweitung der Nutzung seines technologischen Wissens ohne den Partner eventuell nicht möglich, da der Kunde auf eine enge und vertrauensvolle Beziehung Wert legt. In dieser Situation erhält der Kunde bei einer Kooperation der beiden Anbieter die von ihm favorisierte Lösung: Die technisch überlegene Leistung aus der Hand eines vertrauten Anbieters.

21.2 Klassifizierungen von Joint Ventures

Neben der bereits oben genannten Einteilung in horizontale und vertikale Joint Ventures gibt es eine Reihe weiterer Differenzierungskriterien zwischen Joint Ventures (vgl. Kutschker/Schmid 2005, 861, Schenk 1998, 67 ff.):

- Die *Zahl* der Kooperationspartner in einem Joint Venture kann stark variieren und von einem Partner bis hin zu einer Vielzahl von Partnern reichen. Wenn es darum geht, dem Kunden in einer Transaktion Sicherheit zu geben, ist es von Vorteil, wenn *ein* Unternehmen die Rolle des vertrauenswürdigen Partners des Kunden übernimmt oder bereits besitzt.

- Ein Joint Venture kann entweder eine eigene *Rechtspersönlichkeit* besitzen (Equity Joint Venture) oder ohne eine eigene Rechtspersönlichkeit vereinbart werden (contractual oder cooperative Joint Venture). Rechtlich unselbständige vertragliche Kooperationen werden allerdings vor allem bei zeitlich begrenzten Vorhaben, z.B.

Forschungs- und Entwicklungsprogrammen, Projektdurchführungen etc., gewählt. Ein Anbieter, der über einen Kooperationspartner im Rahmen eines Joint Ventures am Aufbau bzw. am Bestehen enger Geschäftsbeziehungen zu Zielkunden partizipieren möchte, plant üblicherweise einen *zeitlich unbefristeten* Markteintritt. In diesen Fällen wird häufig ein Equity Joint Venture eingegangen.

- Der *Standort* des Joint Venture kann prinzipiell im Stammland eines Joint Venture-Partners oder in einem Drittland liegen. Da räumliche Nähe zum Kunden einen wesentlichen Vorteil beim Aufbau und bei der Aufrechterhaltung einer engen Geschäftsbeziehung darstellt, bietet bei einem kundenproblemorientierten Joint Venture ein Standort im Land des Zielkunden Vorteile.

- Insofern ist auch der *geographische Kooperationsbereich* meist eingeschränkt. Der Bezug des Joint Ventures zu regional ansässigen Zielkunden legt einen regionalen Kooperationsbereich nahe, in dem die Zielkunden ansässig sind.

- Wenn ein Unternehmen ein internationales Joint Venture zur Partizipation an der Kundennähe eines etablierten Anbieters eingeht, so ist die *Kooperationsrichtung* dabei sekundär. Es kommen sowohl horizontale als auch vertikale Joint Ventures in Frage. Eine Kooperation mit Unternehmen aus anderen, aber verwandten Branchen (*konzentrisches* Joint Venture) oder mit Unternehmen aus vollständig anderen Bereichen (*konglomerates* oder *heterogenes* Joint Venture) kommt allerdings nur dann in Frage, wenn die potentiellen Partner in Geschäftsbeziehungen zu den Zielkunden des den Markt betretenden Unternehmens stehen.

- Die *Kapital- oder Stimmrechtsbeteiligung* ist im Wesentlichen eine interne Angelegenheit des Joint Ventures und hat nichts mit den Beziehungen zum Kunden zu tun. Unterscheiden lassen sich hier Joint Ventures, deren Träger jeweils mit gleichem Kapital- und Stimmrechtsanteil beteiligt sind und Joint Ventures, in denen ungleiche Beteiligungen vorliegen.

Tabelle 21-1: Formen von Joint Ventures

Differenzierungskriterien	Ausprägungsformen
Zahl der Kooperationspartner	▪ Joint Venture (JV) mit einem Partner ▪ JV mit mehreren Partnern
Rechtspersönlichkeit	▪ Eigene Rechtspersönlichkeit (Equity of JV) ▪ Keine eigene Rechtspersönlichkeit (Contractual JV bzw. Cooperative JV)
Sachlicher Kooperationsbereich	▪ JV in einer Wertschöpfungsaktivität ▪ JV in mehreren Wertschöpfungsaktivitäten ▪ Gesamtunternehmerisches, funktionsübergreifendes JV
Standort	▪ JV mit Sitz im Stammland eines Kooperationspartners ▪ JV in einem Drittland
Geographischer Kooperationsbereich	▪ Lokales JV für ein bestimmtes Gastland ▪ JV für eine bestimmte Region oder den Weltmarkt
Kooperationsausrichtung	▪ Horizontales JV ▪ Vertikales JV ▪ Konzentrisches JV ▪ Konglomerates JV
Kapitalbeteiligung/ Stimmrechtsbeteiligung	▪ Gleiche Anteile der Partner ▪ Ungleiche Anteile der Partner
Zeitlicher Horizont der Kooperation	▪ JV auf Zeit ▪ JV ohne zeitliche Beschränkung

21.3 Zusätzliche Argumente für Joint Ventures

Mit Joint Ventures werden eine Reihe zusätzlicher positiver Wirkungen in Verbindung gebracht (vgl. z.B. den Überblick von Kutschker/Schmid 2005, 863ff.). Zu diesen Argumenten zählen die Reduzierung des Kapitalbedarfs, eine Risikoteilung mit dem Partner, Economies of Scale und Scope oder die Reduzierung der Rivalität auf dem Zielmarkt. Zu einer *Reduktion des Kapitalbedarfs* könnten beispielsweise gemeinsame Forschungsaktivitäten beitragen. Teilweise würden Forschungsaktivitäten überhaupt erst gemeinsam finanzierbar. Insbesondere bei Aktivitäten, die sich durch ein hohes *Risiko* auszeichnen, ließen sich in der Realität Kooperationen zwischen Firmen beobachten. Ein Fehlschlag, etwa bei der Suche nach Rohstoffen, wäre dann leichter zu ertragen. *Economies of Scale* werden dagegen vor allem bei horizontalen Joint Ventures als ein Vorteil angegeben. Die Zusammenlegung der Fertigung von Komponenten kann dabei eine entscheidende Rolle spielen. *Economies of Scope* sollen dagegen durch das Bündeln von Ressourcen und den damit potentiell einhergehenden Ausgleich von Schwächen realisiert werden. Gleichzeitig wird in jedem Fall die *Zahl der Wettbewerber* auf dem Zielmarkt reduziert.

21.4 Leistungsmerkmale des Partnerunternehmens

Entscheidet sich ein Unternehmen für einen Markteintritt in der Form eines Joint Ventures, so muss das Profil des Partnerunternehmens zum Profil des eigenen Unternehmens passen. Nur wenn sich Stärken und Schwächen der beiden Unternehmen ergänzen, haben beide Unternehmen einen Anreiz zur Zusammenarbeit. Nicht nur das Unternehmen, das in einen Zielmarkt eindringen will, auch das potentielle Partnerunternehmen muss einen Vorteil in der Kooperation sehen, damit es in das Joint Venture eintritt. Es kommt also auf eine *Komplementarität bei Stärken und Schwächen* und auf die *Gestaltung der Potentiale in einem Joint Venture* an.

Das Problem der Komplementarität bei Stärken und Schwächen lässt sich anhand der folgenden beiden Abbildungen verdeutlichen (vgl. Schenk 1998, 180). Während Unternehmen A vor allem über Wissensvorsprünge in Bezug auf marktnahe Wertschöpfungsaktivitäten besitzt, liegen die Stärken von Unternehmen B vor allem im Produktwissen bzw. in der Produktion. Unternehmen A verfügt über wertvolle Ressourcen in den Bereichen Logistik-Expertise, Landes- und Kunden-Expertise und allgemeiner Marktexpertise.

Abbildung 21-2: Potentiale des Unternehmens A

Quelle: vgl. Schenk, 1998, 180

Unternehmen B verfügt dagegen vor allem über Produkt- und Produktanpassungsexpertise. Lediglich in dem Punkt h – Lernen über neue Markterfordernisse – besteht eine Überschneidung.

Würde B sich entscheiden, die Nutzung seines überlegenen Produkt- und Produktionswissen durch den Eintritt in einen ausländischen Markt auszuweiten, so wäre das Unternehmen A ein Partner, der von seinem Profil her sehr gut zu Unternehmen B passen würde. B besitzt Stärken in Bereichen, in denen A nicht besonders stark ist. A wiederum ist stark in Bereichen, in denen B Defizite aufweist. Sind die beiden Unternehmen an den jeweiligen Stärken des anderen Unternehmens interessiert, so hätten sie beide eine Motivation, eine Kooperation einzugehen.

Neben der Betrachtung der aktuellen Profile potentieller Partnerunternehmen, muss auch die Gestaltungsmöglichkeit der Potentiale in Joint Ventures berücksichtigt werden (vgl. Schenk 1998, 181 ff.). Die in dem obigen Beispiel geschilderte Komplementarität wird in der Realität nicht immer vorfindbar sein. Teilweise werden Aktivitäten in beiden Unternehmen durchgeführt werden und die entsprechenden Ressourcen auf beiden Seiten vorhanden sein. Aus der Gesamtsicht der Kooperationsbeziehung wäre es nun effizient, wenn die doppelt ausgeführten Aktivitäten bei dem Partner gebündelt würden, der eine günstigere Kostenstruktur aufweist. Tatsächlich lässt sich diese normative Implikation aber nicht immer durchführen, da sich für den die Aktivität abgebenden Partner möglicherweise negative Umsatz- und Erlösimplikationen ergeben.

Abbildung 21-3: Potentiale des Unternehmens B

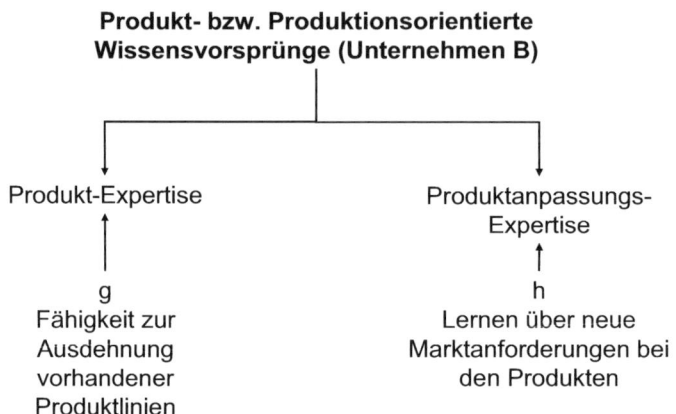

Quelle: Vgl. Schenk, 1998, 180

Darüber hinaus hängen die Gestaltungsmöglichkeiten und der Gestaltungswille von den Zielen der Partner ab. Wird durch eine Kooperation eine Wertkette geschaffen, die von beiden Partnern streng arbeitsteilig gefüllt wird, so dürften auch die Ziele der Kooperationspartner komplementärer Natur sein. Führt die Kooperation aber dazu, dass beide Partner durch einen Wissensaustausch sich in ihren Fähigkeiten so annähern, dass sie künftig als Wettbewerber auf Märkten auftreten können, so kann das zu einer kritischen Beurteilung eines potentiellen Partners führen. Die innere Anpassungsnotwendigkeit bei hoher Potentialüberschneidung (vgl. Harrigan 1984, 11) oder aber die Befürchtung eines zukünftigen Wettbewerbs lassen Verhandlungen dann oft scheitern.

Die Antizipation einer Angleichung der Leistungsfähigkeit beider Partner hat somit die gleiche Wirkung, wie die von Doz (1988) thematisierte Ähnlichkeit der Potentiale in der Ausgangsphase einer potentiellen Kooperation. Ein Joint Venture kann nach Doz dann nur in Frage kommen, wenn die Kooperationspartner mit ihren ähnlichen Ressourcen sehr unterschiedliche Ziele verfolgen und sich eine Wettbewerbssituation dadurch nicht ergibt.

21.5 Probleme beim Markteintritt durch Joint Ventures

Generell ergibt sich bei dem Markteintritt durch Joint Ventures eine Reihe von potentiellen Problemen zwischen den Joint Venture Partnern – also gewissermaßen im Innenverhältnis – die diese Art des Markteintritts erschweren können. Ein Joint Venture ist als ein *relationaler Vertrag* zu interpretieren, der auf eine wechselseitige und wiederholte Kooperation ausgerichtet ist. Relationale Verträge zeichnen sich durch eine gewisse Unvollständigkeit und Flexibilität aus, wobei Unsicherheit und Opportunismus durch glaubwürdige Verpflichtungen und andere relationale Vertragselemente reduziert werden.

Eine solche Absicherung ist regelmäßig dann erforderlich, wenn einseitige Bindungen zu asymmetrischen Beziehungen und zu opportunistischen Handlungsspielräumen für einen Partner führen. Spezifische Investitionen der einen Seite oder auch einseitige technologische Wissenstransfers sind Quellen von Ausbeutungspotentialen. Unternehmen werden daher oft nur dann bereit sein, sich in einem Joint Venture zu engagieren, wenn auf beiden Seiten ein in etwa gleiches Commitment (vgl. Kapitel 19) vorhanden ist. Selbst dann sind aber Verhaltensunsicherheiten nicht vollständig auszuschließen, wie das folgende Beispiel zeigt (vgl. Schenk 1998, 175).

Beispiel: *Plessey und General Electric*

Die beiden britischen Elektronikunternehmen Plessey und General Electric Company (GEC) sind gemeinsame Partner in einem Joint Venture (GPT) im Bereich von Telekommunikationsanlagen. Gegen den Willen des Managements von Plessey versuchten GEC und die Siemens AG die Firma Plessey zu übernehmen, um den Telekommunikationsbereich von Siemens mit dem des Joint Ventures zu vereinigen. Plessey wehrte sich gegen den Übernahmeversuch und machte geltend, dass der Joint Venture-Partner GEC gegen den erst vor einem Jahr geschlossenen Gesellschaftsvertrag verstoßen habe. Daher stünde Plessey eine Kaufoption auf die Anteile von GEC an dem gemeinsamen Joint Venture zu.

Das Beispiel zeigt die potentielle Instabilität von Joint Ventures auf. Aus Sicht von Plessey ist das Verhalten von GEC als opportunistisch zu werten. Generell weisen Joint Ventures in der Praxis zahlreiche potentielle Konfliktfelder auf. Einen häufigen Konfliktpunkt stellt z.B. die Bewertung der Leistungen und Gegenleistungen von Kooperationspartnern in einem Joint Venture dar. Aus diesem Grunde sieht Williamson (1985) in Unternehmenskooperationen immer nur vorübergehende Phänomene, die sich über kurz oder lang doch entweder in Richtung auf eine rein marktliche oder aber eine rein hierarchische Kooperation entwickeln werden.

Literaturhinweise

Sehr empfehlenswert als Einstieg in das Thema Joint Ventures ist der Überblicksartikel von Kogut (1988). Kooperationen mit strategischer Zielsetzung werden unter anderem von Ohmae (1989), Hamel/Doz/Prahalad (1989) sowie Burgers, Hill und Kim (1993) thematisiert, um nur ein paar Beispiele zu nennen. Einen Einblick in Joint Ventures aus einer spezifischen Branchenperspektive bietet Weder (1989).

Zusammenfassung

1. Wenn ein Unternehmen auf das relationale Kaufverhalten eines Kunden mit dem Aufbau von Commitment antworten will, eine Direktinvestition unter alleiniger Regie aber nicht in Frage kommt, stellt das Joint Venture mit einem Wettbewerber im Zielland häufig eine strategische Option dar.

2. Neben dieser Interpretation gibt es im Schrifttum weitere Klassifikationen und Erklärungsansätze von Joint Ventures. Klassifikationen reichen von der Zahl der beteiligten Partner bis hin zur Klassifikation nach Standorten.

3. Als zusätzliche Motive für Joint Ventures werden beispielsweise Finanzierungsfragen, Economies of Scale and Scope sowie eine potentielle Verringerung der Zahl der Wettbewerber genannt.

4. Je nach dem Motiv für ein Joint Venture fallen auch die Kriterien für die Auswahl eines Partners für ein Joint Venture unterschiedlich aus. In der hier vorgestellten Perspektive kommen zur Lösung problematischer Kundenprobleme nur Unternehmen mit sehr guten Markt- und Kundenkenntnissen in Frage.

5. Die Zusammenarbeit zwischen Joint Venture Parteien erfolgt auf der Basis eines relationalen Vertrages, der sich durch ein hohes Maß an Offenheit auszeichnet. Dadurch ergeben sich für die Zusammenarbeit Chancen aber auch Risiken.

Schlüsselbegriffe

Economies of Scale; Economies of Scope; Joint Venture; Joint Venture Partner

22 Bewertung internationaler Geschäftsbeziehungen

22.1 Die Geschäftsbeziehung als ökonomischer Vermögenswert

In Kapitel 18 wurde die Notwendigkeit behandelt, den Erfolg bzw. potentiellen Erfolg eines Auslandsmarkteintritts durch diskrete Markttransaktionen zu bewerten. Ebenso ist es erforderlich, das Auslandsengagement über den relationalen Austausch einer Bewertung zu unterziehen. Die unterschiedlichen Vorgehensweisen bei der Koordination des Verkaufs einer Anlage, eines Systems und beim Eingehen einer engen Zulieferer-Hersteller-Beziehung haben allerdings Auswirkungen auf das Vorgehen bei der Bewertung des Austauschs. Identisch – auch in Bezug auf diskrete Transaktionen – ist die Notwendigkeit der Analyse von Rückkoppelungen. Da sie bereits in Kapitel 18 behandelt wurde, bleibt sie hier unbeachtet.

Beim Verkauf von Anlagen geht es im Prinzip um die Kalkulation von – sehr komplexen – Einzeltransaktionen. Die Analyse unterscheidet sich vor allem durch ihren Umfang und ihre Bedeutung von den in Kapitel 18 behandelten Transaktionen. Während es bei den diskreten Transaktionen im Export- und im Lizenzgeschäft um den Erfolg einer Vielzahl von Transaktionen in einem ausländischen Zielmarkt ging, steht beim Verkauf einer Anlage ein einzelner Kunde und sein Auftrag im Vordergrund. Neben die Analyse von Länderpotentialen und -risiken tritt daher beim Verkauf einer Anlage auch die Analyse des individuellen Kunden (z.B. seiner Zahlungsfähigkeit). Prinzipiell bleibt es aber bei der Analyse eine Einzeltransaktion, auch wenn diese Transaktion als relationaler Austausch durch umfangreiche relationale Elemente unterstützt wird und durch die Langfristigkeit des Anlagengeschäfts oft mehrere Perioden in die Erfolgsrechnung einbezogen werden müssen.

Anders gestaltet sich die Bewertung eines relationalen Austausches, wenn er von spezifischen Investitionen (Direktinvestitionen, Joint Ventures) unterstützt wird und wenn er eingebettet in eine Geschäftsbeziehung erfolgt. Hierbei steht dann die Bewertung einer Geschäftsbeziehung im Vordergrund, und nicht mehr die Analyse einer Einzeltransaktion.

Auch dabei gibt es aber Unterschiede. Während der Verkauf von Systemen zu Investitionen in den Länderzielmarkt (aber nicht in den individuellen Kunden) führt, sind im Falle von engen Zulieferer-Hersteller-Beziehungen umfangreiche kundenspezifische Investitionen erforderlich (vgl. Tab. 22-1).

Tabelle 22-1: *Die Bewertung diskreter und relationaler Transaktionen*

Diskrete Transaktion (Export, Lizenz)	
Für den Kunden problemlose Einzeltransaktionen	Bewertung der Einzeltransaktion(en), Bewertung der Potentiale von Ländermärkten und der potentiellen Rückkoppelungseffekte (vgl. Kap. 18)
Relationaler Austausch (Direktinvestition, Joint Venture und ergänzendes Beziehungsmanagement)	
Verkauf von Anlagen	Bewertung der relationalen Einzeltransaktion (einschließlich der ergänzenden Maßnahmen des Beziehungsmanagements) und der potentiellen Rückkoppelungseffekte
Verkauf von Systemen	Bewertung der Geschäftsbeziehung (einschließlich der *länderspezifischen* Investitionen) und der potentiellen Rückkoppelungseffekte.
Eingehen enger Zulieferer-Hersteller-Beziehungen	Bewertung der Geschäftsbeziehung (einschließlich der kundenspezifischen Investitionen) und der potentiellen Rückkoppelungseffekte.

Der Fall der engen Zulieferer-Hersteller-Beziehung stellt somit die größten Herausforderungen an die Bewertung eines relationalen Austausches. Neben den Investitionen in das Zielland sind kundenspezifische Investitionen in die Geschäftsbeziehung erforderlich. Gegenstand der Bewertung ist somit eine Geschäftsbeziehung, die in hohem Maße Investitionen erfordert. Da der Fall der engen Zulieferer-Hersteller-Geschäftsbeziehung die stärksten Besonderheiten gegenüber der Bewertung diskreter Markttransaktionen aufweist, und weil diese Form der Geschäftsbeziehung viele Besonderheiten der anderen Formen des relationalen Austauschs mit einschließt (länderspezifische Investitionen, ergänzendes Beziehungsmanagement), stellt die Evaluation von Geschäftsbeziehungen den eigentlichen Schwerpunkt dieses Kapitels dar.

Das zentrale Merkmal einer Geschäftsbeziehung aus ökonomischer Sicht, ist die Notwendigkeit von spezifischen Investitionen in die Anbieter-Nachfrager-Beziehung (vgl. Hallén, Johanson, Seyed-Mohamed 1991, Heide, John 1988, Heide 1994). Eine Geschäftsbeziehung lässt sich somit als ein ökonomischer Vermögenswert interpretieren, der die Investitionen in internationale Geschäftsbeziehung rechtfertigen muss. Dabei ist es unerheblich, ob diese Investitionen in Geschäftsbeziehungen in Form von Direktinvestitionen in Tochtergesellschaften oder Joint Ventures getätigt werden. In beiden Fällen muss der Anbieter erhebliche Mittel aufwenden, um Geschäftsbeziehungen aufzubauen. Eine investive Perspektive auf Geschäftsbeziehungen liegt daher nahe (vgl. Johanson, Mattson 1985, Plinke 1989).

Die Geschäftsbeziehung als ökonomischer Vermögenswert **22.1**

Definition: *Investition*

Eine *Investition* ist das Inkaufnehmen eines sicheren Nachteils *jetzt* in der Erwartung eines unsicheren *zukünftigen* Vorteils (vgl. Schmidt, 1983, 18).

Sämtliche Vorleistungen eines Anbieters, die auf den Aufbau relationaler Elemente in einer Kooperationsbeziehung gerichtet sind und die erst in Zukunft zu Umsätzen aus Transaktionen mit dem Kunden führen werden, sind als Investitionen anzusehen. Nicht die kurzfristige Gewinnmaximierung, sondern eine langfristige Sichtweise ist somit das Merkmal dieser Markteintrittsform.

Zu den Investitionen in eine internationale Geschäftsbeziehung im Sinne der o.g. Typologie von Markteintrittsformen gehören neben den unmittelbaren Kosten einer Direktinvestition oder eines Joint Ventures auch die Abstimmung von Schnittstellen mit dem Kunden, die Inkaufnahme ungeplanter und ungedeckter Mehrkosten, z.B. durch Kulanzleistungen, großzügige Interpretation von Vertragsunschärfen oder Gefälligkeiten wie z.B. Seminare für Mitarbeiter des Kunden oder Geschäftsvermittlungen sowie die Kosten der direkten Beziehungspflege, z.B. durch regelmäßige Treffen des Top-Managements oder Messekontakte (vgl. Plinke, Söllner, 1997). Ein wichtiger Aspekt der Investition ist auch der Verzicht auf die vollständige Ausnutzung des preispolitischen Spielraums bei jeder Einzeltransaktion, z.B. bei Auftreten kurzfristiger Lieferengpässe der Wettbewerber oder bei vom Kunden selbst verursachten Terminengpässen. Die Investitionen umfassen somit *länder- und beziehungsspezifische* Ressourcenallokationen, die einen Teil der Mittel eines Unternehmens langfristig binden. Während die länderspezifischen Ressourcen prinzipiell für verschiedene Geschäftsbeziehungen in einem Land zur Verfügung stehen, lassen sich die beziehungsspezifischen Ressourcen nur unter großen Verlusten außerhalb der Geschäftsbeziehung verwenden (vgl. dazu auch Kapitel 2).

Ein Anbieter, der erwägt auf ein relationales Kaufverhalten des Kunden mit dem Aufbau einer Geschäftsbeziehung zu antworten, muss prüfen, ob durch diese Investitionen ein ökonomischer Nutzen für ihn entsteht. Der oder die Zielkunden müssen die Investitionen des Anbieters aus der Sicht des Anbieters rechtfertigen – ganz unabhängig von den Bedürfnissen des Kunden. Ob ein Kunde aus der Sicht des Anbieters Investitionen rechtfertigt hängt davon ab, welchen Nutzen der Kunde dem Anbieter bringt. Ein Anbieter wird seine Aktivitäten nur dann verstärkt auf einen bestimmten Kunden oder ein Zielsegment ausrichten, wenn er sich durch diese Kunden Ressourcen verschaffen kann, die für sein Überleben im Wettbewerb von Bedeutung sind (vgl. Pfeffer, Salancik 1978). Bei den Ressourcen wird es sich primär um finanzielle Mittel handeln. Es können aber auch andere Ressourcen wie Wissen oder Reputation eine Rolle spielen.

Bewertung internationaler Geschäftsbeziehungen

Der ökonomische Vermögenswert einer Geschäftsbeziehung macht sich insofern an den Ressourcen fest, die dem Anbieter aus der Geschäftsbeziehung zufließen. Prinzipiell stellt ein Kunde einem Anbieter unterschiedliche Ressourcen zur Verfügung. Ihr Nutzen bestimmt sich danach, für welche Problemlösung eine Ressource gebraucht wird und wie hoch der Problemlösungsdruck ist. Je nach Problemlage ist beispielsweise ein *rascher* Mittelzufluss eine andere Nutzenkategorie als ein *hoher* Mittelzufluss.

Es ist somit nicht nur die *Menge* an einer Ressource, durch welche die Bedeutung eines Kunden bestimmt wird, sondern der *Nutzen* aus der vom Kunden bereitgestellten Ressource (vgl. zu dieser Sichtweise und den folgenden Überlegungen Plinke 1997a, 115-125). Darüber hinaus steigt die Bedeutung eines Kunden an, wenn die Ressource, die der Kunde zur Verfügung stellt, nicht durch andere Kunden oder andere Ressourcen substituiert werden kann. Plinke (1997a, 122) spricht in diesem Zusammenhang von der *Beherrschbarkeit* einer Ressource.

Abbildung 22-1: Bestimmungsfaktoren des Nutzens einer Ressource

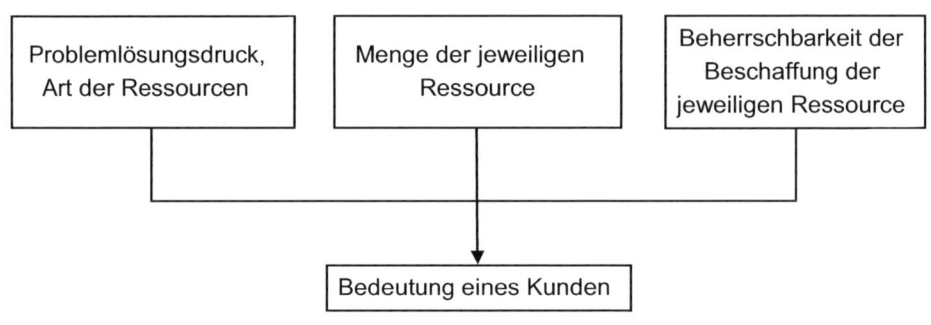

Quelle: Plinke, 1997a, 124

Insofern lässt sich die Bedeutung eines Kunden – wie in Abbildung 22-1 dargestellt – festmachen:

- an der Art und Menge einer kritischen Ressourcen, die durch den Kunden bereitgestellt wird.

- an dem Nutzen, der aus den jeweiligen kritischen Ressourcen resultiert. Er hängt vor allem von der Problemsituation des Anbieters ab.

- an der Beherrschbarkeit einer jeden kritischen Ressource. Je geringer die Beherrschbarkeit der Ressource ist, desto höher ist die Bedeutung des Kunden.

Deutlich wird, dass es nicht möglich ist, Kunden und ihren Ressourcen in einem absoluten Sinne eine Bedeutung zuzuweisen. Vielmehr zeigt sich, dass nur eine subjektive Bewertung auf der Grundlage der individuellen Situation und Problemlage des Anbieters eine Beurteilung zulässt. Daher sind alle im folgenden Abschnitt des Kapitels genannten objektiven Bewertungskriterien mit der entsprechenden Vorsicht zu interpretieren.

22.2 Ansätze zur Kundenklassifikation

Die Ansätze zur Ermittlung des Wertes einer Geschäftsbeziehung lassen sich danach unterscheiden, wie viele Bewertungskriterien zum Einsatz kommen. So kann zwischen ein- und mehrdimensionalen Ansätzen differenziert werden. Ansätze der Kundenklassifizierung können aber auch danach unterschieden werden, inwieweit Kunden einer Einzelbewertung unterzogen werden (individuelle Darstellung) oder aber gemeinsam beurteilt werden (kumulierte Darstellung). Die relativierende kumulierte Darstellung soll die Ressourcenallokation des Anbieters erleichtern, in dem neben der isolierten Bewertung von Kunden auch eine Beurteilung im Verhältnis zu anderen Kunden erfolgen kann.

Die beiden genannten Unterscheidungen – Anzahl der Bewertungskriterien (*ein- und mehrdimensional*) und Aggregationsgrad der Bewertung (*individuell und kumuliert*) – dienen hier als Systematik der Ansätze zur Kundenklassifikation. Tabelle 22-2 stellt die Systematik dar und ordnet Klassifikationsansätze den entsprechenden Feldern zu. Die genannten Ansätze werden im Folgenden kurz dargestellt (vgl. dazu insbes. Plinke 1997, Krafft/Albers 2000). Dabei ist zu berücksichtigen, dass die Ansätze häufig zur ex-post Beurteilung von Geschäftsbeziehungen herangezogen werden. Im Falle des Markteintritts handelt es sich aber auch um eine ex-ante Analyse, durch die vorab ermittelt werden soll, ob sich ein Markteintritt lohnt.

Tabelle 22-2: Ansätze zur Kundenklassifikation

	individuelle Darstellung	**kumulierte Darstellung**
Eindimensional	Umsatz, Kunden-Deckungsbeitrags-Rechnung, Customer Lifetime Value, etc.	ABC-Analyse
Mehrdimensional	Scoring-Ansätze (z.B. RFM)	Scoring-Portfolio, Klassisches Kunden-Portfolio

Quelle: In Anlehnung an Krafft/Albers, 2000, 517

22.3 Eindimensionale Ansätze zur Kundenklassifikation

Zu den *eindimensionalen* und *individuellen* Ansätzen gehören verschiedene quantitativen Bewertungsgrößen. Am weitesten verbreitet ist dabei nach wie vor eine Beurteilung der Kundenbedeutung anhand des Umsatzes, den ein Anbieter mit einem Kunden erzielt. Der *absolute Umsatz* wird dabei als ein Indikator für die finanziellen Mittel verwendet, die der Anbieter vom Kunden erhält. *Relative Umsatzgrößen* sind beispielsweise der Kundenumsatz in einer Periode im Verhältnis zum Gesamtumsatz des Anbieters in diesem Zeitraum. Umgekehrt lässt auch der *Lieferanteil*, den der Anbieter an den Bezügen des Kunden in einer Produktklasse hat, Rückschlüsse zu. Ein hoher Anteil deutet auf eine hohe Bedeutung des Anbieters in den Augen des Kunden hin und ist ein Indikator für die Stabilität der Beziehung.

Auch der *Kunden-Deckungsbeitrag* wird häufig zur Bewertung von Geschäftsbeziehungen verwendet. Der *Kunden-Deckungsbeitrag* ist die Summe der Auftragsnettoerlöse eines Kunden in einer Periode abzüglich der Summe der Auftragseinzelkosten und der Kundeneinzelkosten der Periode. Die folgende Rechnung verdeutlicht beispielhaft die

22.3 Eindimensionale Ansätze zur Kundenklassifikation

Ermittlung eines Kundendeckungsbeitrages für einen Monat (vgl. Plinke 1997a, 151, Rese 2001).

Tabelle 22-3: Kundendeckungsbeitragsrechnung

Kunde Nr. 1023 im Monat Juni 2006	
Summe Auftragserlöse	
- Auftragsrabatte	123.500
Summe Mengenrabatte	2.300
Summe Funktionsrabatte	4.200
Summe Mindermengenzuschläge	100
Summe Auftragsnettoerlöse	*117.100*
- Auftragseinzelkosten	
Summe Einzelkosten der Herstellung	45.800
Summe der Einzelkosten des Vertriebs	11.400
Summe Auftragsdeckungsbeiträge	59.900
- Nicht auftragsspezifische Kundenkosten	
Nicht auftragsspezifische, kundenbezogene Akquisitionskosten	2000
Nicht auftragsspezifische, kundenbezogene Herstellkosten	4000
Kundenspezifische Entwicklungskosten	12.500
Kundendeckungsbeitrag des Monats	**41.400**

Der Kunden-Deckungsbeitrag, den ein Anbieter aus einer Geschäftsbeziehung erzielt, zeigt somit Gewinnveränderungen an, die dadurch entstehen, dass die Geschäftsbeziehung zum Kunden existiert oder aber – z.B. bei Abwanderung des Kunden – nicht existiert. Streng genommen ist der Kunden-Deckungsbeitrag im Kundenumsatz enthalten. Allerdings bietet er zusätzliche Informationen. Wird der Kunden-Deckungsbeitrag als Überschuss des Erlöses aller Lieferungen an einen Kunden über die dem Kunden in dieser Periode direkt zurechenbaren Kosten interpretiert, so steht der Deckungsbeitrag zur Deckung aller nicht von diesem Kunden direkt verursachten Kosten und zur Gewinnerzielung zur Verfügung. Weitere eindimensionale und individuelle Bewertungskriterien werden in der Praxis verwendet. Tabelle 22-3 gibt einen Überblick.

Tabelle 22-4: Ökonomische Maßgrößen der Kundenbedeutung

Name	Ermittlung	Wirkungshypothese
Umsatz	Summe der für den Kunden fakturierten Beträge pro Periode	Je größer der Umsatz mit diesem Kunden, desto größer ist die Bedeutung des Kunden.
Umsatzanteil des Kunden	Umsatz mit diesem Kunden pro Periode / Gesamtumsatz des Unternehmens pro Periode	Je größer der Umsatzanteil dieses Kunden, desto größer ist seine Bedeutung für den Lieferanten.
Lieferanteil des Lieferanten	Umsatz mit diesem Kunden pro Periode / Gesamtbezüge des Kunden in einer Produktklasse	Je höher der Lieferanteil, desto größer die Bedeutung des Lieferanten für den Kunden. Daraus können sich Anhaltspunkte für Einflussmöglichkeiten auf den Kunden ergeben.
Kundendeckungsbeitrag (KDB)	Summe Umsatz pro Periode / Summe aller produktbezogenen, auftragsbezogenen und direkt kundenbezogenen Einzelkosten der Periode	Je größer der KDB desto größer die Mittel, die dieser Kunde bereitstellt, um nicht durch diesen Kunden verursachte Kosten zu decken, desto größer die Bedeutung dieses Kunden.
Deckungsbeitragsanteil des Kunden	DB dieses Kunden pro Periode / Gesamtdeckungsbeitrag pro Periode	Je größer der Deckungsbeitragsanteil, desto bedeutender ist der Kunde
Deckungsbeitragsposition des Kunden	DB dieses Kunden pro Periode / DB des deckungsbeitrag- stärksten Kunden pro Periode	Je besser die Deckungsbeitragsposition, desto größer (relativ) ist die Bedeutung des Kunden.
Cash Flow	Umsatzeinzahlungen von diesem Kunden pro Periode / Umsatzauszahlungen für diesen Kunden pro Periode	Im Falle liquiditätsorientierter Zielsetzung: Je größer der Cash Flow, desto größer die Bedeutung des Kunden.
Cash – Flow - Anteil	Cash Flow dieses Kunden pro Periode / Gesamt – Cash – Flow pro Periode	Je größer der Cash - Flow – Anteil, desto bedeutender ist der Kunde
Customer-Lifetime-Value (CLV)	Diskontierte zu erwartende künftige Ein- und Auszahlungen einzelner Kunden(beziehungen).	Je größer der CLV, desto höher die Bedeutung eines Kunden.
Kapazitätsauslastung	Ausgelieferte Menge pro Periode / Gesamtkapazität pro Periode	Je größer und je gleichmäßiger die Kapazitätsauslastung, desto bedeutender ist der Kunde für die Zielsetzung kostenoptimaler Produktionsplanung.
Lieferantenposition	Umsatz mit diesem Kunden pro Periode / Bezüge des Kunden in dieser Produktklasse beim stärksten Wettbewerber des Lieferanten	Eine führende Position spricht für geringere Substitutionswahrscheinlichkeit. Daraus können sich Anhaltspunkte für Einflussmöglichkeiten auf den Kunden ergeben.

Quelle: In Anlehnung an Plinke, 1997, 128

22.3 Eindimensionale Ansätze zur Kundenklassifikation

Eine Dynamisierung der kundenbezogenen Erfolgsrechnung über die Totalperiode der Geschäftsbeziehung stellt der Customer-Lifetime-Value (CLV)-Ansatz dar (vgl. Dwyer 1989, Plinke 1989).

Definition: Kundenwert

Der *Kundenwert (Customer-Lifetime-Value CLV)* ist der Nutzen, den ein Anbieter aus der Geschäftsbeziehung mit einem einzelnen Kunden im Laufe der Beziehung zieht (vgl. Günter 2001, 215).

Das Ziel des CLV-Ansatzes besteht in einer Optimierung aller bestehenden und potenziellen Geschäftsbeziehungen anhand der Kundenlebenszeitwerte. Diese werden auf der Basis dynamischer Investitionsrechnungen – also über die zu erwartenden und diskontierten künftigen Ein- und Auszahlungen einzelner Kunden – ermittelt. Das hauptsächliche Anwendungsproblem der CLV-Ansätze liegt in der schwierigen Informationsbeschaffung. Gerade die Abschätzung weit in der Zukunft liegender Ein- und Auszahlung gestaltet sich problematisch.

Zu einer *kumulierten eindimensionalen* Darstellung kommen bei der Kundenbewertung vor allem sog. ABC-Analysen in Betracht (vgl. Plinke 1997a, 131). Drei Viertel aller im Rahmen einer Studie befragten Industriegüterunternehmen setzen dieses Instrument zur Beurteilung ihrer Geschäftsbeziehungen ein (vgl. Homburg/Daum 1997, 58f.).

Die ABC-Analyse basiert auf der sog. Lorenz-Kurve, die das Ausmaß der Liefer- oder Umsatzkonzentration bei den Kunden eines Unternehmens beschreibt (vgl. Abb. 22-3). Auf der Ordinate der Abbildung werden die kumulierten Lieferumsätze der Kunden in Prozent des Gesamtumsatzes dargestellt. Auf der Abszisse ist die Kundenzahl des Unternehmens abgetragen. Bei einer vollständigen Gleichverteilung der Lieferumfänge entspräche die Lorenz-Kurve der 45°-Achse. Die Wölbung über der 45°-Achse zeigt die Stärke der Umsatzkonzentration an. Häufig ermöglicht bereits eine optische Prüfung eine Gruppenbildung der Kunden.

Die kumulierte eindimensionale Darstellung der Lorenz-Kurve lässt sich auf andere Kriterien übertragen. So kann eine Lorenz-Kurve auch Auskunft über die Konzentration der Deckungsbeiträge u.ä. geben. Auch lässt sich die Lorenz-Kurve modifizieren, indem nicht Kunden, sondern Länder als Bezugsobjekt für Erfolgsgrößen wie Umsatz oder Deckungsbeitrag verwendet werden. Das kann z.B. sinnvoll sein, wenn es, wie beim Verkauf von Systemen, darum geht, länderspezifische Investitionen (und nicht kundenspezifische Investitionen) zu bewerten.

Abbildung 22-2: ABC-Analyse auf der Basis des Lieferumfangs (Beispiel)

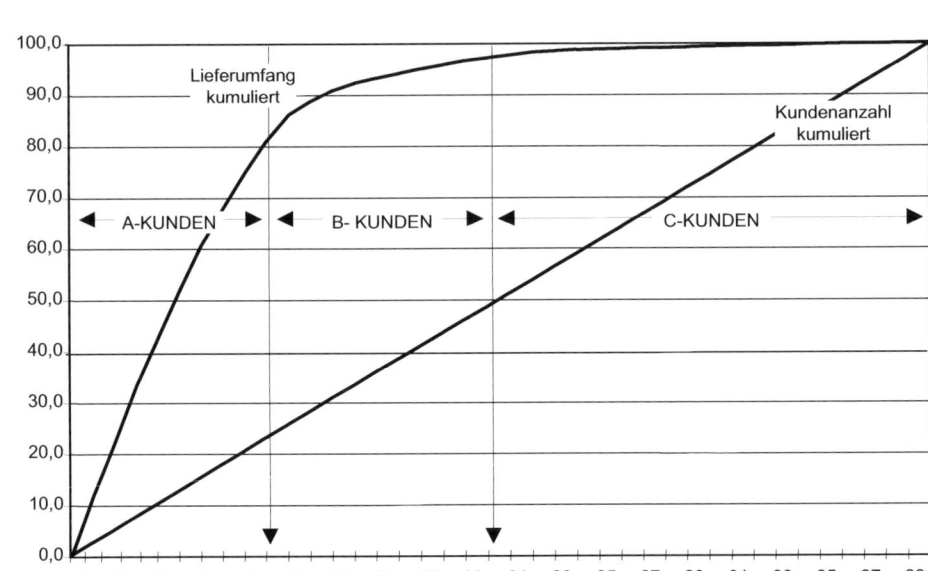

Quelle: Vgl. Plinke, 1997, 131

22.4 Mehrdimensionale Ansätze zur Kundenklassifikation

Mehrdimensionale Ansätze, die den *individuellen* Kunden beurteilen, sind insbesondere Punkt-Wert-Verfahren. In diesen ja auch für zahlreiche andere Entscheidungen verwendeten Modellen, werden verschiedene Kriterien zur Beurteilung der Bedeutung eines Kunden aufgelistet und dann kundenindividuell auf einer einheitlichen Skala bewertet. Je nach Relevanz der Kriterien werden die Merkmale dann gewichtet.

Die Möglichkeit einer simultanen Berücksichtigung verschiedener Kriterien und deren Eingang in eine vergleichbare Gesamtbewertung hat zu einer weiten Verbreitung von Punkt-Wert-Verfahren auch bei der Kundenbewertung geführt. Die Schwächen der Punkt-Wert-Verfahren liegen in den zahlreichen subjektiven Eingriffsmöglichkeiten bei der Kundenbeurteilung (Auswahl der Kriterien, Gewichtung der Kriterien, Festle-

Mehrdimensionale Ansätze zur Kundenklassifikation 22.4

gung bzw. Interpretation kritischer Punkt-Werte) und in den häufig auf die Vergangenheit bezogenen Bewertungskriterien. Stellvertretend kann das sog. RFM-Modell genannt werden (vgl. Tab. 22-4). Die Abkürzung steht für „Recency of last purchase", "Frequency of purchases" und „Monetary value". Die der Analyse zugrunde gelegte Kernhypothese besagt, dass Kunden um so größere Umsätze tätigen, je kürzer der zeitliche Abstand zur letzten Bestellung ist (recency), je häufiger der Kunde in einer Periode Aufträge vergeben hat (frequency) und je mehr Umsatz in der Vergangenheit mit diesem Kunden generiert wurde (monetary value).

Tabelle 22-5: RFM Methode (Beispiel)

Startwert	25 Punkte					
Letztes Kaufdatum	Bis 6 Monate + 40 Pkt.	Über 6 bis 9 Monate + 25 Pkt.	Über 9 bis 12 Monate + 15 Pkt.	Über 12 bis 18 Monate + 5 Pkt.	Über 18 bis 24 Monate - 5 Pkt.	Über 24 Monate - 15 Pkt.
Häufigkeit des Einkaufes in 1,5 Jahren	Zahl der Aufträge multipliziert mit dem Faktor 6					
Durchschnittlicher Umsatz bei den letzten 3 Einkäufen	Bis 50 Euro + 5 Pkt.	50 bis 100 Euro + 15 Pkt.	100 bis 200 Euro + 25 Pkt.	200 bis 300 Euro + 35 Pkt.	300 bis 400 Euro + 40 Pkt.	Über 400 Euro + 45 Pkt.
# Retouren (kumuliert)	0 bis 1 0 Pkt.	2 bis 3 - 5 Pkt.	4 bis 6 - 10 Pkt.	7 bis 10 - 20 Pkt.	11 bis 15 - 30 Pkt.	Über 15 - 40 Pkt.
Umsatzperspektive	Negativ 0 Punkte		Stabil 6 Punkte		Positiv 12 Punkte	

Quelle: In Anlehnung an Krafft/ Albers, 2000, 7

Zahlreiche andere mehrdimensionale Bewertungsmöglichkeiten kommen in der Praxis in Betracht. Durch die Kombination von Kriterien können beispielsweise Kennzahlen generiert werden, die einen verdichteten Aussagewert enthalten (vgl. dazu Plinke 1997, 133 ff.). So bildet beispielsweise das Verhältnis von Kundendeckungsbeitrag und Lieferumfang eine Rentabilitätsgröße, die es erlaubt, die Profitabilität der Kunden zu ermitteln.

Darüber hinaus ist es für einen Anbieter sinnvoll, konsequent nach Risiken für den Erfolg einer Geschäftsbeziehung zu suchen (vgl. Plinke/Söllner 1997). Die Position des Anbieters und damit auch die Rentabilität seiner Investitionen in die Geschäftsbeziehung sind im Marktprozess durch eine Reihe von Gefahren bedroht. Dazu gehören insbesondere Fehler bei der Einschätzung der Kundenbedürfnisse, Gefahren aus opportunistischem Verhalten des Kunden, Imitation oder Substitution durch Wettbewerber, Fehleinschätzungen in Bezug auf die eigenen Leistungsfähigkeit sowie Gefahren aus einem insgesamt unausgewogenen Portfolio von Geschäftsbeziehungen. Der letztgenannte Aspekt wird bei einer isolierten Betrachtung dyadischer Geschäftsbeziehungen häufig übersehen.

Die genannten Gefahren stellen in Kombination mit der Irreversibilität der spezifischen Investitionen besondere Anforderungen an die Analyse der Verteidigungsfähigkeit („sustainability") der Wettbewerbsposition des Anbieters. Abbildung 22-3 verdeutlicht, dass eine rein dyadische Betrachtung von Geschäftsbeziehungen nicht ausreicht, um die Gefahrenpotentiale für das Ergebnis einer Geschäftsbeziehung hinreichend zu erfassen. Vielmehr ist es erforderlich, neben den Kundenbedürfnissen und dem Kundenverhalten auch das Anbieterverhalten innerhalb der Dyade, das Wettbewerberverhalten (Out-Supplier) sowie die Verbundeffekte der Geschäftsbeziehung zu berücksichtigen.

Abbildung 22-3: Gefahrenpotentiale für die Effektivität und Effizienz des Anbieters

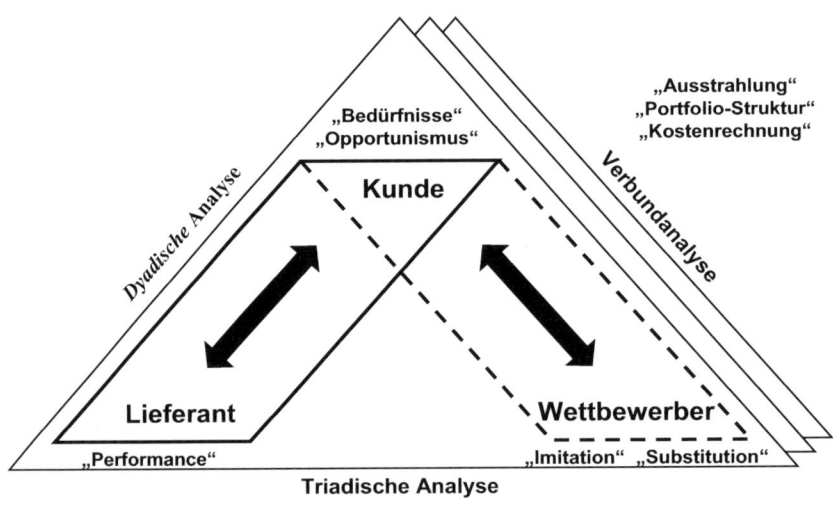

Quelle: Plinke, Söllner, 1997

In der *dyadischen* Betrachtung der Anbieter-Nachfrager-Beziehung gehen vom Kunden sowohl Gefahren für die Effektivität als auch für die Effizienz des Anbieters aus. Vom Kunden und von seinen Bedürfnissen („*Benefits Sought*") hängt es in erster Linie ab, ob die Investitionen in eine Geschäftsbeziehung zu der erwünschten *Effektivitäts*steigerung führen. Die entscheidende Frage lautet: Will der Kunde wirklich eine enge Ge-

Mehrdimensionale Ansätze zur Kundenklassifikation 22.4

schäftsbeziehung haben? Diese Frage führt im Ergebnis zu der Kontrolle der Prämisse, nach der ein Kunde eine Transaktion für problematisch hält und daher eine Geschäftsbeziehung zum Anbieter für vorteilhaft hält.

Eine weitere Gefahr, die aus dem Verhältnis zum Kunden resultiert, stellt die Opportunismusgefahr dar. Vorleistungen des Anbieters können Unsicherheit auf der Seite des Kunden reduzieren. Sie können aber auch eine Quelle von (Verhaltens)Unsicherheiten für den Anbieter sein. Das Kosten-Nutzen-Verhältnis des Anbieters wird durch das Verhalten des Kunden nachhaltig beeinflusst. Obwohl Abbildung 22-4 den Anschein erweckt, als könne der Kunde den Anbieter im Extremfall auf eine Marge von Null drücken, sind auch negative Margen denkbar. Kostentheoretisch würde ein gefangener Anbieter eine Geschäftsbeziehung solange fortsetzen, wie zumindest alle relevanten Kosten gedeckt sind. Empirisch gibt es allerdings aus unterschiedlichen Bereichen zahlreiche Gegenbeispiele. Es ist daher äußerst fraglich, ob ein Akteur tatsächlich dem kostentheoretischen Kalkül folgen würde. Viel plausibler erscheint es anzunehmen, dass auch eine Art „Verteilungsgerechtigkeit" zwischen engen Geschäftspartnern eine Rolle spielen wird. Die Angst vor einem Abbruch der Geschäftsbeziehung könnte einen Kunden dann davon abhalten, seinen opportunistischen Spielraum voll auszuschöpfen (vgl. Söllner 1999).

Abbildung 22-4: Erosion der Gewinnmarge des Anbieters durch opportunistisches Verhalten des Kunden

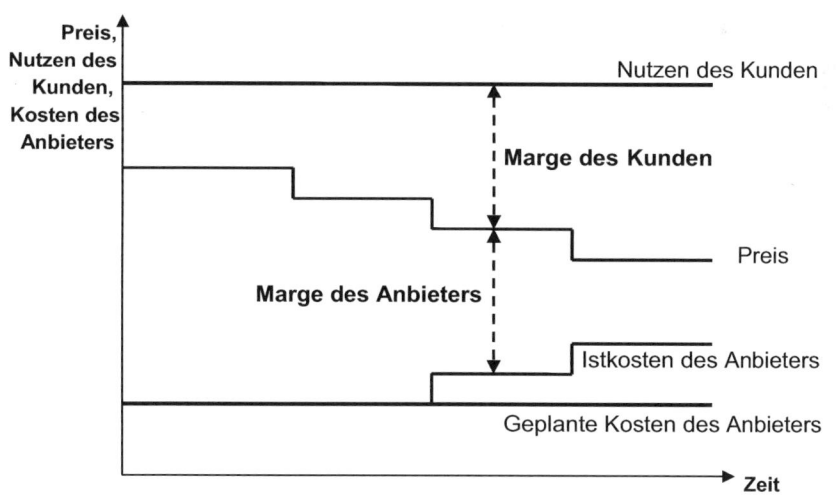

Quelle: Vgl. Plinke, Söllner, 1997

Eine weitere Gefahrenquelle in der dyadischen Betrachtungsebene ist das Verhalten des Anbieters selbst. Wandert nämlich aufgrund von Leistungsabfall des Anbieters (Probleme seiner *„Performance"*) der Geschäftsbeziehungspartner ab, entstehen mit zunehmender Bedeutung des Kunden erhebliche Probleme für den Anbieter. Dies gilt auch in all den Fällen, in denen eine Leistung, beispielsweise in einem Joint Venture, gemeinsam von mehreren Unternehmen erbracht wird. Es kann dann bereits das Versagen eines Unternehmens ausreichen, um die Leistung in der Wahrnehmung des Kunden inakzeptabel werden zu lassen.

Neben der dyadischen Betrachtung einer Geschäftsbeziehung ist in einer triadischen Betrachtung auch das Wettbewerbsumfeld zu analysieren. Zwei von der Konkurrenz ausgehende Gefahren bedrohen die Wettbewerbsposition des Anbieters: Imitation und Substitution. Während Imitation das Angebot einer bestimmten Leistung vergrößert, führt Substitution im Normalfall zu einer Verringerung der Nachfrage nach einer Leistung. In beiden Fällen ist die Effektivität der Geschäftsbeziehung aus der Sicht des Anbieters gefährdet. Dies gilt umso mehr, als in Geschäftsbeziehungen eine graduelle Umschichtung der Nachfrage die Ausnahme ist. Vielmehr stellen Geschäftsbeziehungen häufig „Entweder-oder-Situationen" dar, in denen ein Anbieter den Kunden entweder vollständig halten kann, oder ihn vollständig verliert. In der Sprache von Barbara Jackson handelt es sich nicht um „always-a-share" Beziehungen sondern um „lost-for-good" Situationen (vgl. Jackson 1985, 13f.).

Im Schrifttum werden Geschäftsbeziehungen überwiegend als Dyaden zwischen zwei Unternehmen behandelt. Einige Quellen betrachten Geschäftsbeziehungen als Bestandteile von ganzen Beziehungs-Netzwerken (vgl. Sydow 1991, Hakansson 1989). Vernachlässigt werden aber die Wechselwirkungen zwischen verschiedenen Geschäftsbeziehungen eines Unternehmens im Hinblick auf seine Effektivität und Effizienz.

Verbundwirkungen auf die Effektivität des Anbieters können sich vor allem durch Referenzwirkungen ergeben. Hippel betont in diesem Zusammenhang die Bedeutung von „Lead-Users" (vgl. Hippel 1984). Neben positiven Verbundeffekten sind auch negative Auswirkungen denkbar. So kann eine individuell sehr effektive Geschäftsbeziehung – beispielsweise durch Lieferung an ein Unternehmen in einer Region militärischer Krisen – die Effektivität des Anbieters insgesamt verschlechtern, wenn dadurch andere Geschäftsbeziehungen gefährdet werden.

Da die Aktivitäten eines Anbieters in verschiedenen Kundenbeziehungen nur im Ausnahmefall vollständig unabhängig voneinander sind, ergeben sich fast immer auch Verbunde auf der Kostenseite, die die Effizienz des Unternehmens beeinflussen. Auch in diesem Fall kann eine Nichtwahrnehmung der Verbundeffekte gravierende Auswirkungen auf den Erfolg eines Unternehmens haben und seine Wettbewerbsfähigkeit schwächen.

Generell lässt sich festhalten, dass die Risiken des Anbieters in Geschäftsbeziehungen so schwerwiegend sein können, dass ein systematischer Umgang mit ihnen unum-

Mehrdimensionale Ansätze zur Kundenklassifikation 22.4

gänglich ist. Dazu gehört vor allem eine systematische Erfassung der o.g. Risiken, die sich auf die Effektivität und die Effizienz des Anbieters bzw. einer Anbieterkoalition auswirken (vgl. Plinke/Söllner 1997).

Eine *kumulierte* und *mehrdimensionale* Klassifikation von Kunden ist die sog. Kundenportfolio-Analyse (vgl. Plinke 1997a, 141). Von der Struktur her sind die Kundenportfolios ganz ähnlich wie die seit geraumer Zeit in der strategischen Unternehmensplanung verwendeten Unternehmensportfolios aufgebaut. Es wird zur Beurteilung von Kunden ein zwei- oder mehrdimensionaler Beurteilungsraum geschaffen, in dem die Positionen von tatsächlichen oder potentiellen Kunden abgetragen werden können.

Das *Kundenwachstum-Lieferantenanteil-Portfolio* (vgl. Plinke 1997a) entspricht in der Darstellung ganz dem Grundgedanken der Unternehmensportfolios. Die Dimensionen, die als Beurteilungskriterien herangezogen werden, sind das Kundenwachstum und der Anteil der eigenen Lieferungen an den Gesamtbezügen des Kunden. Das Kundenwachstum ist ein Indikator für die Attraktivität des Kunden. Der relative Lieferanteil beschreibt dagegen die Position des Anbieters bei dem Kunden und damit auch seine Gewinnaussichten. Als ein weiteres Bewertungskriterium wird die absolute Höhe der Umsätze mit dem Kunden als Kreis um den Koordinatenpunkt abgetragen. Abbildung 22-5 zeigt ein fiktives Beispiel.

Abbildung 22-5: Kundenwachstum-Lieferanteil-Portfolio (Beispiel)

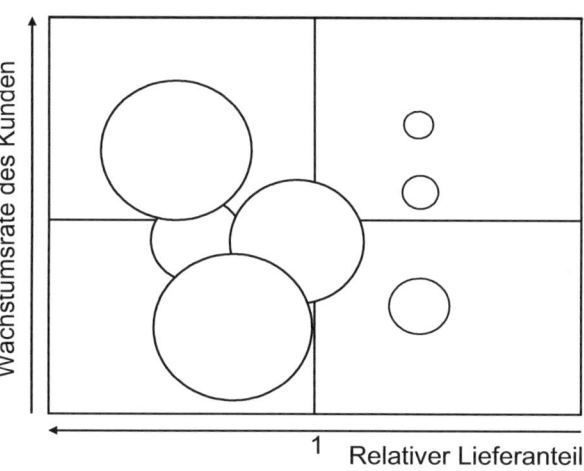

Quelle: Vgl. Plinke, 1997, 145

Das Kundenwachstum-Lieferanteil-Portfolio ist geeignet, eine Klassifizierung unterschiedlicher Kunden vorzunehmen und berücksichtigt dabei wichtige Kenngrößen. Die *Bedeutung* eines Kunden im oben definierten Sinne gibt es aber kaum wider. So sagt der relative Lieferanteil nichts darüber aus, inwieweit eine Kundenbeziehung als stabil anzusehen ist. Ein hoher Lieferanteil kann Ausdruck einer stabilen Beziehung sein. Ebenso kann bei einem hohen Lieferanteil aber auch ein hohes Bedrohungspotential bestehen. Die Konsequenzen beider Situationen sind dabei sehr unterschiedlich.

Die geringe Zahl der berücksichtigten Kriterien stellt eine weitere Einschränkung der Aussagekraft des Portfolios dar. Gleichwohl ist das Kundenwachstum-Lieferanteil-Portfolio als typisch für die verschiedenen Portfolios zur Kundenbewertung anzusehen (vgl. z.B. Fiocca 1982, Yorke/Droussioits 1994, Freter 1992). Meist werden durch unterschiedliche Kriterien die Kundenattraktivität auf der einen Dimension und die Wettbewerbsposition des Anbieters auf der anderen Dimension dargestellt. Teilweise werden in Portfolios auch explizit die Chancen und Bedrohung einer Geschäftsbeziehung aufzeigt (vgl. Plinke 1997a, 148). In allen Portfolios dominiert aber zunächst eine Orientierung an aktuellen Daten bzw. Vergangenheitsdaten. Dies wird der investiven Perspektive auf Geschäftsbeziehungen nur bedingt gerecht.

Literaturhinweise

Zur Kundenbewertung sind als Überblick geeignet Krafft/Albers (2000) und Krafft/Rutsatz (2001). Der Kundenwert ist auch Gegenstand des von Günter und Helm (2001) herausgegebenen Buches „Kundenwert". Die Bewertung von Geschäftsbeziehungen thematisiert Plinke (1997a). Speziell auf Fragen der Kundenportfolios gehen z.B. Yorke/Droussioits 1994 und Freter 1992 ein.

Zusammenfassung

1. Die Bedeutung eines Kunden macht sich daran fest, welchen Nutzen die von ihm bereit gestellte Ressource dem Anbieter bringt und inwieweit diese Ressource auch von anderen Quellen bezogen werden kann.
2. Vor diesem Hintergrund sind die in der Literatur vorfindbaren Ansätze zur Kundenklassifikation kritisch zu betrachten.
3. Eindimensionale Ansätze zur Bewertung einzelner Kunden stellen auf Einzelkriterien, wie Umsatz oder Deckungsbeitrag ab.

22.4 Mehrdimensionale Ansätze zur Kundenklassifikation

4. In einer kumulierten Darstellung können diese Kriterien dafür verwendet werden, A. B und C Kunden nach ihrer Bedeutung zu unterscheiden.

5. In mehrdimensionalen Ansätzen wird versucht, Kunden durch mehrere Kriterien zu bewerten. Besonders wichtig sind in diesem Zusammenhang Ansätze, die versuchen die Risiken einer Kundenbeziehung für den Anbieter transparent zu machen.

6. Mehrdimensionale Ansätze, die eine kumulierte Darstellung der Kunden bieten, sind z.B. Kunden-Portfolios. Wegen ihrer guten Visualisierbarkeit sind sie beliebt. Meist bieten sie aber nur ex-post Analysen.

Schlüsselbegriffe

ABC-Analyse; Geschäftsbeziehung; Investition; Kundenbedeutung; Kundendeckungsbeitrag; Kundenklassifikation; Kundenportfolio; Kundenumsatz; Kundenwert (Customer Lifetime Value – CLV); Lorenzkurve; RFM-Methode; Risikoanalyse; Scoring-Ansätze (Punkt-Wert-Ansätze)

Teil IV

Das internationale Unternehmen

Im Teil III des Buches ging es um die Gestaltung der Governance-Strukturen für die Kooperation zwischen dem Hersteller und seinen internationalen Kunden. Diskrete Markttransaktionen und relationaler Austausch standen als Koordinationsalternativen im Mittelpunkt. In diesem Teil des Buches geht es um die Koordination der unternehmensinternen Wertschöpfungsaktivitäten, die zur Erstellung einer marktorientierten Leistung für den Kunden führen sollen. Im Vordergrund steht dabei das internationale Unternehmen als hierarchische Governance-Struktur. Die folgenden Fragen werden im Abschnitt A des vierten Teils des Buches behandelt:

Wie lassen sich internationale Unternehmen beschreiben? Warum werden Wertschöpfungsaktivitäten für den Kunden hierarchisch in internationalen Unternehmen (und nicht über den Markt) koordiniert?

In den Abschnitten B und C geht es dann vor allem um die Frage, wie die potentiellen Vorteile der Hierarchie realisiert werden können. Dabei werden im Abschnitt B personalwirtschaftliche Aspekte und im Abschnitt C organisationale Aspekte betont.

Welche Mitarbeiter werden in einem internationalen Unternehmen benötigt und wie können sie erkannt und ausgewählt werden? Durch welche Maßnahmen können Mitarbeiter auf Auslandseinsätze wirksam vorbereitet werden? Was ist bei der Wiedereingliederung von Mitarbeitern zu beachten? Wie können durch Entlohnung Leistungsanreize geboten und Mitarbeiter an das Unternehmen gebunden werden? Welche organisatorischen Herausforderungen ergeben sich aus der Internationalisierung von Unternehmen? Welche Rolle spielt die Unternehmenskultur bei der Koordination von Wertschöpfungsaktivitäten? Wie kann eine effiziente Wissensnutzung in internationalen Unternehmen sichergestellt werden? Welche Faktoren fördern oder behindern die Anpassung von Organisationsstrukturen an neue Bedingungen?

Schließlich wird in Abschnitt D der Frage nachgegangen: Welche Konsequenzen hat die „Virtualisierung" von Unternehmen für die Standortfrage?

A
Vorüberlegungen zum internationalen Unternehmen

23 Das internationale Unternehmen als Untersuchungsgegenstand

23.1 Das internationale Unternehmen als Organisation und als Institution

Die Ausführungen im ersten Teil des Buches haben deutlich gemacht, dass ein internationales Unternehmen sowohl als Organisation als auch als Institution betrachtet werden kann. Als Organisation betrachtet, handelt es sich bei einem internationalen Unternehmen nach North (1990, 5) um eine Gruppe von Menschen, die gemeinsam ihre Ziele erreichen wollen. Als Institution bzw. als Governance-Struktur betrachtet, handelt es sich bei einem internationalen Unternehmen um ein Bündel von Spielregeln, das Koordinationsprobleme effizient lösen soll.

Nimmt man als Kooperationsziel die Einkommensgenerierung und -absicherung für die Organisationsmitglieder an, so wird dieses Ziel vor allem dann erreicht, wenn das Unternehmen auf den Märkten erfolgreich ist (vgl. Teil III). Um dieses Ziel zu erreichen, müssen die internen Aktivitäten der Unternehmensmitglieder auf einander abgestimmt, also koordiniert werden. Warum die hierarchische Organisation überhaupt als ein geeigneter Koordinationsmechanismus für eine internationale Tätigkeit in Frage kommt, wird im folgenden Kapitel diskutiert. In diesem Kapitel sollen – aufbauend auf einem einführenden Firmenbeispiel – zunächst gängige Definitionen von internationalen Unternehmen und übliche quantitative und qualitative Beschreibungsmerkmale vorgestellt werden. Der kurze Überblick soll auch Gelegenheit bieten, die vorgestellten Sichtweisen von der hier vertretenen institutionenökonomischen Sichtweise zu unterscheiden.

23.2 Ein einführendes Firmenbeispiel

Als Beispiel eines internationalen Unternehmens kann die Siemens AG betrachtet werden. Siemens ist mit einem Geschäftsvolumen von 85 Mrd. € in mehr als 190 Ländern der Erde als Unternehmen geschäftlich tätig. Der Konzern beschäftigt 430.000 Mitarbeiter von denen 164.000 in Deutschland arbeiten (vgl. dazu Radomski 2005).

Das Unternehmen lässt sich durch ein breites Spektrum an Produkten und Aktivitäten charakterisieren. Beispiele sind die Telekommunikation, Post- und Gepäcksortieranlagen, Kraftwerke und Stromverteilung, Bahntechnik und Autoelektronik, Computertomographen, Magnetresonanzanlagen oder die Foto-Optik. 80% des Geschäftsvolumens werden heute im Ausland generiert. Vor gut zehn Jahren war das Verhältnis zwischen Inlands- und Auslandsumsatz noch ausgeglichen. Auch die Eigentumsverhältnisse bei Siemens haben sich in den vergangenen Jahren verlagert.

Abbildung 23-1: Siemens AG in Zahlen (2004)

Umsatz im Geschäftsjahr 2004:	Anzahl der Mitarbeiter:
⇨ 75.2 Mrd. €, davon: ⇨ 17.1 Mrd. € (23%) im Inland und ⇨ 58.1 Mrd. € (77%) im Ausland: 　⇨ 13.6 Mrd. € in der USA, 　⇨ 9.3 Mrd. € in Asien, 　⇨ 2.9 Mrd. € in China.	⇨ 430.000, davon: ⇨ 164.000 in Deutschland (38%), ⇨ 266.000 (62%) im Ausland: 　⇨ 110.000 in Europa, ohne Dtl. (26%), 　⇨ 95.000 in Amerika (22%), 　⇨ 52.000 im asiatischen Raum (12%).
Auftragseingang:	Rund 27% (110.000) der weltweiten Belegschaft sind Frauen.
80.8 Mrd. €, (davon 64.8 Mrd. € im Ausland)	
Ausländischen Tochtergesellschaften:	**Bildungsstruktur der Mitarbeiter:**
570 in über 190 Ländern der Welt	33% (141.000) der Mitarbeiter besitzen einen Hochschulabschluss, wovon 103.000 (24%) Ingenieure oder Naturwissenschaftler sind. 37% (158.000) absolvierten eine Fachhochschule oder Lehre. Knapp ein Drittel (131.000) der Mitarbeiter haben eine fachfremde oder keine Berufsausbildung.
Forschungs- und Entwicklungskosten:	
5.1 Mrd. €	
Gewinn nach Steuern:	
3.4 Mrd. €	
Ertragssteueraufwendungen:	
661 Mio. €	
Aktionärsstruktur:	
23% Privatinvestoren 17% im Besitz von Investmentgesellschaften und Versicherungen 60% Kreditinstitute und Zentralverwahrer	Anteil der ausländischen Aktionäre: ⇨ etwa 57% im Jahr 2004 ⇨ etwa 38% im Jahr 1993

Quelle: Siemens AG: Geschäftsbericht 2004, Aktionärsstruktur, Unternehmenskennzahlen

Im Jahr 2005 befinden sich bereits 57% des Aktienkapitals der Siemens AG in ausländischem Eigentum. Die ausländischen Investoren sind überwiegend Beteiligungsgesellschaften und Pensionsfonds aus dem angelsächsischen und amerikanischen Raum. Für sie steht die Aktienkursentwicklung im Vordergrund und sie nehmen zunehmend auch Einfluss auf Unternehmensentscheidungen bis hin zu Personalentscheidungen, wenn sie eine hinreichende Ertragsorientierung im Management vermissen. Eine emotionale Bindung an den Standort Deutschland haben sie nicht.

23.3 Definitionen internationaler Unternehmen

Dass Siemens als internationales Unternehmen einzustufen ist, scheint nach den o.g. Zahlen intuitiv klar zu sein. Insofern wäre das Unternehmen sicher auch einer der von der UNCTAD (der United Nations Conference on Trade and Development) erfassten „Multinationals". Die Zahl dieser Unternehmen, ist in den vergangenen Jahren stark angestiegen. Nach Einschätzungen der UNCTAD existieren gegenwärtig etwa 70.000 international tätige Unternehmen, die auch als „Multinationals" oder „Transnationals" bezeichnet werden. Die Zahl der ausländischen Töchter dieser Unternehmen ist auf fast 700.000 gewachsen. Die rasante Entwicklung der Zahl internationaler Unternehmen im Zeitablauf zeigt deren Bedeutung für den Wirtschaftsprozess.

Tabelle 23-1: Zahl multinationaler Unternehmen

	1990	1997	1999	2004
Zahl der Multis/ Transnationals	37.000	45.000	60.000	70.000
Zahl der ausländischen Tochtergesellschaften	170.000	277.000	508.000	690.000

Quelle: UNCTAD, 2005: World Investment Report 2005

Doch welche Merkmale zeichnen internationale Unternehmen bzw. „Multinationals" genau aus? Es gibt zahllose Definitionen von internationalen Unternehmen. Einige Beispiele sind in Tabelle 23-2 genannt. Die Definitionen setzen ganz überwiegend an den Handlungen von Unternehmen an. Bestimmte Aktivitäten werden als Voraussetzung für eine Einstufung als *internationale* Unternehmen angesehen. Das Handlungsspektrum, welches als für ein internationales Unternehmen charakteristisch gilt, wird dabei von den Verfassern unterschiedlich eingeschränkt. Für einige Autoren ist es erforderlich, dass ein Unternehmen nicht nur internationale Märkte bedient, sondern auch mit Kapital (z.B. Produktions- oder Vertriebsstätten) auf dem Auslandsmarkt engagiert ist (vgl. z.B. Dunning oder Vernon/Wells/Rangan). Für andere Autoren ist die Produktion im Ausland eine Bedingung für eine Einstufung als internationales Unternehmen (vgl. z.B. Glaum oder Pausenberger).

Tabelle 23-2: Definitionen der internationalen Unternehmung

Sieber (1970), S. 415-419	Multinationale Unternehmungen sind dadurch gekennzeichnet, dass sie in mehreren Ländern in einem substantiellen Umfange Güter und Dienstleistungen aller Art produzieren und auf den Markt bringen, sich dazu also auf Dauer angelegter Betriebsstätten in diesen Ländern bedienen. Sie müssen in mindestens sechs Ländern Produktionsbetriebe unterhalten und wenigstens 25% ihrer Gesamtinvestitionen im Ausland tätigen. Als international (im Sinne einer Steigerung von multinational) soll eine Unternehmung dann gelten, wenn mehr als die Hälfte des Kapitals im Ausland investiert wurde (50% - 75%)
Dunning (1974), S.13	Firms, which own and control income-generating assets in more than one country can be dedined as Multinational Corporations (MNCs)
Pausenberger (1982a), S. 119	Unternehmungen, die beträchtliche Investitionen im Ausland vornehmen, dort Produktionsstätten aufbauen, sich also dauerhaft in fremde Volkswirtschaften integrieren, können als internationale Unternehmungen bezeichnet werden. Sie operieren in heterogenen Umwelten und müssen sich daher unterschiedlichen Rechts-, Wirtschafts- und Währungsordnungen unterwerfen. Sie beschäftigen Mitarbeiter mit höchst unterschiedlichem Ausbildungsniveau und andersartiger kultureller Prägung und stehen Interaktionspartnern mit oft gegensätzlichem Interesse gegenüber; sie müssen sich daher auf unterschiedliche Gegebenheiten eines Landes einstellen.
Sundaram/Black (1992), S. 733	An Multi-National Enterprise (MNE) is any enterprise that carries out transactions in or between two sovereign entities, operating under a system of decision making that permits influence over resources and capabilities, where the transactions are subject of influence by factors exogenous to the home country environment of the enterprise.
Vernon/Wells/ Rangan (1996), S. 28	Multinational Enterprises are made up of a parent firm located in one country and a cluster of affiliated firms located in a number of other countries. Enterprises of this sort commonly operate in such a way that the affiliated firms, though located in different countries, nevertheless share some characteristics: they are linked by ties of common ownership, draw on a common pool of resources and respond to a common strategy.
Glaum (1996), S. 28	Eine Unternehmung gilt als international, wenn sie in mehreren Staaten als Produzent tätig ist.
Kutschker/ Schmid (2005), S. 245	Internationale Unternehmen sind alle Unternehmen, „die in substantiellem Umfang in Auslandstätigkeiten involviert sind. Damit einher gehen regelmäßige Transaktionsbeziehungen mit Wirtschaftssubjekten".

Die Festlegung auf ein ganz bestimmtes Spektrum von Auslandsaktivitäten schränkt den Betrachtungsgegenstand allerdings ein (vgl. auch Kutschker/ Schmid 2005, 238). Auch wird in den Definitionen auf den Aspekt der Koordination von Auslandsaktivitäten kein Bezug genommen. Die in Kapitel eins und zwei vorgeschlagene Definition internationaler Unternehmen wird daher beibehalten: Ein *internationales Unternehmen* ist eine Gruppe von *Akteuren* mit ihren *Spielregeln,* die durch internationale Kooperation ihren Wohlstand steigern wollen.

23.4 Quantitative Merkmale internationaler Unternehmen

Über die Definition internationaler Unternehmen hinaus, werden in der Literatur zur internationalen Unternehmenstätigkeit sowohl quantitative als auch qualitative Betrachtungen angestellt, um internationale Unternehmen näher zu beschreiben (vgl. dazu den Überblick bei Kutschker/Schmid 2005, 251 ff.). Bei den *quantitativen Merkmalen* gilt die Betrachtung sowohl Bestandsgrößen als auch Bewegungsgrößen. Während die Bestandsgrößen den Grad der Internationalität eines Unternehmens zu einem bestimmten Zeitpunkt abbilden, erfassen Bewegungsgrößen den Internationalitätsgrad während eines bestimmten Zeitraums. So kann beispielsweise die Anzahl der Länder, in denen eine Betriebsstätte, Niederlassung, Filiale, Repräsentanz oder Tochtergesellschaft existiert, zu einem bestimmten Zeitpunkt gemessen werden. Der Erlös, den ein Unternehmen auf Auslandsmärkten erzielt, bezieht sich dagegen immer auf Zeiträume, also beispielsweise ein Quartal oder ein Jahr.

Als **Bestandsgrößen** können beispielsweise verwendet werden:

- Anzahl der Länder, in denen Betriebsstätten, Niederlassungen, Filialen, Repräsentanzen oder Tochtergesellschaften existieren,

- Anzahl der ausländischen Betriebsstätten, Niederlassungen, Filialen, Repräsentanzen oder Tochtergesellschaften,

- Anzahl der Länder, in denen zwar keine Betriebsstätten, Niederlassungen, Filialen, Repräsentanzen oder Tochtergesellschaften angesiedelt sind, jedoch weitere Geschäftsaktivitäten erfolgen (z.B. Export, Lizenzierung),

- Anzahl der mit dem Ausland abgeschlossenen Marktbearbeitungsverträge und -abkommen (z.B. Zahl der Joint Ventures, Lizenzabkommen),

- im Ausland vorhandenes Vermögen, unter Umständen nochmals unterteilt in Anlage- und Umlaufvermögen,

- im Ausland existierendes Kapital, unter Umständen nochmals unterteilt in Eigen- und Fremdkapital,

- Zahl der Gesellschafter, Anteilseigner, bzw. Aktionäre im Ausland,

- Umfang der direkt oder indirekt gehaltenen Beteiligungen im Ausland,

- Zahl der Beschäftigten im Ausland, unter Umständen unterteilt in Arbeiter, Angestellte und Führungskräfte

Bewegungsgrößen sind beispielsweise:

- im Ausland erzielte **Erlöse** (Umsätze), unter Umständen nochmals unterteilt in ordentliche und außerordentliche im Ausland erzielte Erlöse,

- im Ausland anfallende **Aufwendungen**, unter Umständen nochmals unterteilt in die im Ausland gezahlten Löhne und Gehälter, anfallenden Zinsen und vorgenommenen Aufwendungen für Forschung und Entwicklung (F&E),

- aus dem Ausland stammender **Auftragseingang**, unter Umständen nochmals unterteilt nach der zeitlichen Wirksamkeit der Aufträge,

- im Ausland erwirtschafteter **Gewinn**, bei Aktiengesellschaften zuweilen auch der im Ausland erwirtschaftete Gewinn pro Aktie,

- im Ausland gezahlte **Steuern**, unter Umständen nochmals unterteilt in Bestandssteuern und Ertragssteuern,

Eine Vielzahl weiterer Kenngrößen könnte genannt werden. Neben solchen *quantitativ-absoluten* Betrachtungen werden auch *quantitativ-relative* Beobachtungen vorgenommen. Dazu gehören insbesondere unterschiedliche Auslandsquoten, Internationalisierungsprofile und Internationalisierungsindizes.

Auslandsquoten werden dadurch ermittelt, dass die *absoluten Zahlen des Auslands* entweder den *absoluten Zahlen des Inlands* oder den *absoluten Zahlen des Gesamtunternehmens* gegenübergestellt werden. Im ersten Fall ergeben sich die sog. **FDO-Ratios** (Foreign to Domestic Operations-Ratios), im zweiten Fall ergeben sich die sog. **FTO-Ratios** (Foreign to Total Operations-Ratios). Zu jeder der oben genannten Bestands- oder Bewegungsgrößen lassen sich Auslandsquoten errechnen. Tabelle 23-3 zeigt die Auslandsquoten als FTO-Ratios für ausgewählte Unternehmen hinsichtlich des im Ausland erzielten Umsatzes und der im Ausland beschäftigten Mitarbeiter.

Die Zahlen für die Ermittlung der Ratios stammen aus dem Geschäftsjahr 2004. Vergleicht man diese Zahlen für die genannten Unternehmen mit früheren Zahlen, so zeigt sich, dass die Internationalisierung der Unternehmen gemessen an den Auslandsquoten für Umsatz und Mitarbeiter fast immer gestiegen ist. Ähnliche Veränderungen ergeben sich auch für die Auslandsquoten anderer Kennzahlen. So stieg die Auslandsaktionärsquote bei Siemens von 50% im Jahr 2000 auf 57% im Jahr 2005. Die Tendenz der genannten Auslandsquoten ist jeweils steigend.

Tabelle 23-3: Auslandsquoten ausgewählter deutscher Unternehmen

Unternehmung/ Konzern	Gesamt- umsatz in Mio. €	Auslandsumsatz		Mit-arbeiter gesamt	Auslandsmitarbeiter	
		in Mio. €	in % des Gesamt- umsatzes		absolut	in % der gesamten Mitarbeiter
Allianz	96.892	70.137	72,4%	162.180	86.513	53,3%
BASF	37.537	22.321	59,5%	81.955	35.289	43,1%
Bayer	29.758	25.681	86,3%	113.000	92.900	82,2%
Bertelsmann	17.016	11.962	70,3%	76.266	48.916	64,1%
BMW	44.335	32.374	73,0%	105.972	25.967	24,5%
DaimlerChrysler	142.059	119.744	84,3%	384.723	199.569	51,9%
Linde	9.421	7.409	78,6%	41.383	26.716	64,6%
Metro	56.409	27.619	49,0%	208.616	97.632	46,8%
Siemens	75.167	58.100	77,3%	430.000	266.000	62,0%
Thyssen Krupp	39.342	17.261	43,9%	184.358	93.027	50,5%

Quelle: Vgl. Geschäftsberichte 2004 der jeweiligen Unternehmen

Einen Versuch, den Internationalisierungsgrad eines Unternehmens in einer einzigen Kennzahl zum Ausdruck zu bringen, stellt die Bildung sog. Internationalisierungsindizes dar. Ein Internationalisierungsindex fasst mehrere Auslandsquoten in einer Kennzahl zusammen. Beispielsweise aggregiert die UNCTAD in ihrem *Transnationality-Index* die drei Auslandsquoten des Auslandsvermögens, des Auslandsumsatzes und der Mitarbeiter im Ausland. Der Transnationality-Index ergibt sich aus dem Durchschnitt der drei genannten Quoten. Tabelle 23-4 zeigt den Transnationality-Index (TNI) für die 10 am stärksten internationalisierten Unternehmen und einige weitere deutsche Unternehmen.

Generell werfen die Internationalisierungsindizes – wie auch die anderen quantitativen Verfahren zur Feststellung des Internationalisierungsgrades – eine Reihe von Fragen auf. Diese beziehen sich auf die Subjektivität bei der Auswahl der Beurteilungskriterien und der Festlegung der Schwellenwerte, die für eine Unterscheidung zwischen nationalen und internationalen Unternehmen herangezogen werden sollen. Auch stellt sich bei den quantitativ-relativen Betrachtungen die Frage nach dem geeigneten Bezugsobjekt. Wird – und das ist überwiegend der Fall – auf das Gesamtunternehmen abgestellt, so ist zu beachten, dass auf der Unternehmensebene verschiedene Geschäftsbereiche eines Unternehmens aggregiert werden, die sich möglicherweise ihrerseits durch einen sehr unterschiedlichen Grad an Internationalität auszeichnen. Darüber hinaus ist es schwierig, aus den quantitativen Betrachtungen Implikationen für das Management abzuleiten. Abhilfe sollen qualitative Analysen schaffen.

Das internationale Unternehmen als Untersuchungsgegenstand

Tabelle 23-4: Der Transnationality-Index ausgewählter Unternehmen für das Jahr 2003

	TNI %	Unternehmen (Heimatland - Wirtschaftszweig)	Vermögen (in Mio. $)		Umsatz (in Mio. $)		Mitarbeiter	
			Ausland	Total	Ausland	Total	Ausland	Total
1	98,0%	Thomson Corporation (Kanada - Medien)	18.418	18.732	7.943	8.159	38.350	39.000
2	95,2%	CRH (Irland - Baustoffe)	13.184	13.976	13.070	13.608	51.694	54.239
3	92,5%	News Corporation (Australien - Medien)	50.803	55.317	17.772	19.086	35.604	38.500
4	91,8%	Roche Group (Schweiz - Pharma)	42.926	48.089	22.790	23.183	57.317	65.357
5	87,0%	Cadbury Schweppes (Großbritannien - Getränke)	12.804	14.209	8.862	10.525	48.390	55.799
6	85,8%	Philipps Electronics (Niederlande - Elektro)	28.524	36.626	31.594	32.773	136.750	164.438
7	85,1%	Vodafone Group (Großbritannien - Telekommunikation)	243.839	262.581	50.070	59.893	47.473	60.109
8	84,4%	Alcan (Kanada - Metal (Aluminium))	25.275	31.957	13.172	13.640	38.000	49.000
9	82,3%	Publicis Groupe SA (Frankreich - Deinstleistungen)	12.919	13.400	4.367	4.879	21.451	35.166
10	82,1%	BP (Großbritannien - Öl und Gas)	141.551	177.572	192.875	232.571	86.650	103.700
...	...	...	...	...	...	...	...	...
32	65,3%	Siemens (Deutschland - Elektro)	58.463	98.011	64.484	83.784	247.000	417.000
39	60,5%	Bertelsmann (Deutschland - Medien)	12.498	25.466	14.694	21.219	46.157	73.221
48	54,9%	BASF (Deutschland - Chemie)	27.099	42.437	21.999	37.653	37.054	87.159
50	54,0%	BMW (Deutschland - Fahrzeugbau)	44.948	71.958	35.014	47.000	26.086	104.342
53	52,9%	Volkswagen (Deutschland - Fahrzeugbau)	57.853	150.462	71.190	98.367	160.299	334.873

Quelle: UNCTAD, 2005: World Investment Report 2005 (Annex table A.I.9)

23.5 Qualitative Merkmale internationaler Unternehmen

Die Probleme einer rein quantitativen Erfassung des Grades der Internationalität von Unternehmen wurden von verschiedenen Autoren schon sehr früh erkannt. Im Ergebnis wurden Konzepte gestaltet, die Internationalität auch qualitativ abbilden und erfassen sollten. Dazu wurden unterschiedliche Internationalisierungsmuster definiert und durch teilweise schwer fassbare Kriterien wie z.B. die mentale Einstellung des Managements, die strategische Ausrichtung oder aber besondere organisatorische Eigenschaften eines Unternehmens beschrieben.

Zwei Ansätze, denen in der Literatur eine herausragende Bedeutung beigemessen wird, sollen im Folgenden kurz erläutert werden. Dabei handelt es sich zum einen um den Ansatz von *Perlmutter* (1969) und zum anderen um das Konzept von *Bartlett/ Ghoshal* (1987, 1987a, 1989). Beiden Ansätzen ist gemeinsam, dass sie Idealtypen von internationalen Unternehmen definieren und dazu komplexere Klassifikationsvariablen als bei der quantitativen Beschreibung internationaler Unternehmen verwenden. Bei Bartlett und Ghoshal wird der Begriff des internationalen Unternehmens dabei für einen bestimmten Typ von Unternehmen verwendet. Um Verwechslungen mit der in diesem Buch gebrauchten Definition von internationalen Unternehmen zu vermeiden, wird im Zusammenhang mit der Typologie von Bartlett und Ghoshal daher von internationalen Unternehmen i.S.v. Bartlett und Ghoshal gesprochen. Aus institutionenökonomischer Sicht sind die qualitativen Ansätze vor allem deshalb interessant, weil sie sich in bestimmten Spielregeln, z.B. in Bezug auf die Besetzung von Führungspositionen oder in Bezug auf die Gestaltung von Organisationsstrukturen niederschlagen. Sie bieten damit eine Beschreibung und eine Erklärung der Spielregeln internationaler Unternehmen, die mit den Aussagen und Empfehlungen der Neuen Institutionenökonomik verglichen werden können.

Das Konzept von *Howard Perlmutter* aus den sechziger Jahren betont die Rolle von *Werten* und *Einstellungen*, *Erfahrungen* und *Erlebnissen* sowie *Gewohnheiten* und *Vorurteilen* von Führungspersonen bei der Bestimmung der Internationalität eines Unternehmens. Die unterschiedlichen Ausprägungen dieser Merkmale führen nach Perlmutter zu unterschiedlichen Idealtypen internationaler Unternehmen, die sich jeweils als Grundorientierungen internationaler Unternehmen interpretieren lassen (vgl. Perlmutter 1969, Heenan/Perlmutter 1979). Den Buchstaben der vier Grundorientierungen folgend, wird das Konzept auch als das EPRG-Schema diskutiert. Demnach lassen sich Unternehmen mit den folgenden vier Orientierungen unterscheiden:

- die ethnozentrische Orientierung
- die polyzentrische Orientierung
- die regiozentrische Orientierung und

- die geozentrische Orientierung.

Die *ethnozentrische Orientierung* („home country orientation") geht von einer Leitfunktion der Muttergesellschaft gegenüber ausländischen Unternehmenseinheiten aus. Diese Leitfunktion schlägt sich in allen Bereichen des Unternehmens nieder. So werden Strategien ausschließlich von der Muttergesellschaft vorgegeben und Schlüsselpositionen auch im Ausland nur mit Führungspersonen aus dem Stammland des Unternehmens besetzt. Managementtechniken der Muttergesellschaft werden ohne weitere Anpassung auch im Gastland zum Einsatz gebracht.

Die *polyzentrische Orientierung* („host country orientation") geht davon aus, dass sich die Bedingungen und Kulturen in den verschiedenen Ländern so unterscheiden, dass eine Übertragung der Leitlinien aus der Muttergesellschaft kaum erfolgversprechend ist. Dementsprechend wird den ausländischen Unternehmenseinheiten eine große *Autonomie* in ihren Tätigkeiten eingeräumt. In der Personalpolitik schlägt sich die polyzentrische Orientierung durch die Besetzung von Führungspositionen durch einheimische Kräfte nieder. Das Unternehmen besteht dann aus einer Vielzahl von mehr oder weniger unabhängigen Einheiten.

Die *regiozentrische Orientierung*, die erst später in das Klassifikationsschema aufgenommen wurde, ist im Wesentlichen eine Weiterführung der polyzentrischen Orientierung. Sie trägt der Tatsache Rechnung, dass durch regionale Integrationsprozesse die Unterschiede zwischen einigen Ländern abgebaut wurden. So kann beispielsweise Europa bis zu einem gewissen Grad als eine Einheit betrachtet werden, in der sowohl Unternehmensstrategien übertragbar als auch die Besetzung von Schlüsselpositionen durch Europäer unterschiedlicher Nationalität möglich ist.

Die *geozentrische Orientierung* („world orientation") beruht auf der Annahme, dass Muttergesellschaft und Tochterunternehmen eine Einheit bilden, die weitgehend losgelöst von Traditionen der Muttergesellschaft aber auch von den Merkmalen der Herkunfts- und Gastländer funktioniert. Entscheidungen werden dort gefällt, wo die Entscheidungskompetenz am größten ist. Außerdem werden die Entscheidungen mit den betroffenen Einheiten abgestimmt. Das setzt eine intensive Kommunikation innerhalb des Unternehmens voraus. In der Personalpolitik spielt die Nationalität keine Rolle. Stattdessen zählen andere Leistungsmerkmale und eine Orientierung an der Unternehmenskultur.

Tabelle 23-5: Typologie internationaler Unternehmen nach Perlmutter

Aspect of the enterprise	Ethnocentric	Polycentric	Regiocentric	Geocentric
Complexity of organisation	Complex in home country; simple in subsidiaries	Varied and independent	Highly interdependent on a regional basis	Increasingly complex and highly interdependent on a worldwide basis
Authority and decision making	High in headquarters (HQs)	Relatively low in HQs	High in regional HQs and/or high collaboration among subsidiaries	Collaboration of HQs and subsidiaries around the world
Evaluation and control	Home standards applied for persons and performance	Determined locally	Determined regionally	Standards which are universal and local
Rewards and punishments; incentives	High in HQs; low in subsidiaries	Wide variation; can be high or low rewards for subsidiary performance	Rewards for contribution to regional objectives	Rewards to international and local executives for reaching local and worldwide objectives
Communication and information flow	High volume of orders, commands and advice to subsidiaries	Little to and from HQs; little among subsidiaries	Little to and from corporate HQs, but my be high to and from regional HQs and among countries	Both ways and among subsidiaries around the world
Geographical identification	Nationality of owner	Nationality of host country	Regional company	Truly worldwide company, but identifying with national interests
Perpetuation (recruiting, staffing, development)	People of home country developed for key positions everywhere in the world	People of local nationality developed for key positions in their own country	Regional people developed for key positions anywhere in the region	Best people everywhere in the world developed for key positions everywhere in the world

Quelle: Heenan/Perlmutter, 1979, 18 f.

In Tabelle 23-5 werden die Typen internationaler Unternehmen hinsichtlich verschiedener Merkmale gegenüber gestellt. Unterschiede bestehen vor allem in der Art, wie in einem Unternehmen Entscheidungen gefällt werden und welche Anreizmechanismen und Kommunikationskanäle genutzt werden. Zu beachten ist, dass es sich bei den beschriebenen Typen um Idealtypen handelt und in der Realität Mischungen von Merkmalsausprägungen zu beobachten sind. Auch sagen die Typen nichts über die Erfolgsaussichten der unterschiedlichen Orientierungen aus. In verschiedenen Kontexten kann durchaus die eine oder die andere Orientierung Vorteile bringen.

Das Konzept von Christopher A. Bartlett, Havard Business School, und Sumantra Ghoshal, London Business School (Bartlett/Ghoshal 1987, 1987a, 1989), weist an verschiedenen Stellen Überschneidungen mit den Typen von Perlmutter auf. Während bei Perlmutter aber die Einstellungen des Managements entscheidend für die Klassifikation eines Unternehmens sind, ist für Bartlett und Ghoshal die strategisch-organisatorische Ausrichtung eines Unternehmens das entscheidende Klassifikationsmerkmal. Es gelingt ihnen damit, eine bis heute weithin akzeptierte Terminologie zu entwickeln.

- Das *internationale Unternehmen* i.S.v. Bartlett und Ghoshal wird überwiegend von der Zentrale aus gesteuert.
- Das *multinationale Unternehmen* ist – wie Perlmutters polyzentrisches Unternehmen– ein Gebilde aus weitgehend unabhängigen und national angepaßten Einheiten.
- Das *globalen Unternehmen* strebt durch zentralisierte und weltmarktorientierte Wertschöpfungsaktivitäten eine weltweite Kostenführerschaft an.
- Das *transnationale Unternehmen* soll globale Kosteneffizienz und lokale Anpassungsfähigkeit durch vernetzte Organisationsstrukturen und weltweite Lernprozesse, in denen die Tochterunternehmen ganz unterschiedliche Rollen übernehmen können, gemeinsam erreichen.

Bartlett und Ghoshal kommen zu dem Schluss, dass in vielen Branchen die transnationale Strategie die richtige Antwort auf einen simultan vorliegenden Kosten- und Differenzierungsdruck wäre. Bis heute scheint das transnationale Unternehmen aber eher eine Vision als ein empirisch beobachtbarer Unternehmenstyp zu sein (vgl. Bäurle/Schmid 1994). Ob damit eine adäquate Antwort auf die Koordinationsherausforderungen für internationale Unternehmen gegeben wurde, bleibt dagegen fraglich. In den folgenden Kapiteln werden daher einige zusätzliche Überlegungen zur Koordination unternehmensinterner Aktivitäten internationaler Unternehmen angestellt. Auch sie können nur Orientierungspunkte für die Lösung der Koordinationsprobleme international tätiger Unternehmen sein. Die konkrete Gestaltung von Anreiz- und Kontrollstrukturen in internationalen Unternehmen erfolgt immer vor dem Hintergrund der jeweils zu koordinierenden Aufgabe.

Tabelle 23-6: Unternehmenstypologie nach Bartlett und Ghoshal

	Branchenbedingungen			
Vorwiegend herrschende Kraft	Kräfte in richtung ständiger Innovationen und eines stetigen Wissenstransfers	Lokalisierungskräfte (Forces for localization)	Globalisierungskräfte (Forces for globalization)	Lokalisierungs- und Globalisierungskräfte
Ehemals typische Branchen	Telekommunikation/Vermittlungsanlagen	Markenartikel	Unterhaltungselektronik	-
Branchentyp	**International**	**Multinational**	**Global**	**Transnational**
Strategische Orientierung der Unternehmung				
Primärer Fokus des Unternehmungstyps	Übertragung heimischer Technologie auf andere Märkte mit lokalen Anpassungen	Differenzierung der Leistungen entsprechend der Erfordernisse lokaler Märkte	Kostengünstige, exportorientierte Wettbewerbsposition	Differenzierung, Standardisierung und Übertragung
Schlüsselfähigkeiten	Fähigkeit zur Innovation und zum Wissenstransfer	Fähigkeit zum Entgegenkommen gegenüber lokalen Unterschieden	Fähigkeit zur Integration weltweiter Aktivitäten	Fähigkeit zu Entgegenkommen, Innovation und Integration
Entwicklung und Diffusion von Wissen	Erwerb von Wissen in der Zentrale und Transfer in Auslandsniederlassungen	Erwerb und Sicherung von Wissen in jeder Einheit	Erwerb und Sicherung von Wissen in der Zentrale	Gemeinsame Entwicklung und Nutzung von Wissen
Rolle der Auslandsniederlassung	Anpassung und anwendung von Kompetenzen der Zentrale	Erkennen und Nutzen lokaler Marktchancen	Umsetzung von Strategien der Zentrale	Differenzierte Beiträge der nationalen Einheiten zu integrierten weltweiten Aktivitäten
Konfiguration von Werten und Fähigkeiten	Kernkompetenzen zentralisiert, andere Kompetenzen dezentralisiert	Dezentralisiert und im nationalen Rahmen unabhängig	Zentralisiert und weltmarkt-orientiert	Weitgestreut, voneinander abhängig und spezialisiert
Konfiguration und Koordination der Aktivitäten	Koordinierte Föderation	Dezentralisierte Föderation	Zentralisierte Knotenpunktstruktur	Integriertes Netzwerk
Struktureller Aufbau der Unternehmung				

Quelle: Bartlett/Ghoshal in der Zusammenfassung nach Kutschker/Schmid, 2005, 292

Literaturhinweise

Einen Überblick über quantitative und qualitative Merkmale internationaler Unternehmen geben fast alle Lehrbücher zum Internationalen Management. Wegen der herausragenden Bedeutung der Ansätze von Perlmutter (1969) und Bartlett/Ghoshal (1989) ist eine Lektüre dieser Beiträge besonders lohnend. Weitere Typologisierungen betreffen z.B. die Rolle von Tochterunternehmen von internationalen Unternehmen (vgl. Schmid/Bäurle/Kutschker 1998).

Zusammenfassung

1. Das internationale Unternehmen als Organisation und als Institutionen ist eine Gruppe von Akteuren mit ihren Spielregeln, die durch internationale Kooperation ihren Wohlstand steigern wollen.

2. Internationale Unternehmen lassen sich quantitativ durch verschiedene Bestandsgrößen und Bewegungsgrößen, sowie durch verschiedene Indizes beschreiben.

3. Die Probleme einer quantitativen Betrachtung (Auswahl der Kriterien, Festlegung von Schwellenwerten für die Kriterien, das Gesamtunternehmen als Bezugsobjekt etc.) haben zur Entwicklung qualitativer Verfahren geführt.

4. Qualitative Merkmale zur Messung des Internationalisierungsgrades von Unternehmen sind teilweise schwer erfassbare Konstrukte wie die Einstellungen des Managements (Perlmutter) oder die strategisch-organisatorische Ausrichtung des Unternehmens (Bartlett/Ghoshal).

5. Interessant sind die qualitativen Betrachtungen auch deshalb, weil sie Faktoren analysieren, die die Spielregeln in internationalen Unternehmen maßgeblich beeinflussen. Qualitative Unternehmensmerkmale erklären somit den Ist-Zustand von Governance-Strukturen. Dieser Ist-Zustand kann als Ausgangsbasis für einen Vergleich mit dem aus der Institutionenökonomik ableitbaren Soll-Zustand fungieren.

Schlüsselbegriffe

Internationales Unternehmen; Quantitative Merkmale; Quantitative Merkmale internationaler Unternehmen; FDO-Ratios (Foreign to Domestic Operations-Ratios); FTO-Ratios (Foreign to Total Operations-Ratios); Transnationality-Index (TNI)

24 Eine institutionenökonomische Erklärung internationaler Unternehmen

24.1 Ansätze zur Erklärung internationaler Unternehmen und die Logik der Integration

Die Frage nach der Begründung der Existenz von internationalen Unternehmen ist durch die in Kapitel 23 angestellten Betrachtungen internationaler Unternehmen noch nicht beantwortet. Dazu wäre es erforderlich, die Gründe der Durchführung von ökonomischen Aktivitäten in einem internationalen Unternehmen im Einzelnen zu analysieren. Die institutionenökonomischen Ansätze in der Tradition von Coase (1937) und Williamson (1975 und 1985) stellen die Koordinationsüberlegungen in den Mittelpunkt einer Erklärung von internationalen Unternehmen. Nach den Aussagen der Neuen Institutionenökonomik sind es vor allem Probleme bei der Nutzung des Marktmechanismus, die zu Transaktionskosten und im Ergebnis zu einer Integration von Aktivitäten führen. *Integration von Aktivitäten* ist gleichbedeutend mit einer Koordination von Aktivitäten durch unternehmensinterne Anweisungen statt durch den Marktmechanismus (= Preismechanismus). Interne Abwicklung einer Aktivität, also die Implementierung des Weisungsprinzips anstelle des Preismechanismus ist nach Coase (1937) immer dann zu erwarten, wenn dadurch die Transaktionskosten gemindert werden können. Nach Williamson sind es vor allem drei Gründe, die eine Internalisierung einer problematischen Transaktion in ein Unternehmen nahe legen:

„First, in relation to autonomous contractors, the parties to an internal exchange are less able to appropriate subgroup gains, at the expense of the overall organization (system), as a result of opportunistic representations. The incentives to behave opportunistically are accordingly attenuated. Second, and related, internal organization can be more effectively audited. Finally, when differences do arise, internal organization realizes an advantage over market mediated exchange in dispute settling respects" (Williamson 1975, 29).

In den institutionenökonomisch fundierten Ansätzen zur Erklärung internationaler Unternehmen dominiert die transaktionskostentheoretische Logik der Internalisierung problematischer Transaktionen. Graduelle Unterschiede bestehen vor allem in der Betonung unterschiedlicher Transaktionsmerkmale, die jeweils zu Transaktionskosten führen. Aber auch in den Lösungsvorschlägen der Probleme werden unterschiedliche Akzente gesetzt. So betonen die Ansätze in der Tradition der Theorie der Verfügungsrechte insbesondere die Rolle der Zuordnung von Verfügungsrechten, die bei Williamson nicht im Vordergrund steht (vgl. Alchian/Demsetz 1973, Richter/ Furubotn 1999, 361, sowie Kapitel 2).

Bevor im Folgenden institutionenökonomisch orientierte Ansätze zur Erklärung internationaler Unternehmen vorgestellt werden, sei darauf hingewiesen, dass eine Vielzahl anderer Ansätze zur Erklärung internationaler Unternehmen existiert. Eine dominierende Rolle in der wissenschaftlichen Diskussion spielen die Ansätze der Industrieökonomik (Industrial Organization Theory). Im Mittelpunkt der traditionellen Industrieökonomik steht die Hypothese einer kausalen Beziehung zwischen Marktstruktur (= „structure", z.B. Zahl der Produzenten, Markteintritts- und –austrittsbarrieren), Marktverhalten (= „conduct", z.B. Preis- und Produktgestaltung etc.) und Marktergebnis (= „performance", z.B. Gewinnmargen von Unternehmen, Produktvielfalt, Allokationseffizienz) (vgl. Tirole 1988, 1). Neuerdings wird die Einseitigkeit der Kausalbeziehung zwischen Struktur-, Verhaltens- und Ergebnisvariablen durch eine Analyse wechselseitiger Interdependenzen zwischen Struktur, Verhalten und Ergebnis aufgegeben (vgl. Tirole 1988, 2).

In Bezug auf die Internationalisierung von Unternehmen wird vor allem auf die Argumente von Hymer (1977), Knickerbocker (1973) und Graham (1974, 1978) zurückgegriffen.

- Hymer sieht einen entscheidenden Grund für die Internationalisierung von Unternehmen in dem Ziel der Unternehmen, den Wettbewerb einzuschränken (vgl. Hymer 1977). Die Wettbewerbsintensität soll durch die Kontrolle von Unternehmen in anderen Ländern reduziert werden. Das internationale Unternehmen mit Standorten in verschiedenen Ländern wäre somit eine Reaktion auf den durch die Globalisierung gestiegenen Wettbewerbsdruck. Eine aktive Beeinflussung und Reduzierung des Wettbewerbs ist vor allem dann anzunehmen, wenn das Unternehmen seine Internationalisierung durch Unternehmensakquisitionen oder -beteiligungen betreibt. Dadurch werden die Beziehungen zu tatsächlichen und potentiellen Wettbewerbern neu gestaltet.

- Ebenfalls wettbewerberorientiert argumentiert Knickerbocker in der *Theorie des oligopolistischen Parallelverhaltens* (vgl. Knickerbocker 1973). Sein Erklärungsansatz basiert auf der Beobachtung, dass die meisten amerikanischen international tätigen Unternehmen auf oligopolistischen Märkten aktiv sind. Aggressive wettbewerberorientierte Verhaltensweisen unterbleiben bei Märkten, die sich in einem oligopolistischen Gleichgewicht befinden normalerweise, weil sie Reaktionen der anderen Oligopolisten bewirken. Im Ergebnis sind diese Reaktionen nachteilig für alle Anbieter im Markt. Ein Ungleichgewicht entsteht nach Knickerbocker vor allem aufgrund der von Vernon (1966) beschriebenen Rolle des Produktlebenszyklus bei der Internationalisierung von Unternehmen (vgl. Kap. 14). Danach werden Auslandsmärkte von innovativen Unternehmen zunächst durch Exporte bedient. Im Verlauf des Produktlebenszyklus werden die Kosten aber zu einem immer wichtigeren

Ansätze zur Erklärung internationaler Unternehmen und die Logik der Integration **24.1**

Wettbewerbsparameter, so dass die Produktion im kostengünstigeren Ausland nach und nach zu einer strategischen Option wird. Unternimmt nun ein Oligopolist diesen Schritt, so entsteht in dem oligopolistischen Markt ein Ungleichgewicht. Die Wettbewerber müssen entscheiden, ob sie ebenfalls eine Auslandsproduktion mit den entsprechenden Risiken aufnehmen wollen, oder ob sie die Risiken eines Verzichts auf eine Auslandsproduktion eingehen wollen. Reagiert ein Oligopolist nicht durch den Aufbau einer eigenen Auslandsproduktion, so kann das Rückwirkungen auf die eigenen Exporte haben. Darüber hinaus besteht die Gefahr, dass der Konkurrent seine überlegene Kostenposition nicht nur in dem Gastland, sondern auch auf Drittmärkten und ggf. sogar auf dem Heimatmarkt ausnutzt. Schließlich könnte der im Ausland produzierende Wettbewerber auch dadurch Vorteile erlangen, dass die Regierung des Gastlandes Importe stärker belastet oder aber die Möglichkeit von Direktinvestitionen später erschwert. Oligopolisten können sich daher nach Knickerbocker (1973, 7ff.) von vornherein für eine sog. *„Follow-the-leader-Strategie"* entscheiden. Sie führt im Ergebnis dazu, dass Oligopolisten quasi zeitnah im Ausland investieren. Oligopolistische Ungleichgewichte, die durch das Verhalten eines Oligopolisten ausgelöst werden, sind nach Knickerbocker somit ein Hauptargument für die Entstehung von internationalen Unternehmen mit ausländischen Produktionsstätten.

- Während aber das Argument Knickerbockers für bestimmte Zeitabschnitte, in denen amerikanische Unternehmen in Europa investierten, plausibel erscheint, können die mit nur geringer zeitlicher Verzögerung erfolgenden Investitionen europäischer Unternehmen in den USA (in den gleichen Branchen) kaum auf der Grundlage von Vernons Produktlebenszyklus erklärt werden. Graham (1974, 1978) sieht in den europäischen Direktinvestitionen in den USA ab den späten sechziger und siebziger Jahren daher vor allem eine Reaktion auf die Aktivitäten US-amerikanischer Unternehmen in Europa. Durch „cross investments" auf den Heimatmärkten der ausländischen Investoren – also in den USA – sollen die amerikanischen Unternehmen nach Graham bewegt werden, ihre Aktivitäten in Europa einzuschränken. Die Investitionen in dem Heimatmarkt der amerikanischen Unternehmen signalisieren gleichzeitig eine hohe Flexibilität bei der Durchführung von Vergeltungsmaßnahmen.

Die Ansätze von Hymer, Kindleberger und Graham können als Beispiele für Erklärungsansätze internationaler Unternehmen angesehen werden, die in der Tradition der Industrieökonomik die Marktstruktur als Erklärungsvariable betonen. Die Marktstruktur – beispielsweise eine oligopolistische oder monopolistische Struktur – hat danach einen starken Einfluss auf das Verhalten der Marktteilnehmer und auf die Ergebnisse des Marktprozesses. Die unterschiedlichen Erfordernisse der Koordination von internationalen Transaktionen, die sich durch bestimmte Merkmale und Probleme auszeichnen bleiben in den Ansätzen allerdings unberücksichtigt. Vor diesem Hintergrund sind die insitutionenökonomischen Ansätze als Ergänzung bisheriger Ansätze zu sehen.

24.2 Der Ansatz von Teece

Im Ansatz von Teece geht es um die Frage, warum ein ganz bestimmtes Problem unternehmensintern besser gelöst werden kann als durch Kooperation autonomer Akteure über den Markt. Teece (1981 und 1983) betrachtet dazu drei Arten von Transaktionen bzw. Aktivitäten, mit denen Unternehmen üblicherweise befasst sind: Erstens, die *Beschaffung von Vor- und Zwischenprodukten*, zweitens, die *Nutzung von Wissen* und drittens, *Kapitalmarkttransaktionen*. Alle drei Arten von Transaktionen zeichnen sich durch Besonderheiten aus, die eine Internalisierung der jeweiligen Aktivitäten rechtfertigen können.

Die *Beschaffung von Vor- und Zwischenprodukten* ist eine Aufgabe, die Unternehmen im Problemfall zur *vertikalen Rückwärtsintegration* motivieren kann. Hat ein Unternehmen Bezugsquellen im Ausland und lassen sich Versorgungsunsicherheiten nicht durch entsprechende Vertragsabschlüsse ausschließen, so kann die Internalisierung der Beschaffung Unsicherheit reduzieren. Probleme der Abhängigkeit – beispielsweise weil es keine alternative Bezugsquelle gibt – und die Gefahr opportunistischen Verhaltens durch den Lieferanten lassen sich durch vertikale Rückwärtsintegration ausschalten. Die besseren Kontrollmöglichkeiten der Hierarchie reduzieren bei problematischen Beschaffungstransaktionen die Transaktionskosten des Unternehmens.

Die *Nutzung von Wissen* ist nach Teece eine wesentliche Erklärung von *horizontalen Integrationen* (vgl. Teece 1981, 7) und damit Ursache internationaler Direktinvestitionen. Damit greift Teece ein Argument auf, das auch von anderen Verfassern bereits als Erklärung für die Existenz internationaler Unternehmen verwendet wurde (vgl. Johnson 1970, Caves 1982, Casson 1987).

Definition: Wissen

Wissen resultiert aus vernetzten Informationen. Kombiniert mit einem konkreten Anwendungsbezug wird aus Wissen Können, das die Basis für Wettbewerbsvorteile bildet, wenn es in einzigartige Kompetenz umgewandelt wird (vgl. auch Kapitel 30).

Die Ressource Wissen zeichnet sich in ihrer Nutzung gegenüber anderen Ressourcen durch Besonderheiten aus, die im Ergebnis eine zusätzliche Nutzung von Wissen in eigenen Auslandsstandorten nahe legen.

Zu den Besonderheiten der Ressource Wissen zählt vor allem sein Charakter als öffentliches Gut. Ein öffentliches Gut zeichnet sich dadurch aus, dass eine uneingeschränkte Nutzung dieser Ressource möglich ist (nicht rivalisierender Konsum) und dass es prinzipiell schwierig ist, andere Marktteilnehmer von der Nutzung der Res-

Der Ansatz von Teece 24.2

source auszuschließen. Aus diesen Merkmalen der Ressource Wissen folgen eine Reihe von managementrelevanten Implikationen:

- Die Verwendung von Wissen stößt auf keine Kapazitätsgrenzen. Jede zusätzliche Nutzung der Ressource erbringt Einkünfte, die zur Deckung der F&E-Kosten oder aber zur Gewinnerzielung beitragen können. Insofern ist ein starker Anreiz gegeben, Wissen zusätzlich auch auf Auslandsmärkten einzusetzen.

- Ist das von einem Unternehmen durch kostspielige Forschung und Entwicklung geschaffene Wissen durch Verkauf oder Imitation auf ein anderes Unternehmen übergegangen, so kann dieses andere Unternehmen die Ressource ebenfalls unbegrenzt nutzen oder weitergeben, ohne selbst F & E-Kosten zu haben.

- Ein Verkauf der Ressource Wissen ist mit Schwierigkeiten verbunden. Potentielle Kunden können den Wert der Ressource kaum einschätzen, da ihnen das Wissen ja fehlt. Haben sie das Wissen aber erst einmal, so ist es aus Sicht der potentiellen Käufer überflüssig, einen Preis dafür zu entrichten. Dieses Problem der Preisbildung für Wissen, wurde von Arrow (1974) als Informationsparadox bezeichnet.

Vor diesem Hintergrund kommt Teece zu der Folgerung, dass es eines der entscheidenden Merkmale des internationalen Unternehmens sei, die Ressource Wissen auf relativ effiziente Weise einer zusätzlichen Nutzung zuzuführen (vgl. Teece 1981, 7). Durch die *eigene* Nutzung von Wissen auf ausländischen Märkten werden die Probleme der Vermarktung von Wissen umgangen. Horizontale Direktinvestitionen sind somit ein Resultat der besonderen Eigenschaften von Wissen.

Für den *Kapitalmarkt* nimmt Teece ebenfalls verschiedene Unvollkommenheiten an, die eine Internalisierung von Auslandsaktivitäten vorteilhaft erscheinen lassen. Insbesondere die Möglichkeit unternehmensinterner und grenzüberschreitender Kapitalallokation kann nach Teece zum Vorteil internationaler Unternehmen werden. Die Möglichkeiten unternehmensinterne Kapitalströme durch Transferpreise, Dividendenpolitik etc. zu steuern, kann zur Überwindung von Barrieren des Kapitalverkehrs beitragen (vgl. Teece 1983, 53ff.). Mit zunehmender Liberalisierung des Kapitalmarktes und dem Abbau von Kapitalmarktbarrieren dürfte dieses Argument von Teece allerdings an Bedeutung verlieren.

Anhand der Argumentation von Teece wird sehr schnell deutlich, dass sich die Analyse vor allem auf die Situation des Anbieters bzw. Produzenten bezieht. Der Hersteller und sein Problem der Koordinierung der Wertschöpfungskette stehen im Vordergrund. Koordinationsprobleme des Kunden werden weniger stark betont.

Für den Fall der horizontalen Integration vergleicht Teece die Lizenzvergabe (Marktkoordination) mit der horizontalen Direktinvestition (Hierarchie) (vgl. Abb. 24-1). Dabei geht er davon aus, dass die Transaktionskosten (bei Teece: Governance costs GC) bei der internen Wissensverwertung wegen der Kontrollvorteile der Hierarchie unabhängig vom Komplexitätsgrad des Wissens sind (GC_{FDI}). Für den Lizenzfall nimmt er dagegen an, dass die Schwierigkeiten der Wissensvermarktung mit zunehmender Komplexität des Vertragsgegenstandes noch ansteigen (GC_L). Die Differenzkurve beider Transaktionskostenverläufe zeigt im Schnittpunkt A, von welchem Komplexitätsgrad des Wissensgegenstandes die Internalisierung der Wissensnutzung ökonomisch sinnvoll ist.

Abbildung 24-1: *Transaktionskostenanalyse bei horizontaler Integration nach Teece (Lizenzvergabe vs. Direktinvestition)*

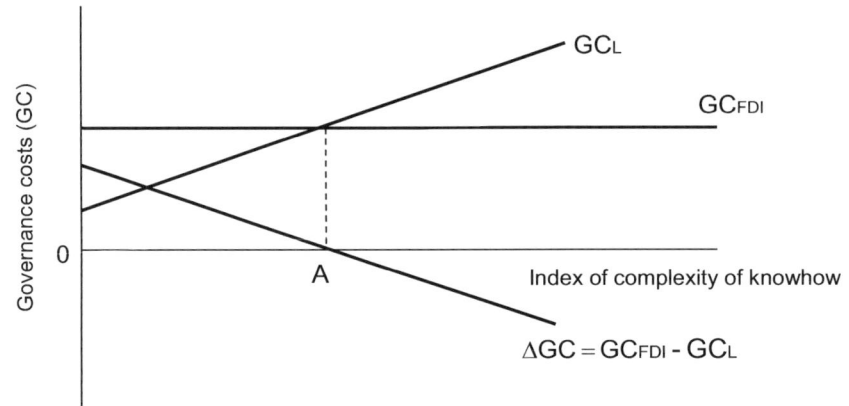

Quelle: Nach Teece, 1981, 1983

Im Fall der vertikalen Integration zeigt Teece für internationale Unternehmen, dass die Transaktionskosten des Marktbezugs bei steigender Faktorspezifität ansteigen, im Falle der hierarchischen Koordination – also bei vertikaler Integration – konstant gehalten werden können. Teece gelingt durch seine Überlegungen eine Übertragung des Williamsonschen Ansatzes auf das internationale Unternehmen. Fundamentale Unterschiede einer Erklärung von Unternehmenswachstum und internationalem Unternehmenswachstum gibt es dabei allerdings kaum.

24.3 Der Ansatz von Buckley und Casson

Einen im Ergebnis vergleichbaren Ansatz – allerdings ohne einen Bezug auf Williamson – stellt die sog. „Long-Run-Theory of the Multinational Enterprise" von Buckley und Casson dar (vgl. dazu Buckley/Casson 1976 und Casson 1979). Auch hier steht die Nutzung von Wissen im Mittelpunkt einer Erklärung von Internalisierungen. Zentral

Der Ansatz von Buckley und Casson — 24.3

ist die Annahme, dass Wissen im Verlauf des Produktionsprozesses überall im Unternehmen entstehen und dass dieses Wissen auch innerhalb des Unternehmens wieder zum Einsatz kommen kann. Insofern entsteht Wissen in den unterschiedlichen Phasen des Leistungserstellungsprozesses, wobei Rückkoppelungen zwischen den Phasen der Beschaffung, Verarbeitung und des Absatzes der Fertigprodukte eine wesentliche Rolle spielen (vgl. Abbildung 24-2). Erneut sind es Marktunvollkommenheiten gerade in Bezug auf die Ressource Wissen, die eine Verwertung des Wissens außerhalb des Unternehmens erschweren und eine Verwendung innerhalb des Unternehmens nahe legen. Daneben werden einige weitere Marktunvollkommenheiten genannt, z.B. staatliche Eingriffe durch Zölle und Steuern, oder bilaterale Monopole, die eine Internalisierung von Aktivitäten nahe legen:

Abbildung 24-2: Die Entstehung von Wissen im Produktionsprozess

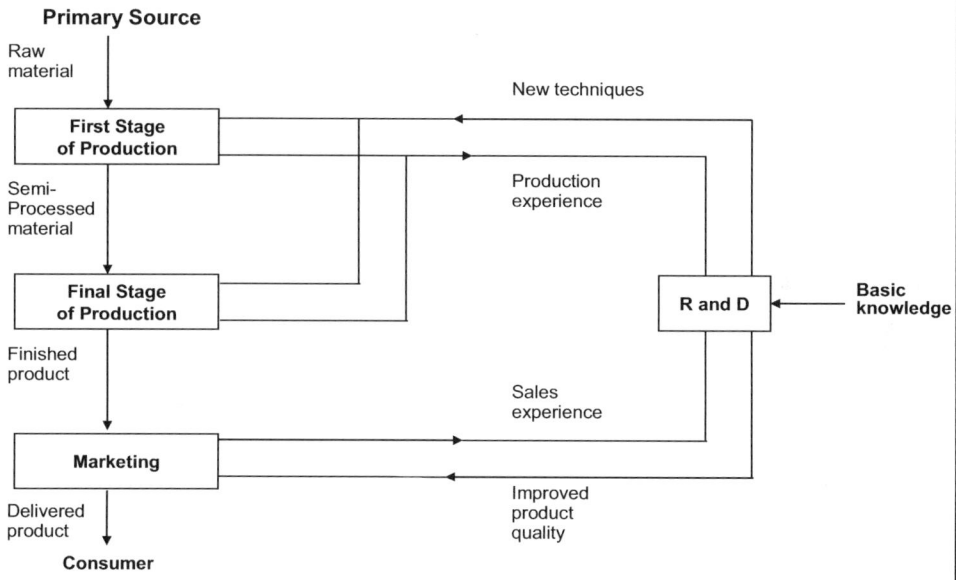

Quelle: Buckley/Casson, 1976, 34, zit. nach Stein, 1998, 91.

Durch Internalisierung können Unsicherheitsprobleme reduziert werden. Allerdings weisen Buckley und Casson auch auf die Kosten der Internalisierung hin. Kommunikationskosten in einem immer größeren Unternehmen, politische und andere Risiken, die im Zusammenhang mit der Einrichtung und dem Betrieb einer Produktionsstätte im Ausland entstehen oder die Fähigkeiten des Management, ein immer größer werdendes Unternehmen zu steuern, können den Nutzen der Internalisierung schmälern.

24.4 Der Ansatz von Hennart

Der Ansatz von Hennart zur Erklärung internationaler Unternehmen baut auf den Überlegungen von Coase und Williamson auf (vgl. Hennart 1982, 62 ff.):

Wenn die interne Abwicklung einer Transaktion aufgrund der Merkmale der Transaktion effizienter ist als über den Markt, dann erfolgt die Internalisierung dieser Transaktion. Im Ergebnis wächst das Unternehmen. Bei der Diskussion der Ursachen für potentielle Effizienzvorteile des Unternehmens konzentriert sich Hennart auf die Rolle externer Effekte. Sie sind nach Hennart das Ergebnis einer nicht effizienten Allokation von Gütern durch den Preismechanismus. Durch *horizontale* und *vertikale Integration* können in diesem Fall Effizienzsteigerungen realisiert werden.

Die Vorteile der *vertikalen Integration* lassen sich nach Hennart am Beispiel von Distributionskanälen verdeutlichen. Externalitäten ergeben sich hier insofern, als die Gewinne sowohl des Produzenten als auch des Händlers jeweils auch von den Aktivitäten des jeweils anderen abhängen. Der Händler kann den Gewinn des Produzenten beispielsweise durch einen guten Service, Beratung von Kunden etc. erhöhen, er kann aber den guten Ruf des Herstellers („goodwill") auch durch Mängel in der Vertriebsleistung beschädigen. Ob dieses Risiko für den Hersteller aber tatsächlich besteht, hängt vor allem von der Art des Gutes ab. Hennart unterscheidet dazu zwischen *Verbrauchsgütern* (convenience goods) und *Gebrauchsgütern* (shopping goods). Bei den Verbrauchsgütern hat der Kunde nach Hennart niedrige Suchkosten, da diese Güter oft erworben werden und der Kauf daher kaum Probleme aufwirft. Anders gestaltet sich der Fall bei den Gebrauchsgütern. Suchkosten und Preis sind hier vergleichsweise hoch. Der Kunde ist auf Beratung angewiesen. Die Implikationen für die Rolle des Händlers sind erheblich. Im Falle der Verbrauchsgüter ist die Aufgabe des Handels überschaubar und für den Produzenten mit geringen Risiken verbunden. Im internationalen Geschäft ist damit der Export eine geeignete (marktliche) Koordinationsform. Im Falle der Gebrauchsgüter kommen auf den Händler aufgrund der Kundenbedürfnisse aber umfangreiche Aufgaben zu, die von ihm einen erheblichen Einsatz erfordern. Damit sich der Einsatz für den Händler lohnt, fordert er vom Hersteller nicht selten längerfristige Verträge. Diese schränken die Flexibilität der Vertragsparteien aber ein, so dass Anpassungen an Umweltänderungen erschwert werden. Vor diesem Hintergrund besteht aus der Perspektive des Herstellers ein starker Anreiz zur Internalisierung der Vertriebsaktivitäten, um die Vorteile hierarchischer Koordination auszunutzen (vgl. Hennart 1982, 86).

Eine *horizontale Integration* internationaler Transaktionen ist nach Hennart immer dann ökonomisch sinnvoll, wenn die Transaktionskosten des Verkaufs von Gütern auf internationalen Märkten höher sind, als die Koordinationskosten einer Nutzung innerhalb des Unternehmens. Zur Veranschaulichung betrachtet auch Hennart das Gut Wissen. Darüber hinaus diskutiert er den Ruf bzw. die Reputation eines Anbieters oder einer Marke (*„Goodwill"*). Die Probleme bei der Vermarktung von Wissen wurden oben bereits ausführlich vorgestellt. Beim Goodwill eines Unternehmens können sich Probleme ergeben, wenn mehrere Akteure an der Nutzung des Goodwills einer Marke oder eines Herstellers beteiligt sind. Die Leistung jedes Akteurs, der an der Nutzung des Goodwills beteiligt ist, hat potentiell einen positiven oder negativen Einfluss auf den Erfolg der anderen beteiligten Akteure. Da es in der Praxis schwierig ist, externe Effekte beispielsweise durch Ausgleichszahlungen zu kompensieren, bleibt das Problem eines „free ride", bei dem sich ein oder einige Akteure auf Kosten der anderen Akteure bereichern, bestehen. Die horizontale Integration stellt dann eine Lösung des Koordinationsproblems dar. Allerdings müssen nun die Nachteile der Marktlösung mit den Nachteilen der Integration verglichen werden. Im internationalen Geschäft können insbesondere die geographische Distanz, die Verhaltenssteuerung der Mitarbeiter oder erforderliche Anpassungen an lokale Bedingungen zu Koordinationskosten führen.

24.5 Der Ansatz von Magee

Die Theorie der Aneignungsmöglichkeiten von Magee – die „Appropriability Theory of Foreign Direct Investment" (vgl. Magee 1977a) – kommt im Ergebnis zu ganz ähnlichen Schlüssen wie der Ansatz von Buckley und Casson. Allerdings wird bei Magee nicht nur die Existenz internationaler Unternehmen erklärt, sondern auch bestimmte Handlungsweisen, beispielsweise beim Transfer von Technologien. Auch weicht die Argumentationsweise von der von Buckley und Casson ab.

In seinem Ansatz macht Magee Aussagen zu der Rolle der Unternehmensgröße, zum Konzentrationsgrad und zur Lebenszyklusphase einer Branche. Zentral sind seine Aussagen zur Rolle von Informationen und zum Technologietransfer in internationalen Unternehmen auf die hier näher eingegangen wird (vgl. Magee 1981, 1977a und 1977b). Unter „appropriability" versteht Magee die Möglichkeit des Urhebers einer Idee, sich den Wert dieser Idee auch tatsächlich anzueignen. Ähnlich wie Ghemawat (1991) kommt er also zu einer Unterscheidung zwischen dem Schaffen von Wert und der Aneignung von Wert (creating and claiming value). Für Magee liegt hier eine entscheidende Herausforderung für internationale Unternehmen: „(T)he most important consideration facing innovating multinationals is the possible loss of technology to rivals and copiers" (Magee 1981, 124).

In seinem Bezugrahmen nennt Magee fünf Arten von Informationen, die von einem Unternehmen benötigt werden und in die es investiert. Dabei nimmt die erforderliche Menge an Informationen mit dem zunehmenden Voranschreiten eines Produktes im Produktlebenszyklus ab:

- Informationen zur Generierung neuer Produktideen. Diese Informationen haben nach Magee aber insofern eine Sonderrolle, als sie überwiegend nicht in den internationalen Unternehmen selbst, sondern von Erfindern etc. bereitgestellt werden.
- Informationen zur Entwicklung neuer Produkte.
- Informationen über die Produktion eines neuen Produktes.
- Informationen zur Vermarktung von Produkten.
- Informationen über die Aussichten der Aneignung des geschaffenen Wertes.

All diese Informationen erfordern von der Seite der Unternehmen erhebliche Investitionen. Magee betont sechs Gründe dafür, dass ein Transfer dieser Informationen unternehmensintern und nicht über den Markt erfolgt.

1. Aneignungsmöglichkeiten von Wert sprechen als wichtigster Grund für eine Internalisierung. Das internationale Unternehmen mit Tochtergesellschaften im Ausland stellt einen besseren Schutz des Faktors Wissen dar, als die Lizenzierung.
2. Die Leistungen der internationalen Anbieter von innovativen Produkten stellen aus der Perspektive der Kunden meist Erfahrungsgüter dar, d.h. Güter, deren Qualität nicht ohne weiteres vom Kunden beurteilt werden kann. Die Vertrauenswürdigkeit des Anbieters, das Markenimage und die Präsenz im Auslandsmarkt spielen bei Gütern mit diesen Eigenschaften eine zentrale Rolle.
3. Innovative Hochtechnologieleistungen gehen heute mit einem zunehmenden Anteil an Dienstleistungen einher. Diese Serviceleistungen können ganz überwiegend nur am Sitz des Kunden erbracht werden.
4. Der Transfer von Informationen erfolgt nicht völlig isoliert. Komplementaritäten zwischen unterschiedlichen Informationsarten und für unterschiedliche Produkte lassen eine interne Abwicklung noch attraktiver werden.
5. Die Internalisierung von Leistungen kann innerhalb des Unternehmens die Wirkung eines Risikoportfolios entfalten.
6. Ähnlich wie bei Wissen generell, stellt auch die Bewertung innovativer Technologien ein Problem dar. Dem Bewertungsproblem kann durch Internalisierung begegnet werden.

Bei innovativen Unternehmen, die erhebliche Mittel in Forschung und Entwicklung stecken, sprechen die genannten Gründe für eine Internalisierung und damit für ein internationales Wachstum des Unternehmens.

24.6 Der eklektische Ansatz von Dunning

Die meisten institutionenökonomischen Ansätze zur Erklärung internationaler Unternehmen lassen sich – wie die Transaktionskosten Theorie generell – als Ansätze einer allgemeinen Theorie der Firma bezeichnen, die das internationale Unternehmen als Spezialfall mit abdecken. Die Erklärung basiert auf Argumenten, die das Koordinationsproblem in den Mittelpunkt stellen. Damit trägt die institutionenökonomische Erklärung internationaler Unternehmen zwangsläufig die Züge einer Partialerklärung.

Dunning kritisiert, dass das Wissen über die Gründe für die Existenz internationaler Unternehmen in verschiedenen Schulen isoliert von einander besteht. Sein Ziel besteht daher darin, die institutionenökonomischen Theorien zur Internalisierung von Aktivitäten um zentrale Argumente der Industrieökonomik und der Standorttheorie zu einem umfassenden Erklärungsmodell zu ergänzen (vgl. Dunning 1980). Wegen der Integration unterschiedlicher Schulen bezeichnet Dunning seinen Ansatz als eine eklektische Theorie. In diesem Erklärungsrahmen wird die Internationalisierung von Unternehmen durch die folgenden Einflussfaktoren bestimmt:

1. Durch den Nettoeigentumsvorteil (net ownership advantage = der spezifische Wettbewerbsvorteil eines Unternehmens minus Nachteile durch die Unvertrautheit mit einem fremden Auslandsmarkt). Abkürzung für diesen Einflussfaktor: „O".

2. Durch die in der Institutionenökonomik thematisierten Internalisierungsvorteile (internalisation advantage). Abkürzung für diesen Einflussfaktor: „I".

3. Durch Standortvorteile (location-specific advantages). Die Standortfaktoren müssen eine Auslandsproduktion vorteilhaft erscheinen lassen. Abkürzung für diesen Einflussfaktor: „L".

Wegen der Buchstabenkürzel für die einzelnen Einflussfaktoren wird der Ansatz gelegentlich auch als OLI-Ansatz bezeichnet. Nach Dunning lässt erst die gemeinsame Betrachtung der drei Vorteilsarten einen aussagekräftigen Erklärungsansatz internationaler Unternehmen entstehen. Die einzelnen Vorteile werden von Dunning daher detailliert ausgearbeitet. Dabei berücksichtigt er, dass die Nettoeigentums, Internalisierungs- und Standortvorteile auf das jeweilige Unternehmen, aber auch auf Branchen- und Ländergegebenheiten zurückzuführen sind. Tabelle 24-1 zeigt einige der von Dunning beschriebenen Beispiele.

Tabelle 24-1: Länder-, branchen- und unternehmensspezifische Vorteilsausprägungen in der eklektischen Theorie von Dunning

Structural variables \ OLI*	Country	Industry	Firm
Ownership	factor endowments, market size, character, government controls on inward direct investment	degree of product or process technological intensity, nature of innovations	size, extent of production, process or market diversification
Internalisation	government intervention, government policy towards mergers, differences in market structures	extent to which vertical or horizontal integration is possible/desirable, extent to which local firms have complementary advantage	Organisational and control procedures of enterprise, attitudes to growth and diversification
Location	physical and psychic distance between countries	origin and distribution of immobile resources, industry specific tariff and non tariff barriers	Management strategy towards foreign involvement, age and experience of foreign involvement

Quelle: Dunning, 1981, 35

Die Zuordnung von Vorteilen auf unterschiedliche Länder und Branchen erklärt auch, warum sich Direktinvestitionen in Abhängigkeit von Branchen und Ländern unterscheiden.

Durch die Kombination der Ausprägungen der einzelnen Vorteilsarten kann die Existenz internationaler Unternehmen in Abgrenzung von anderen Formen des Auslandsengagements erklärt werden. Tabelle 24-2 stellt den Zusammenhang zwischen den drei Vorteilstypen und den unterschiedlichen Markteintrittsformen dar.

Durch Dunnings Ansatz werden die drei o.g. partialanalytischen Ansätze verknüpft und es wird eine umfassende Erklärung des internationalen Unternehmens gegeben. Es handelt sich somit um den Versuch einer umfassenden Theorie. Verschiedene empirische Tests stützen den Ansatz (vgl. Dunning 1979, 277ff., 1981, 36ff.). Darüber hinaus wurde die Theorie um zusätzliche Komponenten ergänzt, um den Erklärungsgehalt noch zu steigern (vgl. Dunning 1988). Auch eine Dynamisierung des Konzepts ist in bestimmten Grenzen erfolgt (vgl. Dunning 1992, 268). Die theoretische Grundlogik des Ansatzes bleibt jedoch erhalten.

Tabelle 24-2: Einfluss der Vorteilsarten auf die Markteintrittstrategie in der eklektischen Theorie von Dunning

		Advantages		
		Ownership	Internalisation	(Foreign) Location
Route of servicing market	Foreign direct investment (FDI)	yes	yes	yes
	Exports	yes	yes	no
	Contractual resource transfer	yes	no	no

Quelle: Dunning, 1981, 32

Gerade daran macht sich aber auch erhebliche Kritik fest (vgl. z.B. Krist 1985, Itaki 1991). So ergeben sich allein durch die Integration verschiedener Theoriegebäude mit ihren teilweise nicht kompatiblen Annahmen konzeptionelle Probleme. Beziehungen zwischen den von Dunning verwendeten Variablen werden nicht analysiert. Teilweise wird sogar behauptet, dass es sich bei dem Erklärungsrahmen von Dunning lediglich um einen Katalog von Einflussfaktoren und nicht um eine Theorie handelt.

Die Arbeit von Dunning und die daran geäußerte Kritik zeigt vor allem, wie schwierig es ist, eine umfassende Theorie des internationalen Unternehmens zu entwerfen. Durch die Vielzahl der verwendeten Variablen besteht zudem die Gefahr, dass eindeutige Aussagen oder gar Managementempfehlungen in noch geringerem Maße abgeleitet werden können, als bei den von Dunning kritisierten Partialmodellen.

Literaturhinweise

Einen Überblick – nicht nur über institutionenökonomische Theorien zur Erklärung internationaler Unternehmen – gibt Stein (1998). Empfehlenswert ist auch das von Buckley und Ghauri (1999) herausgegebene Buch *The Internationalization of the Firm*, das unterschiedliche Aspekte der Internationalisierung der Unternehmenstätigkeit behandelt. Der Beitrag von Dunning (1980, 1988, 1992) kann als einer der wenigen Versuche einer Totalerklärung internationaler Unternehmen gelten. Eine kritische Würdigung dieses Versuchs findet sich z.B. bei Itaki (1991) und Stehn (1992).

Zusammenfassung

1. Die Ansätze einer institutionenökonomischen Erklärung internationaler Unternehmen folgen der gleichen Logik, wie die institutionenökonomischen Erklärungsansätze zur Internalisierung und zum Wachstum von Unternehmen. Dabei werden allerdings unterschiedliche Schwerpunkte gesetzt.

2. Teece beschreibt drei Arten von Transaktionen und ihre Besonderheiten, die jeweils eine Internalisierung der Aktivitäten rechtfertigen: die Beschaffung von *Vor- und Zwischenprodukten*, die Nutzung von *Wissen* und *Kapitalmarkttransaktionen*.

3. Bei Buckley und Casson sind es neben verschiedenen anderen Marktunvollkommenheiten ebenfalls Probleme bei der Verwertung der Ressource Wissen außerhalb des Unternehmens, die eine Verwendung innerhalb des Unternehmens nahelegen.

4. Hennart betont am Beispiel von Distributionskanälen die Rolle externer Effekte bei der Erklärung internationaler Unternehmen. Die Gewinne des Produzenten und des Händlers hängen jeweils auch von den Aktivitäten des jeweils anderen ab.

5. Magee untersucht in seiner Theorie der Aneignungsmöglichkeiten („Appropriability Theory") die Gefahr des Abflusses technologischen Wissens. Bei innovativen Unternehmen spricht diese Gefahr des Wissensabflusses für ein internationales Wachstum des Unternehmens.

6. Dunning schließlich unternimmt den Versuch, die institutionenökonomischen Theorien zur Internalisierung von Aktivitäten um zentrale Argumente der Industrieökonomik und der Standorttheorie zu einem umfassenden Erklärungsmodell zu ergänzen.

Schlüsselbegriffe

Internalisierung; Externalitäten; Wissen; Wissensabfluss, Distributionskanäle; Eklektische Theorie; Industrieökonomik; Appropriability; Goodwill; Gebrauchsgüter; Verbrauchsgüter

B Personalmanagement in internationalen Unternehmen

25 Mitarbeiterselektion

25.1 Der Beitrag der Mitarbeiterselektion zur Lösung des Koordinations- und Motivationsproblems

Die Existenz von internationalen Unternehmen wurde im letzten Kapitel vor allem auf Koordinationsvorteile der Hierarchie bei problematischen Transaktionen zurückgeführt. Insbesondere der Transfer des Faktors Wissen gestaltet sich über den Markt schwierig, so dass eine Eigenverwertung dieser Ressource auch auf internationalen Märkten empfehlenswert erscheint. Aktivitäten innerhalb einer hierarchischen Organisation können leichter überprüft werden. Opportunistisches Verhalten wird durch die besseren Kontrollmöglichkeiten innerhalb eines Unternehmens im Vergleich zur Kooperation selbständig Tauschender reduziert (vgl. Willamson 1975, 29).

Die Koordination von Austauschbeziehungen zwischen Menschen über die Hierarchie ist aber kein Selbstläufer. Die Wertschöpfung einer unternehmensinternen Arbeitsbeziehung zwischen einem Prinzipal (dem Arbeitgeber) und einem Agenten (dem Arbeitnehmer) wird regelmäßig durch interne Koordinationskosten beeinflusst. Abbildung 25-1 verdeutlicht, dass dem Nutzen, der aus einer Arbeitsbeziehung entsteht, nicht nur die unmittelbaren Produktionskosten (Lohn, Lohnnebenkosten etc.), sondern auch die Kosten der Koordination und der Motivation gegenüber gestellt werden müssen. Erst nach Abzug dieser internen Transaktionskosten, ergibt sich die Wertschöpfung einer Arbeitsbeziehung.

Die Sichtweise der Neuen Institutionenökonomik unterscheidet sich hier grundlegend von den Annahmen des neoklassischen Arbeitsmarktes. Dieser geht von einem homogenen Arbeitsangebot, von vollkommener Konkurrenz, vollkommener Information und von vollkommener Lohnflexibilität auf dem Arbeitsmarkt aus. Darüber hinaus wird das Arbeitsangebot als vollkommen mobil angesehen und mit der Arbeitsnachfrage geht automatisch ein gewinnmaximaler Output einher.

Mitarbeiterselektion

Ganz anders gestaltet sich die Situation aus der Perspektive der Neuen Institutionenökonomik. Die potentiellen Mitarbeiter unterscheiden sich in ihren Fähigkeiten und in Ihrer Motivation. Das Wissen der Arbeitgeber um diese Unterschiede ist aber eingeschränkt. Koordinations- und Motivationsprobleme können regelmäßig als eine zentrale Herausforderung der Hierarchie angesehen werden. Abbildung 25-2 verdeutlicht das Koordinations- und Motivationsproblem als „organisationsökonomische Trias".

Abbildung 25-1: Wertschöpfung einer Arbeitsbeziehung

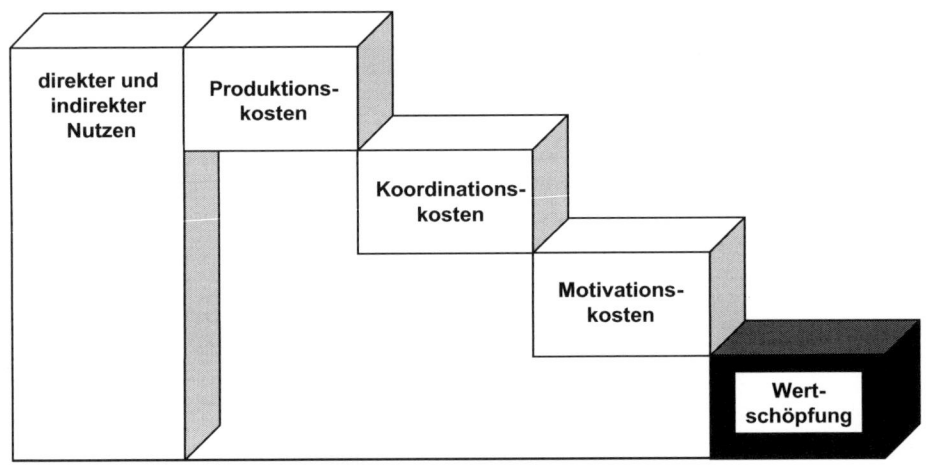

Quelle: Jost, 2000, 521

Das *Koordinationsproblem* besteht darin, eine Person innerhalb einer Hierarchie ihren Fähigkeiten entsprechend einzusetzen. Immer geht es dabei auch um die Frage, mit welchen Ressourcen und Entscheidungskompetenzen ein Mensch ausgestattet werden soll. Anzustreben ist eine Übereinstimmung zwischen den Fähigkeiten eines Mitarbeiters in Bezug auf eine bestimmte Aufgabe und den Rechten des Mitarbeiters über bestimmte Input-Ressourcen.

Das *Motivationsproblem* besteht darin, eine Person dazu zu bewegen, seine Fähigkeiten im Sinne der Unternehmensziele einzusetzen. Das ist nicht selbstverständlich, da Zielkonflikte vorliegen können. Um diese Konflikte aufzulösen, müssen die Anreize für einen Menschen so gesetzt werden, dass es *individuell* lohnend wird, zur Zielerreichung der Organisation beizutragen. Als adäquates Mittel zur Herstellung einer solchen Anreizkompatibilität wird üblicherweise die Partizipation am Unternehmensoutput, insbesondere am Unternehmensgewinn, angesehen.

Abbildung 25-2: Die organisationsökonomische Trias

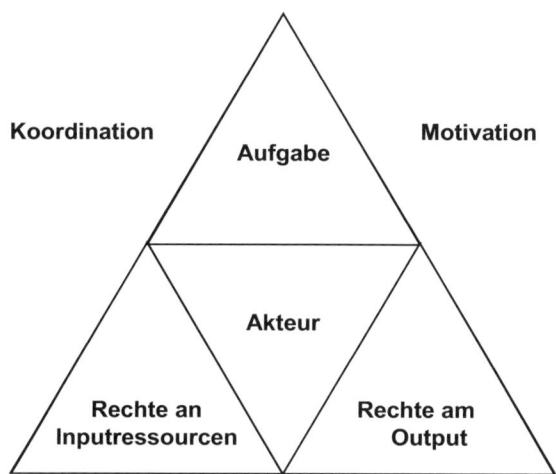

Quelle: Wolff/Lazear, 2001, 51

Das *Potential* der Hierarchie – die Steuerung durch Anweisung und der Kontrollvorteil der Hierarchie gegenüber dem Markt – muss also ganz bewusst aktiviert werden. Es ist die Aufgabe der Personalpolitik zur Lösung der Koordinations- und der Motivationsaufgabe die erforderlichen Grundsatzentscheidungen im Unternehmen zu treffen (vgl. Oechsler 1997, 295). Aufgaben und Kompetenzen müssen den Mitarbeitern nach ihren Fähigkeiten zugeordnet werden oder die Fähigkeiten der Mitarbeiter müssen den zu bewältigenden Aufgaben angepasst werden. Die Motivation der Mitarbeiter muss z.B. durch eine Identifikation mit den Zielen der Organisation gefördert werden.

25.2 Besetzungsstrategien nach Perlmutter

Die Lösung der Koordinations- und Motivationsaufgabe muss auch als Maßstab an die in der Praxis üblichen Besetzungsstrategien angelegt werden. Die Klassifikation Perlmutters beschreibt solche Strategien. Sie knüpft unmittelbar an der von Perlmutter entwickelten Typologie internationaler Unternehmen (vgl. Kap. 24) an und führt in der Konsequenz zu einer ethnozentrischen, einer polyzentrischen und einer geozentrischen Besetzungsstrategie internationaler Unternehmen. Die regiozentrische Orientierung kann wiederum als ein Sonderfall der polyzentrischen Strategie angesehen wer-

Mitarbeiterselektion

den. Auf sie wird daher nicht weiter eingegangen. Hinter den drei Strategien stehen ganz unterschiedliche Vorstellungen darüber, wie die Qualifikation und die Motivation von Mitarbeitern in Auslandstöchtern, -niederlassungen etc. am ehesten sichergestellt werden können.

Nach dem *ethnozentrischen* Ansatz der Stellenbesetzung werden Führungspositionen in einem internationalen Unternehmen mit Mitarbeitern aus dem Stammland des Unternehmens besetzt. Diese Strategie ist häufig zu beobachten, wenn Unternehmen sich in einer frühen Phase ihrer Internationalisierung befinden oder wenn angenommen wird, dass die Führungskräfte aus dem Stammland besser qualifiziert sind als in dem Gastland. Auch die wahrgenommene Notwendigkeit sehr enger Kommunikationsbeziehungen zwischen dem Mutterunternehmen und den Auslandseinheiten des Unternehmens kann eine ethnozentrische Besetzungsstrategie ratsam erscheinen lassen.

Die ethnozentrische Politik birgt aber auch verschiedene Nachteile (vgl. Zeira 1976). So können sich die beschränkten Aufstiegsmöglichkeiten der Mitarbeiter aus dem Gastland negativ auf deren Motivation auswirken. Auch ist zu befürchten, dass gerade die besten Mitarbeiter aus dem Gastland früher oder später das Unternehmen verlassen, um bessere Aufstiegschancen zu erhalten. Große Einkommensunterschiede zwischen den Stammhausmitarbeitern und den lokalen Mitarbeitern können zusätzlich zu atmosphärischen Spannungen führen.

Nach einer *polyzentrischen* Besetzungsstrategie werden vor allem Mitarbeiter aus dem Gastland eingesetzt, um Führungspositionen in den Tochtergesellschaften in ihrem eigenen Land zu bekleiden. Dadurch werden viele Probleme einer ethnozentrischen Politik vermieden. Vor allem wirkt sich eine polyzentrische Personalstrategie positiv auf die Motivation der einheimischen Mitarbeiter in der Tochtergesellschaft aus. Auch wird die Kontinuität in der Führung möglicherweise dadurch erhöht, dass lokale Führungskräfte – im Gegensatz zu den zeitlich oft befristet entsandten Stammhausmitarbeitern – eine Position oft länger oder unbefristet einnehmen.

Allerdings werden diese Vorteile durch potentielle Nachteile in der Koordination erkauft. Als zentral kann dabei das Problem der Zusammenarbeit zwischen Unternehmenszentrale und Tochterunternehmen angesehen werden. Die polyzentrische Strategie weckt zentrifugale Kräfte, die eine abgestimmte Planung erschweren. Unterschiedliche nationale Interessen, Sprachbarrieren und kulturelle Unterschiede können zu einer Kluft zwischen den Unternehmensteilen beitragen, die potentielle Synergien verhindert. Darüber hinaus sind die Karrierepfade der Mitarbeiter des Unternehmens auch bei dieser Strategie eingeschränkt. Stammlandmitarbeiter erhalten kaum die Möglichkeit, Auslandserfahrung zu sammeln. Dieses Defizit kann in einer internationalen Wettbewerbsumwelt schnell zu einem gravierenden Nachteil werden. Mitarbeiter aus den lokalen Tochterunternehmen werden dagegen kaum über Positionen in diesen Tochterunternehmen hinauskommen, so dass ihr Karrierepfad ebenfalls eingeschränkt ist.

Besetzungsstrategien nach Perlmutter **25.2**

Ziel einer *geozentrischen* Strategie ist es, jeweils die besten Leute für eine Position zu gewinnen und zwar unabhängig von ihrer nationalen Herkunft. Dadurch sollen nationale Loyalitäten zugunsten einer Identifikation mit dem Unternehmen abgebaut werden. Statt nationaler Einzelkulturen soll eine Unternehmensgesamtkultur entstehen. Weder die Dominanz der Muttergesellschaft, noch eine Anpassung an lokale Verhältnisse werden angestrebt. Stattdessen soll ein Kader international einsetzbarer Topmanager einen weltweit optimalen Einsatz der Unternehmensressourcen sicherstellen.

Ein Hauptproblem einer Implementierung der geozentrischen Strategie liegt nach wie vor in den oft restriktiven Gesetzen zur Beschäftigung von Mitarbeitern in verschiedenen Ländern. So bestehen verschiedene Länder auf Quoten von lokalen Mitarbeitern in der Unternehmensspitze (z.B. Brasilien). Andere Länder (z.B. Deutschland, USA) fordern von Unternehmen eine Begründung dafür, dass eine Position mit einem ausländischen Mitarbeiter besetzt wird. In vielen Ländern stellt die Besetzung von Führungspositionen zudem ein Politikum dar, das in der Öffentlichkeit genau betrachtet wird. Die resultierende Bürokratie ist zeit- und kostenintensiv.

Tabelle 25-1 fasst Vor- und Nachteile der genannten Strategie noch einmal zusammen:

Tabelle 25-1: *Besetzungsstrategien im Vergleich*

Besetzungstrategie	Vorteile	Nachteile
Ethnozentrisch	Überwindet Mangel an qualifizierten Managern; einheitliche Unternehmenskultur; Hilfe beim Transfer von *core competencies*	Kann auf Ablehnung im Gastland und auf "kulturelle Kurzsichtigkeit" stoßen
Polyzentrisch	Milderung "kulturelller Kurzsichtigkeit"; kostengünstige Implementierung	Begrenzung von Karriere-Mobilität; Isolierung des Stammhauses von ausländischen Tochtergesellschaften
Geozentrisch	Effizienter Einsatz von Humankapital; hilft beim Aufbau einer starken Unternehmenskultur und Management Netzwerk	Nationale Immigrationsbestimmungen können Implementierung begrenzen; teuer

Quelle: Nach Perlmutter, 1969

Im Ergebnis zeigt sich, dass keine der Strategien als überlegene Normstrategie zu interpretieren ist (vgl. auch Bergemann/Sourisseaux 2003, 196). Die gegensätzlichen Wirkungen auf das Koordinationsziel und das Motivationsziel der ethnozentrischen und der polyzentrischen Besetzungsstrategie zeigen, dass ein differenziertes Herangehen an Besetzungsentscheidungen erforderlich ist. Vor allem ist nicht davon auszugehen, dass es sich bei Stammhausmitarbeitern und Gastlandmitarbeitern jeweils um homogene Gruppen handelt. Eine individuelle Auswahl von Mitarbeitern wird dadurch in jedem Fall erforderlich. Es ist bei jeder Besetzungsentscheidung festzustellen, ob der Kandidat oder die Kandidatin über die gefragten Fähigkeiten verfügt und ob eine entsprechende Motivation zur Übernahme der Aufgabe vorhanden ist. Der Auswahlprozess findet anhand bestimmter Signale zur Leistungsfähigkeit und zur Motivation statt.

25.3 Signaling und Mitarbeiterauswahl

Da potentiellen Mitarbeitern weder ihre Fähigkeiten noch ihre Motivation ins Gesicht geschrieben steht, müssen Arbeitgeber nach anderen Wegen suchen, geeignete Organisationsmitglieder zu erkennen. Dabei spielen Signale von Qualifikation und Motivation eine zentrale Rolle. Ein *Signal* ist zunächst nichts anderes, als eine *beobachtbare Eigenschaft*. In der Beobachtbarkeit unterscheidet sich ein Signal von den gesuchten Eigenschaften Qualifikation und Motivation, die im Normalfall nicht sichtbar sind. Damit ein Signal für einen Arbeitgeber eine Hilfestellung bei der Auswahl von Mitarbeitern bietet, muss es bestimmten Anforderungen genügen:

- Das Signal muss mit der nichtbeobachtbaren Eigenschaft korrelieren.
- Die Kosten des Signals müssen für „gute" Bewerber so niedrig sein, dass es sich für sie lohnt zu signalisieren.
- Die Kosten des Signals müssen für die „schlechten" Bewerber so hoch sein, dass es sich für sie nicht lohnt zu signalisieren.

Die Funktionsweise eines Signals lässt sich anhand eines Beispiels leicht verdeutlichen (vgl. Neus 2005, 213 ff.). In dem Beispiel geht es einem Arbeitgeber darum, zwei unterschiedlich anspruchsvolle Arbeitsplätze (Q_1 stellt höhere Anforderungen als Q_2) mit zwei entsprechend unterschiedlich qualifizierten Bewerbern zu besetzen. Den Anforderungen entsprechend sind auch die Vergütungen für die beiden Tätigkeiten unterschiedlich, wobei $L_1 > L_2$.). Durch den Gehaltsunterschied entsteht für Bewerber ein Anreiz, sich für die besser dotierte Stelle ins Gespräch zu bringen. Dem Arbeitgeber ist es aber unmöglich, aufgrund der Selbstbeschreibungen der Bewerber zu überprüfen, welcher Kandidat tatsächlich über die erforderliche Qualifikation verfügt. Es ist daher nach anderen Kriterien zu suchen, die eine Qualifikationsbeschreibung liefern.

Traditionell wird dabei Zeugnissen, also beispielsweise Hochschulzeugnissen, eine wichtige Rolle beigemessen. Korreliert die Note mit der erforderlichen Qualifikation, so ist eine Abschlussnote ein hilfreiches Signal für einen Arbeitgeber. Allerdings sagt die Note allein noch nicht viel über die Qualifikation des Arbeitnehmers aus. Auch ein wenig begabter Student kann mit einem enormen Arbeitsaufwand gute Noten hervorbringen. Ob er dann aber genau so gut für eine Stelle geeignet ist, wie ein hoch begabter Student, dem es leicht fiel, eine gute Note zu erhalten, kann bezweifelt werden. Bezieht man das Zustandekommen der Abschlussnote in die Betrachtung mit ein, so

Signaling und Mitarbeiterauswahl **25.3**

wird die Aussagefähigkeit eines Zeugnisses deutlich verbessert. Eine Zeugnisnote ergibt sich in dem Beispiel aus einer Kombination aus Qualifikation und Arbeitseinsatz. Für den fähigeren Kandidaten ist es jeweils leichter, eine bestimmte Note zu erzielen, als für den weniger qualifizierten Kandidaten. Das wird an dem in Abbildung 25-3 gezeigten Arbeitseinsatz deutlich. So benötigt der besser qualifizierte Kandidat für das Notenspektrum 1-2,5 nur einen Arbeitseinsatz von 40 (gemessen in Gehaltsäquivalent) während der weniger qualifizierte Kandidat einen Arbeitseinsatz von 90 benötigt. Das allein sagt aber noch nichts darüber aus, für welches „Notensignal" sich die beiden Kandidaten jeweils entscheiden werden. So kann es für den weniger fähigen Kandidaten gleichwohl lohnend sein, ein *Prädikatsexamen* für einen Arbeitseinsatz von 90 zu erwerben, wenn der Arbeitseinsatz durch entsprechende Gehaltszahlungen überkompensiert wird. Ebenso würde sich die hoch qualifizierte Studentin bzw. Student ggf. doch nur für einen Arbeitseinsatz entscheiden, der zu einer schwächeren Note führt („normales Examen"), wenn auf dem Arbeitsmarkt nur ein Einheitslohn gezahlt würde.

Abbildung 25-3: Arbeitseinsatz nach Qualifikation und Note

$A(Q_i, N_j)$	N_1 (1,0 – 2,5)	N_2 (2,6 – 4,0)
Q_1	40	20
Q_2	90	30

Wobei:	
Q_i	Qualifikation (Fähigkeit) von Typ i ($Q_1 > Q_2$)
N_j	Notenbereich j ($N_1 > N_2$)
$A(\cdot)$	für die Note N_j erforderlicher Arbeitseinsatz bei Qualifikation Q_i, gemessen im Gehaltsäquivalent.

Quelle: Neus, 2005, 213

Es liegt somit in diesem Modell auch am Gehaltsangebot des Arbeitgebers, ob sich ein Kandidat dafür entscheidet, das Prädikatsexamen oder ein normales Examen zu erwerben. Eine Studentin oder ein Student wird sich immer für die gewinnmaximale Verhaltensoption entscheiden. Die Aufgabe des Arbeitgebers besteht nun darin, seine Gehaltsstruktur so festzulegen, dass es sich nur für die Hochqualifizierten lohnt, das Signal des Prädikatsexamens zu senden.

Der weniger qualifizierte Kandidat soll dagegen veranlasst werden, ein normales Examen abzulegen und gleichzeitig die weniger anspruchsvolle Stelle zu akzeptieren. Als Nebenbedingung gilt dabei, dass der Arbeitgeber dieses Ziel bei möglichst niedrigen Gehaltszahlungen erreichen möchte. (Nebenbei: Dieses Ziel wird in dem Beispiel bei einem Lohn $L_1 = 50$ und $L_2 = 30$ erreicht).

So klar und eindeutig wie die Ergebnisse im gezeigten Beispiel, sind die Ergebnisse der Betrachtung von Signalen in der Praxis nicht. Zum einen ist festzustellen, dass – obwohl gute Noten vor allem mit den beiden Faktoren Begabung und Arbeitseinsatz zu tun haben - keine Studentin und kein Student ihren bzw. seinen Einsatz für einen bestimmten Notenschnitt so rational plant, wie das oben geschildert wurde. Zum anderen stellt sich gerade bei der Rekrutierung von Mitarbeitern für internationale Unternehmen die Frage, was mit „Begabung" oder „Qualifikation" eigentlich gemeint ist. Vor allem wenn es um Führungspersonal für eine Auslandstätigkeit geht, müssen die Beurteilungskriterien angepasst werden. Dass die Anforderungen an Mitarbeiter in einem internationalen Unternehmen ein breites Spektrum von Fähigkeiten und Verhaltensweisen umfassen, zeigen die folgenden Meinungen:

Bartlett und Goshal (1989) fassen ihre Anforderungen an internationale Führungskräfte in ihrer „SMILE"-Formel zusammen: "**S**peciality (the needed skill, capability, or knowledge), **M**anagement ability (particularly motivational ability), **I**nternational (willingness to learn and ability to adapt), **L**anguage facility, and **E**ndeavour (vitality, perseverance in the face of Difficulty)".

Bei DaimlerChrysler gilt seit längerem: „Statt provinzieller Kurzsichtigkeit und fehlenden Gespürs für fremde Verhaltensweisen brauchen wir (..) mehr Führungspersonal mit globalem Horizont." (Klein/Lentz 1987)

Korn und Ferry (1998) von der International and Columbia University stellen fest: „In the year 2000, the CEO will be Creative, Enthusiastic, and Open minded as well as Collaborative, Ethical, and Organized. The new leader will be both intuitive and analytical, both risk-taking and diplomatic."

Es wird schnell deutlich, dass es nicht einfach ist, nach klaren Signalen bei den Bewerbern zu suchen. Eine Reihe von Studien hat daher versucht, relevante Bewertungskriterien für die Auswahl von Mitarbeitern in internationalen Unternehmen zu finden. Neben der hier aufgezeigten ökonomischen Betrachtung des Problems des Signaling wird daher regelmäßig auch auf Ergebnisse aus den Nachbardisziplinen, insbesondere den Verhaltenswissenschaften eingegangen. Steinmann und Kumar (1976) haben früh sowohl die Leistungsfähigkeit als auch die Motivation für eine Tätigkeit in internationalen Unternehmen – insbesondere auch für eine Auslandstätigkeit – abgefragt.

Abbildung 25-4: Auswahl und Motivation deutscher Entsandter

Bedeutung von Auswahlkriterien für einen Auslandseinsatz von Mitarbeitern deutscher Unternehmen:
- Allgemeine Qualifikation und Erfahrung (4,18)
- Bereitschaft, Verantwortung zu übernehmen (4,12)
- Fähigkeit, die Arbeit anderer zu planen und zu leiten (3,93)
- Vertrautheit mit der Unternehmenspolitik (3,86)
- frühere Arbeit im Ausland (3,63)
- Bereitschaft, ins Ausland zu gehen (3,36)
- Aussicht auf Qualifizierung für weitere verantwortungsvolle Aufgaben (2,86) und
- Unterstützung durch Ehefrau (2,70)

Einflusskriterien auf die persönliche Motivation für einen Auslandseinsatz bei deutschen Entsandten:
- Möglichkeit zur Übernahme von Verantwortung (4,35)
- Möglichkeit zur Verbesserung der Berufsqualifikation (3,96)
- Aneignung von Auslandserfahrung (3,70)
- Vorhandensein der richtigen Qualifikation (3,58)
- Möglichkeit eines Auslandsaufenthaltes (3,47)
- Verbesserung der Berufsmobilität (3,33)
- Verbesserung des Einkommens (3,09) und
- Ermutigung durch Ehefrau und Familie (2,65)
  (1 = kleinste Bedeutung, bis 5 = größte Bedeutung)

Mendenhall und Oddou sehen einen zentralen Fehler personalpolitischer Entscheidungen darin, dass an Kandidaten für internationale Tätigkeiten die gleichen Kriterien angelegt werden, wie an Kandidaten für nationale Tätigkeiten (vgl. Mendenhall und Oddou 1985, 39ff.). Durch die Auswertung von Forschungsarbeiten kommen sie zu dem Schluss, dass Manager, die auf dem Heimatmarkt erfolgreich sind, keineswegs auch im Auslandseinsatz erfolgreich sein müssen. Insgesamt ermitteln sie vier Dimensionen, die eine Prognose über den Erfolg einer Auslandsentsendung gestatten: Selbst-Orientierung (self-orientation), Fremd-Orientierung (others-orientation), Wahrnehmungsfähigkeit (perceptual ability), und kulturelle Robustheit (cultural toughness).

Die *Selbst-Orientierungs-Dimension* bezieht sich auf Eigenschaften, die das Selbstbewusstsein, das Selbstvertrauen und das mentale Wohlbefinden der Manager betreffen. Mendenhall und Oddou kommen zu dem Schluss, dass Manager mit einem hohen Selbstvertrauen geringere Probleme haben, ihre Lebensgewohnheiten (z.B. Essen, Sport, Hobbies, Technologien...) anzupassen.

Unter der *Fremd-Orientierungs-Dimension* fassen Mendenhall und Oddou Eigenschaften von Managern zusammen, durch welche die Fähigkeit zur Interaktion mit lokalen

Mitarbeitern beeinflusst wird. Der Erfolg von entsandten Managern wird in hohem Maße auf die Fähigkeit zur erfolgreichen Interaktion mit Menschen aus dem Gastland zurückgeführt. Zwei Merkmale sind für die Fremd-Orientierung von besonderer Bedeutung: die Beziehungskompetenz und die Kommunikationsbereitschaft. Während Beziehungskompetenz die Fähigkeit zum Aufbau von Beziehungen und Freundschaften zu Menschen aus dem Gastland beschreibt, stellt die Kommunikationsbereitschaft vor allem auf Kenntnisse in der Landessprache ab. Dabei sind es nach Mendenhall und Oddou nicht so sehr perfekte Sprachkenntnisse, die Interaktionen zwischen Menschen erleichtern, sondern die Bereitschaft, sich auf die Sprache des anderen einzulassen, auch wenn die eigenen Fähigkeiten evtl. nicht perfekt sind.

Die *Wahrnehmungsfähigkeit* von Managern beschreibt ihre Fähigkeit, das Verhalten anderer zu akzeptieren und nicht durch die Brille des eigenen nationalen Hintergrunds zu betrachten. Dadurch werden Menschen in ihren nationalen und kulturellen Besonderheiten akzeptiert. Der Fehler, Mitarbeiter aus einem Gastland so zu behandeln als seien sie Stammlandmitarbeiter wird dadurch vermieden. Misserfolge und Frustrationen für den entsandten Manager werden dadurch reduziert.

Kulturelle Robustheit setzt nicht am Individuum an, sondern stellt fest, dass unterschiedliche Zielländer unterschiedlich hohe Anforderungen an die entsandten Manager stellen. So stellt Großbritannien als Zielland für amerikanische Manager eine deutlich geringere Herausforderung dar, als Indien oder China. Da in vielen Kulturen der Wirtschaftssektor nach wie vor von Männern dominiert wird, können bestimmte Zielländer gerade für weibliche Manager eine echte Herausforderung darstellen.

Für die Feststellung der Ausprägungen der von Mendenhall und Oddou und anderen Verfassern erarbeiteten Kriterien lassen sich klare Signale – etwa in Form von Abschlußnoten - teilweise nur schwer ermitteln. Als Alternativen kommen sehr unterschiedliche Instrumente zur Bewertung von Kandidaten in Frage. Neben strukturierten Auswahlinterviews können psychologische Testverfahren, biographische Fragebogen, interkulturelle Assessment Center sowie Selbsteinschätzungen der Kandidaten Aufschluss über ihre Eignung geben. Tatsächlich finden diese Instrumente in der Praxis aber kaum Anwendung. Nach einer Studie von Tung (1981) setzten nur etwa 5% der Unternehmen bei Entsendungsentscheidungen strukturierte Entscheidungshilfen oder psychologische Verfahren ein. Sehr viel hat sich in der Unternehmenspraxis bis heute nicht geändert. In einer Studien über das Auswahlverhalten von 50 „Fortune 500"-Unternehmen wurde ermittelt, dass nur in 10% der Unternehmen psychologische Faktoren wie die kulturelle Sensitivität bei der Auswahl von Personen für eine Auslandstätigkeit eine Rolle spielten. In 90% der Fälle wurde die Entscheidung ausschließlich auf der Basis fachlicher Expertise gefällt (vgl. Salomon 1994, 51ff.).

Literaturhinweise

Für einen allgemeinen Einstieg in personalökonomische Fragestellungen sind verschiedene Quellen geeignet. Besonders zu empfehlen ist die Einführung in der Personalökonomik von Wolff und Lazear (2001). Aber auch Klimecki/ Gmür (1998) und Sadowski (2002) bieten einen geeigneten Einstieg. Speziell auf Fragen des internationalen Personalmanagements gehen die Lehrbücher von Black et al. (1999) und Adler (2002) ein. Auf die Fragen der Auswahl und Entsendung von Stammhausmitarbeitern gehen z.B. Kammel und Teichelmann (1994) ein.

Zusammenfassung

1. Bei einer Aufgabe der Annahmen des neoklassischen Arbeitsmarktes (homogenes Arbeitsangebot, vollkommene Konkurrenz, vollkommene Information etc.) wird die Mitarbeiterselektion zu einer Aufgabe, deren Lösung einen gravierenden Einfluss auf die Koordinations- und Motivationskosten eines Unternehmens hat.

2. Idealtypische Besetzungsstrategien (z.B. die ethnozentrische, polyzentrische oder geozentrische Strategie) haben unterschiedliche Auswirkungen auf die Lösung des Koordinations- und Motivationsproblems. Vor allem aber ersetzen sie nicht eine individuelle Auswahl von Mitarbeitern.

3. Die individuelle Auswahl von Mitarbeitern erfolgt anhand von Signalen, die mit der erforderlichen Qualifikation korrelieren. Die Kosten des Signals müssen für „gute" Bewerber so niedrig sein, dass es sich für sie lohnt zu signalisieren und sie müssen für die „schlechten" Bewerber so hoch sein, dass es sich für sie nicht lohnt zu signalisieren.

4. Das Finden geeigneter Signale gestaltet sich schwierig, wenn es darum geht, die Eignung eines Mitarbeiters für eine Auslandsentsendung festzustellen. Eine Reihe von Instrumenten wird daher eingesetzt, um festzustellen, ob ein Kandidat den Anforderungen genügt.

Schlüsselbegriffe

Mitarbeiterselektion; Signal; Motivation; Koordination

26 Entwicklung

26.1 Personalentwicklung als Investition

Die Personalentwicklung lässt sich aus ökonomischer Sicht als Investition betrachten, wenn der Weiterbildungsaspekt in den Vordergrund gestellt wird und nicht so sehr der Aspekt der Karriereplanung, der ebenfalls als Bestandteil der Personalentwicklung angesehen werden kann (vgl. Welge/Holtbrügge 2003, 203). Investitionen in die Personalentwicklung führen dann zum Aufbau eines Wertes, der häufig mit dem Begriff des Humankapitals beschrieben wird. Der Begriff des Humankapitals darf nicht suggerieren, dass es sich bei Menschen um eine Ressource handelt, die quasi ohne Probleme neben andere Inputfaktoren des Unternehmens gestellt werden könne. Damit würde die Natur des Menschen als biologisches und soziales Wesen negiert. Die Wahl des Begriffs „Humankapital" zum Unwort des Jahres 2005 wäre dann sicher angemessen. Vielmehr soll durch den Begriff zum Ausdruck gebracht werden, dass das Wissen eines Menschen, wie auch die Gesundheit, die Jugend oder die Erfahrung ein Kapital darstellt, das dem Menschen Möglichkeiten der Daseinsgestaltung gibt. Das Wissen eines Menschen ist darüber hinaus ein wesentliches Auswahlkriterium bei der Besetzung von Positionen in einem Unternehmen (vgl. Kap. 25). Durch die Einstellung einer Mitarbeiterin oder eines Mitarbeiters hoffen die Mitglieder einer Organisation auf einen Wissenszuwachs, der den Zielen einer Organisation dient. Vor diesem Hintergrund scheint der Begriff des Kapitals gerechtfertigt. Allerdings ist es vermutlich präziser von Wissenskapital anstelle von Humankapital zu sprechen. Die heute entscheidende Rolle des Wissens wird auf diese Weise klar zum Ausdruck gebracht, ohne den Menschen auf eine Ressourcenfunktion zu beschränken.

Während Wissen bei der Mitarbeiterselektion etwas ist, das die Bewerber mit in das Unternehmen bringen, geht es bei der Personalentwicklung um Wissen, das von Mitarbeitern in einem Arbeits- oder Ausbildungsverhältnis im Unternehmen erworben wird. Diese Personalentwicklung führt bei den Unternehmen zu Kosten, die erst im Verlauf der Zeit über eine erhöhte Produktivität der Mitarbeiter wieder gedeckt werden. Insofern stellen Maßnahmen der Personalentwicklung Investitionen dar.

Prinzipiell sind bei der Personalentwicklung zwei Arten von Wissen zu unterscheiden, die Konsequenzen auf die Durchführung von Entwicklungsmaßnahmen haben (vgl. Sadowski 2002, 55). Zum einen geht es um den Aufbau von *generellem Wissenskapital*. Zum anderen geht es um den Aufbau von *unternehmensspezifischem Wissenskapital*.

Personalentwicklungsmaßnahmen zum Aufbau von *generellem* Wissen sind in besonders hohem Maße durch das Risiko der Abwanderung von Mitarbeitern bedroht. Das ausbildende Unternehmen trägt die Kosten der Personalentwicklung in der Hoffnung, von dem aufgebauten Wissen zu profitieren. Ein anderes Unternehmen, das keine Entwicklungsmaßnahmen durchführt und daher keine Ausbildungskosten tragen muss, ist wegen der niedrigeren Ausbildungskosten in der Lage, ein höheres Lohnangebot an die geschulten Mitarbeiter zu unterbreiten. Bei funktionierendem Lohnwettbewerb würde der Mitarbeiter abwandern und das höhere Angebot akzeptieren. Unter diesen Umständen ist es nur schwer vorstellbar, dass ein Unternehmen überhaupt Geld in eine Personalentwicklung investiert, die den Aufbau von generellem Wissenskapital zum Gegenstand hat. In der Praxis sind derartige Personalentwicklungsmaßnahmen aber dennoch zu beobachten. Länderspezifische Trainings wie Sprachausbildung oder der Erwerb kultureller Fertigkeiten stellen *generelles* Wissen dar, das auch außerhalb von einem bestimmten Unternehmen eingesetzt werden kann. Eine Erklärung für derartige Personalentwicklungsmaßnahmen ist nur unter bestimmten Annahmen möglich:

- Wird der vollständige Lohnwettbewerb z.B. durch Loyalität des Arbeitnehmers gegenüber einem Arbeitgeber, der Investitionen in die eigene Ausbildung geleistet hat, eingeschränkt, so können Investitionen in generelles Wissen für ein Unternehmen lohnend sein (vgl. auch Galunic/ Anderson 2000).

- Vertragsklauseln, die einen Mindestverbleib im Unternehmen nach erfolgter Entwicklungsmaßnahme oder aber die Rückzahlung der Ausbildungskosten durch den Mitarbeiter im Falle des Unternehmenswechsels beinhalten, können die Investition des Unternehmens in generelles Wissen lohnend werden lassen (vgl. dazu Alewell 1997).

- Die vollständige Übernahme oder aber Beteiligung des Arbeitnehmers an den Kosten der Entwicklungsmaßnahme (durch Lohnverzicht oder direkte Zahlung) reduziert das Investitionsrisiko durch Abwanderung für den Ausbildungsbetrieb.

Für den Arbeitgeber bedeutet der dritte Fall aber, dass er dem Arbeitnehmer nach Beendigung der Ausbildungsmaßnahme ein Gehalt zahlen muss, das a) den Verlust des Arbeitnehmers durch die Übernahme der Ausbildungskosten mehr als kompensiert (sonst hätte der Arbeitnehmer keinen Anreiz zur Übernahme der Kosten der Entwicklungsmaßnahmen) und das b) wenigstens so hoch ist wie der Marktlohn für einen Mitarbeiter mit adäquater Qualifikation (sonst würde der Mitarbeiter das Unternehmen verlassen).

Personalentwicklungsmaßnahmen zum Aufbau von *unternehmensspezifischem* Wissen erfolgen dagegen unter ganz anderen Bedingungen. Unternehmensspezifische Personalentwicklung zeichnet sich dadurch aus, dass sie nur dem ausbildenden Unternehmen, nicht aber anderen Unternehmen einen Nutzen stiftet. Kann das unternehmensspezifische Wissen nur in dem ausbildenden Unternehmen zur Produktivitätssteigerung beitragen, so besteht für andere Unternehmen kein Anreiz, Mitarbeiter mit diesem Wissen durch ein höheres Lohnangebot abzuwerben.

Für ein Unternehmen ist die Finanzierung von Investitionen in Wissenskapital dann lohnend, wenn Produktivitätseffekte die Kosten der entsprechenden Entwicklungsmaßnahme überkompensieren. Dabei ist aber die Interessenlage des Menschen, der die Entwicklungsmaßnahme erfährt, zu berücksichtigen. Eine Motivation zum Verbleib in dem Ausbildungsunternehmen entsteht nur dann, wenn der Mitarbeiter an dem Produktivitätsgewinn des Unternehmens, also an der Quasi-Rente des unternehmensspezifischen Wissenskapitals einen Anteil erhält. Wie die Aufteilung dieser Quasi-Rente im Ergebnis aussehen wird ist dabei zunächst offen. Gary Becker erwartet längerfristig eine Aufteilung, die das Angebot von und die Nachfrage nach unternehmensspezifischer Entwicklung zum Ausgleich bringt (vgl. Becker 1964). Implikationen ergeben sich aber auch für die Sicherheit eines Beschäftigungsverhältnisses. Aus der Perspektive der Arbeitnehmer kann die Akkumulation als eine Form von Kündigungsschutz angesehen werden. Bei betriebsbedingten Kündigungen ist damit zu rechnen, dass auf einem vollkommenen Markt zunächst diejenigen Mitarbeiter entlassen werden, die nicht über unternehmensspezifisches Wissen verfügen.

26.2 Entsendung als Entwicklungsmaßnahme und -ziel

Im Rahmen der betrieblichen Entwicklung stellen Auslandsaufenthalte sowohl ein Mittel als auch ein Ziel der Personalentwicklung dar. Als *Mittel* bzw. *Instrument* einer Personalentwicklung sollen Auslandsaufenthalte das Wissen und die Erfahrung eines Menschen steigern, unabhängig davon, ob der Mitarbeiter später tatsächlich eine Tätigkeit in einer Auslandseinheit des Unternehmens aufnimmt. Ist die Entsendung das *Ziel* einer Personalentwicklung, dann sollen die Menschen durch die Maßnahme auf eine verantwortliche und erfolgreiche Tätigkeit im Ausland vorbereitet werden.

Eine Auslandsentsendung als Entwicklungsinstrument soll vor allem die folgenden Fähigkeiten stärken bzw. vermitteln (vgl. z.B. auch Wirth 2003, 337). Sie umfassen generelles und spezifisches Wissen:

- Erweiterung des Horizonts des Menschen durch Erfahrungen im Ausland
- Förderung bereichs- und länderübergreifenden Verständnisses für Probleme des Unternehmens
- Verbesserung innovativer und integrativer Fähigkeiten
- Förderung einer längerfristigen und unternehmensbezogenen statt einer individuellen bzw. bereichsbezogenen Perspektive
- Bewusstsein für notwendige organisatorische Veränderungen
- Mittel der Sozialisation im Gesamtunternehmen

Entwicklung

■ Aufbau einer weltweiten Unternehmenskultur

Ist die Auslandsentsendung das Ziel einer Entwicklungsmaßnahme, so ist das häufig Ausdruck der Besetzungsstrategie des Unternehmens. Da verschiedene Besetzungsstrategien (vgl. Kapitel 25) explizit eine Besetzung von Positionen im Ausland mit Stammhausmitarbeitern vorsehen, muss diesen Mitarbeitern das erforderliche (generelle und unternehmensspezifische Wissen) vermittelt werden. Erfolgt diese Wissensvermittlung nicht, sind hohe Versagensraten im Ausland die Folge. Tabelle 26-1 zeigt die Ergebnisse einer Studie, die einen Vergleich der „Rückrufraten" von Unternehmen aus den USA, Europa und Japan vornimmt (vgl. Tung 1982). Unter Rückruf ist dabei der vorzeitige Abbruch eines Auslandsaufenthalts zu verstehen.

Tabelle 26-1:   *Versagen von Entsandten*

Rückrufrate (in %)	Unternehmen (in %)
US Multinationals	
20-40%	7%
10-20%	69%
<10%	24%
Europäische Multinationals	
11-15%	3%
6-10%	38%
<5%	59%
Japanische Multinationals	
11-19%	14%
6-10%	10%
<5%	76%

Quelle: Vgl. Tung, 1982, 57ff

Die Ergebnisse der Studien von Tung zeigen, dass US-amerikanische Unternehmen gegenüber europäischen und japanischen Firmen eine besonders hohe „Rückrufrate" aufweisen. 69% der US-Unternehmen holen 10-20% ihrer Mitarbeiter frühzeitig zurück in das Heimatland. 7% der Unternehmen weisen sogar eine Rückrufquote von 20-40% auf (vgl. Tung 1982, 57ff.). Nicht enthalten in den Zahlen sind Angaben über Fälle, in denen ein Manager zwar im Ausland bleibt, seine Aufgaben aber aufgrund von Problemen in der neuen Umgebung nicht wie erwartet erledigt (vgl. Black, Mendenhall, Oddou 1991, 291ff.). Aktuellere Studien, z.B. der Personalberatung International Orientation Resources, kommen zu ähnlichen Ergebnissen (vgl. Salomon 1994, 51 ff.). Die Schätzungen der Kosten eines „Rückrufs" gehen weit auseinander. Sicher ist aber, dass sie weit über das Einkommen des Managers hinaus gehen. Gefährdet ist im Extremfall der Erfolg eines Auslandsengagements.

Um Entwicklungsmaßnahmen zur Vorbereitung auf eine Entsendung zielgerichtet durchführen zu können, ist es erforderlich die Ursachen des Scheiterns zu kennen. In den Arbeiten von Tung zeigt sich, dass die Gründe für das Scheitern von Managern zwischen den USA, Europa und Japan variieren. Bei Mitarbeitern von US-Unternehmen standen die folgenden Gründe im Vordergrund:

- Anpassungsschwierigkeiten des Ehepartners.
- Anpassungsschwierigkeiten des Managers.
- Andere familiäre Probleme.
- Mangelnde persönliche Reife des Managers.
- Zu hohe Verantwortung in der neuen Position.

Manager aus Europa gaben vor allem Probleme des Ehepartners als Ursache für ein Scheitern von Auslandseinsätzen an. Diese Ursache nahm dagegen in Japan eine untergeordnete Rolle ein. Im Vordergrund standen hier Schwierigkeiten mit der neuen und hohen Verantwortung, Probleme mit der neuen Umgebung und persönliche und emotionale Probleme.

Die Analyse der Ursachen für einen Rückruf gibt Hinweise sowohl für die Selektionskriterien von zu entsendenden Managern als auch für potentielle Inhalte von Entwicklungsmaßnahmen. Deutlich wird auch, dass eine Entsendung, die nicht auf die familiäre Situation des Mitarbeiters eingeht, möglicherweise nicht die erwünschte Wirkung zeigt.

26.3 Training für den Auslandseinsatz

Die Vorbereitung auf einen Auslandseinsatz setzt sich in den meisten Unternehmen aus drei Hauptkomponenten zusammen. Dem *interkulturellen Training*, der *sprachlichen Vorbereitung* und einer *praktischen Unterstützung*. Nach den oben genannten Gründen für das Scheitern von Auslandseinsätzen wird deutlich, dass sich die Trainingsmaßnahmen nicht nur an den Mitarbeiter, sondern auch an Ehegatten richten sollten.

Das *interkulturelle Training* soll den oder die Entsandte und den Ehepartner so gut auf die neue Lebenssituation vorbereiten, dass die kulturelle Veränderung kein Grund für ein Scheitern der Auslandsentsendung wird. Die Inhalte des Trainings sind dabei sowohl kulturspezifisch als auch kulturübergreifend. Im Ergebnis soll ein Bewusstsein für die eigene Kultur und eine positive Offenheit für andere Kulturen geschaffen werden, also ein Verständnis der Spielregeln der eigenen und anderer Gesellschaften. Befragungen von Entsandten haben die Bedeutung einer solchen Vorbereitung bestätigt (vgl. Arthur Anderson 1997). Als Techniken der Wissensvermittlung kommen

Entwicklung

dabei kognitive, affektive und verhaltensorientierte Verfahren zum Einsatz (vgl. Landis, Brislin 1983).

Tabelle 26-2:   *Beispiele für Methoden interkulturellen Trainings*

Inhalte der Trainings-maßnahmen	kulturallgemein	kulturspezifisch
kognitiv	Vorträge über interkulturelle Kommunikation/ Anthropologie	länderkundliche Informationsseminare, traditioneller Sprachunterricht
affektiv	Fallstudien über interkulturelle Probleme	Rollenspiele/ Fallstudien, die auf die Kultur des Entsendungslandes bezogen sind, Kulturassimilator
verhaltensorientiert	Simulationsübung, z.B. Bafá Bafá; Sensitivitätstraining mit Teilnehmern verschiedener Kulturen	Gastfamiliensurrogat mit Familie aus dem Entsendungsland

Quelle: In Anlehnung an Wirth, 1992, 176

Durch das *kognitive Training* soll vor allem Wissen vermittelt werden. Dabei stehen länder- und kulturorientierte Inhalte im Vordergrund.

Affektive Trainingsmethoden zeichnen sich dadurch aus, dass sie den zu Entsendenden aktiv in den Trainingsprozess einbeziehen. Durch Fallstudien oder Rollenspielen soll der Kandidat eine Beziehung zu der fremden Kultur aufbauen. Durch sog. Kulturassimilatoren werden die Probanden mit einer Vielzahl von interkulturellen Szenen konfrontiert, die jeweils menschliche Interaktionsprobleme darstellen. Der Kandidat muss dann aus einer Menge gegebener Reaktionsalternativen eine aussuchen und erhält dann eine erläuternde Würdigung seiner Wahl.

Verhaltensorientierte Methoden trainieren den Auslandseinsatz in noch größerer Realitätsnähe. So werden beispielsweise im Sensitivitätstraining gruppendynamische Prozesse in Gruppen von Teilnehmern aus unterschiedlichen Ländern und Kulturen beobachtet und analysiert. Die Gruppe soll sich dadurch selbst besser erkennen und individuelle Unterschiede erfahren, indem spontan Rückmeldungen gegeben werden. Der Kontakt zu einheimischen Gastfamilien (Gastfamiliensurrogat) soll den Kontakt zur anderen Kultur praktisch in das eigene Land vorverlegen.

Das interkulturelle Training soll im Ergebnis nicht nur dazu führen, dass ein Mitarbeiter im Alltagsleben mit der fremden Kultur zurecht kommt. Vor allem soll das Verständnis der Kultur des Ziellandes auch zur erfolgreichen Wahrnehmung von Führungsaufgaben befähigen. Von Keller (1987) betont, dass der Erfolg eines Entsandten in einer Führungsposition auch von den Erwartungen der lokalen Mitarbeiter an den Führungsstil eines Managers bestimmt wird. Dabei spielen die Vorstellungen über die Partizipation an Entscheidungen eine zentrale Rolle. Der Erfolg eines Managers wird dabei umso höher sein, je größer die Übereinstimmung zwischen dem praktizierten Führungsstil und den kulturell bedingten Partizipationserwartungen der Mitarbeiter ist. Interkulturelles Training soll die Manager auf die spezifischen Erwartungen der Mitarbeiter in einem Gastland vorbereiten.

In Untersuchungen zum Zusammenhang zwischen Kultur und den Erwartungen an einen Führungsstil hat sich gezeigt, dass von Mitarbeitern in westlich und protestantisch geprägten Gesellschaften eine Mitwirkung an Entscheidungen und die Übernahme von Kompetenzen erwartet wird. In eher traditionell geprägten Gesellschaften wird die Delegation von Entscheidungskompetenzen dagegen nur in geringem Umfang erwartet. Abbildung 26-1 ordnet verschiedenen Ländern bestimmte Führungsstilpräferenzen zu. Trainingsmaßnahmen sollen die zu entsendenden Mitarbeiter auf die Führungsstilerwartungen im Gastland vorbereiten.

Abbildung 26-1: Führungsstilpräferenzen in unterschiedlichen Ländern

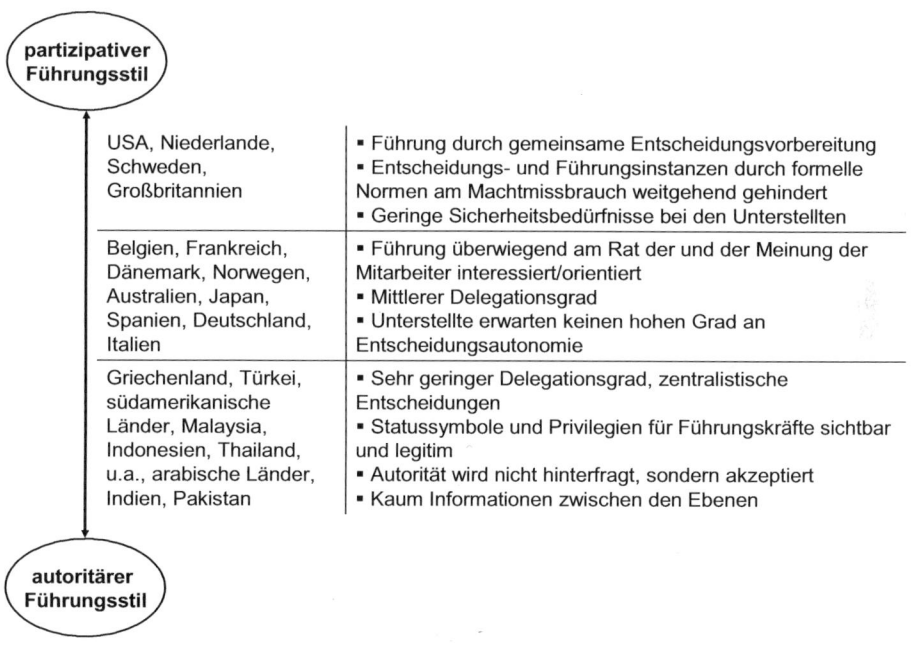

Quelle: Vgl. Keller, 1987, 1287f.

Entwicklung

Die strikte Zuordnung von Führungsstilpräferenzen nach Länder- oder Kulturzugehörigkeit muss allerdings mit Vorsicht unternommen werden. Die Annahme intrakulturell homogener Präferenzen stellt eine starke Vereinfachung dar. Insbesondere abstrahiert sie vom Einfluss individueller Persönlichkeitsmerkmale. Persönlichkeitsmerkmale weisen innerhalb jeder Kultur eine erhebliche Spannweite auf und überlagern die kulturbedingten Stereotypen der Führungsstilpräferenz.

Die bislang genannten Maßnahmen des interkulturellen Trainings werden meist durch eine intensive *Sprachausbildung* ergänzt. Die Bedeutung sprachlicher Fähigkeiten in Verhandlungen und bei der Interaktion mit den Mitarbeitern vor Ort ist offensichtlich. Darüber hinaus gestatten Sprachkenntnisse die Aufnahme von Informationen aus den lokalen Medien. Sie sind somit eine Voraussetzung für den Zugang von Informationen. Insofern ist Sprachausbildung auch dann eine wesentliche Vorbereitung auf den Auslandseinsatz, wenn Verhandlungen und Routineabstimmungen auf Englisch erfolgen können. Baker (1984) weist darauf hin, dass die Vernachlässigung einer Sprachausbildung auch für Manager aus amerikanischen oder englischen Unternehmen kurzsichtig sein kann.

Zusätzlich zu den oben genannten Maßnahmen wird von internationalen Unternehmen häufig auch *praktische Unterstützung* bei der Bewältigung des täglichen Lebens geleistet. Diese Unterstützung reicht von der Organisation des Umzugs bis hin zur Anmeldung eines Telefons oder Behördengängen. Daneben kann aber auch Unterstützung beim Aufbau eines sozialen Netzwerkes eine wichtige Rolle bei der Eingewöhnung spielen. Dabei kommt Kontakten mit Familien von Mitarbeitern, die bereits im Gastland sind, eine wichtige Rolle bei.

Die Durchführung interkultureller Trainingsmaßnahmen erfordert ein hohes Maß an Erfahrung und Kompetenz. Aus diesem Grund führen viele Unternehmen diese Entwicklungsmaßnahmen nicht selbst durch, sondern kaufen externe Experten ein bzw. beauftragen Unternehmen mit der entsprechenden Kompetenz. In Deutschland sind in diesem Zusammenhang z.B. die Gesellschaft für Interkulturelle Kommunikation (Hildesheim) oder das Institut für Interkulturelle Kommunikation in Hildesheim zu nennen.

26.4 Einsatzdauer und Betreuung

Die Einsatzdauer und die Betreuung der Entsandten orientieren sich an verschiedenen Zielen. Sie beträgt in der Praxis meist drei bis fünf Jahre.

- Drei bis fünf Jahre gelten als ein Zeitraum, der die Kosten der Entsendung rechtfertigt.

Einsatzdauer und Betreuung **26.4**

- Längere Auslandsaufenthalte bergen die Gefahr, dass unternehmensspezifische Kenntnisse über die Muttergesellschaft mit der Zeit verloren gehen bzw. an Aktualität verlieren.

- Längere Auslandsaufenthalte erschweren die Wiedereingliederung der Entsandten.

- Bei einer sehr starken Assimilation an die Gastlandverhältnisse kann die Wiedereingliederung von den Entsandten abgelehnt werden.

- Im Extremfall kann ein Abwandern von Mitarbeitern und damit von unternehmensspezifischem und generellem Wissen an lokale Wettbewerber erfolgen.

Betreuungsmaßnahmen während des Aufenthaltes sollen in zwei Richtungen wirken: Die Maßnahmen sollen den Auslandaufenthalt für den Mitarbeiter mit einem höheren *Nutzen* ausstatten und seine Motivation für den Auslandsaufenthalt steigern und sie sollen den Mitarbeiter an das Unternehmen *binden* und die Quasi-Rente der Unternehmensinvestitionen in Wissenskapital absichern. Um den Kontakt des Entsandten zur Muttergesellschaft auch während des Auslandsaufenthalts zu erhalten und um gleichzeitig eine Betreuung des Mitarbeiters während seines Aufenthaltes zu bieten, werden in der Literatur verschiedene praktische Maßnahmen vorgeschlagen (vgl. z.B. Perlitz 1997, 486 f.).

- regelmäßige Zusendungen von Werks- und Kundenzeitschriften,

- persönliche Gespräche bei Besuchen in der jeweiligen Tochtergesellschaft,

- Verbleib in bestimmten Verteilern,

- ein fester Ansprechpartner/Mentor für persönliche und berufliche Probleme in der Muttergesellschaft,

- Heimaturlaub auf Kosten des Unternehmens,

- Einladungen zu Weiterbildungsveranstaltungen in der Muttergesellschaft,

- kleine Aufmerksamkeiten zu Jubiläen, Geburtstagen, Weihnachten etc.

Die Liste der Maßnahmen ließe sich beliebig fortsetzen. Zum Aufbau von Mitarbeiterbindung sind alle Maßnahmen geeignet, die ein Commitment des Mitarbeiters gegenüber dem Arbeitgeber schaffen. Unter Commitment ist hier die Bindung von Mitarbeitern an das Unternehmen, dem sie angehören, zu verstehen. Commitment zeichnet sich dabei durch eine hohe Stabilität im Zeitablauf aus. Becker (1960) zeigt am Beispiel von Arbeitgeber-Arbeitnehmer-Beziehungen, dass eine Bindung vor allem aus Nutzenbestandteilen des Arbeitnehmers resultiert, die im Zeitablauf eine große Stabilität aufweisen. Becker spricht von „side-bets" und beschreibt die Wirkung einer betrieblichen Altersversorgung als ein Mittel zum Aufbau von Commitment. Aber auch die o.g. „kleinen Gesten" des Arbeitgebers können Loyalität und Bindung aufbauen.

Entwicklung

26.5 Wiedereingliederung

Die Wiedereingliederung des Entsandten in das Stammunternehmen stellt die abschließende Herausforderung im Rahmen eines Auslandsaufenthalts dar. Die Perspektive für den Entsandten im Mutterkonzern nach Abschluss des Aufenthalts hat schon vor der eigentlichen Entsendung einen ganz wesentlichen Einfluss auf die Motivation des Mitarbeiters, in eine Auslandsniederlassung zu gehen. Nach Fritz (1982, 39) beginnt die Wiedereingliederung daher bereits mit der Antizipation der Rückkehr. Folglich unterteilt er die Reintegration in eine Antizipations-, eine Akkomodations- und eine Adaptionsphase.

In der *Antizipationsphase* bildet sich der Entsandte eine Vorstellung darüber, wie seine Rolle im Unternehmen nach seiner Wiederkehr wohl aussehen wird. Neben der beruflichen Perspektive wird in dieser Phase aber auch die private Rückkehr antizipiert. Diese Phase kann ihren Anfang im Gastland nehmen, sie kann aber auch schon vor der Entsendung beginnen.

In der *Akkomodationsphase* werden dem Entsandten die potentiellen Veränderungen nach einer Rückkehr ins Mutterunternehmen bewusst. Er kann auf diese wahrgenommenen Unterschiede nach Fritz auf verschiedene Weise reagieren. Der zurückkehrende Mitarbeiter kann die Regeln des Mutterunternehmens entweder aus Opportunismus oder aber aus Überzeugung akzeptieren. In beiden Fällen können die im Ausland gewonnenen Erfahrungen und Überzeugungen aufrecht erhalten werden. Der Mitarbeiter kann sich aber auch von den Werthaltungen und sonstigen Spielregeln im Mutterunternehmen distanziert haben. Diese Reaktion kann entweder zu einer Distanz zwischen Mitarbeiter und Unternehmen führen. Möglicherweise wird dann z.B. ganz bewusst der Kontakt zu anderen repatriierten Mitarbeitern gesucht. Die Ablehnung der Tätigkeit im Mutterkonzern kann aber auch zu dem Wunsch nach erneuter Entsendung führen. In den Fall ist der Mitarbeiter dann im Ausland evtl. besser einsetzbar als im Heimatland.

In der *Adaptionsphase* kommt es zu einer gegenseitigen Akzeptanz unterschiedlicher Haltungen zwischen dem heimischen Management und dem Rückkehrer. Der Zurückkehrende findet die ihm angebotene Position interessant, knüpft an bestehende private und berufliche Kontakte an und baut neue auf.

Wie die Reintegration von Entsandten verläuft, hängt auch davon ab, welchem Typ von Stammhausdelegiertem ein Mitarbeiter zugerechnet werden kann. Dazu unterscheiden Borg und Harzing (1996) vier Typen von Mitarbeitern: Die *Lokalen* („locals") halten während der Auslandsentsendung intensive Kontakte zur Muttergesellschaft und kehren nach einer Entsendung überwiegend dauerhaft zurück in das Stammhaus. Die Reintegration bereitet nur wenige Probleme. Die *Eingebürgerten* („naturalized") assimilieren sich im Gastland so stark, dass sie nicht selten dauerhaft dort verbleiben. Das Problem der Reintegration tritt dadurch faktisch nicht auf. Die *Nicht-Sesshaften* („unsettled") kehren aufgrund ihrer hohen Mobilität sowie einer hohen Präferenz für neue Eindrücke oft erst nach zwei oder drei Entsendungen in das Stammhaus zurück. Ihre Wiedereingliederung wirft häufig Probleme auf. Die *Kosmopoliten* („cosmopolititions") absolvieren mehrere Auslandseinsätze und bleiben danach im Ausland oder verlassen das Unternehmen. Sie zeichnen sich durch intensive Beziehungsnetzwerke zu Mitarbeitern im und außerhalb des Unternehmens aus und können für das Unternehmen wertvolle Beiträge leisten. Allerdings ist die Bindung an das Stammunternehmen häufig nicht sehr stark ausgeprägt.

Abbildung 26-2: Typologie von Stammhausdelegierten

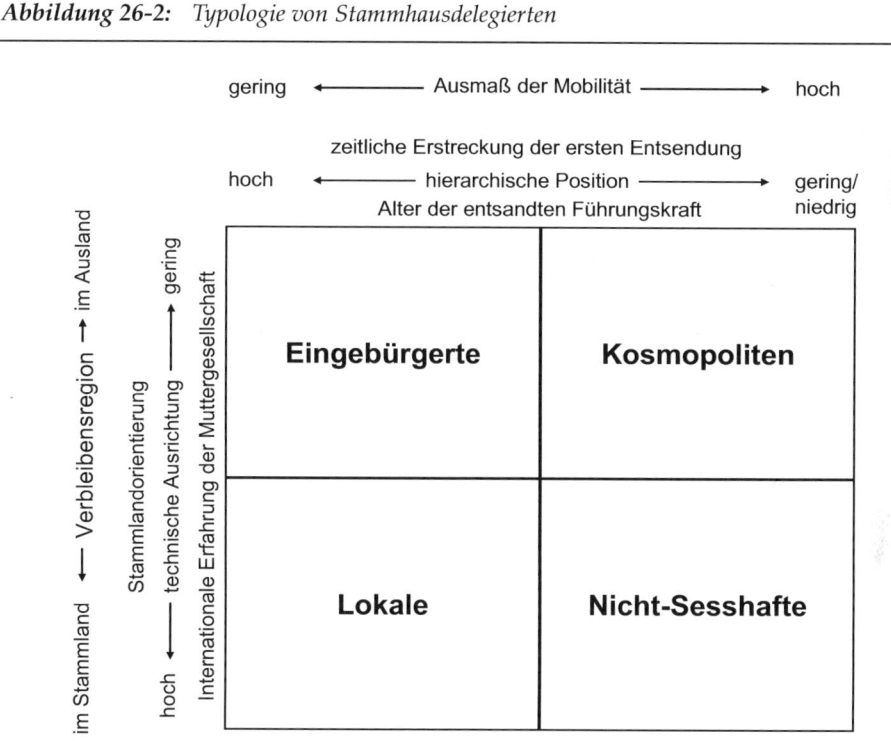

Quelle: Borg/Harzing, 1996, 289

Unabhängig vom Typ des Stammhausdelegierten hängt der Prozess und der Erfolg der Repatriierung sehr stark davon ab, wie sorgfältig dieser Schritt vom Unternehmen vorbereitet wird. Die Entsandten legen großen Wert darauf, frühzeitig über den Prozess der Wiedereingliederung und über potentielle Positionen in der Muttergesellschaft informiert zu werden (vgl. Lazarova/Caliguiri 2001). Genau daran mangelt es aber in der Praxis häufig (vgl. Stahl/Miller/Tung 2002, 221f.).

Entwicklung

Literaturhinweise

Auf das Thema Mitarbeiterentwicklung als Investition geht Sadowski (2002) ein. Die Sammelbände von Fowler/Mumford (1995) und (1999) geben einen umfassenden Einblick in die unterschiedlichen Methoden und Ansätze des interkulturellen Trainings. Holtbrügge (1995) geht auf die Besonderheiten des Personalmanagements in Mittel- und Osteuropa ein. Empirische Analysen zur Mitarbeiterentsendung deutscher Unternehmen stammen von Wirth (1992) und Stahl (1998).

Zusammenfassung

1. Während Wissen bei der Mitarbeiterselektion etwas ist, das die Bewerber mit in das Unternehmen bringen, geht es bei der Personalentwicklung um Wissen, das von Mitarbeitern in einem Arbeits- oder Ausbildungsverhältnis im Unternehmen erworben wird. Aus der Sicht des Arbeitgebers handelt es sich dabei um Investitionen in Human- bzw. Wissenskapital.

2. Wissen lässt sich danach einteilen, ob es eher *genereller* oder eher *unternehmensspezifischer* Natur ist. Bei Investitionen in generelles Wissen besteht die Gefahr, dass der Arbeitnehmer abgeworben wird und sein Wissen einem Konkurrenzunternehmen zur Verfügung stellt.

3. Die Vorbereitung auf eine Auslandsentsendung umfasst meist beides, die Vermittlung von generellem und unternehmensspezifischem Wissen. Das Ausbildungsunternehmen muss somit Vorkehrungen gegen einen Wissensabfluss treffen.

4. Eine erfolgreiche Entsendung hängt nicht nur von den Trainingsmaßnahmen in Vorfeld der Entsendung ab. Einen wesentlichen Einfluss auf die Motivation der Mitarbeiter hat auch die Perspektive für die Zeit nach der Auslandsentsendung.

Schlüsselbegriffe

Entsendung; Entwicklung; Firmenspezifisches Wissen; Führungsstil; Generelles Wissen; Humankapital; Interkulturelles Training; Mitarbeiterbindung; Wiedereingliederung

27 Entlohnung

27.1 Aufgaben und Ziele der Entlohnung

Der Lohn entspricht der *Gegenleistung*, die ein Arbeitnehmer dafür erhält, dass er dem Unternehmen seine Arbeitskraft zur Verfügung stellt. Mit der Entlohnung erhält ein Mitarbeiter einen bestimmten Anteil am „output" eines Unternehmens. Darüber hinaus stellt die Entlohnung eine wesentliche Quelle der *Motivation* des Mitarbeiters dar (vgl. Kap. 25). Schließlich wird in der Personalpolitik auch geprüft, ob durch bestimmte Entlohnungsformen eine *Bindung* des Mitarbeiters an das Unternehmen erreicht werden kann, um Quasi-Renten abzusichern. Auf alle drei Ziele der Entlohnung – Gegenleistung, Motivation und Bindung - wird in den folgenden Abschnitten Bezug genommen.

Generell ist zu berücksichtigen, dass sich die Entlohnung im weiteren Sinne aus materiellen und immateriellen Komponenten zusammensetzt (vgl. Abb. 27-1). Die immateriellen Bestandteile der Entlohnung lassen sich danach einteilen, ob sie direkt beim Mitarbeiter wirksam werden, oder ob sie über ihre Wirkung auf Dritte einen indirekten Nutzen stiften. Direkt wirken beispielsweise nette Kollegen, ein angenehmes Arbeitsumfeld, Lob und Anerkennung. Indirekt wirken Prestige oder Status, die mit einer Position einher gehen. Bei den materiellen Entlohnungsbestandteilen lassen sich erwartete und unerwartete Entlohnungsbestandteile unterscheiden. Während das gesamte vereinbarte Kompensationspaket als erwartet angesehen werden kann, können Prämien für Erfindungen etc. als unerwartete Entlohnungen klassifiziert werden. Das erwartete Kompensationspaket lässt sich wiederum danach einteilen, ob es ergebnisabhängig oder ergebnisunabhängig ist.

Nicht alle, aber die meisten Bestandteile des Entgelts für einen Mitarbeiter stellen aus der Sicht eines Unternehmens Kosten dar. Daher besteht hier regelmäßig ein Verteilungskonflikt zwischen dem Mitarbeiter und anderen Interessenten. Aus der Perspektive des Unternehmens besteht die Herausforderung darin, die Ziele der Entlohnung zu erreichen (Personalbeschaffung, Motivation, Personalbindung) und die Kosten dafür möglichst gering zu halten.

Abbildung 27-1: Bestandteile der Entlohnung

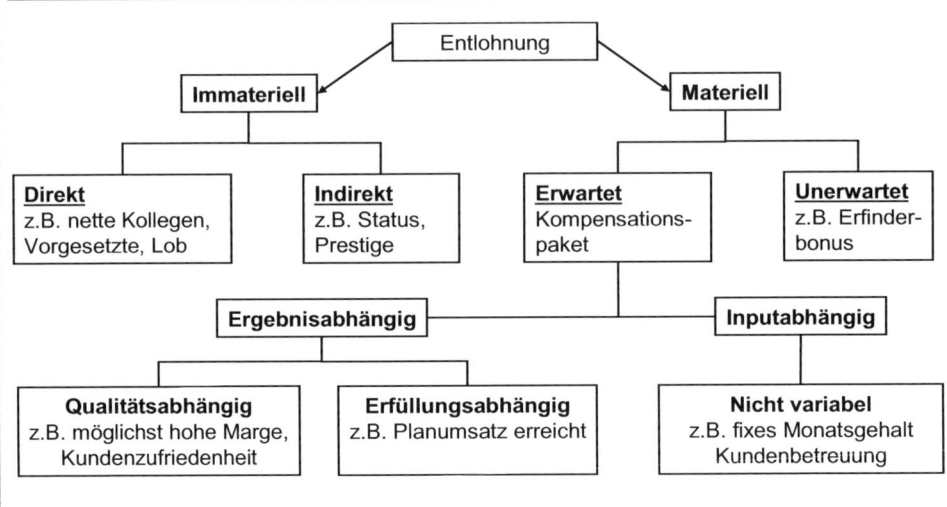

Quelle: Wolff/Lazear, 2001, 231

27.2 Differenzierung der Entlohnung

Da sich die Mitarbeiter eines Unternehmens nach ihrer Tätigkeit und nach ihrer Leistungsfähigkeit unterscheiden, werden in Unternehmen regelmäßig Differenzierungen des Entgelts vorgenommen. Die Differenzierung wird dabei unter drei Gesichtspunkten vorgenommen (vgl. Eckardstein 1986, 248):

- Arbeitsaufgabe:
  Die Arbeitsaufgabe legt weitgehend fest, welche aufgabenspezifischen Anforderungen an einen Mitarbeiter gestellt werden. Auf der Basis unterschiedlicher Verfahren der Arbeitsbewertung (vgl. Schettgen 1996) können dann Stundensätze oder Gehaltsstufen für die Aufgabe festgelegt werden. Diese Vorgehensweise vernachlässigt allerdings die Wirkung von Gehaltsangeboten auf die Bereitschaft von Kandidaten, bestimmte Qualifikations-Signale (vgl. Kap. 25) zu senden. Der Festlegung der Entlohnung kommt dann eine zusätzliche Bedeutung zu.

- Individuelle Leistungsmerkmale:
  Eine Differenzierung des Entgelts nach individueller Leistung kann durch den Ein-

Differenzierung der Entlohnung

satz bestimmter Lohnformen (z.B. Prämien etc.) auf der Grundlage individueller Personalbeurteilungen vorgenommen werden.

- Korrekturfaktoren:
Als Korrekturfaktoren kommen insbesondere soziale Faktoren aber auch Einflussfaktoren des Arbeitsmarktes in Frage. Soziale Faktoren sind beispielsweise der Familienstand, die Zahl der Kinder oder das Lebensalter. Arbeitsmarktfaktoren spielen immer dann in die Lohnfindung hinein, wenn die aufgrund der aufgabenspezifischen Merkmale ermittelten Löhne nicht attraktiv für Arbeitnehmer sind. Im Wettbewerb um gute Kräfte muss das Unternehmen ein wettbewerbsfähiges Lohnangebot machen.

Bei der Entlohnung von Mitarbeitern in internationalen Unternehmen, insbesondere bei der Entlohnung von Mitarbeitern, die ins Ausland entsandt werden, wird die Festlegung der Entlohnung dadurch erschwert, dass in unterschiedlichen Ländern ganz verschiedene Gehaltsniveaus und Lebensstandards bestehen können. Abbildung 27-2 zeigt eine Reihe von Einflussfaktoren, die bei der Festlegung des Entgelts von Entsandten Berücksichtigung finden:

Abbildung 27-2: Entgeltfindung bei Entsandten

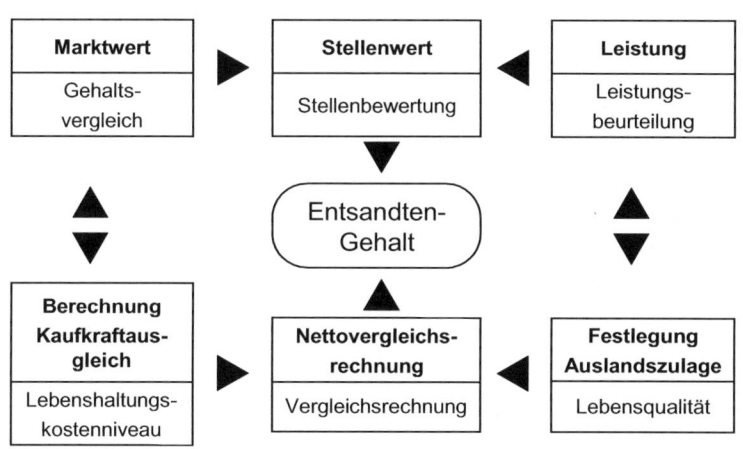

Quelle: Wirth, 1996, 380

Neben den o.g. drei Säulen der Entgeltfindung - Arbeitsaufgabe (=Stellenwert), individuelle Leistung und Marktpreis für die Tätigkeit – kommen bei der Entsendung weitere Einflussfaktoren zur Geltung. Die gewohnte Lebensqualität des Arbeitnehmers soll auch im Ausland gewährleistet werden. Dazu werden ggf. *Auslandszulagen* gewährt.

27 Entlohnung

Kaufkraftunterschiede finden ebenfalls Berücksichtigung, so dass unterschiedliche Lebenshaltungskosten ausgeglichen werden. Das Instrument zur Sicherstellung einer vergleichbaren Lebensqualität und zum Ausgleich von Lebenshaltungskosten ist die sog. *Nettovergleichsrechnung* (Balance Sheet Approach).

Die *Nettovergleichsrechnung* zielt darauf ab, den Mitarbeitern keine finanziellen Verluste durch einen Auslandsaufenthalt entstehen zu lassen. Das bisherige Gehalt des Mitarbeiters und die Auslandsbezüge werden daher einem Vergleich unterzogen, der auf einen Vergleich der Kaufkraft abstellt. Abbildung 27-3 zeigt die Elemente, die in eine Nettovergleichsrechnung einfließen. Zunächst werden die hauptsächlichen Verwendungen des Bruttogehalts im Inland identifiziert (Einkommensteuer, Wohnung, Güter und Dienstleistungen etc.). Danach werden sachliche Äquivalente für die bisherige Verwendung der Mittel im Gastland gesucht, also beispielsweise ein dem bisherigen Standard entsprechende Wohnung. Ergibt sich hier ein Kaufkraftnachteil für den Entsandten und seine oder ihre Familie, so ist dieser Nachteil vom Unternehmen durch entsprechende Gehaltsanpassungen auszugleichen. Hinzu kommen Kosten, die durch den eigentlichen Umzug entstehen (z.B. Verschiffungskosten, Lagerungskosten...). Ein wesentlicher Faktor bei der Festlegung des Gehalts im Gastland sind auch Wechselkursrisiken und Fragen der Besteuerung (vgl. Price Waterhouse 1997).

Abbildung 27-3: Die Nettovergleichsrechnung

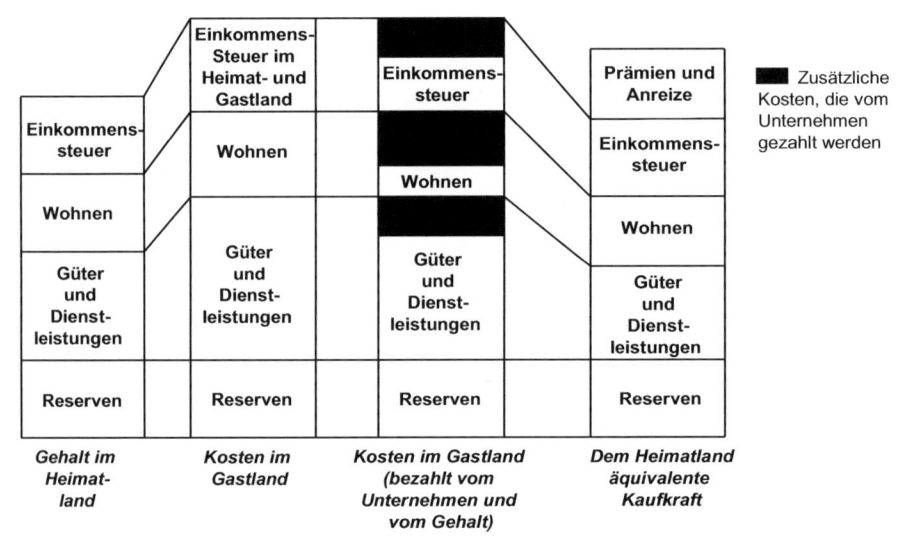

Quelle: Vgl. Reynolds, 1986, 51

Neben der an den Bezügen des individuellen Mitarbeiters ansetzenden Nettovergleichsrechnung finden sich in der Praxis häufig auch einfache *Kaufkraftausgleichsrechnungen*. Der Kaufkraftausgleich berücksichtigt die unterschiedlichen Kosten für einen Warenkorb in unterschiedlichen Ländern. Grundlage der Berechnung sind beispielsweise Erhebungen des Statistischen Bundesamtes oder des Europäischen Statistischen Amtes. Als Problem ergeben sich hier regelmäßig Gehaltsanpassungen nach unten. Bei Entsendungen in Entwicklungs- und Schwellenländer wäre das nach der Kaufkraftausgleichsrechnung oft die Folge. In der Realität sind Gehaltskürzungen bei Auslandsentsendungen aber kaum durchsetzbar. Im Ergebnis sind Entsendungen in verschiedene Länder daher finanziell unterschiedlich attraktiv.

Hinzu kommt, dass die Umstellung auf das Ausland je nach Zielland sehr unterschiedliche Anforderungen an den Entsandten stellt. Diese Unterschiede kommen in unterschiedlichen *Auslandszulagen* zum Ausdruck. Sie können zwischen 5% und 40% des Nettolohns betragen. Als Gründe für eine Erschwernis kommen klimatische Bedingungen und Umweltverschmutzung, Einschränkungen in der Lebensqualität, z.B. ein eingeschränktes Kulturangebot etc. in Frage.

Tabelle 27-1: Beispiele für Erschwerniszulage in Prozent des Nettogehaltes

Kennzeichen der Ländergruppe	Beispiele für Länder in der Ländergruppe	Zuschlag in %
A: keine Erschwernis	EU – Länder, USA, Kanada	0%
B: geringste Erschwernis	Australien, Neuseeland	5%
C: sehr geringe Erschwernis	Chile, Türkei, Tunesien	10%
D: geringe Erschwernis	Argentinien, Malaysia	15%
E: mittlere Erschwernis	Ägypten, Brasilien, Polen	20%
F: mittelgroße Erschwernis	GUS, Indien (Städte)	25%
G: große Erschwernis	VR China (Städte), Libyen	30%
H: sehr große Erschwernis	Iran, Kolumbien, Nigeria	35%
I: höchste Erschwernis	VR China (Provinz)	40%

Quelle: Vgl. Festing, Kabst, Weber, 2003, 1993

27.3 Anreize durch Entlohnung

Durch die Entsendung von Stammhausmitarbeitern werden prinzipiell alle drei Einflussfaktoren der Entgeltfindung berührt: Die Art der Aufgabe, die vom Entsandten geforderte Leistung und die Rahmenbedingungen der Tätigkeit, die ggf. Korrekturen in der Entlohnung erforderlich machen. Die Differenzierung trägt daher der Tatsache

Entlohnung

Rechnung, dass eine Änderung der Aufgabe und der Leistung des Arbeitnehmers auch eine Änderung des Entgelts erfordert. Damit dienen die meisten Verfahren zur Auslandsentgeltgestaltung dem Ziel, dem Mitarbeiter einen angemessenen Anteil am „output" zukommen zu lassen. Ob dieses Ziel erreicht wird, hängt letztlich davon ab, ob die Mitarbeiter ihr Entgelt als gerecht empfinden („Lohngerechtigkeit") (vgl. dazu z.B. Folger/ Cropanzano 1998).

Neben dem Entgelt für erbrachte bzw. zu erbringende Leistungen soll die Entlohnung aber auch Anreizwirkungen entfalten. Entlohnung wird als ein wesentliches Instrument zur Motivation von Mitarbeitern angesehen. Neuere Ansätze wie beispielsweise die Tunier-Theorie setzen genau an diesem Punkt an (vgl. Backes-Gellner et al. 2001). Wie bei einem Sportturnier werden in der Turnier-Theorie zur Mitarbeiterentlohnung zu bestimmten Zeitpunkten die Gewinner und Verlierer festgelegt. Je nachdem, ob ein Mitarbeiter zu den Gewinnern oder den Verlierern gehört, werden seine Bezüge angepasst.

Tabelle 27-2: Entlohnung von Turnier-Gewinnern und –verlierern

Jahresgehälter von Ingenieuren und projektleitenden Ingenieuren		
Gehaltsstruktur	Ingenieur	projektleitender Ingenieur
Struktur A	50.000	200.000
Struktur B	50.000	100.000
Struktur C	100.000	250.000

Lebenseinkommen von Tuniergewinnern und -verlierern				
Gehaltsstruktur	Lebenseinkommen		Differenz der Lebenseink.	Erwartetes Lebenseink.
	Verlierer	Gewinner		
Struktur A	500.000	1.250.000	750.000	875.000
Struktur B	500.000	750.000	250.000	625.000
Struktur C	1.000.000	1.750.000	750.000	1.375.000

Quelle: Backes-Gellner et al., 2001, 164-165

In dem Beispiel in Tabelle 27-2 werden ganz unterschiedliche Gehaltsstrukturen als Spielregeln des Turniers angeboten. Angenommen wird dabei, dass die Mitarbeiter für fünf Jahre eine bestimmte Position bekleiden (Ingenieur), in der sie sich bewähren müssen. Nach fünf Jahren wird nach bestimmten Kriterien entschieden, wer zu den Gewinnern gehört. Die Gewinner werden dann für weitere fünf Jahre zu projektleitenden Ingenieuren befördert, während die Verlierer für weitere fünf Jahre in ihrer alten Position bleiben. Dem entsprechend ergibt sich ein unterschiedliches – im Beispiel auf zehn Jahre beschränktes – Lebenseinkommen für Gewinner und Verlierer.

Die drei in dem Beispiel genannten Gehaltsstrukturen A, B und C unterscheiden sich in zwei Punkten: Im Einkommens*niveau* und in der Einkommens*spreizung*. Das Einkommensniveau wird für die drei Gehaltsstrukturen jeweils durch das erwartete Lebenseinkommen dargestellt. Die Einkommensspreizung ergibt sich aus der Differenz in den jeweiligen Lebenseinkommen für Gewinner und Verlierer. Im Beispiel zeichnen sich die Einkommensstrukturen A und C durch eine gemeinsame Einkommensspreizung aber durch ein unterschiedliches Einkommensniveau aus (A < C). Während das Einkommensniveau bestimmt, ob ein Arbeitnehmer überhaupt bereit ist, seine Arbeitskraft zur Verfügung zu stellen, hat die Einkommensspreizung einen Einfluss auf die Motivation der Mitarbeiter. Von einer hohen Einkommensspreizung werden tendenziell höhere Motivationseffekte erwartet als von einer niedrigen Spreizung.

Obwohl die Motivationswirkung von Einkommen in der Literatur immer wieder betont wird, ist der genaue Zusammenhang keineswegs klar.

- Pfeffer (1994) betont, dass langfristig vor allem die intrinsische Motivation – also die Motivation, die aus der Person oder der Sache selbst resultiert und nicht so sehr die extrinsische Motivation - eine entscheidende Rolle spiele.
- „Crowding-out-Effekte" können dazu führen, dass extrinsische Anreize eine intrinsische Motivation sogar zerstören (vgl. Frey 1997).
- Die Implementierung von Leistungsanreizen wie in der Turnier-Theorie gestaltet sich oft schwierig, weil „Leistung" auch von zufälligen Variablen, wie Konjunktur etc. beeinflusst wird.
- Gerade bei internationalen Unternehmen setzen Turniere ein gemeinsames Verständnis der Anreizspielregel voraus. In unterschiedlichen Kulturen bestehen aber ggf. grundlegend unterschiedliche Vorstellungen darüber, was einen „Anreiz" darstellt.

Insofern kann Motivation über Entlohnung nur zu einem gewissen Grade oder aber ergänzend hergestellt werden. Dabei darf nicht übersehen werden, dass auch Entlohnung – als Wertschätzung einer Arbeit interpretiert – durchaus einen informellen Aspekt haben kann.

27.4 Absicherung von Quasi-Renten durch verzögerte Entlohnung

Der Aufbau von Mitarbeiterbindung und die Absicherung von Quasi-Renten wurden am Anfang dieses Kapitels als ein drittes Ziel der Entgeltpolitik genannt. Mitarbeiterbindung ist dann relevant, wenn der abwandernde Mitarbeiter nicht ohne Probleme durch die Einstellung eines anderen Mitarbeiters über den internen oder externen

Arbeitsmarkt ersetzt werden kann. Verschärft wird das Problem, wenn der Arbeitgeber durch Schulungen etc. in Wissen beim Arbeitnehmer investiert hat, das auch von anderen Unternehmen nachgefragt wird. Wettbewerber haben dann einen Anreiz, Mitarbeiter durch höhere Lohnangebote abzuwerben. Finanzierbar wird das höhere Lohnangebot, weil das Wettbewerbsunternehmen, wenn es Wissen über das Abwerben von Mitarbeitern kauft, selbst auf kostspielige Schulungen etc. verzichten kann (vgl. Kapitel 26).

Die Entlohnung eines Mitarbeiters kann in diesem Zusammenhang eine Rolle spielen, wenn bestimmte Lohnbestandteile zeitlich erst später fällig werden. Ruhegeldzusagen, die bei Verlassen des Unternehmens verfallen, stellen „side-bets" im Sinne von Becker (1960) dar. Sie liefern eine Motivation zur Vertragserfüllung und zur Firmentreue durch den Mitarbeiter, da er sonst Gefahr liefe, bei Fehlverhalten und Kündigung nicht nur seine aktuellen Bezüge, sondern auch die Ruhegeldzusage zu verlieren. Vor allem steigt aber die Neigung, im Unternehmen zu verbleiben, da betriebliche Rentenansprüche in einem anderen Unternehmen erst langsam wieder aufgebaut werden müssten. Insofern stellen die Versorgungsanwartschaften hohe Wechselkosten dar. Ein Wettbewerbsunternehmen, das den Mitarbeiter abwerben wollte, müsste nicht nur ein höheres aktuelles Gehalt zahlen, sondern auch den Verlust der Ruhegeldansprüche ausgleichen. Darüber hinaus kann durch senioritätsabhängige Gehaltsbestandteile eine Bindung der Mitarbeiter geschaffen werden. Die Rolle von beschäftigungsdauerabhängigen Lohnentwicklungen ist von Land zu Land und auch zwischen Branchen sehr unterschiedlich. In einem Vergleich zwischen japanischen und englischen Unternehmen des Industrie- und des Bankensektors zeigen Brunello und Ariga (1997, 64) einen deutlich stärkeren Einsatz einer senioritätsabhängigen Entlohnung in Japan (vgl. Tabelle 27-3).

Rein ökonomisch betrachtet wird der Arbeitnehmer so lange bei seinem aktuellen Arbeitgeber verbleiben, wie der Barwert seiner Beschäftigung dort höher ist als in einem alternativen Beschäftigungsverhältnis. Aus der Perspektive des Arbeitgebers besteht ein Anreiz zur Einhaltung seiner Ruhegeldzusage vor allem, weil seine Reputation im Falle des Bruchs der Zusage leiden würde (vgl. Carmichael 1989, 69). Die Reputation eines Unternehmens wird aber nur dann relevant, wenn das Unternehmen einen Vorteil aus dem Bestehen der Reputation ziehen kann. Ein solcher Vorteil kann in niedrigeren Einstellungslöhnen liegen, da die Mitarbeiter die späteren Versorgungszahlungen antizipieren.

Tabelle 27-3: Geschätztes senioritätsabhängiges Wachstum von Einkommen für japanische und britische Männer auf vergleichbarem organisatorischen Rang (Index für Stundenlöhne bei einem Startalter von 18 Jahren)

Beschäftigungs-dauer	Industrie		Banken	
	Japan	U.K.	Japan	U.K.
0	100,0	100,0	100,0	100,0
5	166,5	129,7	151,1	133,6
10	243,9	151,8	211,7	168,2
15	313,7	162,1	275,0	199,4
20	354,8	157,3	331,1	222,5

Quelle: Brunello/Ariga, (1997), 64

Literaturhinweise

Entlohnungsaspekte werden in fast allen Quellen behandelt, die sich der internationalen Personalpolitik widmen (vgl. z.B. Festing/Kabst/Weber 2003, Hill 2003). Speziell mit der Entlohnung von Entsandten befassen sich z.B. Wirth (1996) und Raynolds (1986).

Zusammenfassung

1. Die Ziele einer Entlohnung von Entsandten unterscheiden sich prinzipiell nicht von den Zielen der Entlohnung von Stammhausmitarbeitern. Die Entlohnung soll eine Gegenleistung für die erbrachte Leistung bieten, sie soll die Motivation der Mitarbeiter fördern und sie soll zur Mitarbeiterbindung an das Unternehmen beitragen.

2. Zur Erreichung der Entlohnungsziele werden materielle und immaterielle Entlohnungsbestandteile eingesetzt. Eine Differenzierung der Entlohnungshöhe berücksichtigt die Art der Aufgabe, die persönliche Leistung eines Mitarbeiters und ggf. sonstige Korrekturfaktoren.

3. Bei der Entlohnung von ins Ausland entsandten Mitarbeitern spielen vor allem Merkmale der Auslandstätigkeit, Kaufkraftunterschiede und Erschwerniszulagen eine Rolle bei der Gehaltsfestlegung.

27 Entlohnung

4. Um die Motivation der Mitarbeiter zu fördern, wird die Lohnhöhe in verschiedenen Gehaltssystemen an die Mitarbeiterleistung gekoppelt. Die Aussagen der Turniertheorie liefern eine Grundlage für die Gestaltung der Entlohnungssysteme.

5. Mitarbeiterbindung lässt sich erreichen, wenn bestimmte Lohnbestandteile zeitlich erst später fällig werden.

Schlüsselbegriffe

Einkommensniveau; Einkommensspreizung; Entgelt; Kaufkraftausgleich; Mitarbeiterbindung; Motivation; Nettovergleichsrechnung; Turnierentlohnung

C Die Organisationsaufgabe internationaler Unternehmen

28 Die Organisation internationaler Unternehmen

28.1 Die Definition von Spielregeln als Organisationsaufgabe

Als ein zentraler Vorteil der Koordination von Aktivitäten unter dem Dach der Hierarchie gegenüber einer dezentralen Abwicklung von Transaktionen über den *Preismechanismus* des Marktes wurde die Möglichkeit der Koordination von Transaktionen über den *Anweisungsmechanismus* genannt. Durch Anweisungen werden konkrete Handlungsvorgaben gemacht, deren Ausführung durch die in einem Unternehmen gegebene Nähe zwischen den Akteuren leicht kontrollierbar ist. Das Weisungsprinzip schließt allerdings eine *Delegation* von Entscheidungen auch innerhalb eines Unternehmens nicht aus. In der *Abwägung zwischen Anweisung und der Delegation* – also der Abwägung zwischen *Zentralisierung und Dezentralisierung* - von Entscheidungen liegt eine wichtige Organisationsaufgabe (vgl. auch Laux 1979).

Die Delegation von Entscheidungskompetenzen wird schon deshalb erforderlich, weil die Komplexität und Vielzahl von Entscheidungstatbeständen die Kapazitäten der Unternehmensleitung regelmäßig übersteigt. In großen oder wachsenden Unternehmen ist eine Koordination, die ausschließlich auf Anweisungen der Unternehmensleitung basiert, nicht vorstellbar. Im Falle der Delegation von Entscheidungskompetenzen ist aber zu befürchten, dass die Menschen, denen die Entscheidungskompetenz zugeordnet wird, Entscheidungsspielräume dazu ausnutzen, vor allem ihre eigenen Ziele zu erreichen. Diese müssen aber nicht zwangsläufig mit den Zielen des Unternehmens identisch sein. Geeignete *Anreiz- und Kontrollmaßnahmen* sollen daher sicherstellen, dass Entscheidungen im Sinne der Unternehmensziele gefällt werden.

Anreize können gesetzt werden, indem nicht konkrete Handlungen, sondern Ziele vorgegeben werden. Die Anreizwirkung resultiert daraus, dass der Zielerreichungsgrad ex post ermittelt wird und die Kompensation des Mitarbeiters an den Zielerreichungsgrad gekoppelt wird. Welche Maßnahmen zur Zielerreichung der Mitarbeiter ergreift, bleibt dabei ihm überlassen und ist auch nicht Gegenstand von Überwachungen.

Kontrollen steuern das Verhalten von Mitarbeitern auf zweierlei Weise: Zum einen werden durch Kontrollen nicht erwünschte Verhaltensweisen evtl. aufgedeckt. Dadurch ergibt sich die Möglichkeit, Verhaltensänderungen durch Anweisung zu erwirken. Zum anderen kann allein die Antizipation möglicher Kontrollen durch die Mitarbeiter denkbares Fehlverhalten eindämmen.

Insgesamt sind die Gestaltungsspielräume bei der Festlegung von institutionellen Designs innerhalb der Hierarchie sehr groß. Unterschiedliche Formen von Anreizen (Lohnanreize, Prämien, Preise etc.) können mit einem breiten Spektrum an Kontrollformen kombiniert werden. Dabei wird immer häufiger versucht, die Anreizdefizite der hierarchischen Koordination durch die Integration von Anreizmechanismen, wie z.B. erfolgsabhängigen Aktienoptionsplänen, auszugleichen.

Eine quantitative Bewertung des Erfolgs unterschiedlicher institutioneller Designs ist aber schwierig. Häufig werden daher nur die tendenziellen Wirkungen auf die Produktions- und auf die Transaktionskosten einander gegenüber gestellt. Nicht selten entwickeln sich die beiden Kostenarten als Reaktion auf eine bestimmte organisatorische Maßnahme in gegensätzliche Richtungen. So führt die Spezialisierung im Allgemeinen zu einer Produktionskostensenkung. Gleichzeitig lässt die Spezialisierung die Transaktionskosten innerhalb des Unternehmens steigen. Die beiden gegensätzlichen Kostenwirkungen einer Spezialisierung bzw. Arbeitsteilung haben in der Vergangenheit zur Herausbildung zweier idealtypischer Organisationsformen geführt: der funktionalen und der divisionalen Organisation.

28.2 Idealtypische Aufbauorganisationen von Unternehmen

Die Idealtypen der Aufbauorganisation von Unternehmen sind die funktionale und die divisionale Organisation. Sie unterscheiden sich in der Untergliederung des Unternehmens auf der zweiten Hierarchieebene erfolgt.

Bei der *funktionalen Organisation* wird eine Aufgabenverteilung nach dem sog. Verrichtungsprinzip vorgenommen (vgl. Abbildung 28-1). Als Verrichtungen kommen dabei alle Tätigkeiten wie z.B. Beschaffung, Produktion, Absatz, Finanzierung etc. in Frage. Einzelne Abteilungen können sich dadurch auf ganz bestimmte Tätigkeiten spezialisieren. Lerneffekte steigern die Effizienz bei der Aufgabenwahrnehmung. Auch können sich Größenvorteile beispielsweise in der Beschaffung ergeben, wenn größere Beschaffungsmengen mit niedrigeren Einkaufspreisen einher gehen.

Idealtypische Aufbauorganisationen von Unternehmen **28.2**

Zu den zentralen Nachteilen der funktionalen Organisation gehören vor allem zwei Problembereiche: Erstens wirft die Organisation eines Unternehmens auf der zweiten Hierarchieebene nach Verrichtungen erhebliche Koordinationsprobleme zwischen den Abteilungen auf. Interne Transaktionskosten heben die Vorteile der hierarchischen Organisation dann möglicherweise auf. Diese Probleme werden um so gravierender, je umfangreicher die Produktpalette eines Unternehmens ist und je größer die Zahl der Märkte ist, auf denen ein Unternehmen engagiert ist. Es sind dann ganz unterschiedliche Produkte und Produktionsprozesse aber auch verschiedene Positionierungen und Marktauftritte zwischen den Abteilungen abzustimmen. Die Abstimmung müsste von der Unternehmensleitung vorgenommen werden, die aufgrund von beschränkter Rationalität rasch an ihre Kapazitätsgrenzen stoßen würde. Zweitens ist es schwierig bei einer funktionalen Organisation Ergebnisverantwortung in den Abteilungen herzustellen. Die innerbetrieblichen Verflechtungen lassen eine Aufteilung des Gesamterfolges auf die einzelnen Funktionsabteilungen kaum zu.

Abbildung 28-1: Die funktionale Aufbauorganisation

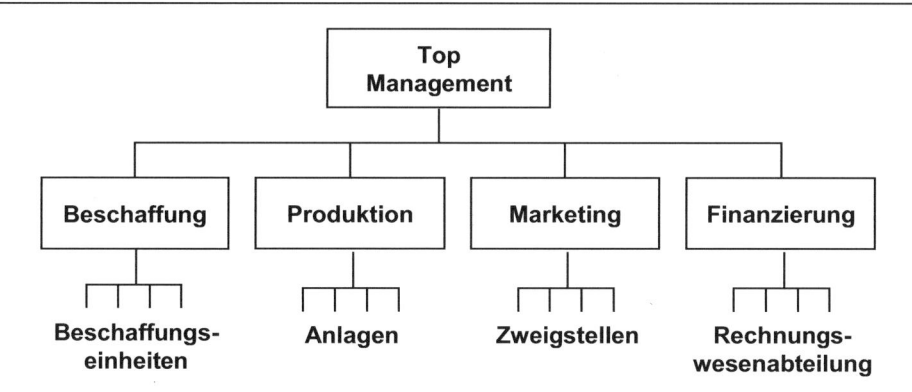

Die *divisionale Aufbauorganisation* ist als Antwort auf die Probleme der funktionalen Gliederung zu verstehen. Interne Transaktionskosten lassen sich durch eine divisionale Organisation stark reduzieren. Unternehmen, die in Bezug auf ihre Produktpalette wachsen oder unterschiedliche Märkte bedienen, werden daher häufig nach dem sog. *Objektprinzip* in *Divisionen* organisiert (vgl. Abbildung 28-2). Objekte können dabei z.B. Produktbereiche, Geschäftsbereiche, Sparten, Kunden oder Absatzmärkte sein. Die Divisionen sind dann ihrerseits häufig nach Funktionen untergliedert. Damit wird man der Tatsache gerecht, dass unterschiedliche Objekte möglicherweise auch ganz unterschiedliche Formen der Leistungserstellung oder Marktbearbeitung erfordern. Der Preis für die resultierende Komplexitätsreduktion liegt in dem Verzicht auf unternehmensweite Spezialisierungsvorteile. In Mehrproduktunternehmen würden diese

Spezialisierungsvorteile aber durch die Koordinationskosten ausgeglichen. Die divisionale Aufbauorganisation zielt daher darauf ab, die Interdependenzen zwischen den Abteilungen zu verringern und den Koordinationsaufwand für die Unternehmensleitung zu reduzieren. Hinzu kommt, dass die Divisionen ihre Ergebnisse nun weitgehend selbst zu verantworten haben. Die Divisionen oder Geschäftsbereiche können als Cost-Center, Profit-Center oder Investment-Center geführt werden. In einem Cost-Center verantworten die Entscheidungsträger die Kostensituation der Geschäftseinheit. In einem Profit-Center übernehmen sie die Verantwortung für die Ergebnisse der Division. In einem Investment-Center treffen sie darüber hinaus auch die Entscheidungen über Investitionsvorhaben.

Abbildung 28-2: Die divisionale Aufbauorganisation

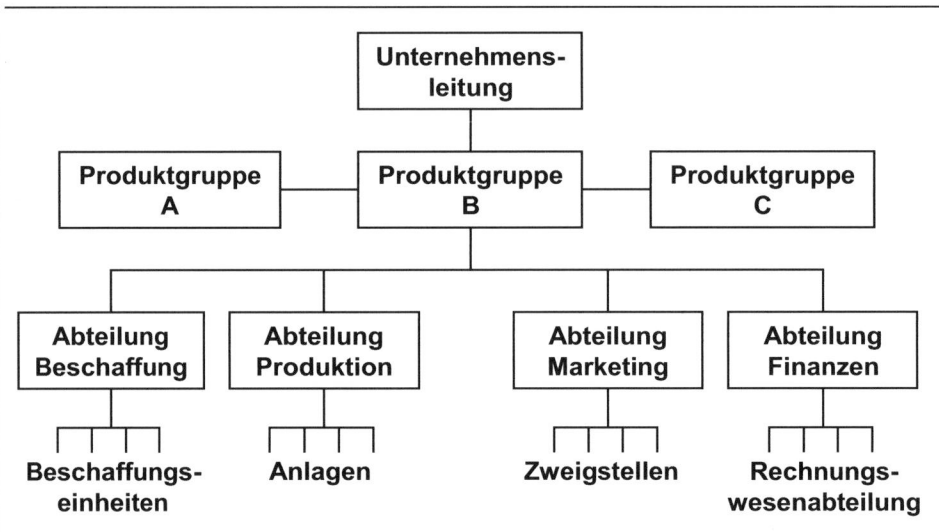

Kombinationen zweier Hierarchiesysteme bzw. Organisationsprinzipien (z.B. funktionale Organisation und divisionale Organisation) sind ebenfalls möglich. Stark verbreitet sind derartige *Matrixorganisationen* seit jeher im Produktmanagement. Einer funktionalen Gliederung des Unternehmens wird hierbei eine weitere Untergliederung des Unternehmens nach Produkten gegenübergestellt. Dadurch gibt es im Unternehmen Führungspositionen in beiden Organisationsdimensionen: Es gibt Abteilungsleiter und es gibt Produktmanager. Insofern sind Entscheidungs- und Weisungsbefugnisse zwischen Produktmanager und Abteilungsleiter aufgeteilt. Der Vorteil der Matrixorganisation liegt in der eleganten objektbezogenen Koordination der Funktionsabteilungen. In der Praxis hat sich jedoch oft gezeigt, dass die Doppelzuweisung von Mitarbeitern und Ressourcen an einen Produktmanager und einen Abteilungsleiter häufig zu Konflikten führt.

28.3 Aufbauorganisation internationaler Unternehmen

Wenn es im Schrifttum zum internationalen Management um die Frage der Organisation internationaler Aktivitäten geht, dann wird die Internationalisierung von Organisationsformen oft als ein historischer Prozess beschrieben, der sich über ganz bestimmte Stufen einer organisationalen Entwicklung vollzieht (vgl. Stopford/Wells 1972). Dabei markiert die „Internationale Abteilung" den wichtigsten Ausgangspunkt einer Internationalisierung. Neben die existierenden Abteilungen oder Divisionen wird als Antwort auf die Internationalisierung eine weitere Abteilung gestellt, in der alle Auslandsaktivitäten eines Unternehmens zusammengefasst werden (vgl. Abb. 28-3.). Nicht selten geht diese Abteilung aus einer früheren Exportabteilung hervor. Die „Internationale Abteilung" scheint vor allem dann geeignet zu sein, wenn eine straffe Kontrolle von Auslandsaktivitäten angestrebt wird und gleichzeitig das Auslandsgeschäft im Vergleich zu den nationalen Aktivitäten eine nur untergeordnete Rolle spielt (vgl. Bleicher 1972, 419).

Gleichzeitig weist dieser Organisationsansatz eine Reihe von Problemen auf:

- Die Eigenständigkeit der Abteilung kann leicht zu einer Isolation des Auslandsgeschäfts von anderen Bereichen und Entscheidungen im Unternehmen führen.
- Es entsteht eine Duplizierung von Positionen für den nationalen und den internationalen Bereich.
- Die Führungskräfte in den Auslandsniederlassungen werden durch eine „internationale Abteilung" in ihrer Bedeutung und Kompetenz eingeschränkt. Oft gilt die Annahme, dass die wesentlichen Entscheidungen zu Auslandsaktivitäten in der Abteilung getroffen werden könnten und sollten.

Im Ergebnis kann der Erfolg von Transaktionen auf Auslandsmärkten durch diese Nachteile erheblich eingeschränkt werden. Aus diesem Grund wurde nach alternativen Organisationsformen gesucht. Zwei grundsätzliche Neuorientierungen werden von Stopford und Wells (1972) unterschieden: Weltweite Produkt-Divisionen oder aber Länder- bzw. Regional-Divisionen.

28 Die Organisation internationaler Unternehmen

Abbildung 28-3: Die „Internationale Abteilung" zur Koordination von Auslandsaktivitäten

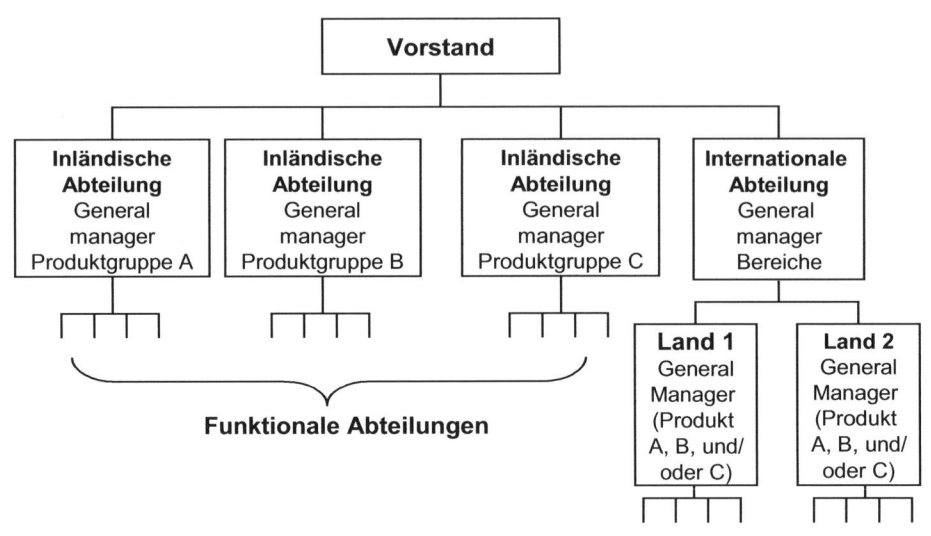

Quelle: Hill, 2003, 442

Weltweite Produkt-Divisionen wurden vor allem von Unternehmen eingeführt, die sich durch eine starke Diversifikation auszeichnen und die auch in ihren Heimatländern eine Organisation nach Produkt-Divisionen vorgenommen hatten. Die Verantwortung der Produkt-Manager bzw. der Leiter von Strategischen Geschäftseinheiten wird nach diesem Ansatz konsequent auf alle Auslandsaktivitäten ausgedehnt (vgl. Abb. 28-4). Dadurch ergibt sich die Möglichkeit einer konsequenten Gestaltung aller weltweiten Wertschöpfungsaktivitäten, die mit einem Produkt zu tun haben. Gleichzeitig wird allerdings die Rolle des lokalen Managements im Ausland in ihrer Bedeutung eingeschränkt, da annahmegemäß die Produkt-Manager in der Lage sind, weltweit zu agieren.

Abbildung 28-4: Weltweite Produkt-Divisionen

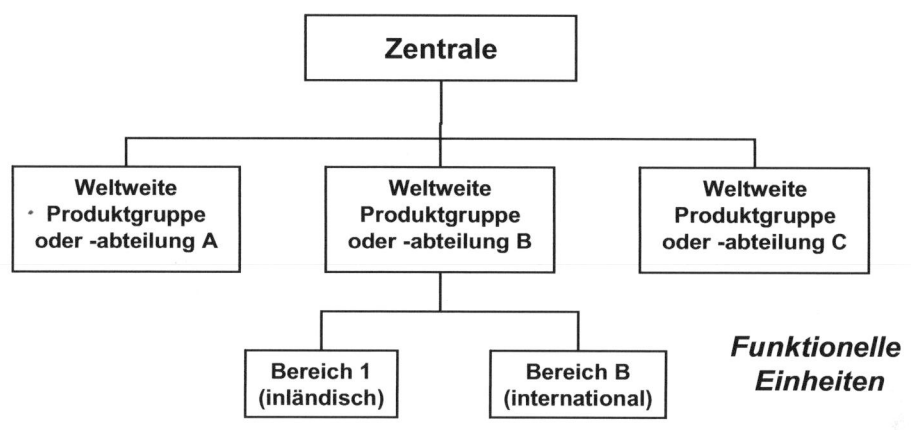

Quelle: Hill, 2003, 445

Länder- bzw. Regional-Divisionen wurden vor allem von wenig diversifizierten Unternehmen eingeführt, die auf nationaler Ebene mit einer funktionalen Organisation operierten. Durch die Bildung von Länder- bzw. Regional-Divisionen werden die Zielmärkte eines Unternehmens zum zentralen Gliederungskriterium für eine Organisation erhoben. Es entstehen Einheiten, die sich durch eine große Autonomie auszeichnen und die in der Lage sind, auf regionale Besonderheiten – z.B. durch Anpassungen in der Produktpolitik oder in der Kommunikation – einzugehen (vgl. Abb. 28-5).

Abbildung 28-5: Länder- bzw. Regional-Divisionen

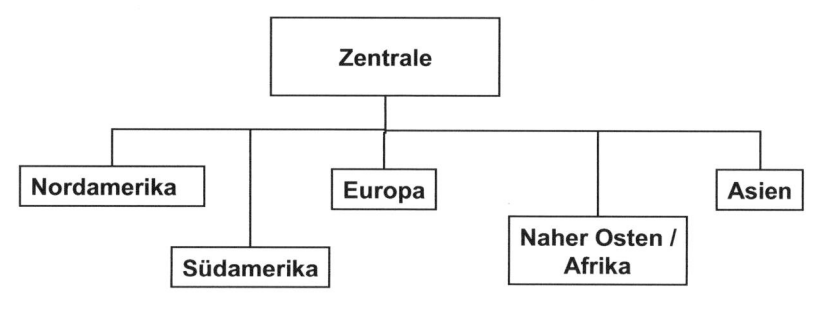

Quelle: Hill, 2003, 444.

Die Organisation internationaler Unternehmen

Als Nachteil ergeben sich unter Umständen starke zentrifugale Kräfte zwischen den einzelnen Unternehmenseinheiten. Der Wissenstransfer zwischen den einzelnen Unternehmenseinheiten kann unter diesen Umständen zu einem echten Engpass werden. Das Organisationsmodell passt daher vor allem zu einer multinationalen Strategie im Sinne von Bartlett/Ghoshal. Spielen die Anpassungsnotwendigkeiten an regionale Besonderheiten keine dominierende Rolle, sondern eher die Notwendigkeit, die Kosten zu senken, dann wird dieser Ansatz kaum zum Erfolg führen.

Beide Organisationsprinzipien haben ihre spezifischen Vor- und Nachteile, die ihren Einsatz unter jeweils ganz besonderen Bedingungen rechtfertigen. Dabei birgt die Logik der weltweiten Produkt-Divisionen vor allem die Chance, Kostensenkungspotentiale auf der Basis großer Stückzahlen zu nutzen. Das Prinzip der Länder- bzw. Regional-Divisionen kann vor allem auf lokale Besonderheiten effektiv reagieren und Differenzierungsvorteile ermöglichen. Wenn der Wettbewerbsdruck eine gleichzeitige Realisierung von Effizienz- und Effektivitätsvorteilen – also von Kosten- und von Differenzierungsvorteilen - fordert, stoßen die beiden Prinzipien an ihre Grenzen. Eine Verknüpfung beider Vorteile wurde auch für internationale Unternehmen vor allem in einer internationalen Matrixstruktur gesehen. Eine häufig zu beobachtende internationale Matrixstruktur verbindet Produkt-Divisionen mit einer Gliederung nach Regionen (vgl. Abb. 28-6).

Abbildung 28-6: Die internationale Matrixstruktur

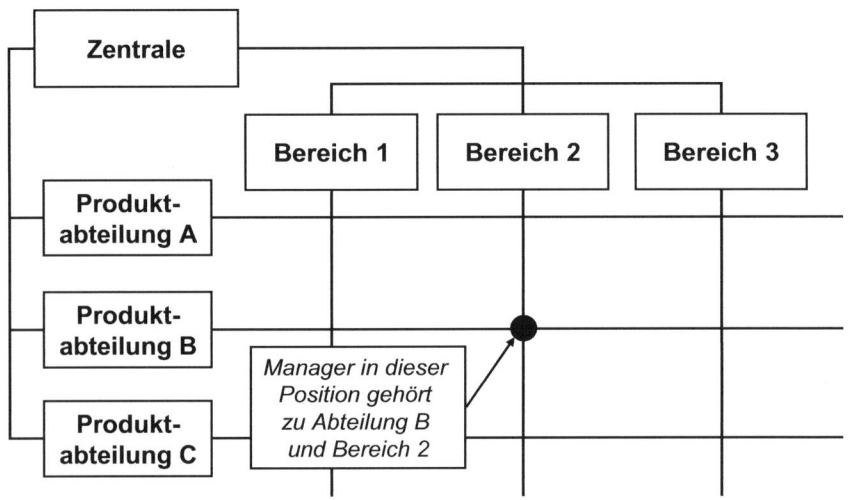

Quelle: Hill, 2003, 445

Nach dem Prinzip der Matrixorganisation wird die Entscheidungskompetenz zwischen Entscheidungsträgern aufgeteilt, die entweder für ein Produkt oder für eine Region zuständig sind. Entscheidungen, die den Absatz von Produkten der Kategorie B in der Region 2 betreffen, müssen mit der Produkt-Division B und der Regional-Division 2 abgestimmt werden. Mitarbeiter sind somit wieder zwei Vorgesetzten zugeordnet. Eine frühe Anwendung des Prinzips in der Praxis erfolgte unter dem früheren charismatischen Führer von ABB (Asea Brown Boveri), Percy Barnevic. ABB hatte sein Geschäft auf etwa 50 Geschäftsbereiche verteilt und als zweite Dimension 34 Landeseinheiten nach Regionen gebildet. Im Ergebnis entstanden ca. 5000 dezentrale Profit-Center, die jeweils den Geschäftsbereichen *und* Landesgesellschaften zugeordnet waren (vgl. Koerber 1993, 1061). In der Tat schien es lange Zeit so, als würde der Konzern die Komplexität seines internationalen Geschäfts durch die „Global-Matrix" in den Griff bekommen können. Heute zeigen sich allerdings vor allem die Schwierigkeiten der Organisationsform, die auch bei ABB ein Umdenken erzwungen haben.

Obwohl die Matrix-Organisation dem Ziel dienen soll, simultan sowohl Kostenvorteile als auch Differenzierungsvorteile zu realisieren, hat sich die internationale Matrix in der Praxis oft als ebenso schwerfällig, bürokratisch und konfliktreich erwiesen, wie Matrix-Organisationen auf nationaler Ebene. Die Doppelverantwortung für Entscheidungen erschwert darüber hinaus die Zurechnung von Entscheidungsergebnissen, so dass sich auch die Anreizwirkung dieser Organisationsform häufig als schwach erwiesen hat. Im Ergebnis sind viele Unternehmen wieder von ihrer „global matrix" abgewichen und verfolgen heute eine Organisationsphilosophie, die gelegentlich als flexible Matrix beschrieben wird. Dabei wird eine streng hierarchische Zuordnung zu zwei Abteilungen zugunsten einer eher informellen Abstimmung innerhalb des Unternehmens aufgegeben. Kultur spielt dann eine entscheidende Rolle. Im folgenden Kapitel wird auf die Rolle der Kultur bei der Abstimmung von Entscheidungen in internationalen Unternehmen explizit eingegangen.

28.4 Implikationen einer institutionenökonomischen Sichtweise

Die Ausführungen zu den unterschiedlichen Formen der Aufbauorganisation lassen sich mit der auf Chandler (1962, 1977) zurückgehenden These „structure follows strategy" erklären. Danach folgt die Organisationsstruktur der von einem Unternehmen gewählten Unternehmensstrategie. Chandlers Argumentation steht im Einklang mit einer institutionenökonomischen Erklärung von Aufbauorganisationen. Unterschiedliche Strategien führen zu unterschiedlichen Koordinationsproblemen. Die resultierenden internen Koordinationskosten können durch verschiedene Aufbauorganisationen gesteuert werden.

28 Die Organisation internationaler Unternehmen

Setzt man an den Typen internationaler Unternehmen an, die von Bartlett und Ghoshal definiert wurden, so lassen sich unterschiedliche Organisationsformen als Konsequenz von Strategieentscheidungen interpretieren:

- Für die Strategie des globalen Unternehmens kommt dann vor allem eine zentralisierte Aufbauorganisation – möglicherweise also die „internationale Abteilung" in Frage.
- Für die Strategie eines multinationalen Unternehmens erscheint vor allem eine dezentralisierte Organisation, z.B. in Form von Länderdivisionen geeignet.
- Die Strategie des internationalen Unternehmens nach Bartlett und Ghoshal legt eine Zentralisierung der Kernkompetenzen (z.B. F&E) aber eine Dezentralisierung operativer Aktivitäten nahe.
- Sind transnationale Unternehmen das Ergebnis einer strategischen Entscheidung, dann sind gleichermaßen Zentralisierung und Dezentralisierung beobachtbar. Ob das in Form einer klassischen Matrixorganisation erreichbar ist, muss nach den bisherigen Erfahrungen fraglich erscheinen.

Jeweils lassen sich aus einer institutionenökonomischen Perspektive die aufbauorganisatorischen Entscheidungen durch eine Orientierung an den Koordinations- bzw. Transaktionskosten wenigstens teilweise belegen. Implikationen ergeben sich aber auch aus der in Kapitel 15 entwickelten Transaktionstypologie. Die Unterscheidung zwischen diskreten und relationalen Kundentransaktionen hat zwangsläufig Konsequenzen für die Gestaltung der internen Organisation internationaler Unternehmen. So wäre eine konsequent kundenorientierte Organisation, die beispielsweise auf die Besonderheiten von Schlüsselkunden einzugehen vermochte, als Konsequenz der Gestaltung von relationalen Austauschbeziehungen zu erwarten (vgl. Kleinaltenkamp, Rieker 1997).

Literaturhinweise

Einen institutionenökonomisch orientierten Einstieg in Fragen der Unternehmensorganisation biete Kräkel (2004). Stopford und Wells (1972) zeichnen empirische Entwicklungspfade der Organisationsstrukturen internationaler Unternehmen nach. Für eine weiterführende Diskussion organisatorischer Konsequenzen des relationalen Austauschs sind Kleinaltenkamp/Rieker (1997) geeignet.

Zusammenfassung

1. Die Aufbauorganisation eines Unternehmens ist ein wesentliches Organisationsmerkmal, mit dessen Hilfe die Vorteile einer hierarchischen gegenüber einer marktlichen Koordination umgesetzt werden sollen.

2. Die idealtypischen Organisationsformen sind die funktionale, die divisionale Aufbauorganisation sowie die Matrixorganisation.

3. In internationalen Unternehmen lassen sich empirisch unterschiedliche Phasen der Internationalisierung von Unternehmen anhand der jeweiligen Aufbauorganisation nachzeichnen. Ausgehend von einer *internationalen Abteilung* haben viele internationale Unternehmen über *weltweite Produkt-Divisionen* oder *Länder- bzw. Regional-Divisionen* die Entwicklung hin zu einer *internationalen Matrix* beschritten. Die Entwicklung kann durch transaktionskostenorientierte Argumente nachvollzogen werden.

4. Eine Orientierung der internen Aufbauorganisation internationaler Unternehmen an den Besonderheiten der Abwicklung relationaler vs. diskreter Transaktionen steht bislang noch aus. Allerdings bieten die Ansätze zum Geschäftsbeziehungsmanagement auf nationaler Ebene hier wertvolle Hinweise.

Schlüsselbegriffe

Anreiz; Dezentralisierung; Divisionale Organisation; Funktionale Organisation; Kontrolle; Matrix-Organisation; Zentralisierung

29 Unternehmenskultur

29.1 Der Begriff Unternehmenskultur

In Kapitel 9 wurde Kultur mit Wolff und Pooria als ein System informeller Regeln und Verhaltenserwartungen und als Teil der impliziten institutionellen Rahmenbedingungen für Interaktionsbeziehungen interpretiert (Wolff/Pooria 2004, 452). Kultur wird aber auch auf der Unternehmensebene thematisiert. Die sog. „weichen Erfolgsfaktoren" finden spätestens seit den 80er Jahren zunehmend Aufmerksamkeit in der betriebswirtschaftlichen Literatur. Unternehmenskultur wird als Erfolgsfaktor angesehen und damit zu einem Parameter, den es auch aktiv zu gestalten gilt.

Die Definitionen einer Unternehmenskultur sind heute kaum noch zu überschauen (vgl. Schmid 1996, Schmidt 2004). Auf eine Darstellung der einzelnen Konzepte wird hier aber verzichtet. Stattdessen soll Unternehmenskultur in Anlehnung an den in Kapitel 9 verwendeten Kulturbegriff definiert werden.

Definition: *Unternehmenskultur*

Unternehmenskultur ist dann ein System informeller Regeln und Verhaltenserwartungen in einem Unternehmen, das die Verhaltensweisen der Unternehmensmitglieder berechenbar macht und dadurch Unsicherheit reduziert. Sie drückt sich teilweise in sichtbaren Artefakten aus.

Durch diese Definition werden im Prinzip zwei Aspekte der Unternehmenskultur betont. Zum einen steht die Funktion der Unsicherheitsreduktion durch die Kultur als Institution im Vordergrund. Auf der anderen Seite wird deutlich, dass eine Unternehmenskultur nicht nur in Handlungen als Folge informeller Regeln, sondern auch durch verschiedene sichtbare Symbole und Artefakte zum Ausdruck kommt. Unternehmenskultur ist somit zwar Bestandteil der informellen Regeln, sie ist aber nicht unsichtbar. Diese zwei Betrachtungsweisen werden in der Literatur oft als *funktionalistische* Sichtweise und als *symbolische* Sichtweise bezeichnet (vgl. Schultz 1995). Die funktionale Sichtweise geht vor allem der Frage nach, welchen Erfolgsbeitrag eine Unternehmenskultur zur Zielerreichung des Unternehmens leisten kann. Typische Beiträge sind Unsicherheitsreduktion, Identifikation und Motivation (vgl. auch Schein 1985). In einer symbolischen Perspektive wird Unternehmenskultur eher als ein kollektives Orientierungsmuster gedeutet, das in Artefakten zum Ausdruck kommt und mit dessen Hilfe sich Unternehmensmitglieder die Welt erschließen. Geertz (1995)

Unternehmenskultur

spricht von einem sich selbst entwickelnden System von Deutungsmustern. Gerade die sichtbaren Merkmale der Kultur können steuernd wirken und Normen und Werte kommunizieren. Die Unternehmenskultur wird so zu einer Leitlinie des Handelns von Menschen in Unternehmen (vgl. Alvesson/Berg 1992).

An die funktionalistische und die symbolische Sichtweise auf die Unternehmenskultur knüpft zumindest teilweise auch die Unterscheidung zweier Ebenen von Unternehmenskultur an: Einer sichtbaren Ebene, die in ganz bestimmten Symbolen und Artefakten zum Ausdruck kommt (Percepta) und einer eher unsichtbaren Ebene, die die Grundannahmen, Werte, Normen und Einstellungen umfaßt (Concepta) (vgl. Osgood 1951). Gern wird in diesem Zusammenhang die Metapher vom Eisberg verwendet, nach der die Percepta den sichtbaren kleinen Teil eines Eisbergs ausmacht, während die Concepta-Ebene den unter der Wasseroberfläche und damit unsichtbaren Teil der Kultur darstellt (vgl. Kutschker/Schmid 2005, 667). Abbildung 29-1 zeigt unterschiedliche Gegenstände der Percepta-Ebene geordnet nach ihrem Abstraktionsgrad.

Abbildung 29-1: Elemente der Percepta-Ebene

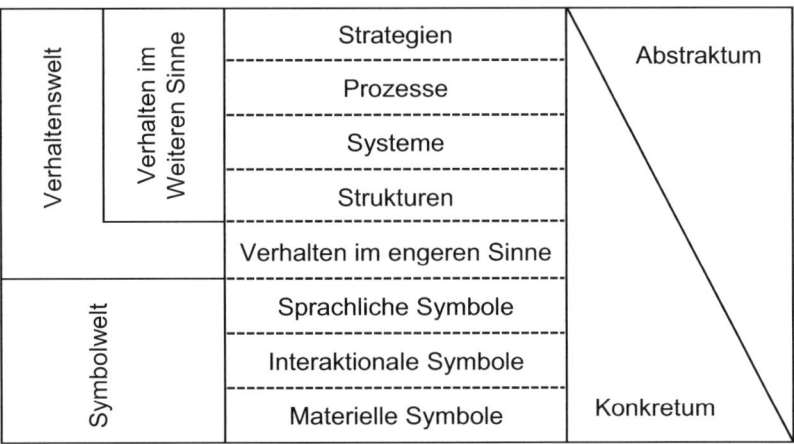

Quelle: Schmid, 1996, 146

29.2 Unternehmenskultur als Ergänzung der formellen Aufbauorganisation

Die aus institutionenökonomischer Perspektive interessierende Funktion der Unternehmenskultur besteht in ihrer Ergänzung der formellen Spielregeln der Organisation von Unternehmen. Von Interesse ist die Frage, wie Denk- und Verhaltensmuster von Organisationsmitgliedern als *informelle* Institutionen dazu beitragen können, Informations- und Anreizprobleme lösen.

Im Zusammenhang mit der Rolle von Unternehmenskultur sind drei Teilaspekte von besonderer Bedeutung:

1. Wie kann Unternehmenskultur zur Lösung von Interaktionsproblemen beitragen?
2. Warum ist die Relevanz von „weichen Faktoren" in den letzten Jahren offensichtlich gestiegen?
3. Wie kann eine Unternehmenskultur zielgerichtet geschaffen werden?

ad 1) Ganz ähnlich wie in der Diskussion der Rolle von *Kultur* auf der Ebene von Kulturräumen oder von *Sozialkapital* auf der Ebene von Nationen oder anderen sozialen Einheiten (vgl. z.B. Kapitel 6 und 7) kann auch eine die Unternehmensziele fördernde Unternehmenskultur als ein Kapital des Unternehmens interpretiert werden. Es erleichtert Interaktionen. Unternehmenskultur wird dadurch zu einem wichtigen Faktor bei der Umsetzung der potentiellen Vorteile der Koordinationsform *Hierarchie*.

Homann und Suchanek (2005, 90f.) betonen vor allem die Bereitstellung von *Orientierungspunkten* als eine wesentliche Leistung von Unternehmenskultur. Orientierungspunkte können dabei durch akzeptierte Unternehmensleitsätze, durch gemeinsam interpretierte Präzedenzfälle, Sprachregeln oder Grundorientierungen wie „Gerechtigkeit" oder „Solidarität" geboten werden. Von mehreren Individuen geteilte Orientierungspunkte können Interaktionen wirkungsvoll koordinieren. Unternehmenskultur zeichnet sich dabei durch eine hohe Stabilität im Zeitablauf aus.

ad 2) Die Debatte um Kultur und die sog. weichen Faktoren in Unternehmen, wie z.B. Einstellungen, Werte etc., kann als ein Indikator dafür gedeutet werden, dass die Wirksamkeit formeller Institutionen allein nicht zur Koordination von innerbetrieblichen Interaktionen ausreicht. Betrachtet man die Veränderung in den Tätigkeiten der Menschen, so fällt auf, dass heute in vielen Bereichen genaue Leistungsvorgaben mit exakten Prüfmöglichkeiten kaum noch gegeben sind. Vielmehr nimmt die Zahl der Tätigkeiten zu, in denen präzise Leistungsvorgaben nicht gegeben sind und in denen sich Verträge durch ein hohes Maß an Unvollständigkeit und Offenheit auszeichnen. Das spricht zum einen dafür, dass viele Tätigkeiten anspruchsvoller werden. Zum anderen wirft genau diese Entwicklung die Frage nach geeigneten Koordinationsmechanismen auf. Die notwendige Offenheit und Undefiniertheit von Tätigkeiten lässt die Orientierungsmuster der mit größeren Entscheidungsspielräumen ausgestatteten Stelleninhaber umso relevanter erscheinen. Neben die formellen Institutionen treten somit die Grundannahmen, Werte, Normen, Einstellungen und Überzeugungen von Mitarbeitern als informelle Institutionen. Allerdings ist auch der Einfluss einer Unternehmenskultur auf individuelle Handlungen keineswegs eindeutig. Die Suche nach *einer* dominierenden Erklärung von bestimmten Verhaltensweisen kann daher leicht in die Irre führen.

ad 3) Bis heute ungeklärt ist die Frage, ob eine Unternehmenskultur als informelle Institution zielgerichtet geschaffen werden kann. Die Faktoren, die einen Einfluss auf die Entstehung dieser Art von Kapital eines Unternehmens haben, sind vielfältig. Gleichwohl scheint der Versuch, eine die Unternehmensziele fördernde Unternehmenskultur zu schaffen, nicht aussichtslos. Stimmen formelle und informelle Institutionen überein, so kann die Unternehmenskultur die Koordination innerbetrieblicher Aktivitäten stark vereinfachen. Beim Aufbau und bei der Gestaltung von Unternehmenskultur kommt der Unternehmens*führung* eine entscheidende Rolle zu. Dabei führt der Wandel in den Tätigkeiten der Mitarbeiter heute auch zu einem Wandel in den Aufgaben der Führung. Früher stand die Aufgabe der Formulierung klarer Anweisungen im Vordergrund (Koordination durch die „sichtbare Hand" der Führung). Durch die Entwicklung hin zu größeren Verhaltensspielräumen der Mitarbeiter als Folge veränderter Tätigkeiten kann Führung den Mitarbeitern heute nicht mehr durch konkrete, „technische" Vorgaben, sondern eher durch integrierende Vorgaben eine Grundorientierung liefern (vgl. Homann/Suchanek 2005, 323). Die abstrakten Vorgaben müssen erkennen lassen, welche Leistungen von der Unternehmensleitung gewünscht und honoriert werden. Sie definieren die „Kontexte" der Tätigkeit der Mitarbeiter. Darüber hinaus müssen sie die Besonderheiten des Unternehmens, Visionen und Zielrichtungen transportieren. Beide Arten von Vorgaben – Kontexte und Visionen – können die unvollständigen formellen Institutionen ergänzen und in ihrer Wirkung unterstützen.

Eine Erfolgsvoraussetzung für die Wirkung von Unternehmenskultur ist die Kommunikation der Kultur an neue Unternehmensmitglieder. Die Notwendigkeit, hoch komplexe Phänomene einfach und vor allem auch kommunizierbar darzustellen, kann wohl als der Grund angesehen werden, warum immer wieder Versuche unternommen worden sind, Unternehmenskulturen nach bestimmten Kriterien zu klassifizieren (vgl. die Darstellungen bei Deal/Kennedy 1982, Scholz 1997, 234ff.; Kets de Vries/Miller 1986; Pümpin/Kobi/Wüthrich 1985, Steinmann/Schreyögg 2005, 721).

29.3 Internationale Aspekte der Unternehmenskultur

In internationalen Unternehmen hat sich die Rolle der Unternehmenskultur als zentral für den Unternehmenserfolg erwiesen. Die Schwierigkeiten, die innerbetriebliche Koordination in internationalen Unternehmen durch formelle Organisationsstrukturen (vgl. Kap. 28) sicherzustellen, lässt die Suche nach informellen Koordinationsmechanismen umso wesentlicher erscheinen. Durch gemeinsame Werte sollen individuelle Interessenkonflikte oder aber Konflikte zwischen Unternehmenseinheiten in verschiedenen Ländern überwunden werden. Eine gemeinsame und starke Unternehmenskultur veranlasst die Manager, die Interessen ihrer eigenen Einheiten in den Hintergrund zu stellen und die Gesamtinteressen des Unternehmens zu berücksichtigen (vgl. auch Ouchi 1980, 129 ff.)

Diese Grundidee darf nicht darüber hinweg täuschen, dass es nicht einfach ist, Interessenkonflikte durch eine Unternehmenskultur aufzulösen. Der Schritt, eine individuelle Umgewichtung von Unternehmenszielen und individuellen Zielen vorzunehmen, setzt eine erhebliche Identifikation mit der Gesamtorganisation voraus. Hinzu kommt, dass internationale Unternehmen dem Phänomen Kultur auf unterschiedlichen Ebenen begegnen. Sie zeichnen sich durch eine Multikulturalität aus (vgl. Schmid 1996, 203 ff.). Neben der Unternehmenskultur haben die folgenden Kulturen einen Einfluss auf das Verhalten von Organisationsmitgliedern:

- Die Landeskultur (vgl. Kapitel 9) prägt das Verhalten der aus einem Land stammenden Mitarbeiter

- Branchenkulturen können die Kooperation in internationalen Unternehmen berühren, wenn Unternehmen auf unterschiedlichen Märkten aktiv und in verschiedenen Branchen verankert sind.

- Abteilungs- oder Professionskulturen (z.B. Techniker versus Kaufleute) können die Unternehmenskultur überlagern.

- Einzelne Hierarchieebenen (Top-Management, mittleres Management, Angestellte, Arbeiter) pflegen häufig eigene Kulturen.

- Zusätzlich können weitere Sub-Kulturen im Unternehmen eine Rolle spielen (z.B. Alters- oder Generationenkulturen, Geschlechterkulturen etc.).

Die Überlappungen verschiedener Kulturen führen beispielsweise dazu, dass eine Unternehmenskultur nie isoliert von anderen kulturellen Einflüssen betrachtet werden kann. Die Gegenüberstellung von Organisationsmerkmalen eines US-amerikanischen Unternehmens und eines japanischen Unternehmens (vgl. Tabelle 29-1) zeigt deutlich, wie Organisationsformen durch Landeskulturen geprägt werden. Es ist dann sehr schwierig, auf der Ebene der Unternehmenskultur Institutionen zu implementieren, die den Merkmalen der Landeskultur entgegenstehen.

Unternehmenskultur

Tabelle 29-1: US-amerikanische und japanische Unternehmen

Der US-amerikanische Organisationstyp (Typ A)	Der japanische Organisationstyp (Typ J)
Kurzfristige Beschäftigung	Lebenslange Beschäftigung
Häufige Leistungsbewertung und schnelle Beförderung	Seltene Leistungsbewertung und langsame Beförderung
Spezialisierte Karrierewege, Professionalismus	Breite Karrierewege „wandering around"
Explizite Kontrollmechanismen	Implizite Kontrollmechanismen
Individuelle Entscheidungsfindung und Verantwortung	Kollektive Entscheidungsfindung und Verantwortung
Segmentierte Mitarbeiterorientierung	Ganzheitliche Mitarbeiterorientierung

Quelle: Ouchi, 1981

29.4 Unternehmenskultur und Akquisitionen

Eine besondere Relevanz erhält das Thema Unternehmenskultur vor dem Hintergrund internationaler Fusionen und Akquisitionen. Internationales Wachstum durch den Erwerb von Kontrollmöglichkeiten über andere Unternehmen lässt die Überwindung von Kulturunterschieden zu einem entscheidenden Erfolgsfaktor werden. Krystek und Zur (1997, 516ff.) verdeutlichen die Rolle der Unternehmenskultur im Akquisitionsprozess in der folgenden Abbildung 29-2.

Wird im Rahmen einer Internationalisierungsstrategie der Weg des externen Wachstums beschritten, so ist die Unternehmenskultur schon in der Phase der *Akquisitionsplanung* ein wichtiger Analysegegenstand. Ausgehend von der eigenen Unternehmenskultur fließt die Kultur des potentiellen Akquisitionsunternehmens in die Bewertung und den Planungsprozess ein. Wege der Kulturanalyse können dabei sowohl Firmenbesuche und Interviews als auch Fragebogenaktionen und die Analyse von Dokumenten und Richtlinien sein (vgl. Kobi/Wüthrich 1986). Stellt sich heraus, dass die beiden Unternehmenskulturen weit auseinander liegen und dass sie eine gute Zusammenarbeit behindern werden, ist ggf. nach anderen Akquisitionsunternehmen zu suchen.

Abbildung 29-2: Unternehmenskultur im Akquisitionsprozess

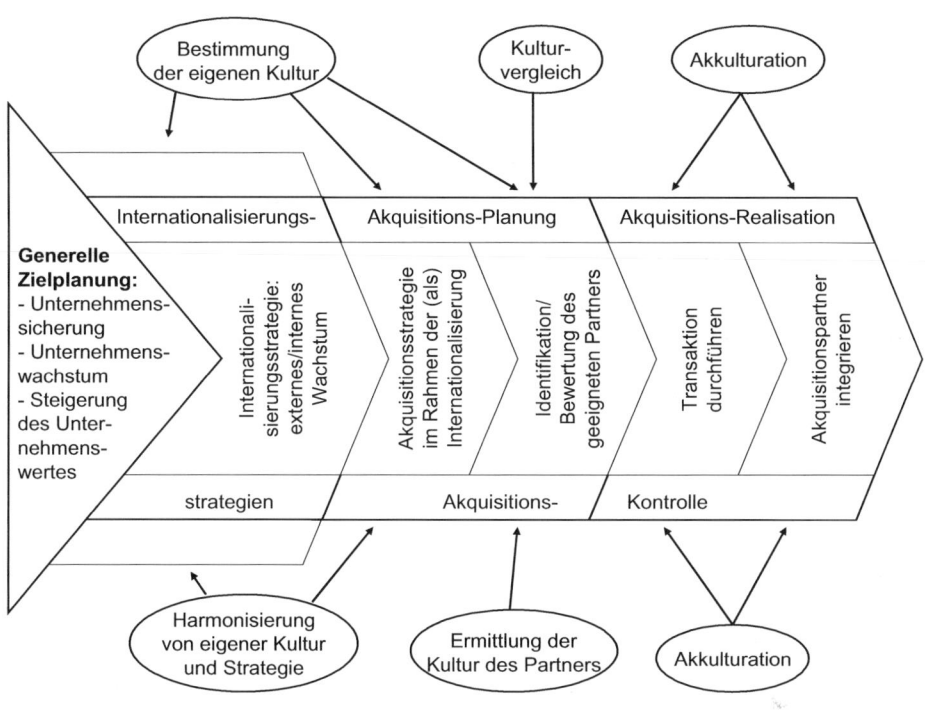

Quelle: Krystek/Zur, 1997, 517

Ist die Entscheidung für eine Akquisition oder Fusion gefallen, so beginnt mit der Integration der beiden Unternehmen auch die Phase der *Akkulturation*, also der Prozess der Anpassung der beiden Unternehmenskulturen. Sie zieht sich als ein zentraler Bestandteil der Akquisition durch die gesamte Phase der Akquisitionsrealisation. Die Akkulturationsphase lässt sich ihrerseits in verschiedene Phasen einteilen (vgl. Abbildung 29-3).

In der Abbildung werden verschiedene idealtypische Akkulturationsverläufe abgebildet. Der U-förmige Verlauf der Kurve 3 geht davon aus, dass der anfängliche *Kulturkontakt* positiv beginnt. Vor allem bei Fusionen, die von beiden Partnern gewünscht werden, können eine gewisse Aufbruchstimmung und die Bereitschaft, auf den anderen zuzugehen, gegeben sein. Es ist aber auch vorstellbar, dass der anfängliche Kulturkontakt kritisch ist. Bei einer Übernahme gegen den Willen der gekauften Firma, ist ein Kurvenverlauf wie bei Kurve 1 denkbar.

Unternehmenskultur

Die Phase der *Kulturkrise* steht für die häufig einsetzende Ernüchterung im Tagesgeschäft. Aus verschiedenen Gründen können Prozesse oder Entscheidungen von den beiden Partnern unterschiedlich beurteilt werden. Im Ergebnis können Missverständnisse die Folge sein.

Abbildung 29-3: Verläufe des Akkulturationsprozesses

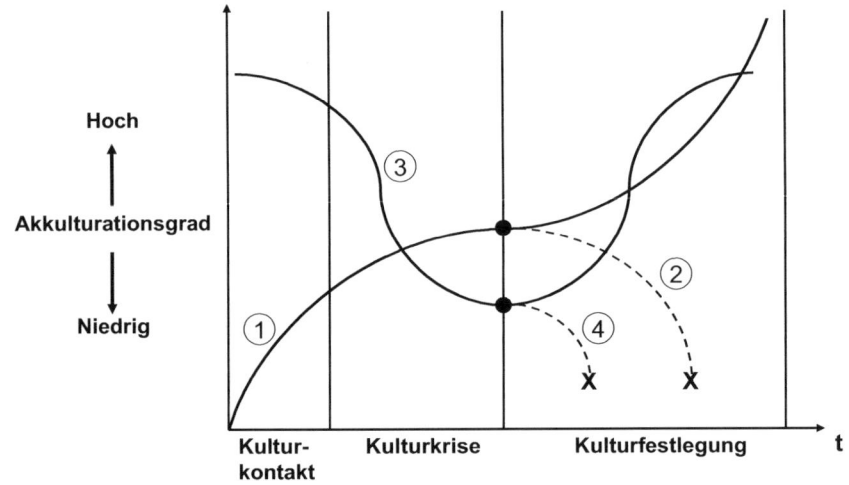

① S-förmiger Verlauf des Akkulturationsprozesses
② Möglicher dysfunktionaler Verlauf des S-förmigen Akkulturationsverlaufes
③ U-förmiger Verlauf des Akkulturationsprozesses
④ Möglicher dysfunktionaler Verlauf des Ü-förmigen Akkulturationsprozesses

● Wendepunkt
X Segregation oder Dekulturation

Quelle: Krystek/Zur, 1997, 519

Nach der Phase der Kulturkrise folgt in der dritten Phase die *Kulturverfestigung*. Im positiven Fall schreitet die Akkulturation fort und nimmt einen ausreichend hohen Grad für die weitere Arbeit an (U-förmiger Verlauf der Kurve 3 bzw. S-förmiger Verlauf der Kurve 1). Im negativen Fall verläuft der Prozess nicht produktiv und kulturelle Differenzen stören den Akquisitionsprozess dauerhaft. Im Extremfall muss die Auflösung der Akquisition erwogen werden. Die Kurvenverläufe 2 und 4 stehen für nicht erfolgreiche Akkulturationsprozesse.

Abbildung 29-4: Ergebnisse der Akkulturation

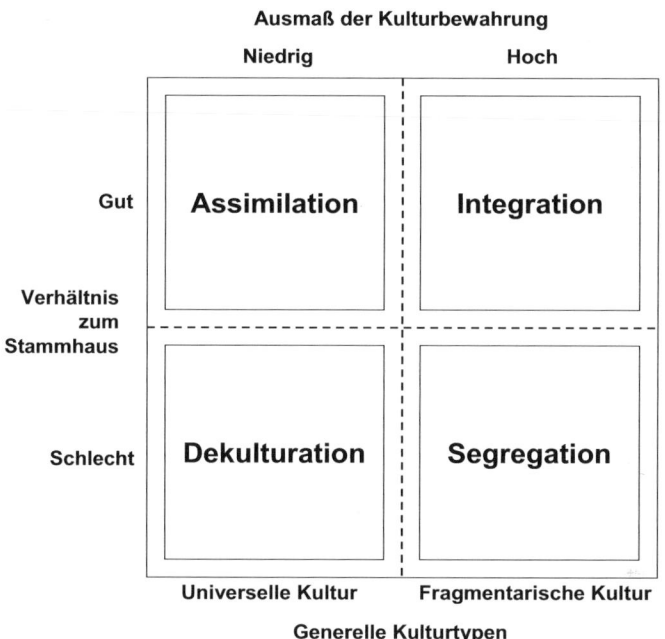

Quelle: Krystek/Zur, 1997, S. 521

Als Ergebnis des Kulturanpassungsprozesses sind somit sehr unterschiedliche Zustände vorstellbar, die sich danach unterscheiden lassen, ob das Verhältnis zwischen Käufer und Gekauftem gut ist und ob die bisherigen Unternehmenskulturen auch nach der Fusion noch Bestand haben (vgl. Reinecke 1989).

- Die *Assimilation* beschreibt eine erfolgreiche Akkulturation, in der allerdings die Kultur des akquirierenden Unternehmens zur dominierenden Unternehmenskultur wird.
- *Integration* beschreibt den Fall, dass ein Mittelweg zwischen Anpassung des übernommenen Unternehmens an die Unternehmenskultur des Käufers und Bewahrung der eigenen Kultur des Übernommenen beschritten wird.

- Die *Segregation* steht für eine negativ verlaufende Akkulturation, in dem das übernommene Unternehmen seine Kultur quasi gegen das übernehmende Unternehmen aufrecht erhält.

- Im Fall der *Dekulturation* gibt das akquirierte Unternehmen seine Kultur (unfreiwillig) auf. Die Zusammenarbeit ist aber nicht erfolgreich.

29.5 Implikationen für das Management

Aus der Sicht des akquirierenden Unternehmens ergibt sich als Ergebnis des Akkumulationsprozesses für das neu entstandene Unternehmen entweder eine *universelle Kultur*, in der Stammhaus und akquiriertes Unternehmen eine gemeinsame Kultur haben, oder aber eine *fragmentarische Kultur*, die sich durch unterschiedliche Kulturen in unterschiedlichen Unternehmensteilen auszeichnet. Beide Kulturtypen können durchaus erfolgreich sein. Problematisch sind lediglich Fälle der Dekulturation und der Segregation, die zum Scheitern des Zusammenschlusses führen können. Generell ist allerdings anzumerken, dass eine fragmentarische Unternehmenskultur die grenzüberschreitende Zusammenarbeit in einem Unternehmen noch zusätzlich erschweren kann. Die innerbetriebliche Koordination von Aktivitäten ist durch die Heterogenität in internationalen Unternehmen (z.B. aufgrund von Landesgesetzen, Sprachbarrieren etc.) ohnehin komplizierter als in nationalen Unternehmen. Unterschiedliche Teilkulturen innerhalb des Unternehmens können die Integration des Unternehmens zu einem leistungsstarken Ganzen aber noch zusätzlich belasten (vgl. Bartlett/Ghoshal 1990). Eine universelle Kultur – sei es die Kultur des akquirierenden Unternehmens oder aber eine ganz neue Kultur – kann dagegen als ein einheitliches Bezugssystem Orientierungspunkte für die Mitglieder der Organisation bieten.

Die „Herstellung" einer solchen universellen Unternehmenskultur erfordert konkrete und dauerhafte Aktivitäten zur Gestaltung einer Kultur. Diese Maßnahmen sind nicht nur mit hohen Kosten verbunden. Es ist darüber hinaus zu berücksichtigen, dass der bewussten Gestaltung von Akkulturationsprozessen Grenzen gesetzt sind (vgl. Krystek 1992). Von zahlreichen Wissenschaftlern wird die Möglichkeit einer „Konstruktion" von Kultur vollkommen abgelehnt (vgl. Steinmann/Schreyögg 2005, 735).

Literaturhinweise

Mit dem Phänomen der Unternehmenskultur machen Schmid (1996) und Schmidt (2004) vertraut. Hinweise zu Versuchen einer Klassifikation von Unternehmenskulturen bieten Deal/Kennedy (1982), Scholz (1997, 234ff.), Kets de Vries/Miller (1986), Pümpin/Kobi/Wüthrich (1985), Steinmann/Schreyögg (2005, 721). Die Rolle der Unternehmenskultur in internationalen Zusammenschlüssen betonen Krystek/Zur (1997).

Zusammenfassung

1. Unternehmenskultur beschreibt ein System informeller Regeln und Verhaltenserwartungen in einem Unternehmen, das teilweise in Artefakten sichtbar wird, die Verhaltensweisen der Unternehmensmitglieder berechenbar macht und dadurch Unsicherheit reduziert.
2. Unternehmenskultur trägt zur Lösung von Interaktionsproblemen bei, indem sie von den Organisationsmitgliedern geteilte Orientierungspunkte bereit stellt.
3. Die Relevanz von „weichen Faktoren" für die Koordination von Aktivitäten ist vor allem wegen der Art der zu verrichtenden Tätigkeiten gestiegen. Es ist tendenziell von schlechter strukturierten und offeneren Aufgaben auszugehen.
4. Im internationalen Kontext steht die Unternehmenskultur als das Verhalten beeinflussender Faktor neben kulturellen Einflüssen auf anderen Ebenen. Eine Unternehmenskultur, die im Widerspruch zur Landeskultur steht, wird sich kaum durchsetzen lassen.
5. Eine besondere Rolle spielt die Unternehmenskultur im Falle von internationalen Zusammenschlüssen. Der Erfolg des Zusammenschlusses wird durch den Akkulturationsverlauf maßgeblich beeinflusst.
6. Der Steuerung von Akkulturationsprozessen und von Unternehmenskulturen sind in der Praxis gleichwohl Grenzen gesetzt. Während verschiedene Wissenschaftler und Praktiker von einer Steuerbarkeit der Unternehmenskultur ausgehen, bezweifeln andere die Existenz dieser Möglichkeit.

Schlüsselbegriffe

Unternehmenskultur; Percepta; Concepta; Akquisition; Akkulturation

30 Wissensmanagement

30.1 Wissen in internationalen Unternehmen

Der Faktor Wissen bestimmt zunehmend den Wohlstand von Gesellschaften und Unternehmen. North (1998) bemerkt:

„Das Management der klassischen Produktionsfaktoren scheint ausgeschöpft zu sein. Als knappe und damit wertvolle Ressource wird Wissen zunehmend in den Vordergrund rücken."

Die Entwicklung hin zu einer Informations- und Wissensgesellschaft spiegelt sich - obwohl die Zahlenangaben stark variieren – auch in den Entwicklungen der Beschäftigtenzahlen in unterschiedlichen Wirtschaftssektoren wider. Im Vergleich zu Produktion, Dienstleistungen und Landwirtschaft ist die Beschäftigung in der Informationswirtschaft kontinuierlich angestiegen (vgl. Abbildung 30-1).

Abbildung 30-1: Die Entwicklung zur Informationsgesellschaft

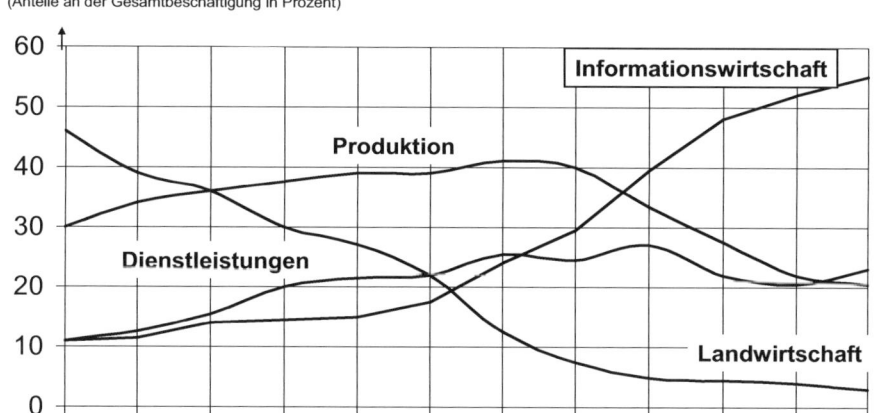

Quelle: Dostal 1999, zit. nach von der Oelsnitz/Hahmann, 2003, 18

Wissensmanagement

Die Rolle von Wissen ist in Unternehmen deshalb so bedeutend, weil Wissen in Wettbewerbsvorteile transformiert werden kann. Insbesondere die ressourcenorientierte Theorie multinationaler Unternehmen (vgl. Wernerfelt 1984, Prahalad/Hamel 1990) betont die Rolle von Wissen. Dabei besteht zumindest theoretisch die Chance für internationale Unternehmen, Wissen in den unterschiedlichen Ländern dezentral zu entwickeln und zwischen den Unternehmenseinheiten Lernprozesse zu generieren, die rein national agierende Unternehmen nicht durchlaufen können. Bartlett und Ghoshal (1987, 37) bemerken: „The ability to learn – to transfer knowledge and expertise from one part of the organization to others worldwide – became more important in building durable competitive advantage". Auch Kogut (1985) sieht in der Nutzung von organisationalem Wissen internationaler Unternehmen einen entscheidenden Erfolgsfaktor im Wettbewerb. Vorteilspositionen können internationale Unternehmen nach Kogut gerade durch die Präsenz in unterschiedlichen Ländern erwerben.

Wissen resultiert zunächst aus vernetzten Informationen. Kombiniert mit einem konkreten Anwendungsbezug wird aus Wissen Können. Wettbewerbsvorteile entstehen, wenn Können in Handeln und in einzigartige Kompetenz umgesetzt werden. Die Transformation von Wissen zeigt Abbildung 30-2.

Abbildung 30-2: Die Wissenstreppe

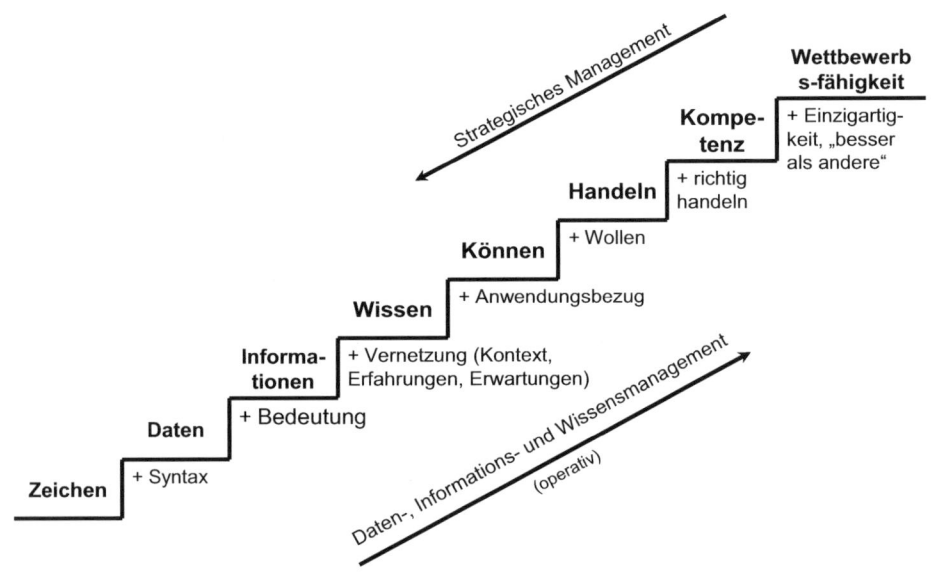

Quelle: v.d. Oelsnitz/Hahmann, 2003, 44

30.2 Wissensmanagement in internationalen Unternehmen

Der Umgang mit dem Gut Wissen wird in zahlreichen theoretischen Ansätzen als ein zentraler Grund für die Existenz von internationalen Unternehmen angesehen (vgl. Kapitel 24). Aufbauend auf der Annahme, dass es sich bei dem Faktor Wissen um eine für den Erfolg eines Unternehmens zentrale Ressource handelt (vgl. von der Oelsnitz/Hahmann 2003, 22), geht es darum, wie die Ressource Wissen gewinnbringend von einem Eigentümer genutzt werden kann. Der Charakter von Wissen als öffentliches Gut und die damit einher gehenden Probleme des marktlichen Verkaufs legen dabei eine Nutzung des Wissens innerhalb eines Unternehmens nahe. Die Kontrollvorteile hierarchischer Koordination versprechen den höchsten Nutzen.

Ob die Verwendung von Wissen unter dem Dach der Hierarchie aber tatsächlich einen höheren Nutzen bringt als über den Markt, hängt davon ab, ob das Potential der Hierarchie durch ein geeignetes Wissensmanagement aktiviert werden kann. Die konsequente Nutzung des Potentials der Hierarchie ist umso relevanter, weil wegen des intensiveren Wettbewerbs immer weniger Zeit für den Aufbau und für die Nutzung dieser Vorteile zur Verfügung steht.

Die Aufgabe des Wissensmanagements in internationalen Unternehmen besteht somit darin, die *theoretischen Vorteile einer hierarchischen Nutzung des Faktors Wissen auch tatsächlich umzusetzen*. Probst, Raub und Romhardt (1998) beschreiben das Ziel des Wissensmanagements folgendermaßen:

Definition: Wissensmanagement

„Das *Wissensmanagement* [...] bezweckt die zielorientierte Nutzung und Entwicklung von Wissen und Fähigkeiten, welche für den Organisationszweck als notwendig angesehen werden. Es verkörpert somit ein integriertes Interventionskonzept, das sich mit den Möglichkeiten zur Gestaltung der organisationalen Wissensbasis befasst".

Die Verbreitung und Weiterentwicklung des Wissens in einer Organisation kann als zentrales Ziel des Wissensmanagements angesehen werden. Die Implementierung entsprechender Spielregeln zur Förderung dieses Ziels ist das Mittel zur Zielerreichung.

Dabei bestehen die besonderen Herausforderungen für *international* operierende Unternehmen in der geographischen Streuung des Wissens und in den unterschiedlichen kulturellen Kontexten, unter denen das Wissen geschaffen wurde und unter denen Wissen ggf. weitergegeben wird. Darüber hinaus wird die Komplexität der Informationen durch die unterschiedlichen Auslandstöchtern oder –niederlassungen noch er-

Wissensmanagement

höht (vgl. North 1998, 203). Dadurch steigt aber auch die Schwierigkeit, eine Integration des Wissens aus unterschiedlichen ausländischen Töchtern oder Niederlassungen des Unternehmens und eine Distribution von Wissen innerhalb des Unternehmens zu erreichen.

Eine Reihe von Ansätzen haben sich mit dem Problem des Wissensmanagements befasst (vgl. North 2002, v.d. Oelsnitz 2003, Welge und Holtbrügge 2000). Dabei stehen sowohl die Frage des „Was muss gemacht werden?" als auch des „Wie muss es gemacht werden?" im Vordergrund. Im Folgenden soll mit dem Ansatz von Probst ein allgemeiner Ansatz zum Wissensmanagement beschrieben werden, während die Ansätze von Nonaka und Takeuchi sowie von Doz et. al. Besonderheiten des Wissensmanagements in internationalen Unternehmen in den Vordergrund stellen.

30.2.1 Der Ansatz von Probst et al.

Der Ansatz von Probst, Raub und Romhardt (2003) stellt das Wissensmanagement als ein Bausteinmodell dar, das auf zwei Ebenen angesiedelt ist (vgl. Abbildung 30-3). Auf einer *strategischen Ebene* erfolgen die Festlegung von Wissenszielen und die Wissensbewertung. Auf einer *operativen Ebene* befinden sich sechs Bausteine, die untereinander vernetzt sind und die den eigentlichen Kern des Wissensmanagements bilden.

Abbildung 30-3:   Das Bausteinmodell von Probst et al.

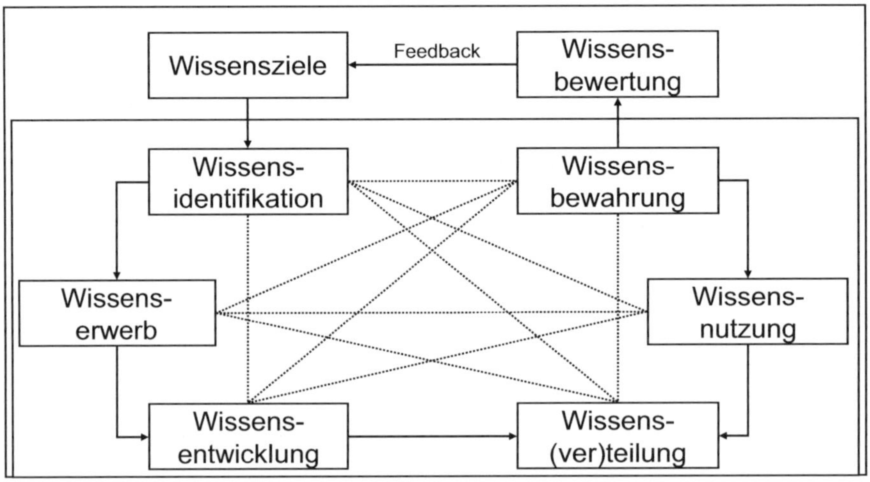

Quelle: Probst, Raub, Romhardt, 2003

30.2 Wissensmanagement in internationalen Unternehmen

Die *Wissensziele* schaffen die Basis für den zu ermittelnden Wissensbedarf eines Unternehmens. Die Definition der Wissensziele muss somit als eine entscheidende Aufgabe im Wissensmanagement angesehen werden. Abgesehen von den konkreten Wissensinhalten sollen Wissensziele eine wissensbewusste und wissensfördernde Unternehmenskultur schaffen. Um diese Teilaufgabe des Wissensmanagements möglichst wirksam zu bewältigen, gibt Probst eine Reihe von Empfehlungen:

- Wissensziele sollten konkretisiert und messbar gemacht werden. Damit wird auch die Zielerreichung messbar.
- Wissensziele sollten einfach formuliert werden, um die Verständlichkeit der Ziele zu erhöhen.
- Es sollte eine Konzentration auf wichtige Wissensziele erfolgen. Dazu sind Kernprozesse und ihre Wettbewerbsrelevanz zu identifizieren.
- Zwischenziele können die Motivation der Beteiligten erhöhen.
- Zeitliche Meilensteine sind zu benennen.
- Bei der Formulierung von Wissenszielen sollten auch die Querbezüge zu anderen Wissensbestandteilen genannt werden. Dadurch wird die Anschlussfähigkeit und ggf. die Kompatibilität von Wissen verdeutlicht.
- Wissensziele sollten positiv formuliert werden. Im Vordergrund sollte nicht der Mangel, sondern das Ziel stehen.
- Generell dürfen bei der Zielformulierung längerfristige Ziele nicht aus dem Auge verloren werden.

Die *Wissensbewertung* wirkt auf die Formulierung der Wissensziele noch einmal zurück, da sie die Relevanz der in der Zielformulierung genannten Wissensinhalte vor dem Hintergrund der konkreten Wettbewerbssituation des Unternehmens kritisch hinterfragt. Die Schwierigkeit dieser Aufgabe liegt vor allem in der Messung von Wissen, das ja eine Voraussetzung für die Bewertung darstellt. Kennziffern werden hier kaum eine Hilfestellung bieten. Differenzierte Betrachtungen auch der immateriellen Vermögensgegenstände bieten eher einen Ansatzpunkt zur Wissensbewertung.

Ist die strategische Ausrichtung des Unternehmens in Bezug auf das Wissensmanagement definiert, stellen die sechs Bausteine des Wissensmanagements auf der operativen Ebene die eigentlichen Arbeitsschritte des Wissensmanagements dar:

Die *Wissensidentifikation* dient dem Aufdecken von Wissensquellen. Dabei stehen die Wissensträger und die Möglichkeit mit ihnen in Kontakt zu treten im Vordergrund. Von Bedeutung ist in diesem Schritt aber auch der Vergleich mit den Wettbewerbern. Instrumente wie Benchmarking oder Best Practices spielen in der Praxis eine große Rolle.

Der *Wissenserwerb* beschreibt die externe Beschaffung von Wissen. Notwendig kann dieser Schritt durch die Entwertung unternehmensinternen Wissens werden. Die Einstellung neuer Mitarbeiter oder die Kooperation mit Beratern kann Wissensdefizite abbauen.

Die unternehmensinterne *Wissensentwicklung* trägt der Tatsache Rechnung, dass bestimmte Wissensinhalte zwar extern erworben werden können, dass aber der Aufbau von Alleinstellungsmerkmalen durch Wissen, das auf dem Markt verfügbar ist, kaum möglich ist. Die Wissensentwicklung im Unternehmen soll daher neue Fähigkeiten und Ideen schaffen, die zu neuen Produkten oder Prozessen führen können. Dabei geht es um individuelles Wissen, aber vor allem auch um kollektives, organisationales Wissen.

Die *Wissensverteilung* ist in erster Linie ein Kommunikationsproblem. Die Frage lautet: Wie kommt das Wissen an die Stelle des Unternehmens, wo das Wissen benötigt wird? Da die Kommunikation von Wissen die Bereitschaft voraussetzt, Wissen zu teilen, besteht die ökonomische Herausforderung darin, Anreize zur Wissensteilung zu geben. Die Gestaltung von Anreizen ist erforderlich, weil regelmäßig Widerstände gegen eine Wissensteilung zu beobachten sind. Der Gebende befürchtet durch die Preisgabe von Wissen Einfluss zu verlieren.

Erst die *Wissensnutzung* im Unternehmen kann zu einer Steigerung der Wettbewerbsfähigkeit beitragen. Dazu müssen Nutzungsbarrieren, etwa Unsicherheiten der Mitarbeiter gegenüber dem neuen Wissen oder aber das Festhalten an bekannten Abläufen, abgebaut werden.

Die *Wissensbewahrung* betrifft schließlich die Aufgabe der Speicherung und Aktualisierung des Wissensbestandes. Kernpunkt ist hierbei die Bewahrung des Wissens in einer Form, die den Zugriff auf das Wissen ermöglicht und vereinfacht.

Durch das Bausteinmodell gelingt es Probst, die Aufgaben des Wissensmanagements zu systematisieren und in ihren Wechselwirkungen darzustellen. Auf die Besonderheiten des Wissensmanagements in internationalen Unternehmen geht er nicht explizit ein, doch sind seine Ausführungen auch für ein länderübergreifendes Wissensmanagement geeignet. Speziell auf Fragen des Wissensmanagements in internationalen Unternehmen gehen Doz et. al. ein. Ihr Ansatz wird im folgenden Absatz skizziert.

30.2.2 Der Ansatz von Doz et al.

Doz et al. (1997) schlagen drei Wege vor, wie mit Wissen in Unternehmen mit Standorten in verschiedenen Ländern umgegangen werden kann: Die Projektion, die Integration und die Orchestrierung (vgl. auch North 2002, 205 ff.).

Die *Projektion* beschreibt einen Ansatz, bei dem es darauf ankommt, Wissen aus der Zentrale im Heimatland in die ausländischen Niederlassungen oder Töchter zu übertragen, gleichzeitig aber die besonderen Bedingungen vor Ort und das lokale Wissen zu berücksichtigen. Blinde Übertragung aus dem Heimatland soll dabei ebenso vermieden werden, wie eine lokale Anpassung, die auf die Übertragung wertvollen Wissens aus der Zentrale verzichtet. Beispiele für diese Strategie lassen sich in großer Zahl finden. So wird Coca Cola in der ganzen Welt nach derselben Formel hergestellt. Dazu wird Wissen aus der Zentrale zur Verfügung gestellt. Bei der Absatzkommunikation und Distribution wird jedoch auf lokales Wissen gesetzt. Sie werden den lokalen Bedingungen jeweils angepasst. Produktwissen fließt somit zunächst aus der Zentrale in die ausländischen Standorte (vgl. Abbildung 30-4). Das Marktwissen stammt jedoch von lokalen Partnern.

Abbildung 30-4: Die Projektion

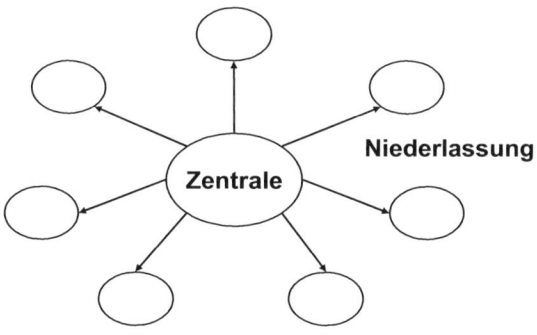

Quelle: Doz et al., 1997 nach North, 2002, 205

Die Projektion kann somit als ein Versuch angesehen werden, die Wissensflüsse zwischen Zentrale und ausländischen Einheiten so auszubalancieren, dass ein marktlicher Erfolg durch den Rückgriff auf Wissen in der Zentrale und in den Niederlassungen bzw. Töchtern gefördert wird. Der Ansatz setzt sowohl einen effizienten Wissensfluss von der Zentrale in die Auslandsstandorte als auch einen entsprechenden Wissensrückfluss voraus. Formale und informelle Spielregeln können die Wissensströme verstärken.

Die *Integration* geht in Bezug auf die Wissensvernetzung eines Unternehmens noch einen Schritt weiter. Das Unternehmen soll nicht nur weltweit lernen, sondern externe Wissensquellen bewusst in den Lernprozess einbeziehen. Das für das Unternehmen interessante Wissen liegt somit in der Unternehmenszentrale, den weltweiten Unternehmensstandorten und bei sonstigen Wissenspartnern. Die Zentrale übernimmt eine moderierende und koordinierende Rolle, ohne dabei aber einen Führungsanspruch zu

Wissensmanagement

stellen (vgl. Abbildung 30-5). Im Bereich Forschung und Entwicklung ist ein starkes Umdenken hin zu einem Wissensmanagement nach den Prinzipien der *Integration* zu beobachten (vgl. North 2002, 206). Unternehmen mit einer bislang zentralisierten F & E orientieren sich zunehmend am internationalen Umfeld und suchen den Kontakt zu den Wissenszentren der Welt. Ausländische F&E Standorte von internationalen Unternehmen erhalten zunehmend Kompetenzen. Das betrifft nicht mehr nur überschaubare Aufgaben, sondern auch hochgradig innovative und für den Erfolg des Unternehmens entscheidende Projekte.

Abbildung 30-5:   Die Integration

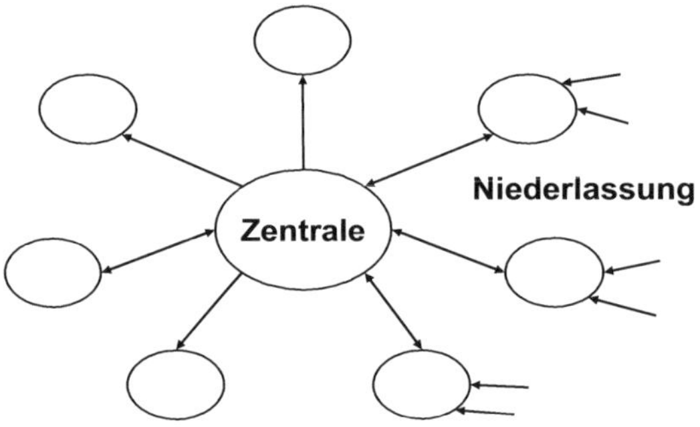

Quelle: Doz et al., 1997 nach North, 2002, 206

Unternehmen, die durch ausländische Akquisition gewachsen sind und deren Auslandsstandorte weitgehend autonom agieren, erkennen zunehmend das Potential einer Vernetzung der F&E Aktivitäten der Unternehmenseinheiten. Dabei werden bestimmte Entwicklungstätigkeiten auf Kompetenzzentren konzentriert. Dadurch sollen Größenvorteile ausgenutzt und Doppelentwicklungen vermieden werden. Abbildung 30-6 fasst einige der Trends zusammen. Zu beobachten sind insbesondere eine stärkere Ausrichtung der eigenen Forschungsaktivitäten auf internationale Märkte und Wissenszentren (z.B. Volvo, Volkswagen, Toyota), eine Kompetenzerweiterung der ausländischen F&E-Standorte und die Zuweisung einer eher strategischen Rolle (z.B. Sony), aber auch die zunehmende Integration und Re-Zentralisierung von dezentralen F&E-Standorten zur Bildung effizienter Kompetenzzentren.

Abbildung 30-6: Die Gestaltung internationaler F&E

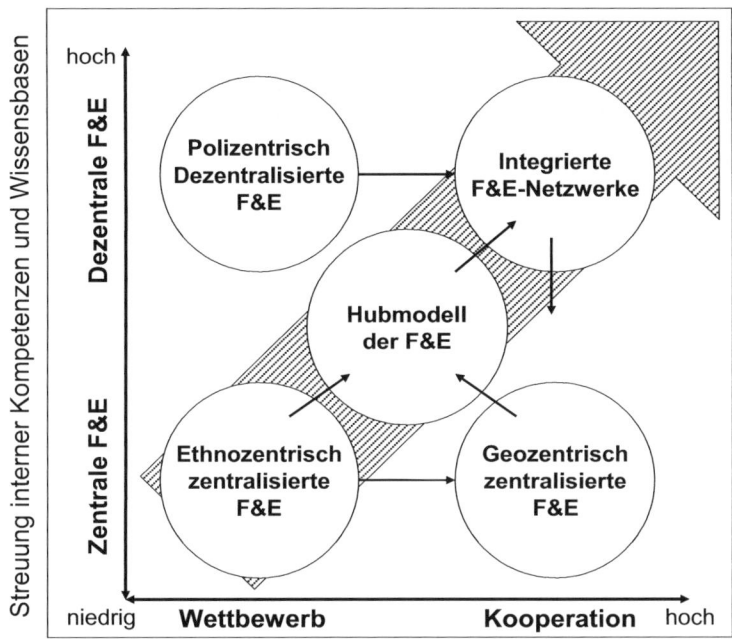

Quelle: North, 2002, 207

Die *Orchestrierung* beschreibt eine Zusammenarbeit von Unternehmenseinheiten, Kunden und sonstigen Partnern in einem Netzwerk ohne moderierende Zentrale. Die Unternehmenseinheiten formieren sich zu flexiblen Konstellationen, um Wissen auszutauschen und es in Problemlösungen für ihre Kunden umzuwandeln (vgl. Abbildung 30-7). Diese Form der Zusammenarbeit ist allerdings an drei Voraussetzungen geknüpft (vgl. Doz et al. 1997):

Das Unternehmen verfügt über effektive „Sensoren", die an den wissensrelevanten Orten (Forschungsorganisationen, führende Regionen, führende Kunden etc.) fest verankert sind und die dadurch über kritisches Wissen verfügen und sich Zugang zu neuem Wissen verschaffen können. Dazu kann es erforderlich sein, Forschungsaktivitäten und –kompetenzen aus dem Heimatland in die führenden Regionen zu verlagern, um dort wissensbezogene Kontakte aufzubauen.

30 Wissensmanagement

Das Unternehmen etabliert „Anziehungspunkte" („attractors"). Sie sollen das von den Sensoren bereitgestellte Wissen bündeln, aufbereiten und zur Verfügung stellen.

Das Unternehmen verfügt über ein System des effizienten und effektiven Wissensaustauschs zwischen den Beteiligten des Unternehmensnetzwerks.

Abbildung 30-7: Die Orchestrierung

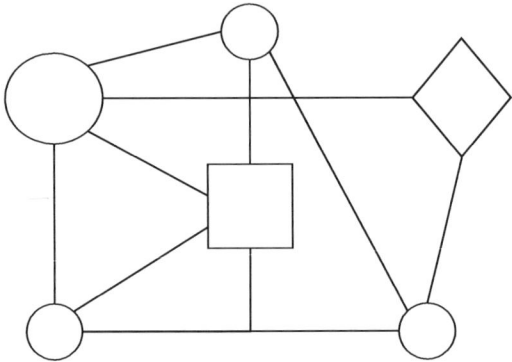

Quelle: Doz et al., 1997

Die Orchestrierung aber auch die Integration als Konzeption des internationalen Wissensmanagements erfordern von traditionell geführten Unternehmen ein Umdenken, das so weitreichende Aspekte wie die Gestaltung von Projektteams, die Planungssystematik, den Planungsort, –verlauf und –tiefe, die Standortwahl, die Produktplanung, die Mitarbeiterauswahl, –integration und –ausbildung berührt (vgl. North 2002, 209 ff.).

30.2.3 Der Ansatz von Nonaka und Takeuchi

Während Probst ein allgemeines Konzept zum Wissensmanagement bereitstellt und Doz et al. drei generelle strategische Ausrichtungen für den Umgang mit Wissen in internationalen Unternehmen vorgeben, geht es Nonaka und Takeuchi (1997) vor allem darum, im Unternehmen bereits vorhandenes Wissen in verschiedenen Unternehmensteilen auch verfügbar zu machen. Individuelles Wissen soll zu organisationalem Wissen werden und weiterentwickelt werden. Unternehmenseinheiten sollen nicht nur Wissen erwerben, dass sie für ihre Tätigkeit benötigen, sondern auch für andere Unternehmenseinheiten relevantes Wissen weiterleiten. Gegenstand dieses

Wissensmanagement in internationalen Unternehmen 30.2

Wissenstransfers ist aber nicht nur das explizite Wissen, das eindeutig kodifizierbar ist, sondern auch implizites Wissen (tacit knowledge), das persönliche Intuitionen und Erfahrungen einschließt und deutlich schwerer weiterzugeben ist, als explizites Wissen (vgl. Polanyi 1967). Gerade auf der Basis dieses Wissens lassen sich aber Wettbewerbsvorteile aufbauen, die schwer imitierbar sind.

Länderübergreifende organisatorische Lernprozesse machen somit eine Wissensübertragung zwischen den Unternehmenseinheiten erforderlich, gleichzeitig aber auch eine Transformation von implizitem Wissen in explizites Wissen und umgekehrt. Auf der Basis eines von Nonaka und Takeuchi entwickelten Modells lassen sich vier Formen von Wissenstransfer in internationalen Unternehmen unterscheiden (vgl. Abbildung 30-8).

Abbildung 30-8: Organisationale Wissenstransformation

	Implizites Wissen	Ziel-punkt	Explizites Wissen
Implizites Wissen Ausgangspunkt	Sozialisation		Externalisierung
Explizites Wissen	Internalisierung		Kombination

Quelle: Nonaka/Takeuchi, 1997, 75

Die *Sozialisation* beschreibt die Weitergabe impliziten Wissens zwischen Unternehmenseinheiten. Wegen der Probleme der Weitergabe impliziten Wissens kann jemand, der dieses Wissen nicht besitzt, das Wissen auch nicht einfach erwerben. Vielmehr muss ein Individuum durch einen langfristigen Sozialisationsprozess implizites Wissen langsam erwerben. Auf diese Weise kann implizites Wissen verbreitet werden und auch in anderen Unternehmensteilen oder Tochtergesellschaften nutzbar gemacht werden. Das zentrale Problem bei der länderübergreifenden Wissensweitergabe in internationalen Unternehmen besteht darin, dass Sozialisationsprozesse schwer initiierbar sind.

Durch eine *Externalisierung* soll das Problem der Initiierung von Sozialisationsprozessen umgangen werden. Dazu muss implizites Wissen aber in explizites Wissen umgewandelt werden. Menschen könnten zu diesem Zweck dazu angehalten werden, Erlebtes und Erfahrenes in irgendeiner Form – z.B. in Berichten etc. – festzuhalten. Damit wäre das Wissen transferierbar. Allerdings muss eingeräumt werden, dass die Umwandlung von implizitem in explizites Wissen immer mit einem Wissensverlust einhergeht. Bestimmte Inhalte des impliziten Wissens (Intuition etc.) entziehen sich einer Fixierung und Weitergabe.

Die *Kombination* beschreibt einen Fall, in dem explizites Wissen durch den Austausch und die Weitergabe des Wissens vermehrt wird. Dazu werden Wissensbestandteile aus einer Unternehmenseinheit auch für Unternehmenseinheiten in anderen Ländern zugänglich gemacht. Dies kann durch Weitergabe von Einheit zu Einheit oder aber durch zentrale Speicherung der Daten in einer Zentrale und Abruf der Daten durch interessierte Einheiten erreicht werden.

Bei der *Internalisierung* erfolgt die Umwandlung von explizitem Wissen in implizites Wissen. Denkbar ist dieser Fall, wenn explizit gespeichertes Wissen bei einigen Organisationsmitgliedern ins Unterbewusstsein dringt und somit eine Art von Verinnerlichung von explizitem Wissen erfolgt.

Nonaka und Takeuchi wollen mit ihrem Ansatz ein allgemeines Modell zur Wissensschaffung in Unternehmen vorstellen. Sie knüpfen dabei insbesondere am Umgang japanischer Unternehmen mit Wissen an. Ein Schlüssel für den Erfolg japanischer Unternehmen liegt nach Nonaka und Takeuchi in der Umwandlung personengebundenen Wissens in Wissen der Organisation. Genau diese Bereitschaft, Wissen verfügbar zu machen, stellt in der Praxis westlicher Unternehmen aber häufig eine entscheidende Barriere der Wissensnutzung dar. Das im Folgenden vorgestellte Konzept des Wissensmarktes versucht diese Barriere durch die Integration marktlicher Elemente in das Wissensmanagement zu beseitigen.

30.3 Die Etablierung marktlicher Elemente in das Wissensmanagement

Die bisherigen Ausführungen legen den Schluss nahe, dass die Implementierung eines Wissensmanagements – da sie offensichtlich im Interesse des Unternehmens liegt – quasi automatisch erfolgen würde. Tatsächlich stimmen die individuellen Ziele der Unternehmensmitglieder und die Ziele des Gesamtunternehmens (verstanden als eine Art Konsens aller Unternehmensmitglieder über das Unternehmensziel) aber nicht immer überein. Es ist daher nach Mechanismen zu suchen, die eine größtmögliche Übereinstimmung herstellen können.

Die Etablierung marktlicher Elemente in das Wissensmanagement 30.3

Da es sich aber bei Fragen der Wissensschaffung und -verbreitung im Unternehmen um hoch kreative und schwer strukturierbare Probleme handelt, reicht es kaum aus, sich auf die Kontrollvorteile der Hierarchie zu verlassen. Hinzu kommt, dass diese Kontrollvorteile bei einem stark dezentralen Unternehmensaufbau teilweise ohnehin abgeschwächt werden. Aus diesem Grunde werden auch unter dem Dach der Hierarchie marktliche Anreize geschaffen, um die Ziele des Wissensmanagements zu erreichen. Dazu ist – in sehr stark modifizierter Anlehnung an North (2002, 258 ff.) zwischen Spielern, Spielregeln und Spielergebnissen zu unterscheiden (vgl. Abbildung 30-9).

Abbildung 30-9: Der Wissensmarkt internationaler Unternehmen

1. Spieler	2. Spielregeln	3. Spielergebnisse
Spieler sind alle Akteure innerhalb und außerhalb des Unternehmens, die als - Wissensanbieter - Wissensübermittler oder - Wissensnachfrager am Aufbau, der Verteilung und der Verwendung von Wissen beteiligt sind. Die Akteure des Wissensmarktes müssen bewusst identifiziert und benannt werden.	Die Spielregeln (Institutionen) setzen Anreize, die das Verhalten der Spieler im Unternehmen (teilweise auch außerhalb des Unternehmens) steuern sollen. Zu den Spielregeln gehört die Implementierung bestimmter Prinzipien, z.B. das • Interessencluster-Prinzip • Leuchtturm-Prinzip • Push- und Pull-Prinzip und die Entwicklung zusätzlicher Anreize. Die Anreize sind durch Medien, Organisationsstrukturen und IT-Struktur zu unterstützen.	Die Funktion eines Wissensmarktes setzt die Schaffung von anspruchsvollen und kooperationsfördernden Zielen sowie die Feststellung der Zielerreichung voraus. Die Ergebnisse sind die Grundlage für die spezifizierte Entlohnung der Spieler und für die Modifikation von Zielen und Spielregeln für das Wissensmanagement.

Quelle: Modifiziert nach North, 2002, 260

Spieler sind die Organisationsmitglieder und externe Akteure, die eine Rolle bei dem Umgang mit Wissen im und für das Unternehmen spielen. Neben der Identifikation der Akteure ist es auch hilfreich, Rollen festzulegen und zuzuweisen, durch welche die Aufgaben des Wissensangebots, der Wissensverteilung und der Wissensnachfrage abgedeckt werden. Die Rolle eines „Wissensmanagers" ist inzwischen in zahlreichen großen Unternehmen auch offiziell in der Unternehmenshierarchie verankert.

Die *Spielregeln* des Wissensmarktes sollen die Kosten des erwünschten Verhaltens der Individuen verringern und / oder den Nutzen erhöhen. Prinzipiell sind bei der Ausgestaltung der Spielregeln viele Möglichkeiten denkbar. Drei Prinzipien seien hier beispielhaft erwähnt (vgl. North 2002, 275 ff.).

Das *Interessen-Cluster-Prinzip* versucht dem Problem unterschiedlicher Interessen von Individuen dadurch zu begegnen, dass Menschen mit gemeinsamen Interessen in einer bestimmten Sachfrage zu Interessen-Clustern zusammengefasst werden. Nicht mehr z.B. technologische Kriterien sollen den Ausschlag für die Zusammenstellung von Teams und Arbeitsgruppen geben, sondern auch die Interessenlage der beteiligten Individuen. Damit soll vermieden werden, dass Menschen mit völlig unterschiedlichen Interessenlagen an einem Projekt arbeiten und es dadurch behindern.

Das *Leuchtturm-Prinzip* soll vor allem die Wissensverbreitung fördern. Menschen, Gruppen, Unternehmenseinheiten etc., die über ein bestimmtes Wissen verfügen, sollen dazu animiert werden, ihr Wissen im Unternehmen zur Verfügung zu stellen. Dazu müssen die Wissensträger für Wissensnachfrager sichtbar sein. Außerdem muss sichergestellt werden, dass die Wissensträger bereit sind, ihr Wissen zu teilen. Wird die Bereitschaft, Wissen zu teilen und zu kooperieren, im Vergütungs- und Beurteilungssystem honoriert, wird die Übernahme einer „Leuchtturmfunktion" für die Wissensträger attraktiver.

Push- und Pull-Prinzipien betonen vor allem die Frage, von wem die Initiative des Wissensaustausches ausgehen soll: Stellt der Wissensträger, z.B. die Zentrale oder eine bestimmte Unternehmenseinheit, Wissensbestandteile zur Verfügung (Push-Prinzip), so besteht gelegentlich die Gefahr, dass Wissen zwar bereit gestellt, aber nicht abgerufen wird. Im Extremfall formiert sich sogar Widerstand gegen die „Vorgaben". Beim Pull-Prinzip liegt die Verantwortung für den Wissenstransfer bei den Wissensnachfragern. Unternehmenseinheiten oder sonstige Nachfrager definieren ihren Wissensbedarf eigenständig und überlegen selbst, aus welchen Quellen sie den Informationsbedarf decken wollen.

Die drei beschriebenen Prinzipien können Ausgangspunkte für die Gestaltung von Spielregeln für das Wissensmanagement sein. Sie auszugestalten ist Aufgabe der Unternehmensleitung, die dabei durch Wissensmanager aktiv unterstützt werden kann.

Die Spielergebnisse setzten erneut die Möglichkeit der Messung von Wissen und der Erreichung von Wissenszielen voraus. Dazu stehen verschiedene Möglichkeiten zur Verfügung. Die Verbindung von Entlohnung i.w.S. und dem Erreichen von Wissenszielen stellt auch in Zukunft eine zentrale Herausforderung des Wissensmanagements dar.

Die Etablierung marktlicher Elemente in das Wissensmanagement | **30.3**

Literaturhinweise

Einen empirischen Überblick über die Praxis des Wissensmanagements in internationalen Unternehmen geben Welge und Holtbrügge (2000). Eine generelle Einführung in das Wissensmanagement geben von der Oelsnitz und Hahmann (2003), North (2002) und Probst, Raub, Romhardt (1998). Speziell auf die Herausforderungen internationaler Unternehmen gehen Kogut und Zander (1993), Bendt (2000) und Nonaka/Takeuchi (1997) ein.

Zusammenfassung

1. Wissen wird zu einer zunehmend wettbewerbsentscheidenden Ressource in internationalen Unternehmen.

2. Durch verschiedene Ansätze (z.B. Doz et al., Nonaka/Takeuchi) sollen die besonderen Herausforderungen internationaler Unternehmen gemeistert werden.

3. Die Integration marktlicher Elemente („Wissensmarktkonzept") soll helfen, Barrieren der Wissensbeschaffung, -verteilung und –nutzung abzubauen.

Schlüsselbegriffe

Integration; Orchestrierung; Projektion; Wissen; explizites Wissen; implizites Wissen; Wissensmanagement; Wissensmarktkonzept

31 Organisationaler Wandel

31.1 Wandel als Herausforderung

Die Ausführungen zu den organisatorischen Auswirkungen des Internationalisierungsprozesses von Unternehmen (vgl. Kapitel 28) und zum Wissensmanagement (vgl. Kapitel 30) haben die Bedeutung des Wandels und der Anpassung von Unternehmen an neue Bedingungen bereits angedeutet.

Die praktische Relevanz des Problems des Wandels von Unternehmen liegt auf der Hand. Die Umwelt, in der internationale Unternehmen agieren, ändert sich kontinuierlich. Organisationsstrukturen und Institutionen, die einmal zweckdienlich waren, sind unter veränderten Bedingungen weniger hilfreich oder sogar störend (vgl. Eggertsson 1990, 55, auch Alchian 1950). Derartige Schieflagen („Misfits") entstehen fast automatisch. Der auf zahlreichen Märkten beobachtbare Wandel in den technologischen, politischen und kulturellen Bedingungen und die daraus resultierenden Veränderungen in den Wertschöpfungsprozessen sowie in den Beziehungen zwischen Anbietern und Nachfragern erfordern eine kritische Überprüfung der Art und Weise, wie Organisationen ihre Aktivitäten koordinieren. Der Wandel der Wettbewerbsumwelt und der Merkmale der Kooperation zwischen Akteuren führt fast zwangsläufig dazu, dass Spielregeln einer Organisation, die früher einmal den Zielen der Organisation dienten, ihre Wirksamkeit verlieren.

Von der Reaktion der beteiligten Individuen in einem Unternehmen auf diese Misfits hängt es ab, ob Defizite in der Effizienz und Effektivität korrigiert und das langfristige Überleben des Unternehmens gesichert werden kann. In diesem Kapitel sollen das Phänomen des Wandels, vor allem aber auch die Widerstände gegen den Wandel und die Möglichkeiten der Überwindung dieser Widerstände diskutiert werden.

31.2 Die traditionelle Sichtweise auf den Wandel

In der traditionellen Sichtweise auf den organisationalen Wandel von Lewin (1958, 210 f.) vollziehen sich Änderungen von Organisationen in einem Prozess über die drei Stufen „Auftauen" (Unfreezing), „Verändern" (Moving), „Stabilisieren" (Refreezing).

Die traditionelle Sichtweise auf den Wandel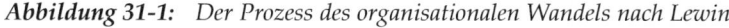

Abbildung 31-1: Der Prozess des organisationalen Wandels nach Lewin

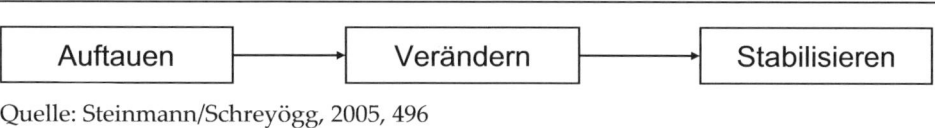

Quelle: Steinmann/Schreyögg, 2005, 496

Das zentrale Merkmal der Phase des Auftauens (*Unfreezing*) ist die Aufgabe des Gleichgewichtszustandes eines Systems bzw. einer Organisation. Die Mitglieder der Organisation erkennen an, dass es eine Notwendigkeit der Anpassung gibt und der bisherige Status Quo nicht mehr haltbar ist. Diese Einsicht kann durch eigene Analysen herbei geführt werden oder aber von außen kommen, z.B. über sinkende Umsätze etc.. Nach Ansicht von Lewin (1958) ist die Phase des Auftauens eine wichtige Voraussetzung für die Durchführung von Wandel. Ohne eine kritische Distanz der beteiligten Personen zum bisherigen Gleichgewichtszustand wird Wandel kaum stattfinden. Wird er von „oben" verordnet, so ist er oft genug zum Scheitern verurteilt.

In der Phase der Veränderung (*Moving*) werden Änderungen tatsächlich vorgenommen. Diese Änderungen können formale Strukturen oder aber informelle Institutionen betreffen, die nicht Gegenstand formaler Fixierung sind. Damit diese Strukturen der Kooperation in einem Unternehmen die erforderliche Sicherheit verleihen, ist es erforderlich, dass die neuen Strukturen in einer Phase des *Refreezing* stabilisiert werden.

Einen zentralen Aspekt in der traditionellen Sicht des organisationalen Wandels stellen die *Widerstände gegen den Wandel* dar. Widerstand gegen Veränderungen kann aus unterschiedlichen Quellen resultieren. Fast immer steht dahinter aber ein Nicht-Wollen oder ein Nicht-Können. Das Nicht-Können resultiert evtl. aus neuen Anforderungen, die eine Umstrukturierung mit sich bringt. Angst davor, den neuen Anforderungen nicht gerecht zu werden, kann zu einer Ablehnung des Wandels führen. Das Nicht-Wollen ist oft eine Folge des antizipierten Verlusts von Sicherheit. Die Befürchtung, Einfluss zu verlieren, oder die Angst, soziale Beziehungen zu Kollegen aufgeben zu müssen, kann zu Widerstand führen (vgl. Strebel 1996). Die Form des Widerstandes kann dabei ganz unterschiedlich sein und von der Abwanderung bis hin zur Sabotage der geplanten Veränderungen reichen.

Einen weiteren Teilaspekt des organisationalen Wandels stellt die Veränderung der Unternehmenskultur dar. Wegen der Erfolgswirksamkeit der Unternehmenskultur (vgl. Kapitel 29) haben sich zahlreiche empirische Studien mit dem Phänomen des kulturellen Wandels befasst. Als Ergebnis der Arbeiten kann ein idealtypischer Verlauf von Prozessen des Kulturwandels (vgl. Abb. 31-2) festgehalten werden (vgl. Dyer 1985, 211).

Organisationaler Wandel

Abbildung 31-2: Der Prozess des Wandels der Unternehmenskultur nach Dyer

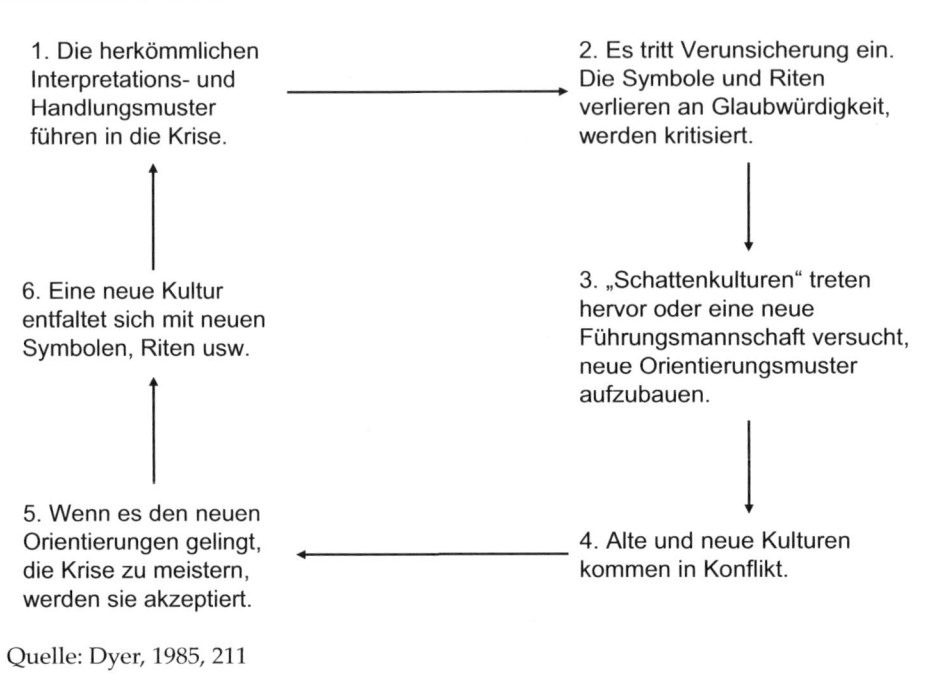

Quelle: Dyer, 1985, 211

Ausgangspunkt eines Wandels der Unternehmenskultur ist dabei immer eine *Krisensituation*. Nicht selten wird diese Situation durch Erfolglosigkeit ausgelöst. Durch die damit einher gehende *Verunsicherung* geraten auch bisher stabile Werthaltungen oder Symbole in die Kritik. Es entstehen nicht selten *Parallel- oder Schattenkulturen*, die in einen *Wettbewerb oder Konflikt* mit den etablierten Interpretationsmustern treten. Nicht selten sind auch hier Ressourcenallokationseffekte des Wandels Auslöser der Konflikte. Stellen sich neue Orientierungsmuster als erfolgreich bei der Lösung der aktuellen Probleme dar, dann wird die *Unterstützung* für sie in dem Unternehmen steigen. Die Zahl der Unternehmensmitglieder, die eine bestimmte Werthaltung zeigen bzw. bestimmten Normen folgen, nimmt zu. Die Ausbreitung der neuen Kultur für zu neuen *Symbolen und Artefakten*. Die neue Kultur zeichnet sich durch eine hohe Stabilität aus, die ihrerseits nur über eine Krise erschüttert werden kann.

Die Relevanz des Wandels von Unternehmen hat in der Organisationstheorie zur Etablierung eines neuen Zweiges, der sog. Organisationsentwicklung, geführt. Neben der Analyse des Prozesses des Wandels wurden verschiedene gruppendynamische Trainingsmethoden und Organisationsdiagnoseinstrumente entwickelt, um den Prozess des zielgerichteten Wandels von Unternehmen zu unterstützen (vgl. Likert 1961, Mann 1961). Darüber hinaus werden die Rolle von Moderatoren des Wandels („change agents") und weitere Interventionsmethoden diskutiert (vgl. Trebesch 2004). Ob auch die Unternehmenskultur Gegenstand aktiver Gestaltung sein kann, ist dabei umstritten. Während einige Verfasser davon ausgehen, dass die Kultur genau wie andere Organisations- und Führungsinstrumente gezielt eingesetzt und verändert werden kann (vgl. z.B. Allen/Kraft 1982, Kobi/Wüthrich 1986), bestreiten andere Autoren diese Möglichkeit. Sie sehen in der Kultur ein über lange Zeiträume gewachsenes und durch zahlreiche Faktoren beeinflusstes Phänomen, das einer bewussten Gestaltung nicht zugänglich ist (vgl. z.B. Alvesson 1993, Turner 1990).

Der Ansatz der Organisationsentwicklung hat das Verständnis für den organisationalen Wandel erhöht. Auf einige Besonderheiten dieser Sichtweise sollte gleichwohl aufmerksam gemacht werden.

- Die meisten Methoden der Organisationsentwicklung haben ihre Wurzeln in der Psychologie und der Psychotherapie. Damit wird der organisationale Wandel aber zu einem Prozess, der von (externen) Spezialisten begleitet werden muss. Dies steht in einem Widerspruch zu der Tatsache, dass der Wandel eine permanente Aufgabe des Managements ist.

- Die Ansätze der Organisationsentwicklung widmen sich vor allem Prozessen des Wandels, die sich durch einen erheblichen Umfang für das Unternehmen auszeichnen. Damit wird der Wandel zu einem besonderem, projektartigen Problem. Tatsächlich vollzieht sich Wandel aber häufig in kleinen Schritten (inkremental) und ist ein das Unternehmen kontinuierlich begleitender Prozess.

- Das Wissen um Defizite in einer Organisation, liegt häufig bei denen, die mit bestimmten Prozessen täglich befasst sind. Wie dieses Wissen aktiviert und in Prozesse des Wandels umgesetzt werden soll, kann der Ansatz der Organisationsentwicklung kaum erklären.

Aus diesem Grund soll im nächsten Abschnitt untersucht werden, ob eine andere als die traditionell verhaltenswissenschaftlich orientierte Perspektive zu neuen Erkenntnissen führen kann.

31.3 Wandel bei Williamson, North und Hayek

Die Entstehung und der Wandel von Institutionen ist eine Frage, die auch aus institutioneller Sicht relevant ist. Bis heute gibt es aber keine einheitliche Sicht auf das Phänomen des Wandels. Als Orientierungspunkte können die drei in der folgenden Tabelle zusammengefassten Positionen gelten.

Tabelle 31-1: Institutioneller Wandel bei Williamson, North und Hayek

	Wettbewerbs-umwelt, Erfolgskriterium	Auslöser des institutionellen Wandels	Suche und Bewertung von Alternativen	Umsetzung des Wandels
Transaktions-kostentheorie (Williamson)	effizienz-orientierter Wettbewerb	Änderung der relevanten Transaktions-merkmale	„hyper-rationale" Suche und Auswahl	Umsetzung problemlos
Theorie des institutionellen Wandels (North)	Wohlstand, Gewinn, Wachstum	Situative Veränderungen und relative Preisänderungen	Individuelles Kosten-Nutzen-Kalkül	„Transaktionen" auf dem „Markt für Institutionen"
Theorie der spontanen Ordnung (Hayek)	Erfolg für das Individuum, Erfolg für die Gruppe	Freude am Experimentieren, Wunsch nach Verbesserung der individuellen Lage	Versuch und Irrtum	Diffusion innerhalb und zwischen Gruppen, Irrtums-elimination

Nach Williamson können bestehende Institutionen mit Effizienzvorteilen erklärt werden. Beobachtbare Institutionen haben sich dann gewissermaßen in einem institutionellen Wettbewerb im Zeitablauf durchgesetzt. Die Suche nach institutionellen Alternativen oder aber auch der Prozess des institutionellen Wandels wird dabei kaum berücksichtigt. Damit entsteht aber auch das Problem, dass die Existenz ineffizienter Institutionen kaum erklärt werden kann. Auch ein Ansatz zum Management bzw. zur bewussten Gestaltung von Institutionen ist aus dieser Perspektive kaum ableitbar. Genau dies wäre aber für Fragestellungen des institutionellen Managements hilfreich.

North verfolgt einen anderen Ansatz. In dem 1990 erschienenen Buch *„Institutions, Institutional Change and Economic Performance"* widmete er sich verstärkt der Frage, warum Institutionen über lange Zeiträume hinweg existieren können, obwohl sie für Gemeinschaften (Organisationen, Gesellschaften etc.) keinen positiven oder sogar negativen Nutzen bringen. North erklärt das Überleben kontraproduktiver Institutionen durch die Existenz unterschiedlicher Zielvorstellungen. Er analysiert die teilweise voneinander abweichenden Erfolgskriterien auf den unterschiedlichen Ebenen von Organisationen oder Gesellschaften. Dabei kommt er zu dem Schluss, dass die für Gesellschaften oder Organisationen anvisierten Erfolgskriterien im konkreten Einzelfall mit dem Ziel des einzelnen Menschen im Widerspruch stehen können. North wendet somit das Analyseprinzip des methodologischen Individualismus konsequent an. Das organisationale Verhalten wird über das Verhalten von Individuen oder Gruppen von Individuen erklärt. Durch individuelle Partikularinteressen führt der Prozess des institutionellen Wandels bei North daher nicht mehr zwangsläufig zu effizienten oder effektiven Institutionen auf einer übergeordneten organisationalen oder gesellschaftlichen Ebene. Ist es aus der Perspektive der handelnden Individuen vorteilhaft, eine auf organisationaler Ebene effiziente und effektive Governance-

Wandel bei Williamson, North und Hayek

Struktur nicht einzuführen, so wird sie nicht eingeführt werden. Wenn es einen Prozess des institutionellen Wandels bzw. der institutionellen Gestaltung gibt, so kann dieser Prozess bei North durch ganz unterschiedliche Faktoren ausgelöst werden (vgl. North 1990, 84). Zu den Auslösern des Wandels können Änderungen in den Präferenzen, den Technologien oder den Ressourcenausstattungen gerechnet werden. Die resultierenden relativen Preisänderungen können im Kosten-Nutzen-Kalkül für Individuen einen Wandel von Institutionen wünschenswert machen. Der Nutzen institutioneller Veränderungen ist aber in der Regel nicht für alle Individuen gleich. Vielmehr gibt es Gewinner und Verlierer, deren auf die Institutionen gerichtetes Verhalten sich dementsprechend stark unterscheidet. Institutionelle Veränderungen können in einer Organisation daher gleichzeitig auf Unterstützung und auf Widerstand stoßen.

Das Ergebnis lässt sich dann schwer voraussagen. Es wird gewissermaßen auf einem „Markt der Institutionen" (vgl. Rosenfeld 1997) entschieden. Das Entscheidungskriterium ist dabei aber weder die Effizienz noch die Effektivität auf der übergeordneten Ebene. Die einzig relevanten Kriterien sind die Interessen und die Verhandlungsmacht der Akteure. Individuen sind im Zuge ihrer Zielverfolgung als „agents of institutional change" (North 1990, 5) die treibende Kraft des institutionellen Wandels. Sie können den Wandel aber im eigenen Interesse aber auch verhindern.

Durch die konsequent individualistische Ausrichtung wird der Ansatz von North nicht nur umfassender und realitätsnäher; er eröffnet auch die Möglichkeit für eine praktische Anwendung. Dass diese Möglichkeit bisher aber nur im Prinzip gegeben ist, hat vor allem zwei Ursachen. Erstens gibt es bei North noch keine Systematisierung der Faktoren, die als Auslöser institutionellen Wandels fungieren können. Die verschiedenen Auslöser des Wandels stehen bisher eher aufgelistet nebeneinander. Zweitens ist der Ansatz auf der individuellen Ebene gleichzeitig zu pauschal und zu komplex. Zu pauschal ist der Ansatz, weil ein „individuelles Kosten- und Nutzenkalkül" alles und nichts enthalten kann. Ein Rahmen, der als Anknüpfungspunkt für die Bestandteile von Kosten und Nutzen dienen könnte, ist nicht vorhanden. Stattdessen werden beispielhaft zahlreiche Einflussfaktoren genannt, die einen Einfluss auf das individuelle Kalkül haben könnten. Da weder die Zahl der Einflussfaktoren noch ihre genaue Wirkung als bekannt angesehen werden kann, muss jeder Versuch einer Modellierung an einer nicht mehr handhabbaren Komplexität scheitern. North beschreibt seinen Ansatz daher zurecht als „far from providing for the kind of hypothesis testing that must ultimately be done" (North 1990, vii).

Hayek, schließlich, lehnt die Annahme, nach der Institutionen das Ergebnis eines zielgerichteten Entwurfs sein können, als „konstruktivistisch" ab (vgl. Hayek 1975). Vielmehr geht er davon aus, dass Institutionen dass Ergebnis von Versuch und Irrtum sind und dass sich die zufällig entwickelten Institutionen dann nach ihrer Leistungsfähigkeit durchsetzen oder wieder verschwinden.

31.4 Eine erweiterte institutionenökonomische Perspektive

Die Positionen von Williamson, North und Hayek lassen einen systematischen Zugang, der auch praktische Implikationen für das Management des organisationalen Wandels hat, nur begrenzt zu. Das ist vor allem deshalb problematisch, weil ineffiziente und ineffektive Regelungen in Organisationen regelmäßig beobachtet werden können. Teilweise bestehen sie über viele Jahre hinweg (vgl. North 1990). Diese Misfits stellen eine ernste Gefahr für die Existenz von Unternehmen dar. Offensichtlich haben viele Unternehmen Schwierigkeiten, wenn es darum geht, Anpassungen an veränderte Umweltbedingungen vorzunehmen. Die Annahme, der Koordinationsmechanismus der Hierarchie – die Anweisung – müsste eigentlich geeignet sein, Korrekturen in Bezug auf den Unternehmensaufbau oder die Spielregeln im Unternehmen schnell vorzunehmen, scheint in der Realität kaum zuzutreffen. Es stellt sich somit die Frage, wie dauerhafte Misfits erklärt und wie sie überwunden werden können (vgl. Roberts and Greenwood 1997, 349). Genau in der Beantwortung dieser Frage liegen aber bislang die Schwächen des institutionenökonomischen Ansatzes (vgl. Kay 1992, Dugger 1983). Selbst Williamson (1988, 1992) räumt ein, dass die Transaktionskostentheorie hier Schwächen aufweist und fordert Modifikationen und Erweiterungen des theoretischen Ansatzes. In den folgenden Überlegungen wird der Versuch unternommen, genau diese Erweiterung des transaktionskostentheoretischen Bezugsrahmens vorzunehmen. Dazu wird in zwei Schritten vorgegangen (vgl. Söllner 2000):

1. Zunächst werden Verhaltensoptionen von Menschen dargestellt, die eine Änderungsnotwendigkeit innerhalb einer Organisation wahrnehmen.

2. In einem zweiten Schritt wird ein Erklärungsversuch der Verhaltensoptionen auf Basis der Transaktionskosten-Theorie unternommen.

ad 1) Da es nach Hayek unmöglich ist, menschliches Verhalten in seiner ganzen Komplexität zu erklären, schlägt er vor, stattdessen den Versuch einer Erklärung bestimmter wiederkehrender *Muster* zu unternehmen (vgl. Hayek 1972). Muster lassen sich für die unterschiedlichsten Phänomene entdecken. Sie stimmen in den folgenden Merkmalen überein:

- Muster abstrahieren von konkreten Details und konzentrieren sich auf die Strukturen, die immer wieder das Auftreten eines bestimmten Untersuchungsobjektes hervorrufen.

- Muster ersetzen die Analyse von allen konkret vorliegenden Bedingungen durch eine handhabbare Zahl von Erklärungsbedingungen.

- Muster vereinfachen zwar die Analyse, stellen andererseits aber erhöhte Anforderungen. Sie erfordern Typologisierungen von Individuen, Rahmenbedingungen und Handlungsweisen sowie ein wiederholtes Auftreten des Untersuchungsobjektes.

- Die Eignung des Erklärungsmusters ist um so höher einzuschätzen, je größer die Zahl der individuellen Ausprägungen eines betrachteten Phänomens ist.

Für Hayek liegt in der Identifikation dieser Strukturen und in der Angabe der Bedingungen, unter denen ein bestimmtes Muster vorliegt, eine Erklärungsleistung (Hayek 1972, S. 16), die er als „Erklärung des Prinzips" (Hayek 1955, S. 11-14) bezeichnet. Die Angabe von Bedingungen, unter denen ein bestimmtes Muster auftritt, kann darüber hinaus auch Prognosen ermöglichen (vgl. Hayek 1972, S. 7ff.).

Für Fragestellungen des organisationalen Wandels geht es um das Auffinden individueller Verhaltensmuster gegenüber Strukturen und Spielregeln, die als ungeeignet für die Unternehmensziele angesehen werden. Die Analyse des Verhaltens von Individuen in Situationen institutioneller Misfits wird dadurch reduziert auf die Betrachtung einer handhabbaren Menge von Verhaltensmustern und auf ihre Erklärung. Dabei wird das „Entdecken" der individuellen Handlungsmuster im Falle von Unzufriedenheit mit Organisationsstrukturen und Institutionen dadurch erleichtert, dass einige klassische Verhaltenstypen in der Ökonomie bereits entdeckt wurden.

Für die folgenden Betrachtungen werden hier die beiden aus den Arbeiten von Hirschman bekannten Optionen der „Abwanderung" und des „Widerspruchs" betrachtet. Zusätzlich werden das Muster des nichts Tuns („Schweigen") und des Regelbruchs im Interesse der Organisation („Schmutzige Hände") analysiert (vgl. Abb. 31-3).

Die *Abwanderungsoption* ist das in der wirtschaftswissenschaftlichen Analyse dominierende Verhaltenmuster. Es liegt auch der bekannten Preisabsatz-Funktion zugrunde. Unzufriedenheit mit einer Leistung, sei es der Kauf eines Produktes oder die Mitgliedschaft in einer Organisation führt zur Abwanderung: Eine Beschaffung wird bei einem anderen Anbieter getätigt. Die Mitgliedschaft in einem Unternehmen wird durch Kündigung beendet. In rein ökonomischer Terminologie repräsentiert dieses Verhaltensmuster die Ressourcenreallokation durch die „unsichtbare Hand" des Marktes.

Abbildung 31-3: Verhaltensoptionen im Falle von organisationalen Misfits

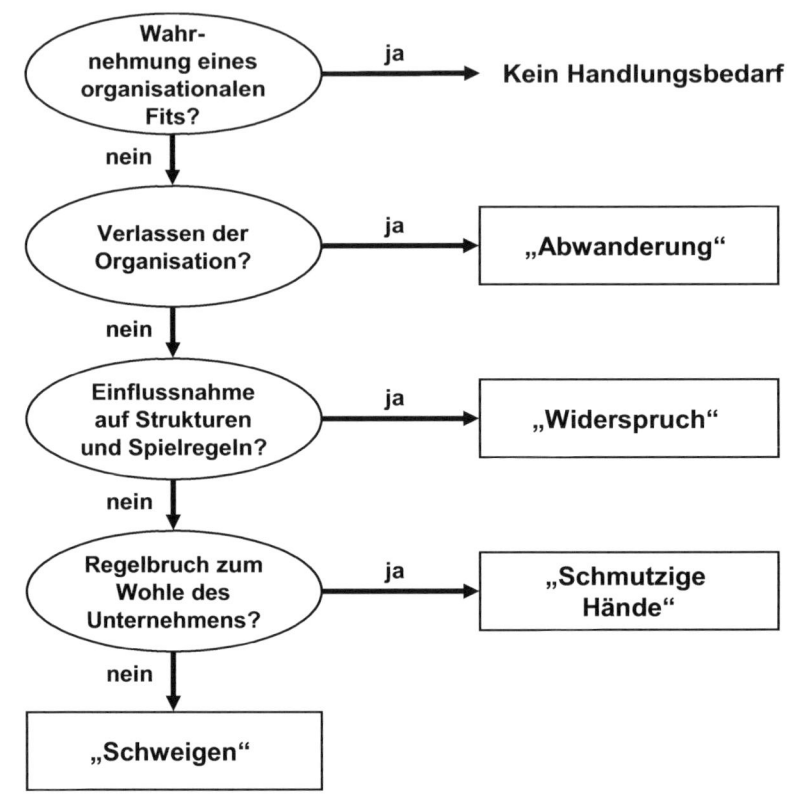

Quelle: Söllner, 2000

Hirschman hat neben der Abwanderung das Muster des *Widerspruchs* in das Spektrum der in der Ökonomie diskutierten Verhaltensoptionen eingeführt. Widerspruch wird zu einer weiteren denkbaren Reaktion auf wahrgenommene Mängel. Hirschman selbst bemerkt: "Voice is here defined as any attempt at all to change, rather than to escape from, an objectionable state of affairs, whether through individual or collective petition to the management directly in charge, through appeal to a higher authority with the intention of forcing a change in management, or through various types of actions and protests, including those that are meant to mobilize public opinion" (Hirschman 1970, 30). Ganz anders als bei der Abwanderung liegt dem Menschen, der von der Widerspruchsoption Gebrauch macht, an einer Verbesserung der Strukturen und Spielregeln in einer Organisation.

Eine erweiterte institutionenökonomische Perspektive **31.4**

Das Bild der *„schmutzigen Hände"* entstammt dem gleichnamigen Drama von Jean Paul Sartre (vgl. Sartre 1993). Es beschreibt ein menschliches Verhaltensmuster, das in bestimmten Konfliktfällen auftreten kann. Dabei erkennt ein Mitglied eines Unternehmens oder einer Organisation, das die bestehenden Strukturen und Spielregeln eines Unternehmens den Zielen des Unternehmens zuwider laufen. Wenn sich das Individuum dann dafür entscheidet, die intern geltenden Regeln zum Wohle der Organisation zu brechen, macht es sich die Hände schmutzig. Das Verhaltensmuster ist somit klar von opportunistischem Verhalten zu unterscheiden, bei dem sich das Individuum auf Kosten der Organisation bereichert. Außerdem kann die Option der schmutzigen Hände nur dann gewählt werden, wenn ein Misfit wahrgenommen wird. Opportunistisches Verhalten ist aber unabhängig von einem Misfit immer möglich. Gleichwohl ist davon auszugehen, dass ein Mensch nur dann die „Schmutzige Hände"-Option wählt, wenn dadurch auch das eigene Wohlbefinden gesteigert wird. Die Basisannahme der Eigennutzorientierung bleibt bestehen.

Schließlich besteht die Möglichkeit, dass ein Individuum auf einen wahrgenommenen Änderungsbedarf hin überhaupt nicht reagiert (*Schweigen*). Auch diese Inaktivität ist als ein eigenständiges Verhaltensmuster zu interpretieren. Hirschman erwartet, dass "some [individuals] may simply refuse to exit and suffer in silence, confident that things will soon get better" (Hirschman 1970, 92). Neben der Hoffnung auf Besserung mag aber auch Gleichgültigkeit eine Ursache für diese Haltung sein.

ad 2) Die zwei dominierenden Erklärungsvariablen, die aus dem "organizational failures framework" zur Erklärung der vier Verhaltensmuster herangezogen werden, sind die Verhandlungsmacht des Individuums als Ergebnis einer "small-" oder "large numbers situation" sowie die Opportunismusneigung des Organisationsmitglieds. Um zu verdeutlichen, dass die Opportunismusneigung hier ganz im Sinne des zweiten Kapitels nicht als feste Verhaltensannahme, sondern als Variable angesehen wird, die von Opportunismus bis hin zum einer hohen Identifikation mit dem Vertragspartner reichen kann, sprechen wir von Loyalität. Die Loyalität eines Individuums kann hoch ausgeprägt sein (starke Identifikation mit dem Unternehmen, Interessenkongruenz etc.) oder aber niedrig (Opportunismus).

„Small numbers"

Die meisten Ökonomen stimmen darin überein, dass die Zahl potentieller Vertragspartner einen Einfluss auf das Verhandlungsergebnis zwischen Vertragspartnern hat. Insbesondere Williamson hat darüber hinaus verdeutlicht, dass Situationen, die vor dem Vertragsschluss durch eine große Zahl potentieller Vertragspartner gekennzeichnet waren, nach dem Vertragsabschluß in eine Situation der „small numbers" transformiert werden können (vgl. Williamson 1985, p. 61). Wenn eine Partei über eine nur geringe Anzahl von Vertragsalternativen oder im Extremfall über gar keine Alternativen verfügt, wird ihre Verhandlungsmacht und ihr Einfluss geringer sein, als wenn alternative Vertragspartner in großer Zahl vorhanden wären. In anderen Worten: Je weniger glaubhaft die Abwanderungsdrohung eines Organisationsmitglieds ist, desto geringer ist seine Verhandlungsmacht. Je geringer die Verhandlungsmacht eines Unternehmensmitglieds ist, desto schwieriger ist es aber auch, organisatorische Mängel eines Unternehmens zu korrigieren.

Die Vertragsalternativen des Unternehmensmitglieds sind nur eine Seite der Medaille. Die Alternativen der Marktgegenseite – hier also des Arbeitgebers – haben ebenfalls einen Einfluss auf die Verteilung der Verhandlungsmacht zwischen den Vertragsparteien. Ist es einem Arbeitgeber ohne Probleme möglich, einen abwandernden Mitarbeiter zu ersetzen, so schwächt das die Position des Mitarbeiters. Ist der Mitarbeiter dagegen für das Unternehmen „unersetzlich", so unterstützt das seine Verhandlungsposition. Bei der Beurteilung der Verhandlungsposition eines Mitarbeiters ist es somit ratsam, die Situation beider Vertragsparteien simultan zu prüfen. Die Abhängigkeit des Unternehmens von seinem Mitglied wirkt dabei in die gleiche Richtung, wie eine hohe Zahl der Alternativen des Mitarbeiters: beides stärkt die Verhandlungsposition des Mitarbeiters. Hält er bestimmte Strukturen und Spielregeln im Unternehmen für nicht zielführend, so hat er aufgrund seiner Position gute Chancen, eine Änderung herbei zu führen. Umgekehrt wirken auch eine geringe Anzahl von Vertragsalternativen des Mitarbeiters und eine hohe Austauschbarkeit des Mitarbeiters aus Sicht des Unternehmens in die gleiche Richtung: Die Verhandlungsmacht des Mitarbeiters ist niedrig und dementsprechend gering sind die Aussichten, Änderungswünsche durchzusetzen.

„Loyalität"

Der Loyalitätsgrad eines Organisationsmitglieds – also die Identifikation mit der Organisation und ihren Zielen, hat einen erheblichen Einfluss darauf, inwiefern das Organisationsmitglied bereit ist, die Kosten und Mühen des Wandels auf sich zu nehmen und zu versuchen, Fehlentwicklungen in der Organisation zu korrigieren. Bei einer nur niedrigen Loyalität ist eher ein „Dienst nach Vorschrift" – also ein Schweigen - zu erwarten. Selbst bei Wahrnehmung von bestimmten Schieflagen ist das Individuum an einer Korrektur nicht interessiert. Identifiziert sich ein Organisationsmitglied aber mit den Zielen und Aufgaben eines Unternehmens, so leidet er unter mangelnder Effizienz und Effektivität des Unternehmens. Das Organisationsmitglied wird dann eher Aktivitäten in Richtung auf eine Korrektur der wahrgenommenen Fehler entfalten, als ein Organisationsmitglied, das sich durch eine niedrige Loyalität auszeichnet.

Auch auf diese Einflussgröße wirken andere Einflussfaktoren korrigierend ein. So dürfte die absolute Höhe der Kosten des Wandels das Verhalten der Akteure stark beeinflussen. Je höher diese Kosten sind, desto höher muss letztlich die Loyalität eines Unternehmensmitgliedes sein, um die Kosten des Wandels zu tragen.

31.4 Eine erweiterte institutionenökonomische Perspektive

Abbildung 31-4: Erklärung unterschiedlicher Verhaltensmuster gegenüber wahrgenommenen Misfits

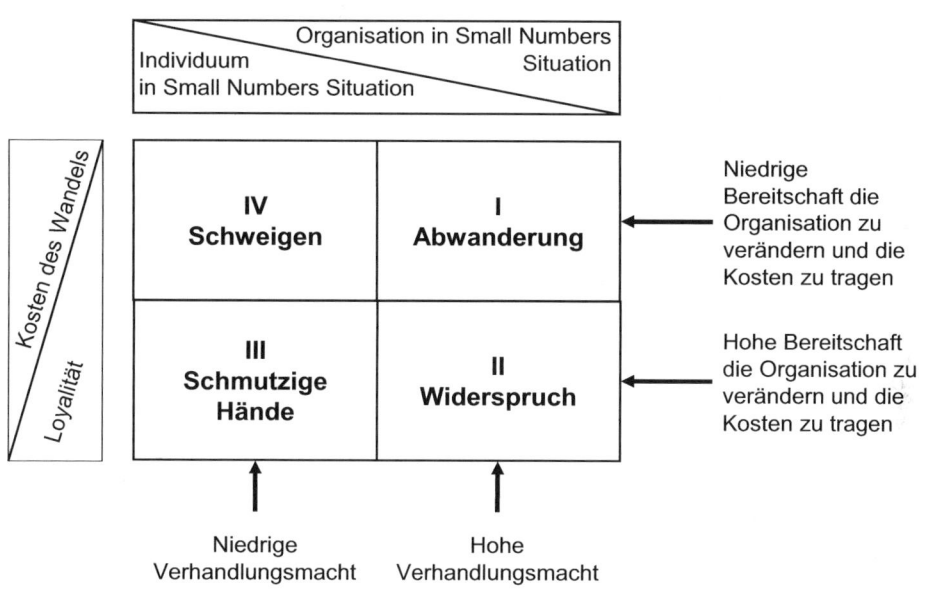

Betrachtet man die beiden Erklärungsdimensionen – Small numbers Situation und Loyalität - gemeinsam, so ist es möglich, die vier Verhaltensmuster zu erklären. Die folgenden Hypothesen lassen sich ableiten:

1. Je höher (niedriger) die Loyalität eines Individuums gegenüber einer Organisation ist, desto höher ist die Wahrscheinlichkeit, dass sich das Individuum für die Verhaltensoptionen Widerspruch oder Schmutzige Hände (Abwanderung oder Schweigen) entscheidet.

2. Je höher (niedriger) die Kosten des organisationalen Wandels eines Individuums sind, desto eher wird es sich für die Optionen Abwanderung oder Schweigen (Widerspruch oder Schmutzige Hände) entscheiden.

3. Je höher (niedriger) die Verhandlungsmacht eines Individuums in einer Organisation aufgrund der Existenz von Vertragsalternativen ist, desto eher wird das Individuum die Verhaltensmuster Widerspruch oder Abwanderung (Schweigen oder Schmutzige Hände) wählen.

4. Je höher (niedriger) die Verhandlungsmacht des Unternehmens gegenüber einem individuellen Mitarbeiter aufgrund der Austauschbarkeit des Mitarbeiters ist, des-

to eher wird das Individuum die Optionen Schweigen oder Schmutzige Hände (Widerspruch oder Abwanderung) wählen.

31.5 Folgerungen für ein Management des Wandels

Die Überlegungen zum organisationalen Wandel aus einer institutionenökonomischen Sicht zeigen Ansatzpunkte auch zur Ableitung von Managementempfehlungen. Die Hypothesen zeigen die Stellschrauben, an denen gedreht werden muss, wenn Unternehmen sicherstellen wollen, dass auf wahrgenommene Misfits schnell und korrigierend von den Organisationsmitgliedern reagiert wird. Die Übereinstimmung mit den Zielen des Unternehmens und die Loyalität gegenüber der Organisation sich Schlüsselgrößen, wenn es darum geht organisationale Starrheit zu vermeiden. Ebenso wichtig ist es aber, den Organisationsmitgliedern Einflussmöglichkeiten zu geben und die Kosten des Wandels nicht durch Bürokratisierung zu hoch werden zu lassen.

Literaturhinweise

In vielen Management-Lehrbüchern hat das Problem des organisationalen Wandels wegen seiner hohen Praxisrelevanz einen festen Platz. So bieten z.B. Steinmann und Schreyögg (2005) einen Überblick über diesen Problembereich, der auch auf die „klassischen" Beiträge, wie Lewin (1958) eingeht. Die institutionenökonomische Forschung hat die Relevanz des institutionellen Wandels erkannt. In Zukunft können hier Ergebnisse erwartet werden.

Zusammenfassung

1. Die Anpassung von Unternehmen an sich ändernde Wettbewerbsbedingungen ist ein wesentlicher Erfolgsfaktor für internationale Unternehmen.
2. In dem traditionellen Ansatz von Lewin (1958) vollziehen sich Änderungen von Organisationen in einem Prozess über die drei Stufen „Auftauen" (Unfreezing), „Verändern" (Moving), „Stabilisieren" (Refreezing).
3. Eine Besonderheit im Zusammenhang mit dem organisationalen Wandel stellt der Wandel der Unternehmenskultur dar. Dyer (1985) beschreibt den Verlauf des kulturellen Wandels in einem Modell, das von der Krise über Verunsicherung und Schattenkulturen schließlich zu einer neuen Unternehmenskultur führen kann.

Folgerungen für ein Management des Wandels **31.5**

4. Die Beiträge von Williamson, North und Hayek gehen auf das Phänomen des Wandels ein, bieten aber nur eine schwache Basis für Management-Implikationen.

5. Eine bewusste Steuerung des organisationalen Wandels setzt ein genaues Verständnis der Triebkräfte bzw. Widerstände des Wandels voraus. In einem erweiterten institutionenökonomisch fundierten Modell lassen sich Handlungsoptionen (Abwanderung, Widerspruch, Schmutzige Hände, Schweigen) gegenüber organisationalen Schieflagen definieren, die über die Konstrukte „small numbers situation" und „loyalty" erklärt werden können.

6. Bewahrheitet sich das Modell, so sind „Stellschrauben" identifiziert, mit denen die Widerstände gegen den organisationalen Wandel abgebaut werden können.

Schlüsselbegriffe

Abwanderung; Auftauen (unfreezing); Kultureller Wandel; Loyalität; Organisationaler Wandel; Schmutzige Hände; Schweigen; Small numbers situation; Stabilisieren (refreezing); Verändern (moving); Widerspruch

D
Die Auflösung der Standortfrage

32 Virtuelle Organisationen

32.1 Netzwerke, virtuelle Organisationen und die Auflösung der Standortfrage

In den bisherigen Kapiteln wurde der Standortfrage aus Unternehmenssicht implizit immer eine hohe Bedeutung eingeräumt. Bei der Erklärung der Existenz internationaler Unternehmen spielten beispielsweise die Standortfaktoren in der Theorie von Dunning eine wichtige Rolle (vgl. Kapitel 24). Unterschiedliche Kundenbedürfnisse waren ein wesentlicher Faktor bei der Erklärung unterschiedlicher Markteintrittsformen und damit auch der Standortwahl für bestimmte Aktivitäten (vgl. Kapitel 15). Aus gesamtgesellschaftlicher Sicht stellte sich die Frage nach den Standorten der Wertschöpfung ebenfalls als eine Kernfrage für die Zukunft dar (vgl. Kapitel 6). Die aktuelle Debatte um das Off-Shoring belegt das eindrucksvoll (vgl. Pająk, 2006).

Damit standen die Ausführungen in Übereinstimmung mit dem überwiegenden Teil der betriebswirtschaftlichen Theorie, die der Standortwahl als konstitutiver Entscheidung eine Schlüsselrolle bei der Festlegung des Handlungsrahmens von Unternehmen einräumt. Neben der Erfassung der sog. Standortfaktoren spielen dabei Modelle der *Optimierung* des oder der Standorte eine entscheidende Rolle. Ist die Standortentscheidung dann einmal getroffen, spielt der Standort im Zusammenhang mit weiteren betriebswirtschaftlichen Fragen keine Rolle mehr. Er wird als gegeben angenommen. Tatsächlich – und darauf soll in diesem abschließenden Kapitel eingegangen werden – deuten aber eine Reihe von Entwicklungen darauf hin, dass sich die Standortfrage heute ganz anders darstellt. Vor allem die Revolution in den Informations- und Kommunikationstechnologien lässt völlig neue Formen der Kooperation zu, bei denen weder eine räumliche noch zeitliche Überschneidung bei der Erstellung der unterschiedlichen Teilleistungen erforderlich ist. Vielmehr besteht die Möglichkeit der zeitlich unabhängigen Zusammenarbeit zwischen Menschen an ganz unterschiedlichen Orten der Welt. Netzwerke und virtuelle Unternehmen als Sonderfall von Netzwerken werden zunehmend zur betrieblichen Wirklichkeit. Die Auflösung vertikal integrierter und diversifizierter Unternehmen in Netzwerke wird von Miles und Snow (1986, 64) folgendermaßen beschrieben: „Business functions such as product design and devel-

Virtuelle Organisationen

opment, manufacturing, marketing, and distribution, typically conducted within a single organization, are performed by independent organizations within a network".

Definition: *Unternehmensnetzwerke*

Mit Sydow (1992, 2) können *Unternehmensnetzwerke* dadurch gekennzeichnet werden, dass bei einer Beibehaltung der rechtlichen und teilweise auch der wirtschaftlichen Selbständigkeit eine enge Abstimmung unter den Netzwerkparteien erfolgt.

Definition: *Virtuelle Unternehmen*

Virtuelle Unternehmen als eine Sonderform von Unternehmensnetzwerken entstehen durch „Vernetzung standortverteilter Organisationseinheiten, die an einem koordinierten arbeitsteiligen Wertschöpfungsprozess beteiligt sind. Um professionelle Kerne scharen sich zahlreiche unterschiedlich organisierte Akteure, die selbst wiederum von einer Vielzahl von Kooperationsbeziehungen mit anderen Akteuren umgeben sind. Selbst der professionelle Kern kann aus Organisationseinheiten bestehen, die standortgebunden oder standortunabhängig sind. Virtuelle Organisationen bilden einen Gegenpol zu Unternehmensformen mit langfristig definierten Grenzen zwischen innen und außen, einer stabilen Standortbindung und einer relativ dauerhaften Ressourcenzuordnung" (Picot, Reichwald, Wigand 2003, 421).

Das Bild einer virtuellen Organisation ist eigentlich der Informatik entlehnt, wo sog. virtuelle Speicher die Lösung eines klassischen Problems darstellen (vgl. Siegert/ Baumgarten 1998): Bei der Bereitstellung von Speicherkapazität taucht regelmäßig ein Konflikt zwischen Geschwindigkeit, Kapazität und Kosten auf. Speichermedien mit eine hohen Geschwindigkeit sind teuer und können daher nur in begrenztem Umfang zur Verfügung gestellt werden. Langsame Speicher sind kostengünstig und können in großem Umfang bereit gestellt werden. Allerdings ist ihre Leistungsfähigkeit eingeschränkt. Durch eine dynamische Zuordnung des Speicherbedarfs auf unterschiedliche Komponenten des virtuellen Speichers wird eine Speicherleistung erzeugt, die schnell ist, in großer Kapazität verfügbar ist und nur geringe Kosten verursacht.

Obwohl das Bild des virtuellen Speichers nur bedingt auf soziale Systeme übertragen werden kann, gibt es doch Analogien. Als ein typisches Beispiel vernetzter und virtueller Kooperation kann die Telekooperation angesehen werden. Darunter wird die mediengestützte arbeitsteilige Leistungserstellung zwischen verteilten Aufgabenträgern, Organisationseinheiten und Organisationen verstanden (vgl. Picot, Reichwald, Wigand 2003, 402 ff.). Telekooperation lässt sich nach Reichwald et al. (2000) verstehen als

Telearbeit (= mediengestützte verteilte Aufgabenbewältigung),

Telemanagement (= mediengestützte verteilte Aufgabenkoordination) und

Teleleistungen (= mediengestützte verteilte Dienstleistungen).

Als Ergebnis entsteht eine virtuelle Organisation, die sich aufgaben- oder projektbezogen etabliert und die nach Beendigung des Projektes in dieser Form aufhört zu existieren. Jeder Akteur bringt für die Projektdauer sein spezifisches Leistungsprofil in die Organisation ein und stellt diese Ressourcen nach Beendigung anderen Nachfragern zur Verfügung. Die Nachfrage kann dabei aus traditionellen Hierarchien kommen, in denen das Individuum Mitglied ist, oder aus einem anderen Projekt.

Vor dem Hintergrund derartiger Entwicklungen scheint der traditionelle Umgang mit der Standortfrage in der Betriebswirtschaftslehre kaum noch geeignet zu sein. Im Vordergrund dürfte nicht mehr die Auswahl eines optimalen Standortes stehen, sondern die Analyse der Konsequenzen einer räumlich und zeitlich verteilten und arbeitsteiligen Leistungserstellung. Um die Möglichkeiten von Netzwerkorganisationen und virtuellen Unternehmen auszunutzen, ist es erforderlich, die Chancen und Risiken dieser neuen Organisationsprinzipien kritisch zu durchleuchten.

32.2 Triebkräfte und Erklärung der Entstehung von Netzwerken und virtuellen Organisationen

Als der zentrale Auslöser der Virtualisierung von Unternehmen und der Vernetzung autonomer Akteure wurde die rasante Entwicklung der Informations- und Kommunikationstechnik (IuK-Technik) bereits erwähnt. Unterstützt wird dieser technologische Einflussfaktor durch eine Reihe von anderen Entwicklungen auf verschiedenen Ebenen (vgl. auch Picot, Reichwald, Wigand 2003, 398 ff.):

1. der Ebene der Unternehmensumwelt
2. der Ebene der Marktbeziehungen des Unternehmens
3. der Ebene der Organisation und ihrer Mitglieder.

Auf der Ebene der *Unternehmensumwelt* wird die Auflösung der Standortfrage nicht nur durch die rasanten technologischen Entwicklungen ermöglicht, sondern auch durch andere Veränderungen vorangetrieben. Die Entwicklung und Förderung von Unternehmensclustern als einer Maßnahme gezielter Regionalpolitik sieht in der Herausbildung vernetzter Strukturen gerade auch eine Chance für das wirtschaftliche Überleben strukturschwacher Regionen (vgl. Europäische Kommission 1994).

Auf der Ebene der *Marktbeziehungen* eines Unternehmens führen Globalisierungstendenzen nicht nur zur Möglichkeit einer Vernetzung zwischen Unternehmen und Akteuren, sie erzwingen sie geradezu. Den neuen Marktchancen von Unternehmen auf internationalen Märkten steht ein völlig neuer Wettbewerbsdruck als gegenläufige Tendenz gegenüber. Diesem Druck kann ein Unternehmen vor allem durch die Steigerung seiner *Innovationskraft* und seiner *Kosteneffizienz* begegnen. Die Innovationskraft kann dadurch gesteigert werden, dass die besten und fähigsten Menschen in den Wertschöpfungsprozess einbezogen werden. Da anzunehmen sind, dass Begabung und Einsatzbereitschaft nicht konzentriert an einem Ort, sondern an verschiedenen Orten der Welt verteilt auftreten, kann ein Unternehmen seine Innovationsfähigkeit durch eine Vernetzung mit den Wissensträgern steigern. In Bezug auf die Kosteneffizienz können vernetzte und/oder virtuelle Unternehmen Fortschritte erzielen, wenn sie z.B. regionale Unterschiede in bestimmen Kosten (z.B. Lohnkosten, Kosten von F&E etc.) zur Gestaltung ihrer Kostenposition bewusst nutzen. Unterschiedliche Zeitzonen, Arbeitszeitregelungen etc. können zusätzlich Beschleunigungseffekte herbeiführen.

Auf der Ebene der *Organisation* deuten zahlreiche Indikatoren darauf hin, dass die Organisationsmitglieder – vor allem die Menschen, die als Mitarbeiter in einer Organisation arbeiten – heute neue Anforderungen an Arbeitsverhältnisse stellen. Vor allem der Wunsch und die Notwendigkeit Arbeit und Privat- und Familienleben in einen Einklang zu bringen, bewirkt einen Wunsch nach mehr Flexibilität. Neue und vernetzte Organisationsformen, wie etwa die Telekooperation, lassen es nach Reichwald et al. (1997) zu, die Wünsche der Mitarbeiter nach Flexibilität und Selbstbestimmung zu einem Grundprinzip der Organisation zu machen. Damit wird die Voraussetzung für eine hohe Motivation der Mitarbeiter und für den Gewinn weiterer attraktiver Mitarbeiter geschaffen.

Auf den drei Ebenen lassen sich somit Ursachen auffinden, die eine Entwicklung von Unternehmensnetzwerken begründen können. Sie sind plausibel und ihre Liste ließe sich noch durch verschiedene weitere Argumente verlängern. Aus einer institutionenökonomischen Perspektive stellt sich in diesem Zusammenhang die zentrale Frage, unter welchen Bedingungen das virtuelle Unternehmen eine effiziente Organisationsform darstellt. Die Bedingungen müssten eine Abgrenzung sowohl gegenüber der Hierarchie als auch gegenüber dem Markt gestatten. Darüber hinaus wäre die Frage zu beantworten, ob sich Unternehmensnetzwerke und virtuelle Unternehmen von den in Teil III thematisierten engen Geschäftsbeziehungen (relationalen Austauschbeziehungen) unterscheiden, oder ob es sich hier nur um einen neuen Begriff für das oben bereits diskutierte Phänomen handelt.

Aus den weitaus meisten Veröffentlichungen zum Thema virtuelle Netzwerke, ergibt sich gegenüber der Hierarchie vor allem ein wesentlicher Unterschied, der auf die Koordination von Transaktionen abstellt. Während eine hierarchische Koordination gegenüber der Markttransaktion vor allem dann gerechtfertigt ist, wenn problematische Transaktionen, insbesondere spezifische Transaktionen, gegeben sind und eine hohe Kooperationshäufigkeit den Aufbau der Hierarchie rechtfertigt, zeichnen sich virtuelle Netzwerke durch eine hohe Spezifität der Transaktion, aber durch eine geringe Häufigkeit aus. Projektcharakter ist ein wesentliches Merkmal von virtuellen Organisationen. Eine hierarchische Koordination und die Kosten des Aufbaus einer Bürokratie lassen sich für ein Projekt jedoch kaum ökonomisch rechtfertigen.

Der Projektcharakter virtueller Zusammenarbeit ist aber nicht nur ein Unterscheidungsmerkmal gegenüber der Hierarchie, sondern auch gegenüber den als „enge Geschäftsbeziehungen" bezeichneten „hybriden" Koordinationsformen. Auch enge Geschäftsbeziehungen lohnen sich nur im Falle häufiger Transaktionen. Sie resultieren entweder aus einer Situation, in der der normativ angezeigte Weg der Hierarchie nicht gangbar ist, oder aber eine Mischung aus marktlichen Anreizinstrumenten und hierarchischen Kontrollinstrumenten gefordert ist.

Virtualisierung bedeutet für Unternehmen somit eine Möglichkeit, *Wertschöpfungsaktivitäten grenzüberschreitend* zu gestalten und die Chancen der neuen *IuK-Technologien* einzusetzen. Gleichzeitig gestattet das Organisationsprinzip des virtuellen Unternehmens die *flexible* und *projektorientierte* Kombination der attraktivsten Leistungsträger. Dadurch können sowohl die Innovationskraft als auch die Kosteneffizienz eines Unternehmens massiv verbessert werden.

32.3 Voraussetzungen des Netzwerkerfolgs

Obwohl oben verschiedene Gründe für die Existenz virtueller Unternehmen genannt werden konnten, muss doch eingeräumt werden, dass mit der Virtualisierung von Organisationen die entscheidenden Vorteile der Hierarchie – Koordination per Anweisung und sehr gute Kontrollmöglichkeiten – verschwinden. Gerade bei einer zeitlich befristeten Kooperation in Projekten und einer gleichzeitig hoch spezifischen Zusammenarbeit stellt sich somit die Frage nach einem geeigneten Koordinationsmechanismus. Da sowohl die hierarchische Kontrolle als auch marktliche Anreize bei den Merkmalen der Zusammenarbeit in virtuellen Netzen nicht in Frage kommen, müssen alternative Mechanismen gefunden werden.

Ganz ähnlich wie bei engen Geschäftsbeziehungen wird im Schrifttum dem Aufbau von *Vertrauen* eine Schlüsselrolle zugewiesen. Der Aufbau von Vertrauensbeziehungen soll die notwendigerweise unvollständigen und offenen Verträge ergänzen (vgl. Ripperger 1998). Die Vertrauensbeziehungen sind zu ergänzen durch extrinsische und intrinsische Anreize, welche die temporären Mitglieder virtueller Netzwerke zu der erforderlichen Leistung motivieren.

Dass derartige Vertrauens- und Anreizsysteme durchaus komplex zu erfassen und zu realisieren sind, zeigt die Arbeit von Riemer (2005). Riemer verwendet das Konstrukt des Sozialkapitals, um Erfolgsvoraussetzungen von Kooperationen zu diskutieren. Eine Folgerung kann lauten: Ohne Sozialkapital wird die Kooperation in Netzwerken sehr schwierig.

Virtuelle Organisationen

Noch weiter in seiner Kritik an der Umsetzbarkeit virtueller Organisationsprinzipien geht Krohn (2004, 2007). Obwohl Krohn in temporären Netzwerken eine effiziente und effektive Antwort auf die Ressourcenbegrenztheit von Unternehmen in einer zunehmend dynamischen Welt sieht, bezweifelt er, dass die Voraussetzungen einer erfolgreichen Virtualisierung durch ein Management vollständig geschaffen werden können. Die entscheidende Erfolgsvoraussetzung – der Aufbau interpersonellen Vertrauens (vgl. Krohn 2004, 6) – lässt sich gerade in projektorientierter Zusammenarbeit und häufig wechselnden Kooperationskonstellationen von einem Kernunternehmen nicht beliebig aufbauen.

Damit drohen die positiven Effekte virtueller Netzwerke aber zu reinen Verheißungen zu werden. Schlimmer noch: Unternehmen die der Verlockung der Virtualisierung folgen, könnten in eine „virtuelle Falle" zu geraten:

Während in Hierarchien der Aufbau unternehmensspezifischen Wissens für die Akteure ökonomisch sinnvoll war, ist die Investition in netzwerkspezifisches Wissen wegen der kurzen Dauer der Zusammenarbeit ökonomisch weniger lohnend. Damit geht aber eine wesentliche Voraussetzung für den Erfolg von Netzwerken verloren.

Darüber hinaus müssen zahlreiche für die Funktionsweise virtueller Unternehmen erforderliche Fertigkeiten – etwa im sozialkommunikativen Bereich und in der eigen- und netzwerkverantwortlichen Selbststeuerung – bereits vor Eintritt in virtuelle Teams vorhanden sein. Sind sie nicht vorhanden, können die Defizite im Netzwerk nicht mehr aufgebaut werden.

Im Ergebnis können die Ziele des virtuellen Netzwerkes verfehlt werden. Was übrig bleibt, ist eine hohler Unternehmenskern, von dem innovative Impulse nicht zu erwarten sind. Um den Schritt in die virtuelle Falle zu vermeiden, ist eine Einbettung der vernetzten Kooperationsbeziehungen in ein kooperationsförderndes Umfeld erforderlich. Sozialkapital verstanden als ein Konstrukt mit den Dimensionen Vertrauenswürdigkeit, Netzwerke und Institutionen (vgl. Kapitel 6) bildet einen wesentlichen Bestandteil dieses Umfeldes und ist damit eine entscheidende Voraussetzung für den Erfolg von virtuellen Netzwerken.

32.4 Konsequenzen für das Management und die Gesellschaft

Die an dieser Stelle zu erwartenden Implikationen für das Management von Netzwerken und virtuellen Organisationen müssen nach den Bemerkungen zu den Erfolgsvoraussetzungen virtueller Organisation eher bescheiden und vorsichtig ausfallen. Denn so vielversprechend die Potenziale von virtuellen Organisationsprinzipien sind, so anspruchsvoll ist die Aufgabe, geeignete Koordinationsmechanismen zu schaffen. Eine

Botschaft ist jedoch ganz klar. Es ist nicht an den Unternehmen allein, die Voraussetzungen vernetzter Kooperation zu schaffen. Wesentliche Vorbedingungen müssen völlig unabhängig von den jeweiligen Unternehmen und Netzwerken geschaffen werden. Damit ist vor allem die Vertrauens- und Kooperationsfähigkeit der Menschen in Gemeinschaften gemeint (vgl. Krohn 2004). Diese Fähigkeiten werden in Gesellschaften im Sozialisationsprozess jedes Menschen aufgebaut oder eben nicht aufgebaut. Die frühkindliche Entwicklung spielt dabei eine zentrale Rolle

Für Länder und Regionen heißt das aber, dass die Menschen, die in ihnen wohnen, am internationalen arbeitsteiligen Wertschöpfungsprozess nur dann teilnehmen können, wenn die Voraussetzungen für eine erfolgreiche Teilnahme an Netzwerken gegeben sind. Aus dieser Situation entsteht eine Herausforderung für Unternehmen und Staaten bzw. Gemeinschaften, die in dieser Form neu ist. Es geht um den arbeitsteiligen Aufbau von Sozialkapital als Voraussetzung einer erfolgreichen Teilnahme an der globalen Kooperation. Wie diese Arbeitsteilung genau aussieht, kann jetzt noch nicht gesagt werden. Klar ist aber, dass es sich um eine Aufgabe handelt, die eher in einem Zeitraum von Generationen als in einem Zeitraum von Jahren zu bewerkstelligen ist.

Literaturhinweise

Das Phänomen der „grenzenlosen Unternehmung" und der virtuellen Netzwerke wird ausführlich von Picot, Reichwald, Wigand 2003 behandelt. Sozialkapital als Erfolgsvoraussetzung von Kooperationsbeziehungen wird von Riemer (2005) intensiv gewürdigt.

Zusammenfassung

1. „Netzwerke" und „Vernetzung" gelten seit einiger Zeit als Erfolgsfaktoren. Neuerdings ist vor allem das Interesse an virtuellen Netzwerken gewachsen. Virtuelle Netzwerke sind standortverteilte Organisationseinheiten, die an einem koordinierten arbeitsteiligen Wertschöpfungsprozess beteiligt sind.

2. Virtuelle Netzwerke versprechen als neue Koordinationsform Effizienz- und Effektivitätsvorteile, wenn eine *projektorientierte* und *spezifische* Zusammenarbeit erfolgen soll.

3. Inzwischen machen verschiedene Autoren auf die Probleme einer vernetzen und virtuellen Kooperation aufmerksam und warnen vor einer „virtuellen Falle".

Virtuelle Organisationen

4. Der arbeitsteilige Aufbau von Sozialkapital durch Unternehmen und die öffentliche Hand (Kommune, Staat etc.). werden als eine Voraussetzung für den Erfolg virtueller Netzwerke diskutiert. Sie sollen verhindern, dass Unternehmen und Gesellschaften in eine virtuelle Falle geraten.

Schlüsselbegriffe

Netzwerke; Sozialkapital; Vertrauen; Virtuelle Netzwerk

Literaturverzeichnis

Ackermann, R. (2001), Pfadabhängigkeit, Institutionen und Regelreform, Tübingen 2001

Ackoff, R.L. (1977), Systeme, Organisation und interdisziplinäre Forschung, in: E. Witte und A.L. Thimm (Hrsg.), Entscheidungstheorie, Wiesbaden 1977, 274-289

Adler, N.J. (2002), International Dimensions of Organizational Behavior, 4. Aufl., Cincinnati 2002

Alchian, A.A. (1950), Uncertainty, Evolution and Economic Theory, in: Journal of Political Economy 58 (1950, Juni) Nr. 3, 211-221

Alchian, A.A./Demsetz (1973), The Property Right Paradigm, in: Journal of Economic History 23 (1973), 16-27

Alchian, A.A./Woodward S. (1988), The Firm is Dead; Long Live the Firm. A Review of Oliver E. Williamson´s The Economic Institutions of Capitalism, in: Journal of Economic Literature 26 (1988, März), 65-79

Alesina, A., Angeloni, I., Schuknecht, L. (2001), What does the European Union do?, Working Paper 8647, National Bureau of Economic Research, Cambridge MA, 2001

Alesina, A., Spolaore, E. (2002), The Size of Nations, 2002

Alessi, L. de (1980), The Economics of Property Rights: A Review of the Evidence, in: Research of Law and Economics (1980), 1-47

Alewell, D. (1997), Die Finanzierung betrieblicher Weiterbildungsinvestitionen: Ökonomische und juristische Aspekte, Wiesbaden 1997

Allen, R.F./Kraft, C. (1982), The organizational unconscious, Englewood Cliffs, N.J. (1982)

Alt, J.R., Calvert, R., Humes, B. (1988), Reputation and Hegemonic Stability: A Game Theoretic Analysis, American Political Science Review, 82, 445-466

Alvesson, M. (1993), Organizations as rhetoric: Knowledge-intensive firms and the struggle with ambiguity, in: Journal of Management Studies 30 (1993), 6, 997-1015

Alvesson, M./Berg, P.O. (1992), Corporate culture and oranizational symbolism, Berlin, New York 1992

Anderson, E./Weitz, B. (1992), The Use of Pledges to Build and Sustain Commitment in Distribution Channels, in: Journal of Marketing Research 19 (1992), 1, 18-34

Anter, A. (2004), Die Macht der Ordnung, Tübingen 2004

Arrow, K.J. (1974), The Limits of Organization, New York 1974

Arrow, K.J./Debreu, G. (1954), Existence of an Equilibrium for a Competitive Economy, Econometrica 22 (1954), 265-290

Arthur, B. (1988), Self-reinforcing mechanisms in economics, in: Anderson, P. W./Arrow, K. J./Pines, D. (Hrsg.), The economy as an evolving complex system, Redwood City (CA), 9-31

Arthur Andersen (1997), Exploring International Assignees' Viewpoints – A Study of the Expatriation/Repatriation Process, Arthur Andersen Worldwide 1997

Backes-Gellner, U., Lazear, E., Wolff, B. (2001), Personalökonomik. Fortgeschrittene Anwendungen für das Management, Stuttgart 2001

Backhaus, K. (2003), Industriegütermarketing, 7. Aufl., München 2003

Backhaus, K., Büschken, J., Voeth, M. (2003), Internationales Marketing, 5. Aufl., Stuttgart 2003

Backhaus, K., Erichson, B., Plinke, W., Weiber, R. (2006), Multivariate Analysemethoden. Eine anwendungsorientierte Einführung, 11. Aufl., Berlin u.a. 2006

Bain, J.S. (1956), Barriers to New Competition. Their Characters and Consequences in Manufacturing Industries, Cambridge 1956

Bain, J.S. (1968), Industrial Organisation, 2. Aufl., New York u.a. 1968

Baldwin, R.E., Krugman, P.R. (2001), Agglomeration, Integration and Tax Harmonization. HEI Working Paper 1/2001, Institut Universitaire des Hautes Etudes Internationales, Genf 2001

Baker, J.C. (1984), Foreign Language an Departure Training in U.S. Multinational Firms, in: Personnel Administrator, Juli 1984, 68-70

Baron, D.P. (2003), Business and its Environment, 4. Aufl., New Jersey 2003

Bartlett, C., Ghoshal, S. (1987), Managing across Borders: New Organizational Responses, Sloan Management Review, 29, 1, 1987, 43-53

Bartlett, C., Ghoshal, S. (1987a), Managing across Borders: New Strategic Requirements, Sloan Management Review, 1987, 29, 4, 37-47

Bartlett, C., Ghoshal, S. (1989), Managing across Borders. The Transnational Solution, Bosten 1989

Bassanini, A. P./Dosi, G. (2001), When and how chance and human will can twist the arms of clio: An essay on path dependence in a world of irreversibilities, in: Garud, R./Karnoe, P. (Hrsg.), Path dependence and creation, Mahwah N.J. und London, 41-68

Bäurle, I/Schmid, S. (1994), Die Transnationale Organisation, in: WISU – Das Wirtschaftsstudium, 23 (1994), 11, 991-993

Baur, C. (1990), Make-or-Buy-Entscheidungen in einem Unternehmen der Automobilindustrie. Empirische Analyse und Gestaltung der Fertigungstiefe aus transaktionskostentheoretischer Sicht, München 1990

Bayinger, B.D., Keim, G.D, Zeithamel (1985), An Empirical Evaluation of the Potential for Including Shareholders in Corporate Constiutency Programms, Academy of Management Journal 28(1985), 180-200

Beck, B. (2002), Volkswirtschaft verstehen, Zürich 2002

Beck, U. (1997), Globalismus und Globalisierung, http://www.heise.de/bin/tp/issue/r4/dl-artikel2.cgi?artikelnr=8029&zeilenlaenge=72&mode=html

Becker, G.S. (1964), Human Capital, 2. Aufl., New York 1964

Becker, H.S. (1960), Notes on the concept of commitment, in: American Journal of Sociology 66(1960), 32-40

Beinlich, Georg, Geschäftsbeziehungen in der Vermarktung von Systemtechnologien, Trier 1996

Bendt, A. (2000), Wisssenstransfer in multinationalen Unternehmen, 2000

Bergemann, N., Sourisseaux, A. (Hrsg.) (2003), Interkulturelles Management, 3. Aufl., Berlin u.a. 2003

Berndt, R., Altobelli, C., Sander, M. (1997), Internationale Markteing-Politik, Berlin 1997

Bernstein, Marver H. (1955), Regulation by Independent Commission. Princeton, NJ: Princeton University Press

Biehl, B. (2001), Vielleicht eine Nummer zu groß, in: Lebensmittelzeitung, Nr. 18, 4.5.2001, 46

Binmore, K. (1992), Fun and games, a text on game theory, D.C. Health and Company, Lexington

Black, J.S., Mendenhall, J.C., Oddou, G (1991), Towards a Comprehensive Model of International Adjustment, Academy of Management Review 16 (1991), 291-317

Black, J.S., Gregersen, H.B., Mendenhall, J.C., Stroh, L.K. (1999), Globalizing People through international Assignments, New York 1999

Bleicher, K. (1972), Zur organisatorischen Entwicklung multinationaler Unternehmungen, Teil II, in: Zeitschrift für Organisation 41(1972), 8, 415-425

Blois, K J., Relationship Marketing in Organizational Markets: When is it Appropriate? In: Journal of Marketing Management 1996, 161-173

Borg, M., Harzing, A.-W. (1996), Karrierepfade und Effektivität internationaler Führungskräfte, in: K. Macharzina, J. Wolf, Handbuch Internationales Führungskräfte-Management, Stuttgart 1996, 279-297

Breton, Albert (1996), Competitive Governments. An Economic Theory of Politics an Public Finance, Cambridge 1996

Bruhn, M., Homburg, C. (2005, Handbuch Kundenbindungsmanagement, 5. Aufl., Wiesbaden 2005

Brunello, G., Ariga, K. (1997), Earnings and seniority in Japan: A re-appraisal of the existing evidence and a comparison with the UK, in: Labour Econonmics, 4, 1989, 47-69

Bourdieu, P., Wacquant, L. (1992), Invitation to Reflexive Sociology, Chicago 1992

Brück, T., Schumacher, D. (2004), Die wirtschaftlichen Folgen des internationales Terrorismus, in: Beilage zur Wochenzeitung Das Parlament 19. Januar 2004, 41-46, http://www.bpb.de/files/21P8X7.pdf

Buchanan, J.M. (1968), The Demand and Supply of Public Goods, Chicago 1968

Buchanan, J.M. (1975/1984), Die Grenzen der Freiheit, Tübingen 1984

Buchanan, J.M., Tullock, G. (1962), The Calculus of Consent, Michigan 1962

Buckley, P.J./Casson, M. (1976), The Future of the Multinational Enterprise, London 1976

Buckley, P.J./Ghauri, P.N. (1999), The Internationalization of the Firm, 2. Aufl., London u.a. 1999

Burgers, W., Hill, C.W., Kim, W.C. (1993), Alliances inthe Global Auto Industry, Strategic Managment Journal 14 (1993), 419-432

Butler, R.J. (1983), Control Through Markets, Hierarchies and Communes: A Transactional Approach to Organizational Analysis, in: A. Francis, J. Turk, P. Willman (Hrsg.), Power, Efficiency, and Institutions, London 1983, 137-158

Carmichael, H.R. (1989), Self-enforcing contracts, shirking, and life cycle incentives, Journal of Economic Perspectives, 3, 1989, 65-83

Carnap, R./Stegmüller, W. (1959), Induktive Logik und Wahrscheinlichkeit, Wien 1959

Carroll, A.B. (1996), Business & Society. Ethics and Stakeholder Management, 3rd ed., New York

Casson, M. (1979), Alternatives to the Multinational Enterprise, London 1979

Casson, M. (1987), The Firm and the Market, Oxford 1987

Caves, R.E. (1971), Industrial Economics of Foreign Investment, in: Journal of World Trade Law, 5 (1971), 303 ff.

Caves, R.E. (1982), Multinational Enterprise and Economic Analysis, Cambridge 1982

Chmielewicz, K. (1994), Forschungskonzeptionen der Wirtschaftswissenschaft, 3. Aufl., Stuttgart 1994

Clarke, I., Owens, M., Ford, J. (2000), Integrating Country of Origin into Global Marketing Strategy, International Marketing Review, 17, 2/3, 114-126

Clegg, J. (1990), The Determinants of Aggregate International Licensing Behaviour: Evidence from Five Countries, Management International Review, 30(1990), 231-251

Clermont, A., Schmeisser, W. (Hrsg.), Internationales Personalmanagement, München 1997

Coase, R.H. (1937), The Nature of the Firm, Economica 4(1937), 386-405

Coase, R.H. (1960), The Problem of Social Cost, The Journal of Law and Economics, 3 (October), 1-44

Coleman, J. (1990), Foundations of Social Theory, Cambridge 1990

Commons, J.R. (1934), Institutional Economics, Madison 1934

Contractor, F.J. (1980), The Composition of Licensing Fees and Arrangements as a Function of Economic Development of Technology Recipient Nations, in: Journal of International Business Studies, 11, Nr. 3, 47-62

Contractor, F.J. (1981), International Technology Licensing. Compensation, Costs, and Negotiation. Lexington Books, Lexington,Toronto 1981

Contractor, F.J. (1984), Choosing Between Direct Investment and Licensing: Theoretical Considerations and Empirical Tests, in: Journal of International Business Studies, 15, Nr. 3, 167-188

Contractor, F.J. (1985), Licensing in International Strategy. A Guide for Planning and Negotiations, Quorum Books, Westport, London 1985

Daumann, F. (1999), Interessenverbände im politischen Prozeß, Tübingen 1999

David, P. A. (1975), Technical choice, innovation and economic growth, Cambridge

David, P. A. (1985), Clio and the economics of QWERTY, in: The American Economic Review, 75, 332-337

Day, G. S. (1984), Strategic Market Planning: The Pursuit of Competitive Advantage, St. Paul u.a. 1984

Day, G.S., Wensley, R., Marketing Theory with a Strategic Orientation, in: Journal of Marketing 47(1983, Fall), 79-89

Day, G. S., Wensley, R. (1988), Assessing Advantage: A Framework for Diagnosing Competitive Superiority, in: Journal of Marketing, Vol. 52 (1988, April), 1-20

Deal, T.B., Kennedy, A.A. (1982), Corporate cultures, Reading, Mass. 1982

Demsetz, H. (1968), The Cost of Transacting, Quarterly Journal of Economics, 82 (1968) 33-53

Denzau, A.T., North, D.C. (1994), Shared Mental Models: Ideologies and Institutions, Kyklo 47(1), 3-31

Dertouzos, M.L., Lester, R.K., Solow, R.M. (1989), Made in America, Cambridge 1989

Deutsche Bahn AG (2007), Wettbewerbsbericht 2007 der Deutschen Bahn AG (http//:www.db/site/shared/de/dateianhaenge/berichte/wettbewerbsbericht 2007)

Deutsche Bundesbank (1997), Zur Problematik internationaler Vergleiche von Direktinvestitionsströmen, in: Monatsberichte der Deutschen Bundesbank, 49. Jg., Nr. 5, Mai 1997, 79-86

Dichtl, E., Issing, O. (Hrsg.) (1992), Exportnation Deutschland, 2. Aufl., München 1992

Dierkes/Zimmermann, (1991), Unternehmensethik: Mehr Schein als Sein?, in: Ethik und Geschäft, 1991

DiMaggio, P. (1994), Culture and Economy, in: Smelser, N., Swedberg, R. (Hrsg.), The Handbook of Economic Sociology, Princeton 1994

Dostal, W. (1999), Telearbeit in der Informationsgesellschaft. Zur Realisierung offener Arbeitsstrukturen in Betrieb und Gesellschaft, Göttingen 1999

Doz, Y.(1988), Value Creation Through Technology Collaboration, Außenwirtschaft ½ 1988, 175-190

Downs, A. (1957/1968), Ökonomische Theorie der Demokratie, Tübingen 1968

Downs, A. (1967), Inside Bureaucracy, Boston 1967

Downs, A. (1965), A Theory of Bureaucracy, in: American Economic Review, Papers and Proceedings, Vol 55 (1965), 439-446

Dülfer, E. (1997), Internationales Management in unterschiedlichen Kulturbereichen, 6. Aufl. München Wien 2001

Dugger, W. (1983), The transaction cost analysis of Oliver E. Williamson. A new synthesis? in: Journal of Economic Issues, 17 (1983), 95-114

Dunning, J. H. (1974), The Distinctive Nature of the Multinational Enterprise, in: Dunning, John H. (Hrsg.), Economic Analysis and the Multinational Enterprise, Georg Allen and Unwin, London, 1974, 13-30

Dunning, J.H. (1980), Towards an Eclectic Theory of International Production: Some Empirical Tests, in: in: Journal of International Business Studies, 1980, 9. ff.

Dunning, J.H. (1981), Explaining the International Direct Investment Position of Countries: Towards a Dynamic or Developmental Approach, in: Weltwirtschaftliches Archiv, Bd. 117 (1981), 30-64

Dunning, J.H. (1988), The Eclectic Paradigm of International Production: A Restatement and Some Possible Extensions, in: Journal of International Business Studies, 1988

Dunning, J.H. (1992), Multinational Enterrprises and the Global Economy, Workingham, Engl., Reading, Mass. 1992

Dunning, J.H. (1994), Re-evaluating the Benefits of Foreign Direct Investment, in: Transnational Corporations, 3 (1994), 1, 23-51

Dwyer, F.R. (1989), Customer Lifetime Valuation to Support Marketing Decision Making, in: Journal of Direct Marketing, 3, No. 4 (1989), 8-15

Dwyer, F.R., Schurr, P.H., Oh, S. (1987), Developing Buyer-Seller Relationships", in: Journal of Marketing 51(1987, April), 11-27

Dyer, W.G. (1985), The cycle of cultural evolution in organizations, in: R.H. Kilmann et al. (Hrsg.), Gaining control of the corporate culture, San Francisco 1985, 200-229

Eckardstein, D.v. (1986), Entlohnung im Wandel. Zur veränderten Rolle industrieller Entlohnung in personalpolitischen Strategien, Zeitschrift für betriebswirtschaftliche Forschung 38 (1986), 247-269

Eggertsson, T. (1990), Economic behavior and institutions, Cambridge 1990

Ellwein, T. (1971), Formierte Verwaltung. Autoritäre Herrschaft in einer parlamentarischen Demokratie, in: W. Stefani (Hrsg.), Parlamentarismus ohne Transparenz, Bd. III, Opladen 1971, 48-68

Engelhardt, W. (1976), Erscheinungsformen und absatzpolitische Probleme von Angebots- und Nachfrageverbunden, in: Zeitschrift für betriebswirtschaftliche Forschung (ZfbF), 28 (1976), 77-90

Erlei, M./Leschke, M., Sauerland, D. (1999), Neue Institutionenökonomik, Stuttgart 1999

Eser, G. (1982), Die politische Kontrolle der Multinationalen Unternehmen. Steuer- und kartellrechtliche Aspekte am Beispiel der BRD und der EG, Frankfurt a.M., New York 1982

Europäische Kommission (Hrsg.) (1994), Europas Weg in die Informationsgesellschaft, Mitteilung der Kommission an den Rat und das Europäische Parlament sowie an den Wirtschafts- und Sozialausschuss den Ausschuss der Regionen vom 19.7.94, Brüssel 1994

Europäisches Parlament (Hrsg.) (2004), Europa 2004, Berlin 2004

Fama, E./Jensen, M. (1983), Agency Problems and Residual Claims, Journal of Law and Economics 26(1983), 327-349

Festing, M., Kabst, R. Weber, W. (2003), Personal, in: W. Breuer, M. Gürtler (Hrsg.), Internationales Management, Wiesbaden 2003, 163-204

Fiocca, R. (1982, Account Portfolio Analysis for Strategy Development, Industrial Marketing Management, 11, 1982 (April), 53-62

Flacke, M. (1998), Mythen der Nationen – Ein europäisches Panorama, München Berlin 1998

Folger, R./Cropanzano, R. (1998), Organizational justice and human resource management, Thousand Oaks 1998

Fowler, S.M./Mumford, M.. (1995), Intercultural Sourcebook: Cross-Cultural Training Methods, Vol. 1, Yarmouth 1995

Fowler, S.M./Mumford, M.. (1999), Intercultural Sourcebook: Cross-Cultural Training Methods, Vol. 2, Yarmouth 1999

Frankena, W. (1963), Ethics, Prentice Hall 1963

Frazier, G.L., Spekman, R.E., O'Neal, C.R. (1988), Just-In-Time Exchange Relationships in Industrial Markets, in: Journal of Marketing 52 (1988 Oktober), 52-67

Freeman, R.E. (1984), Strategic anagment: A stakeholder approach, Bosten u.a. 1984

Freter, H. (1992), Kunden-Portfolio-Analyse – Aussagewert für das Investitionsgütermarketing, Arbeitspaie Universität GH Siegen, LS für Marketing, Siegen 1992

Frey, B. (1985), Internationale Politische Ökonomie, München 1985

Frey, B.S. (1997), Markt und Motivation: Wie ökonomische Anreize die (Arbeits-) Moral verdrängen, München 1997

Frey, B.S. (2002), Liliput oder Leviathan? Der Staat in der globalisierten Wirtschaft, Perspektiven der Wirtschaftspolitik 2002 3(4), 363-375

Frey, B.S. /Kirchgässner, G. (1994), Demokratische Wirtschaftspolitik: Theorie und Anwendung, 2. Aufl. München 1994

Frey, B.S./Mueller, D.C. (1993), The Public Choice Approach to Politics, Aldershot u.a. 1993

Friedmann, D./Mestmäcker, E.-J. (Hrsg.) (1993), Conflict Resolution in International Trade, Baden-Baden 1993

Fritz, J. (1982), Wiedereingliederung höherer Führungskräfte nach einem Auslandseinsatz, Mannheim 1982

Fuhrmann, M. (2002), Bildung. Europas kulturelle Identität, 2002

Fukuyama, F. (1995), Social Capital and the Global Economy, Foreign Affairs 74(1995), Nr. 5, 89-103

Furubotn, E.G./Pejovich, S. (1972), Property Rights and Economic Theory: A Survey of Recent Literature, Journal of Economic Literature, 10 (1972), 1137-1162

Furubotn, E.G./Pejovich, S. (1974), Introduction: The New Property Rights Literature, in: E.G. Furubotn und S. Pejovich (Hrsg.): The Economics of Property Rights, Cambridge 1974, 1-9

Galinowski, J. (2006), Chinesen arbeiten gerne detailgetreu, FTD.de vom 17.05.2006, http://www.ftd.de/unternehmen/industrie/69760.html (Abruf: 22.08.2007)

Galunic, D.C., Anderson, E. (2000), From security to mobility: Generalized investments in human capital and agent commitment, Organisation Science 11,2000, 1-20

Gambetta, D. (2000), Can We Trust Trust?, in: D. Gambetta (Hrsg.), Turst: Making and Breaking Cooperative Relations, elektronische Ausgabe der Univ. Oxford, 2000, 213-237

Garud, R./Karnøe, P. (2001), Path creation as a process of mindful deviation, in: Garud, R./Karnøe, P. (Hrsg.), Path dependence and creation, Mahwah (New Jersey), London, 1-38

Geertz, C. (1995), Dichte Beschreibung. Beiträge zum Verstehen kultureller Systeme, 4. Aufl., 1995

Gehle, M. (2003), Internationales Wissensmanagement. Zur Steigerung der Flexibilität und Schlagkraft wissensintensiver Unternehmen, Dt. Universitätsverlag, 2003

Ghemawat, P. (1991), Commitment. The dynamics of strategy, New York 1991

Giddens, A. (1971), Capitalsim and Modern Social Theory, Cambridge 1971

Glaum, M. (1996), Internationalisierung und Unternehmenserfolg, Wiesbaden 1996

Graham, E.M. (1974), Oligopolistic Imitation and European Direct Investment in the United States, Boston 1974

Gresh, A., Radvanyi, J., Rekacewicz, P. et al. (Hrsg.) Altas der Globalisierung, Paris und Berlin, 2006

Groser, M. (1979), Grundlagen der Tauschtheorie des Verbandes, Berlin 1979

Granovetter, M. (1973), The Strength of Weak Ties, American Journal of Sociology, 78 (1973), 6, 1360-80

Granovetter, M. (1985), Economic Action and Social Structure: The Problem of Embeddedness, American Journal of Sociology, 91, 3, 481-510

Günter, B. (1995), Kompensationsgeschäfte, in: B. Tietz, R. Köhler, J. Zentes (1995), Handwörterbuch des Marketing, 2. Aufl., Stuttgart 1995, Sp. 1200-1211

Günter, B. (2001), Kundenwert – mehr als nur Erlös, in: B. Günter, S.Helm (Hrsg.), Kundenwert, Grundlagen – Innovative Konzepte – Praktische Umsetzung, Wiesbaden 2001

Günter, B. Helm S. (Hrsg.) (2001), Kundenwert, Grundlagen – Innovative Konzepte – Praktische Umsetzung, Wiesbaden 2001

Güth, W., Schmittberger, R., Schwarze, B. (1982), An Experimental Analysis of Ultimatum Bargaining, Journal of Economic Behavior and Organization, 3:4 (December), 367-388

Haase, M., Roedenbeck, M., Söllner, A. (2007), Institutional Rigidity and the Lock-in Between Mental Models and Ideologies, Arbeitspapier, 11th Annual Conference of the International Society for New Institutional Economics on Comparative Institutional Analysis: Economics, Politics, and Law, Reykjavik 2007

Hakansson, H., Corporate Technological Behaviour. Co-operation and Networks, London and New York 1989

Hall, P./Soskice, D. (2001) (Hrsg.), Varieties of capitalism. The institutional foundations of comparative advantage, Oxford 2001

Hallén, J., Johanson, J., Seyed-Mohamed, N., Interfirm Adaption in Business Relationships, in: Journal of Marketing 55(1991), April, S. 29-37

Hamel, G., Doz, Y.L., Prahalad, C.K. (1989), Collaborate with Your Competitors and Win!, Harvard Business Review, Jan.-Feb. 1989, 133-139

Hardt, M./Negri, A. (2001), Empire, Cambridge 2001

Harrigan, K.R. (1984), Joint Ventures and Global Strategies, Columbia Journal of World Business 19, 1984

Harris, R.R., Moran, R.T. (1996), Managing Cultural Differences, 4. Aufl. Houstan u..a. 1996

Harris, L. C./Ogbonna, E. (2002), Exploring service sabotage: The antecedents, types, and consequences of front-line, deviant, anti-service behaviors, in: Journal of Service Research, 4, 163-183

Harzing, A.W., Van Ruysseveldt, J. (Hrsg.), International Human Resource Management. An Integrated Approach, London 1995

Hayek, F.A. von (1966/1994), Dr. Bernhard Mandeville, in: F.A. v. Hayek, Freiburger Studien. Gesammelte Aufsätze, 2. Aufl., Tübingen 1994, S. 126-143

Haverland, T., Söllner, A. (2007), Dancing Tango with a Stranger - Anonymity as a Challenge for Organizations, Paper, 23rd EGOS Colloquium, Sub-theme 30: It takes two to tango - Organizations and lifestyles, Convenors: Doris Ruth Eikhof, Axel Haunschild, Chris Warhurst, Wien 2007.

Heenan, D. A./Perlmutter, H.V. (1979), Multinational Orgnizational Development, Reading u.a. 1979

Heide, J.B., John, G. (1988), The Role of Dependence Balancing in Safeguarding Transaction-Specific Assets in Conventional Channels, in: Journal of Marketing 52(1988, January), 20-35

Heide, J. B. (1994), Interorganizational Governance in Marketing Channels, Journal of Marketing, 58 (1994 January), 71-85

Hellmann, F. (2006), Ein fast unmoralisches Angebot, Potsdamer Neueste Nachrichten, 30.12.2006, 28

Hennart, J.F. (1982), A Theory of Multinational Enterprise, Ann Arbor 1982

Hennart, J.-F. (1988), A Transaction Costs Theory of Equity Joint Ventures, in: Strategic Management Journal 9 (1988), 361-374

Hill, Ch. (2003), International Business. Competing in the Global Marketplace, 4. Aufl. New York u.a. 2003

Hippel, E.v. (1984), Novel Product Concepts from Lead Users: Segmenting Users by Experience, Cambridge 1984

Hirsch, Joachim (2001), Des Staates neue Kleider. NGO im Prozess der Internationalisierung des Staates, in: Brand, U./Demirovic, A./Görg, C./Hirsch,J., Nichtregierungsorganisationen in der Transformation des Staates, 1. Aufl., Münster, 13-42

Hirsch, P. M./Gillespie, J. J. (2001), Unpacking path dependence: Differential valuations accorded history across disciplines, in: Garud, R., Karnoe, P. (Hrsg.), Path dependence and creation, Mahwah N.J. und London, 69-90

Hobbes, T. (1982), Leviathan, Harmondsworth u.a. (erstmals erschienen 1651)

Hodgson, G.M. (2003), Recent Developments in Institutional Economics, Cheltenham u.a. 2003

Hofstede, G. (1982), Intercultural co-operation in organizations, Management Decision, 5/6(1982), 53 ff.

Hofstede, G. (1984), Cultures's Consequences: International Differences in Work Related Values, Beverly Hills 1984

Holtbrügge, D. (1995), Personalmanagement Mulitnationaler Unternehmen in Osteuropa. Bedingungen – Gestaltung – Effizienz, Wiesbaden 1995

Homann, K. (1990), Strategische Rationalität, kommunikative Rationalität und die Grenze der ökonomischen Vernunft, in: P. Ulrich (Hrsg.), Auf der Suche nach einer modernen Wirtschaftsethik. Lernschritte zu einer reflexiblen Ökonomie, Bern, Stuttgart 1990, 103-119

Homann, K. (1991), De Sinn der Unternehmensethik in der Marktwirtschaft, in: H. Corsten u.a. (Hrsg.), Die soziale Dimension der Unternehmung, Berlin 1991, 97-118

Homann, K. (1992), Marktwirtschaftliche Ordnung und Unternehmensethik, in: Unternehmensethik: Konzepte – Grenzen – Perspektiven, ZfB-Ergänzungsheft 1/1992, 75-90

Homann, K. (1993), Die Funktionen der Moral in der modernen Wirtschaft, in: J. Wieland (Hrsg.), Wirtschaftsethik und Theorie der Gesellschaft, Frankfurt 1993

Homann, K. (1994), Marktwirtschaft und Unternehmensethik, in: Forum für Philosophie Bad Homburg (Hrsg.), Markt und Moral – Die Diskussion um die Unternehmensethik, Bern u.a. 1994, 109-130

Homann, K./Blome-Drees, F. (1992), Wirtschafts- und Unternehmensethik, Göttingen 1992

Homann, K./Suchanek, A. (2000), Ökonomik. Eine Einführung, Tübingen 2000

Homann, K./Suchanek, A. (2005), Ökonomik. Eine Einführung, 2. Aufl. Tübingen 2005

Homburg, C./Daum, D. (1997), Marktorientiertes Kostenmanagement: Kosteneffizienz und Kundennähe verbinden, Frankfurt/M. 1997

Hoppe, R. (2005), Die Weltbürste, Spiegel Special 7/2005, 136-141

Hünerberg (1994), Internationales Marketing, Landsberg/Lech 1994

Hymer, S.H. (1977), The International Operations of National Firms, 2. Aufl., Cambridge, London 1977

Intergovernmental Panel on Climate Change (2007): Climate Change 2007: The Physical Science Basis. Summary for Policy Makers, 2007

Itaki, M. (1991), Critical Asessent of the Eclectic Theory of the Multinational Enterprise, in: Journal of International Business Studies 1991, 445 ff.

Jackson, B. B., Winning and Keeping Industrial Customers. The Dynamics of Customer Relationships, Lexington 1985

Jensen, M.C./Meckling, W.H. (1976), Theory of the Firm: Managerial Behavior, Agency Costs and Ownership Structure, Journal of Financial Economics, 3 (1979), 305-360

Jessop, B. (1997), Die Zukunft des Nationalstaats: Erbin oder Reorganisation? Grundsätzliche Überlegungen zu Westeuropa, in: Becker, S., Sablowski,T., Schumm, W. (Hrsg.), Jenseits der Nationalökonomie 1997

Johanson, J./Mattsson, L.-G (1985), Marketing investments and market investments in industrial networks, in: International Journal of Research in Marketing 2(1985), 185-195

John, G. (1984), An Empirical Investigtion of Some Antecedents of Opportunism in a Marketing Channel, Journal of Marketing Research, 21 (August 1984), S. 278-289

Johnson, H.G. (1970), The Efficiency and Welfare Implications of the International Corporation, in: C. Kindleberger (Hrsg.), The International Corporation, Cambridge, London 1970

Jones, E.L. (1981/1991), Das Wunder Europa. Umwelt, Wirtschaft und Geopolitik in der Geschichte Europas und Asiens, Tübingen

Jost (2000), Organisation und Motivation - Eine ökonomisch-psychologische Einführung

Kammel, A., Teichelmann, A. (1994), Internationaler Personaleinsatz. Konzeptionelle und instrumentelle Grundlagen. München, Wien 1994

Kant, I. (1785/1995), Grundlegung zur Methaphysik der Sitten, in: Immanuel Kant, Kritik der praktischen Vernunft und andere kritische Schriften, Werke 3, Köln 1995

Kant, I. (1910), Kant's gesammelte Schriften, hrsg. von der Dt. Akad. d. Wiss., Berlin 1910

Kappelhoff, P. (2002), Komplexitätstheorie: Neues Paradigma für die Managementforschung?, in: Schreyögg, G./Conrad, P. (Hrsg.), Managementforschung 12: Theorien des Managements, Wiesbaden, 2002, 49-101

Kay, N. (1992), Markets, false hierarchies and the evolution of the modern corporation, in: Journal of Economic Behavior and Organization, 17, 315-333

Keim, G.D. (1985), Corporate Grassroots Programms in the 1980s, California Management Review, 28 (Fall 1985), 110-123

v. Keller, E. (1987), Kulturabhüngigigkeit der Führung, in: A. Kieser, G. Reber, R. Wunderer (Hrsg.), HWFü, Stuttgart 1987, Sp.1285-1294

Keohane, R. (1984), After Hegemony. Cooperation and Discord in the World Political Economy, Princton 1984

Keohane, R./ Nye, J. (1993), Realism and Complex Interdependence, in: P. Viotti und M. Kauppi: International Relations Theory: Realism, Pluralism, Globalism, 2. Aufl., New York 1993, 401-421

Kets de Vries, M./Miller, D. (1986), Personality, culture and organization, Academy of Management Review 11, 1986, 266-279

Kleinaltenkamp, M., Plinke, W. (Hrsg.), Geschäftsbeziehungsmanagement, Berlin u.a. 1997

Kirzner, I. M. (1978), Wettbewerb und Unternehmertum, Tübingen 1978

Kleinaltenkamp, M., Rieker, S. (1997), Kundenorientierte Organisation, in: Kleinaltenkamp, M., Plinke, W. (Hrsg.), Geschäftsbeziehungsmanagement, Berlin u.a. 1997, 161-217

Klimecki, R., Gmür, M. (1998), Personalmanagement, Stuttgart 1998

Kluckhohn, F.R./Strodtbeck, F.L. (1961), Variations in Value Orientations, Elmsford 1961

Knapp, T. (1989), Hierarchies and Control: A New Interpretation and Reevaluation of Oliver Williamson's "Markets and Hierarchies" Story, in: Sociological Quarterly, 30(3), 425-440

Kobi, J.M., Wüthrich, H.A. (1986), Unternehmenskultur verstehen, erfassen und gestalten, Landsberg/L. 1986

Kogut, B. (1985), Designing Global Strategies: Profiting from Operational Flexibility, Sloan Management Review, 27, 1, 27-38

Kogut, B. (1988), Joint Ventures: Theoretical and Empirical Perspectives, Strategic Management Journal 9(1988), 319-332

Kogut, B., Zander, U. (1993), Knowledge of the Firm and the Evolutionary Theory of the Multinational Corporation, in: Journal of International Business Studies, 24(1993), 625-646

Kollewe, W. (1979), Zur ökonomischen Theorie der Verbände. Die Entwicklung des Gesetzes gegen Wettbewerbsbeschränkungen, Frankfurt/M. 1979

Knickerbocker, F.T. (1973), Oligopolistic Reaction and Multinational Enterprise, Boston 1973

Kräkel, M. (2004), Organisation und Management, 2. Aufl., Tübingen 2004

Krafft, M. (1997), Kundenzufriedenheit und Kundenwert – Ergebnisse der gleichnamigen Studie der VDI-Gesellschaft Entwicklung Konstruktion Vertrieb (VDI-EKV und von CEO, Düsseldorf 1997

Krafft, M./Albers, S. (2000), Ansätze zur Segmentierung von Kunden – Wie geeignet sind herkömmliche Konzepte? Schmalenbachs Zeitschrift für betriebswirtschaftliche Forschung, 52, 2000, 515-536

Krafft, M., Rutsatz, U. (2001), Konzepte zur Messung es ökonomischen Kundenwerts, in: B. Günter, S. Helm (Hrsg.). Kundenwert. Grundlagen – Innovative Konzepte – Praktische Umsetzungen, Wiesbaden 2001, 237-258

Kreikebaum H., Behnam, M., Gilbert, D.U. (2001), Management ethischer Konflikte in international tätigen Unternehmen, Wiesbaden 2001

Krewer, B. (1996), Kulturstandards als Mittel der Selbst- und Fremdreflexion, in: A. Thomas (Hrsg.), Psychologie interkulturellen Handelns, Göttingen u.a. 1996, 147-164

Krist, H. (1985), Bestimmungsgründe industrieller Direktinvestitionen, Berlin 1985

Kriependorf, P. (1989), Internationale Lizenzpolitik, in: K. Macharzina, K. Welge (Hrsg.), Enzyklopädie der Betriebswirtschaftslehre. Bd.12 Handwörterbuch Export und internationale Unternehmung. Stuttgart, 1989, Sp.1323-1339

Krohn, M. (2004), Die virtuelle Falle - Konfliktpotentiale der Informationsgesellschaft und ihre Überwindung durch Investitionen in Sozialkapital, European-University Viadrina Frankfurt (Oder), Department of Business Administration and Economics, Discussion Paper No. 222, 2004

Krohn, M. (2007): Personalbindung in Netzwerkorganisationen durch Investitionen in Sozialkapital, Frankfurt am Main/ Berlin/ Bern, Peter Lang Verlag, 2007

Krugman, P. (1999), Der Mythos vom globalen Wirtschaftskrieg. Eine Abrechnung mit den Pop-Ökonomen 1999

Krystek, U. (1992), Unternehmungskultur und Akquisition, Zeitschrift für Betriebswirtschaft, 5, 1992, 539 ff.

Krystek, U., Zur, E. (1997), Unternehmenskultur, Strategie und Akquisition, in: Krystek, U., Zur, E. (Hrsg.), Internationalisierung. Eine Herausforderung für die Unternehmensführung, Berlin, Heidelberg 1997, 511-526

Kumar, B.N., Wagner, D. (Hrsg.), Handbuch Internationales Personalmanagement, München 1998

Kutschker, M./Schmid, S. (2005), Internationales Management, 4. Auflage, München u.a. 2005

Lane, H., DiStefano, J., Maznevski, M. (2000), International Management Behavior. Text, Readings and Cases, 4. Aufl., Oxford 2000

Landis, D., Brislin, R. (1983), Handbook on Intercultural Training, New York 1983

Lazarova, M., Caliguri, P. (2001), Retaining Repatriates: The Role of Organizational Support Practices, in Journal of World Business, 36, 4, 2001, 389-401

Laux, H. (1979), Grundfragen der Organisation. Delegation, Anreiz und Kontrolle, 1979

Lehner, F. (1973), Politisches Verhalten als sozialer Tausch. Eine sozialpsychologische Studie zur utilitatistischen Theorie politischen Verhaltens, Bern, Frankfurt/M. 1973

Leisinger, K.M. (2005), Unternehmensethik: Globale Verantwortung und modernes Management, http://www.novartisfoundation.com/de/artikel unternehmensethik/management.htm, Sichtungstag: 26.04.05

Leontief, W. (1953), Domestic Production and Foreign Trade: The American Capital Position Re-Examined, Proceedings of the American Philosophical Society 97(1953), 331-49

Levitt, T. (1983), The Globalizationof Markets, Harvard Business Review, 61, 5, 87-91

Lewin, K. (1958), Group decision and social change, in: E. Maccoby, T.M. Newcomb, E.L. Hartley

Liebowitz, S.J. (1995), Path dependence, lock-in, and history, in: Journal of Law, Economics and Organization, No. 11, 1995, 205-226

Liebowitz, S. J./Margolis, S. E. (1990), The fable of the keys, in: Journal of Law an Economics, XXXIII, 1-25

Liebowitz, S. J./Margolis, S. E. (1994), Network externality: An uncommon tragedy., in: Journal of Economic Perspectives, 8, 133-150

Liebowitz, S. J./Margolis, S. E. (1995a), Are network externalities a new source of market failure?, in: Research in Law and Economics, 17, 1-22

Liebowitz, S. J./Margolis, S. E. (1995b), Path dependence, lock-in, and history, in: The Journal of Law, Economics, and Organization, 11, 205-226

Likert, R. (1961), New patterns of manaement, New York 1961

Locke, J. (1967), Zwei Abhandlungen über die Regierung, hrsg. von W. Euchner, Frankfurt/M. 1967

Luckenbach, H. (1988), Volks- und weltwirtschaftliche Organisationen im Lichte der X-Effizienztheorie – Ein Beitrag zur Relativierung der X-Effizienz, in: Jahrbuch für Sozialwissenschaft 39, 1988, 223-234

Luhmann, N (1989), Legitimation durch Verfahren, 1989

Mackie, J.L. (1983), Ethik. Die Erfindung des moralisch Richtigen und Falschen, Stuttgart 1983

Macneil, I. R. (1978), Contracts: Adjustment of Long-Term Economic Relations Under Classical, Neoclassical, and Relational Contract Law, in: Northwestern Law Review 72 (1978), S. 854-905

Märkt, S. (2004), Die Überwindung des wirtschaftlichen Ordnungsproblems: Reichweite und Grenzen von unterschiedlichen Ordnungstheorien, Schmollers Jahrbuch 124 (2004), 61-94, Berlin 2004

Magee, S.P. (1977a), Information and the Multinational Corporation: An Appropriability Theory of Foreign Direct Investment, in: J. Bhagwati (Hrsg.), The New International Economic Order, Cambridge, London 1977

Magee, S.P. (1977b), Multinational Corporations, The Technology Cycle and Development, in: Journal of World Trade Law, 1977 (July), 297ff.

Magee, S.P. (1981), The Appropriability Theory of Multinational Corporation, in: Annals of the American Academy of Political and Social Science, 458 (1981), 123 ff.

Mandeville, B. de (1980), Die Bienenfabel. Frankfurt/M. 1980

Mann, F.C. (1961), Studying and creating change, in: W.G. Bennis, K. Benne, R. Chin (Hrsg.), The planning of change, New York 1961, 605-615

Margolis, J. (1974), Public Policies for Private Profits: Urban Government, in: H.M. Hochman, G.E. Peterson (Hrsg.), Redistribution through Public Choice, New York, London 1974, 289-319

Martens, K. (2002), Alte und neue Players – eine Begriffsbestimmung, in: C. Frantz, A. Zimmer (Hrsg.), Zivilgesellschaft international, Opladen 2002

Maslow, A. (1970), Motivation and Personality, Princeton 1970

McDonlad, F., Dearen, S. (1999), European Economic Integration, 3. Aufl., Edinburgh Gate 1999

Mead, R. (2000), International Management. Cross-Cultural Dimensions, 2. Aufl., Canbridge, Oxford 2000

Meckling, William H./Jensen, Michael C. (1983), Reflections on the Corporation as a Social Invention, in: Midland Corporate Finance Journal, Bd. 1, Nr. 3, 6-15

Meffert, H. (2000), Marketing. Grundlagen marktorientierter Unternehmensführung, 9. Aufl., Wiesbaden 2000

Meffert, H., Bolz, J. (1998), Internationales Marketing-Management, 3. Aufl., Stuttgart u.a. 1998

Mendenhall, M., Oddou, G. (1985), The Dimension of Expatriate Acculturation: A Review, Academy of Management Review 19(1985), 39-47

Menger, Carl (1892), On the Origins of Money, Economic Journal, 2, 239-255

Menger, Carl (1909), Geld, Wiederabdruck in: The Collected Works of Carl Menger, Vol. IV, Schriften über Geldtheorie und Währungspolitik (1936), London: London School of Economics, 1-116,

Mercado, S. , Welford, R., Prescott, K. (2001), European Business, 4. Aufl., Edingurgh u.a. 2001

Merrils, J.G. (2002), International Dispute Settlement, 3. Aufl., Cambridge 2002

Miles, R.E., Snow, C.C. (1986), Organizations: New Concepts for New Forms, in: California Management Review, 28 (1986), 3, 62-73

Mill, J.S. (1957), Utilitarianism, Oskar Piest (ed.), Indianapolis 1957

Miller, S.R., Parkhe, A. (2002), Is there a Liability of Foreignness in Global Banking? An Empirical Test of Banks´ X-Efficiency, in: Strategic Management Journal, 23, 1, 2002, 55-75

Milgrom, P./Roberts, J. (1992), Economics, Organization and Management, New Jersey 1992

Minderlein, M. (1990), Markteintrittsbarrieren und strategische Verhaltensweisen, in: Zeitschrift für Betriebswirtschaft 60 (1990), 155-178

Mitchell, R.K./Agle, B.R./Wood, D.J. (1997), Toward a theory of stakeholder identification and salience: Designing the principle of who and what really counts, Academy of Management Review 22, 853-886

Moon, H.-C., Rugman, A.M., Verbeke, A. (1995), The generalized double diamond approach to the global competitiveness, in: Research in Global Strategic Management, Vol. 5 (1995), 97-114

Mueller, D.C. (Hrsg.) (1997), Perspectives on Public Choice: A Handbook, Cambridge 1997

Müller, S., Gelbrich, K. (2004), Interkulturelles Marketing, München 2004

Mordhorst, C.F. (1994), Ziele und Erfolg unternehmerischer Lizenzstrategien, Wiesbaden 1994

Nakane, C. (1970), Japanese Society, Berkeley 1970

Narver, J.C., Slater, S.F. (1990), The Effect of a Market Orientation on Business Profitability, in: Journal of Marketing54 (1990, Oct.) 20-35

Neus, W. (2005), Einführung in die Betriebswirtschaftslehre, 4. Aufl., Tübingen 2005

Newhouse, J. (1998), Sackgasse Europa. Der Euro kommt, die EU zerbricht, München 1998

Niskanen, W.A. (1971), Bureaucracy and Representative Government, Aldine 1971

Nonaka, I./Takeuchi, H. (1997), Die Organisation des Wissens. Wie japanische Unternehmen eine brachliegende Ressource nutzbar machen, 1997

North, D. C. (1981/1988), Theorie des institutionellen Wandels, Tübingen 1981/1988

North, D.C. (1990), Institutions, Institutional Change and Economic Performance, Cambridge 1990

North, D.C. (1991), Institutions, in: Journal of Economic Perspectives, 5, 1, 97-112

North, D.C. (1994), Economic Performance Through Time, Alfred Nobel Memorial Prize Lecture, American Economic Review, 84, 359-368

North, K. (2002), Wissensorientierte Unternehmensführung. Wertschöpfung durch Wissen, 3. Aufl., Wiesbaden 2002 (1. Aufl. 1998)

Oechsler, Walter A. (1997): Personalpolitik, in Kahsnitz et al. (Hrsg.): Handbuch zur Arbeitslehre, München, Wien: Oldenbourg
von der Oelsnitz, D., Hahmann, M. (2003), Wissensmanagment. Strategie und Lernen in wissensbasierten Unternehmen, Stuttgart 2003
Ohmae, K. (1989), The Global Logic of Strategic Alliances, Harvard Business Review, March-April 1989, 143-154
Olson, M. (1967), Die Logik des kollektiven Handelns, Tübingen 1967
Olson, M. (1982/1985), Aufstieg und Niedergang von Nationen. Ökonomisches Wachstum, Stagflation und Starrheit, Tübingen 1985
Olson, M. (1996), Big Bills left on the Sidewalk: Why some Nations are Rich, and Others are Poor, in: Journal of Economic Perspectives, 10,2, 3-24
Osgood, C. (1951), Culture: Its Empirical an Non-empirical Character, Southwestern Journal of Anthropology, 7, 1951, 202-214
Ostrom, E./Ahn, T.K. (Hrsg.) (2003), Foundations of Social Capital, Cheltenham 2003
Ostrom, E./Ahn, T.K. (2003), Introduction to Social Capital, in: E. Ostrom und T.K. Ahn (Hrsg.), Foundations of Social Capital, Cheltenham 2003, xi-xxxix
Ouchi, W.G. (1980), Markets, Bureaucracies, and Clans, Administrative Science Quarterly 25 (1980), 129-144
Ouchi, W.G. (1981), Theory Z. How American Business can Meet the Japanese Challenge, Reading et. al. 1981
o.V. (1997), Ungleichheit ist kein Wachstumsgrund, CASH 11. April 1997

Palay, T. (1984), Comparative institutional economics: The governance of rail freight contracting, in: Journal of Legal Studies, 13 (1984, Juni), 265-288
Pająk, D. (2006), Konfliktfeld Offshoring - Auswirkungen von Standortentscheidungen auf Mitarbeiter in multinationalen Unternehmen, Saarbrücken: VDM Verlag Dr. Müller, 2006.
Pausenberger, E. (1982), Die internationale Unternehmung: Begriff, Bedeutung und Entstehungsgründe, in: WISU – Das Wirtschaftsstudium, 11 (1982), 3, 118-123
Peltzman, S. (1975), The Effects of Auomobile Safety Regulation, Journal of Political Economy, 83 (August), 677-725
Perlitz, M. (2004), Internationales Management, 5. Aufl..Stuttgart 2004
Perlmutter, H.V. (1969), The Tortuous Evolution of the Mulitnational Corporation, in: Columbia Journal of World Business, 4, 1969, 1, 9-18
Pethig, R. (1978), Das Freifahrerproblem in der Theorie der öffentlichen Güter, in: E. Helmstädter (Hrsg.), Neuere Entwicklungen in den Wirtschaftswissenschaften, Berlin 1978, 75-100
Pfeffer, J., Salancik, G.R. (1978), The External Control of Organizations, New York u.a. 1978

Pfeffer, J. (1994), Competitive advantage through people: Unleashing the power of the work force, Boston 1994

Picot, A. (1981), Transaktionskostentheorie der Organisation, Hannover 1981

Picot, A. (1982), Transaktionskostenansatz in der Organisationstheorie: Stand der Diskussion und Aussagewert, Die Betriebswirtschaft 42, 1982, 267-284

Picot, A. (1991), Ein neuer Ansatz zur Gestaltung der Leistungstiefe, in: Schmalenbachs Zeitschrift für betriebswirtschaftliche Forschung, 43 (1991), 336-357

Picot, A. Dietl, H. (1990), Transaktionskostentheorie, in: Wirtschaftswissenschaftliches Studium, 19(1990), 178-184

Picot, A., Reichwald, R., Wigand, R.T. (2003), Die grenzenlose Unternehmung, 5. Aufl., Wiesbaden 2003

Plinke, W. (1989), Die Geschäftsbeziehung als Investition, in: Marketing-Schnittstellen, hrsg. von G. Specht, G. Silberer und W.H. Engelhardt, Stuttgart 1989, S. 305-325

Plinke, W.(1997), Grundlagen des Geschäftsbeziehungsmanagements, in: Geschäftsbeziehungsmanagement, Hrsg. von M. Kleinaltenkamp und W. Plinke, Berlin et al. 1997, S. 1-61

Plinke, W (1997a), Bedeutende Kunden, in: Kleinaltenkamp, M., Plinke, W. (Hrsg.), Geschäftsbeziehungsmanagement, Berlin u.a. 1997, 113-159

Plinke, W. (2000), Grundlagen des Marktprozesses, in: Kleinaltenkamp, M., Plinke, W. (Hrsg.): Technischer Vertrieb. Grundlagen des Business-To-Business Marketing, 2. Aufl., Berlin u.a., 2000, 3-99

Plinke, W. (2000a), Grundkonzeption des industriellen Marketing-Managements, in: Kleinaltenkamp, M. und Plinke, W. (Hrsg.): Technischer Vertrieb, 2. Aufl., Berlin u.a. 2000, 101-168

Plinke, W. (2000b), Unternehmensstrategie, in: Kleinaltenkamp, M. und Plinke, W. (Hrsg.): Strategisches Business-to-Business Marketing, Berlin u.a., 2000, 1-55

Plinke, W., Rese, M. (2002), Industrielle Kostenrechnung, Berlin u.a. 2002

Plinke, W., Söllner, A. (1997), Screening von Risiken in Geschäftsbeziehungen, in: "Marktleistung und Wettbewerb", K. Backhaus, B. Günter, M. Kleinaltenkamp, W. Plinke, H. Raffée (Hrsg.), Wiesbaden: Gabler 1997, 331-363

Polanyi, M. (1967), The Tacit Dimension, 1967

Popper, K.R. (1957), Die offene Gesellschaft und ihre Feinde. Bd. 1: Der Zauber Platons, Bern 1957

Popper, K.R. (1965), Conjectures and Refutations, 2. Aufl., London 1965

Popper, K.R. (1969), Das Elend des Historizismus, 2. Aufl., Tübingen 1969

Porter, M.E. (1980), Competitive Strategy. Techniques for Analysing Industries and Competitiors, New York 1980

Porter, M.E. (1985), Competitive Advantage. Creating and Sustaining Superior Performance, New York 1985

Porter. M.E., Wettbewerbsvorteile, Frankfurt/M. (Campus) 1986

Porter, M.E. (1989), Der Wettbewerb auf globalen Märkten: Ein Rahmenkonzept, in: Porter, M.E. (Hrsg.), Globaler Wettbewerb. Strategien der neuen Internationalisierung, Wiesbaden 1989, 17-68

Porter, M.E. (1990), The Competitive Advantage of Nations, London u.a. 1990
Porac, J. F./Thomas, H./F., W./Paton, D./Kaufer, A. (1995), Rivalry and the industry model of Scottish knitwear manufacturers, in: Journal of Management Studies, 26, 397-416
Posner, Richard A. (1974), Theories of Economic Regulation, in: Bell Journal of Economics, 5 (Autumn), 335-358
Prahalad, C.K./Hamel, G. (1990), The Core Competence of the Corporation, Harvard Business Review, 68, 3, 79-91
Prahalad, C.K./Hamel, G. (1994), Strategy as a Field of Study: Why Search for a New Paradigm?, Strategic Management Journal, 15 (1994, Summer), Special Issue, 5-16
Price Waterhouse (1997), International Assignments. European Policy and Practice 1997
Probst, G./Raub, S./Romhardt, K. (2003), Wissen managen. Wie Unternehmen ihre wichtigste Ressource optimal nutzen, 4. Aufl. 2003 (2. Aufl. 1998)
Przybylski, R. (1993), Neuere Aspekte der Länderrisikobeurteilung internationaler Unternehmungen, Hamburg 1993
Pümpin, C., Kobi, J.-M., Wüthrich, H.A. (1985), Unternehmenskultur. Basis strategischer Profilierung erfolgreicher Unternehmen. Die Orientierung –Schriftenreihe der Schweizerischen Volksbank, Nr. 85, 1985
Putnam, R. (1993), Making Democracy work. Princeton, 1993
Putnam, R. Leonardi, R., Nanetti, R. (1993), Social Capital and Institutional Success, in: Making Democracy Work: Civic Traditions in Modern Italy, Princeton 1993, 163-185

Quirk, Paul J. (1981), Industry Influence in Federal Regulatory Agencies, Princeton, NJ: Princeton University Press

Radomski, J. (2005), Herausforderung Globalisierung – Wie die deutsche Industrie im internationalen Wettbewerb bestehen kann, 15. Unternehmertag in Berlin und Brandenburg, 26.9.2005
Raynolds, C. (1986), High Motivation and Low Cost Through Innovative International Compensation, Proceedings of ASPA's Fortieth National Conference, Boston 1986
Rawls, J. (1993), Eine Theorie der Gerechtigkeit, 7. Aufl., Frankfurt/M. 1993
Regulierung (2005), http://www.bmu.de/abfallwirtschaft/doc/20128.php (Abruf: 03.03.2005)
Reichwald, R., Möslein, K. (2000), Nutzenpotentiale und Nutzenrealisierung in verteilten Organisationsstrukturen. Experimente, Erprobungen und Erfahrungen auf dem Weg zur virtuellen Unternehmung, in: Zeitschrift für Betriebswirtschaft, Ergänzungsheft 2 2000, 117-136
Reichwald, R., Möslein, K., Sachenbacher, H., Engelberger, H. (1997), Telearbeit und Telekooperation: Bedingungen und Strategien erfolgreicher Realisierung, in: Zeitschrift für Arbeitswissenschaft, 4 (1997), 204-213
Reichwald, R., Möslein, K., Sachenbacher, H., Engelberger, H. (2000), Telekooperation: Verteilte Arbeits- und Organisationsformen, 2. Aufl., Berlin u.a. 2000

Rese, M. (2001), Entscheidungsunterstützung in Geschäftsbeziehungen mittels Deckungsbeitragsrechnung – Möglichkeiten und Grenzen, in: B. Günter, S. Helm (Hrsg.), Kundenwert, Grundlagen – Innovative Konzepte – Praktische Umsetzung, Wiesbaden 2001, 275-294

Reinecke, R.-D. (1989), Akkulturation von Auslandsakquisitionen, Wiesbaden 1989

Renan, E. ([1993]), Was ist eine Nation, in: Jeismann, M., Ritter, H. (Hrsg.): Grenzfälle. Über alten und neuen Nationalismus, Leipzig

Revesz, R.C. (1992), Rehabilitating interstate competition: Rethinking the "Race-to-the-bottom" rationale for federal environmental regulation, in: New York University Law Review, 67(1992), 1210-1254

Ricardo, D. (1817/1970), On the Principles of Political Economy and Taxation, Cambridge 1970

Richter, R. (1994), Institutionen ökonomisch analysiert. Zur jüngeren Entwicklung auf einem Gebiet der Wirtschaftstheorie, Tübingen 1994

Richter, R., Furubotn, E. G, Neue Institutionenökonomik. Eine Einführung und kritische Würdigung, 3. Aufl., Tübingen 2003

Rinner-Kawai, Y. (1993), Die Sprache der Werbung in Deutschland und in Japan – Werbeanglismus: Motivation und Auswirkungen, Zeitschrift für Betriebswirtschaft, 63, 9, 923-932

Ripperger, T. (1998), Ökonomik des Vertrauens. Analyse eines Organisationsprinzips, Tübingen 1998

Roberts, P.W., Greenwood, R. (1997), Integrating Transaction Cost and Institutional Theories: Toward a Constrained-Efficiency Framework for Understanding Organizational Design Adoption, in: Academy of Management Review, 22 (1997) 2, 346-373

Roppel, U. (1979), Ökonomische Theorie der Bürokratie. Beiträge zu einer Theorie des Angebotsverhaltens staatlicher Bürokratien in Demokratien, Freiburg/Breisgau 1979

Ruch, M. (2006), Maschinenbauer fürchten Plagiateflut, in: FTD, 25.4.2006

Sabel, H. (1971), Produktpolitik in absatzwirtschaftlicher Sicht, Wiesbaden 1971

Sadowski, D. (2002), Personalökonomie und Arbeitspolitik, Stuttgart 2002

Salomon, C.M. (1994), Success Abroad Depends upon More Than Job Skills, Personnel Journal, April 1994, 51-58

Sartre, J.-P. (1993), Die schmutzigen Hände, Hamburg 1993

Sauer, H.-D. (2002), Formen der Finanzierung von Exportgeschäften, in: K. Macharzina, M.-J. Oesterle (Hrsg.), Handbuch Internationales Management, 2. Aufl., Wiesbaden 2002, 493-509

Schanz, G. (1977), Grundlagen der verhaltenstheoretischen Betriebswirtschaftslehre, Tübingen 1977

Schanz, G. (2004), Wissenschaftsprogramme der Betriebswirtschaftslehre, in: F.X. Bea u.a. (Hrsg.), Allgemeine Betriebswirtschaftslehre, Bd. 1: Grundfragen, 9. Aufl. 2004, 83-161

Schein, E.H. (1984), Coming to a New Awareness of Organizational Culture, in: Sloan Management Review, 25, 2, 1984, 3-16

Schein, E.H. (1985), Organizational culture and leadership: A dynamic view, San Francisco 1985

Schenk, K.-E. (1998), Internationale Kooperationen und Joint Ventures. Theoretische und strategische Grundlagen, in: S.G. Schoppe (Hrsg.), Kompendium der Internationalen Betriebswirtschaftslehre, München, Wien 1998, 155-195

Scherrer, C. (2001), Jenseits von Pfadabhängigkeit und "natürlicher Auslese": Institutionentransfer aus diskursanalytischer Perspektive, Veröffentlichungsreihe der Abteilung Regulierung von Arbeit des Forschungsschwerpunkts Technik-Arbeit-Umwelt des Wissenschaftszentrum Berlin für Sozialforschung, Nr. FS II 01-205, Berlin, 1-26

Scheerer, M., Hofmann, J., Autohersteller schlagen Alarm EU soll weniger regulieren: Krisengipfel bei Prodi – Vorstandschefs fordern Super–Ressort „Wettbewerbsfähigkeit". Handelsblatt 16.02.2004

Schieritz, M., Scheele, M., Bialdiga, K. (2007), Zentralbank attackiert Topverdiener, in: FTD 22.3.2007

Schmid, S. (1996), Multikulturalität in der internationalen Unternehmung. Konzepte – Reflexionen – Implikationen, Wiesbaden 1996

Schmid, S., Bäurle, I., Kutschker, M. (1998), Tochtergesellschaften in international tätigen Unternehmen – Ein „State-of-the-Art" unterschiedlicher Rollentypologien. Diskussionsbeitrag Nr. 104 der Wirtschaftswissenschaftlichen Fakultät Ingolstadt, Eichstädt 1998

Schmidt, R. H. (1983), Grundzüge der Investitions- und Finanzierungstheorie, Wiesbaden 1983

Schmidt, S.J. (2004), Unternehmenskultur. Die Grundlage für den wirtschaftlichen Erfolg von Unternehmen, Weilerswist 2004

Schmidt-Trenz, H.-J. (1990), Außenhandel und Territorialität des Rechts. Grundlegung einer Neuen Institutionenökonomik des Außenhandels, Baden-Baden 1990

Schmoller, G. (1900), Grundriß der Allgemeinen Volkswirtschaftslehre, Leipzig, 1900

Schneider, D.(1985), Allgemeine Betriebswirtschaftslehre, 2. Aufl., München 1985

Scholz, C. (1997), Strategische Organisation, Landsberg/Lech 1997

Schrader, L. (2000), NGOs – eine neue Weltmacht? Nichtregierungsorganisationen in der internationalen Politik, Internationale Probleme und Perspektiven, Potsdam 2000

Schreyögg, G. (1990), Unternehmenskultur in multinationalen Untenehmen, in: Betriebswirtschaftliche Forschung und Praxis, 42, Nr. 5 1990, 379-390

Schreyögg, G. (1993), Unternehmenskultur zwischen Globalisierung und Regionalisierung, in: Haller, M. et al. (Hrsg.), Globalisierung der Wirtschaft. Einwirkungen auf die Betriebswirtschaftslehre, Bern, Stuttgart 1993, 149-170

Schreyögg, G. (1998), Die Bedeutung der Unternehmenskultur für die Integration multinationaler Unternehmen, in: Kutschker, M. (Hrsg.), Integration in der internationalen Unternehmung, Wiesbaden 1998, 27-49

Schroeder, A. (2003): Oderland-Brauerei gerettet, veröffentlicht im Internet, URL: http://www.firmennetzwerk.com/locs-mod=news-newsid=46 (ff., Stand: 20.12.2003, Abfrage: 03.03.2005)

Schultz, M. (1995), On studying organizational cultures, Berlin/New York 1995

Schumpeter, J.A. (1942/1993), Kapitalismus, Sozialismus und Demokratie, 7. Aufl. Tübingen 1993

Sen, A. (2000), Ökonomie für den Menschen. Wege zu Gerechtigkeit und Solidarität in der Marktwirtschaft 2000

Sieber, E.H. (1970), Die multinationale Unternehmung, der Unternehmenstyp der Zukunft? in: Zeitschrift für betriebswirtschaftliche Forschung, 22(1970), 414-438

Siegert, H.-J., Baumgarten, U. (1998), Betriebssysteme, 4. Aufl,. München u.a. 1998

Simon, H. A. (1961), Administrative Behaviour, 2. Aufl., New York 1961 (1. Aufl. 1947)

Simon, H. (1996), Die heimlichen Gewinner (Hidden Champions). Die Erfolgsstrategien unbekannter Weltmarktführer, 2. Aufl. Frankfurt/M. New York 1996

Sinn, H.-W. (2002), Der neue Systemwettbewerb, in: Perspektiven der Wirtschaftspolitik. Eine Zeitschrift des Vereins für Socialpolitik, Band 3, 2002, Heft 4, 391-407

Smelser, N., Swedberg, R. (Hrsg.), The Handbook of Economic Sociology, Princeton 1994

Smith, A. (1776/1976), Der Wohlstand der Nationen. Eine Untersuchung seiner Natur und seiner Ursachen, München 1976

Söllner, A. (1993), Commitment in Geschäftsbeziehungen. Das Beispiel Lean Procuction, Wiesbaden 1993

Söllner, A. (1998), Opportunistic Behavior in Asymmetrical Relationships, in: H.G. Gemünden, T. Ritter, A. Walter (Hrsg.), Relationships and Networks in International Markets, Elsevier 1998

Söllner, A. (1999), Asymmetrical Commitment in Business Relationships, Journal of Business Research 46/3, 1999, 219-233

Söllner, A. (2000), Die Schmutzigen Hände. Individuelles Verhalten in Fällen von institutionellen Misfits, Tübingen 2000

Söllner, A. (2003), Die neue internationale Arbeitsteilung, in: M. Rese, A. Söllner, P. Utzig (Hrsg.) Relationship Marketing. Standortbestimmung und Perspektiven, Berlin u.a. 2003, 173-188

Söllner, A. (2007), The Role of Relationships in Determining Foreign Entry Modes, in: Journal of Business Market Management JBM (May 2007), 135-150

Stahl, G.K. (1998), Internationaler Einsatz von Führungskräften, München1998

Stahl, G., Miller, E.L., Tung, R.L. (2002), Toward the Boundaryless Career: A Closer Look at the Expatriate Concept and the Perceived Implications of an International Assignment, Journal of World Business, 37, 2002, 216-227

Stehn, J. (1992), Ausländische Direktinvestitionen in Industrieländern. Theoretische Erklärungsansätze und empirische Evidenz, Tübingen 1992

Stein, I. (1998), Die Theorien der Multinationalen Unternehmung, in: S.G. Schoppe (Hrsg.), Kompendium der Internationalen Betriebswirtschaftslehre, München, Wien 1998, 35-153

Steingart, Garbor (2006), Weltkrieg um Wohlstand. Wie Macht und Reichtum neu verteilt werden, München 2006

Steinmann, H., Kumar, B. (1976), Angst vor der Rückkehr. Deutsche Manager im Ausland, in: Manager Magazin, 12/1976, 84ff.

Steinmann, H., Schreyögg, G. (2005), Management. Grundlagen der Unternehmensführung. Konzepte – Funktionen – Fallstudien, 6. Aufl., Wiesbaden 2005

Strebel, P. (1996), Why do employees resist change?, in: Harvard Busins Beview 74 (3), 86-92

Streit, M.E. (1988), Neokorporatismus und marktwirtschaftliche Ordnung, in: G. Gäfgen (Hrsg.), Neokorporatismus und Gesundheitswesen, Baden-Baden 1988, 33-59

Stigler, G. (1971), The Theory of Economic Regulation, in: Bell Journal of Economics, 2 (Spring), 3-21

Stiglitz, J. (2001), Globalization and it´s Discontents, London u.a. 2001

Stopford, J.M., Wells, L.T. (1972), Strategy and Structure of the Multinational Enterprise, New York 1972

Straubhaar, T. (1998), Empirische Indikatoren für den Systemwettbewerb –Moderne und historische Befunde, Jahrbuch für Neue Politische Ökonomie 17, 243-272

Sundaram, A., Black, J.S. (1992), The Environment and Internal Organization of Multinational Enterprises, in: Academy of Management Review, 17 (1992), 4, 729-757

Sydow, J. (1991), Strategische Netzwerke in Japan. Ein Leitbild für die Gestaltung interorganisationaler Beziehungen europäischer Unternehmungen?, in: Zeitschrift für betriebswirtschaftliche Forschung 43(1991), H.3, S. 238-254

Sydow, J. (1992), Strategische Netzwerke: Evolution und Organisation, Wiesbaden 1992

Sydow, J., Schreyögg, G., Koch, J. (2005), Organizational Paths: Path Dependency and Beyond, 21st EGOS Colloquium, Berlin

Teece, D.J. (1981), The Multinational Enterprise: Market Failure and Market Power Considerations, in: Sloan Management Review, 22 (1981), 3 ff.

Teece, D.J. (1983), Technological and Organizational Factors in the Theory of the Multinational Enterprise, in: M. Casson (Hrsg.), The Growth of International Business, London 1983, 51 ff.

Thibaut, J.W., Kelley, H.H. (1986), The Social Psychology of Groups, New York 1986

Tirole, J. (1988), The Theory of Industrial Organization, Cambridge 1988

Trebesch, K. (2004), Organisationsentwicklung, in: G. Schreyögg, A. v. Werder (Hrsg.): Handwörterbuch Unternehmensführung und Organisation, Stuttgart, Sp. 988-997

Tullock, G. (1965), The Politics of Bureaucracy, Washington 1965

Tung, R.L. (1981), Selection and Training of Personnel for Overseas Assignments, Columbia Journal of World Business 16 (1981), 68-78

Tung, R.L. (1982), Selection and Training Proceedures of U.S., European, and Japanese Multinationals, California Management Review 25 (1982), 57-71

Turner, B. (1990), Organizational symbolism, Berlin u.a. 1990

Ullrich, F. (2004), Verdünnte Verfügungsrechte. Konzeptualisierung und Operationalisierung der Dienstleistungsqualität auf der Grundlage der Property Rights Theorie, Wiesbaden 2004

United Nations (2005), http://www.un.org/Depts/ptd/global.htm, Sichtungstag: 25.05.05

UNCTAD (2001) – World Investment Report 2001

UNCTAD (2002) – World Investment Report 2002

UNCTAD (2003) – World Investment Report 2003

UNCTAD (2004) – World Investment Report 2004

UNCTAD (2005) – World Investment Report 2005 (Annex table A.I.9)

Usunier, J.-C. (2000), Marketing Across Cultures, 3. Aufl., London 2000

Usunier, J.-C., Lee, J.A. (2005), Marketing across cultures, 4. Aufl., London 2005

Utzig, B.P. (1997), Kundenorientierung strategischer Geschäftseinheiten. Operationalisierung und Messung, Wiesbaden 1997

Vaubel, R. (1984), Von der normativen zu einer positiven Theorie der internationalen Organisationen, in: Schriften des Vereins für Sozialpolitik, Band 148, Berlin 1984, 403-421

Vaubel, R. (1986), A Public Choice Approach to International Organization, in: Public Choice 51 (1986), 39-57

Vaubel, R. (2000), Internationaler politischer Wettbewerb: eine europäische Wettbewerbsaufsicht für Regierungen und die empirische Evidenz, Jahrbuch für Neue Politische Ökonomie 19, 280-309

Vermeer, M. (1995), Auch in China gilt: Nome nest omen, in: Handelsblatt, 5.9.1995

Vernon, R. (1966), International Investments and International Trade in the Product Life Cycle, Quarterly Journal of Economics, May 1966, 190-207

Vernon, R., Wells, L.T., Rangan, S. (1996), The Manager in the International Economy, 7. Aufl., London u.a. 1996

Watkins, J.W.N. (1968), Methodological Individualism and Social Tendencies, in: M Brodbeck (Hrsg.), Readings in the Philosophy of the Social Sciences", New York, London 1968, S. 269-280

Weber, M. (1918/1990), Wirtschaft und Gesellschaft, 1. Aufl. 1918, Nachdruck der 5. Aufl., hrsg. von J. Winckelmann, Tübingen 1990

Weber, M. (1956), Asketischer Protestantismus und kapitalistischer Geist, in: M. Weber, Weltgeschichtliche Analysen. Politik, 2. Aufl., Stuttgart 1956

Weber, M. (1904/1958), The Protestant Ethic and the Spirit of Capitalism, New York 1958

Weder, R. (1989), Joint Venture. Theoretische und empirische Analyse unter besonderer Berücksichtigung der chemischen Industrie der Schweiz, Grüsch 1989

Wehler, H.-U. (2001), Nationalismus. Geschichte – Formen – Folgen, München 2001

Weiber, R. (1997), Das Management von Geschäftsbeziehungen im Systemgeschäft, in: M. Kleinaltenkamp, W. Plinke (Hrsg.), Geschäftsbeziehungsmanagement, Berlin u.a. 1997, 277-349

Weizsäcker, E.U. von (1994), Erdpolitik. Ökologische Realpolitik an der Schwelle zum Jahrhundert der Umwelt, Darmstadt 1994

Welge, M.K., Holtbrügge, D. (2000), Wissensmanagement in Multinationalen Unternehmungen – Ergebnisse einer empirischen Untersuchung, in: Schmalenbachs Zeitschrift für betriebswirtschaftliche Forschung 52 (2000), 762-777

Welge, M.K., Holtbrügge, D. (2003), Internationales Management. Theorien, Funktionen, Fallstudien, 3. Aufl., Stuttgart 2003

Wernerfelt, B. (1984), A Resource-based View of the Firm, Strategic Management Journal, 5, 171-180

Williamson, O.E. (1975), Markets and Hierarchies: Analysis and Antitrust Implications, New York 1975

Williamson, O.E. (1985), The Economic Institutions of Capitalism: Firms, Markets, Relational Contracting, New York 1985

Williamson, O. E. (1988), Technology and transaction cost economics: A reply, in: Journal of Economic Behavior and Organization, 10 (1988), 355-364

Williamson, O.E. (1991), Comparative Economic Organization: The Analysis of Discrete Structural Alternatives, Administative Science Quarterly 36 (Juni 1991), Wiederabdruck in: O.E. Williamson, (1996) (Hrsg.), The Mechanisms of Governance, New York 1996, 93-119

Williamson, O. E. (1992), Markets, hierarchies, and the modern corporation: An unfolding perspective, in: Journal of Economic Behavior and Organization, 17 (1992), 335-352

Williamson, O.E. (2000), The New Institutional Economics: Taking Stock, Looking Ahead, in: Journal of Economic Literature, XXXVIII (September 2000), 595-613

Williamson, O.E. (2007), Transaction Cost economics: An Introduction, Economics Discussion Papers, The Open-Access, Open-Assessment E-Journal, Discussion Paper 207-3, March 1, 2007

Wilson, J.D. (1999), Theories of Tax Competition, National Tax Journal 2/1999, 269-304

Wirth, E. (1992), Mitarbeiter im Auslandseinsatz. Planung und Gestaltung, Wiesbaden 1992

Wirth, E. (1996), Vergütung von Expatriates, in: K. Macharzina und J. Wolf (Hrsg.) Handbuch Internationales Führungskräfte-Management, Stuttgart u.a. 1996, 373-389

Wirth, E. (1996), Vergütung von Expatriates, in: K. Macharkzina, J. Wolf (Hrsg.), Handbuch Internationales Führungskräfte-Management, Stuttgart, 373-398

Witte, C. (2007), Kopf und Kragen, in: enable. Magazin für Unternehmer, Financial Times Deutschland 04/07, 4-7

Wolf, Charles Jr. (1979), A Theory of Nonmarket Failure, in: Journal of Law and Economics, 22(April), 107-139

Wolf, Charles Jr. (1988), Markets or Governments, Cambridge, MA: MIT Press 1988

Wolf, K.-D. (2000), Die neue Staatsräson. Zwischenstaatliche Kooperationals Demokratieproblem in der Weltgesellschaft, Baden-Baden 2000

Wolff, B./Lazaer (2001), Einführung in die Personalökonomik, Stuttgart 2001

Wolff, B./Pooria, M. (2004), „Kultur" im Internationalen Management aus Sicht der Neuen Institutionenökonomik, in: G. Blümle, N. Goldschmidt u.a. (Hrsg.), Perspektiven einer kulturellen Ökonomik, Münster 2004, 451-470

WTO (1994), WTO Understanding on Rules and Procedures Governing the Settlement of Disputes, 15 April 1994, 33 ILM (International Legal Materials, 1226

WTO (2003), Understanding the WTO, 3rd Edition, Genf 2003

Yan, A., Gray, B. (2001), Antecedents an Effects of Parent Control in International Joint Ventures, Journal of Management Studies, 38, 3, 2001, 393-416

Yan, Z. J. (o.J.), Von Schatz-Pferden und Freuden-Trunk Chinas sinnige Namen für fremde Unternehmen, http//:de.geocities.com/jayedelman/chinesisch.html

Yearbook of International Organizations 2000/2001, Volume 4, 554

Yorke, D.A., Droussiotis, G. (1994), TheUse of Customer Portolio Theory, in Journal of Business and Industrial Marketing, 9, 1994, 3, 6-18

Yüksel, A.S. (2001), Welthandelsorganisation WTO (GATT). Aufgaben, Aktivitäten, EU-Beziehungen, Frankfurt 2001

Zaheer, S. (1995), Overcoming the Liability of Foreignness, in Academy of Management Journal, 38, Nr. 2, 1995, 341-363

Zeira, Y. (1976), Management Development in Ethnocentric Multinational Corporations, California Management Review, 18(4), 34-42

Zimmer, K. (1998), Internationale Wirtschaftsorganisationen, in: Schoppe, S. (Hrsg.), Kompendium der Internationalen Betriebswirtschaftslehre, München, Wien 1998, 197-239

Zürn, M. (1998), Regieren jenseits des Nationalstaates. Globalisierung und Denationalisierung als Chance, 2. Aufl., Frankfurt M. 1998

Management | Unternehmensführung | Organisation

Swetlana Franken
Verhaltensorientierte Führung
Handeln, Lernen und Ethik in Unternehmen
2., überarb. u. erw. Aufl. 2007.
XII, 327 S., Br. EUR 29,90
ISBN 978-3-8349-0651-9

Urs Fueglistaller | Christoph Müller | Thierry Volery
Entrepreneurship
Modelle - Umsetzung - Perspektiven
Mit Fallbeispielen aus Deutschland, Österreich und der Schweiz
2004. XXVI, 462 S.
Br. EUR 32,90
ISBN 978-3-409-12577-2

Michael Grabinski
Management Methods and Tools
Practical Know-how for Students, Managers, and Consultants
2007. XVI, 257 pp.
Softc. EUR 29,90
ISBN 978-3-8349-0383-9

Harald Hungenberg
Strategisches Management in Unternehmen
Ziele - Prozesse - Verfahren
4., überarb. u. erw. Aufl. 2006.
XXVI, 602 S., Br. EUR 42,90
ISBN 978-3-8349-0288-7

Hartmut Kreikebaum | Dirk Ulrich Gilbert | Glenn O. Reinhardt
Organisationsmanagement internationaler Unternehmen
Grundlagen und moderne Netzwerkstrukturen
2., vollst. überarb. u. erw. Aufl. 2002.
XVI, 243 S., Br. EUR 28,90
ISBN 978-3-409-23147-3

Klaus Macharzina | Joachim Wolf
Unternehmensführung
Das internationale Managementwissen
Konzepte - Methoden - Praxis
5., grundl. überarb. Aufl. 2005.
XL, 1.137 S., Geb. EUR 54,90
ISBN 978-3-409-63150-1

Klaus North
Wissensorientierte Unternehmensführung
Wertschöpfung durch Wissen
4., akt. u. erw. Aufl. 2005.
XII, 353 S., Br. EUR 36,90
ISBN 978-3-8349-0082-1

Walter Schertler
Strategisches Affinity-Group-Management
Wettbewerbsvorteile durch ein neues Zielgruppenverständnis
2006. XVI, 196 S.
Br. EUR 24,90
ISBN 978-3-8349-0466-9

Götz Schmidt
Einführung in die Organisation
Modelle - Verfahren - Techniken
2., akt. Aufl. 2002. X, 179 S.
Br. EUR 32,90
ISBN 978-3-409-21504-6

Georg Schreyögg
Organisation
Grundlagen moderner Organisationsgestaltung
Mit Fallstudien
4., vollst. überarb. u. erw. Aufl. 2003.
XVI, 649 S., Br. EUR 36,90
ISBN 978-3-409-47729-1

Änderungen vorbehalten. Stand: Juli 2007.
Erhältlich im Buchhandel oder beim Verlag.
Gabler Verlag . Abraham-Lincoln-Str. 46 . 65189 Wiesbaden . www.gabler.de

Management | Unternehmensführung | Organisation

Claus Steinle
Ganzheitliches Management
Eine mehrdimensionale Sichtweise
integrierter Unternehmungsführung
2005. XL, 910 S.
Geb. EUR 44,90
ISBN 978-3-8349-0059-3

Horst Steinmann | Georg Schreyögg
Management
Grundlagen der Unternehmensführung
Konzepte – Funktionen – Fallstudien
6., vollst. überarb. Aufl. 2005.
XX, 952 S., Geb. EUR 44,90
ISBN 978-3-409-63312-3

Elke Weik | Rainhart Lang (Hrsg.)
Moderne Organisationstheorien 1
Handlungsorientierte Ansätze
2., überarb. Aufl. 2005.
XII, 359 S., Br. EUR 34,90
ISBN 978-3-409-21874-0

Elke Weik | Rainhart Lang (Hrsg.)
Moderne Organisationstheorien 2
Strukturorientierte Ansätze
2003. VIII, 364 S., Br. EUR 36,90
ISBN 978-3-409-12390-7

Martin K. Welge | Andreas Al-Laham
Strategisches Management
Grundlagen – Prozess –
Implementierung
5., vollst. überarb. Aufl. 2007.
ca. 790 S., Geb. ca. EUR 46,90
ISBN 978-3-8349-0313-6

Axel v. Werder
Führungsorganisation
Grundlagen der Spitzen- und
Leitungsorganisation von Unternehmen
2005. XXII, 437 S.
Br. EUR 42,90
ISBN 978-3-409-12097-5

Joachim Wolf
**Organisation, Management,
Unternehmensführung**
Theorien und Kritik
2., akt. Aufl. 2005.
XXII, 490 S., Br. EUR 39,90
ISBN 978-3-409-22475-8

Kerstin Wüstner
Arbeitswelt und Organisation
Ein interdisziplinärer Ansatz
2006. X, 280 S.
Br. EUR 29,90
ISBN 978-3-8349-0144-6

Änderungen vorbehalten. Stand: Juli 2007.
Erhältlich im Buchhandel oder beim Verlag.
Gabler Verlag . Abraham-Lincoln-Str. 46 . 65189 Wiesbaden . www.gabler.de

Mit einem Klick alles im Blick

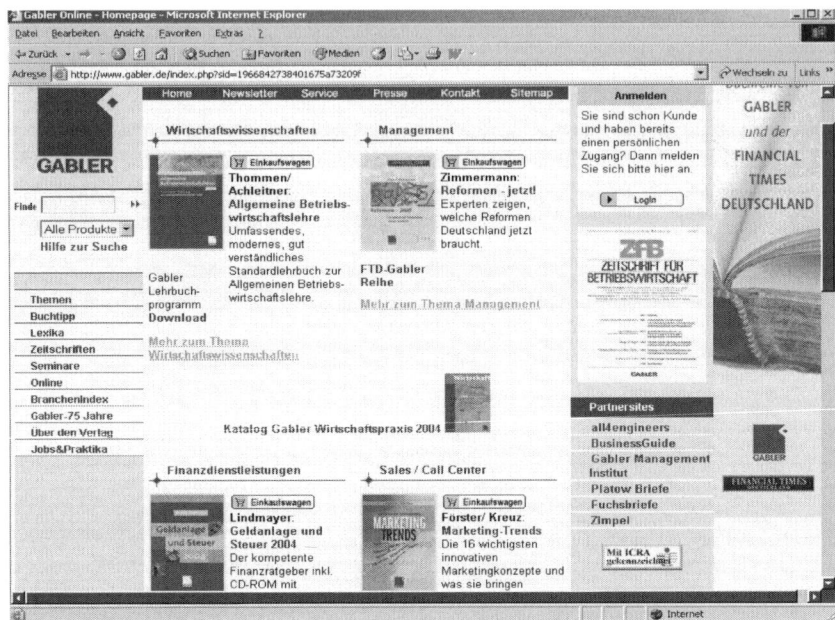

- Tagesaktuelle Informationen zu Büchern, Zeitschriften, Online-Angeboten, Seminaren und Konferenzen

- Leseproben - z. B. vom Gabler Wirtschaftslexikon -, Online-Archive unserer Fachzeitschriften, Aktualisierungsservice und Foliensammlungen für ausgewählte Buchtitel, Rezensionen, Newsletter zu verschiedenen Themen und weitere attraktive Angebote, z. B. unser Bookshop

- Zahlreiche Servicefunktionen mit dem direkten Klick zum Ansprechpartner im Verlag

- *Klicken Sie mal rein: www.gabler.de*

Abraham-Lincoln-Str. 46
65189 Wiesbaden
Fax: 06 11.78 78-400

KOMPETENZ IN
SACHEN WIRTSCHAFT

Printed in Germany
by Amazon Distribution
GmbH, Leipzig